# 深入浅出

# Windows API 程序设计

王端明◎著

## 编程基础篇

人 民 邮 电 出 版 社
北 京

图书在版编目（CIP）数据

深入浅出Windows API程序设计. 编程基础篇 / 王端明著. -- 北京 : 人民邮电出版社, 2022.5
ISBN 978-7-115-56948-6

Ⅰ. ①深… Ⅱ. ①王… Ⅲ. ①Windows操作系统－应用软件－程序设计－教材 Ⅳ. ①TP316.7

中国版本图书馆CIP数据核字(2021)第144983号

## 内 容 提 要

本书是 Windows API 程序设计的入门图书，提供大量的示例程序，主要介绍学习 Windows 程序设计必备的基础知识，以及一个程序界面所需的菜单、图标光标、子窗口控件、其他资源和对话框等相关内容，并通过 Photoshop 切片和自绘技术实现一个优雅的程序界面。通过阅读本书，读者可以对 Windows 程序设计有更加深入的认识，并将其应用到实际场景中。

本书适合对 Windows API 程序设计感兴趣的初学者以及 Windows API 技术开发人员阅读，也可以作为培训学校的教材使用。

◆ 著　　王端明
责任编辑　陈聪聪
责任印制　王　郁　胡　南

◆ 人民邮电出版社出版发行　　北京市丰台区成寿寺路 11 号
邮编　100164　　电子邮件　315@ptpress.com.cn
网址　https://www.ptpress.com.cn
北京盛通印刷股份有限公司印刷

◆ 开本：800×1000　1/16
印张：25　　2022 年 5 月第 1 版
字数：635 千字　　2024 年 8 月北京第 8 次印刷

定价：119.90 元

读者服务热线：(010)81055410　印装质量热线：(010)81055316
反盗版热线：(010)81055315
广告经营许可证：京东市监广登字 20170147 号

# 前言

2015 年 7 月，Windows 10 操作系统正式发行，新版本的操作系统在 UI 界面、安全性和易用性等方面都有了大幅提升。64 位操作系统已经普及，但传统的 Win32 API 也属于 Windows API。因为不管编译为 32 位还是 64 位的应用程序，使用的都是相同的 API，只不过是扩展了一些 64 位数据类型。目前 Microsoft Windows 在操作系统市场中占据相当大的份额，读者学习 Windows 程序设计的需求非常迫切。但是遗憾的是，近年来国内可选的关于 Windows API 的图书较少。

使用 Windows API 是编写程序的一种经典方式，这一方式为 Windows 程序提供了优秀的性能、强大的功能和较好的灵活性，生成的执行代码量相对比较小，不需要外部程序库就可以运行。更重要的是，无论将来读者用什么编程语言来编写 Windows 程序，只要熟悉 Windows API，就能对 Windows 的内部机理有更深刻、更独到的理解。

热爱逆向研究的读者都应该先学好 Windows API 程序设计，而初学 Windows 程序设计的读者可能会非常困惑。于是，在 2018 年年初，我产生了一个想法：总结我这 10 年的程序设计经验，为 Windows 开发人员写一本深入浅出的符合国内市场需求的图书。本来我计划用一年的时间撰写本书，可是没想到一写就是 3 年！

本书面向没有任何 Windows API 程序设计经验的读者，因此尽量做到通俗易懂。为了确保本书内容的时效性，MSDN 是最主要的参考对象。我的初心就是把这 10 年的程序设计经验毫无保留地分享给读者，并帮助读者学会调试技术。另外，为了精简篇幅，大部分程序的完整源代码并没有写入书中。读者通过本书可以全面掌握 Windows 程序设计，对于没有涉及的问题也可以通过使用 MSDN 自行解决。

本书基于 Windows 10 和 Visual Studio 2019（VS 2019）编写，并提供了大量的示例程序。首先介绍学习 Windows 程序设计必备的基础知识，并对可能用到的字符串处理函数做详细讲解。万事开头难。我从只有 4 行代码的最简单的 HelloWorld 程序开始，然后介绍具有标准 Windows 程序界面的 HelloWindows 程序。对于这两个入门程序的每一行甚至每个单词我都进行深入介绍，讲清楚其中的原理，让后面的学习水到渠成。接着，我会介绍 Windows 窗口程序、GDI 绘图、键盘与鼠标以及计时器和时间等内容。然后，我会介绍一个程序界面所需的菜单、图标光标、位图、子窗口控件、对话框和其他资源等。最后，我会带领读者通过 Photoshop 切片和自绘技术实现一个优雅的程序界面。

## 本书适合人群

（1）初学 Windows 程序设计的读者通过本书可以高效全面地掌握 Windows 程序设计。

（2）学习 Windows 程序设计多年但仍有困惑的读者通过本书可以系统地学习 Windows 程序设计的方方面面。

（3）其他任何爱好或需要学习 Windows API 程序设计的读者，通过本书可以更好地了解 Windows API 程序设计的基本技巧。

## 读者需要具备的基础知识

在阅读本书之前，读者必须熟悉 C 或 C++语法。除此之外，不需要具备任何其他专业知识。

## 读者可以获得的额外权益

（1）可以加入我提供的 QQ 群进行学习交流。

（2）可以到我提供的 Windows 中文网的相应版块中进行提问，我通常会集中时间进行统一解答。

## 相关图书推荐

读者在学习完本书后，可以继续阅读《深入浅出 Windows API 程序设计：核心编程篇》，进一步理解 Windows API 程序设计，并将其应用到实际场景中。

本书并没有涉及内核方面的相关知识。如果读者需要学习 Windows 操作系统的内核安全编程技术，那么推荐阅读谭文和陈铭霖所著的《Windows 内核编程》和《Windows 内核安全与驱动开发》。

## 致谢

本书可以成功出版，得益于多位专业人士的共同努力。感谢家人的无条件支持，感谢微软以及 CSDN 的朋友、15PB 信息安全教育创始人任晓珲、《Windows 内核编程》的作者陈铭霖、《Windows 环境下 32 位汇编语言程序设计》的作者罗云彬、微软总部高级软件工程师 Tiger Sun 以及各软件安全论坛的朋友对本书提出宝贵的建议以及认可和肯定。

由于我的能力和水平的限制，书中难免会存在疏漏，欢迎读者批评指正。读者可以通过 Windows 中文网与我沟通。

# 作者简介

王端明，从 2008 年开始参与 Windows API 程序设计，精通汇编语言、C/C++语言和 Windows API 程序设计，精通 Windows 环境下的桌面软件开发和加密 / 解密。曾为客户定制开发 32 位/64 位 Windows 桌面软件，对加密/解密情有独钟，对 VMProtect、Safengine 等高强加密保护软件的脱壳或内存补丁有深入的研究和独到的见解，喜欢分析软件安全漏洞，曾在金山和 360 等网站发表过多篇杀毒软件漏洞分析的文章。

# 资源与支持

本书由异步社区出品，社区（https://www.epubit.com/）为您提供相关资源和后续服务。

## 配套资源

本书免费提供配套源代码，要获得这一资源，请在异步社区本书页面中单击“配套资源”，跳转到下载界面，按提示进行操作即可。注意：为保证购书读者的权益，该操作会给出相关提示，要求输入提取码进行验证。

## 提交勘误

作者和编辑尽最大努力来确保书中内容的准确性，但难免会存在疏漏。欢迎您将发现的问题反馈给我们，帮助我们提升图书的质量。

当您发现错误时，请登录异步社区，按书名搜索，进入本书页面，单击“提交勘误”，输入勘误信息，单击“提交”按钮即可。本书的作者和编辑会对您提交的勘误进行审核，确认并接受后，您将获赠异步社区的 100 积分。积分可用于在异步社区兑换优惠券、样书或奖品。

## 扫码关注本书

扫描下方二维码，您将会在异步社区微信服务号中看到本书信息及相关的服务提示。

## 与我们联系

我们的联系邮箱是 contact@epubit.com.cn。

如果您对本书有任何疑问或建议，请您发邮件给我们，并请在邮件标题中注明本书书名，以便我们更高效地做出反馈。

如果您有兴趣出版图书、录制教学视频，或者参与图书技术审校等工作，可以发邮件给本书的责任编辑（chencongcong@ptpress.com.cn）。

如果您来自学校、培训机构或企业，想批量购买本书或异步社区出版的其他图书，也可以发邮件给我们。

如果您在网上发现有针对异步社区出品图书的各种形式的盗版行为，包括对图书全部或部分内容的非授权传播，请您将怀疑有侵权行为的链接通过邮件发给我们。您的这一举动是对作者权益的保护，也是我们持续为您提供有价值的内容的动力之源。

## 关于异步社区和异步图书

“异步社区”是人民邮电出版社旗下 IT 专业图书社区，致力于出版精品 IT 技术图书和相关学习产品，为作译者提供优质出版服务。异步社区创办于 2015 年 8 月，提供大量精品 IT 技术图书和电子书，以及高品质技术文章和视频课程。更多详情请访问异步社区官网 https://www.epubit.com。

“异步图书”是由异步社区编辑团队策划出版的精品 IT 专业图书的品牌，依托于人民邮电出版社的计算机图书出版积累和专业编辑团队，相关图书在封面上印有异步图书的 LOGO。异步图书的出版领域包括软件开发、大数据、AI、测试、前端、网络技术等。

异步社区　　　　微信服务号

# 目录

# 第 1 章

# 基础知识

本章首先简要介绍 Windows 的特色和编程语言的分类，然后通过编写第一个 Windows 程序，详细讲解这个程序的组成，介绍一些编程基础知识。

## 1.1 Windows 的特色

Microsoft Windows 是美国微软公司研发的一套操作系统，它问世于 1985 年，起初仅仅是 Microsoft DOS 字符模式环境，由于微软不断地更新升级，后续的系统版本不但易用，而且也慢慢地成为用户喜爱的操作系统。Windows 采用了图形用户界面（Graphic User Interface，GUI），与以前的 DOS 需要键入命令的方式相比更为人性化。随着计算机硬件和软件的不断升级，微软的 Windows 也在不断地升级，从架构的 16 位、16 + 32 位混合版（Windows 9x）、32 位，再到 64 位，系统版本从最初的 Windows 1.0 到大家熟知的 Windows 95、Windows 98、Windows ME、Windows 2000、Windows XP、Windows Vista、Windows 7、Windows 8、Windows 8.1、Windows 10，以及 Windows Server 2003、Windows Server 2008 和 Windows Server 2016 企业级服务器操作系统，并仍在持续更新。微软始终致力于 Windows 操作系统的开发和完善。

Windows 操作系统的主要特点包括图形用户界面、多用户、多任务，网络支持良好、多媒体功能出色、硬件支持良好、可供下载使用的应用程序众多等，这些特点足以让它广泛流行。以下是 Windows 的 3 个主要的特点。

- 图形用户界面。这是 Windows 最重要的特色，用户由此摆脱了原有字符模式操作系统必须死记硬背的键盘命令和令人一头雾水的屏幕提示，改为以鼠标为主，可以直接和屏幕上所见的界面进行交互。
- 多任务。Windows 是一个多任务的操作系统环境，它允许用户同时运行多个应用程序。每个应用程序在屏幕上占据一块矩形区域，这个区域称为窗口。而且窗口是可以重叠的，用户可以移动这些窗口，或在不同的应用程序窗口之间进行切换，并可以在不同的应用程序之间进行数据交换和通信。
- 一致的用户界面。大部分 Windows 程序的界面看起来都差不多，例如，它们通常有标题栏和菜单栏。

程序员更关心的是隐藏在底层的细节，Windows 究竟提供了什么便利？对程序员来说，Windows

的以下特征更为重要。

- 大量的 API 函数调用。Windows 支持几千种函数调用，涉及应用程序开发的各方面，程序员可以开发出具有精美用户界面和卓越性能的应用程序。
- 设备无关性。应用程序并不直接访问屏幕、打印机和键盘等硬件设备。Windows 虚拟化了所有的硬件，只要有设备驱动程序，这个硬件就可以使用。应用程序不需要关心硬件的具体型号，这个特性与 DOS 编程中需要针对不同的显卡和打印机等编写不同的驱动程序相比，对程序员的帮助是巨大的。
- 内存管理方便。由于内存分页和虚拟内存的使用，每个应用程序都可以使用 4GB 的地址空间（Win32），DOS 编程时必须考虑的 640KB 内存问题已经成为历史。64 位系统支持的地址空间更大。

Windows API（Application Programming Interface）是 Microsoft Windows 平台的应用程序编程接口，其主要目的是让应用程序开发人员可以调用操作系统提供的一组例程功能，而无须考虑其底层的源代码实现及内部工作机制。API 函数是构筑整个 Windows 框架的基石，它基于 Windows 的操作系统核心，上层是所有的 Windows 应用程序。

## 1.2　编程语言的分类

编程语言的种类非常多，总体来说可以分为机器语言、汇编语言和高级语言三大类。计算机所做的每一个操作，都按照用计算机语言编写的程序来执行，程序是计算机要执行的指令集合。程序是用我们所掌握的计算机语言来编写的，想控制计算机就需要通过计算机语言编写程序向其发出命令。

### 1.2.1　机器语言

计算机内部只能识别二进制代码，用二进制的 0 和 1 描述的指令称为机器指令。全部机器指令的集合构成计算机的机器语言。计算机把 0 和 1 描述的指令转换为一列高低电平，使计算机的电子器件受到驱动并进行运算。用机器语言编写的程序称为目标程序，只有目标程序才能被计算机直接识别和执行，但是机器语言编写的程序没有明显特征，难以记忆，不便阅读和书写，且依赖于具体机器，局限性很大。机器语言属于低级语言。

### 1.2.2　汇编语言

汇编语言和机器语言都是直接对硬件进行操作，同样需要编程者将每一步具体的操作用指令的形式写出来，只不过汇编语言的指令采用了英文缩写的助记符，更容易识别和记忆。汇编程序通常由 3 个部分组成：指令、伪指令和宏指令。汇编程序的每一句指令只能对应实际操作过程中的一个很细微的操作，例如移动和自增，因此汇编源程序一般比较冗长、复杂、容易出错，而且使用汇编语言编程需要程序员具备较多的计算机专业知识，但是汇编语言的优点也是显而易见的，例如有些硬件底层操作通过高级语言很难实现，汇编语言生成的可执行文件（.exe 或.dll）比较小，而且执行速度很快。

### 1.2.3 高级语言

高级语言主要相对于汇编语言而言，它并不是特指某一种具体的编程语言，而是包括了多种编程语言，例如 C、C++、Java。高级语言是大多数编程人员的选择，和汇编语言相比，它不但将许多相关的机器指令合成单条指令，并且去掉了与完成工作无关的细节，例如使用堆栈、寄存器等，这样就大大简化了程序中的指令，同时，由于省略了很多细节，编程人员也就不需要具备太多的专业知识。

通过高级语言编写的应用程序不能直接被计算机识别，必须经过转换才能执行，按转换方式可以将它们分为两类。

- 解释类：执行方式类似于日常生活中的“同声翻译”，应用程序源代码一边由相应编程语言的解释器“翻译”成目标代码（机器语言），一边被执行，因此执行效率比较低，而且不能生成可独立执行的可执行文件，应用程序不能脱离其解释器，但这种方式比较灵活，可以动态地调整、修改应用程序源代码，Python、JavaScript、Perl 等都是解释类语言。
- 编译类：编译是指在程序执行以前，将程序源代码“翻译”成目标代码（机器语言），因此目标程序可以脱离其编程语言环境独立执行，使用比较方便、效率较高。但是如果需要修改应用程序，则必须先修改源代码，再重新编译生成新的目标文件，如果只有目标文件而没有源代码，则修改起来比较困难，C、C++、Delphi 等都是编译类语言。

## 1.3 安装 Visual Studio 开发工具

本书使用的操作系统为 Windows 10 64 位企业版（1703），IDE 使用 Visual Studio（VS）2019 旗舰版集成开发工具。关于 VS 工具的下载以及安装，读者可以自行搜索安装教程。VS 可以开发各种类型的项目，如果安装全部项目支持，可能需要几十 GB 磁盘空间，因此我们只安装“使用 C++的桌面开发”就可以。

安装 VS 以后，建议读者同时安装一款功能强大的代码提示工具 Visual Assist，安装文件以及安装方法参见 Chapter1\Visual Assist X_10.9.2341.2。

安装 Visual Assist 以后的 VS 默认窗口布局参见 Chapter1\1VS 默认窗口布局.png，左侧的辅助窗口有服务器资源管理器和工具箱，右侧的辅助窗口有解决方案资源管理器、团队资源管理器和属性窗口等，这些辅助窗口都能隐藏、关闭或者调整位置，它们都可以在“视图”菜单项下找到。符合我工作习惯的 VS 窗口布局参见 Chapter1\2 我的 VS 窗口布局.png，右侧的辅助窗口可以选择自动隐藏。如果需要恢复默认窗口布局，请单击窗口菜单项→重置窗口布局。

## 1.4 HelloWorld 程序

打开 VS，单击**创建新项目(N)**按钮，打开**创建新项目**对话框。

语言类型选择 **C++**，目标平台选择 **Windows**，项目类型选择**所有项目类型**。然后选中 **Windows 桌面向导**，界面如图 1.1 所示。

单击下一步按钮，界面如图 1.2 所示，项目名称输入 HelloWorld，选择一个保存位置，单击创建按钮。

图 1.1

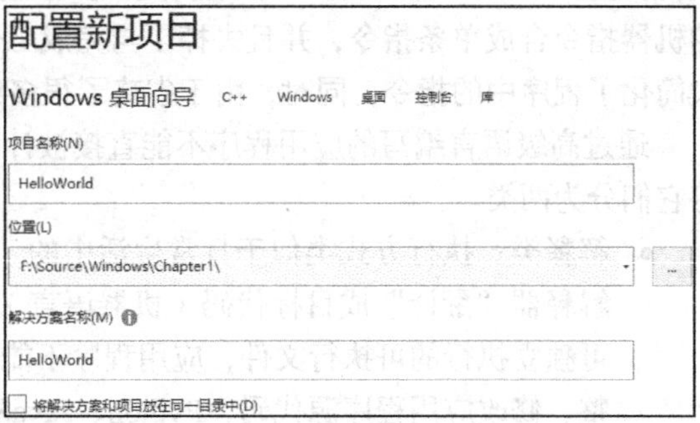


图 1.2

如图 1.3 所示，应用程序类型选择桌面应用程序（.exe），勾选空项目，然后单击确定按钮，VS 会自动创建解决方案，因为选择的是空项目，所以一切源文件和头文件都需要我们自己逐一添加。

创建解决方案以后，默认情况下是 Debug x86（32 位程序，调试版本），如图 1.4 所示，因为 Win32 程序还将长期存在，所以本书程序默认选择该配置。后面会介绍 Release 发行版本和编译为 64 位程序时需要注意的问题。

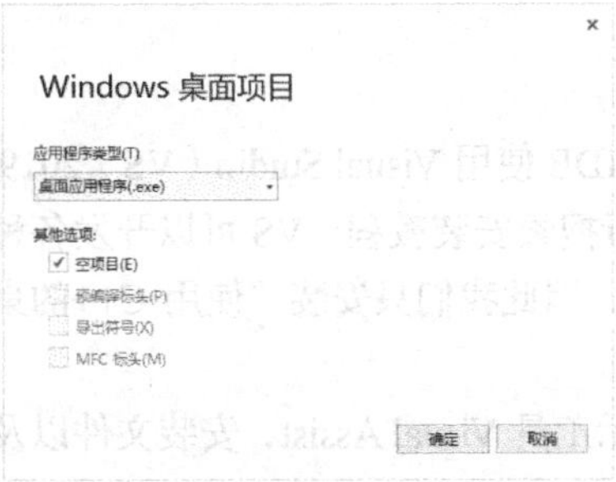


图 1.3

图 1.4

在左侧的解决方案资源管理器中，右键单击鼠标，选择源文件→添加→新建项，选择 C++文件，命名为 HelloWorld.cpp，单击添加按钮。HelloWorld.cpp 源文件的内容如下：

```
#include <Windows.h>

int WINAPI WinMain(HINSTANCE hInstance, HINSTANCE hPrevInstance, LPSTR lpCmdLine, int nCmdShow)
{
    MessageBox(NULL, TEXT("Hello World!"), TEXT("Caption"), MB_OKCANCEL | MB_ICONINFORMATION | MB_DEFBUTTON2);

    return 0;
}
```

按 Ctrl+F5 组合键运行程序，弹出一个消息框，标题为 Caption，内容为 Hello World!，如图 1.5 所示。

图 1.5

下面详细解释本程序。

## 1.4.1 引入头文件 Windows.h

因为#include <Windows.h>是编译预处理指令，而不是 C++语句，所以并不需要以分号结束。Windows.h 是编写 Windows 程序最重要的头文件，在 HelloWorld.cpp 文件中，光标定位到第一行#include <Windows.h>中的 Windows.h 上，右键单击鼠标，选择**转到文档(G)<Windows.h>**，可以看到 Windows.h 头文件的内容。Windows.h 头文件中包含了许多其他头文件，其中较重要且基本的如下。

- WinDef.h：基本数据类型定义。
- WinBase.h：Kernel（内核）有关定义。
- WinGdi.h：图形设备接口有关定义。
- WinUser.h：用户界面有关定义。

这些头文件对 Windows 的数据类型、函数声明、数据结构以及常量等作了定义。

## 1.4.2 入口函数 WinMain

和控制台程序有一个入口函数 main 一样，Windows 程序的入口函数为 WinMain，该函数由系统调用，入口函数 WinMain 在 WinBase.h 头文件中的声明如下：

```
int WINAPI WinMain(
    _In_     HINSTANCE hInstance,
    _In_opt_ HINSTANCE hPrevInstance,
    _In_     LPSTR     lpCmdLine,
    _In_     int       nShowCmd);
```

### 1. 函数调用约定

WinMain 函数名称前面的 WINAPI 在 minwindef.h 头文件中的定义如下：

```
#define CALLBACK    __stdcall
#define WINAPI      __stdcall
#define APIPRIVATE  __stdcall
#define PASCAL      __stdcall
#define APIENTRY    WINAPI
```

可以看到，CALLBACK、WINAPI、APIENTRY 等都代表__stdcall，__stdcall 是一种函数调用约

定，也称为标准调用约定。函数调用约定描述函数参数的传递方式和由谁来平衡堆栈，在程序中调用一个函数时，函数参数的传递是通过堆栈进行的，也就是说调用者把要传递给函数的参数压入堆栈，函数在执行过程中从堆栈中取出相应的参数使用。

打开 OllyICE 调试器（简称 OD），把 Chapter1\HelloWorld\Debug\HelloWorld.exe 拖入 OD 中，在 OD 左下角的 Command 编辑框中输入：bpx MessageBoxW。这就为 HelloWorld 程序中调用 MessageBox 函数的位置设了一个断点，然后按 F9 键运行程序，在 OD 中可以看到程序在 0115171B 一行中断：

```
    0115170A    68 41010000    push    141         ; MB_OKCANCEL | MB_ICONINFORMATION |
MB_DEFBUTTON2
    0115170F    68 307B1501    push    01157B30    ; UNICODE "Caption"
    01151714    68 447B1501    push    01157B44    ; UNICODE "Hello World!"
    01151719    6A 00          push    0           ; 0
    0115171B    FF15 98B01501  call    [<&USER32.MessageBoxW>>; USER32.MessageBoxW
    01151721    3BF4           cmp     esi, esp
```

HelloWorld 程序中对 MessageBox 函数的调用被汇编为以上 4 个 push 和 1 个 call 调用共 5 行汇编代码。Win32 API 函数都是使用__stdcall 调用约定，可以看到 MessageBox 的函数参数是按照从右到左的顺序依次压入堆栈的。HelloWorld 程序源代码中使用 MessageBox 函数调用，程序编译以后则是 MessageBoxW 函数调用，多了一个 W，这个问题后面会讲。

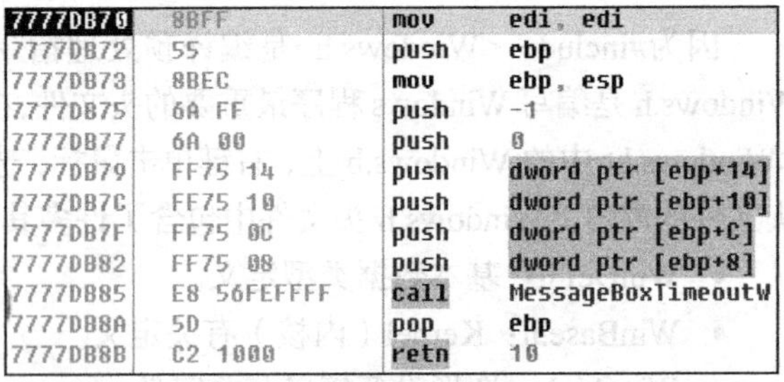


图 1.6

现在程序执行到 0115171B 这一行，按 F7 键单步进入，到达 MessageBoxW 函数的内部，如图 1.6 所示。

此时 OD 右下角堆栈窗口显示的堆栈空间如图 1.7 所示。

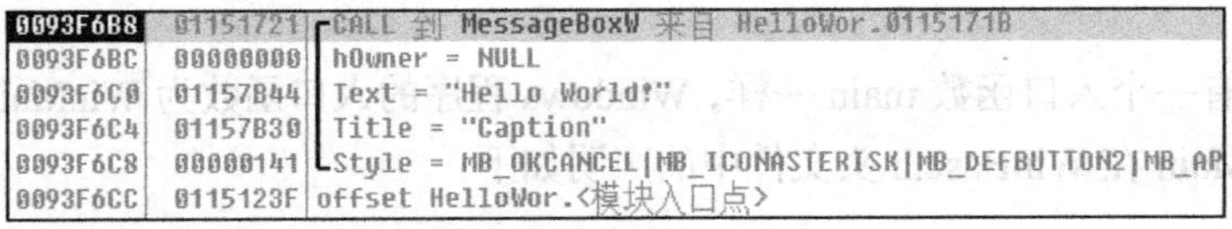


图 1.7

从上面的堆栈窗口第一行可以看到，0115171B　　FF15 98B01501 call [<&USER32.MessageBoxW>> 的下一行（即一条指令）的地址 01151721 被压入堆栈，这是 MessageBoxW 函数执行完成后返回的地址。从图 1.7 中还可以清晰地看到 HelloWorld 程序对 MessageBox 函数的调用，其函数参数是按照从右到左的顺序依次压入堆栈的。

MessageBoxW 函数内部需要使用刚才传递进来的函数参数，而且大部分函数内部需要使用局部变量。因为要不断压栈出栈，所以 esp 寄存器的值会经常发生变化。函数内部使用 ebp 寄存器作为指针来引用函数参数和局部变量，首先把 ebp 的值压入堆栈，然后把 esp 的值赋给 ebp，之后就可以使用 ebp 作为指针了，在 7777DB8A 这一行再恢复 ebp 寄存器的值。

前面说过，函数调用约定描述函数参数是怎么传递和由谁来平衡堆栈的，7777DB8B 一行 retn 10

指令的功能是返回到 01151721，并把 esp 寄存器的值加上十六进制的 10（也就是 16，加 16 是因为当初调用 MessageBoxW 函数的时候压入了 4 个函数参数，正好是 16 字节的堆栈空间）。执行 retn 10 指令以后 esp 寄存器会恢复为调用 MessageBoxW 函数以前的值，也就是执行 0115170A 这一行指令以前的值。另外，之所以把 esp 加上一个数来恢复 esp 的值，是因为压栈操作会导致 esp 的值变小，也就是堆栈生长方向的问题。

从本例可以看出，__stdcall 函数调用约定按照从右到左的顺序把函数参数压入堆栈，并由函数自身来负责平衡堆栈。

常用的函数调用约定有__stdcall、__cdecl（C 调用约定）、__fastcall、__pascal 等。__stdcall、__cdecl、__fastcall 的函数参数都是按照从右到左的顺序压入堆栈，而__pascal 则是按照从左到右的顺序压入堆栈。__cdecl 由函数调用方负责平衡堆栈，__stdcall、__fastcall、__pascal 则是由函数自身负责平衡堆栈。

看一下__cdecl 调用约定平衡堆栈的方式。打开 VS，创建一个控制台应用程序的空项目 CLanguage，CLanguage.c 源文件的内容如下所示：

```
#include <stdio.h>

int add(int a, int b)
{
    return a + b;
}

int main()
{
    int n;

    n = add(1, 2);
    printf("%d\n", n);
    return 0;
}
```

光标定位到 n = add(1, 2);这一行，按 F9 键添加断点，然后按 F5 键调试运行，程序中断在 n = add(1, 2);这一行，单击调试→窗口→反汇编，界面如图 1.8 所示。

```
    n = add(1, 2);
010A18A8  push        2
010A18AA  push        1
010A18AC  call        _add (010A11E0h)
010A18B1  add         esp,8
010A18B4  mov         dword ptr [n],eax
    printf("%d\n", n);
010A18B7  mov         eax,dword ptr [n]
```

图 1.8

可以看到调用方在调用_add 函数以后，是通过 add esp,8 语句进行平衡堆栈的。为什么 010A18AC 一行显示的函数调用是_add 而不是 add，后面再讲。

64 位 CPU 除段寄存器以外，其余都是 64 位（8 字节）。64 位的通用寄存器在数量上增加了 8 个，共有 16 个通用寄存器，其中 8 个是为了兼容 32 位，将原来的名称由 E**改为了 R**，如 EAX 改为 RAX，其余 8 个分别命名为 R8～R15，EIP 和 EFLAGS 都改为 RIP 和 RFLAGS，浮点寄存器还是 64 位，分别是 MMX0(FPR0)～MMX7(FPR7)。另外，还增加了 16 个 128 位的多媒体寄存器 XMM0～XMM15，称为 SSE 指令，XMM0 等多媒体寄存器又是 256 位寄存器 YMM0 等的低 128 位。

RAX 等 8 个通用寄存器的低 32 位、低 16 位、低 8 位，那么可以使用相应的寄存器进行存取，例如 RAX 来说分别是 EAX、AX、AL；R8 等后来按序号命名的寄存器取 64 位、低 32 位、低 16 位、低 8 位分别用 R8、R8D、R8W、R8B。

64 位程序的函数调用有所不同。64 位程序的函数调用约定最多可以通过寄存器传递 4 个函数参数，前 4 个参数从左到右依次存放于 RCX、RDX、R8 和 R9 寄存器，从第五个参数开始需要通过堆栈来进行传递，64 位程序的新式函数调用约定可以明显地加快函数调用的速度。在 64 位程序中，进行函数调用时通常不再使用 PUSH 指令来传递参数，而是通过 MOV 指令把参数传递到寄存器或堆栈。64 位程序的新式函数调用约定不再使用 EBP 寄存器作为指针来引用函数参数和局部变量，而是直接使用 RSP 堆栈指针寄存器。另外，由调用者负责堆栈平衡（和__cdecl 一样）。掌握了 32 位程序的调试，再去调试 64 位程序是非常容易上手的。调试 64 位程序通常使用 x64Dbg。

**2. 批注**

WinMain 函数名称下有一个绿色波浪线，这是一个警告，鼠标光标悬停于 WinMain 函数名称上时会弹出一个提示：C28251: "WinMain"的批注不一致: 此实例包含 无批注。参见 C:\Program Files (x86)\Windows Kits\10\Include\10.0.18362.0\ um\WinBase.h(933)，如图 1.9 所示。

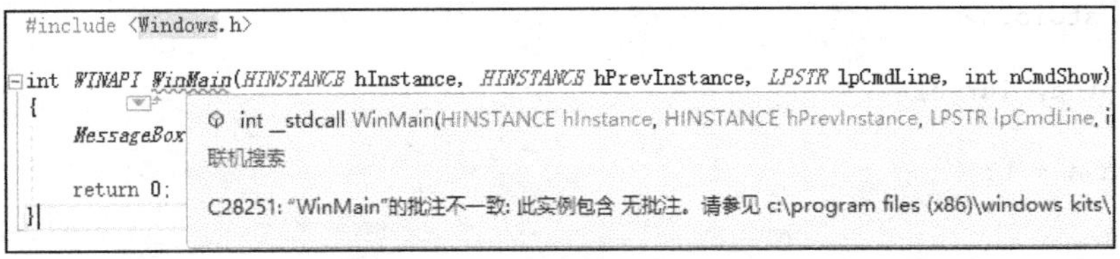


图 1.9

打开 WinBase.h 头文件，定位到 933 行，如图 1.10 所示。

```
933     WinMain (
934         _In_ HINSTANCE hInstance,
935         _In_opt_ HINSTANCE hPrevInstance,
936         _In_ LPSTR lpCmdLine,
937         _In_ int nShowCmd
938         );
```

图 1.10

WinMain 函数声明的每个参数的数据类型前都有一个参数说明符：_In_、_In_opt_等，这些参数说明符称为参数批注。图 1.9 中提示的意思是，WinBase.h 头文件中的 WinMain 函数声明有批注，而程序中的 WinMain 函数定义没有批注。

参数批注用于说明函数参数的性质和类型，可以帮助开发人员更好地了解如何使用这些参数，常见的参数批注如表 1.1 所示。

**表 1.1**

| 参数批注 | 含义 |
|---|---|
| _In_ | 该参数是一个输入参数，在调用函数的时候为该参数设置一个值，函数只可以读取该参数的值但不可以修改 |
| _Inout_ | 该参数是一个输入输出参数，在调用函数的时候为该参数设置一个值，函数返回以后会修改该参数的值 |
| _Out_ | 该参数是一个输出参数，函数返回以后会在该参数中返回一个值 |
| _Outptr_ | 该参数是一个输出参数，函数返回以后会在该参数中返回一个指针值 |

与上面 4 个参数批注对应的还有_In_opt_、_Inout_opt_、_Out_opt_和_Outptr_opt_，opt 表示可选择（optional），表示可以不使用该参数，也可以设置为 0 或者 NULL(0)，而表格中的 4 个不带 opt 的参数批注表示该参数必须指定一个合理的值。

在 VS 2019 以前，并不要求在函数声明和定义中设置参数批注，参数批注仅用于指导程序员正确使用函数参数。为了简洁，本书设置自定义函数的时候也不使用参数批注，但在具体介绍一个 Windows API 函数的时候，我们都会列出参数批注，以帮助大家正确使用函数参数。

### 3. WinMain 的 4 个函数参数的含义

- HINSTANCE hInstance，表示应用程序的当前实例的句柄，在 Windows 程序中句柄无非就是一个数值，程序中用它来标识某些对象，本例中 hInstance 实例句柄就唯一地标识了正在运行中的 exe 程序文件。
  - 先说一下模块的概念。模块代表的是一个运行中的.exe 或.dll 文件，表示这个文件中的所有代码和资源，磁盘上的文件不是模块，载入内存后运行时叫作模块；另外，一个应用程序调用其他动态链接库中的 API 时，这些.dll 文件也会被载入内存，这就产生了一些动态链接库模块。为了区分地址空间中的不同模块，每个模块都有一个唯一的模块句柄来标识。模块句柄实际上就是一个内存基地址，系统将.exe 或.dll 文件加载到地址空间的这个位置。
  - 实例的概念源于 Win16，Win16 系统中运行的不同程序的地址空间并非是完全隔离的。一个可执行文件运行后形成模块，多次加载同一个可执行文件时，这个模块是公用的。为了区分多次加载的“复制”，把每个“复制”叫作实例，每个实例均用不同的实例句柄（HINSTANCE）值来标识。但在 Win32 中，每一个运行中的程序的地址空间是隔离的，每个实例都使用自己私有的 4GB 虚拟地址空间，不存在一个模块具有多个实例的问题。即使同一程序同时运行了多个，它们之间通常也是互不影响的。在 Win32 中，实例句柄就是模块句柄，但很多 API 函数中用到模块句柄的时候使用的名称还是实例句柄。
- HINSTANCE hPrevInstance，表示应用程序上一个实例的句柄。在 Win16 中，当同时运行一个程序的多个副本时，同一程序的所有实例共享代码以及只读数据（例如菜单或对话框模板之类的资源），一个程序可以通过查看 hPrevInstance 参数从而得知是否有它的其他实例在运行，这样就可以把一些数据从前一个实例移到自己的数据区来。对于 Win32 应用程序，该参数始终为 NULL。
- LPSTR lpCmdLine，指向应用程序命令行参数字符串的指针，不包括可执行文件名。要获取整个命令行，可以调用 GetCommandLine 函数。例如，在 D 盘下有一个 111.txt 文件，当我们用鼠标双击这个文件时将启动记事本程序（notepad.exe），此时系统会将 D:\111.txt 作为命令行参数传递给记事本程序的 WinMain 函数，记事本程序得到这个文件的路径后，在窗口中显示该文件的具体内容。

  LPSTR 是一种 Windows 数据类型，在 winnt.h 头文件中定义如下：

  ```
  typedef _Null_terminated_ CHAR *NPSTR, *LPSTR, *PSTR;
  typedef char CHAR;
  ```

  _Null_terminated_表示以零结尾的字符串，LPSTR 表示一个以零结尾的 char 类型字符串的指针。LPSTR 中的 LP 是 Long Pointer（长指针），这是 Win16 遗留的概念，在 Win32 中不区分长短指针，指针都是 32 位。以零结尾，有时候也称为以空字符结尾、以 NULL 结尾等。

- int nCmdShow，指定应用程序最初如何显示，例如在任务栏上正常显示、最大化到全屏显示或最小化显示。

## 1.4.3 MessageBox 函数

MessageBox 函数的功能是显示一个消息提示框，其中可以包含一个系统图标、一组按钮、一个消息标题和一条简短的消息内容。函数原型如下：

```
int WINAPI MessageBox(
    _In_opt_ HWND     hWnd,      // 消息框的所有者(拥有者)的窗口句柄
    _In_opt_ LPCTSTR lpText,     // 要显示的消息内容
    _In_opt_ LPCTSTR lpCaption, // 消息框的标题
    _In_     UINT     uType);    // 消息框的图标样式和按钮样式
```

第 1 个参数 hWnd 指定消息框的所有者的窗口句柄，HWND 是 Handle Window 的缩写，即窗口句柄。在 Win32 中句柄实际上就是一个 32 位的数值。句柄的实际取值对于程序来说并不重要，Windows 通过句柄来标识它所代表的对象，比如读者单击某个按钮，Windows 通过该按钮的窗口句柄来判断读者单击了哪一个按钮。在 Windows 中，句柄的使用非常频繁，以后还将遇到 HICON（图标句柄）、HCURSOR（光标句柄）以及 HBRUSH（画刷句柄）等。

第 2 个参数 lpText 指定要显示的消息内容，LPCTSTR 是一种 Windows 数据类型，在 winnt.h 头文件中定义如下：

```
typedef LPCWSTR PCTSTR, LPCTSTR;
typedef _Null_terminated_ CONST WCHAR *LPCWSTR, *PCWSTR;
typedef _Null_terminated_ CONST CHAR *LPCSTR, *PCSTR;
typedef wchar_t WCHAR;
typedef char CHAR;
```

CONST 表示常量字符串，不可修改，就是说 LPCTSTR 是一个指向 wchar_t 或 char 类型常字符串的指针。后面将介绍 wchar_t 数据类型。

第 3 个参数 lpCaption 指定消息框的标题。

第 4 个参数 uType 指定消息框的图标样式和按钮样式。要指定在消息框中显示的按钮，可以使用表 1.2 所列的值。

表 1.2

| 常量 | 显示的按钮 |
| --- | --- |
| MB_ABORTRETRYIGNORE | 中止、重试和忽略 |
| MB_CANCELTRYCONTINUE | 取消、重试和继续 |
| MB_HELP | 确定、帮助 |
| MB_OK | 确定 |
| MB_OKCANCEL | 确定、取消 |
| MB_RETRYCANCEL | 重试、取消 |
| MB_YESNO | 是、否 |
| MB_YESNOCANCEL | 是、否和取消 |

要指定在消息框中显示的图标，可以使用表 1.3 所列的值。

表 1.3

| 常量 | 显示的图标 |
|---|---|
| MB_ICONEXCLAMATION | 感叹号图标 |
| MB_ICONWARNING | 感叹号图标 |
| MB_ICONINFORMATION | 在一个圆圈中有一个小写字母 i 组成的图标 |
| MB_ICONASTERISK | 在一个圆圈中有一个小写字母 i 组成的图标 |
| MB_ICONQUESTION | 问号图标 |
| MB_ICONSTOP | 停止标志图标 |
| MB_ICONERROR | 停止标志图标 |
| MB_ICONHAND | 停止标志图标 |

还可以指定消息框的默认按钮。默认按钮在显示消息框时突出显示的按钮，它有一个粗的边框，按下 Enter 键就相当于单击了这个按钮。要设置默认按钮，可以使用表 1.4 所列的值。

表 1.4

| 常量 | 含义 |
|---|---|
| MB_DEFBUTTON1 | 第 1 个按钮是默认按钮 |
| MB_DEFBUTTON2 | 第 2 个按钮是默认按钮 |
| MB_DEFBUTTON3 | 第 3 个按钮是默认按钮 |
| MB_DEFBUTTON4 | 第 4 个按钮是默认按钮 |

MessageBox 函数执行成功会返回一个整数值，指明用户单击了哪个按钮，返回值可以使用表 1.5 所列的值。

表 1.5

| 返回值 | 含义 |
|---|---|
| IDABORT | 单击了中止按钮 |
| IDCANCEL | 单击了取消按钮，如果消息框有取消按钮，则当按下 Esc 键或单击取消按钮时，函数都将返回 IDCANCEL 值 |
| IDCONTINUE | 单击了继续按钮 |
| IDIGNORE | 单击了忽略按钮 |
| IDNO | 单击了否按钮 |
| IDOK | 单击了确定按钮 |
| IDRETRY | 单击了重试按钮 |
| IDTRYAGAIN | 单击了重试按钮 |
| IDYES | 单击了是按钮 |

例如，可以像下面这样判断返回值：

```
int nRet = MessageBox(NULL, TEXT("Hello World!"), TEXT("Caption"), MB_OKCANCEL | MB_
ICONINFORMATION | MB_DEFBUTTON2);
```

```
switch (nRet)
{
case IDOK:
    MessageBox(NULL, TEXT("用户单击了确定按钮"), TEXT("Caption"), MB_OK); // TEXT 宏稍后再讲
    break;
case IDCANCEL:
    MessageBox(NULL, TEXT("用户单击了取消按钮"), TEXT("Caption"), MB_OK);
    break;
}
```

## 1.5 程序编译过程

计算机只认识二进制的 0 和 1，编译是把高级语言转换成计算机可以识别的二进制机器语言的过程。本节通过分步编译 CLanguage.c 来演示一个程序的编译过程。为了实现分步编译，我们在本机安装了 MinGW Installer 编译工具，这是 Linux 下的 gcc 编译器的 Windows 版本。将一个 C/C++文件编译为可执行程序，需要经过预处理、汇编、编译、链接等阶段，下面分别进行介绍。

**1. 预处理**

打开命令窗口，输入 gcc -E CLanguage.c –o CLanguage.i。

-E 选项表示只进行预处理，执行上述命令会生成经过预处理的 CLanguage.i 文件。用 EditPlus 软件打开 CLanguage.i，可以看到短短的几行源代码变成了 800 多行：

```
……
# 1 "C:/Strawberry/c/i686-w64-mingw32/include/_mingw_print_pop.h" 1 3
# 994 "C:/Strawberry/c/i686-w64-mingw32/include/stdio.h" 2 3
# 2 "CLanguage.c" 2

int add(int a, int b)
{
    return a + b;
}

int main()
{
    int n;

    n = add(1, 2);
    printf("%d\n", n);
    return 0;
}
```

预处理的过程做了以下工作：宏定义展开（例如#define 定义）；处理所有的条件编译指令，例如#ifdef、#ifndef、#endif 等；处理#include，将#include 引用的文件插入该行；删除所有注释；添加行号和文件标识，这样在调试和编译出错的时候可以确定是哪个文件的哪一行。预处理的过程并不会检查语法错误。

### 2. 汇编

继续在命令行窗口输入 gcc -S CLanguage.i -o CLanguage.s。

-S（大写）选项表示只进行预处理和汇编，执行上述命令会生成经过预处理和汇编的 CLanguage.s 文件。用 EditPlus 软件打开 CLanguage.s，可以看到：

```
    .file "CLanguage.c"
    .text
    .globl _add
    .def _add;  .scl  2;  .type  32;  .endef
_add:
    pushl %ebp
    movl  %esp, %ebp
    movl  8(%ebp), %edx
    movl  12(%ebp), %eax
    addl  %edx, %eax
    popl  %ebp
    ret
    .def  ___main;  .scl  2;  .type  32;  .endef
    .section .rdata,"dr"
LC0:
    .ascii "%d\12\0"
    .text
    .globl _main
    .def  _main;  .scl  2;  .type  32;  .endef
_main:
    pushl  %ebp
    movl  %esp, %ebp
    andl  $-16, %esp
    subl  $32, %esp
    call  ___main
    movl  $2, 4(%esp)
    movl  $1, (%esp)
    call  _add
    movl  %eax, 28(%esp)
    movl  28(%esp), %eax
    movl  %eax, 4(%esp)
    movl  $LC0, (%esp)
    call  _printf
    movl  $0, %eax
    leave
    ret
    .ident  "GCC: (i686-posix-sjlj, built by strawberryperl.com project) 4.9.2"
    .def  _printf;  .scl  2;  .type  32;  .endef
```

汇编的过程会检查语法错误。

### 3. 编译

继续在命令行窗口输入 gcc -c CLanguage.s -o CLanguage.obj。

-c（小写）选项表示只进行预处理、汇编和编译，执行上述命令会生成经过预处理、汇编和编译的 CLanguage.obj 文件。编译过程就是将汇编文件生成目标文件的过程，在这个过程中会做一些优化处理。目标文件是二进制文件，无法使用文本编辑器打开，可以使用十六进制编辑工具打开查看。

**4. 链接**

CLanguage.c 用到了 C 标准库的 printf 函数，但是编译过程只是把源文件转换成二进制文件而已，这个二进制文件还不能直接执行，还需要把转换以后的二进制文件与要用到的库绑定链接到一起（实际上还会绑定其他对象，并做一些其他工作，在此不再深究）。

一步编译命令 gcc CLanguage.c -o CLanguage.exe。

执行上述命令会生成经过预处理、汇编、编译和链接的 exe 可执行程序。

在 VS 中，一步编译的快捷键是 Ctrl + F7，一步编译并执行的快捷键是 Ctrl + F5。

# 1.6　字符编码 ASCII、扩展 ASCII、DBCS、Unicode 和 ANSI

## 1.6.1　ASCII

我们知道，计算机只能存储二进制数据，那么该如何表示和存储字符呢？这就需要使用字符集来实现字符与整数之间的转换。

ASCII（American Standard Code for Information Interchange，美国信息交换标准代码）起始于 20 世纪 50 年代后期，在 1967 年定案，是基于拉丁字母的一套计算机编码系统，主要用于显示现代英语和其他西欧语言，它是现今通用的单字节编码系统。ASCII 最初是美国国家标准，供不同的计算机在相互通信时作为共同遵守的西文字符编码标准，后来被国际标准化组织（International Organization for Standardization，ISO）定为国际标准，称为 ISO 646 标准。

ASCII 使用 7 位二进制数来表示 128 个字符，称为标准 ASCII，包括所有的大写和小写字母、数字 0～9、标点符号以及在美式英语中使用的特殊控制字符。

- 0～31 及 127（共 33 个）是控制字符或通信专用字符，例如控制字符包括 LF（换行）、CR（回车）、FF（换页）、DEL（删除）、BS（退格）、BEL（响铃）等；通信专用字符包括 SOH（文头）、EOT（文尾）、ACK（确认）等。ASCII 值 8、9、10 和 13 分别转换为退格、制表、换行和回车字符，它们并没有特定的图形显示，但会对文本显示产生影响。
- 32～126（共 95 个）是字符（32 是空格），其中 48～57 为阿拉伯数字 0～9；65～90 为 26 个大写英文字母，97～122 号为 26 个小写英文字母；其余为标点符号、运算符号等。

由 ASCII 码表可以看到，数字符号、大写字母符号和小写字母符号的编码都是连续的，所以只要记住数字符号的编码从 0x30 开始、大写字母符号的编码从 0x41 开始以及小写字母符号的编码从 0x61 开始便可以推算出其他数字符号和字母符号的编码。

## 1.6.2　扩展 ASCII

标准 ASCII 仅使用了每字节的低 7 位进行编码，最多可以表示 128 个字符。这往往不能满足实际需求，为此在 IBM PC 系列及其兼容机上使用了扩展的 ASCII 码。扩展的 ASCII 码使用 8 位二进制数进行编码，扩展的 ASCII 包含标准 ASCII 中已有的 128 个字符，又增加了 128 个字符，总共是 256 个，值 128～255 用来表示框线、音标和其他欧洲非英语系的字母。

1987 年 4 月，MS DOS 3.3 把代码页的概念带进了 IBM。每个代码页都是一个字符集，并且这一概念后来也被用到了 Windows 系统里。这样一来，原本的 IBM 字符集成为第 437 页代码页，微软自己的 MS DOS Latin 1 字符集成为第 850 页代码页。其他的代码页为其他语言制定，就是说较低的 128 个 ASCII 码总是表示标准 ASCII 字符，而较高的 128 个 ASCII 码则取决于定义代码页的语言。代码页的数量以超乎想象的速度递增，后来更是出现了不同操作系统对于同一个国家语言的代码页互相不兼容的情况。每个系统环境的代码页都对标准字符集进行了修订，这使局面很混乱。

## 1.6.3　双字节字符集 DBCS

单字节字符集肯定远远包含不了那些包括上万个字符的语言，例如中文、日文，因此这些国家都开发了表示自己本国文字的双字节字符集，用 2 字节（16 位二进制数据）来表示除 ASCII 以外的字符（ASCII 还是使用 1 字节来表示），其中常见的就是我国的 GB 系列编码了（GB 为国标的拼音缩写）。不同国家创造出来的字符集虽说与 ASCII 兼容，但是编码却是互不兼容的，例如相同数值的 2 字节，在中文和日语中则表示两个不同的字符。这些不同国家的字符集，同样也被微软纳入了代码页体系中，例如中文就是第 936 页代码页（我们最常见的 CP936 就是这个意思，它表达的字符集和 GBK 是一样的）。

Windows 支持 4 种不同的双字节字符集：代码页 932（日文）、936（简体中文）、949（韩文）以及 950（繁体中文）。在双字节字符集中，一个字符串中的每个字符都由 1 字节或 2 字节组成。以日文为例，如果第 1 字节在 0x81～0x9F 或 0xE0～0xFC，就必须检查下一字节，才能判断出一个完整的字符。对程序员而言，和双字节字符集打交道如同一场噩梦，因为有的字符是 1 字节宽，有的字符却是 2 字节宽。

## 1.6.4　Unicode 国际化

为了表示不同国家和地区的语言，编码方案有上百种，避免这种混乱的需求由来已久。Unicode 是 1988 年由 Apple 和 Xerox 共同建立的一项标准，Unicode 的诞生解决了双字节字符集的混乱问题。虽然同样是用 16 位（2 字节）来表示字符，但 Unicode 只有一个字符集，包含了世界上任何一个国家和地区的语言所用的字符。Unicode 标准定义了所有主要语言中使用的字母、符号、标点，其中包括了欧洲地区的语言、中东地区的希伯来语言、亚洲地区的语言等。Unicode 有 3 种编码形式，允许字符以字节、字或双字格式存储。

- UTF-8。UTF-8 将有的字符编码为 1 字节，有的字符编码为 2 字节，有的字符编码为 3 字节，甚至有的字符编码为 4 字节。值在 0x80（128）以下的字符（即标准 ASCII）被转换为 1 字节，适合美国；0x80～0x7FF 的字符被转换为 2 字节，适合欧洲和中东地区；0x800 以上的字符被转换为 3 字节，适合东亚地区；最后，代理对（Surrogate Pair）被转换为 4 字节。代理对是 UTF-16 中用于扩展字符而使用的编码方式，采用 4 字节（两个 UTF-16 编码）来表示一个字符。UTF-8 是一种相当流行的编码格式，但在对值为 0x800 以上的大量字符进行编码时，UTF-8 不如 UTF-16 高效。

- UTF-16。UTF-16 将每个字符编码为 2 字节（16 位）。**在谈到 Unicode 时，除非专门声明，一般都是指 UTF-16 编码。**Windows 之所以使用 UTF-16，是因为全球各地使用的大部分语言中，通常用一个 16 位值来表示每个字符，每个字符被编码为 2 字节，所以很容易遍历字符串并计算它的字符个数。但是，16 位不足以表示某些语言的所有字符。对于不能表示的字符，UTF-16 支持使用代理对，代理对是用 32 位（4 字节）来表示一个字符的一种方式，由于只有少数应用程序需要使用这类字符，因此 UTF-16 在节省空间和简化编码这两个目标之间提供了一个很好的折衷。
- UTF-32。UTF-32 将每个字符都编码为 4 字节，用于不太关心存储空间的环境中。在将字符串保存到文件或传输到网络的时候，基于空间和速度的考虑，很少会使用这种格式，这种编码格式一般在应用程序内部使用。

把长度较小的 Unicode 值（例如字节）复制到长度较大的 Unicode 值（例如字或双字）中不会丢失任何数据。另外，Unicode 的实现还有大小端（后面会讲）存储的区别，并且 UTF-8 还存在是否带有 BOM 标记的问题，因此在很多文本编辑器里有多种关于 Unicode 这一项的编码转换。

### 1.6.5　ASCII 和 ANSI

首先是字面上的差别，ASCII 即 American Standard Code for Information Interchange，美国信息互换标准代码；ANSI 即 American National Standard Institite，美国国家标准协会的一种编码标准。后者更强调国家标准，一般是面向世界范围内国家和地区之间的交流，该协会规定了很多类似的标准。为了让计算机支持更多语言，值在 0x80～0xFFFF 范围的字符使用 2 字节或多字节来表示，比如：汉字“中”在中文操作系统中使用[0xD6,0xD0]来存储。不同的国家和地区制定了不同的标准，由此产生了 GB2312、GBK、GB18030、Big5、Shift_JIS 等各自的编码标准。这些使用多字节来代表一个字符的各种延伸编码方式，称为 ANSI 编码。在简体中文 Windows 操作系统中，ANSI 编码代表 GBK 编码；在繁体中文 Windows 操作系统中，ANSI 编码代表 Big5；在日文 Windows 操作系统中，ANSI 编码代表 Shift_JIS 编码。不同的 ANSI 编码互不兼容。当信息在国际间交流时，两种语言的文字无法使用同一个 ANSI 编码，ANSI 编码就是一个具体国家的多字节字符集。ANSI 编码表示英文字符时使用 1 字节，表示中文时用 2～4 字节。

其次，一般会拿 ANSI 码和 Unicode 码对比，两者都是各种语言的表示方法。不同的是，ANSI 在不同国家和地区的不同语言中有不同的具体标准，是国家标准，比如，在简体中文系统中就是 GB2312、GBK。相对而言，Unicode 正如其名，是 Universal Code，具有统一、通用的意思，是国际化标准。

## 1.7　字符和字符串处理

### 1.7.1　字符和字符串数据类型

#### 1. char 数据类型

我们可以这样定义并初始化一个字符变量：

```
char c = 'A';
```

变量 c 需要 1 字节的存储空间，并用十六进制数值 0x41 来初始化（字母 A 的 ASCII 值为 0x41）。

可以按如下方式定义并初始化一个 char 类型字符串的指针：

```
char *pStr = "Hello!";
```

在 Win32 中指针变量 pStr 需要 4 字节的存储空间。指针变量 pStr 指向的字符串需要 7 字节的存储空间，其中包括 6 字节的字符和一个字符串结束标志 0。

可以按如下方式定义并初始化一个 char 类型字符数组：

```
char szStr[] = "Hello!";
```

字符数组 szStr 同样需要 7 字节的存储空间，其中包括 6 字节的字符和一个字符串结束标志 0。

### 2. 宽字符 wchar_t

Unicode（一般指 UTF-16）统一用 2 字节来表示一个字符。Unicode 是现代计算机的默认编码方式，Windows 2000 以后的操作系统，包括 Windows 2000、Windows XP、Windows Vista、Windows 7、Windows 8、Windows 10、Windows Phone、Windows Server 等（统称 Windows NT）都从底层支持 Unicode。注意，说到宽字符集，通常指 Unicode，也就是 UTF-16，Unicode 为宽字符集代言；说到多字节字符集通常指用 1 到多字节来表示一个字符，ANSI 为多字节字符集代言。宽字符在内存中占用的空间通常比多字节字符多，但是处理速度更快，因为很多系统的内核（包括 Windows NT 内核）都是从底层向上使用 Unicode 编码的。用 VS 创建项目的时候，默认使用 Unicode 字符集，可以通过在解决方案资源管理器中右键单击项目名称→属性→配置属性→高级→字符集进行设置。

C/C++的宽字符数据类型为 wchar_t。可以按如下方式定义并初始化一个 wchar_t 类型变量：

```
wchar_t wc = L'A';
```

大写字母 L 表明右边的字符需要使用宽字符存储。变量 wc 需要 2 字节的存储空间，并用十六进制数值 0x0041 来初始化。

可以按如下方式定义并初始化一个 wchar_t 类型字符串的指针：

```
wchar_t *pwStr = L"Hello!";
```

一个字符需要 2 字节来存储，指针变量 pwStr 指向的字符串需要 14 字节的存储空间，其中包括 12 字节的字符和 2 字节的字符串结束标志 0。上述字符串在内存中的存储形式为 48 00 65 00 6c 00 6c 00 6f 00 21 00 00 00。

可以按如下方式定义并初始化一个 wchar_t 类型字符数组：

```
wchar_t szwStr[] = L"Hello!";
```

字符数组 szwStr 同样需要 14 字节的存储空间。

sizeof 操作符用于返回一个变量、对象或数据类型所占用的内存字节数，例如下面的代码：

```
char ch = 'A';                  // 1
wchar_t wch = L'A';             // 2
char str[] = "C语言";           // 6，C 占用 1 字节，语言占用 4 字节，还有 1 字节的字符
                                // 串结束标志
wchar_t wstr[] = L"C语言";      // 8，一个字符占用 2 字节，还有 2 字节的字符串结束标志
printf("ch = %d, wch = %d, str = %d, wstr = %d\n",
    sizeof(ch), sizeof(wch), sizeof(str), sizeof(wstr));
```

输出结果为 ch = 1, wch = 2, str = 6, wstr = 8。

**注意**：用 char 数据类型定义变量就表示使用多字节字符集存储字符，使用 1 字节或多字节来表示一个字符。标准 ASCII 部分的字符只需要使用 1 字节来表示，非标准 ASCII 部分的字符需要 2 字节或 2 字节以上来表示一个字符；用 wchar_t 数据类型定义变量表示使用 Unicode 字符集存储字符，使用 2 字节来表示一个字符。

### 3. TCHAR 通用数据类型

Windows 在 winnt.h 头文件中定义了自己的字符和宽字符数据类型：

```
typedef char CHAR;                    // 字符

#ifndef _MAC
    typedef wchar_t WCHAR;            // 宽字符
#else
    // Macintosh 编译器没有定义 wchar_t 数据类型，宽字符被定义为 16 位整型数
    typedef unsigned short WCHAR;
#endif
```

winnt.h 头文件中还有如下定义：

```
#ifdef  UNICODE
    typedef WCHAR  TCHAR, *PTCHAR;
#else
    typedef CHAR   TCHAR, *PTCHAR;
#endif
```

用 VS 创建一个项目的时候，默认使用 Unicode 字符集。右键单击项目名称→属性→配置属性→C/C++→命令行，可以看到 UNICODE 和_UNICODE 都被定义了，这两个宏不是在头文件中定义的，而是通过项目属性进行设置的；如果把项目属性设置为多字节字符集，则可以看到 UNICODE 和_UNICODE 都会被取消定义。C 语言代码通常用_UNICODE 宏进行判断，Windows 通常用 UNICODE 宏进行判断，所以这两个宏要么同时定义，要么一个都不定义，否则会出现难以预料的问题。

根据项目属性是否使用 Unicode 字符集，TCHAR 被解释为 CHAR(char)或 WCHAR(wchar_t)数据类型。

### 4. TEXT 宏

winnt.h 头文件中有如下定义：

```
#ifdef  UNICODE
    #define __TEXT(quote) L##quote
#else
    #define __TEXT(quote) quote
#endif

#define  TEXT(quote)   __TEXT(quote)
```

##被称为“令牌粘贴”，表示把字母 L 和宏参数拼接在一起，假设宏参数 quote 是"Hello!"，那么 L##quote 就是 L"Hello!"。

就是说，如果源文件中有以下定义：

```
TCHAR szBuf[] = TEXT("C 语言");
```

如果项目属性使用 Unicode 字符集，那么上面的定义将被解释为：*WCHAR* szBuf[] = L"C 语言";。如果项目属性使用多字节或者 ANSI 字符集，则上面的定义将被解释为：*CHAR* szBuf[] = "C 语言";。

**5. 字符串数据类型**

winnt.h 头文件中定义了许多字符串数据类型，例如：

```
typedef char CHAR;

typedef _Null_terminated_ CHAR          *NPSTR, *LPSTR, *PSTR;
typedef _Null_terminated_ CONST  CHAR   *LPCSTR, *PCSTR;

typedef _Null_terminated_ WCHAR         *NWPSTR, *LPWSTR, *PWSTR;
typedef _Null_terminated_ CONST  WCHAR  *LPCWSTR,*PCWSTR;

#ifdef  UNICODE
    typedef LPWSTR    PTSTR,  LPTSTR;
    typedef LPCWSTR   PCTSTR, LPCTSTR;
#else
    typedef LPSTR     PTSTR, LPTSTR, PUTSTR, LPUTSTR;
    typedef LPCSTR    PCTSTR, LPCTSTR, PCUTSTR, LPCUTSTR;
#endif
```

PSTR 和 LPSTR 表示 CHAR 类型字符串；PCSTR 和 LPCSTR 表示 CHAR 类型常字符串，C 表示 const。

PWSTR 和 LPWSTR 表示 WCHAR 类型字符串；PCWSTR 和 LPCWSTR 表示 WCHAR 类型常字符串。

PTSTR 和 LPTSTR 表示 TCHAR 类型字符串；PCTSTR 和 LPCTSTR 表示 TCHAR 类型常字符串。

如果希望我们的程序有 ANSI 版本和 Unicode 版本两个版本，可以通过编写两套代码分别实现 ANSI 版本和 Unicode 版本，但是针对 ANSI 字符和 Unicode 字符，维护两套代码是一件非常麻烦的事情，有了这些宏定义就可以实现对 ANSI 和 Unicode 编码的通用编程。

另外，入口点函数还可以写为如下格式：

```
int WINAPI _tWinMain(HINSTANCE hInstance, HINSTANCE hPrevInstance, LPTSTR lpCmdLine, int nCmdShow);
```

根据是否定义 UNICODE，会被解释为 WinMain 或 wWinMain：

```
int WINAPI WinMain( HINSTANCE hInstance, HINSTANCE hPrevInstance, LPSTR lpCmdLine,  int nCmdShow);
int WINAPI wWinMain(HINSTANCE hInstance, HINSTANCE hPrevInstance, LPWSTR lpCmdLine, int nCmdShow);
```

本书中都是使用 WinMain。如果使用_tWinMain，那么必须包含 tchar.h 头文件。

## 1.7.2 常用的字符串处理函数

字符串处理是程序设计中的常见话题，本节介绍常用的 C/C++字符串处理函数。学习这些函数有点枯燥，但是以后都会用到它们，所以本节必须介绍并要求大家掌握这些内容。

**1. 获取字符串的长度**

获取字符串长度的函数是 strlen 和 wcslen，请看函数声明：

```
size_t strlen(const char*   str);  // char 类型字符串指针
size_t wcslen(const wchar_t* str);  // wchar_t 类型字符串指针
```

size_t 在 vcruntime.h 头文件中定义如下：

```
#ifdef _WIN64
    typedef unsigned __int64 size_t;
#else
    typedef unsigned int     size_t;
#endif
```

如果编译为 64 位程序，size_t 代表 64 位无符号整型；如果编译为 32 位程序，size_t 代表 32 位无符号整型。如果有不清楚的数据类型或数据结构定义，可以将其输入 VS 源文件中，右键单击转到定义，查看其定义；或者将光标定位到相关单词处按 F1 键打开微软官方帮助文档查看解释。

注意：strlen 会将字符串解释为单字节字符串，因此即使该字符串包含多字节字符，其返回值也始终等于字节数；wcslen 是 strlen 的宽字符版本，wcslen 的参数是宽字符串，返回宽字符个数。这两个函数的返回值不包括字符串结尾的 0，示例如下：

```
CHAR  str[] = "C语言";        // 5，C占用1字节，语言占用4字节
WCHAR wstr[] = L"C语言";      // 3，3个宽字符

// _tprintf是printf、wprintf的通用版本，稍后介绍_tprintf函数
_tprintf(TEXT("strlen(str) = %d, wcslen(wstr) = %d\n"), strlen(str), wcslen(wstr));
```

输出结果为 strlen(str) = 5, wcslen(wstr) = 3。

_tprintf 是 printf 和 wprintf 的通用版本，因此格式化字符串需要使用 TEXT 宏，今后一般不使用 CHAR 类型字符串""或 WCHAR 类型字符串 L""形式的字符串定义。使用_tprintf 需要包含 tchar.h 头文件，如果不包含，_tprintf 下方会显示一个红色波浪线。如果读者不知道一个函数需要哪个头文件，则可以将光标定位到该函数，按 F1 键打开官方文档查看函数解释，会提示需要哪个.h 头文件（有的函数还需要.lib 导入库）。

strlen 和 wcslen 这两个函数的通用版本为_tcslen，在 tchar.h 头文件中有如下定义：

```
#ifdef _UNICODE
    #define _tcslen wcslen
#else
    #define _tcslen strlen
#endif
```

示例如下：

```
#include <Windows.h>
#include <tchar.h>
#include <stdio.h>

int main()
{
    TCHAR szStr[] = TEXT("C语言");     // 3 或 5
    _tprintf(TEXT("_tcslen(szStr) = %d\n"), _tcslen(szStr));

    return 0;
}
```

如果将项目属性设置为 Unicode 字符集，则输出结果为 3；如果将项目属性设置为多字节字符集，则输出结果为 5。那么遇到多字节字符集，如何计算字符串的字符个数呢？实际上也有相关函数，但一般用不到，因为我们建议使用 Unicode 字符集编程。

### 2. 查找一个字符串中首次出现的指定字符

strchr 查找一个字符串中首次出现的指定字符，然后返回该字符出现的地址；strchr 查找一个字符串中最后出现的指定字符，然后返回该字符出现的地址。这两个函数的通用版本分别是_tcschr 和_tcsrchr，如果没有找到指定的字符或函数执行失败，则返回值为 NULL。这两个函数只需要一个字符串和一个字符共两个参数，函数声明不再列出，示例如下：

```
#include <Windows.h>
#include <tchar.h>
#include <stdio.h>
#include <locale.h>

int main()
{
    TCHAR szStr[] = TEXT("WindowsAPI是最为强大的编程语言！");
    LPTSTR lp = _tcschr(szStr, TEXT('最'));

setlocale(LC_ALL, "chs");    // 用_tprintf函数输出中文字符的时候，需要调用本函数设置区域

    _tprintf(TEXT("szStr的地址：%p lp的地址：%p \n"), szStr, lp);
    _tprintf(TEXT("szStr = %s lp = %s\n"), szStr, lp);
    // Unicode字符集
    // szStr的地址：0014FCC0 lp的地址：0014FCD6
    // szStr = WindowsAPI是最为强大的编程语言！ lp = 最为强大的编程语言！
    // 多字节字符集
    // szStr的地址：003EFE38 lp的地址：003EFE44
    // szStr = WindowsAPI是最为强大的编程语言！ lp = 最为强大的编程语言！

    return 0;
}
```

不管是设置为 Unicode 字符集，还是设置为多字节字符集，都是计算“WindowsAPI 是”占用了多少字节的问题，设置为 Unicode，0x0014FCD6 − 0x0014FCC0 = 0x16，也就是十进制的 22；设置为多字节，0x003EFE44 − 0x003EFE38 = 0x0C，也就是十进制的 12。这两种情况下 lp 都得到了正确的结果。

**注意**：用_tprintf 函数输出中文字符的时候，需要调用 setlocale 函数（locale.h）设置区域为 chs。

### 3. 在一个字符串中查找另一个字符串

在一个字符串中查找另一个字符串首次出现的位置使用 strstr 和 wcsstr 函数，通用版本是_tcsstr：

```
char *strstr(
    const char *str,          // 在这个字符串中搜索
    const char *strSearch);   // 要搜索的字符串
wchar_t *wcsstr(
    const wchar_t *str,
    const wchar_t *strSearch);
```

如果 strSearch 是 str 的子串，则返回 strSearch 在 str 中首次出现的地址；如果 strSearch 不是 str 的子串，则返回值为 NULL。示例如下：

```
TCHAR szStr[] = TEXT("Hello, Windows, Windows API program simple and powerful!");
TCHAR szStrSearch[] = TEXT("Windows");

_tprintf(TEXT("%s\n"), _tcsstr(szStr, szStrSearch));
// Windows, Windows API program simple and powerful!
```

### 4. 从一个字符串中查找另一个字符串中的任何一个字符

从一个字符串中查找另一个字符串中的任何一个字符首次出现的位置使用 strpbrk 和 wcspbrk 函数，通用版本是_tcspbrk：

```
char *strpbrk(
    const char *str,            // 在这个字符串中搜索
    const char *strCharSet);    // 要搜索的字符串，匹配任何一个字符均可
wchar_t *wcspbrk(
    const wchar_t *str,
    const wchar_t *strCharSet);
```

函数在源字符串 str 中找出最先含有搜索字符串 strCharSet 中任一字符的位置并返回，如果找不到则返回 NULL。示例如下：

```
TCHAR szStr[] = TEXT("The 3 men and 2 boys ate 5 pigs");
TCHAR szStrCharSet[] = TEXT("0123456789");
LPTSTR lpSearch = NULL;

_tprintf(TEXT("1: %s\n"), szStr);

lpSearch = _tcspbrk(szStr, szStrCharSet);
_tprintf(TEXT("2: %s\n"), lpSearch);

lpSearch++;
lpSearch = _tcspbrk(lpSearch, szStrCharSet);
_tprintf(TEXT("3: %s\n"), lpSearch);
```

输出结果：

```
1: The 3 men and 2 boys ate 5 pigs
2: 3 men and 2 boys ate 5 pigs
3: 2 boys ate 5 pigs
```

### 5. 转换字符串中的字符大小写

```
char *_strupr(char *str);
wchar_t *_wcsupr(wchar_t *str);
```

这两个函数的通用版本是_tcsupr。函数将 str 字符串中的小写字母转换为大写形式，其他字符不受影响，返回修改后的字符串指针。

```
char *_strlwr(char * str);
wchar_t *_wcslwr(wchar_t * str);
```

这两个函数的通用版本是_tcslwr。函数将 str 字符串中的大写字母转换为小写形式，其他字符不受

影响，返回修改后的字符串指针。

示例如下：

```
TCHAR szStr[] = TEXT("WindowsAPI 是一种强大的编程语言！");
_tprintf(TEXT("%s\n"), _tcsupr(szStr)); // WINDOWSAPI 是一种强大的编程语言！
_tprintf(TEXT("%s\n"), _tcslwr(szStr)); // windowsapi 是一种强大的编程语言！
```

按 Ctrl + F5 组合键编译运行，提示_wcsupr 和_wcslwr 函数可能不安全，建议使用安全版本的_wcsupr_s 和_wcslwr_s 函数，这两个安全版本函数的通用版本是_tcsupr_s 和_tcslwr_s。C/C++语言中需要修改字符串的处理函数通常有一个安全版本，就是在函数名称后加一个_s 后缀：

```
errno_t _strupr_s(
    char* str,                    // 指定要转换的字符串，返回转换以后的字符串
    size_t numberOfElements);// str 缓冲区的大小，字节单位，包括结尾的空字符，可以用
                             // _tcslen(str) + 1
errno_t _wcsupr_s(
    wchar_t* str,                 // 指定要转换的字符串，返回转换以后的字符串
    size_t numberOfElements);// str 缓冲区的大小，字符单位，包括结尾的空字符，可以用
                             // _tcslen(str) + 1
```

如果函数执行成功，则返回 0；如果函数执行失败，则返回相关错误代码。_strlwr_s 和_wcslwr_s 的函数声明不再列出，格式都是相同的。

另外，把一个字符转换为大写字母的函数是 toupper 和 towupper，通用版本是_totupper；把一个字符转换为小写字母的函数是 tolower 和 towlower，通用版本是_totlower。非字母字符不做任何处理：

```
int toupper(int c);
int towupper(wint_t c);    // typedef unsigned short wint_t;

int tolower(int c);
int towlower(wint_t c);
```

示例如下：

```
TCHAR szStr[] = TEXT("Hello, Windows, Windows API program simple and 强大!");

for (size_t i = 0; i < _tcslen(szStr); i++)
{
    _tprintf(TEXT("%c"), _totupper(szStr[i]));
    // HELLO, WINDOWS, WINDOWS API PROGRAM SIMPLE AND 强大!
}

_tprintf(TEXT("\n"));
for (size_t i = 0; i < _tcslen(szStr); i++)
{
    _tprintf(TEXT("%c"), _totlower(szStr[i]));
    // hello, windows, windows api program simple and 强大!
}
```

### 6. 字符串拼接

```
char* strcat(
    char*        strDestination,      // 目标字符串
```

```
    const char* strSource);          // 源字符串
wchar_t* wcscat(
    wchar_t*        strDestination,  // 目标字符串
    const wchar_t* strSource);       // 源字符串
```

这两个函数的通用版本是_tcscat。函数把源字符串 strSource 附加到目标字符串 strDestination 的后面，返回指向目标字符串的指针。函数不会检查目标缓冲区 strDestination 是否有足够的空间，可能造成缓冲区溢出。实际上任何修改字符串缓冲区的函数都会存在一个安全隐患，如果目标字符串缓冲区不够大，无法容纳新的字符串，那么会导致内存中的其他数据被破坏，建议使用安全版本的_tcscat_s 函数：

```
errno_t strcat_s(
    char*       strDestination,
    size_t      numberOfElements,       // 目标字符串缓冲区的大小，字节单位
    const char* strSource);
errno_t wcscat_s(
    wchar_t*        strDestination,
    size_t          numberOfElements,   // 目标字符串缓冲区的大小，字符单位
    const wchar_t* strSource);
```

如果函数执行成功，则返回 0；如果函数执行失败，则返回相关错误代码。示例如下：

```
TCHAR szStrDest[64] = TEXT("WindowsAPI");
TCHAR szStrSour[] = TEXT("是一种强大的编程语言！");
_tcscat_s(szStrDest, _countof(szStrDest), szStrSour);
_tprintf(TEXT("%s\n"), szStrDest);  // WindowsAPI 是一种强大的编程语言!
```

_countof 宏用于获取一个数组中的数组元素个数，本例中_countof(szStrDest)返回 64。这里与 sizeof 进行比较，sizeof 是求字节数，本例中如果设置为 Unicode 字符集，那么 sizeof(szStrDest)返回 128；而如果设置为多字节字符集，那么 sizeof(szStrDest)返回 64。

**7. 字符串复制**

复制字符串的函数是 strcpy 和 wcscpy，安全版本为 strcpy_s 和 wcscpy_s，通用版本为_tcscpy_s：

```
errno_t strcpy_s(
    char*       strDestination,         // 目标字符串缓冲区的指针
    size_t      numberOfElements,       // 目标字符串缓冲区的大小，字节单位
    const char* strSource);             // 源字符串缓冲区的指针
errno_t wcscpy_s(
    wchar_t*        strDestination,     // 目标字符串缓冲区的指针
    size_t          numberOfElements,   // 目标字符串缓冲区的大小，字符单位
    const wchar_t* strSource);          // 源字符串缓冲区的指针
```

函数将源字符串 strSource 中的内容（包括字符串结尾的 0 字符）复制到目标字符串缓冲区 strDestination，目标字符串缓冲区必须足够大以保存源字符串及其结尾的 0 字符。如果函数执行成功，则返回 0；如果函数执行失败，则返回相关错误代码。示例如下：

```
TCHAR szStrDest[64];
TCHAR szStrSour[] = TEXT("WindowsAPI 是一种强大的编程语言！");
_tcscpy_s(szStrDest, _countof(szStrDest), szStrSour);
_tprintf(TEXT("%s\n"), szStrDest);  // WindowsAPI 是一种强大的编程语言!
```

在调用_tcscpy_s 函数时，目标字符串缓冲区必须足够大以保存源字符串及其结尾的 0 字符，但是有时候某些字符串并不一定以 0 结尾（后面会遇到这种情况），例如下面的代码，pString 是一个不以 0 结尾的字符串指针：

```
TCHAR szResType[128] = { 0 };

_tcscpy_s(szResType, 5, pString);
```

因为 pString 指向的字符串并不是以 0 结尾，所以 pString 可能指向一块很大的数据，然后有一个 0 字符，这时候调用_tcscpy_s 函数就会出现目标缓冲区太小的错误提示。

在这种情况下，可以使用后面将要介绍的 StringCchCopy 函数：

```
TCHAR szResType[128] = { 0 };

StringCchCopy(szResType, 5, pString);
```

StringCchCopy 函数只会从 pString 指向的字符串中复制 5−1 个字符，并把 szResType 缓冲区的第 5 个字符设置为 0，要想得到 5 个字符的以 0 结尾的字符串，可以把 StringCchCopy 函数的第 2 个参数设置为 5 + 1。强烈建议使用 StringCchCopy 代替_tcscpy_s 函数!

当然，也可以使用内存复制函数 memcpy_s，该函数可以指定目标缓冲区和源缓冲区的字节数（后面会介绍该函数），不会出现缓冲区溢出。

同样的理由，建议使用 StringCchCat（后面有相关介绍）代替字符串拼接函数_tcscat 和_tcscat_s。

**8. 字符串比较**

比较两个字符串大小关系的函数是 strcmp 和 wcscmp，通用版本为_tcscmp：

```
int strcmp(
    const char *string1,
    const char *string2);
int wcscmp(
    const wchar_t *string1,
    const wchar_t *string2);
```

函数对 string1 和 string2 执行序号（ASCII 码值）比较并返回一个指示它们关系的值。返回值指明了 string1 和 string2 的大小关系，如表 1.6 所示。

**表 1.6**

| 值 | string1 与 string2 的关系 |
|---|---|
| 小于 0 | string1 小于 string2 |
| 等于 0 | string1 等于 string2 |
| 大于 0 | string1 大于 string2 |

比较两个字符串的规则：逐个比较两个字符串中对应的字符，字符大小按照 ASCII 码值确定，从左向右开始比较，如果遇到不同字符，那么所遇第一对不同字符的大小关系就确定了两个字符串的大小关系；如果未遇到不同字符而某个字符串首先结束，那么先结束的字符串是较小的；否则两个字符串相等。例如：

```
TCHAR szStr1[] = TEXT("ABCDE"); // E 的 ASCII 为 0x45
```

```
TCHAR szStr2[] = TEXT("ABCDe"); // e 的 ASCII 为 0x65

int n = _tcscmp(szStr1, szStr2);
if (n > 0)
    _tprintf(TEXT("szStr1 大于 szStr2\n"));
else if (n == 0)
    _tprintf(TEXT("szStr1 等于 szStr2\n"));
else
    _tprintf(TEXT("szStr1 小于 szStr2\n"));
// 输出结果: szStr1 小于 szStr2
```

因为_tcscmp 比较字符串按照 ASCII 值进行比较，所以字母要区分大小写。

_stricmp、_wcsicmp 和_tcsicmp（通用版本）在比较字符串之前会首先将其转换成小写形式，适用于不区分大小写的字符串比较。

对于 ASCII 字符集顺序（就是 ASCII 值）和字典的字符顺序不同的区域设置，应该使用 strcoll / wcscoll 函数（通用版本_tcscoll）而不是_tcsicmp 函数进行字符串比较，_tcscoll 函数根据正在使用区域设置的代码页的 LC_COLLATE 类别设置比较两个字符串，而_tcsicmp 则不受区域设置影响。在"C"区域设置下，ASCII 字符集中的字符顺序与字典顺序相同，但是在其他区域设置中，ASCII 字符集中的字符顺序可能与字典中的顺序不同，例如在某些欧洲代码页中，字符 a（值 0x61）位于字符 ä（值 0xE4）之前，但是在字典顺序中，字符 ä 在字符 a 之前。

LC_COLLATE 是一组处理跟语言相关问题的规则，这些规则包括如何对字符串进行比较和排序等。按照 C99 标准的规定，程序在启动时区域设置为"C"。在区域设置"C"下，字符串的比较就是按照 ASCII 值逐字节地进行，这时_tcscoll 与_tcsicmp 函数没有区别；但是在其他区域设置下，字符串的比较方式可能就不同了，例如在简体中文区域设置下，_tcsicmp 仍然按 ASCII 值比较，而_tcscoll 对于汉字则是按拼音进行的（这与操作系统有关，Windows 还支持按笔画排序，可以在区域和语言设置中进行修改）：

```
int strcoll(
    const char *string1,
    const char *string2);
int wcscoll(
    const wchar_t *string1,
    const wchar_t *string2);
```

示例如下：

```
setlocale(LC_ALL, "chs");    // LC_ALL 包括 LC_COLLATE，英语国家则是 en-US 或 English

TCHAR szStr1[] = TEXT("我爱老王");
// Unicode: 11 62 31 72 01 80 8B 73 00 00   多字节: CE D2 B0 AE C0 CF CD F5 00
TCHAR szStr2[] = TEXT("我是老王");
// Unicode: 11 62 2F 66 01 80 8B 73 00 00   多字节: CE D2 CA C7 C0 CF CD F5 00

int n = _tcscmp(szStr1, szStr2);
if (n > 0)
    _tprintf(TEXT("szStr1 > szStr2\n"));
```

```
else if (n == 0)
    _tprintf(TEXT("szStr1 == szStr2\n"));
else
    _tprintf(TEXT("szStr1 < szStr2\n"));
// 输出结果：szStr1 > szStr2

n = _tcscoll(szStr1, szStr2);
if (n > 0)
    _tprintf(TEXT("szStr1 > szStr2\n"));
else if (n == 0)
    _tprintf(TEXT("szStr1 == szStr2\n"));
else
    _tprintf(TEXT("szStr1 < szStr2\n"));
// 输出结果：szStr1 < szStr2
```

本例项目属性使用 Unicode 字符集，以后如果没有特别说明，那么项目均是使用 Unicode 字符集。

本例中“我爱老王”和“我是老王”在 Unicode 字符集和多字节字符集下的内存字节是不同的，在这两种字符集下使用_tcsicmp 的比较结果是不同的。再次重复：Unicode 是国际化编码，用一套字符集表示所有国家的字符；而 ANSI 是国家标准，同样的码值在不同的国家代表不同的字符。程序一开始就调用 setlocale(LC_ALL, "chs");来设置中文区域设置，因此调用_tcscoll 函数进行比较的结果就是“我爱老王” < “我是老王”。

如果不调用 setlocale(LC_ALL, "chs");，就相当于设置了区域设置“C”，因为在程序启动时，将执行 setlocale( LC_ALL, "C" );语句的等效项。

还是上面的代码，请查看不设置中文区域设置的情况：

```
TCHAR szStr1[] = TEXT("我爱老王");
// Unicode：11 62 31 72 01 80 8B 73 00 00   多字节：CE D2 B0 AE C0 CF CD F5 00
TCHAR szStr2[] = TEXT("我是老王");
// Unicode：11 62 2F 66 01 80 8B 73 00 00   多字节：CE D2 CA C7 C0 CF CD F5 00

int n = _tcscmp(szStr1, szStr2);
if (n > 0)
    _tprintf(TEXT("szStr1 > szStr2\n"));
else if (n == 0)
    _tprintf(TEXT("szStr1 == szStr2\n"));
else
    _tprintf(TEXT("szStr1 < szStr2\n"));
// 输出结果：szStr1 > szStr2

n = _tcscoll(szStr1, szStr2);
if (n > 0)
    _tprintf(TEXT("szStr1 > szStr2\n"));
else if (n == 0)
    _tprintf(TEXT("szStr1 == szStr2\n"));
else
    _tprintf(TEXT("szStr1 < szStr2\n"));
// 输出结果：szStr1 > szStr2
```

使用_tcsicmp 进行比较的结果不变，而使用_tcscoll 进行比较的结果变为“我爱老王” > “我是老王”。

### 9. 分割字符串

用于分割字符串的函数是 strtok、wcstok 和_tcstok，安全版本为 strtok_s、wcstok_s 和_tcstok_s。函数声明如下：

```
char* strtok_s(
    char*        strToken,    // 要分割的字符串
    const char* strDelimit, // 分隔符字符串，分隔符字符串中的每个字符均为分割符
    char**       context);    // 返回 strToken 中剩余未被分割的部分，提供一个字符串
                              // 指针的指针即可

wchar_t* wcstok_s(
    wchar_t*        strToken,
    const wchar_t* strDelimit,
    wchar_t**       context);
```

当 strtok_s / wcstok_s 函数在参数 strToken 的字符串中发现参数 strDelimit 包含的分割字符时，会将该字符修改为字符 0。在第一次调用时，参数 strToken 指向要分割的字符串，以后的调用则将参数 strToken 设置为 NULL，每次调用成功函数会返回指向被分割出部分的指针，当字符串 strToken 中的字符查找到末尾时，函数返回 NULL。需要注意的是，strtok_s / wcstok_s 函数会破坏被分割的字符串。如果要分割的字符串 strToken 中不存在分隔符字符串 strDelimit 中指定的任何字符，函数会返回 strToken 字符串本身。示例如下：

```
TCHAR strToken[] = TEXT("A string\tof ,,tokens\nand some  more tokens");
TCHAR strDelimit[] = TEXT(" ,\t\n");     // 前面有个空格
LPTSTR lpToken = NULL;                    // 被分割出部分的指针
LPTSTR lpTokenNext = NULL;                // 剩余未被分割部分的指针

// 获取第一个字符串
lpToken = _tcstok_s(strToken, strDelimit, &lpTokenNext);

// 循环查找
while (lpToken != NULL)
{
    _tprintf(TEXT("%s\n"), lpToken);
    // 获取下一个
    lpToken = _tcstok_s(NULL, strDelimit, &lpTokenNext);
}
/*
输出结果:
A
string
of
tokens
and
some
more
tokens
*/
```

### 10. 字符串快速排序

进行字符串快速排序的函数是 qsort，安全版本为 qsort_s：

```
void qsort(
    void*         base,       // 待排序的字符串数组
    size_t        num,        // 待排序的字符串数组中数组元素的个数
    size_t        width,      // 以字节为单位，各元素占用的空间大小
    int(__cdecl* compare)(const void*, const void*)); // 对字符串进行比较的回调函数
void qsort_s(
    void*         base,
    size_t        num,
    size_t        width,
    int(__cdecl* compare)(void*, const void*, const void*),
    void*         context); // 上面回调函数的参数
```

这个函数对于初学者比较复杂，因为涉及回调函数的概念。先看示例再作解释吧，在此以 qsort 函数为例：

```
#include <Windows.h>
#include <tchar.h>
#include <stdio.h>
#include <locale.h>

// 回调函数声明
int compare(const void *arg1, const void *arg2);

int main()
{
    setlocale(LC_ALL, "chs");

    LPTSTR arrStr[] = {
        TEXT("架构风格之资源管理.AVI"),
        TEXT("模块化之合理内聚.AVI"),
        TEXT("总结.AVI"),
        TEXT("模块化之管理依赖.AVI"),
        TEXT("系统架构设计概述.AVI"),
        TEXT("架构风格之分布式.AVI")
    };
    qsort(arrStr, _countof(arrStr), sizeof(LPTSTR) , compare);

    for (int i = 0; i < _countof(arrStr); i++)
        _tprintf(TEXT("%s\n"), arrStr[i]);

    return 0;
}

int compare(const void *arg1, const void *arg2)
{
    // 因为arg1、arg2是数组元素的指针，所以需要*(LPTSTR *)
    return _tcscoll(*(LPTSTR *)arg1, *(LPTSTR *)arg2);
}
```

输出结果：

```
架构风格之分布式.AVI
架构风格之资源管理.AVI
模块化之管理依赖.AVI
模块化之合理内聚.AVI
系统架构设计概述.AVI
总结.AVI
```

qsort 函数对指定数组中的元素进行排序。当然，数组元素也可以是其他类型，例如 int 类型。排序的规则是什么呢？在进行排序的时候，qsort 函数会调用 compare 函数对两个数组元素进行比较（比较规则需要根据具体情况进行不同的设定），这就是回调函数的概念。回调函数 compare 由 qsort 函数负责调用，以后还会遇到由操作系统调用的回调函数。本例是升序排序，如果需要降序排序，只需要把_tcscoll 函数的两个参数互换即可。

请注意：不同版本的 VS 的语法检查规则有所不同。上例中，变量 arrStr 是一个 LPTSTR 类型的数组，但是该数组中的数组元素都是常字符串指针，因此编译器可能会报错。此时把 LPTSTR 改为 LPCTSTR 类型即可，表示常字符串数组。以后如果遇到类似问题，请自行根据错误提示灵活处理。

数组元素排序完成以后，二分查找一个数组元素就很快了，这需要使用 bsearch 函数或安全版本的 bsearch_s 函数：

```
void* bsearch(
    const void*  key,          // 要查找的数据
    const void*  base,         // 要从中进行查找的数组
    size_t       num,          // 被查找数组中的数组元素个数
    size_t       width,        // 每个数组元素的长度，以字节为单位
    int(__cdecl* compare) (const void* key, const void* datum));
                              // 进行比较的回调函数
```

函数用二分查找法从数组元素 base[0]～base[num-1]中查找参数 key 指向的数据。数组 base 中的数组元素应以升序排列，函数 bsearch 的返回值指向匹配项；如果没有发现匹配项，则返回 NULL。bsearch 函数的用法和 qsort 类似，此处不再举例。

### 11. 字符串与数值型的相互转换

将字符串转换为双精度浮点型的函数是 atof 和_wtof，通用版本是_ttof：

```
double atof(const char*     str);
double _wtof(const wchar_t* str);
```

将字符串转换为整型或长整型的函数是 atoi、_wtoi 或 atol、_wtol，通用版本是_ttoi 或_ttol：

```
int atoi(const char*      str);
int _wtoi(const wchar_t* str);
long atol(const char*      str);
long _wtol(const wchar_t* str);
```

将字符串转换为 64 位整型或 long long 整型的函数是_atoi64、_wtoi64 或 atoll、_wtoll，通用版本是_ttoi64 或_ttoll：

```
__int64 _atoi64(const char*    str);
```

```
__int64 _wtoi64(const wchar_t* str);
long long atoll(const char*     str);
long long _wtoll(const wchar_t* str);
```

上述函数并不要求字符串 str 必须是数值形式，在此以_ttof 函数为例，假设字符串 str 为"-1.23456 你好，老王"，调用_ttof(str)函数返回的结果为 double 型的-1.23456。函数会跳过前面的空格字符，直到遇上数字或正负符号才开始转换，直到出现非数字或字符串结束标志时结束转换，并将转换后的数值结果返回。如果开头部分就是不可转换字符，例如"你好-1.23456 你好，老王"，则函数返回 0.0。

将数值型转换为字符串的相关通用版本函数有_itot、_ltot、_ultot、_i64tot 和_ui64tot：

```
char* _itoa(int                 value, char* buffer, int radix);
char* _ltoa(long                value, char* buffer, int radix);
char* _ultoa(unsigned long      value, char* buffer, int radix);
char* _i64toa(long long         value, char* buffer, int radix);
char* _ui64toa(unsigned long long value, char* buffer, int radix);
wchar_t* _itow(int                 value, wchar_t* buffer, int radix);
wchar_t* _ltow(long                value, wchar_t* buffer, int radix);
wchar_t* _ultow(unsigned long      value, wchar_t* buffer, int radix);
wchar_t* _i64tow(long long         value, wchar_t* buffer, int radix);
wchar_t* _ui64tow(unsigned long long value, wchar_t* buffer, int radix);
```

但是，我们知道修改字符串缓冲区的函数都存在一个缓冲区溢出安全隐患，因此建议使用这些函数的安全版本_itot_s、_ltot_s、_ultot_s、_i64tot_s 和_ui64tot_s：

```
errno_t _itoa_s(int                 value, char* buffer, size_t size, int radix);
errno_t _ltoa_s(long                value, char* buffer, size_t size, int radix);
errno_t _ultoa_s(unsigned long      value, char* buffer, size_t size, int radix);
errno_t _i64toa_s(long long         value, char* buffer, size_t size, int radix);
errno_t _ui64toa_s(unsigned long long value, char* buffer, size_t size, int radix);
errno_t _itow_s(int                 value, wchar_t* buffer, size_t size, int radix);
errno_t _ltow_s(long                value, wchar_t* buffer, size_t size, int radix);
errno_t _ultow_s(unsigned long      value, wchar_t* buffer, size_t size, int radix);
errno_t _i64tow_s(long long         value, wchar_t* buffer, size_t size, int radix);
errno_t _ui64tow_s(unsigned long long value, wchar_t* buffer, size_t size, int radix);
```

参数 value 是要转换的数值；参数 buffer 是存放转换结果的字符串缓冲区；参数 size 用于指定缓冲区的大小；参数 radix 表示进制数，可以指定为 2、8、10 或 16。如果函数执行成功，则返回 0；如果函数执行失败，则返回相关错误代码。

例如下面的代码：

```
int n = 0x12CFFE20;
TCHAR szBuf[16] = { 0 };

_itot_s(n, szBuf, _countof(szBuf), 10);
_tprintf(TEXT("%s\n"), szBuf);        // 315620896

_itot_s(n, szBuf, _countof(szBuf), 16);
_tprintf(TEXT("%s\n"), szBuf);        // 12cffe20
```

前面介绍过，将字符串转换为双精度浮点型、整型或长整型、64 位整型或 long long 整型的函数是_ttof、_ttoi 或_ttol、_ttoi64 或_ttoll，与之类似的还有 _tcstod、_tcstol、_tcstoul、_tcstoi64、_tcstoui64、 _tcstoll 和_tcstoull 函数：

```
double              strtod(const char*          str, char**     endptr);
double              wcstod(const wchar_t*       str, wchar_t** endptr);
long                strtol(const char*          str, char**     endptr, int radix);
long                wcstol(const wchar_t*       str, wchar_t** endptr, int radix);
unsigned long       strtoul(const char*         str, char**     endptr, int radix);
unsigned long       wcstoul(const wchar_t*      str, wchar_t** endptr, int radix);
__int64             _strtoi64(const char*       str, char**     endptr, int radix);
__int64             _wcstoi64(const wchar_t*    str, wchar_t** endptr, int radix);
unsigned __int64    _strtoui64(const char*      str, char**     endptr, int radix);
unsigned __int64    _wcstoui64(const wchar_t*   str, wchar_t** endptr, int radix);
long long           strtoll(const char*         str, char**     endptr, int radix);
long long           wcstoll(const wchar_t*      str, wchar_t** endptr, int radix);
unsigned long long strtoull(const char*         str, char**     endptr, int radix);
unsigned long long wcstoull(const wchar_t*      str, wchar_t** endptr, int radix);
```

可以看到，多了 endptr 和 radix 两个参数。endptr 参数用于返回成功转换的最后一个字符之后的剩余字符串指针，可以设置为 NULL；参数 radix 表示进制数，可以指定为 2、8、10 或 16。

示例如下：

```
#include <Windows.h>
#include <tchar.h>
#include <stdio.h>
#include <locale.h>

// 回调函数声明
int compare(const void *arg1, const void *arg2);

int main()
{
    setlocale(LC_ALL, "chs");

    LPCTSTR arrStr[] = {
        TEXT("4、原理—开发风格之资源管理.AVI"),
        TEXT("11、原理—总结.AVI"),
        TEXT("8、原理—模块化之管理依赖.AVI"),
        TEXT("6、原理—架构风格之适配与扩展.AVI"),
        TEXT("1、原理—系统架构设计概述.AVI"),
        TEXT("7、原理—模块化之重用与内聚.AVI"),
        TEXT("10、原理—模块化之确保扩展.AVI"),
        TEXT("3、原理—架构风格之分布式.AVI"),
        TEXT("9、原理—模块化之保持可用.AVI"),
        TEXT("2、原理—架构风格之系统结构.AVI"),
        TEXT("5、原理—架构风格之事件驱动.AVI"),
        TEXT("4、原理—架构风格之资源管理.AVI")
    };
    qsort(arrStr, _countof(arrStr), sizeof(LPCTSTR), compare);

    for (int i = 0; i < _countof(arrStr); i++)
        _tprintf(TEXT("%s\n"), arrStr[i]);
```

```
    return 0;
}

int compare(const void *arg1, const void *arg2)
{
    LPTSTR p1 = NULL;
    LPTSTR p2 = NULL;    // p1和p2返回的是数字字符后面的字符串
    double d1 = _tcstod(*(LPTSTR *)arg1, &p1);
    double d2 = _tcstod(*(LPTSTR *)arg2, &p2);

    // 先比较数字，如果数字相同，就比较数字后面的字符串
    if (d1 != d2)
    {
        if (d1 > d2)
            return 1;
        else
            return -1;
    }
    else
    {
        return _tcscoll(p1, p2);
    }
}
```

输出结果：

```
1、原理—系统架构设计概述.AVI
2、原理—架构风格之系统结构.AVI
3、原理—架构风格之分布式.AVI
4、原理—架构风格之资源管理.AVI
4、原理—开发风格之资源管理.AVI
5、原理—架构风格之事件驱动.AVI
6、原理—架构风格之适配与扩展.AVI
7、原理—模块化之重用与内聚.AVI
8、原理—模块化之管理依赖.AVI
9、原理—模块化之保持可用.AVI
10、原理—模块化之确保扩展.AVI
11、原理—总结.AVI
```

本例模拟的是 Windows 资源管理器对文件进行排序的结果。

### 12. 格式化字符串

printf 和 wprintf 函数用于向标准输出设备按指定格式输出信息。函数声明如下：

```
int printf(const char* format [, argument]...);
int wprintf(const wchar_t* format [, argument]...);
```

_tprintf 是 printf 和 wprintf 的通用版本，如果定义了_UNICODE，则_tprintf 会被转换为 wprintf，否则为 printf。输出中文的时候需要 setlocale(LC_ALL, "chs");。

建议使用安全版本的 printf_s 和 wprintf_s 函数，通用版本为_tprintf_s。安全版本的 printf_s、wprintf_s 与 printf、wprintf 的函数声明是相同的。printf_s 和 wprintf_s 函数会检查 format 参数中的格式化字符串

是否有效，而 printf 和 wprintf 函数仅仅检查 format 参数是否为 NULL。

表 1.7 列出了一些与 printf 类似的函数，与 printf 不同的是，表 1.7 中的这些函数是输出到缓冲区，而不是输出到标准输出设备。

表 1.7

| | ANSI 版本 | 宽字符版本 | 通用版本 | 通用安全版本 |
|---|---|---|---|---|
| 可变数目的参数 | | | | |
| 标准版 | sprintf | swprintf | _stprintf | _stprintf_s |
| 限定最大长度版 | _snprintf | _snwprintf | _sntprintf | _sntprintf_s |
| Windows 版 | wsprintfA | wsprintfW | wsprintf | |
| 参数数组的指针 | | | | |
| 标准版 | vsprintf | vswprintf | _vstprintf | _vstprintf_s |
| 限定最大长度版 | _vsnprintf | _vsnwprintf | _vsntprintf | _vsntprintf_s |
| Windows 版 | wvsprintfA | wvsprintfW | wvsprintf | |

printf 前面的字母 s 表示 string，即输出到字符串缓冲区。

这么多格式化输出到缓冲区的类 printf 函数，应该如何选择呢？为了避免缓冲区溢出，应该使用限定最大长度的_sntprintf_s 或_vsntprintf_s 函数，这两个函数的声明如下：

```
int _snprintf_s(char*      buf, size_t size, size_t count, const char*    format
[, argument] ...);
int _snwprintf_s(wchar_t* buf, size_t size, size_t count, const wchar_t* format
[, argument] ...);
int _vsnprintf_s(char*     buf, size_t size, size_t count, const char*    format,
va_list argptr);
int _vsnwprintf_s(wchar_t* buf, size_t size, size_t count, const wchar_t* format,
va_list argptr);
```

buf 参数用于指定输出的字符串缓冲区；size 参数用于指定缓冲区的大小；count 参数用于指定要输出到缓冲区的最大字符数，通常可以指定为_TRUNCATE(-1)；format 参数为格式化控制字符串；_sntprintf_s 函数传递的是不定数目的参数，而_vsntprintf_s 函数传递的是一个 va_list 类型的参数列表指针（实际编程中很少用到该类型）。

在 Windows 程序设计中，可以使用 Windows 版的 wsprintf 或 wvsprintf 函数，函数声明如下：

```
int WINAPIV wsprintf(        // #define WINAPIV  __cdecl
    _Out_ LPTSTR  buf,
    _In_  LPCTSTR format,
    ...);
int WINAPI wvsprintf(        // #define WINAPI   __stdcall
    _Out_ LPTSTR  buf,
    _In_  LPCTSTR format,
    _In_ va_list  arglist);
```

从函数声明中可以看出，上面两个函数是有缓冲区溢出安全隐患的。微软也声明请勿使用 wsprintf 或 wvsprintf 函数，应该使用 C/C++运行库提供的新增安全版本函数 StringCbPrintf、StringCchPrintf 或 StringCbVPrintf、StringCchVPrintf 来替换它们。

StringCbPrintf、StringCchPrintf、StringCbVPrintf 和 StringCchVPrintf 的函数声明如下：

```
STRSAFEAPI StringCbPrintf(           // #define STRSAFEAPI __inline HRESULT __stdcall
    _Out_ LPTSTR  pszDest,
    _In_  size_t  cbDest,            // 目的缓冲区的大小，以字节为单位
    _In_  LPCTSTR pszFormat,
    ...);
STRSAFEAPI StringCchPrintf(
    _Out_ LPTSTR  pszDest,
    _In_  size_t  cchDest,           // 目的缓冲区的大小，以字符为单位
    _In_  LPCTSTR pszFormat,
    ...);
STRSAFEAPI StringCbVPrintf(
    _Out_ LPTSTR  pszDest,
    _In_  size_t  cbDest,
    _In_  LPCTSTR pszFormat,
    _In_  va_list argList);
STRSAFEAPI StringCchVPrintf(
    _Out_ LPTSTR  pszDest,
    _In_  size_t  cchDest,
    _In_  LPCTSTR pszFormat,
    _In_  va_list argList)
```

cbDest 参数用于指定目标缓冲区的大小，以字节为单位，这个值必须足够大，以容纳格式化字符串加上结尾的 0 字符，允许的最大字节数是 STRSAFE_MAX_CCH(2147483647) × sizeof(TCHAR)；cchDest 参数用于指定目标缓冲区的大小，以字符为单位，这个值必须足够大，以容纳格式化字符串加上结尾的 0 字符，允许的最大字符数是 STRSAFE_MAX_CCH。

上面 4 个函数需要包含 strsafe.h 头文件。返回值类型为 HRESULT，可以使用 SUCCEEDED 宏来测试函数是否执行成功，稍后再介绍 HRESULT 数据类型。

总结一下，为了避免缓冲区溢出，应该使用限定最大长度的_sntprintf_s 或_vsntprintf_s 函数；在 Windows 程序设计中，可以使用 C/C++运行库提供的新增安全版本函数 StringCbPrintf、StringCchPrintf、StringCbVPrintf 和 StringCchVPrintf。在很多地方我可能使用了不安全的_tprintf 和 wsprintf 等函数，请读者自行按上述说明进行使用。

下面以 StringCchPrintf 为例说明格式化字符串函数的使用：

```
#include <Windows.h>
#include <strsafe.h>

int WINAPI WinMain(HINSTANCE hInstance, HINSTANCE hPrevInstance, LPSTR lpCmdLine, int
nCmdShow)
{
    TCHAR szName[] = TEXT("老王");
    TCHAR szAddress[] = TEXT("山东济南");
    int nAge = 18;
    TCHAR szBuf[128] = { 0 };
    HRESULT hResult = E_FAIL;

    hResult = StringCchPrintf(szBuf, _countof(szBuf),
```

```
        TEXT("自我介绍\n 我是：%s 来自：%s 年龄：%d\n"), szName, szAddress, nAge);
    if (SUCCEEDED(hResult))
        MessageBox(NULL, szBuf, TEXT("格式化字符串的使用"), MB_OKCANCEL | MB_ICONINFORMATION);
    else
        MessageBox(NULL, TEXT("函数执行失败"), TEXT("错误提示"), MB_OKCANCEL | MB_ICONWARNING);

    return 0;
}
```

程序执行效果如图 1.11 所示。

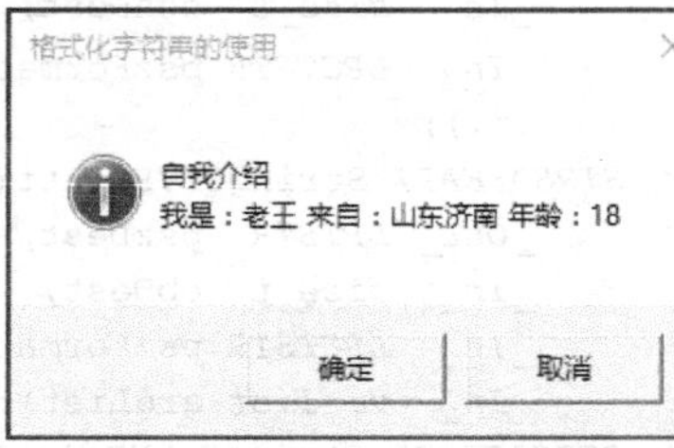


图 1.11

### 13. 字符串格式化为指定类型的数据

前面我们学习了一系列格式化字符串函数，实际编程中可能还需要把字符串格式化为指定类型的数据。例如 sscanf_s（多字节版本）和 swscanf_s（宽字符版本）函数可以从字符串缓冲区将数据读取到每个参数中。这两个函数与 scanf 的区别是，后者以标准输入设备为输入源，而前者以指定的字符串为输入源。上述两个函数是 sscanf 和 swscanf 的安全版本，函数声明如下：

```
int sscanf_s(
    const char* buffer,       // 字符串缓冲区
    const char* format        // 格式控制字符串，支持条件限定和通配符
    [, argument] ...);        // 参数指针，返回数据到每个参数
int swscanf_s(
    const wchar_t* buffer,
    const wchar_t* format
    [,argument] ...);
```

例如下面的示例把一个十六进制形式的字符串转换为十六进制数值：

```
DWORD dwTargetRVA;
TCHAR szBuf[32] = TEXT("1234ABCD");

swscanf_s(szBuf, TEXT("%X"), &dwTargetRVA);         // 结果：dwTargetRVA 等于十六进制的 1234ABCD
```

### 14. Windows 中的一些字符串函数

Windows 也提供了各种字符串处理函数，例如 lstrlen、lstrcpy、lstrcat 和 lstrcmp 等。因为安全性问题，有些不建议使用。本节简要介绍一下这些函数。

（1）lstrlen

lstrlen 函数用于计算字符串长度，以字符为单位：

```
int WINAPI lstrlen(_In_ LPCTSTR lpString);
```

（2）lstrcpy 与 StringCchCopy

lstrcpy 函数用于字符串复制：

```
LPTSTR WINAPI lstrcpy(
    _Out_ LPTSTR lpString1,
    _In_  LPTSTR lpString2);
```

不建议使用这个函数，可能造成缓冲区溢出。缓冲区溢出是应用程序中许多安全问题的根源，在最坏的情况下，如果 lpstring1 是基于堆栈的缓冲区，则缓冲区溢出可能会导致攻击者向进程中注入可执行代码。

除了新的安全字符串函数，C/C++运行库还新增了一些函数，用于在执行字符串处理时提供更多控制。例如 StringCchCopy 函数：

```
HRESULT StringCchCopy(
    _Out_  LPTSTR   pszDest,   // 目标缓冲区
    _In_   size_t   cchDest,   // 目标缓冲区的大小，以字符为单位
    _In_   LPCTSTR pszSrc);    // 源字符串
```

cchDest 参数指定的大小必须大于或等于字符串 pszSrc 的长度加 1，以容纳复制的源字符串和终止的空字符。cchDest 参数允许的最大字符数为 STRSAFE_MAX_CCH(#define STRSAFE_MAX_CCH 2147483647)。该函数需要包含 strsafe.h 头文件。

StringCchCopy 函数的返回值是 HRESULT 类型，可以返回表 1.8 所列的值。

**表 1.8**

| 返回值 | 含义 |
| --- | --- |
| S_OK | 源字符串已被成功复制 |
| STRSAFE_E_INVALID_PARAMETER | cchDest 参数为 NULL 或大于 STRSAFE_MAX_CCH |
| STRSAFE_E_INSUFFICIENT_BUFFER | 目标缓冲区空间不足，复制操作失败，但是目标缓冲区包含被截断的以 0 结尾的源字符串的一部分 |

可以使用 SUCCEEDED 和 FAILED 宏来测试函数的返回值，这两个宏在 strsafe.h 头文件中定义如下：

```
#define SUCCEEDED(hr)    (((HRESULT)(hr)) >= 0)
#define FAILED(hr)       (((HRESULT)(hr)) < 0)
```

再看一下 StringCchCopy 函数返回值的定义：

```
#define S_OK                            ((HRESULT)0L)
#define STRSAFE_E_INVALID_PARAMETER     ((HRESULT)0x80070057L)
#define STRSAFE_E_INSUFFICIENT_BUFFER   ((HRESULT)0x8007007AL)
typedef _Return_type_success_(return >= 0) long HRESULT;
```

SUCCEEDED 宏用于判断返回值是否大于等于 0，可以这样使用这个宏：

```
HRESULT hr = StringCchCopy(...);
if (SUCCEEDED(hr))
{
    // StringCchCopy 函数执行成功
}
```

（3）lstrcat 与 StringCchCat

lstrcat 函数把一个字符串附加到另一个字符串后面：

```
LPTSTR WINAPI lstrcat(
    _Inout_  LPTSTR lpString1,
    _In_     LPTSTR lpString2);
```

同样，不建议使用这个函数，因为可能造成缓冲区溢出。建议使用 C/C++运行库的新增函数 StringCchCat：

```
HRESULT StringCchCat(
    _Inout_ LPTSTR  pszDest,    // 目标缓冲区
    _In_    size_t  cchDest,    // 目标缓冲区的大小，以字符为单位
    _In_    LPCTSTR pszSrc);    // 源字符串
```

目标缓冲区的大小必须大于或等于 pszSrc 的长度加 pszDest 的长度再加 1，以容纳两个字符串和终止的空字符。同样，允许的最大字符数为 STRSAFE_MAX_CCH。StringCchCat 函数的返回值和用法与 StringCchCopy 函数类似。

（4）lstrcmp、lstrcmpi 与 CompareStringEx

lstrcmp 函数用于比较两个字符串。如果需要执行不区分大小写的比较，则可以使用 lstrcmpi 函数：

```
int WINAPI lstrcmp(
    _In_ LPCTSTR lpString1,
    _In_ LPCTSTR lpString2);
int WINAPI lstrcmpi(
    _In_ LPCTSTR lpString1,
    _In_ LPCTSTR lpString2);
```

这两个函数的返回值和用法与前面介绍的 C/C++字符串比较函数类似。

实际上，lstrcmp 与 lstrcmpi 函数在内部使用当前区域设置调用 CompareStringEx 函数，CompareStringEx 函数是 CompareString 函数的扩展版本。Ex 是 Extend 或 Expand 的缩写，意思是扩展、增强。后面大家会看到很多 Windows API 函数都有 Ex 扩展版本。

```
int CompareStringEx(
    _In_opt_ LPCWSTR            lpLocaleName,         // 区域设置名称
    _In_     DWORD              dwCmpFlags,           // 指示函数如何比较两个字符串的标志
    _In_     LPCWSTR            lpString1,            // 字符串 1
    _In_     int                cchCount1,            // 字符串 1 的字符长度，可以设置为-1
    _In_     LPCWSTR            lpString2,            // 字符串 2
    _In_     int                cchCount2,            // 字符串 2 的字符长度，可以设置为-1
    _In_opt_ LPNLSVERSIONINFO   lpVersionInformation, // 一般设置为 NULL
    _In_opt_ LPVOID             lpReserved,           // 保留参数
    _In_opt_ LPARAM             lParam);              // 保留参数
```

虽然 CompareStringEx 函数参数比较多，但是通常将最后 3 个参数设置为 NULL。

- 第 1 个参数 lpLocaleName 是指向区域设置名称的字符串，或者是下列预定义值之一。
  - LOCALE_NAME_INVARIANT
  - LOCALE_NAME_SYSTEM_DEFAULT
  - LOCALE_NAME_USER_DEFAULT

  区域设置可以让函数以符合当地语言习惯的方式来比较字符串，得到的结果对用户来说更有意义。
- 第 2 个参数 dwCmpFlags 是指示函数如何比较两个字符串的标志。通常情况下将其设置为 0 即可。该参数可以是表 1.9 所列值的组合，在此只列举比较重要的几个。

表 1.9

| 标志 | 含义 |
| --- | --- |
| LINGUISTIC_IGNORECASE 或 NORM_IGNORECASE | 忽略大小写 |
| NORM_IGNORESYMBOLS | 忽略符号和标点符号 |
| NORM_LINGUISTIC_CASING | 对大小写使用语言规则，而不是文件系统规则 |
| SORT_DIGITSASNUMBERS | 将字符串前面的数字字符解释为数值型数字 |

- 第 3 个参数 lpString1 和第 5 个参数 lpString2 指定要比较的两个字符串；参数 cchCount1 和 cchCount2 分别指定这两个字符串的字符长度，不包括字符串终止的空字符。如果确定 lpString1 和 lpString2 指向的字符串分别都是以零结尾的，那么可以指定 cchCount1 和 cchCount2 为一个负数，例如-1，这时函数可以自动计算字符串的长度。

函数执行成功，返回值是 CSTR_LESS_THAN、CSTR_EQUAL 或 CSTR_ GREATER_THAN，分别代表 lpString1 小于、等于或大于 lpString2。这 3 个宏在 WinNls.h 头文件中定义如下：

```
#define CSTR_LESS_THAN          1       // 字符串 1 小于字符串 2
#define CSTR_EQUAL              2       // 字符串 1 等于字符串 2
#define CSTR_GREATER_THAN       3       // 字符串 1 大于字符串 2
```

lstrcmp 与 lstrcmpi 函数在内部使用当前区域设置调用 CompareStringEx 函数，并把返回值减去 2，这是为了和 C 运行库的其他字符串比较函数的返回值结果一致。

函数执行失败，返回值为 0，可以通过调用 GetLastError 函数获取错误代码。关于 GetLastError 函数以后再作介绍。

还是将字符串转换为数值型的示例，打开 Chapter1\FileSort 项目，修改 compare 回调函数如下：

```
int compare(const void *arg1, const void *arg2)
{
    return CompareStringEx(LOCALE_NAME_SYSTEM_DEFAULT, SORT_DIGITSASNUMBERS,
        *(LPTSTR *)arg1, -1, *(LPTSTR *)arg2, -1, NULL, NULL, NULL) - 2;
}
```

程序执行效果是相同的，事实上 CompareStringEx 函数更好用一些。

还有一个 CompareStringOrdinal 函数执行的是序号比较，可以用于不考虑区域设置的情况。如果是比较程序内部所用的字符串（例如文件路径、注册表项/值），便可以使用这个函数：

```
int CompareStringOrdinal(
    _In_ LPCWSTR lpString1,
    _In_ int     cchCount1,
    _In_ LPCWSTR lpString2,
    _In_ int     cchCount2,
    _In_ BOOL    bIgnoreCase);  // 是否忽略大小写，TRUE 为忽略，FALSE 为不忽略
```

函数的参数、返回值和用法与 CompareStringEx 类似。

## 1.7.3 Windows 中的 ANSI 与 Unicode 版本函数

如果一个 Windows API 函数需要字符串参数，则该函数通常有两个版本。例如 MessageBox 函数

有 MessageBoxA 和 MessageBoxW 两个版本，MessageBoxA 接受 ANSI 字符串，而 MessageBoxW 接受 Unicode 字符串。这两个函数的函数原型如下：

```
int WINAPI MessageBoxA(
    _In_opt_ HWND   hWnd,
    _In_opt_ LPCSTR lpText,
    _In_opt_ LPCSTR lpCaption,
    _In_ UINT       uType);
int WINAPI MessageBoxW(
    _In_opt_ HWND    hWnd,
    _In_opt_ LPCWSTR lpText,
    _In_opt_ LPCWSTR lpCaption,
    _In_ UINT        uType);
```

MessageBoxW 版本接受 Unicode 字符串，函数名末尾的大写字母 W 代表 Wide；MessageBoxA 末尾的大写字母 A 表明该函数接受 ANSI 字符串。

我们平时在写程序的时候直接调用 MessageBox 即可，不需要调用 MessageBoxW 或 MessageBoxA。在 WinUser.h 中，MessageBox 实际上是一个宏，它的定义如下：

```
#ifdef UNICODE
    #define MessageBox  MessageBoxW
#else
    #define MessageBox  MessageBoxA
#endif
```

编译器根据是否定义了 UNICODE 来决定是调用 MessageBoxA 还是 MessageBoxW。

MessageBox 由动态链接库 User32.dll 导出，导出表中不存在 MessageBox 函数，只有 MessageBoxA 和 MessageBoxW 这两个函数。MessageBoxA 的内部源代码只是一个转换层，它负责分配内存，将 ANSI 字符串转换为 Unicode 字符串，然后使用转换后的 Unicode 字符串调用 MessageBoxW；MessageBoxW 函数执行完毕返回以后，MessageBoxA 会释放它的内存缓冲区。所有这些转换都在后台进行，为了执行这些字符串转换，系统会产生时间和内存上的开销。从 Windows NT 开始，Windows 的内核版本都完全使用 Unicode 来构建，Microsoft 也逐渐开始倾向于只提供 API 函数的 Unicode 版本。因此为了使应用程序的执行更高效，我们应该使用 Unicode 字符集来开发应用程序。

在创建供其他软件开发人员使用的动态链接库时，可以选择在动态链接库中导出两个函数版本：一个是 ANSI 版本；另一个是 Unicode 版本。在 ANSI 版本中，只是分配内存并执行必要的字符串转换，然后调用该函数的 Unicode 版本。

## 1.7.4　ANSI 与 Unicode 字符串转换

MultiByteToWideChar 函数可以将一个多字节字符串转换为宽字符串：

```
int MultiByteToWideChar(
    _In_    UINT   CodePage,       // 执行转换时使用的代码页
    _In_    DWORD  dwFlags,        // 指定转换类型的标志，一般设置为 0
    _In_    LPCSTR lpMultiByteStr,// 指向要转换的多字节字符串的指针
```

```
    _In_        int     cbMultiByte,    // 要转换的多字节字符串的大小，以字节为单位，
                                        // 可以为-1
    _Out_opt_ LPWSTR lpWideCharStr, // 指向接收转换以后宽字符串的缓冲区的指针
    _In_        int     cchWideChar);   // lpWideCharStr 指向的缓冲区的大小，以字符为单位
```

- 第 1 个参数 CodePage 指定执行转换时使用的代码页。该参数可以设置为操作系统中安装或可用的任何代码页的值，还可以指定为表 1.10 所列的值。

表 1.10

| 常量 | 含义 |
|---|---|
| CP_ACP | 系统默认的 Windows ANSI 代码页 |
| CP_OEMCP | 当前系统 OEM 代码页 |
| CP_SYMBOL | 符号代码页（42） |
| CP_THREAD_ACP | 当前线程的 Windows ANSI 代码页 |
| CP_UTF8 | UTF-8 |

- 第 2 个参数 dwFlags 指定转换类型的标志，默认值为 MB_PRECOMPOSED(1)，它会影响带变音符号（比如重音）的字符。一般情况下不使用该参数，直接设置为 0 即可。
- 第 4 个参数 cbMultiByte 指定要转换的多字节字符串的大小，以字节为单位，字母 cb 表示 Count Byte 字节数。如果确定 lpMultiByteStr 参数指向的字符串以零结尾，可以将该参数设置为-1，那么函数将处理整个 lpMultiByteStr 字符串，包括终止的空字符；如果 cbMultiByte 参数设置为 0，那么函数将失败；如果 cbMultiByte 参数设置为正整数，那么函数将精确处理指定的字节数；如果指定的大小不包含终止的空字符，那么生成的 Unicode 字符串也不以空字符结尾。
- 第 6 个参数 cchWideChar 指定 lpWideCharStr 指向缓冲区的大小（单位为字符），字母 cch 表示 Count CHaracter 字符数。如果该参数设置为 0，则函数返回所需的缓冲区大小（以字符为单位），包括终止的空字符。在这种情况下，函数不会在 lpWideCharStr 参数指向的缓冲区中返回数据。通常情况下，我们不知道需要多大的缓冲区，可以两次调用 MultiByteToWideChar 函数，第一次把 lpWideCharStr 参数设置为 NULL，把 cchWideChar 参数设置为 0，调用 MultiByteToWideChar 函数，函数返回所需的缓冲区大小，我们根据返回值分配合适的缓冲区，并指定参数 cchWideChar 的大小与其相等，然后进行第二次调用。

如果函数执行成功，则返回向 lpWideCharStr 参数指向缓冲区写入的字符数；如果函数执行失败，则返回 0，可以通过调用 GetLastError 函数获取错误信息。

用 MultiByteToWideChar 函数实现一个简单的示例：

```
LPCSTR lpMultiByteStr = "Windows API 程序设计";

// 第一次调用，获取所需缓冲区大小
int nCchWideChar = MultiByteToWideChar(CP_ACP, 0, lpMultiByteStr, -1, NULL, 0);
// 分配合适大小的缓冲区，进行第二次调用
LPWSTR lpWideCharStr = new WCHAR[nCchWideChar];        // new 是 C++中用于动态内
                                                       // 存分配的操作符
```

```
MultiByteToWideChar(CP_ACP, 0, lpMultiByteStr, -1, lpWideCharStr, nCchWideChar);

MessageBoxW(NULL, lpWideCharStr, L"Caption", MB_OK);
delete[] lpWideCharStr;             // delete 是 C++中用于释放内存的操作符
```

对应地，WideCharToMultiByte 函数可以将宽字符串转换为多字节字符串，函数声明如下：

```
int WideCharToMultiByte(
    _In_        UINT     CodePage,
    _In_        DWORD    dwFlags,
    _In_        LPCWSTR  lpWideCharStr,
    _In_        int      cchWideChar,
    _Out_opt_   LPSTR    lpMultiByteStr,
    _In_        int      cbMultiByte,
    _In_opt_    LPCSTR   lpDefaultChar,         // 在指定的代码页中遇到无法表示的
                                                // 字符时要使用的字符
    _Out_opt_   LPBOOL   lpUsedDefaultChar);    // 返回是否在转换过程中使用了上面
                                                // 指定的默认字符
```

这个函数的用法和 MultiByteToWideChar 函数是一样的，只是多了最后两个参数，这两个参数通常都可以设置为 NULL。

- 参数 lpDefaultChar 表示转换过程中在指定的代码页中遇到无法表示的字符时作为替换的字符，可以将该参数设置为 NULL 表示使用系统默认值。默认字符通常是一个问号，这对文件名来说是非常危险的，因为问号是一个通配符。要获得系统默认字符，可以调用 GetCPInfo 或 GetCPInfoEx 函数。
- lpUsedDefaultChar 参数指向一个布尔变量。在宽字符串中，如果至少有一个字符不能转换为对应的多字节形式，则函数就会把 lpUsedDefaultChar 参数指向的 BOOL 变量设置为 TRUE；如果所有字符都能成功转换，就会把 lpUsedDefaultChar 参数指向的 BOOL 变量设置为 FALSE。对于后者，我们可以在函数返回后测试该变量，以验证宽字符串是否已全部成功转换。

## 1.8　结构体数据对齐

在用 sizeof 运算符计算结构体所占字节数时，并不是简单地将结构体中所有字段各自占的字节数相加，这里涉及内存对齐的问题。内存对齐是操作系统为了提高内存访问效率而采取的策略，操作系统在访问内存的时候，每次读取一定的长度（这个长度是操作系统默认的对齐数，或者默认对齐数的整数倍）。如果没有对齐，为了访问一个变量可能会产生二次访问。比如有的平台每次都是从偶地址处开始读取数据，对于一个 double 类型的变量，如果从偶地址单元处开始存放，则只需一个读取周期即可读取到该变量；但是如果从奇地址处开始存放，则需要两个读取周期才可以读取到该变量。

如图 1.12 所示，假设内存对齐粒度为 8，系统一次读取 8 字节。读取 f1 的时候，系统会读取内存单元 0～7，但是发现 f1 还没有读取完，所以还需要再读取一次；而读取 f2 只需要一次便可以读取完。操作系统这样做的原因是拿空间换时间，提高效率。

<table>
<tr><td>内存地址</td><td>0</td><td>1</td><td>2</td><td>3</td><td>4</td><td>5</td><td>6</td><td>7</td><td>8</td><td>9</td><td>A</td><td>B</td><td>C</td><td>D</td><td>E</td><td>F</td></tr>
<tr><td rowspan="2">内存数据</td><td></td><td colspan="8">double 类型数据 f1</td><td></td><td></td><td></td><td></td><td></td><td></td><td></td></tr>
<tr><td colspan="8">double 类型数据 f2</td><td></td><td></td><td></td><td></td><td></td><td></td><td></td><td></td></tr>
</table>

图 1.12

可以通过预编译命令#pragma pack(n)来改变对齐系数，其中的 *n* 就是指定的对齐系数，对齐系数不能任意设置，只能是内置数据类型的字节数，如 1(char)、2(short)、4(int)、8(double)，不能是 3、5 等。例如，可以按如下方式改变一个结构体的对齐系数：

```
#pragma pack(4)
struct MyStruct
{
    int a;
    char b;
    double c;
    float d;
};
#pragma pack()
```

如果需要获取系统默认的对齐系数，可以在源代码中使用#pragma pack(show)命令，编译运行。如果是 Win32 程序，会在 VS 底部的输出窗口显示：warning C4810: 杂注 pack(show)的值== 8；如果是 Win64，则默认对齐系数是 16。

对于标准数据类型，例如 char、int、float、double，它们的存放地址是其所占字节长度的整数倍。在 Win32 程序中，这些基本数据类型所占字节数为 char = 1，int = 4，float = 4，double = 8。对于非标准数据类型，比如结构体，要遵循以下对齐原则。

- 原则 1：字段的对齐规则，第一个字段放在 offset 为 0 的地方，以后每个字段的对齐按照#pragma pack(n)指定的数值和这个字段数据类型所占字节数中比较小的那个进行对齐。
- 原则 2：结构体的整体对齐规则，在各个字段完成对齐之后，结构体本身也要进行对齐，对齐将按照#pragma pack(n)指定的数值和结构体所有字段中占用字节数最大的那个字段所占字节数（假设为 *m*）中，比较小的那个进行对齐，也就是说结构体的大小是 min(n, m)的整数倍。
- 原则 3：结构体作为成员的情况，如果一个结构体里有其他结构体作为成员，则结构体成员要从其内部最大字段大小的整数倍地址开始存储。

举一个结构体对齐的例子：

```
#include <Windows.h>
#include <tchar.h>
#include <stdio.h>

#pragma pack(4)
struct MyStruct
{
    int a;          // 存放在内存单元 0～3
    char b;         // min(1, pragma pack(4))等于 1，所以存放在内存单元 4
    double c;       // min(8, pragma pack(4))等于 4，所以从内存单元 8 开始存放，存放
                    // 在内存单元 8～15
```

```
    float d;    // min(4, pragma pack(4))等于 4，所以从内存单元 16 开始存放，存放
                // 在内存单元 16～19
};              // MyStruct 正好占用 20 个内存字节，是 min(8, pragma pack(4))的整数倍

struct MyStruct2 {
    char a;     // 存放在内存单元 0
    MyStruct b; // MyStruct 结构的最大字段为 8，所以从内存单元 8 开始存放，存放在内存
                // 单元 8～27
    double c;   // min(8, pragma pack(4))等于 4，所以从内存单元 28 开始存放，存放
                // 在内存单元 28～31
};              // MyStruct2 正好占用 32 个内存字节，是 min(8, pragma pack(4))的
                // 整数倍
#pragma pack()

int main()
{
    _tprintf(TEXT("MyStruct = %d\n"), sizeof(MyStruct));     // 20
    _tprintf(TEXT("MyStruct2 = %d\n"), sizeof(MyStruct2));   // 32

    return 0;
}
```

如果不指定#pragma pack(4)Win32 程序的默认对齐系数则是 8，在这种情况下，这两个结构体的对齐情况如下所示：

```
struct MyStruct
{
    int a;      // 存放在内存单元 0～3
    char b;     // min(1, pragma pack(8))等于 1，所以存放在内存单元 4
    double c;   // min(8, pragma pack(8))等于 8，所以从内存单元 8 开始存放，存放在
                // 内存单元 8～15
    float d;    // min(4, pragma pack(8))等于 4，所以从内存单元 16 开始存放，存放
                // 在内存单元 16～19
};              // MyStruct 占用 20 个内存字节，不是 min(8, pragma pack(8))的整数
                // 倍，所以是 24

struct MyStruct2 {
    char a;     // 存放在内存单元 0
    MyStruct b; // MyStruct 结构的最大字段为 8，所以从内存单元 8 开始存放，存放在内存
                // 单元 8～31
    double c;   // min(8, pragma pack(8))等于 8，所以从内存单元 32 开始存放，存放
                // 在内存单元 32～40
};              // MyStruct2 正好占用 40 个内存字节，是 min(8, pragma pack(8))的
                // 整数倍

int main()
{
    _tprintf(TEXT("MyStruct = %d\n"), sizeof(MyStruct));     // 24
    _tprintf(TEXT("MyStruct2 = %d\n"), sizeof(MyStruct2));   // 40
```

```
    return 0;
}
```

有了上面的知识，我们可以按照数据类型来调整结构体内部字段的先后顺序以减少内存的消耗，例如我们将结构体 MyStruct 中的顺序调整为 MyStruct2，sizeof(MyStruct)的结果为 12，而 sizeof (MyStruct)的结果为 8：

```
#include <Windows.h>
#include <tchar.h>
#include <stdio.h>

struct MyStruct
{
    char a;
    int b;
    char c;
};

struct MyStruct2
{
    char a;
    char c;
    int b;
};

int main()
{
    _tprintf(TEXT("MyStruct = %d\n"), sizeof(MyStruct));     // 12
    _tprintf(TEXT("MyStruct2 = %d\n"), sizeof(MyStruct2));  // 8

    return 0;
}
```

本章介绍了大量的基础知识，特别是字符串话题，这是在程序开发过程中必不可缺的。让我们愉快地进入第 2 章的学习，一起打开 Windows 程序设计之门！

# 第 2 章

# Windows 窗口程序

本章首先带领大家认识一下 Windows 窗口程序，然后详细介绍开发一个标准 Windows 窗口程序的步骤与原理。很多内容都是 Windows 的规定。对于刚刚接触 Windows 程序设计的读者，第 2 章或许是全书最难的，但是只要明白了本章所涉及的原理，后面章节的学习就会顺理成章。

## 2.1 认识 Windows 窗口

图形用户界面（Graphical User Interface，GUI）是指采用图形方式显示程序界面。与早期计算机使用的命令行界面相比，图形界面对于用户来说在视觉上更易于接受。启动一个应用程序，桌面上就会显示一块矩形区域，这个矩形区域称为窗口。用户可以在窗口中操作应用程序，进行数据的管理和编辑。

第 1 章的 HelloWorld 程序仅仅是创建了一个最简单的窗口，称为对话框窗口，可以显示标题、提示文本以及几个系统内置的按钮和图标。让我们以记事本程序为例（见图 2.1），了解一个典型窗口程序的组成，即了解组成程序窗口的各个元素。

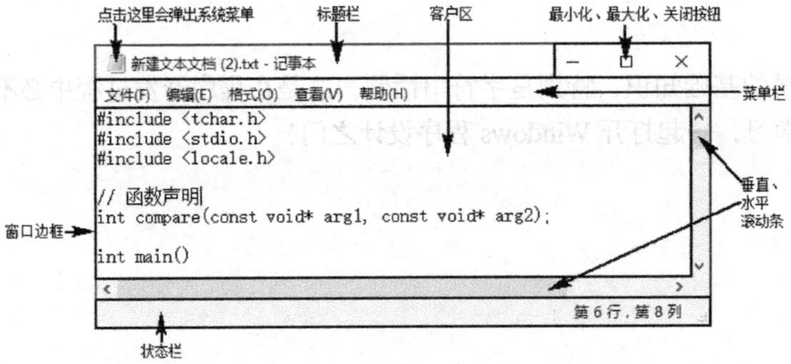


图 2.1

图 2.1 所示的窗口中包含以下元素。

（1）标题栏和窗口标题，标题栏是位于窗口顶部的一块矩形区域，其中含有窗口标题，双击标题栏可以将程序窗口最大化或从最大化的状态恢复，按下鼠标左键拖动标题栏可以进行窗口的移动。

（2）系统菜单按钮，位于窗口标题栏的最左侧，单击以后可以弹出系统菜单，有最小化、最大化、关闭等菜单项。

（3）菜单栏，位于标题栏的下方，会列出许多菜单项，用于提供各种不同的操作命令。

（4）最小化、最大化和关闭按钮，在窗口标题栏的最右侧有 3 个按钮，单击中间的最大化按钮，可以把窗口放大到最大（占据整个桌面）；当窗口已经最大化时，最大化按钮就会变成还原按钮，单击可以将窗口还原为原来的大小；单击左边的最小化按钮，程序窗口就会从桌面隐藏，只剩下任务栏中的一个程序图标（含窗口标题），单击任务栏中的程序图标可以恢复显示到桌面；如果需要关闭该窗口，可以单击最右边的关闭按钮。

（5）滚动条，当窗口的大小不足以显示整个文件（档）的内容时，可以使用位于窗口底部或右边的滚动条（向右或向下移动），以查看该文件（档）中的剩余部分。

（6）窗口边框，窗口周边的网条边称为窗口边框，用鼠标移动一条边框的位置可以改变窗口的大小，也可以用鼠标移动窗口的一个角来同时改变窗口两个边框的位置以改变窗口大小。

（7）客户区，窗口内部的矩形区域称为客户区，客户区是指除标题栏、菜单栏、工具栏、状态栏、滚动条和边框以外的区域，程序在这里显示文本、图形、子窗口控件或其他信息。以后会遇到非客户区的概念，非客户区就是指除客户区以外的区域，就是标题栏、菜单栏、工具栏、状态栏、滚动条和边框等。

（8）状态栏，状态栏通常位于窗口的最下方，用来显示一些状态信息。

有的程序在菜单栏的下面还有工具栏，工具栏用图标的形式列出了常用的菜单项，相当于菜单项的快捷方式。并不是所有的程序都有上述这些元素，有的程序没有菜单栏，有的程序没有状态栏，等等。

一个窗口并不一定就是一个程序，它可能只是一个程序的一部分，一个程序可以创建多个顶级窗口，因此一个窗口并不是程序的代表。另外，Windows 的窗口采用层次结构，在一个窗口中可以创建多个子窗口，例如记事本程序是一个窗口，窗口内部的客户区、状态栏等都是一个子窗口。一个程序的主窗口都是顶级窗口，顶级窗口（Top-Level，也叫顶层窗口）通常是指其父窗口是桌面的程序窗口。

相反，一个程序并不一定必须要有一个窗口，比如悄悄在后台运行的木马程序就不会显示一个窗口让用户发现它在做什么。打开任务管理器可以看到进程的数量比屏幕上的窗口多得多，这说明很多正在运行的程序并没有显示窗口。如果一个程序不想和用户进行交互，它可以选择不创建窗口。

## 2.2 第一个 Windows 窗口程序

看一下 Windows 程序设计的范本，其实很简单，只有 70 多行。理解这些，我相信读者对于 Windows 程序设计就已经入门了，并且掌握了这门编程语言的 20%。这么说并不夸张，因为这是一大跨越！然后学习关于 Windows 各方面的几百个 API 函数，了解消息机制，学会查询 MSDN，Windows 程序设计就变得非常简单了。

创建一个 Win32 空项目 HelloWindows，HelloWindows.cpp 源文件的内容如下所示：

```
#include <Windows.h>
#include <tchar.h>                    // _tcslen 函数需要该头文件

#pragma comment(lib, "Winmm.lib")     // 播放声音的 PlaySound 函数需要 Winmm 导入库
```

```
// 函数声明，窗口过程
LRESULT CALLBACK WindowProc(HWND hwnd, UINT uMsg, WPARAM wParam, LPARAM lParam);

int WINAPI WinMain(HINSTANCE hInstance, HINSTANCE hPrevInstance, LPSTR lpCmdLine, int
nCmdShow)
{
    WNDCLASSEX wndclass;                          // RegisterClassEx 函数用的 WNDCLASSEX 结构
    TCHAR szClassName[] = TEXT("MyWindow");       // RegisterClassEx 函数注册的窗口类的名称
    TCHAR szAppName[] = TEXT("HelloWindows");     // 窗口标题
    HWND hwnd;                                    // CreateWindowEx 函数创建的窗口的句柄
    MSG msg;                                      // 消息循环所用的消息结构体

    wndclass.cbSize = sizeof(WNDCLASSEX);
    wndclass.style = CS_HREDRAW | CS_VREDRAW;
    wndclass.lpfnWndProc = WindowProc;
    wndclass.cbClsExtra = 0;
    wndclass.cbWndExtra = 0;
    wndclass.hInstance = hInstance;
    wndclass.hIcon = LoadIcon(NULL, IDI_APPLICATION);
    wndclass.hCursor = LoadCursor(NULL, IDC_ARROW);
    wndclass.hbrBackground = (HBRUSH)GetStockObject(WHITE_BRUSH);
    wndclass.lpszMenuName = NULL;
    wndclass.lpszClassName = szClassName;
    wndclass.hIconSm = NULL;
    RegisterClassEx(&wndclass);

    hwnd = CreateWindowEx(0, szClassName, szAppName, WS_OVERLAPPEDWINDOW,
        CW_USEDEFAULT, CW_USEDEFAULT, 300, 180, NULL, NULL, hInstance, NULL);

    ShowWindow(hwnd, nCmdShow);
    UpdateWindow(hwnd);

    while (GetMessage(&msg, NULL, 0, 0) != 0)
    {
        TranslateMessage(&msg);
        DispatchMessage(&msg);
    }

    return msg.wParam;
}

LRESULT CALLBACK WindowProc(HWND hwnd, UINT uMsg, WPARAM wParam, LPARAM lParam)
{
    HDC hdc;
    PAINTSTRUCT ps;
    TCHAR szStr[] = TEXT("你好，Windows 程序设计");

    switch (uMsg)
    {
```

```
    case WM_CREATE:
        PlaySound(TEXT("成都(两会版).wav"), NULL, SND_FILENAME | SND_ASYNC);
        return 0;

    case WM_PAINT:
        hdc = BeginPaint(hwnd, &ps);
        TextOut(hdc, 10, 10, szStr, _tcslen(szStr));
        EndPaint(hwnd, &ps);
        return 0;

    case WM_DESTROY:
        PostQuitMessage(0);
        return 0;
    }

    return DefWindowProc(hwnd, uMsg, wParam, lParam);
}
```

按 Ctrl + F5 组合键编译运行程序，计算机响起“春风吹过的时候 我矗立在街头……”，并在客户区左上角显示“你好，Windows 程序设计”，程序界面如图 2.2 所示。

图 2.2

程序有标题栏，系统菜单，最小化、最大化、关闭按钮，拖拉窗口边框可以改变窗口大小，这个窗口包含了一个典型窗口的大部分特征。

刚刚接触 Windows 程序设计的读者可能会觉得这个程序太过复杂，但是这个程序是大部分窗口程序的模板，以后要写一个新的程序，只要把它复制过来再向其中添砖加瓦即可。复杂的可能是 WNDCLASSEX 结构各个字段的填充。在 VS 中输入 WNDCLASSEX，右键单击**转到定义**，就可以看到该结构的定义，然后按照定义依次填充每个字段即可（每个字段的含义稍后会详细介绍）。

在屏幕上显示一个窗口的过程一般包括以下步骤，也就是入口函数 WinMain 的执行流程。

（1）注册窗口类（RegisterClassEx），在注册之前，要先填写 RegisterClassEx 函数的参数 WNDCLASSEX 结构的各个字段。

（2）创建窗口（CreateWindowEx）。

（3）显示窗口（ShowWindow）、刷新窗口客户区（UpdateWindow）。

（4）进入无限的消息获取、分发的循环：获取消息（GetMessage），转换消息（TranslateMessage），将消息分发到回调函数 WindowProc 进行处理（DispatchMessage）。

下面分别介绍每一个步骤。

## 2.2.1 注册窗口类（RegisterClassEx）

RegisterClassEx，见名知义，注册窗口类，最后的 Ex 是扩展的意思，它是 Win16 中 RegisterClass 函数的扩展。该函数用于注册一个窗口类，在下一步调用 CreateWindowEx 函数创建窗口时使用：

```
ATOM WINAPI RegisterClassEx(_In_ const WNDCLASSEX *lpwcx);
```

函数返回值类型 ATOM 是原子的意思，就是说 RegisterClassEx 函数会返回一个独一无二的值，这个值就唯一代表我们注册的窗口类。我们通常不关心这个值，而是使用 WNDCLASSEX 结构中指定的窗口类名（WNDCLASSEX.lpszClassName 字段）。ATOM 数据类型在 minwindef.h 头文件中定义如下：

```
typedef WORD ATOM;
```

如果函数执行成功，则返回值是标识已注册窗口类的类原子值；如果函数执行失败，则返回值为 0，可以通过调用 GetLastError 函数获取错误代码。

参数 lpwcx 是一个指向 WNDCLASSEX 结构的指针，调用 RegisterClassEx 函数之前必须初始化该结构：

```
typedef struct tagWNDCLASSEX {
    UINT      cbSize;          // 该结构的大小，以字节为单位，设置为 sizeof(WNDCLASSEX)
    UINT      style;           // 用这个窗口类创建的窗口具有的样式
    WNDPROC   lpfnWndProc;     // 指定窗口过程，所有基于这个窗口类创建的窗口都使用这个窗口过程
    int       cbClsExtra;      // 紧跟在 WNDCLASSEX 结构后面的附加数据字节数，用来存放自定义数据
    int       cbWndExtra;      // 紧跟在窗口实例后面的附加数据字节数，用来存放自定义数据
    HINSTANCE hInstance;       // 窗口类的窗口过程所属的实例句柄（模块句柄）
    HICON     hIcon;           // 用这个窗口类创建的窗口所用的图标资源句柄
    HCURSOR   hCursor;         // 用这个窗口类创建的窗口所用的光标资源句柄
    HBRUSH    hbrBackground;// 用这个窗口类创建的窗口所用的背景画刷句柄
    LPCTSTR   lpszMenuName; // 指定窗口类的菜单资源名称，菜单资源通常在资源文件中定义
    LPCTSTR   lpszClassName;// 指定窗口类的名称，调用 CreateWindowEx 函数创建窗口时需要使用窗口类名
    HICON     hIconSm;         // 用这个窗口类创建的窗口所用的小图标的句柄
} WNDCLASSEX, *PWNDCLASSEX;
```

- 第 1 个字段 cbSize 指定该结构的大小，以字节为单位，设置为 sizeof (WNDCLASSEX)或 sizeof(wndclass)都可以。很多 Windows API 函数参数中使用的结构体中都有一个 cbSize 字段，它主要用来区分结构的版本。系统升级以后结构体可能会新增一些字段，结构体就相应增大。如果函数调用的时候发现 cbSize 还是旧的长度，就表示运行的是基于旧结构的程序，这样可以防止使用无效的字段。请注意，如果一个结构有 cbSize 结构大小的字段，必须把它初始化为 sizeof（结构名称或结构变量名称）。
- 第 2 个字段 style 指定窗口类样式，也就是用这个窗口类创建的窗口具有的样式，常见的窗口类样式如表 2.1 所示。

**表 2.1**

| 常量 | 含义 |
|---|---|
| CS_HREDRAW | 当窗口宽度发生变化时，重新绘制整个窗口 |
| CS_VREDRAW | 当窗口高度发生变化时，重新绘制整个窗口 |
| CS_NOCLOSE | 禁用关闭按钮，系统菜单的关闭菜单项也会消失 |
| CS_DBLCLKS | 当用户双击鼠标时，向窗口过程发送双击消息 WM_LBUTTONDBLCLK |
| CS_GLOBALCLASS | 表示窗口类是应用程序全局类 |

续表

| 常量 | 含义 |
|---|---|
| CS_OWNDC | 为窗口类的每个窗口分配唯一的设备环境 |
| CS_CLASSDC | 分配一个设备环境供基于窗口类的所有窗口共享 |
| CS_PARENTDC | 将子窗口的裁剪矩形设置为父窗口的裁剪矩形，以便子窗口可以在父窗口上进行绘制 |

指定为 CS_HREDRAW | CS_VREDRAW 表示如果窗口的水平尺寸或垂直尺寸改变了，那么所有基于该窗口类创建的窗口都将会被重新绘制。

CS_NOCLOSE 表示禁用关闭按钮，系统菜单的关闭菜单项也会消失。大家把设置窗口类样式一行改为 wndclass.style = CS_HREDRAW | CS_VREDRAW | CS_NOCLOSE;看看会发生什么现象，为了关闭程序是不是只能打开任务管理器结束进程呢?

请大家不要急于完全理解或者自己写出本程序，随着本书内容的不断深入，一切都会慢慢明朗起来的。运行程序，双击客户区，没有任何反应，大家把设置窗口类样式一行改为 wndclass.style = CS_HREDRAW | CS_VREDRAW | CS_DBLCLKS;。

把窗口过程函数 WindowProc 的 switch(uMsg)加上对 WM_LBUTTONDBLCLK 消息的处理：

```
case WM_LBUTTONDBLCLK:
    MessageBox(hwnd, TEXT("客户区被双击"), TEXT("提示"), MB_OK);
    return 0;

case WM_DESTROY:
```

重新编译运行，双击客户区会弹出一个消息框。

- 第 3 个字段 lpfnWndProc 指定窗口过程，所有基于这个窗口类创建的窗口都使用这个窗口过程。窗口过程的概念稍后讲解，现在只需要知道程序运行以后会发生很多事件，比如窗口创建、窗口重绘、窗口尺寸改变、鼠标双击、程序关闭等事件，操作系统会把这些事件通知应用程序，应用程序在 lpfnWndProc 字段指定的窗口过程（就是函数）中处理这些事件，WNDPROC 是窗口过程指针类型。
- 第 4 个字段 cbClsExtra 指定紧跟在 WNDCLASSEX 结构后面的窗口类附加数据字节数，用来存放自定义数据，可以通过调用 GetClassLong 或 GetClassLongPtr 函数来获取这些数据。窗口类附加数据字节数不能超过 40 字节。
- 第 5 个字段 cbWndExtra 指定紧跟在窗口实例后面的的窗口附加数据字节数，用来存放自定义数据，可以通过调用 GetWindowLong 或 GetWindowLongPtr 函数来获取这些数据。窗口附加数据字节数不能超过 40 字节。

  以上两个字段，以后用到的时候再去理解其含义，没有特别需求，这两个字段设置为 0 即可。
- 第 6 个字段 hInstance 指定窗口类的窗口过程所属的实例句柄，也就是所属的模块。
- 第 7 个字段 hIcon 指定图标资源句柄，这个图标用于生成可执行文件图标。Windows 已经预定义了一些图标，程序也可以使用在资源文件中自定义的图标。这些图标的句柄可以通过调用 LoadIcon 或 LoadImage 函数获取（LoadImage 函数的用法在以后学习资源文件的时候再讲解）。

资源文件在编译的时候会被打包到可执行文件中，LoadIcon 函数用于从应用程序实例（模块）中加载指定的图标资源：

```
HICON WINAPI LoadIcon(
    _In_opt_ HINSTANCE hInstance,    // 程序实例句柄(模块句柄)
    _In_     LPCTSTR   lpIconName);  // 要加载的图标资源的名称
```

HICON 是 Windows 定义的图标句柄数据类型，Windows 为不同的对象定义了不同名称的句柄类型，但是句柄只不过是一个数值，不需要深究。

如果函数执行成功，则返回值是所加载图标的句柄；如果函数执行失败，则返回值为 NULL。也可以使用一个系统预定义的图标，将 hInstance 参数设置为 NULL，将 lpIconName 参数设置为表 2.2 所列的值。

表 2.2

| 值 | 含义 | 形状 |
|---|---|---|
| IDI_APPLICATION 或 IDI_WINLOGO | 默认应用程序图标 |  |
| IDI_ASTERISK 或 IDI_INFORMATION | 信息提示样式图标 |  |
| IDI_ERROR 或 IDI_HAND | 错误提示样式图标 |  |
| IDI_QUESTION | 问号图标 |  |
| IDI_EXCLAMATION 或 IDI_WARNING | 感叹号图标 |  |
| IDI_SHIELD | 安全防护盾牌图标 |  |

- 第 8 个字段 hCursor 指定用这个窗口类创建的窗口所用的光标资源句柄，就是当鼠标在客户区中时的光标形状。Windows 预定义了一些光标，程序也可以使用在资源文件中自定义的光标。这些光标的句柄可以通过调用 LoadCursor 或 LoadImage 函数获取。

  LoadCursor 函数用于从应用程序实例（模块）中加载指定的光标资源：

```
HCURSOR WINAPI LoadCursor(
    _In_opt_ HINSTANCE hInstance,        // 程序实例句柄(模块句柄)
    _In_     LPCTSTR   lpCursorName);    // 要加载的光标资源的名称
```

  HCURSOR 是 Windows 定义的光标句柄数据类型，在 windef.h 头文件中 HCURSOR 定义如下：

```
typedef HICON  HCURSOR;
```

  如果函数执行成功，则返回值是所加载光标的句柄；如果函数执行失败，则返回值为 NULL。也可以使用一个系统预定义的光标，将 hInstance 参数设置为 NULL，将 lpCursorName 参数设置为表 2.3 所列的值。

表 2.3

| 值 | 含义 | 形状 |
| --- | --- | --- |
| IDC_APPSTARTING | 标准箭头和等待（忙碌） |  |
| IDC_ARROW | 标准箭头 |  |
| IDC_CROSS | 十字线 |  |
| IDC_HAND | 手形 |  |
| IDC_HELP | 箭头和问号 |  |
| IDC_IBEAM | 工字 |  |
| IDC_NO | 斜线圆 |  |
| IDC_SIZEALL | 指向北、南、东和西的四角箭头 |  |
| IDC_SIZENESW | 指向东北和西南的双尖箭头 |  |
| IDC_SIZENS | 指向南北的双尖箭头 |  |
| IDC_SIZENWSE | 指向西北和东南的双尖箭头 |  |
| IDC_SIZEWE | 指向西和东的双尖箭头 |  |
| IDC_UPARROW | 垂直箭头 |  |
| IDC_WAIT | 等待（忙碌） |  |

- 第 9 个字段 hbrBackground 指定用这个窗口类创建的窗口所用的背景画刷句柄，也可以使用标准系统颜色。系统用指定的背景画刷或颜色填充客户区背景。HBRUSH 是 Windows 定义的画刷句柄类型。

  GetStockObject 函数用于获取备用（或者说库存，实际上就是系统预定义的）画笔、画刷、字体等的句柄：

```
HGDIOBJ GetStockObject(_In_ int fnObject);
```

  fnObject 参数指定备用对象的类型，对于画刷来说，可以是表 2.4 所列的值。

表 2.4

| 值 | 含义 |
|---|---|
| BLACK_BRUSH | 黑色画刷 |
| WHITE_BRUSH | 白色画刷 |
| DKGRAY_BRUSH | 深灰色画刷 |
| GRAY_BRUSH | 灰色画刷 |
| LTGRAY_BRUSH | 浅灰色画刷 |
| DC_BRUSH | DC 画刷，默认颜色为白色，可以使用 SetDCBrushColor 函数更改颜色 |
| HOLLOW_BRUSH 或 NULL_BRUSH | 空画刷，表示什么也不画 |

如果函数执行成功，则返回指定备用对象的 HGDIOBJ 类型句柄；如果函数执行失败，则返回值为 NULL。

也可以使用标准系统颜色，表 2.5 所列的值是可用的部分标准系统颜色。

表 2.5

| 常量 | 颜色效果 |
|---|---|
| COLOR_ACTIVEBORDER | |
| COLOR_ACTIVECAPTION | |
| COLOR_APPWORKSPACE | |
| COLOR_BACKGROUND | |
| COLOR_BTNFACE | |
| COLOR_BTNSHADOW | |
| COLOR_BTNTEXT | |
| COLOR_CAPTIONTEXT | |
| COLOR_GRAYTEXT | |
| COLOR_HIGHLIGHT | |
| COLOR_HIGHLIGHTTEXT | |
| COLOR_INACTIVEBORDER | |
| COLOR_INACTIVECAPTION | |
| COLOR_MENU | |
| COLOR_MENUTEXT | |
| COLOR_SCROLLBAR | |
| COLOR_WINDOW | |
| COLOR_WINDOWFRAME | |
| COLOR_WINDOWTEXT | |

关于每个常量值具体对应什么颜色，书本上可能看不出来，我已经保存了图片，参见 Chapter2\SystemColor.png。使用标准系统颜色的时候，需要加 1，例如 wndclass.hbrBackground = (HBRUSH)(COLOR_BTNFACE + 1);。

- 第 10 个字段 lpszMenuName 指定窗口类的菜单资源名称。菜单通常在资源文件中定义，也可以在创建窗口函数 CreateWindowEx 的参数中指定。如果在这两个地方都没有指定，那么程序就没有菜单。本程序没有使用菜单，所以设置为 NULL。
- 第 11 个字段 lpszClassName 指定窗口类的名称，最大字符个数为 256。调用 CreateWindowEx 函数创建窗口时需要使用这个窗口类名。如果需要获取指定窗口的窗口类名，可以调用 GetClassName 函数。
- 第 12 个字段 hIconSm 指定用这个窗口类创建的窗口所用的小图标句柄，小图标是显示在窗口标题栏左侧和任务栏的图标。如果该字段设置为 NULL，则系统会搜索可执行文件的图标资源以查找合适大小的图标作为小图标。

应用程序在创建窗口时，必须首先注册窗口类。窗口类包含了一个窗口的重要信息，例如窗口样式、窗口过程、显示和绘制窗口所需要的信息等，每一个窗口都是一个窗口类的实例。一个程序可以基于同一个窗口类创建多个窗口实例，同一窗口类的窗口使用同一个窗口过程 WindowProc。请读者在 UpdateWindow(hwnd);语句后面加上如下语句，基于同一个窗口类再创建一个窗口实例看一看效果：

```
HWND hwnd2 = CreateWindowEx(0, szClassName, szAppName, WS_OVERLAPPEDWINDOW,
    300, 200, 300, 180, NULL, NULL, hInstance, NULL);
ShowWindow(hwnd2, nCmdShow);
UpdateWindow(hwnd2);
```

### 2.2.2 创建窗口（CreateWindowEx）

注册窗口类后，就可以在窗口类的基础上通过调用 CreateWindowEx 函数添加其他的属性来创建窗口了。CreateWindowEx 是 CreateWindow 函数的扩展版本，可以创建具有扩展窗口样式的重叠窗口、弹出窗口或子窗口：

```
HWND WINAPI CreateWindowEx(
    _In_      DWORD     dwExStyle,      // 窗口的扩展窗口样式
    _In_opt_  LPCTSTR   lpClassName,    // RegisterClassEx 函数注册的窗口类名
    _In_opt_  LPCTSTR   lpWindowName,   // 窗口标题
    _In_      DWORD     dwStyle,        // 窗口的窗口样式
    _In_      int       x,              // 窗口的初始水平位置，像素单位
    _In_      int       y,              // 窗口的初始垂直位置，像素单位
    _In_      int       nWidth,         // 窗口的初始宽度，像素单位
    _In_      int       nHeight,        // 窗口的初始高度，像素单位
    _In_opt_  HWND      hWndParent,     // 窗口的父窗口
    _In_opt_  HMENU     hMenu,          // 菜单句柄
    _In_opt_  HINSTANCE hInstance,      // 与窗口关联的实例句柄(模块句柄)
    _In_opt_  LPVOID    lpParam);       // 额外参数
```

- 第 1 个参数 dwExStyle 指定窗口的扩展样式。dwExStyle 是 Win32 中扩展的参数，扩展窗口样式是一些以 WS_EX_开头的预定义值，WS 是 Windows Style 的缩写。表 2.6 所列是部分扩展窗口样式。

表 2.6

| 常量 | 含义 |
| --- | --- |
| WS_EX_WINDOWEDGE | 窗口的边框带有凸起的边缘 |
| WS_EX_CLIENTEDGE | 窗口的边框带有凹陷的边缘 |
| WS_EX_OVERLAPPEDWINDOW | 等于 WS_EX_WINDOWEDGE \| WS_EX_CLIENTEDGE，窗口是一个重叠窗口 |
| WS_EX_ACCEPTFILES | 窗口接受拖放文件 |
| WS_EX_TOPMOST | 窗口始终保持在最顶层 |
| WS_EX_MDICHILD | 窗口是 MDI 子窗口 |
| WS_EX_CONTEXTHELP | 窗口的标题栏包含一个问号按钮，如果用户单击问号，则光标将变为带有指针的问号；如果用户随后单击子窗口，则子窗口将收到一条 WM_HELP 消息，子窗口应将消息传递给父窗口过程，父窗口过程使用 HELP_WM_HELP 命令调用 WinHelp 函数，应用程序显示一个弹出窗口，通常包含子窗口的帮助。WS_EX_CONTEXTHELP 不能与 WS_MAXIMIZEBOX 或 WS_MINIMIZEBOX 样式一起使用 |
| WS_EX_LAYERED | 分层或透明窗口，该样式可以实现一些混合特效 |
| WS_EX_TOOLWINDOW | 创建一个工具窗口，通常用作浮动工具条 |

如果没有特别需求，第 1 个参数可以设置为 0。

- 第 2 个参数 lpClassName 指定为 RegisterClassEx 函数注册的窗口类名。
- 第 3 个参数 lpWindowName 指定窗口标题，通常窗口类名和窗口标题可以使用相同的名称。
- 第 4 个参数 dwStyle 指定窗口样式，窗口样式是一些以 WS_开头的预定义值。表 2.7 所列是部分窗口样式。

表 2.7

| 常量 | 含义 |
| --- | --- |
| WS_BORDER | 窗口有细线边框 |
| WS_CAPTION | 窗口有一个标题栏（包括 WS_BORDER） |
| WS_DLGFRAME | 创建一个带对话框边框的窗口，这种样式的窗口没有标题栏 |
| WS_HSCROLL | 窗口有一个水平滚动条 |
| WS_VSCROLL | 窗口有一个垂直滚动条 |
| WS_MAXIMIZEBOX | 窗口有一个最大化按钮，不能与 WS_EX_CONTEXTHELP 样式组合，还必须指定 WS_SYSMENU 样式 |
| WS_MINIMIZEBOX | 窗口有一个最小化按钮，不能与 WS_EX_CONTEXTHELP 样式组合，还必须指定 WS_SYSMENU 样式 |
| WS_ICONIC 或 WS_MINIMIZE | 窗口最初被最小化 |
| WS_MAXIMIZE | 窗口最初被最大化 |
| WS_SIZEBOX 或 WS_THICKFRAME | 可以通过边框调整窗口大小 |
| WS_SYSMENU | 窗口的标题栏上有一个系统菜单，还必须同时指定 WS_CAPTION 样式 |

续表

| 常量 | 含义 |
|---|---|
| WS_OVERLAPPED 或 WS_TILED | 窗口是重叠窗口，重叠窗口具有标题栏和边框 |
| WS_POPUP | 窗口是一个弹出窗口，该样式不能与 WS_CHILD 样式一起使用 |
| WS_DISABLED | 窗口最初被禁用，禁用的窗口无法接收用户的输入 |
| WS_VISIBLE | 窗口最初可见，如果不设置这个样式，窗口将不可见 |
| WS_CHILD 或 WS_CHILDWINDOW | 窗口是子窗口，具有该样式的窗口不能有菜单栏。该样式不能与 WS_POPUP 样式一起使用 |
| WS_CLIPCHILDREN | 父窗口不对子窗口区域进行绘制 |
| WS_CLIPSIBLINGS | 不对兄弟窗口（属于同一个父窗口的多个子窗口）进行绘制，以后可能会用到 |
| WS_POPUPWINDOW | 相当于 WS_POPUP \| WS_BORDER \| WS_SYSMENU，WS_POPUPWINDOW 和 WS_CAPTION 样式组合才能使标题栏可见 |
| WS_OVERLAPPEDWINDOW 或 WS_TILEDWINDOW | 相当于 WS_OVERLAPPED \| WS_CAPTION \| WS_SYSMENU \| WS_THICKFRAME \| WS_MINIMIZEBOX \| WS_MAXIMIZEBOX |

CreateWindowEx 函数可以创建具有扩展窗口样式的重叠窗口、弹出窗口或子窗口。如果需要创建一个常见的重叠窗口，则使用 WS_OVERLAPPEDWINDOW 样式即可，具有标题栏、系统菜单、可调边框、最小化/最大化/关闭按钮等；如果需要创建一个弹出窗口，则使用 WS_POPUPWINDOW | WS_CAPTION 样式即可，具有标题栏、系统菜单、关闭按钮等；如果需要创建一个子窗口，则使用 WS_CHILD 样式。

- 第 5 个参数 x 和第 6 个参数 y 分别指定窗口左上角相对于屏幕左上角的初始水平和垂直位置，以像素为单位，设置为 CW_USEDEFAULT（表示由 Windows 设置为默认值）。
- 第 7 个参数 nWidth 和第 8 个参数 nHeight 分别指定窗口的初始宽度和高度，以像素为单位，也可以设置为 CW_USEDEFAULT（表示由 Windows 设置为默认值）。
- 第 9 个参数 hWndParent 指定窗口的父窗口。如果是创建子窗口，则需要指定父窗口句柄，以便父子窗口之间进行通信。本程序是顶级重叠窗口，设置为 NULL 即可。

  重叠窗口是指具有标题栏、边框和客户区的顶级窗口，另外还可以有菜单、最小化和最大化按钮以及滚动条等，作为应用程序的主窗口；弹出窗口是一种特殊类型的重叠窗口，通常用于显示对话框、消息框和其他临时窗口。弹出窗口和重叠窗口的主要区别在于弹出窗口的标题栏是可选的，而重叠窗口必须具有标题栏（9.4 节将创建一个没有标题栏的弹出窗口）。顶级窗口是指没有 WS_CHILD 属性的窗口，顶级窗口的父窗口为桌面窗口。重叠窗口和弹出窗口都可以是顶级窗口，它们的坐标定位相对于屏幕左上角，顶级窗口作为一个程序的主窗口。

  子窗口必须具有父窗口。父窗口可以是重叠窗口、弹出窗口，甚至可以是其他子窗口。子窗口从父窗口的客户区左上角定位，而不是从屏幕左上角定位。可以为子窗口设置标题栏、最小化和最大化按钮、边框和滚动条等，但不能设置菜单。
- 第 10 个参数 hMenu 指定菜单句柄。本程序没有菜单，设置为 NULL。如果创建的是子窗口，则该参数设置为子窗口的 ID。
- 第 11 个参数 hInstance 指定与窗口关联的实例句柄，也就是指定窗口所属的模块。

- 第 12 个参数 lpParam 可以指定为指向某些数据或数据结构的指针。如果没有特别需求，则设置为 NULL 即可。后面会再次讲到这个参数。

窗口类只是定义了窗口的一般特征，基于同一窗口类可以创建许多不同的窗口。在调用 CreateWindowEx 函数创建窗口时，还可以指定许多与窗口有关的细节信息，例如 WNDCLASSEX 结构中没有定义的外观、窗口标题、位置、大小等属性。刚刚接触 Windows 程序设计的读者可能会疑惑窗口的特征为什么不能一次性指定完。基于同一窗口类可以创建许多不同的窗口实例，这些窗口可以样式、大小各异。窗口类指定的是这些窗口的通用特征，而调用 CreateWindowEx 函数创建每个窗口的时候可以再指定一些个性化的特征。

如果函数执行成功，则返回新创建窗口的窗口句柄；如果函数执行失败，则返回值为 NULL。在 Windows 系统中，每一个窗口都有一个句柄，在程序中可以使用句柄对窗口进行引用。许多 Windows API 都以窗口句柄作为参数，通过窗口句柄 Windows 就可以知道该函数要对哪个窗口进行操作。如果一个程序创建了多个窗口，那么每个窗口都具有不同的窗口句柄。

### 2.2.3 显示窗口（ShowWindow）和刷新窗口客户区（UpdateWindow）

光标定位到 ShowWindow(hwnd, nCmdShow);一行，按 F9 键设断点，按 F5 键开始调试。这时候程序窗口还没有显示出来，但如果读者打开任务管理器，则会发现 HelloWindows.exe 进程已经存在，窗口已经在 Windows 内部被创建了。ShowWindow 函数用于设置指定窗口的显示状态：

```
BOOL WINAPI ShowWindow(
    _In_ HWND hWnd,          // 窗口句柄
    _In_ int  nCmdShow);     // 窗口的显示方式
```

第一次调用 ShowWindow 时，nCmdShow 参数可以指定为 WinMain 函数 nCmdShow 的值（通常为 SW_SHOWDEFAULT），表示激活并显示窗口。

ShowWindow 函数的作用是设置指定窗口的显示状态，如果程序以后需要设置窗口的显示状态，nCmdShow 参数可以指定为表 2.8 所列的值。

**表 2.8**

| 常量 | 含义 |
|---|---|
| SW_SHOW | 激活窗口并以当前大小和位置显示窗口 |
| SW_SHOWNA | 以当前大小和位置显示窗口。该值类似于 SW_SHOW，不同之处在于未激活窗口 |
| SW_HIDE | 隐藏窗口 |
| SW_MINIMIZE | 最小化窗口 |
| SW_SHOWMAXIMIZED 或 SW_MAXIMIZE | 激活窗口并将其显示为最大化窗口 |
| SW_RESTORE | 激活并恢复显示窗口。如果窗口最小化或最大化，则系统会将其还原到原始大小和位置 |
| SW_SHOWNORMAL | 激活并显示一个窗口，如果窗口最小化或最大化，则系统会将其还原到原始大小和位置。首次显示窗口时，通常使用该标志 |
| SW_SHOWNOACTIVATE | 显示一个窗口，如果窗口最小化或最大化，则系统会将其还原到原始大小和位置。该值类似于 SW_SHOWNORMAL，不同之处在于未激活窗口 |

续表

| 常量 | 含义 |
|---|---|
| SW_SHOWMINIMIZED | 激活窗口并将其显示为最小化窗口 |
| SW_SHOWMINNOACTIVE | 显示为最小化窗口。该值类似于 SW_SHOWMINIMIZED，不同之处在于未激活窗口 |
| SW_SHOWDEFAULT | 根据传递给 CreateProcess 函数的 STARTUPINFO 结构中指定的 SW_值设置显示状态（后面会学习 CreateProcess 函数） |
| SW_FORCEMINIMIZE | 最小化窗口（即使拥有该窗口的线程没有响应），仅当最小化其他线程中的窗口时才使用该标志 |

如果窗口以前可见，则返回值为非零；如果窗口以前隐藏，则返回值为 0。

在 ShowWindow(hwnd, nCmdShow);一行，按 F9 键设置断点，按 F5 键开始调试。按 F10 键单步执行完这一句以后，可以看到程序窗口已经显示出来了；继续按 F10 键单步执行完 UpdateWindow (hwnd);，发现客户区已经显示出“你好，Windows 程序设计”，但是音乐还没有响起。

接下来谈一下 UpdateWindow 函数。UpdateWindow 函数通过向窗口发送 WM_PAINT 消息来更新指定窗口的客户区。该函数将 WM_PAINT 消息直接发送到窗口的窗口过程，绕过应用程序的消息队列，即 UpdateWindow 函数导致窗口过程 WindowProc 执行 case WM_PAINT 逻辑，调用 TextOut 函数在窗口客户区中输出文字。消息机制将在下一节详细介绍：

```
BOOL UpdateWindow(_In_ HWND hWnd);   // 更新哪个窗口
```

如果函数执行成功，则返回 TRUE；如果函数执行失败，则返回 FALSE。

### 2.2.4 消息循环

前面说过，程序运行以后会发生很多事件，比如窗口创建、窗口重绘、窗口尺寸改变、鼠标双击、程序关闭等事件，Windows 会把这些事件通知应用程序。那么 Windows 是如何把这些事件通知应用程序的呢？Windows 为每个应用程序维护消息队列，事件发生以后，Windows 会自动将其转换为消息，并放置在应用程序的消息队列中；应用程序通过调用 GetMessage 函数从消息队列中获取消息；调用 TranslateMessage 函数转换消息；调用 DispatchMessage 函数分发消息到窗口过程，实际上 DispatchMessage 函数的处理机制是把消息传递给 Windows，然后 Windows 去调用窗口过程；窗口过程处理完一个消息以后，将控制权返回给 Windows，然后 DispatchMessage 函数返回。这一轮操作完成以后，又会进行下一轮的消息获取、转换和分发。

GetMessage 函数用于从调用线程的消息队列中获取消息：

```
BOOL WINAPI GetMessage(
    _Out_     LPMSG lpMsg,              // MSG 结构用于存放消息的具体信息
    _In_opt_  HWND  hWnd,               // 要获取哪个窗口的消息
    _In_      UINT  wMsgFilterMin,      // 要获取的消息的最小值
    _In_      UINT  wMsgFilterMax);     // 要获取的消息的最大值
```

- 第 1 个参数 lpMsg 是一个指向 MSG 结构的指针，用于存放消息的具体信息，即函数在获取一个消息以后，会把这个消息的具体信息存放在这个结构中：

```
typedef struct tagMSG {
```

```
    HWND        hwnd;    // 哪个窗口发生的消息
    UINT        message;// 消息类型，以 WM_开头(Windows Message)
    WPARAM      wParam; // 消息参数，其含义取决于具体的消息类型
    LPARAM      lParam; // 消息参数，其含义取决于具体的消息类型
    DWORD       time;   // 消息发生时的时间
    POINT       pt;     // 消息发生时的光标位置，屏幕坐标
} MSG, *PMSG, NEAR *NPMSG, FAR *LPMSG;
```

pt 字段是一个 POINT 结构，表示消息发生时的光标位置，该结构在 windef.h 头文件中定义如下：

```
typedef struct tagPOINT
{
    LONG  x;
    LONG  y;
} POINT, *PPOINT, NEAR *NPPOINT, FAR *LPPOINT;
```

关于 WPARAM 和 LPARAM 数据类型的定义如下所示：

```
typedef UINT_PTR            WPARAM;
typedef LONG_PTR            LPARAM;

#if defined(_WIN64)
    typedef unsigned __int64 UINT_PTR, * PUINT_PTR;
#else
    typedef _W64 unsigned int UINT_PTR, * PUINT_PTR;
#endif

#if defined(_WIN64)
    typedef __int64 LONG_PTR, * PLONG_PTR;
#else
    typedef _W64 long LONG_PTR, * PLONG_PTR;
#endif
```

如果程序编译为 32 位，则 WPARAM 和 LPARAM 都是一个 32 位的数值；如果程序编译为 64 位，则 WPARAM 和 LPARAM 都是一个 64 位的数值。

- 第 2 个参数 hWnd 指定要获取哪个窗口的消息。如果 hWnd 设置为 NULL，则函数将获取属于当前线程的所有窗口的消息。
- 第 3 个参数 wMsgFilterMin 和第 4 个参数 wMsgFilterMax 指定要获取的消息的最小值和最大值。例如 WM_PAINT 消息实际上就是一个数值，设置要获取的消息的最小值和最大值是为了过滤消息，只对感兴趣的消息进行处理。如果 wMsgFilterMin 和 wMsgFilterMax 都设置为 0，则函数将获取所有的可用消息，不执行范围筛选。不过，不管如何设置范围，WM_QUIT（程序退出）消息都是可以获取到的。如果获取到的消息不是 WM_QUIT（程序退出），则函数返回值为非零；如果获取到的消息是 WM_QUIT，则返回值为 0；如果函数执行失败，则返回-1。

TranslateMessage 函数将按键消息转换为字符消息，然后将字符消息发送到调用线程的消息队列，下次线程调用 GetMessage 函数时即可获取这个字符消息：

```
BOOL WINAPI TranslateMessage(_In_ const MSG *lpMsg); // 从 GetMessage 函数获取到的 MSG 结构
```

如果消息被转换，即一个字符消息被发送到线程的消息队列，则返回值为非零；如果消息没有被

转换，即没有字符消息被发送到线程的消息队列，则返回值为 0。

窗口显示以后，程序需要处理来自用户的键盘输入和鼠标输入等。用户按下一个按键时会产生 WM_KEYDOWN 消息，松开按键的时候会产生 WM_KEYUP 消息。如果用户按下的是字符按键，TranslateMessage 函数可以把 WM_KEYDOWN 消息转换为 WM_CHAR 消息，这样一来我们就可以在窗口过程中处理 WM_CHAR 消息来判断用户是按下了哪个字符按键，即有了 TranslateMessage 函数的帮助，对于字符按键我们不需要处理 WM_KEYDOWN 和 WM_KEYUP 消息，只需处理 WM_CHAR 消息即可。在窗口过程中添加以下代码：

```
case WM_CHAR:
    {
        TCHAR szChar[16] = { 0 };
        wsprintf(szChar, TEXT("用户按下了字符: %c"), wParam);
        MessageBox(hwnd, szChar, TEXT("提示"), MB_OK);
        return 0;
    }
```

编译运行程序，输入法切换为英文状态。每当用户按下一个可显示字符，就会弹出一个消息框。如果按下的是 Ctrl、Shift、Alt 一类的按键，则不会产生 WM_CHAR 消息。如果把 TranslateMessage (&msg);注释掉，则不会产生 WM_CHAR 消息。关于键盘与鼠标的输入情况，以后还会详细介绍。

DispatchMessage 函数用于把 GetMessage 函数获取到的消息分发送到窗口过程：

```
LRESULT WINAPI DispatchMessage(_In_ const MSG *lpmsg);   // 从 GetMessage 函数
                                                          // 获取到的 MSG 结构
```

函数返回为窗口过程处理完消息以后的返回值，在窗口过程中处理完一条消息以后通常都是返回 0。

## 2.2.5 窗口过程

消息既可以是（消息）队列消息，也可以是非（消息）队列消息。队列消息是指那些由 Windows 放入程序的消息队列中的消息。在程序的消息循环中，队列消息被获取，并投递到窗口过程中。非队列消息则是由 Windows 对窗口过程的直接调用而产生的。队列消息被投递（Post）到消息队列中，而非队列消息则是被发送（Send）到窗口过程。无论在哪种情况下，窗口过程都会为程序处理所有消息（无论是队列消息还是非队列消息）。窗口过程是程序的消息处理中心。

- 队列消息主要由用户的输入产生，主要为按键消息（例如 WM_KEYDOWN 和 WM_KEYUP 消息）、由按键产生的字符消息（WM_CHAR）、鼠标移动（WM_MOUSEMOVE）、鼠标单击（WM_LBUTTONDOWN）等。此外，队列消息还包括计时器消息（WM_TIMER）、重绘消息（WM_PAINT）和退出消息（WM_QUIT）等。
- 非队列消息则包括除队列消息以外的其他所有消息，通常由调用特定的 Windows 函数引起。例如，当 WinMain 调用 CreateWindowEx 函数时，Windows 就会创建窗口，并在创建过程中向窗口过程发送一条 WM_CREATE 消息；当 WinMain 调用 ShowWindow 函数时，Windows 又会将 WM_SIZE 消息和 WM_SHOWWINDOW 消息发送给窗口过程；接下来，WinMain 又对 UpdateWindow 函数进行调用，这便促使 Windows 向窗口过程发送一条 WM_PAINT 消息。另外，一些表示键盘或鼠标输入的队列消息也能够产生非队列消息。例如，当用键盘或鼠标选择某个菜单项时，键盘或鼠标消息会进入消息队列，而最终表明有某菜单项被选择的 WM_COMMAND 消息却是一个非队列消息。

对于各种类型的消息，大家先大致有一个印象即可，后面都会详细介绍。

窗口过程是 Windows 回调函数( Windows 进行调用)，它是通过注册窗口类时使用 WNDCLASSEX 结构的 lpfnWndProc 字段指定的。窗口过程的定义形式如下：

```
LRESULT CALLBACK WindowProc(
    _In_ HWND   hwnd,
    _In_ UINT   uMsg,
    _In_ WPARAM wParam,
    _In_ LPARAM lParam);
```

窗口过程的名称可以任意命名，只要不与其他函数名称冲突即可。WNDPROC 是窗口过程指针类型：

```
typedef LRESULT (CALLBACK* WNDPROC)(HWND, UINT, WPARAM, LPARAM);
```

一个 Windows 程序可以包含多个窗口过程，但是一个窗口过程总是与一个通过调用 RegisterClassEx 函数注册的窗口类相关联。窗口过程的 4 个参数与 MSG 结构的前 4 个字段是一一对应的。

窗口过程返回值类型为 LRESULT，LRESULT 定义如下：

```
typedef LONG_PTR  LRESULT;

#if defined(_WIN64)
    typedef __int64          LONG_PTR, * PLONG_PTR;
    typedef unsigned __int64 ULONG_PTR, * PULONG_PTR;
    #define __int3264   __int64
#else
    typedef _W64 long          LONG_PTR, * PLONG_PTR;
    typedef _W64 unsigned long ULONG_PTR, * PULONG_PTR;
    #define __int3264   __int32
#endif
```

如果编译为 32 位程序，LONG_PTR 就是 long 类型；如果编译为 64 位程序，LONG_PTR 就是 __int64 类型。通过使用*_PTR 类型，一个程序既可以编译为 32 位程序，也可以编译为 64 位程序。类似的还有 DWORD_PTR、INT_PTR、LONG_PTR、UINT_PTR、ULONG_PTR 等。其他的例如指针、句柄类型等。编译为 32 位就是 32 位指针、句柄，编译为 64 位就是 64 位指针、句柄。VS 2019 非常智能，如果在编写 64 位程序的时候使用了不合理的数据类型，则编译的时候会给出警告提示。

- 第 1 个参数 hwnd 表示接收消息的窗口的句柄。如果程序基于同一个窗口类创建了多个窗口（这些窗口的窗口过程相同），hwnd 参数将标识这个消息属于哪一个窗口。
- 第 2 个参数 uMsg 表示具体的消息类型，例如 WM_CREATE、WM_PAINT 等。
- 在 Win32 程序中，最后两个参数 wParam 和 lParam 都是 32 位的消息参数，用于提供关于该消息的更丰富的信息。wParam 和 lParam 参数中所包含的内容依赖于具体的消息类型，例如对于字符消息 WM_CHAR，wParam 和 lParam 参数包含按下了哪个字符以及按下次数等信息。对于鼠标移动消息 WM_MOUSEMOVE，wParam 和 lParam 参数包含鼠标光标坐标等信息。

### 1. WM_CREATE 消息

当 WinMain 调用 CreateWindowEx 函数时，Windows 就会创建窗口，并在创建过程中向窗口过程发送一条 WM_CREATE 消息。WM_CREATE 消息是窗口过程较早收到的消息之一，程序通常会在这里做一些初始化的工作。本程序为了增加趣味性，在 WM_CREATE 消息中调用 PlaySound 函数播放一首音乐：

```
BOOL PlaySound(
    LPCSTR pszSound,     // 要播放的声音文件名称
    HMODULE hmod,        // 如果是从资源文件中加载音乐，该参数指定可执行文件模块句柄，否则可为 NULL
    DWORD   fdwSound);   // 播放声音的方式
```

fdwSound 参数如果指定了 SND_FILENAME，则表示 pszSound 参数指定的是声音文件名；如果指定了 SND_ASYNC，则表示以异步方式播放声音，PlaySound 函数在开始播放后立即返回；如果指定了 SND_SYNC，则表示以同步方式播放声音，在播放完音乐以后 PlaySound 函数才返回。

WM_CREATE 消息是窗口过程较早收到的消息之一，应该先播放音乐，再执行 WM_PAINT 消息显示字符串，但是为什么在 2.2.3 节调试运行的时候顺序却恰好相反呢？这是因为 PlaySound 函数的 fdwSound 参数指定了 SND_ASYNC，表示以异步方式播放声音，更改为：

```
PlaySound(TEXT("成都(两会版).wav"), NULL, SND_FILENAME | SND_SYNC);
```

然后按 F9 键设置几个断点，如图 2.3 所示。

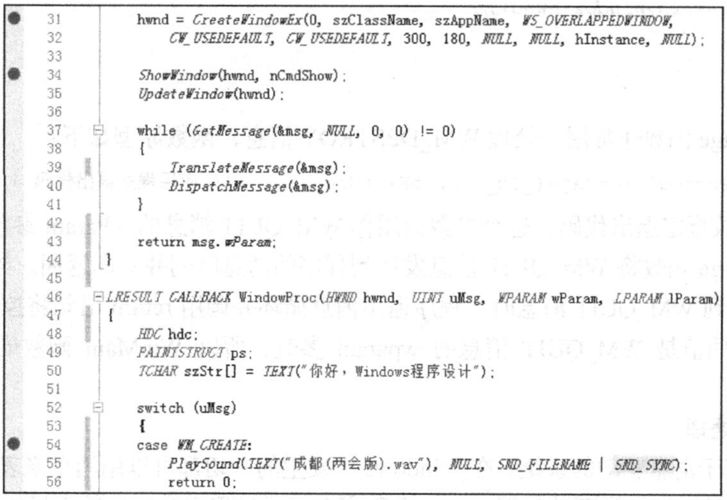


图 2.3

按 F5 键调试运行，程序首先中断在 CreateWindowEx 函数调用；继续按 F5 键运行，程序中断在 PlaySound 函数调用；按 F10 键单步执行，优雅的音乐响起来，在声音播放完以前，程序是不会继续往下执行的，让我们花几分钟时间休息一下吧；声音播放完毕，程序中断在下一行；继续按 F5 键运行，程序中断在 ShowWindow 函数调用；按 F5 键继续运行，程序界面出现。

程序处理完 WM_CREATE 消息以后，应该返回 0，表示继续创建窗口；如果返回-1，则窗口将被销毁，程序退出。实际上，大部分消息在处理完以后返回 0，有的消息在处理完以后可能需要返回其

他值，例如 TRUE，以后遇到需要返回其他值的消息，我会特别说明。

**2. 窗口关闭过程**

用户单击程序窗口右上角的关闭按钮以后，窗口过程会收到 WM_CLOSE 消息，DefWindowProc 函数会对 WM_CLOSE 消息进行处理，即调用 DestroyWindow 函数；DestroyWindow 函数完成程序窗口的一些清理工作，然后向窗口过程发送 WM_DESTROY 消息，DefWindowProc 函数不会处理 WM_DESTROY 消息，因此这个消息需要我们自己处理；我们在 WM_DESTROY 消息中调用 PostQuitMessage 函数，PostQuitMessage 函数会发送 WM_QUIT 消息给程序的消息队列；GetMessage 函数获取 WM_QUIT 消息后返回 0，从而结束消息循环，程序退出。

DefWindowProc 函数不会处理 WM_DESTROY 消息。删除程序的 case WM_DESTROY 逻辑，重新编译运行，然后关闭程序，读者会发现音乐还在继续，打开任务管理器可以看到 HelloWindows.exe 进程依然存在，也就是说窗口已经销毁，但是进程并没有结束，消息循环还在继续。

DefWindowProc 函数会对 WM_CLOSE 消息进行处理，我们也可以自己处理 WM_CLOSE 消息，例如可以添加如下代码：

```
case WM_CLOSE:
    {
        int nClose = MessageBox(hwnd, TEXT("你真的要关闭程序吗？"), TEXT("程序关闭"), MB_YESNO);
        // 只有用户单击的是消息框的“确定”按钮时才调用 DestroyWindow 函数
        if (nClose == IDYES)
            DestroyWindow(hwnd);

        return 0;
    }
```

PostQuitMessage 函数通常用于处理 WM_DESTROY 消息，函数原型如下：

```
VOID WINAPI PostQuitMessage(_In_ int nExitCode);    // 应用程序退出代码
```

nExitCode 参数指定退出代码，这个参数会用作 WM_QUIT 消息的 wParam 参数。

PostQuitMessage 函数将 WM_QUIT 消息发送到程序的消息队列并立即返回。当 GetMessage 函数从消息队列中获取到 WM_QUIT 消息时，程序退出消息循环并调用 return 语句将控制权返回给系统。return 语句所用返回值是 WM_QUIT 消息的 wparam 参数，所以 WinMain 函数最后调用的是 return msg.wParam;。

**3. 其他消息处理**

Windows 是基于消息驱动的系统，在 Windows 中发生的一切都可以用消息来表示，消息告诉操作系统发生了什么事件。消息类型数目巨大，一个程序在运行过程中会发生数不尽的消息，实际上在窗口过程 WindowProc 中我们仅仅是处理了极少量感兴趣的消息而已。

DefWindowProc 函数用于调用 Windows 提供的默认窗口过程，默认窗口过程为应用程序不处理的消息提供默认处理。调用 DefWindowProc 函数可以确保程序的每个消息都得到处理，比如按住标题栏拖动窗口、单击最小化/最大化按钮、改变窗口大小等，都是默认窗口过程进行处理的。调用 DefWindowProc 函数时使用窗口过程接收到的相同参数即可：

```
LRESULT WINAPI DefWindowProc(
    _In_ HWND    hWnd,
```

```
    _In_ UINT   Msg,
    _In_ WPARAM wParam,
    _In_ LPARAM lParam);
```

函数返回值是默认窗口过程 DefWindowProc 对于消息处理的结果，取决于具体的消息。我们只需要简单地返回 DefWindowProc 函数的返回值即可。

大家可以删除 return DefWindowProc(hwnd,uMsg,wParam,lParam);，不调用 Windows 提供的默认窗口过程看看什么现象。

#### 4. WM_PAINT 重绘消息

我们知道，WinMain 调用 UpdateWindow 函数，会促使 Windows 向窗口过程发送 WM_PAINT 消息。

WM_PAINT 是 Windows 编程中非常重要的一条消息，当窗口客户区的部分或全部变为“无效”且必须“更新”时，窗口过程会收到这个消息，这时候窗口客户区必须重绘。什么时候窗口客户区会变为无效呢？

- 当程序窗口被首次创建时，整个窗口客户区都是无效的，因为此时应用程序尚未在窗口客户区上绘制任何东西。在 WinMain 中调用 UpdateWindow 函数时会发送第一条 WM_PAINT 消息，指示窗口过程在窗口客户区中进行绘制。
- 在调整程序窗口的大小时，窗口客户区也会变为无效。我们把 WNDCLASSEX 结构的 style 字段设置为 CS_HREDRAW | CS_VREDRAW，表示当窗口大小发生变化时，整个窗口都应宣布无效，窗口过程会收到一条 WM_PAINT 消息。
- 如果先最小化程序窗口，再将窗口恢复到原先的尺寸，Windows 并不会保存原先窗口客户区的内容，因为假设由系统负责保存窗口客户区的内容，但是程序一直在运行，在系统恢复窗口客户区的内容以前它可能已经发生了变化，在图形用户界面下需要保存的这种数据太多了。对此，Windows 采取的策略是宣布窗口无效，窗口过程接收到 WM_PAINT 消息后需要自行恢复窗口客户区的内容。
- 在屏幕中拖动程序窗口的全部或一部分到屏幕以外，然后再拖回屏幕中的时候，窗口被标记为无效，窗口过程会收到一条 WM_PAINT 消息，并对窗口的客户区进行重绘。

收到 WM_PAINT 消息以后，对于该消息的处理通常是调用 BeginPaint 函数来获取窗口客户区的显示设备的设备环境（Device Context，简称 DC，也称设备上下文）句柄，然后调用 GDI 绘图函数（例如 TextOut）来执行更新窗口客户区所需的绘图操作。完成绘图操作以后，应该调用 EndPaint 函数来释放显示设备 DC。在绘制之前，必须首先获取显示设备 DC 句柄，显示设备 DC 定义一组图形对象及其关联属性，以及影响输出的图形模式等，系统提供与程序窗口相关联的显示设备 DC，应用程序使用显示设备 DC 将其输出定向到指定的窗口。随着以后学习的深入，读者会慢慢理解设备环境（DC）的概念，调用 GDI 绘图函数来显示文本和图形时通常都需要使用 DC 句柄。

Beginpaint 函数会将窗口的更新区域设置为空，就是说使“无效区域”变为有效。如果应用程序处理 WM_PAINT 消息但不调用 Beginpaint 或以其他方式清除无效区域，只要无效区域不为空，应用程序将会继续接收到 WM_PAINT 消息。

如果一个窗口过程不对 WM_PAINT 消息进行处理，那么应该交给 DefWindowProc 函数执行默认处理。DefWindowProc 函数依次调用 BeginPaint 和 EndPaint 函数，以使客户区的无效区域变为有效。

BeginPaint 函数为指定窗口进行绘图工作的准备，并把和绘图有关的信息填充到一个 PAINTSTRUCT 结构中：

```
HDC BeginPaint(
    _In_  HWND            hwnd,       // 要重绘的窗口句柄
    _Out_ LPPAINTSTRUCT lpPaint); // 指向接收绘制信息的结构 PAINTSTRUCT 的指针
```

应用程序除了响应 WM_PAINT 消息以外，不应该调用 BeginPaint 函数。如果函数执行成功，则返回指定窗口的显示设备 DC 句柄；如果函数执行失败，则返回 NULL。

lpPaint 参数是一个指向 PAINTSTRUCT 结构的指针，该结构包含绘制窗口客户区所需的信息：

```
typedef struct tagPAINTSTRUCT {
    HDC  hdc;                  // 设备环境句柄，和 BeginPaint 函数的返回值相同
    BOOL fErase;               // 是否已擦除背景
    RECT rcPaint;              // 指定请求重绘的矩形的左上角和右下角
    BOOL fRestore;             // 系统保留字段
    BOOL fIncUpdate;           // 系统保留字段
    BYTE rgbReserved[32];      // 系统保留字段
} PAINTSTRUCT, *PPAINTSTRUCT;
```

窗口背景是绘图操作开始前窗口客户区填充的颜色或图案。如果在注册窗口类的 WNDCLASSEX 结构中的 hbrBackground 字段中指定了画刷，则在 BeginPaint 函数调用之前系统会发送 WM_ERASEBKGND 消息到窗口过程，默认窗口过程 DefWindowProc 会处理这个消息，用 hbrBackground 字段指定的画刷擦除背景，在我们的程序中所使用的画刷是一个备用的白色画刷，即 Windows 会将窗口的背景填充为白色；如果 hbrBackground 字段为空，那么窗口过程应该处理 WM_ERASEBKGND 消息擦除背景，处理完 WM_ERASEBKGND 消息以后应返回 TRUE。如果默认窗口过程或我们的窗口过程已经处理了 WM_ERASEBKGND 消息，那么 fErase 字段会被设置为 0。

擦除背景是为了防止应用程序的新输出与不相关的旧信息混合，读者可以不设置 WNDCLASSEX 结构的背景画刷并看一下现象，把背景画刷改为 wndclass.hbrBackground = NULL;，然后重新编译运行，程序窗口尺寸为 300 × 180，此时最大化窗口就会发现窗口客户区出现了混乱，因为没有擦除背景。

窗口过程收到 WM_PAINT 消息，并不代表整个窗口客户区都需要被重绘，可能需要重绘的区域只有一小块，这个区域就叫作“无效区域”，程序只需要更新该区域即可。Windows 为每个窗口维护一个绘图信息结构 PAINTSTRUCT，无效区域的坐标就在其中，用的正是 rcPaint 字段。使用由 BeginPaint 函数返回的 DC 句柄是无法在无效区域以外的区域进行绘制的。rcPaint 字段是一个 RECT 结构，在 windef.h 头文件中定义如下：

```
typedef struct tagRECT
{
    LONG     left;   // 矩形左上角的 X 坐标
    LONG     top;    // 矩形左上角的 Y 坐标
    LONG     right;  // 矩形右下角的 X 坐标
    LONG     bottom; // 矩形右下角的 Y 坐标
} RECT, *PRECT, NEAR *NPRECT, FAR *LPRECT;
```

rcPaint 字段定义了无效区域的边界，这 4 个字段的值是以像素为单位的，相对于客户区的左上角，

客户区左上角为(0, 0)。rcPaint 字段表示的无效区域就是程序需要进行重新绘制的区域。

每次调用 BeginPaint 函数完成相关绘制操作以后，必须调用 EndPaint 函数释放相关资源：

```
BOOL EndPaint(
    _In_       HWND          hWnd,          // 重绘的窗口句柄
    _In_ const PAINTSTRUCT *lpPaint);       // 指向包含 BeginPaint 获取到的绘制信息结构的指针
```

函数返回值始终为非零，即不会失败。

TextOut 函数用于在指定位置显示一个字符串，函数原型如下：

```
BOOL TextOut(
    _In_ HDC     hdc,          // 设备环境句柄
    _In_ int     nXStart,      // 字符串的开始位置 X 坐标，逻辑单位
    _In_ int     nYStart,      // 字符串的开始位置 Y 坐标，逻辑单位
    _In_ LPCTSTR lpString,     // 指向要绘制的字符串，因为有 cchString 参数指定长度，
                               // 所以不要求以零结尾
    _In_ int     cchString);// lpString 指向的字符串长度，以字符为单位
```

逻辑单位的概念后面再讲，可以暂时理解为逻辑单位就是像素单位。

## 2.3 Windows 数据类型

Windows 定义了许多数据类型，大部分是对 C/C++基本数据类型的重定义。先回忆一下 C/C++的基本数据类型，如表 2.9 所示。

表 2.9

| 类型名称 | 字节数 | 别名 | 范围 |
|---|---|---|---|
| int | 4 | signed | –2 147 483 648～2 147 483 647 |
| unsigned int | 4 | unsigned | 0～4 294 967 295 |
| __int8 | 1 | char | –128～127 |
| unsigned __int8 | 1 | unsigned char | 0～255 |
| __int16 | 2 | short, short int, signed short int | –32 768～32 767 |
| unsigned __int16 | 2 | unsigned short, unsigned short int | 0～65 535 |
| __int32 | 4 | signed, signed int, int | –2 147 483 648～2 147 483 647 |
| unsigned __int32 | 4 | unsigned, unsigned int | 0～4 294 967 295 |
| __int64 | 8 | long long, signed long long | –9 223 372 036 854 775 808～9 223 372 036 854 775 807 |
| unsigned __int64 | 8 | unsigned long long | 0～18 446 744 073 709 551 615 |
| bool | 1 | 无 | false 或 true |
| char | 1 | 无 | –128～127（如果指定了/J 编译开关，则是 0～255） |
| signed char | 1 | 无 | –128～127 |

续表

| 类型名称 | 字节数 | 别名 | 范围 |
|---|---|---|---|
| unsigned char | 1 | 无 | 0～255 |
| short | 2 | short int, signed short int | –32 768～32 767 |
| unsigned short | 2 | unsigned short int | 0～65 535 |
| long | 4 | long int, signed long int | –2 147 483 648～2 147 483 647 |
| unsigned long | 4 | unsigned long int | 0～4 294 967 295 |
| long long | 8 | 无（等价于__int64） | –9 223 372 036 854 775 808～9 223 372 036 854 775 807 |
| unsigned long long | 8 | 无（等价于 unsigned __int64） | 0～18 446 744 073 709 551 615 |
| enum | 变化 | 无 | |
| float | 4 | 无 | 3.4E +/–38（7 位有效数字） |
| double | 8 | 无 | 1.7E +/–308（15 位有效数字） |
| long double | 8 | 无 | 1.7E +/–308（15 位有效数字） |
| wchar_t | 2 | __wchar_t | 0～65 535 |

Windows 的数据类型特别多，读者先有所了解，以后遇到新的数据类型，我还会再解释。表 2.10 仅列出一些常用的数据类型。

**表 2.10**

| 数据类型 | 描述 |
|---|---|
| BOOL | TRUE or FALSE，在 WinDef.h 定义如下：typedef int BOOL; |
| BYTE | 1 字节（8 位），在 WinDef.h 定义如下：typedef unsigned char BYTE; |
| CHAR | 一个 8 位 ASCII 字符，在 WinNT.h 定义如下：typedef char CHAR; |
| COLORREF | 一个 32 位的 RGB 颜色值，在 WinDef.h 定义如下：typedef DWORD COLORREF; |
| CONST | 在 WinDef.h 定义如下：#define CONST const |
| DWORD 或 DWORD32 | 一个 32 位的无符号 int，在 IntSafe.h 定义如下：typedef unsigned long DWORD; |
| DWORDLONG 或 DWORD64 | 一个 64 位的无符号 int，在 IntSafe.h 定义如下：typedef unsigned __int64 DWORDLONG; |
| DWORD_PTR | 在 BaseTsd.h 定义如下：typedef ULONG_PTR DWORD_PTR; |
| FLOAT | 在 WinDef.h 定义如下：typedef float FLOAT; |
| HANDLE | 对象句柄，在 WinNT.h 定义如下：typedef PVOID HANDLE; |
| HACCEL | 加速键句柄，在 WinDef.h 定义如下：typedef HANDLE HACCEL; |
| HBITMAP | 位图句柄，在 WinDef.h 定义如下：typedef HANDLE HBITMAP; |
| HBRUSH | 画刷句柄，在 WinDef.h 定义如下：typedef HANDLE HBRUSH; |
| HCURSOR | 光标句柄，在 WinDef.h 定义如下：typedef HICON HCURSOR; |
| HDC | DC（设备环境）句柄，在 WinDef.h 定义如下：typedef HANDLE HDC; |
| HFILE | OpenFile 函数返回的文件句柄，在 WinDef.h 定义如下：typedef int HFILE; |
| HFONT | 字体句柄，在 WinDef.h 定义如下：typedef HANDLE HFONT; |

续表

| 数据类型 | 描述 |
| --- | --- |
| HGDIOBJ | GDI 对象句柄，在 WinDef.h 定义如下：typedef HANDLE HGDIOBJ; |
| HGLOBAL | 全局内存块句柄，在 WinDef.h 定义如下：typedef HANDLE HGLOBAL; |
| HLOCAL | 局部内存块句柄，在 WinDef.h 定义如下：typedef HANDLE HLOCAL; |
| HHOOK | 钩子句柄，在 WinDef.h 定义如下：typedef HANDLE HHOOK; |
| HICON | 图标句柄，在 WinDef.h 定义如下：typedef HANDLE HICON; |
| HINSTANCE 或 HMODULE | 实例或模块句柄，在 WinDef.h 定义如下：typedef HANDLE HINSTANCE; |
| HKEY | 注册表项句柄，在 WinDef.h 定义如下：typedef HANDLE HKEY; |
| HMENU | 菜单句柄，在 WinDef.h 定义如下：typedef HANDLE HMENU; |
| HMETAFILE | 图元文件句柄，在 WinDef.h 定义如下：typedef HANDLE HMETAFILE; |
| HPEN | 画笔句柄，在 WinDef.h 定义如下：typedef HANDLE HPEN; |
| HRESULT | COM 接口使用的返回代码，在 WinNT.h 定义如下：typedef LONG HRESULT; |
| HRGN | 区域句柄，在 WinDef.h 定义如下：typedef HANDLE HRGN; |
| HWND | 窗口句柄，在 WinDef.h 定义如下：typedef HANDLE HWND; |
| INT | 在 WinDef.h 定义如下：typedef int INT; |
| INT_PTR | 在 BaseTsd.h 定义如下：<br>#if defined(_WIN64)<br>  typedef __int64 INT_PTR;<br>#else<br>  typedef int INT_PTR;<br>#endif |
| INT8 | 在 BaseTsd.h 定义如下：typedef signed char INT8; |
| INT16 | 在 BaseTsd.h 定义如下：typedef signed short INT16; |
| INT32 | 在 BaseTsd.h 定义如下：typedef signed int INT32; |
| INT64 | 在 BaseTsd.h 定义如下：typedef signed __int64 INT64; |
| LCID | 区域 ID，在 WinNT.h 定义如下：typedef DWORD LCID; |
| LONG | 在 WinNT.h 定义如下：typedef long LONG; |
| LONGLONG | 在 WinNT.h 定义如下：<br>#if !defined(_M_IX86)　　// _M_IX86 指 32 位处理器<br>  typedef __int64 LONGLONG;<br>#else<br>  typedef double LONGLONG;<br>#endif |
| LONG32 | 在 BaseTsd.h 定义如下：typedef signed int LONG32, *PLONG32; |
| LONG64 | 在 BaseTsd.h 定义如下：typedef __int64 LONG64, *PLONG64; |
| LONG_PTR | 在 BaseTsd.h 定义如下：<br>#if defined(_WIN64)<br>  typedef __int64 LONG_PTR;<br>#else<br>  typedef long LONG_PTR;<br>#endif |

续表

| 数据类型 | 描述 |
|---|---|
| LPARAM | 消息参数，在 WinDef.h 定义如下：typedef LONG_PTR LPARAM; |
| LPBOOL | BOOL 类型指针，在 WinDef.h 定义如下：typedef BOOL far *LPBOOL; |
| LPBYTE | BYTE 类型指针，在 WinDef.h 定义如下：typedef BYTE far *LPBYTE; |
| LPCOLORREF | COLORREF 类型指针，在 WinDef.h 定义如下：typedef DWORD *LPCOLORREF; |
| LPCSTR 或 PCSTR | ANSI 常字符串指针，在 WinNT.h 定义如下：typedef __nullterminated CONST CHAR *LPCSTR; |
| LPCWSTR 或 PCWSTR | Unicode 常字符串指针，在 WinNT.h 定义如下：typedef CONST WCHAR *LPCWSTR; |
| LPCTSTR 或 PCTSTR | 在 WinNT.h 定义如下：<br>#ifdef UNICODE<br>　typedef LPCWSTR LPCTSTR;<br>#else<br>　typedef LPCSTR LPCTSTR;<br>#endif |
| LPDWORD 或 PDWORD | 在 WinDef.h 定义如下：typedef DWORD *LPDWORD; |
| LPHANDLE | 在 WinDef.h 定义如下：typedef HANDLE *LPHANDLE; |
| LPINT | 在 WinDef.h 定义如下：typedef int *LPINT; |
| LPLONG | 在 WinDef.h 定义如下：typedef long *LPLONG; |
| LPSTR 或 PSTR | 在 WinNT.h 定义如下：typedef CHAR *LPSTR; |
| LPWSTR 或 PWSTR | 在 WinNT.h 定义如下：typedef WCHAR *LPWSTR; |
| LPTSTR 或 PTSTR | 在 WinNT.h 定义如下：<br>#ifdef UNICODE<br>　typedef LPWSTR LPTSTR;<br>#else<br>　typedef LPSTR LPTSTR;<br>#endif |
| LPVOID 或 PVOID | 在 WinDef.h 定义如下：typedef void *LPVOID; |
| LRESULT | 消息处理返回值，在 WinDef.h 定义如下：typedef LONG_PTR LRESULT; |
| PBOOL | 在 WinDef.h 定义如下：typedef BOOL *PBOOL; |
| PBYTE | 在 WinDef.h 定义如下：typedef BYTE *PBYTE; |
| PCHAR | 在 WinNT.h 定义如下：typedef CHAR *PCHAR; |
| PDWORD_PTR | 在 BaseTsd.h 定义如下：typedef DWORD_PTR *PDWORD_PTR; |
| PDWORD32 | 在 BaseTsd.h 定义如下：typedef DWORD32 *PDWORD32; |
| PDWORD64 | 在 BaseTsd.h 定义如下：typedef DWORD64 *PDWORD64; |
| PFLOAT | 在 WinDef.h 定义如下：typedef FLOAT *PFLOAT; |
| PHANDLE | 在 WinNT.h 定义如下：typedef HANDLE *PHANDLE; |
| PHKEY | 在 WinDef.h 定义如下：typedef HKEY *PHKEY; |
| PINT | 在 WinDef.h 定义如下：typedef int *PINT; |
| PINT_PTR | 在 BaseTsd.h 定义如下：typedef INT_PTR *PINT_PTR; |
| QWORD | typedef unsigned __int64 QWORD; |

续表

| 数据类型 | 描述 |
| --- | --- |
| SHORT | 在 WinNT.h 定义如下：typedef short SHORT; |
| SIZE_T | 在 BaseTsd.h 定义如下：typedef ULONG_PTR SIZE_T; |
| SSIZE_T | 在 BaseTsd.h 定义如下：typedef LONG_PTR SSIZE_T; |
| TCHAR | 在 WinNT.h 定义如下：<br>#ifdef UNICODE<br> typedef WCHAR TCHAR;<br>#else<br> typedef char TCHAR;<br>#endif |
| UCHAR | 在 WinDef.h 定义如下：typedef unsigned char UCHAR; |
| UINT | 在 WinDef.h 定义如下：typedef unsigned int UINT; |
| UINT_PTR | 在 BaseTsd.h 定义如下：<br>#if defined(_WIN64)<br> typedef unsigned __int64 UINT_PTR;<br>#else<br> typedef unsigned int UINT_PTR;<br>#endif |
| ULONG | 在 WinDef.h 定义如下：typedef unsigned long ULONG; |
| ULONGLONG | 在 WinNT.h 定义如下：<br>#if !defined(_M_IX86)<br> typedef unsigned __int64 ULONGLONG;<br>#else<br> typedef double ULONGLONG;<br>#endif |
| ULONG_PTR | 在 BaseTsd.h 定义如下：<br>#if defined(_WIN64)<br> typedef unsigned __int64 ULONG_PTR;<br>#else<br> typedef unsigned long ULONG_PTR;<br>#endif |
| VOID | 在 WinNT.h 定义如下：#define VOID void |
| WORD | 在 WinDef.h 定义如下：typedef unsigned short WORD; |
| WPARAM | 消息参数，在 WinDef.h 定义如下：typedef UINT_PTR WPARAM; |

## 2.4 函数名、变量名命名规则

驼峰命名法是指混合使用大小写字母来构成变量和函数的名字。当变量名或函数名是由多个单词组成时，第一个单词以小写字母开始，第二个单词及以后的每个单词的首字母都采用大写字母，例如 myFirstName、myLastName，这样的变量名看上去就像骆驼峰一样此起彼伏，故得名。

### 1. 小驼峰法

变量名一般用小驼峰法标识，就是除第一个单词以外，其他单词首字母都大写。例如：

```
int myStudentNum;              // 我的学号
```

### 2. 大驼峰法

函数名、类名一般用大驼峰法标识，就是每一个单词的首字母都大写。例如：

```
VOID  PrintStudentScore();    // 函数声明，打印学生成绩
```

匈牙利命名法是一位叫查尔斯·西蒙尼（Charles Simonyi）的匈牙利程序员发明的，后来他在微软工作了几年，于是这种命名法就通过微软的各种产品和文档资料传播开了。该命名法的做法是把变量名按“属性 + 类型 + 对象描述”的顺序组合起来，这样的命名方法可以直观了解变量的属性、类型和用途，属性部分如表 2.11 所示，类型部分如表 2.12 所示。

表 2.11

| 变量属性 | 表示 | 变量属性 | 表示 |
|---|---|---|---|
| 全局变量 | g_ | 结构体字段、类成员变量 | m_(member) |
| 常量 | c_ | 静态变量 | s_ |

表 2.12

| 变量类型 | 表示 | 变量类型 | 表示 |
|---|---|---|---|
| 数组 | a 或 arr | 双精度浮点 | d |
| 指针 | p 或 lp | 字 | w |
| 函数 | fn | 双字 | dw |
| 句柄 | h | 字符 | c 或 ch |
| 短整型 | n | 字符串 | sz（String Zero，指以零结尾的字符串） |
| 整型 | i 或 n | 字节 | b 或 by |
| 长整型 | l | 实型 | r |
| 布尔 | b 或 f(flag) | 无符号 | u |
| 浮点型（有时也指文件） | f | | |

例如，定义一个全局变量，表示文件名缓冲区：TCHAR g_szFileName[256];。

定义一个局部整型变量，表示我的学号：int nMyStudentNum;或 int iMyStudentNum;。

# 第 3 章

# GDI 绘图

GDI（Graphics Device Interface）是图形设备接口的英文缩写，处理 Windows 程序的图形和图像输出。程序员不需要关心硬件设备及设备驱动，就可以将应用程序的输出转换为硬件设备上的输出，实现应用程序与硬件设备的隔离，大大简化程序开发工作。在 Windows 操作系统中，图形界面应用程序通常离不开 GDI，利用 GDI 所提供的众多函数可以方便地在屏幕、打印机以及其他输出设备上实现输出文本、图形等操作。本章知识点比较抽象，请耐心阅读。本章以后的内容都比较通俗易懂。

## 3.1 设备环境（DC）

设备无关性（也称设备独立性）是 Windows 的主要功能之一。应用程序可以在各种设备上进行绘制和打印输出，系统统一把所有外部设备都当作文件来看待，只要安装了它们的驱动程序，应用程序就可以像使用文件一样操纵、使用这些设备，GDI 代表应用程序和设备驱动程序进行交互。为了实现设备无关性，引入了逻辑设备和物理设备这两个概念，在应用程序中，使用逻辑设备名称来请求使用某类设备，而系统在实际执行时，使用的是物理设备名称。设备无关性的支持包含在两个动态链接库中，第一个是 GDI 相关动态链接库，称为图形设备接口；第二个是设备驱动程序，设备驱动程序的名称取决于应用程序绘制输出的设备。GDI 处理程序的绘图函数调用，将这些调用传递给设备驱动程序，设备驱动程序接收来自 GDI 的输入，将输入转换为设备命令，并将这些命令传递给对应的设备。

当程序在客户区中显示文本或图形时，我们通常称程序在“绘制”客户区。GDI 在加载驱动程序后，准备设备进行绘制操作，例如选择线条颜色和宽度、画刷颜色和图案、字体名称、裁剪区域等。这些任务是通过创建和维护设备环境（DC）来完成的。DC 是定义一组图形对象及其关联属性以及影响输出的图形模式的结构体。

与 DC 相关的部分图形对象及属性如表 3.1 所示。

表 3.1

| 图形对象 | 属性 |
|---|---|
| 画笔 | 样式、宽度和颜色 |
| 画刷 | 样式、颜色、图案和原点 |
| 字体 | 字体名称、字体大小、字符宽度、字符高度、字符集等 |

续表

| 图形对象 | 属性 |
| --- | --- |
| 位图 | 大小（以字节为单位），尺寸（以像素为单位）、颜色格式、压缩方案等 |
| 路径 | 形状 |
| 区域 | 位置和尺寸 |

与大多数结构体不同，应用程序不能直接访问 DC，而是通过调用各种函数间接地对 DC 结构进行操作。

Windows 支持 5 种图形模式，允许应用程序指定颜色的混合方式、输出的位置、输出的缩放方式等。表 3.2 描述了存储在 DC 中的这些模式。

**表 3.2**

| 图形模式 | 描述 |
| --- | --- |
| 背景模式 | 文本的背景色与现有窗口或屏幕颜色的混合方式等 |
| 绘图模式 | 画笔、画刷的颜色与目标显示区域颜色的混合方式等 |
| 映射模式 | 如何将图形输出从逻辑坐标映射到客户区、屏幕或打印机纸张 |
| 多边形填充模式 | 如何使用画刷填充复杂区域的内部 |
| 拉伸模式 | 当位图被放大或缩小时如何计算新位图 |

Windows 有 4 种类型的 DC，分别是显示设备 DC、打印 DC、内存 DC（也称内存兼容 DC）、信息 DC，每种类型的 DC 都有特定的用途，如表 3.3 所述。

**表 3.3**

| DC 类型 | 描述 |
| --- | --- |
| 显示设备 DC | 在显示器上进行绘图操作 |
| 打印 DC | 在打印机或绘图仪上进行绘图操作 |
| 内存 DC | 通常是在内存中的位图上进行绘图操作 |
| 信息 DC | 获取设备环境信息 |

也就是说，通过设备环境，不仅可以在屏幕窗口进行绘图，也可以在打印机或绘图仪上进行绘图，还可以在内存中的位图上进行绘图。关于图形对象、图形模式以及各种 DC 类型，后面会分别进行详细介绍。

**获取显示设备 DC 句柄**

DC 句柄是程序使用 GDI 函数的通行证，几乎所有的 GDI 绘图函数都需要一个 DC 句柄参数，有了 DC 句柄，便能随心所欲地绘制窗口客户区。

前面说过，当窗口客户区的部分或全部变为“无效”且必须“更新”时，例如改变窗口大小、最小化/最大化窗口、拖动窗口一部分到屏幕外再拖动回来时，应用程序将会获取到 WM_PAINT 消息。窗口过程的大部分绘图操作是在处理 WM_PAINT 消息期间进行的，可以通过调用 BeginPaint 函数来获取显示 DC 句柄。WM_PAINT 消息的处理逻辑一般如下：

```
hdc = BeginPaint(hwnd, &ps);
```

```
// 绘图代码
EndPaint(hwnd, &ps);
```

BeginPaint 函数的返回值就是需要更新区域的 DC 句柄 hdc，BeginPaint 返回的 hdc 对应的尺寸仅是无效区域，程序无法通过该句柄绘制到这个区域以外的地方。由于窗口过程每次接收到 WM_PAINT 消息时的无效区域可能不同，因此这个 hdc 值仅在当次 WM_PAINT 消息中有效，程序不应该保存它并把它，用在 WM_PAINT 消息以外的代码中。BeginPaint 和 EndPaint 函数只能用在 WM_PAINT 消息中，因为只有这时才存在无效区域。BeginPaint 函数还有一个作用就是把无效区域有效化，如果不调用 BeginPaint，那么窗口的无效区域就一直不为空，系统会一直发送 WM_PAINT 消息。

窗口客户区中存在一个无效区域，这将导致 Windows 在应用程序的消息队列中放置一条 WM_PAINT 消息，即只有当程序客户区的一部分或全部无效时，窗口过程才会接收到 WM_PATNT 消息。Windows 在内部为每个窗口都保存了一个绘制信息结构 PAINTSTRUCT，这个结构保存着一个可以覆盖该无效区域的最小矩形的坐标和一些其他信息，这个最小矩形称为无效矩形。如果在窗口过程处理一条 WM_PAINT 消息之前，窗口客户区中又出现了另一个无效区域，那么 Windows 将计算出一个可以覆盖这两个无效区域的新的无效区域，并更新 PAINTSTRUCT 结构。Windows 不会在消息队列中放置多条 WM_PAINT 消息。

WM_PAINT 消息是一个低优先级的消息，Windows 总是在消息循环为空的时候才把 WM_PAINT 消息放入消息队列。每当消息循环为空的时候，如果 Windows 发现存在一个无效区域，就会在程序的消息队列中放入一个 WM_PAINT 消息。前面说过“当程序窗口被首次创建时，整个客户区都是无效的”，因为此时应用程序尚未在该窗口上绘制任何东西。在 WinMain 中调用 UpdateWindow 函数时会发送第一条 WM_PAINT 消息，指示窗口过程在窗口客户区进行绘制，UpdateWindow 函数将 WM_PAINT 消息直接发送到指定窗口的窗口过程，绕过应用程序的消息队列。现在大家应该明白，UpdateWindow 函数只不过是让窗口过程尽快更新窗口，HelloWindows 程序去掉 UpdateWindow 函数调用也可以正常运行。

如果应用程序在其他任何时间（例如在处理键盘或鼠标消息期间）需要进行绘制，可以调用 GetDC 或 GetDCEx 函数来获取显示 DC 句柄：

```
hdc = GetDC(hwnd);
// 绘图代码
ReleaseDC(hwnd, hdc);
```

GetDC 函数返回的 hdc 对应指定窗口的整个客户区，通过 GetDC 函数返回的 hdc 可以在客户区的任何位置进行绘制操作，不存在无效矩形的概念，无效矩形和 BeginPaint 才是原配。当使用完毕时，必须调用 ReleaseDC 函数释放 DC。对于用 GetDC 获取的 hdc，Windows 建议使用的范围限于单条消息内。当程序处理某条消息的时候，如果需要绘制客户区，可以调用 GetDC 函数获取 hdc，但在消息返回前，必须调用 ReleaseDC 函数将它释放掉。如果在下一条消息中还需要用到 hdc，那么可以重新调用 GetDC 函数获取。如果将 GetDC 的 hwnd 参数设置为 NULL，那么函数获取的是整个屏幕的 DC 句柄。

现在我提出一个问题，相信读者是可以理解的，按下鼠标左键时将会产生 WM_LBUTTONDOWN 消息，鼠标在客户区中移动的时候会不断产生 WM_MOUSEMOVE 消息，这两个消息的 lParam 参数中都含有鼠标坐标信息。按住鼠标左键不放拖动鼠标会产生 WM_LBUTTONDOWN 消息和一系列

WM_MOUSEMOVE 消息，我们在窗口过程中处理 WM_LBUTTONDOWN 和 WM_MOUSEMOVE 消息，利用 GetDC 函数获取 DC 句柄进行绘图，连接 WM_LBUTTONDOWN 消息和一系列 WM_MOUSEMOVE 消息的这些坐标点就会形成一条线，但是当改变窗口大小、最小化然后最大化窗口、拖动窗口一部分到屏幕外再拖回来时，读者会发现这条线没有了，因为在需要重绘的时候 Windows 会使用指定的背景画刷擦除背景。如果希望这条线继续存在，就必须在 WM_PAINT 消息中重新绘制它（可以事先保存好那些点）。如果可能，我们最好是在 WM_PAINT 消息中处理所有绘制工作。

GetWindowDC 函数可以获取整个窗口的 DC 句柄，包括非客户区（例如标题栏、菜单和滚动条）。使用 GetWindowDC 函数返回的 hdc 可以在窗口的任何位置进行绘制，因为这个 DC 的原点是窗口的左上角，而不是窗口客户区的左上角，例如，程序可以使用 GetWindowDC 函数返回的 hdc 在窗口的标题栏上进行绘制，这时程序需要处理 WM_NCPAINT（非客户区绘制）消息。

```
HDC GetWindowDC(_In_ HWND hWnd);
```

函数执行成功，返回值是指定窗口的 DC 句柄。同样的，完成绘制后必须调用 ReleaseDC 函数来释放 DC。如果将参数 hWnd 参数设置为 NULL，GetWindowDC 函数获取的是整个屏幕的 DC 句柄。

Windows 有 4 种类型的 DC，关于其他类型 DC 句柄的获取，后面用到的时候再讲解。理论知识讲解太多实在乏味，接下来先实现一个输出（绘制）文本的示例，并实现滚动条功能。

## 3.2　绘制文本

GetSystemMetrics 函数用于获取系统度量或系统配置信息，例如可以获取屏幕分辨率、全屏窗口客户区的宽度和高度、滚动条的宽度和高度等，该函数获取到的相关度量信息均以像素为单位：

```
int WINAPI GetSystemMetrics(_In_ int nIndex);
```

该函数只有一个参数，称之为索引，这个索引有 95 个标识符可以使用，可用的索引值及含义参见 Chapter3\SystemMetrics\SystemMetrics\Metrics.h 头文件，这是一个结构体数组，字段 m_nIndex 表示可用的索引值，字段 m_pDesc 表示含义。

例如 GetSystemMetrics(SM_CXSCREEN)获取的是屏幕的宽度（CX 表示 Count X，*X* 轴像素数），SystemMetrics 程序根据 95 个索引在客户区中输出 95 行，每行的格式类似下面的样子：

```
SM_CXSCREEN      屏幕的宽度      1366
```

通过 TextOut 函数输出 METRICS 结构数组的每个数组元素很简单。这里仅列出 WM_PAINT 消息的处理：

```
case WM_PAINT:
    hdc = BeginPaint(hwnd, &ps);
    for (int i = 0; i < NUMLINES; i++)
    {
        y = 18 * i; // 行间距
        TextOut(hdc,    0,     y,  METRICS[i].m_pLabel,    _tcslen(METRICS[i].m_pLabel));
```

```
        TextOut(hdc,   240,   y,  METRICS[i].m_pDesc,    _tcslen(METRICS[i].m_pDesc));
        TextOut(hdc,   760,   y,  szBuf,
            wsprintf(szBuf, TEXT("%d"), GetSystemMetrics(METRICS[i].m_nIndex)));
    }
    EndPaint(hwnd, &ps);
    return 0;
```

程序的运行效果与完整代码参见 Chapter3\SystemMetrics 项目。程序使用 wndclass.hbrBackground = (HBRUSH)(COLOR_BTNFACE + 1);把窗口背景设置为标准系统颜色（浅灰色），所以很容易发现文本其实是有背景色的，默认是白色背景；字体是系统字体（System 字体，标题栏、菜单、对话框默认情况下使用系统字体）；对于每一行的行间距以及每一列的距离，我们大体设置了一个数值，这并不准确；客户区一共输出了 95 行，但是由于屏幕分辨率的原因，无法完整显示出来，很明显程序需要一个垂直滚动条。

## 3.2.1 格式化文本

文本输出是程序客户区中最常见的图形输出类型，有一些函数可以格式化和绘制文本。格式化函数可以设置背景模式、背景颜色、对齐方式、文本颜色、字符间距等，这些都是 DC 的文本格式属性。背景模式不透明、背景颜色为白色、对齐方式为左对齐、文本颜色为黑色等都是默认的 DC 文本格式属性。

格式函数可以分为三类：获取或设置 DC 的文本格式属性的函数、获取字符宽度和高度的函数，以及获取字符串宽度和高度的函数。

**1. 文本格式属性**

（1）文本对齐方式

SetTextAlign 函数为指定的 DC 设置文本对齐方式：

```
UINT SetTextAlign(
    _In_ HDC  hdc,       // 设备环境句柄
    _In_ UINT fMode);    // 文本对齐方式
```

fMode 参数指定文本对齐方式，可用的值及含义如表 3.4 所示。

**表 3.4**

| 常量 | 含义 |
| --- | --- |
| TA_TOP | 起始点在文本边界矩形的上边缘 |
| TA_BOTTOM | 起始点在文本边界矩形的下边缘 |
| TA_BASELINE | 起始点在文本的基线上 |
| TA_LEFT | 起始点在文本边界矩形的左边缘 |
| TA_RIGHT | 起始点在文本边界矩形的右边缘 |
| TA_CENTER | 起始点在文本边界矩形的中心（水平方向） |
| TA_UPDATECP | 使用当前位置作为起始点，当前位置在每次文本输出函数调用后会更新 |
| TA_NOUPDATECP | 每次文本输出函数调用以后，当前位置不会更新 |

默认值为 TA_LEFT | TA_TOP | TA_NOUPDATECP。

调用 SetTextAlign 函数可以改变 TextOut、ExtTextOut、TabbedTextOut 等函数中 nXStart 和 nYStart 参数表示的含义。使用 TA_LEFT、TA_RIGHT 和 TA_CENTER 标志会影响 nXStart 表示的水平坐标值，使用 TA_TOP、TA_BOTTOM 和 TA_BASELINE 标志会影响 nYStart 表示的垂直坐标值。例如在 SetTextAlign 函数中指定 TA_RIGHT 标志，那么 TextOut 函数的 nXStart 表示字符串中最后一个字符右侧的水平坐标。如果指定 TA_TOP，则 nYStart 表示字符串中所有字符的最高点，即所有字符都在 nYStart 指定的位置之下；如果指定 TA_BOTTOM 则表示字符串中所有字符都会在 nYStart 指定的位置之上。

如果设置了 TA_UPDATECP 标志，Windows 会忽略 TextOut 函数的 nXStart 和 nYStart 参数指定的值，而是将由先前调用的 MoveToEx 或 LineTo 函数（或其他一些可以改变当前位置的函数）指定的当前位置坐标值作为起始点。如果没有调用改变当前位置的函数，那么默认情况下当前位置的坐标为(0, 0)，相对于客户区左上角；设置 TA_UPDATECP 标志以后，对 TextOut 函数的每次调用也会更新当前位置。例如，如果设置为 TA_LEFT | TA_UPDATECP，TextOut 函数返回后新的当前位置就是该字符串的结束位置，下次调用 TextOut 函数时就会从上一个字符串的结束位置开始绘制，有时候可能需要这个特性。

如果函数执行成功，则返回值是原来的文本对齐设置；如果函数执行失败，则返回值为 GDI_ERROR。

大家可以把 SystemMetrics 程序的最后一个 TextOut 改为：

```
SetTextAlign(hdc, TA_RIGHT | TA_TOP);    // 设置最后一列右对齐
TextOut(hdc, 800, y, szBuf, wsprintf(szBuf, TEXT("%d"), GetSystemMetrics(METRICS[i].
m_nIndex)));
SetTextAlign(hdc, TA_LEFT | TA_TOP);     // 设置回左对齐
```

将 fMode 参数设置为 TA_RIGHT，那么 TextOut 的 nXStart 参数指定的就是字符串中最后一个字符右侧的 *X* 坐标，用截图工具测量一下，可以看到从客户区左侧到第三列结束正好是 800 逻辑单位（像素）。

可以通过调用 GetTextAlign 函数来获取指定 DC 的当前文本对齐设置：

```
UINT GetTextAlign(_In_ HDC hdc);
```

调用 SetTextAlign 函数的时候通常使用按位或运算符组合几个标志，调用 GetTextAlign 函数的时候可以使用按位“与”运算符检测返回值是否包含某标志。

（2）字符间距

可以通过调用 SetTextCharacterExtra 函数设置指定 DC 中文本输出的字符间距：

```
int SetTextCharacterExtra(
    HDC hdc,              // 设备环境句柄
    int nCharExtra);      // 字符间距，逻辑单位
```

默认字符间距值为 0。如果函数执行成功，则返回值是原来的字符间距值；如果执行失败，则返回值为 0x80000000。

大家可以在 SystemMetrics 程序的 3 个 TextOut 前调用 SetTextCharacterExtra 函数设置一下字符间

距，看一下效果，例如：SetTextCharacterExtra(hdc, 5);。

可以通过调用 GetTextCharacterExtra 函数来获取指定 DC 的当前字符间距：

```
int GetTextCharacterExtra(HDC hdc);
```

（3）背景模式、背景颜色和文本颜色

可以通过调用 SetTextColor 函数设置绘制的文本颜色，以及在彩色打印机上绘制的文本颜色；可以通过调用 SetBkColor 函数设置每个字符后显示的颜色（也就是背景颜色）；可以通过调用 SetBkMode 函数设置背景模式为透明或不透明。

```
COLORREF SetTextColor(
    HDC hdc,                // 设备环境句柄
    COLORREF crColor);      // 文本颜色值
```

如果函数执行成功，则返回原来的文本颜色值；如果函数执行失败，则返回值为 CLR_INVALID。

```
COLORREF SetBkColor(
    HDC hdc,                // 设备环境句柄
    COLORREF crColor);      // 背景颜色值
```

如果函数执行成功，则返回原来的背景颜色值；如果函数执行失败，则返回值为 CLR_INVALID。

```
int SetBkMode(
    HDC hdc,                // 设备环境句柄
    int iBkMode);           // 背景模式
```

iBkMode 参数指定背景模式，可用的值只有两个：指定为 OPAQUE 表示不透明背景，指定为 TRANSPARENT 表示透明背景。如果函数执行成功，则返回原来的的背景模式；如果函数执行失败，则返回值为 0。

COLORREF 用于指定 RGB 颜色值，在 windef.h 头文件中定义如下：

```
typedef DWORD   COLORREF;
typedef DWORD   *LPCOLORREF;
```

COLORREF 值的十六进制为“0x00BBGGRR”的形式，低位字节包含红色值，倒数第 2 字节包含绿色值，倒数第 3 字节包含蓝色值，高位字节必须为 0，单字节的最大值为 255。

要创建 COLORREF 颜色值，可以使用 RGB 宏分别指定红色、绿色、蓝色的值；要提取 COLORREF 颜色值中的的红色、绿色和蓝色值，可以分别使用 GetRValue、GetGValue 和 GetBValue 宏。这些宏在 wingdi.h 头文件中定义如下：

```
#define RGB(r,g,b)
    ((COLORREF)(((BYTE)(r)|((WORD)((BYTE)(g))<<8))|(((DWORD)(BYTE)(b))<<16)))
#define GetRValue(rgb)    (LOBYTE(rgb))
#define GetGValue(rgb)    (LOBYTE(((WORD)(rgb)) >> 8))
#define GetBValue(rgb)    (LOBYTE((rgb)>>16))
```

现在，我们在 SystemMetrics 程序的 3 个 TextOut 函数调用前面加上以下语句：

```
SetBkMode(hdc, TRANSPARENT);
SetTextColor(hdc, RGB(0, 0, 255));
```

可以看到背景模式是透明的，文本颜色为蓝色。

显示 DC 的默认文本颜色为黑色，默认背景颜色为白色，默认背景模式为不透明。程序可以通过调用 GetTextColor 函数获取 DC 的当前文本颜色，可以通过调用 GetBkColor 函数获取 DC 的当前背景颜色，可以通过调用 GetBkMode 函数获取 DC 的当前背景模式。

### 2. 获取字符串的宽度和高度

GetCharWidth32 函数可以获取指定 DC 当前字体中指定范围内的连续字符的宽度：

```
BOOL GetCharWidth32(
    _In_  HDC   hdc,           // 设备环境句柄
    _In_  UINT  iFirstChar,    // 连续字符中的第一个字符
    _In_  UINT  iLastChar,     // 连续字符中的最后一个字符，不得位于指定的第一个字符之前
    _Out_ LPINT lpBuffer);     // 接收每个字符宽度的 INT 数组，字符宽度是逻辑单位
```

连续字符指的是 ASCII 值连续，例如将 iFirstChar 指定为 A，iLastChar 指定为 Z。看下面的示例：

```
INT arrWidth[4];
TCHAR sz[8] = { 0 };
TCHAR szBuf[32] = { 0 };
GetCharWidth32(GetDC(hwnd), TEXT('你'), TEXT('佣'), arrWidth);
for (int i = TEXT('你'), j = 0; i <= TEXT('佣'); i++, j++)
{
    wsprintf(sz, TEXT("%c = %d\n"), i, arrWidth[j]);
    StringCchCat(szBuf, _countof(szBuf), sz);
}
MessageBox(hwnd, szBuf, TEXT("提示"), MB_OK);
```

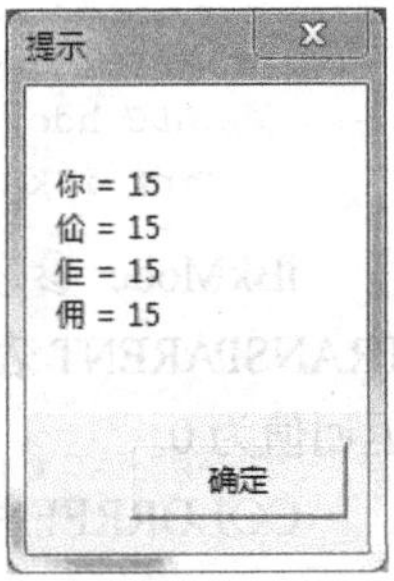

图 3.1

“你”的码值为 0x4F60，“佣”的码值为 0x4F63，输出结果如图 3.1 所示。

可以把 iFirstCha 和 iLastChar 参数指定为相同的值，只获取一个字符的宽度。

GetTextExtentPoint32 函数用于获取指定 DC 中一个字符串的宽度和高度值：

```
BOOL GetTextExtentPoint32(
    _In_  HDC     hdc,        // 设备环境句柄
    _In_  LPCTSTR lpString,   // 字符串指针，不要求以零结尾，因为参数 c 可以指定字符串长度
    _In_  int     c,          // 字符串长度，可以使用_tcslen
    _Out_ LPSIZE  lpSize);    // 在这个 SIZE 结构中返回字符串的宽度和高度，逻辑单位
```

lpSize 是一个指向 SIZE 结构的指针，在这个 SIZE 结构中返回字符串的宽度和高度。SIZE 结构在 windef.h 头文件中定义如下：

```
typedef struct tagSIZE
{
    LONG        cx;
    LONG        cy;
} SIZE, *PSIZE, *LPSIZE;
```

以后对于函数返回值类型比较简单的情况，例如 BOOL 类型，没有特殊情况，我就不介绍其返回值了，但像 GetMessage 函数，虽然返回值类型是 BOOL，我们还需要考虑返回值为-1（函数执行失败）的情况，而不能判断返回 TRUE 还是 FALSE。另外，很多函数都有一个 Ex 扩展版本，大家可以把函数名输入 VS，按 F1 键打开帮助文档查询用法，或者打开网页版 MSDN 进行查询，也可以安装一个离线版 MSDN。

为了简洁起见，我们的程序可能对函数执行成功与否缺少必要的判断，这并不代表不需要通过函数的返回值判断函数执行是否成功。VS 2019 提供了更多的源代码错误检查，如果发现函数中的参数不符合规定或者未初始化，会在该行语句下方显示一条波浪线，鼠标悬停在波浪线处会给出错误提示，我们可以根据提示修改源代码。另外，本书写作了多年，使用过不同版本的操作系统和 VS，但是后期使用最新的操作系统和 VS 2019 对全书进行了修正。

前面说过："WM_CREATE 消息是窗口过程较早收到的消息之一，程序通常会在这里做一些初始化的工作"。对于 SystemMetrics 程序，我们可以在 WM_CREATE 消息中获取字符串高度，用于在 TextOut 函数中指定 *y* 坐标值：

```
HDC hdc;
PAINTSTRUCT ps;
TCHAR szBuf[10];
int y;
static SIZE size = { 0 };

switch (uMsg)
{
case WM_CREATE:
    hdc = GetDC(hwnd);
    GetTextExtentPoint32(hdc, METRICS[0].m_pLabel, _tcslen(METRICS[0].m_pLabel), &size);
    ReleaseDC(hwnd, hdc);
    return 0;

case WM_PAINT:
    hdc = BeginPaint(hwnd, &ps);
    for (int i = 0; i < NUMLINES; i++)
    {
        y = size.cy * i;
        SetBkMode(hdc, TRANSPARENT);
        SetTextColor(hdc, RGB(0, 0, 255));
        TextOut(hdc,   0,    y,  METRICS[i].m_pLabel,    _tcslen(METRICS[i].m_pLabel));
        TextOut(hdc,   240,  y,  METRICS[i].m_pDesc,     _tcslen(METRICS[i].m_pDesc));
        TextOut(hdc,   760,  y,  szBuf,
            wsprintf(szBuf, TEXT("%d"), GetSystemMetrics(METRICS[i].m_nIndex)));
    }
    EndPaint(hwnd, &ps);
    return 0;
```

GetTextExtentPoint32 函数适用于字符串中不包含制表符的情况，如果字符串中包含制表符，则应该调用 GetTabbedTextExtent 函数：

```
DWORD GetTabbedTextExtent(
    _In_       HDC     hDC,                        // 设备环境句柄
    _In_       LPCTSTR lpString,                   // 字符串指针，不要求以零结尾，因为 nCount
                                                   // 指定字符串长度
    _In_       int     nCount,                     // 字符串长度，可以使用_tcslen
    _In_       int     nTabPositions,              // lpnTabStopPositions 数组中元素的个数
    _In_opt_   const LPINT   lpnTabStopPositions); // 指向包含制表符位置的数组
```

如果将 nTabPositions 参数设置为 0，并将 lpnTabStopPositions 参数设置为 NULL，制表符会自动按平均字符宽度的 8 倍来扩展；如果将 nTabPositions 参数设置为 1，则所有制表符按 lpnTabStopPositions 参数指向的数组中的第一个数组元素指定的距离来分隔。

如果函数执行成功，则返回值是字符串的宽度和高度（逻辑单位），高度值在高位字中，宽度值在低位字中；如果函数执行失败，则返回值为 0。

HIWORD 宏可以得到一个 32 位数的高 16 位；LOWORD 宏可以得到一个 32 位数的低 16 位；HIBYTE 宏可以得到一个 16 位数的高字节；LOBYTE 宏可以得到一个 16 位数的低字节。类似的还有，MAKELONG 宏可以将两个 16 位的数合成为一个 32 位的 LONG 型；MAKEWORD 宏可以将两个 8 位的数合成为一个 16 位的 WORD 型，等等。这些宏在 minwindef.h 头文件中定义如下：

```
#define MAKEWORD(a, b)
    ((WORD)(((BYTE)(((DWORD_PTR)(a)) & 0xff)) |
        ((WORD)((BYTE)(((DWORD_PTR)(b)) & 0xff))) << 8))
#define MAKELONG(a, b)
    ((LONG)(((WORD)(((DWORD_PTR)(a)) & 0xffff)) |
        ((DWORD)((WORD)(((DWORD_PTR)(b)) & 0xffff))) << 16))

#define LOWORD(l)    ((WORD)(((DWORD_PTR)(l)) & 0xffff))
#define HIWORD(l)    ((WORD)((((DWORD_PTR)(l)) >> 16) & 0xffff))
#define LOBYTE(w)    ((BYTE)(((DWORD_PTR)(w)) & 0xff))
#define HIBYTE(w)    ((BYTE)((((DWORD_PTR)(w)) >> 8) & 0xff))
```

### 3. 选择字体

系统提供了 6 种备用字体，前面说过“GetStockObject 函数用于获取备用（或者说库存）画笔、画刷、字体等的句柄”，获取字体句柄以后，可以通过调用 SelectObject 函数把字体选入 DC 中，以后通过 GDI 函数进行文本绘制就会使用新的 DC 属性。一些备用字体如表 3.5 所示。

表 3.5

| 值 | 含义 |
|---|---|
| ANSI_FIXED_FONT | 等宽系统字体 |
| ANSI_VAR_FONT | 变宽系统字体 |
| DEVICE_DEFAULT_FONT | 设备默认字体 |
| OEM_FIXED_FONT | OEM（原始设备制造商）等宽字体 |
| SYSTEM_FONT | 系统字体，默认情况下使用系统字体绘制菜单、对话框控件和文本 |
| SYSTEM_FIXED_FONT | 等宽系统字体 |

SelectObject 函数可以把一个 GDI 对象选入指定的 DC 中：

```
HGDIOBJ SelectObject(
    _In_ HDC      hdc,       // 设备环境句柄
    _In_ HGDIOBJ hgdiobj);   // GDI 对象句柄
```

函数执行成功，返回原来（也就是被替换掉的）对象的句柄。通常需要保存一下返回值，在用新对象完成绘制操作以后，应该再调用一次 SelectObject 函数，用原来的对象替换掉新对象，也就是恢复 DC 属性。

例如，我们通过 SystemMetrics 程序用 OEM_FIXED_FONT 字体输出文本看一下效果：

```
HGDIOBJ hFontOld;

switch (uMsg)
{
case WM_PAINT:
    hdc = BeginPaint(hwnd, &ps);
    SetBkMode(hdc, TRANSPARENT);
SetTextColor(hdc, RGB(0, 0, 255));

    hFontOld = SelectObject(hdc, GetStockObject(OEM_FIXED_FONT));
    for (int i = 0; i < NUMLINES; i++)
    {
        y = 18 * i;
        TextOut(hdc,    0,      y,  METRICS[i].m_pLabel,    _tcslen(METRICS[i].m_pLabel));
        TextOut(hdc,    240,    y,  METRICS[i].m_pDesc,     _tcslen(METRICS[i].m_pDesc));
        TextOut(hdc,    760,    y,  szBuf,
            wsprintf(szBuf, TEXT("%d"), GetSystemMetrics(METRICS[i].m_nIndex)));
}

    SelectObject(hdc, hFontOld);
    EndPaint(hwnd, &ps);
    return 0;
```

重新编译运行，效果稍微好看了一些，但是备用字体比较少，接下来我们学习创建自己喜欢的逻辑字体。

用 CreateFont 函数创建具有指定特征的逻辑字体：

```
HFONT CreateFont(
    _In_ int      nHeight,              // 字符高度，设置为 0 表示使用默认的字符高度
    _In_ int      nWidth,               // 字符宽度，通常设置为 0，表示根据字符的高度来选择合适的字体
    _In_ int      nEscapement,          // 字符串的倾斜角度，以 0.1 度为单位，没有特殊需要一般设置为 0
    _In_ int      nOrientation,         // 单个字符的倾斜角度，以 0.1 度为单位，通常这个字段会被忽略
    _In_ int      fnWeight,             // 字体粗细，如果设置为 0，则使用默认粗细
    _In_ DWORD    fdwItalic,            // 是否斜体，设置为 TRUE 表示使用斜体
    _In_ DWORD    fdwUnderline,         // 是否有下划线，设置为 TRUE 表示使用下划线
    _In_ DWORD    fdwStrikeOut,         // 是否有删除线，设置为 TRUE 表示使用删除线
    _In_ DWORD    fdwCharSet,           // 字符集
    _In_ DWORD    fdwOutputPrecision,// 指定 Windows 通过字体的大小特征来匹配真实字体的方式
    _In_ DWORD    fdwClipPrecision,     // 指定裁剪方式，也就是当字符在显示区域以外时，如何只显示
                                        // 部分字符
    _In_ DWORD    fdwQuality,           // 指定如何将逻辑字体属性与实际物理字体属性匹配
    _In_ DWORD    fdwPitchAndFamily, // 指定字符间距和字体系列
    _In_ LPCTSTR lpszFace);             // 字体名称，字符串长度不得超过 LF_FACESIZE(32)个字符
```

- 前两个参数 nHeight 和 nWidth 均是逻辑单位。

- 第 5 个参数 fnWeight 指定字体的粗细，字体的粗细在 0～1000，400 是正常粗细，700 是粗体的，如果该参数设置为 0，则使用默认粗细。wingdi.h 头文件中定义了常量用于表示字体粗细，如表 3.6 所示。

表 3.6

| 常量 | 值 |
| --- | --- |
| FW_DONTCARE | 0 |
| FW_THIN | 100 |
| FW_EXTRALIGHT | 200 |
| FW_ULTRALIGHT | 200 |
| FW_LIGHT | 300 |
| FW_NORMAL | 400 |
| FW_REGULAR | 400 |
| FW_MEDIUM | 500 |
| FW_SEMIBOLD | 600 |
| FW_DEMIBOLD | 600 |
| FW_BOLD | 700 |
| FW_EXTRABOLD | 800 |
| FW_ULTRABOLD | 800 |
| FW_HEAVY | 900 |
| FW_BLACK | 900 |

- 第 9 个参数 fdwCharSet 指定字体的字符集，OEM_CHARSET 表示 OEM 字符集，DEFAULT_CHARSET 表示基于当前系统区域的字符集。一些可用的预定义值如表 3.7 所示。

表 3.7

| 常量 | 值 | 含义 |
| --- | --- | --- |
| ANSI_CHARSET | 0 | ANSI（美国、西欧） |
| GB2312_CHARSET | 134 | 简体中文 |
| CHINESEBIG5_CHARSET | 136 | 繁体中文 |
| DEFAULT_CHARSET | 1 | 默认字符集 |
| OEM_CHARSET | 255 | 原始设备制造商字符集 |
| SYMBOL_CHARSET | 2 | 标准符号 |
| EASTEUROPE_CHARSET | 238 | 东欧字符集 |
| GREEK_CHARSET | 161 | 希腊语字符集 |
| MAC_CHARSET | 77 | Apple Macintosh |
| RUSSIAN_CHARSET | 204 | 俄语字符集 |

- 第 10 个参数 fdwOutputPrecision 指定输出精度，也就是指定实际获得的字体与所请求字体的高度、宽度、字符方向、转义、间距和字体类型匹配的程度，一般不使用这个参数。

- 第 12 个参数 fdwQuality 指定如何将逻辑字体属性与实际物理字体属性匹配。值的含义如表 3.8 所示。

**表 3.8**

| 值 | 含义 |
|---|---|
| ANTIALIASED_QUALITY | 如果字体支持，并且字体大小不太小或太大，则字体是抗锯齿的或平滑的 |
| CLEARTYPE_QUALITY | 使用 ClearType 抗锯齿方法显示文本 |
| DEFAULT_QUALITY | 字体的外观并不重要 |
| DRAFT_QUALITY | 对于 GDI 光栅字体启用缩放，这意味着可以使用更多的字体大小，但质量可能更低 |
| NONANTIALIASED_QUALITY | 字体不会消除锯齿 |
| PROOF_QUALITY | 字体的字符质量比逻辑字体属性的精确匹配更重要。对于 GDI 光栅字体，禁用缩放，并选择最接近大小的字体，虽然使用 PROOF_QUALITY 时所选字体大小可能无法精确映射，但字体质量高，外观无变形 |

- 第 13 个参数 fdwPitchAndFamily 指定字符间距和字体系列，最低两个位表示该字体是否是一个等宽字体（所有字符的宽度都相同）或是一个变宽字体。wingdi.h 头文件中定义了表 3.9 所列的常量。

**表 3.9**

| 常量 | 值 | 含义 |
|---|---|---|
| DEFAULT_PITCH | 0 | 默认间距 |
| FIXED_PITCH | 1 | 等宽 |
| VARIABLE_PITCH | 2 | 变宽 |

4～7 位指定字体系列，值的含义如表 3.10 所示。

**表 3.10**

| 常量 | 值 | 含义 |
|---|---|---|
| FF_DONTCARE | (0<<4) | 使用默认字体 |
| FF_ROMAN | (1<<4) | 具有可变笔画宽度和衬线的字体 |
| FF_SWISS | (2<<4) | 笔画宽度可变且不带衬线的字体 |
| FF_MODERN | (3<<4) | 具有恒定笔画宽度、带或不带衬线的字体 |
| FF_SCRIPT | (4<<4) | 字体看起来像手写，草书就是例子 |
| FF_DECORATIVE | (5<<4) | 古英语 |

CreateFont 函数虽然参数比较多，但是除了字符高度、字符集和字体名称以外，其他参数通常均可以指定为 0。HFONT 是逻辑字体句柄类型，如果函数执行成功，则返回值是所创建逻辑字体的句柄；如果函数执行失败，则返回值为 NULL。

当不再需要创建字体时，需要调用 DeleteObject 函数将其删除。DeleteObject 函数用于删除创建的逻辑画笔、逻辑画刷、逻辑字体、位图、区域等，释放与对象相关联的所有系统资源，对象删除后，指定的句柄不再有效。

```
BOOL DeleteObject(_In_ HGDIOBJ hObject);   // GDI对象句柄
```

我们在 SystemMetrics 程序的 3 个 TextOut 前加上如下语句：

```
hFont = CreateFont(12, 0, 0, 0, 0, 0, 0, 0, GB2312_CHARSET, 0, 0, 0, 0, TEXT("宋体"));
hFontOld = (HFONT)SelectObject(hdc, hFont);
```

可以看到，字体美观了不少。

CreateFontIndirect 函数的功能与 CreateFont 函数完全相同，不同的是 CreateFontIndirect 函数只需要一个 LOGFONT 结构参数：

```
HFONT CreateFontIndirect(_In_ const LOGFONT *lplf);
```

LOGFONT 结构的字段与 CreateFont 函数的 14 个参数是一一对应的：

```
typedef struct tagLOGFONT {
    LONG  lfHeight;
    LONG  lfWidth;
    LONG  lfEscapement;
    LONG  lfOrientation;
    LONG  lfWeight;
    BYTE  lfItalic;
    BYTE  lfUnderline;
    BYTE  lfStrikeOut;
    BYTE  lfCharSet;
    BYTE  lfOutPrecision;
    BYTE  lfClipPrecision;
    BYTE  lfQuality;
    BYTE  lfPitchAndFamily;
    TCHAR lfFaceName[LF_FACESIZE];
} LOGFONT, *PLOGFONT;
```

EnumFontFamiliesEx 函数可以根据提供的 LOGFONT 结构枚举系统中的字体：

```
int EnumFontFamiliesEx(
    _In_ HDC            hdc,                    // 设备环境句柄
    _In_ LPLOGFONT      lpLogfont,              // 指定字体特征的LOGFONT结构
    _In_ FONTENUMPROC lpEnumFontFamExProc,      // 回调函数
    _In_ LPARAM         lParam,                 // 传递给回调函数的参数
         DWORD          dwFlags);               // 未使用，必须为0
```

- 参数 lpLogfont 是指定字体特征的 LOGFONT 结构，函数只使用 lfCharSet、lfFaceName 和 lfPitchAndFamily 共 3 个字段，如表 3.11 所示。

表 3.11

| 字段 | 含义 |
| --- | --- |
| lfCharSet | 如果设置为 DEFAULT_CHARSET，函数将枚举所有字符集中指定名称的字体。如果有两种字体同名，则只枚举一种字体；如果设置为其他有效的字符集，则函数仅枚举指定字符集中的字体 |
| lfFaceName | 如果设置为空字符串，则函数将在所有字体名称中枚举一种字体；如果设置为有效的字体名称，则函数将枚举具有指定名称的字体 |
| lfPitchAndFamily | 必须设置为 0 |

也就是说函数是基于字体名称或字符集或两者共同来枚举字体。

表 3.12 显示了 lfCharSet 和 lfFaceName 的各种值组合的结果。

**表 3.12**

| 组合 | 含义 |
|---|---|
| lfCharSet = DEFAULT_CHARSET<br>lfFaceName = NULL | 枚举所有字符集中全部名称的字体，如果有两种字体同名，则只枚举一种字体 |
| lfCharSet = DEFAULT_CHARSET<br>lfFaceName = 指定字体名称 | 枚举所有字符集中指定名称的字体 |
| lfCharSet = 指定字符集<br>lfFaceName = NULL | 枚举指定字符集中所有名称的字体 |
| lfCharSet = 指定字符集<br>lfFaceName = 指定字体名称 | 枚举指定字符集中指定名称的字体 |

- 参数 lpEnumFontFamExProc 是 EnumFontFamiliesEx 函数的回调函数，对于枚举到的每个字体，都会调用一次这个回调函数。回调函数的格式如下：

```
int CALLBACK EnumFontFamExProc(
    const LOGFONT     *lpelfe,     // 有关字体逻辑属性信息的 LOGFONT 结构
    const TEXTMETRIC  *lpntme,     // 有关字体物理属性信息的 TEXTMETRIC 结构
    DWORD       FontType,          // 字体类型，例如 DEVICE_FONTTYPE、RASTER_
                                   // FONTTYPE、TRUETYPE_FONTTYPE
    LPARAM      lParam);           // EnumFontFamiliesEx 函数的 lParam 参数
```

如果需要继续枚举，则回调函数应返回非零；如果需要停止枚举，则返回 0。

EnumFontFamiliesEx 函数的返回值是最后一次回调函数调用返回的值。

系统会自动在 DC 中存储一组默认图形对象（没有默认位图或路径）及属性，程序可以通过创建一个新对象并将其选入 DC 中（调用 SelectObject 函数）来更改这些默认值。可以通过调用 GetCurrentObject 函数获取 DC 中指定图形对象（例如字体、画笔、画刷和位图）的句柄，可以通过调用 GetObject 函数获取 DC 中指定图形对象的属性。

**4. 获取字体的度量值**

GetTextMetrics 函数可以获取当前选定字体的度量值，该函数通常用于英文字体：

```
BOOL GetTextMetrics(
    _In_  HDC           hdc,      // 设备环境句柄
    _Out_ LPTEXTMETRIC  lptm);    // 在这个 TEXTMETRIC 结构中返回字体度量值，逻辑单位
```

函数执行成功，在 lptm 指定的 TEXTMETRIC 结构中返回字体的信息。在 wingdi.h 头文件中 TEXTMETRIC 结构的定义如下：

```
typedef struct tagTEXTMETRIC {
    LONG  tmHeight;               // 字符高度(等于 tmAscent + tmDescent)
    LONG  tmAscent;               // 字符基线以上的高度
    LONG  tmDescent;              // 字符基线以下的高度
    LONG  tmInternalLeading;      // 字符高度范围内的一部分顶部空间，可用于重音符号和其他音调符号
    LONG  tmExternalLeading;      // 在行之间添加的额外高度空间
```

```
    LONG  tmAveCharWidth;        // 字体中字符(小写字母)的平均宽度(通常定义为字母 x 的宽度)
    LONG  tmMaxCharWidth;        // 字体中最宽字符的宽度
    LONG  tmWeight;              // 字体的粗细
    LONG  tmOverhang;            // 添加到某些合成字体中的额外宽度
    LONG  tmDigitizedAspectX;
    LONG  tmDigitizedAspectY;
    TCHAR tmFirstChar;           // 字体中定义的第一个字符
    TCHAR tmLastChar;            // 字体中定义的最后一个字符
    TCHAR tmDefaultChar;         // 字体中所没有字符的替代字符
    TCHAR tmBreakChar;           // 单词之间的分隔字符，通常是空格
    BYTE  tmItalic;              // 字体为斜体时非零
    BYTE  tmUnderlined;          // 字体有下划线时非零
    BYTE  tmStruckOut;           // 字体有删除线时非零
    BYTE  tmPitchAndFamily;      // 字体间距(低 4 位)和字体系列(高 4 位)
    BYTE  tmCharSet;             // 字体的字符集
} TEXTMETRIC, *PTEXTMETRIC;
```

tmOverhang 字段表示添加到某些合成字体中（例如粗体或斜体）的每个字符串的额外宽度，例如，GDI 通过扩展每个字符的间距并用偏移量值重写字符串，使字符串变为粗体。

TEXTMETRIC 结构虽然字段比较多，但是常用的也就是前面几个。字段 tmHeight、tmAscent、tmDescent 和 tmInternalLeading 之间的关系如图 3.2 所示。在图 3.2 中，字段 tmExternalLeading 没有表示出来。

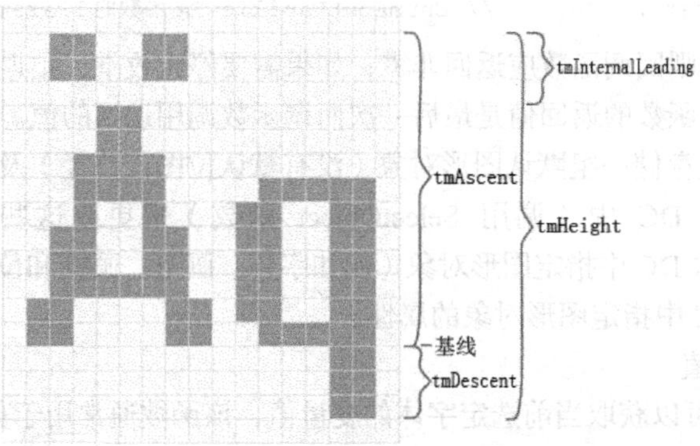


图 3.2

对于等宽字体，大写字母宽度等于字符的平均宽度；对于变宽字体，大写字母宽度通常是字符平均宽度的 1.5 倍。对于变宽字体，TEXTMETRIC 结构中的 tmPitchAndFamily 字段的低 4 位为 1，对于等宽字体则为 0。计算大写字母宽度的方式为 cxCaps = (tm.tmPitchAndFamily & 1 ? 3 : 2) × cxChar / 2;。

## 3.2.2 绘制文本函数

在选择了适当的字体和所需的文本格式选项后，可以通过调用相关函数来绘制字符或字符串，常用的文本绘制函数有 DrawText、DrawTextEx、TextOut、ExtTextOut、PolyTextOut 和 TabbedTextOut 等。当调用其中一个函数时，操作系统将此调用传递给 GDI 图形引擎，而 GDI 图形引擎又将调用传递给相

应的设备驱动程序。其中 ExtTextOut 函数执行速度最快，该调用将快速转换为设备的 ExtTextOut 调用。但是，有时程序可能更适合调用其他函数，例如，要在指定的矩形区域范围内绘制文本，可以调用 DrawText 函数，要创建具有对齐列的多列文本，可以调用 TabbedTextOut 函数。

DrawText 和 DrawTextEx 函数在指定的矩形内绘制文本：

```
int DrawText(
    _In_     HDC      hdc,                    // 设备环境句柄
    _Inout_  LPCTSTR  lpchText,               // 字符串指针
    _In_     int      cchText,                // 字符串长度，以字符为单位
    _Inout_  LPRECT   lpRect,                 // 所绘制的文本限定在这个矩形范围内
    _In_     UINT     uFormat);               // 绘制格式选项
int DrawTextEx(
    _In_      HDC                hdc,         // 设备环境句柄
    _Inout_   LPTSTR             lpchText,    // 字符串指针
    _In_      int                cchText,     // 字符串长度，以字符为单位
    _Inout_   LPRECT             lpRect,      // 所绘制的文本限定在这个矩形范围内
    _In_      UINT               uFormat,     // 绘制格式选项
    _In_opt_  LPDRAWTEXTPARAMS   lpDTParams);// 指定扩展格式选项的 DRAWTEXTPARAMS 结构，可以为 NULL
```

- 参数 cchText 指定字符串的长度。如果 lpchText 参数指定的字符串是以零结尾的，那么 cchText 参数可以设置为-1，函数会自动计算字符个数；否则需要指定字符个数。
- 参数 uFormat 指定格式化文本的方法，常用的值及含义如表 3.13 所示。

表 3.13

| 常量 | 含义 |
|---|---|
| DT_TOP | 将文本对齐到矩形的顶部 |
| DT_BOTTOM | 将文本对齐到矩形的底部，该标志仅与 DT_SINGLELINE 单行文本一起使用 |
| DT_VCENTER | 文本在矩形内垂直居中，该标志仅与 DT_SINGLELINE 单行文本一起使用 |
| DT_LEFT | 文本在矩形内左对齐 |
| DT_RIGHT | 文本在矩形内右对齐 |
| DT_CENTER | 文本在矩形内水平居中 |
| DT_SINGLELINE | 在单行上显示文本，回车和换行符也不能打断行 |
| DT_WORDBREAK | 如果一个单词超过矩形的边界，则自动断开到下一行 |
| DT_EXPANDTABS | 展开制表符\t，每个制表符的默认字符数是 8 |

DrawTextEx 函数的 lpDTParams 参数是用于指定扩展格式选项的 DRAWTEXTPARAMS 结构，可为 NULL：

```
typedef struct tagDRAWTEXTPARAMS
{
    UINT    cbSize;          // 该结构的大小
    int     iTabLength;      // 每个制表符的大小，单位等于平均字符宽度
    int     iLeftMargin;     // 左边距，逻辑单位
    int     iRightMargin;    // 右边距，逻辑单位
    UINT    uiLengthDrawn;   // 返回函数处理的字符个数，包括空格字符，不包括字符串结束标志
```

```
} DRAWTEXTPARAMS, FAR *LPDRAWTEXTPARAMS;
```

如果函数执行成功，则返回值是以逻辑单位表示的文本高度，如果指定了 DT_VCENTER 或 DT_BOTTOM，则返回值是从 lpRect→top 到所绘制文本底部的偏移量；如果函数执行失败，则返回值为 0。

下面使用 DrawTextEx 函数输出一个字符串看一下效果：

```
LRESULT CALLBACK WindowProc(HWND hwnd, UINT uMsg, WPARAM wParam, LPARAM lParam)
{
    HDC hdc;
    PAINTSTRUCT ps;
    TCHAR szText[] = TEXT("For displayed text, if the end of a string does not fit in
the rectangle, it is truncated and ellipses are added. If a word that is not at the end of
the string goes beyond the limits of the rectangle, it is truncated without ellipses.");
    DRAWTEXTPARAMS dtp = { sizeof(DRAWTEXTPARAMS) };
    dtp.iLeftMargin = 10;
    dtp.iRightMargin = 10;
    RECT rect;

    switch (uMsg)
    {
    case WM_PAINT:
        hdc = BeginPaint(hwnd, &ps);
        SetBkMode(hdc, TRANSPARENT);
        SetTextColor(hdc, RGB(0, 0, 255));
        GetClientRect(hwnd, &rect);           // 获取客户区矩形尺寸
        DrawTextEx(hdc, szText, -1, &rect, DT_WORDBREAK, &dtp);
        EndPaint(hwnd, &ps);
        return 0;

    case WM_DESTROY:
        PostQuitMessage(0);
        return 0;
    }

    return DefWindowProc(hwnd, uMsg, wParam, lParam);
}
```

GetClientRect 函数用于获取客户区的矩形坐标：

```
BOOL WINAPI GetClientRect(
    _In_  HWND   hWnd,        // 窗口句柄
    _Out_ LPRECT lpRect);     // 在这个 RECT 中返回客户区的坐标，以像素为单位
```

参数 lpRect 指向的 RECT 结构返回客户区的左上角和右下角坐标。因为客户区坐标是相对于窗口客户区左上角的，所以获取到的左上角的坐标是(0, 0)，即 lpRect→right 等于客户区宽度，lpRect→bottom 等于客户区高度。

程序执行效果如图 3.3 所示。

图 3.3

TabbedTextOut 函数在指定位置绘制字符串，并将制表符扩展到制表符位置数组中指定的位置：

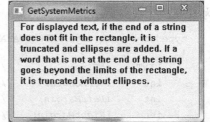

```
LONG TabbedTextOut(
    _In_       HDC       hDC,              // 设备环境句柄
    _In_       int       X,                // 字符串起点的 X 坐标，逻辑单位
    _In_       int       Y,                // 字符串起点的 Y 坐标，逻辑单位
    _In_       LPCTSTR   lpString,         // 字符串指针，不要求以零结尾，参数 nCount 可以指定字符串长度
    _In_       int       nCount,           // 字符串长度，可以使用_tcslen
    _In_       int       nTabPositions,    // lpnTabStopPositions 数组中数组元素的个数
    _In_ const LPINT     lpnTabStopPositions, // 指向包含制表符位置的数组，逻辑单位
    _In_       int       nTabOrigin);      // 制表符开始位置的 X 坐标，逻辑单位，制表符的位置等于
                                           // nTabOrigin + lpnTabStopPositions[x]
```

如果将 nTabPositions 参数设置为 0，并将 lpnTabStopPositions 参数设置为 NULL，制表符将会按平均字符宽度的 8 倍来扩展；如果将 nTabPositions 参数设置为 1，则所有制表符按 lpnTabStopPositions 指向的数组中的第一个数组元素指定的距离来分隔。

如果函数执行成功，则返回值是字符串的宽度和高度（逻辑单位），高度值在高位字中，宽度值在低位字中；如果函数执行失败，则返回值为 0。看一个示例：

```
LRESULT CALLBACK WindowProc(HWND hwnd, UINT uMsg, WPARAM wParam, LPARAM lParam)
{
    HDC hdc;
    PAINTSTRUCT ps;
    TCHAR szBuf[] = TEXT("姓名\t 工作地点\t 年龄");
    TCHAR szBuf2[] = TEXT("小王\t 山东省济南市\t18");
    TCHAR szBuf3[] = TEXT("弗拉基米尔·弗拉基米罗维奇·科夫\t 俄罗斯莫斯科\t68");
    INT nTabStopPositions[] = { 260, 370 };
    LONG lRet;

    switch (uMsg)
    {
    case WM_PAINT:
        hdc = BeginPaint(hwnd, &ps);
        SetBkMode(hdc, TRANSPARENT);
        SetTextColor(hdc, RGB(0, 0, 255));
        lRet = TabbedTextOut(hdc, 0, 0,      szBuf,  _tcslen(szBuf),  2, nTabStopPositions, 0);
        TabbedTextOut(hdc, 0, HIWORD(lRet), szBuf2, _tcslen(szBuf2), 2, nTabStopPositions, 0);
        TabbedTextOut(hdc, 0, HIWORD(lRet) * 2, szBuf3, _tcslen(szBuf3), 2, nTabStopPositions, 0);
        EndPaint(hwnd, &ps);
        return 0;

    case WM_DESTROY:
        PostQuitMessage(0);
        return 0;
    }

    return DefWindowProc(hwnd, uMsg, wParam, lParam);
}
```

程序执行效果如图 3.4 所示。

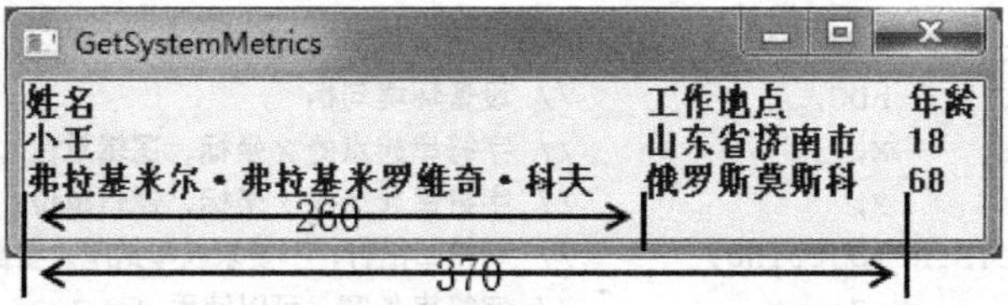


图 3.4

ExtTextOut 函数和 TextOut 一样可以输出文本，另外，该函数可以指定一个矩形用于裁剪或作为背景。

```
BOOL ExtTextOut(
    _In_        HDC      hdc,          // 设备环境句柄
    _In_        int      X,            // 字符串的开始位置 X 坐标，相对于客户区左上角，逻辑单位
    _In_        int      Y,            // 字符串的开始位置 Y 坐标，相对于客户区左上角，逻辑单位
    _In_        UINT     fuOptions,    // 指定如何使用 lprc 参数指定的矩形，可以设置为 0
    _In_  const RECT     *lprc,        // 指向可选 RECT 结构的指针，用于裁剪或作为背景，可为 NULL
    _In_        LPCTSTR  lpString,     // 要绘制的字符串，因为有 cbCount 参数指定长度，所以不要求
                                       // 以零结尾
    _In_        UINT     cbCount,      // lpString 指向的字符串长度，可以使用_tcslen，不得超过 8192
    _In_  const INT      *lpDx);       // 指向可选整型数组的指针，该数组指定相邻字符之间的间距
```

- 参数 fuOptions 指定如何使用 lprc 参数定义的矩形，常用的值如表 3.14 所示。

表 3.14

| 常量 | 含义 |
|---|---|
| ETO_CLIPPED | 文本将被裁剪到矩形范围内，就是说矩形范围以外的文本不会显示 |
| ETO_OPAQUE | 使用当前背景色来填充矩形 |

- 参数 lpDx 是指向可选数组的指针，该数组指定相邻字符之间的间距。如果设置为 NULL，表示使用默认字符间距。

关于其他绘制文本函数的使用方法请自行参见 MSDN。

### 3.2.3 加入标准滚动条

在窗口中加入一个标准滚动条比较简单，只需要在 CreateWindowEx 函数的 dwStyle 参数中指定 WS_HSCROLL / WS_VSCROLL 样式即可。WS_HSCROLL 表示加入一个水平滚动条，WS_VSCROLL 表示加入一个垂直滚动条。之所以叫标准滚动条，是因为与之对应的还有一个滚动条控件。滚动条控件是子窗口，可以出现在父窗口客户区的任何位置，后面会讲滚动条控件。

每个滚动条都有相应的“范围”和“位置”。滚动条的范围是一对整数，分别代表滚动条的最小值和最大值。位置是指滑块在范围中所处的值。当滑块在滚动条的最顶端（或最左）时，滑块的位置是范围的最小值；当滑块在滚动条的最底部（或最右）时，滑块的位置是范围的最大值。

标准滚动条的默认范围是 0～100，滚动条控件的默认范围为空（最小值和最大值均为 0）。通过调用 SetScrollRange 函数，可以把范围改成对程序更有意义的值：

```
BOOL SetScrollRange(
    _In_ HWND hWnd,       // 滚动条所在窗口的窗口句柄
    _In_ int  nBar,       // 指定要设置的滚动条
    _In_ int  nMinPos,    // 最小滚动位置
    _In_ int  nMaxPos,    // 最大滚动位置
    _In_ BOOL bRedraw);   // 是否应该重新绘制滚动条以反映更改
```

参数 nBar 指定要设置的滚动条，该参数如表 3.15 所示。

表 3.15

| 常量 | 含义 |
|---|---|
| SB_HORZ | 设置标准水平滚动条的范围 |
| SB_VERT | 设置标准垂直滚动条的范围 |
| SB_CTL | 设置滚动条控件的范围，这种情况下 hWnd 参数必须设置为滚动条控件的句柄 |

nMinPos 和 nMaxPos 参数指定的值之间的差异不得大于 MAXLONG(0X7FFFFFFF)。

SetScrollPos 函数用于设置滑块在滚动条中的位置：

```
int SetScrollPos(
    _In_ HWND hWnd,       // 滚动条所属窗口的窗口句柄
    _In_ int  nBar,       // 指定要设置的滚动条，含义同 SetScrollRange 函数的 nBar 参数
    _In_ int  nPos,       // 滑块的新位置
    _In_ BOOL bRedraw);   // 是否重新绘制滚动条以反映新的滑块位置
```

如果函数执行成功，则返回值是滑块的前一个位置；如果函数执行失败，则返回值为 0。

#### 1. WM_SIZE 消息

在 WinMain 调用 ShowWindow 函数时、在窗口大小更改后、在窗口最小化到任务栏或从任务栏恢复时，Windows 都会发送 WM_SIZE 消息到窗口过程。对一个消息的处理，依赖于其 wParam 和 lParam 参数的含义，每个消息的 wParam 和 lParam 参数的含义通常都不相同，这令初学者很困惑！我的建议是，不必刻意记忆不同消息的 wParam 和 lParam 参数的含义，用的时候打开帮助文档或查询 MSDN 即可。常用的消息并不是很多，用得多了，自然也就熟悉了。学习 Windows 程序设计，只需要有人把读者领进门，面对 Windows 这座巨大迷宫，以后读者还是要依靠 MSDN。

- WM_SIZE 消息的 wParam 参数表示请求的大小调整类型，常用的值如表 3.16 所示。

表 3.16

| 常量 | 值 | 含义 |
|---|---|---|
| SIZE_RESTORED | 0 | 窗口的大小已发生变化，包括从最小化或最大化恢复到原来的状态 |
| SIZE_MINIMIZED | 1 | 窗口已最小化 |
| SIZE_MAXIMIZED | 2 | 窗口已最大化 |

- WM_SIZE 消息的 lParam 参数表示窗口客户区的新尺寸，lParam 的低位字指定客户区的新宽度，lParam 的高位字指定客户区的新高度。通常这样使用 lParam 参数：

```
cxClient = LOWORD(lParam);     // 客户区的新宽度
cyClient = HIWORD(lParam);     // 客户区的新高度
```

随着窗口大小的改变，子窗口或子窗口控件通常也需要随之改变位置和大小，以适应新的客户区大小。例如，记事本程序客户区中用于编辑文本的部件就是一个编辑控件，如果窗口大小改变，程序就需要响应 WM_SIZE 消息，重新计算客户区大小，对编辑控件的大小作出改变。

窗口过程处理完 WM_SIZE 消息以后，应返回 0。

如果不是在 WM_SIZE 消息中，可以通过调用 GetClientRect 函数获取客户区尺寸。

2. WM_HSCROLL 消息

当窗口的标准水平滚动条中发生滚动事件时，窗口过程会收到 WM_HSCROLL 消息；当窗口的标准垂直滚动条中发生滚动事件时，窗口过程会收到 WM_VSCROLL 消息。

- WM_HSCROLL 消息的 wParam 参数表示滑块的当前位置和用户的滚动请求。wParam 的低位字表示用户的滚动请求，值如表 3.17 所示。

表 3.17

| 值 | 含义 |
|---|---|
| SB_LINELEFT | 向左滚动一个单位 |
| SB_LINERIGHT | 向右滚动一个单位 |
| SB_PAGELEFT | 向左滚动一页（一个客户区宽度） |
| SB_PAGERIGHT | 向右滚动一页（一个客户区宽度） |
| SB_THUMBPOSITION | 用户拖动滑块并已释放鼠标，wParam 的高位字指示拖动操作结束时滑块的新位置 |
| SB_THUMBTRACK | 用户正在拖动滑块，该消息会不断发送，直到用户释放鼠标，wParam 的高位字实时指示滑块被拖动到的新位置 |
| SB_LEFT | 滚动到最左侧，这个暂时用不到 |
| SB_RIGHT | 滚动到最右侧，这个暂时用不到 |
| SB_ENDSCROLL | 滚动已结束，通常不使用 |

如果 wParam 参数的低位字是 SB_THUMBPOSITION 或 SB_THUMBTRACK，则 wParam 参数的高位字表示滑块的当前位置，在其他情况下无意义。

- 如果消息是由滚动条控件发送的，则 lParam 参数是滚动条控件的句柄；如果消息是由标准滚动条发送的，则 lParam 参数为 NULL。

窗口过程处理完 WM_HSCROLL 消息以后，应返回 0。

3. WM_VSCROLL 消息

- WM_VSCROLL 消息的 wParam 参数表示滑块的当前位置和用户的滚动请求。wParam 的低位字表示用户的滚动请求，值如表 3.18 所示。

表 3.18

| 值 | 含义 |
|---|---|
| SB_LINEDOWN | 向下滚动一个单位 |
| SB_LINEUP | 向上滚动一个单位 |
| SB_PAGEDOWN | 向下滚动一页（一个客户区高度） |
| SB_PAGEUP | 向上滚动一页（一个客户区高度） |

续表

| 值 | 含义 |
|---|---|
| SB_THUMBPOSITION | 用户拖动滑块并已释放鼠标，wParam 的高位字指示拖动操作结束时滑块的新位置 |
| SB_THUMBTRACK | 用户正在拖动滑块，该消息会不断发送，直到用户释放鼠标，wParam 的高位字实时指示滑块被拖动到的新位置 |
| SB_TOP | 滚动到最上部，这个暂时用不到 |
| SB_BOTTOM | 滚动到最底部，这个暂时用不到 |
| SB_ENDSCROLL | 滚动已结束，通常不使用 |

如果 wParam 参数的低位字是 SB_THUMBPOSITION 或 SB_THUMBTRACK，则 wParam 参数的高位字表示滑块的当前位置，在其他情况下无意义。

- 如果消息是由滚动条控件发送的，则 lParam 参数是滚动条控件的句柄；如果消息是由标准滚动条发送的，则 lParam 参数为 NULL。

窗口过程处理完 WM_VSCROLL 消息以后，应返回 0。

用户单击或拖动滚动条的不同位置时的滚动请求如图 3.5 所示。

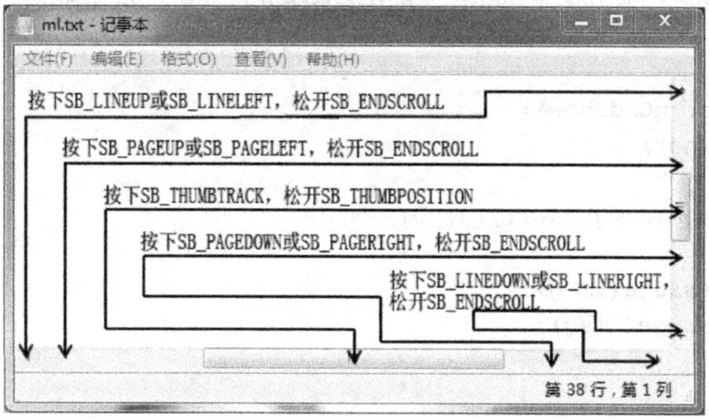


图 3.5

当用户按住水平或垂直滑块进行滑动时，程序通常处理的是 SB_THUMBTRACK 请求，而不是 SB_THUMBPOSITION 请求，以便用户拖动过程中，客户区的内容可以实时发生改变。

是时候给 SystemMetrics 程序添加标准滚动条了，先添加一个垂直滚动条：

```
#include <Windows.h>
#include <tchar.h>
#include "Metrics.h"

const int NUMLINES = sizeof(METRICS) / sizeof(METRICS[0]);

// 函数声明，窗口过程
LRESULT CALLBACK WindowProc(HWND hwnd, UINT uMsg, WPARAM wParam, LPARAM lParam);

int WINAPI WinMain(HINSTANCE hInstance, HINSTANCE hPrevInstance, LPSTR lpCmdLine, int nCmdShow)
{
    WNDCLASSEX wndclass;                        // RegisterClassEx 函数用的 WNDCLASSEX 结构
    TCHAR szClassName[] = TEXT("MyWindow");     // RegisterClassEx 函数注册的窗口类的名称
```

```
    TCHAR szAppName[] = TEXT("GetSystemMetrics");   // 窗口标题
    HWND hwnd;                          // CreateWindowEx 函数创建的窗口的句柄
    MSG msg;                            // 消息循环所用的消息结构体

    wndclass.cbSize = sizeof(WNDCLASSEX);
    wndclass.style = CS_HREDRAW | CS_VREDRAW;
    wndclass.lpfnWndProc = WindowProc;
    wndclass.cbClsExtra = 0;
    wndclass.cbWndExtra = 0;
    wndclass.hInstance = hInstance;
    wndclass.hIcon = LoadIcon(NULL, IDI_APPLICATION);
    wndclass.hCursor = LoadCursor(NULL, IDC_ARROW);
    wndclass.hbrBackground = (HBRUSH)(COLOR_BTNFACE + 1);
    wndclass.lpszMenuName = NULL;
    wndclass.lpszClassName = szClassName;
    wndclass.hIconSm = NULL;
    RegisterClassEx(&wndclass);

    hwnd = CreateWindowEx(0, szClassName, szAppName, WS_OVERLAPPEDWINDOW | WS_VSCROLL,
        CW_USEDEFAULT, CW_USEDEFAULT, CW_USEDEFAULT, CW_USEDEFAULT, NULL, NULL, hInstance,
NULL);

    ShowWindow(hwnd, nCmdShow);
    UpdateWindow(hwnd);

    while (GetMessage(&msg, NULL, 0, 0) != 0)
    {
        TranslateMessage(&msg);
        DispatchMessage(&msg);
    }

    return msg.wParam;
}
LRESULT CALLBACK WindowProc(HWND hwnd, UINT uMsg, WPARAM wParam, LPARAM lParam)
{
    HDC hdc;
    PAINTSTRUCT ps;
    HFONT hFont, hFontOld;
    static BOOL IsCalcStr = TRUE;               // 只在第一次 WM_PAINT 中计算 s_iCol1、s_iCol2、
                                                // s_iHeight
    static int s_iCol1, s_iCol2, s_iHeight; // 第一列、第二列字符串的最大宽度，字符串高度
    static int s_cxClient, s_cyClient;          // 客户区宽度、高度
    static int s_iVscrollPos;                   // 垂直滚动条当前位置
    TCHAR szBuf[10];
    int y;

    switch (uMsg)
    {
    case WM_CREATE:
```

```
        // 设置垂直滚动条的范围和初始位置
        SetScrollRange(hwnd, SB_VERT, 0, NUMLINES - 1, FALSE);
        SetScrollPos(hwnd, SB_VERT, s_iVscrollPos, TRUE);
        return 0;

case WM_SIZE:
        // 计算客户区宽度、高度，滚动条滚动一页的时候需要使用
        s_cxClient = LOWORD(lParam);
        s_cyClient = HIWORD(lParam);
        return 0;

    case WM_VSCROLL:
        switch (LOWORD(wParam))
        {
        case SB_LINEUP:
            s_iVscrollPos -= 1;
            break;
        case SB_LINEDOWN:
            s_iVscrollPos += 1;
            break;
        case SB_PAGEUP:
            s_iVscrollPos -= s_cyClient / s_iHeight;
            break;
        case SB_PAGEDOWN:
            s_iVscrollPos += s_cyClient / s_iHeight;
            break;
        case SB_THUMBTRACK:
            s_iVscrollPos = HIWORD(wParam);
            break;
        }
        s_iVscrollPos = min(s_iVscrollPos, NUMLINES - 1);
        s_iVscrollPos = max(0, s_iVscrollPos);
        if (s_iVscrollPos != GetScrollPos(hwnd, SB_VERT))
        {
            SetScrollPos(hwnd, SB_VERT, s_iVscrollPos, TRUE);
            //UpdateWindow(hwnd);                    // 不可以，不存在无效区域不会生成 WM_PAINT 消息
            //InvalidateRect(hwnd, NULL, FALSE);// 不可以
            InvalidateRect(hwnd, NULL, TRUE);
        }
        return 0;

    case WM_PAINT:
        hdc = BeginPaint(hwnd, &ps);
        SetBkMode(hdc, TRANSPARENT);
        hFont = CreateFont(12, 0, 0, 0, 0, 0, 0, 0, GB2312_CHARSET, 0, 0, 0, 0, TEXT("宋体"));
        hFontOld = (HFONT)SelectObject(hdc, hFont);

        if (IsCalcStr)
        {
            SIZE size = { 0 };
```

```
                for (int i = 0; i < NUMLINES; i++)
                {
                    GetTextExtentPoint32(hdc, METRICS[i].m_pLabel, _tcslen(METRICS[i]
.m_pLabel), &size);
                    if (size.cx > s_iCol1)
                        s_iCol1 = size.cx;
                    GetTextExtentPoint32(hdc, METRICS[i].m_pDesc, _tcslen(METRICS[i]
.m_pDesc), &size);
                    if (size.cx > s_iCol2)
                        s_iCol2 = size.cx;
                }
                s_iHeight = size.cy + 2;     // 留一点行间距
                IsCalcStr = FALSE;
            }

            for (int i = 0; i < NUMLINES; i++)
            {
                y = s_iHeight * (i - s_iVscrollPos);
                TextOut(hdc, 0,                    y, METRICS[i].m_pLabel, _tcslen(METRICS[i]
.m_pLabel));
                TextOut(hdc, s_iCol1,              y, METRICS[i].m_pDesc,  _tcslen(METRICS[i]
.m_pDesc));
                TextOut(hdc, s_iCol1 + s_iCol2, y, szBuf,
                    wsprintf(szBuf, TEXT("%d"), GetSystemMetrics(METRICS[i].m_nIndex)));
            }

            SelectObject(hdc, hFontOld);
            DeleteObject(hFont);
            EndPaint(hwnd, &ps);
            return 0;

        case WM_DESTROY:
            PostQuitMessage(0);
            return 0;
        }

        return DefWindowProc(hwnd, uMsg, wParam, lParam);
    }
```

程序中有几个变量被定义为静态变量。静态变量保存在全局数据区，而不是保存在堆栈中，不会因为 WindowProc 函数的退出而被销毁，下一次消息处理的时候还可以继续使用上次保存的值。也可以定义为全局变量，但是原则上还是少使用全局变量。

具体代码参见 Chapter3\SystemMetrics2 项目。编译运行，程序运行效果如图 3.6 所示。

图 3.6

程序需要初始化滚动条的范围和位置；处理滚动请求并更新滑块的位置，否则滑块会在用户松开鼠标以后回到原来的位置；并根据滚动条的变化更新客户区的内容。

在 WM_CREATE 消息中我们设置垂直滚动条的范围和初始位置，把垂直滚动条的范围设置为 0～NUMLINES－1，也就是总行数。然后把滑块初始位置设置为 0，s_iVscrollPos 是静态变量，系统会自动设置未初始化的静态变量初始值为 0。如果滚动条的位置是 0，则第一行文字显示在客户区的顶部；如果位置是其他值，则其他行会显示在顶部；如果位置是 NUMLINES－1，则最后一行显示在客户区的顶部。

看一下对 WM_PAINT 消息的处理。如果是第一次执行 WM_PAINT，则需要分别计算出第一列和第二列中最宽的字符串，这个宽度用于 TextOut 函数的 $X$ 坐标；对于每一行 $Y$ 坐标的计算如下：

```
y = s_iHeight * (i - s_iVscrollPos);
```

令 $i = 0$（也就是输出第一行）时，假设垂直滚动条向下滚动了 2 行，也就是 s_iVscrollPos 的值等于 2。因为客户区左上角的坐标是(0, 0)，所以第一行和第二行实际上是跑到了客户区上部，只不过在客户区以外的内容是不可见的。

再看一下对 WM_VSCROLL 消息的处理，我们分别处理了向上滚动一行 SB_LINEUP、向下滚动一行 SB_LINEDOWN、向上滚动一页 SB_PAGEUP、向下滚动一页 SB_PAGEDOWN 和按住滑块拖动 SB_THUMBTRACK 的情况。然后需要对滑块新位置 s_iVscrollPos 进行合理范围的判断，否则 s_iVscrollPos 值会出现小于 0 或大于 NUMLINES－1 的情况。虽然滑块新位置 s_iVscrollPos 值已经计算好了，但是滑块真正的位置还没有变化，我们应该判断一下 s_iVscrollPos 和滑块的当前位置这两个值是否相等，如果不相等，再调用 SetScrollPos 函数设置滑块位置。

去掉对 InvalidateRect 函数的调用，看一下会是什么现象，是不是存在滚动条可以正常工作，但是客户区内容没有随之滚动的情况？如果最小化程序窗口，再将窗口恢复到原先的尺寸，导致客户区无效重绘，那么是不是客户区内容就更新过来了呢？

InvalidateRect 函数向指定窗口的更新区域添加一个无效矩形：

```
BOOL InvalidateRect(
    _In_        HWND hWnd,       // 窗口句柄
    _In_ const RECT *lpRect,    // 无效矩形，如果设置为 NULL，表示整个客户区是无效矩形
    _In_        BOOL bErase);   // 是否擦除更新区域的背景
```

InvalidateRect 函数会导致客户区出现一个无效区域。如果客户区存在无效区域，Windows 会发送 WM_PAINT 消息到窗口过程。

这里不可以使用 UpdateWindow，前面说过：当窗口客户区的部分或全部变为“无效”且必须“更新”时，窗口过程会收到 WM_PAINT 消息，这也就意味着客户区必须被重绘。调用 UpdateWindow，Windows 会检查客户区是否存在无效区域（或更新区域），如果存在，才会向窗口过程发送 WM_PAINT 消息。

InvalidateRect 函数向指定窗口的更新区域添加一个无效矩形，该函数会导致客户区出现一个无效区域。如果客户区存在无效区域，Windows 会发送 WM_PAINT 消息到窗口过程。但是 WM_PAINT 消息是一个低优先级的消息，Windows 总是在消息循环为空的时候才把 WM_PAINT 放入其中。每当消息循环为空的时候，如果 Windows 发现存在一个无效区域，就会在程序的消息队列中放入一个

WM_PAINT 消息。

调用 UpdateWindow 函数，Windows 会检查客户区是否存在无效区域。如果存在，就把 WM_PAINT 消息直接发送到指定窗口的窗口过程，绕过应用程序的消息队列，即 UpdateWindow 函数导致窗口过程 WindowProc 立即执行 case WM_PAINT 逻辑，所以可以在 InvalidateRect 函数调用以后紧接着调用 UpdateWindow 函数立即刷新客户区。

与 InvalidateRect 函数对应的，还有一个 ValidateRect 函数，该函数可以从指定窗口的更新区域中删除一个矩形区域：

```
BOOL ValidateRect(
    _In_       HWND hWnd,       // 窗口句柄
    _In_ const RECT *lpRect);   // 使之有效的矩形，如果设置为 NULL，表示整个客户区变为有效
```

前面讲解获取显示 DC 句柄的时候，曾经提及，如果可能，我们最好是在 WM_PAINT 消息中处理绘制工作。SystemMetrics2 程序就是这样，绕了个弯，没有在 WM_VSCROLL 消息中进行重绘，而是通过调用 InvalidateRect 函数生成一个无效区域进而生成 WM_PAINT 消息，在 WM_PAINT 消息中统一进行重绘。这不是舍近求远，而是一举两得。

在学习 Windows 以前，我以为滚动条是自动的，但实际上需要我们自己处理各种滚动请求并作出更新、重绘，可以理解，Windows 程序设计本来就是比较底层的东西。

1. SetScrollInfo 和 GetScrollInfo 函数

SystemMetrics2 程序工作正常，但是滑块的大小不能反映一页内容占据总内容的比例。假设总内容总共是 3 页，那么滑块大小应该是滚动条长度的 1/3 才可以。实际上，SetScrollRange 和 SetScrollPos 函数是 Windows 向后兼容 Win16 的产物，微软建议我们使用新函数 SetScrollInfo。之所以介绍一些老函数，一方面是因为这些函数简单易用，很多资深的程序员还在使用；另一方面，本书的目标是既能做开发，又能做逆向，所以有些过时的东西我们还需要去了解。

SetScrollInfo 函数具有 SetScrollRange 和 SetScrollPos 这两个函数的功能。SetScrollInfo 函数用于设置滚动条的参数，包括滚动条的最小和最大滚动范围、页面大小以及滑块位置：

```
int SetScrollInfo(
    _In_ HWND            hwnd,    // 滚动条所属窗口的句柄，如果 fnBar 指定为 SB_CTL、则是滚动条
                                  // 控件句柄
    _In_ int             fnBar,   // 指定要设置的滚动条，含义同 SetScrollRange 函数的 nBar 参数
    _In_ LPCSCROLLINFO lpsi,      // 在这个 SCROLLINFO 结构中指定滚动条的参数
    _In_ BOOL            fRedraw);// 是否重新绘制滚动条以反映对滚动条的更改
```

除了 lpsi 参数，其他的我们都已了解。lpsi 参数是一个指向 SCROLLINFO 结构的指针，在这个结构中指定滚动条的参数。在 WinUser.h 头文件中 SCROLLINFO 结构的定义如下：

```
typedef struct tagSCROLLINFO
{
    UINT    cbSize;     // 该结构的大小，sizeof( SCROLLINFO)
    UINT    fMask;      // 要设置或获取哪些滚动条参数
    int     nMin;       // 最小滚动位置
    int     nMax;       // 最大滚动位置
    UINT    nPage;      // 页面大小(客户区高度或宽度)，滚动条使用这个字段确定滑块的适当大小
```

```
    int       nPos;          // 滑块的位置
    int       nTrackPos;     // 用户正在拖动滑块时的即时位置，可以在处理 SB_THUMBTRACK 请求时使用该字段
}   SCROLLINFO, FAR *LPSCROLLINFO;
```

fMask 字段指定要设置（SetScrollInfo）或获取（GetScrollInfo）哪些滚动条参数，值如表 3.19 所示。

**表 3.19**

| 常量 | 含义 |
|---|---|
| SIF_PAGE | nPage 字段包含页面大小信息 |
| SIF_POS | nPos 字段包含滑块位置信息 |
| SIF_RANGE | nMin 和 nMax 字段包含滚动范围的最小值和最大值 |
| SIF_DISABLENOSCROLL | 在调用 SetScrollInfo 函数设置滚动条参数时，如果没有指定这个标志，并且客户区内容比较少，不需要滚动条滚动，那么系统会删除滚动条；如果指定了这个标志，那么系统仅是禁用滚动条而不是删除 |
| SIF_TRACKPOS | nTrackPos 字段包含用户拖动滑块时滑块的即时位置 |
| SIF_ALL | SIF_PAGE \| SIF_POS \| SIF_RANGE \| SIF_TRACKPOS |

调用 SetScrollInfo 函数设置滚动条参数的时候，只能使用前 4 个标志。把 fMask 字段设置为需要设置的标志，并在相应的字段中指定新的参数值，函数返回值是滑块的当前位置。

SetScrollInfo 函数会对 SCROLLINFO 结构的 nPage 和 nPos 字段指定的值进行范围检查。nPage 字段必须指定为 0～nMax − nMin + 1 的值；nPos 字段必须指定为介于 nMin～nMax − nPage + 1 的值。假设一共有 95 行，我们把范围设置为 0～94，一页可以显示 35 行，nPos 字段最大值为 94 − 35 + 1 = 60。如果 nPos 等于 60，客户区显示 61～95 行，那么最后一行在最底部，而不是最顶部。如果上述字段的值超出范围，则函数会将其设置为刚好在范围内的值。

GetScrollInfo 函数可以获取滚动条的参数，包括滚动条的最小和最大滚动范围、页面大小、滑块位置以及滑块即时位置（处理 SB_THUMBTRACK 请求时）：

```
BOOL GetScrollInfo(
    _In_     HWND            hwnd,
    _In_     int             fnBar,
    _Inout_  LPSCROLLINFO    lpsi);
```

调用 GetScrollInfo 函数获取滚动条参数时，SCROLLINFO.fMask 字段只能使用 SIF_PAGE、SIF_POS、SIF_RANGE 和 SIF_TRACKPOS 这几个标志。为了简洁，通常直接指定为 SIF_ALL 标志。函数执行成功，会将指定的滚动条参数复制到 SCROLLINFO 结构的相关字段中。

在处理 WM_HSCROLL / WM_VSCROLL 消息时，对于 SB_THUMBPOSITION / SB_THUMBTRACK 滚动请求使用 HIWORD(wParam)获取到的是 16 位位置数据，即说最大值为 65535；而使用 SetScrollInfo / GetScrollInfo 可以设置 / 获取的范围是 32 位数据，因为 SCROLLINFO 结构的范围和位置参数都是 int 类型。

接下来，我们使用 SetScrollInfo 和 GetScrollInfo 函数改写 SystemMetrics2 项目。WinMain 函数除了在 CreateWindowEx 函数调用中加了一个 WS_HSCROLL 样式以添加水平滚动条以外，没有任何变化。下面仅列出 WindowProc 窗口过程。

```
LRESULT CALLBACK WindowProc(HWND hwnd, UINT uMsg, WPARAM wParam, LPARAM lParam)
```

```
{
    HDC hdc;
    PAINTSTRUCT ps;
    TEXTMETRIC tm;
    SCROLLINFO si;
    HFONT hFont, hFontOld;
    static int s_iCol1, s_iCol2, s_iCol3, s_iHeight; // 第 1～3 列字符串的最大宽度，字符串高度
    static int s_cxClient, s_cyClient;    // 客户区宽度、高度
    static int s_cxChar;                   // 平均字符宽度，用于水平滚动条滚动单位
    int iVertPos, iHorzPos;                // 垂直、水平滚动条的当前位置
    SIZE size = { 0 };
    int x, y;
    TCHAR szBuf[10];

    switch (uMsg)
    {
    case WM_CREATE:
        hdc = GetDC(hwnd);
        hFont = CreateFont(12, 0, 0, 0, 0, 0, 0, 0, GB2312_CHARSET, 0, 0, 0, 0, TEXT("宋体"));
        hFontOld = (HFONT)SelectObject(hdc, hFont);
        for (int i = 0; i < NUMLINES; i++)
        {
            GetTextExtentPoint32(hdc, METRICS[i].m_pLabel, _tcslen(METRICS[i].m_pLabel),
                                 &size);
            if (size.cx > s_iCol1)
                s_iCol1 = size.cx;
            GetTextExtentPoint32(hdc, METRICS[i].m_pDesc, _tcslen(METRICS[i].m_pDesc),
                                 &size);
            if (size.cx > s_iCol2)
                s_iCol2 = size.cx;
            GetTextExtentPoint32(hdc, szBuf,
                wsprintf(szBuf, TEXT("%d"), GetSystemMetrics(METRICS[i].m_nIndex)), &size);
            if (size.cx > s_iCol3)
                s_iCol3 = size.cx;
        }
        s_iHeight = size.cy + 2;

        GetTextMetrics(hdc, &tm);
        s_cxChar = tm.tmAveCharWidth;

        SelectObject(hdc, hFontOld);
        DeleteObject(hFont);
        ReleaseDC(hwnd, hdc);
        return 0;

    case WM_SIZE:
        // 客户区宽度、高度
        s_cxClient = LOWORD(lParam);
        s_cyClient = HIWORD(lParam);
        // 设置垂直滚动条的范围和页面大小
```

```
        si.cbSize = sizeof(SCROLLINFO);
        si.fMask = SIF_RANGE | SIF_PAGE;
        si.nMin = 0;
        si.nMax = NUMLINES - 1;
        si.nPage = s_cyClient / s_iHeight;
        SetScrollInfo(hwnd, SB_VERT, &si, TRUE);
        // 设置水平滚动条的范围和页面大小
        si.cbSize = sizeof(SCROLLINFO);
        si.fMask = SIF_RANGE | SIF_PAGE;
        si.nMin = 0;
        si.nMax = (s_iCol1 + s_iCol2 + s_iCol3) / s_cxChar - 1;
        si.nPage = s_cxClient / s_cxChar;
        SetScrollInfo(hwnd, SB_HORZ, &si, TRUE);
        return 0;

    case WM_VSCROLL:
        si.cbSize = sizeof(SCROLLINFO);
        si.fMask = SIF_ALL;
        GetScrollInfo(hwnd, SB_VERT, &si);
        iVertPos = si.nPos;
        switch (LOWORD(wParam))
        {
        case SB_LINEUP:
            si.nPos -= 1;
            break;
        case SB_LINEDOWN:
            si.nPos += 1;
            break;
        case SB_PAGEUP:
            si.nPos -= si.nPage;
            break;
        case SB_PAGEDOWN:
            si.nPos += si.nPage;
            break;
        case SB_THUMBTRACK:
            si.nPos = si.nTrackPos;
            break;
        }
        // 设置位置，然后获取位置，如果si.nPos越界，Windows不会设置
        si.cbSize = sizeof(SCROLLINFO);
        si.fMask = SIF_POS;
        SetScrollInfo(hwnd, SB_VERT, &si, TRUE);
        GetScrollInfo(hwnd, SB_VERT, &si);
        // 如果Windows更新了滚动条位置，我们更新客户区
        if (iVertPos != si.nPos)
            InvalidateRect(hwnd, NULL, TRUE);
        return 0;

    case WM_HSCROLL:
        si.cbSize = sizeof(SCROLLINFO);
        si.fMask = SIF_ALL;
```

```
        GetScrollInfo(hwnd, SB_HORZ, &si);
        iHorzPos = si.nPos;
        switch (LOWORD(wParam))
        {
        case SB_LINELEFT:
            si.nPos -= 1;
            break;
        case SB_LINERIGHT:
            si.nPos += 1;
            break;
        case SB_PAGELEFT:
            si.nPos -= si.nPage;
            break;
        case SB_PAGERIGHT:
            si.nPos += si.nPage;
            break;
        case SB_THUMBTRACK:
            si.nPos = si.nTrackPos;
            break;
        }
        // 设置位置，然后获取位置，如果si.nPos越界，Windows不会设置
        si.cbSize = sizeof(SCROLLINFO);
        si.fMask = SIF_POS;
        SetScrollInfo(hwnd, SB_HORZ, &si, TRUE);
        GetScrollInfo(hwnd, SB_HORZ, &si);
        // 如果Windows更新了滚动条位置，我们更新客户区
        if (iHorzPos != si.nPos)
            InvalidateRect(hwnd, NULL, TRUE);
        return 0;

    case WM_PAINT:
        hdc = BeginPaint(hwnd, &ps);
        // 获取垂直滚动条、水平滚动条位置
        si.cbSize = sizeof(SCROLLINFO);
        si.fMask = SIF_POS;
        GetScrollInfo(hwnd, SB_VERT, &si);
        iVertPos = si.nPos;

        si.cbSize = sizeof(SCROLLINFO);
        si.fMask = SIF_POS;
        GetScrollInfo(hwnd, SB_HORZ, &si);
        iHorzPos = si.nPos;

        SetBkMode(hdc, TRANSPARENT);
        hFont = CreateFont(12, 0, 0, 0, 0, 0, 0, 0, GB2312_CHARSET, 0, 0, 0, 0, TEXT("宋体"));
        hFontOld = (HFONT)SelectObject(hdc, hFont);
        for (int i = 0; i < NUMLINES; i++)
        {
          x = s_cxChar * (-iHorzPos);
          y = s_iHeight * (i - iVertPos);
```

```
            TextOut(hdc, x, y, METRICS[i].m_pLabel, _tcslen(METRICS[i].m_pLabel));
            TextOut(hdc, x + s_iCol1,         y, METRICS[i].m_pDesc,  _tcslen(METRICS[i]
.m_pDesc));
            TextOut(hdc, x + s_iCol1 + s_iCol2, y, szBuf,
                wsprintf(szBuf, TEXT("%d"), GetSystemMetrics(METRICS[i].m_nIndex)));
        }

        SelectObject(hdc, hFontOld);
        DeleteObject(hFont);
        EndPaint(hwnd, &ps);
        return 0;

    case WM_DESTROY:
        PostQuitMessage(0);
        return 0;
    }

    return DefWindowProc(hwnd, uMsg, wParam, lParam);
}
```

编译运行，可以发现，因为 WM_SIZE 消息中 SetScrollInfo 函数的 SCROLLINFO 结构的 fMask 字段没有指定 SIF_DISABLENOSCROLL 标志，所以在不需要水平滚动条的时候，水平滚动条是不显示的。完整代码参见 Chapter3\SystemMetrics3 项目。

SystemMetrics3 程序最先执行的是 WM_CREATE 消息，然后是 WM_SIZE 和 WM_PAINT。因为在 WM_SIZE 消息中需要使用 s_iCol1、s_iCol2、s_iCol3、s_iHeight、s_cxChar 这些变量，所以我们需要在 WM_CREATE 消息中提前获取这些值。

看一下 WM_VSCROLL 消息的处理，首先调用 GetScrollInfo 函数获取滚动以前的位置。然后根据滚动请求更新 si.nPos 的值，调用 SetScrollInfo 函数更新滚动条位置，再次调用 GetScrollInfo 函数看一下滚动条位置是否真的变化了，如果变化了，就调用 InvalidateRect 函数使整个客户区无效。为什么绕这么大一个弯呢？前面说过，SetScrollInfo 函数会对 SCROLLINFO 结构的 nPage 和 nPos 字段指定的值进行范围检查。nPage 字段必须指定为介于 0～nMax − nMin + 1 的值；nPos 字段必须指定为介于 nMin～nMax − max(nPage −1, 0)的值。如果任一值超出其范围，则函数将其设置为刚好在范围内的值。假设现在垂直滚动条滑块在位置 0 处，则向上滚动一个单位，执行 SB_LINEUP 请求，si.nPos 的值变为−1，SetScrollInfo 函数是不会向上滚动一个单位的，就是说滑块位置不会变化。

**2. 只刷新无效区域**

前面的 SystemMetrics2 和 SystemMetrics3 程序，不管客户区是滚动了一行还是一页，都统统宣布整个客户区无效。如果刷新客户区的代码很麻烦且耗时的话，就会造成程序界面卡顿。前面曾多次提及无效区域的概念，发生滚动条滚动请求以后，我们可以仅让新出现的那些行无效，WM_PAINT 只需要刷新这些行所占的区域即可，这样的逻辑无疑会更高效。当然了，对于代码逻辑很简单的情况，在当今强大的 CPU 面前，我们应该更注重代码简洁与易于理解。下面我们就只刷新无效区域，仅列出 WindowProc 中代码发生变化的几个消息：

```
case WM_VSCROLL:
    si.cbSize = sizeof(SCROLLINFO);
```

```
        si.fMask = SIF_ALL;
        GetScrollInfo(hwnd, SB_VERT, &si);
        iVertPos = si.nPos;
        switch (LOWORD(wParam))
        {
        case SB_LINEUP:
            si.nPos -= 1;
            break;
        case SB_LINEDOWN:
            si.nPos += 1;
            break;
        case SB_PAGEUP:
            si.nPos -= si.nPage;
            break;
        case SB_PAGEDOWN:
            si.nPos += si.nPage;
            break;
        case SB_THUMBTRACK:
            si.nPos = si.nTrackPos;
            break;
        }
        // 设置位置，然后获取位置。如果si.nPos越界，则Windows不会设置
        si.cbSize = sizeof(SCROLLINFO);
        si.fMask = SIF_POS;
        SetScrollInfo(hwnd, SB_VERT, &si, TRUE);
        GetScrollInfo(hwnd, SB_VERT, &si);
        // 如果Windows更新了滚动条位置，那么我们更新客户区
        if (iVertPos != si.nPos)
        {
            ScrollWindow(hwnd, 0, s_iHeight * (iVertPos - si.nPos), NULL, NULL);
            UpdateWindow(hwnd);
        }
        return 0;

    case WM_HSCROLL:
        si.cbSize = sizeof(SCROLLINFO);
        si.fMask = SIF_ALL;
        GetScrollInfo(hwnd, SB_HORZ, &si);
        iHorzPos = si.nPos;
        switch (LOWORD(wParam))
        {
        case SB_LINELEFT:
            si.nPos -= 1;
            break;
        case SB_LINERIGHT:
            si.nPos += 1;
            break;
        case SB_PAGELEFT:
            si.nPos -= si.nPage;
            break;
        case SB_PAGERIGHT:
```

```
            si.nPos += si.nPage;
            break;
        case SB_THUMBTRACK:
            si.nPos = si.nTrackPos;
            break;
        }
        // 设置位置，然后获取位置。如果 si.nPos 越界，则 Windows 不会设置
        si.cbSize = sizeof(SCROLLINFO);
        si.fMask = SIF_POS;
        SetScrollInfo(hwnd, SB_HORZ, &si, TRUE);
        GetScrollInfo(hwnd, SB_HORZ, &si);
        // 如果 Windows 更新了滚动条位置，那么我们更新客户区
        if (iHorzPos != si.nPos)
        {
            ScrollWindow(hwnd, s_cxChar * (iHorzPos - si.nPos), 0, NULL, NULL);
            UpdateWindow(hwnd);
        }
        return 0;

    case WM_PAINT:
        hdc = BeginPaint(hwnd, &ps);
        // 获取垂直滚动条、水平滚动条位置
        si.cbSize = sizeof(SCROLLINFO);
        si.fMask = SIF_POS | SIF_PAGE;
        GetScrollInfo(hwnd, SB_VERT, &si);
        iVertPos = si.nPos;
        si.cbSize = sizeof(SCROLLINFO);
        si.fMask = SIF_POS;
        GetScrollInfo(hwnd, SB_HORZ, &si);
        iHorzPos = si.nPos;

        SetBkMode(hdc, TRANSPARENT);
        hFont = CreateFont(12, 0, 0, 0, 0, 0, 0, 0, GB2312_CHARSET, 0, 0, 0, 0, TEXT("宋体"));
        hFontOld = (HFONT)SelectObject(hdc, hFont);

        // 获取无效区域
        nPaintBeg = max(0, iVertPos + ps.rcPaint.top / s_iHeight);
        nPaintEnd = min(NUMLINES - 1, iVertPos + ps.rcPaint.bottom / s_iHeight);
        for (int i = nPaintBeg; i <= nPaintEnd; i++)
        {
            x = s_cxChar * (-iHorzPos);
            y = s_iHeight * (i - iVertPos);
            TextOut(hdc, x,                       y, METRICS[i].m_pLabel, _tcslen(METRICS[i].
                m_pLabel));
            TextOut(hdc, x + s_iCol1,             y, METRICS[i].m_pDesc,  _tcslen(METRICS[i].
                m_pDesc));
            TextOut(hdc, x + s_iCol1 + s_iCol2, y, szBuf,
                wsprintf(szBuf, TEXT("%d"), GetSystemMetrics(METRICS[i].m_nIndex)));
        }
```

```
    SelectObject(hdc, hFontOld);
    DeleteObject(hFont);
    EndPaint(hwnd, &ps);
    return 0;
```

完整代码参见Chapter3\SystemMetrics4项目。读者可以在nPaintBeg = max(0, iVertPos + ps.rcPaint.top / s_iHeight);这一行按F9键设置断点，查看发生滚动事件时PAINTSTRUCT结构的无效矩形。

ScrollWindow函数滚动指定窗口的客户区：

```
BOOL ScrollWindow(
    _In_        HWND hWnd,          // 窗口句柄
    _In_        int  XAmount,       // 水平滚动的量
    _In_        int  YAmount,       // 垂直滚动的量
    _In_ const RECT *lpRect,        // 将要滚动的客户区部分的RECT结构设置为NULL，则滚动整个客户区
    _In_ const RECT *lpClipRect);   // 裁剪矩形RECT结构，矩形外部的区域不会被绘制
```

lpRect和lpClipRect这两个参数挺有意思的，读者可以试着设置一下这两个参数看一看效果。

Windows会自动将新滚动出现的区域无效化，从而产生一条WM_PAINT消息，因此不需要调用InvalidateRect函数。

ScrollWindow函数有一个扩展版本ScrollWindowEx，功能更多，也是微软建议使用的，不过参数比较多，有点复杂，具体用法请参考MSDN。

### 3. 根据客户区内容调整程序窗口大小

在我的1366 × 768分辨率的笔记本上，CreateWindowEx函数的宽度和高度参数指定为CW_USEDEFAULT，SystemMetrics4程序运行效果如图3.7所示。

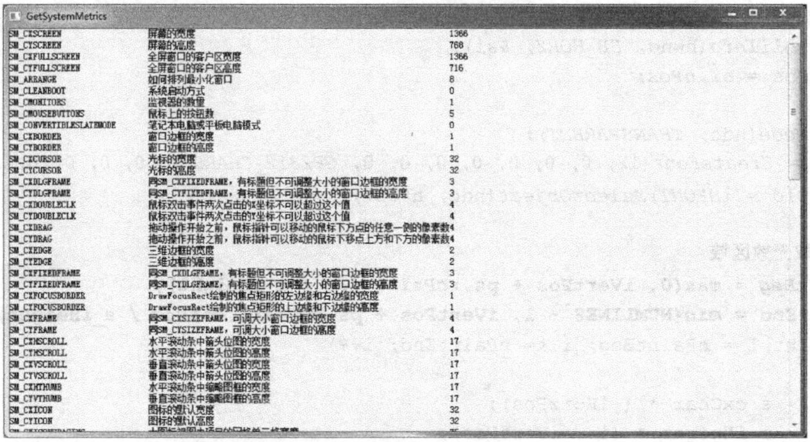


图3.7

可以看到客户区右边还有一大块空白，不是很美观。我们希望窗口宽度正好容纳3列文本，即根据3列文本的宽度之和计算窗口宽度，窗口宽度包括客户区宽度、滚动条宽度和边框宽度等，计算起来不是很方便。在WM_CREATE消息中s_cxChar = tm.tmAveCharWidth;语句的下面添加如下语句：

```
GetClientRect(hwnd, &rect);
rect.right = s_iCol1 + s_iCol2 + s_iCol3 + GetSystemMetrics(SM_CXVSCROLL);
```

```
AdjustWindowRectEx(&rect, GetWindowLongPtr(hwnd, GWL_STYLE),
    GetMenu(hwnd) != NULL, GetWindowLongPtr(hwnd, GWL_EXSTYLE));
SetWindowPos(hwnd, NULL, 0, 0, rect.right - rect.left, rect.bottom - rect.top,
    SWP_NOZORDER | SWP_NOMOVE);
```

窗口高度我们没有改变。首先通过调用 GetClientRect 函数获取客户区坐标，客户区坐标是相对于窗口客户区左上角的，因此获取到的左上角的坐标是(0,0)，即 rect.right 等于客户区宽度，rect.bottom 等于客户区高度；把客户区的宽度重新设置为三列文本宽度之和再加上垂直滚动条的宽度；为 AdjustWindowRectEx 函数指定窗口样式、扩展窗口样式以及是否有菜单栏，该函数可以根据客户区坐标计算窗口坐标，但是计算出的窗口坐标不包括滚动条，所以前面客户区的宽度我们又加上了一个垂直滚动条的宽度，需要注意的是，计算出来的窗口坐标是相对于客户区左上角的。窗口坐标的左上角并不是(0,0)，所以窗口宽度等于 rect.right−rect.left，窗口高度等于 rect.bottom−rect.top；最后调用 SetWindowPos 函数设置窗口大小。

GetMenu 函数获取指定窗口的菜单句柄，如果函数执行成功，则返回值是菜单的句柄；如果这个窗口没有菜单，则返回 NULL，这个函数很简单。接下来介绍一下 GetWindowLongPtr、AdjustWindowRectEx 和 SetWindowPos 这 3 个函数。

要介绍 GetWindowLongPtr 函数，不得不先介绍一下 SetWindowLongPtr 函数。SetWindowLongPtr 是 SetWindowLong 函数的升级版本，指针和句柄在 32 位 Windows 上为 32 位，在 64 位 Windows 上为 64 位。使用 SetWindowLong 函数设置指针或句柄只能设置 32 位的，要编写 32 位和 64 位版本兼容的代码，应该使用 SetWindowLongPtr 函数。如果编译为 32 位程序，则对 SetWindowLongPtr 函数的调用实际上还是调用 SetWindowLong。SetWindowLongPtr 函数设置窗口类中与每个窗口关联的额外内存的数据，或设置指定窗口的属性：

```
LONG_PTR WINAPI SetWindowLongPtr(
    _In_ HWND      hWnd,        // 窗口句柄
    _In_ int       nIndex,      // 要设置哪一项
    _In_ LONG_PTR dwNewLong);// 新值
```

参数 nIndex 指定要设置哪一项。WNDCLASSEX 结构有一个 cbWndExtra 字段，该字段用于指定紧跟在窗口实例后面的的附加数据字节数，用来存放自定义数据，即与每个窗口相关联的附加自定义数据，假设我们设置 wndclass.cbWndExtra = 16，16 字节可以存放 2 个__int64 型数据或 4 个 int 型数据，nIndex 参数指定为 0、8 分别表示要设置第 1、2 个__int64 型数据。如果存放的是 int 型数据，则可以设置为 0、4、8、12。如果要设置窗口的一些属性，值如表 3.20 所示。

表 3.20

| 常量 | 含义 |
|---|---|
| GWL_EXSTYLE | 设置扩展窗口样式 |
| GWL_STYLE | 设置窗口样式 |
| GWLP_HINSTANCE | 设置应用程序的实例句柄 |
| GWLP_ID | 设置窗口的 ID，用于子窗口 |
| GWLP_USERDATA | 设置与窗口关联的用户数据 |
| GWLP_WNDPROC | 设置指向窗口过程的指针 |

如果函数执行成功，则返回值是指定偏移量处或窗口属性的先前值；如果函数执行失败，则返回值为 0。

GetWindowLong 和 GetWindowLongPtr 函数可以获取指定窗口的自定义数据或窗口的一些属性：

```
LONG_PTR WINAPI GetWindowLongPtr(
    _In_ HWND hWnd,        // 窗口句柄
    _In_ int  nIndex);   // 要获取哪一项
```

如果函数执行成功，则返回所请求的值；如果函数执行失败，则返回值为 0。

AdjustWindowRectEx 函数根据客户区的大小计算所需的窗口大小：

```
BOOL WINAPI AdjustWindowRectEx(
    _Inout_ LPRECT lpRect,         // 提供客户区坐标的 RECT 结构，函数在这个结构中返回所需的窗口坐标
    _In_    DWORD  dwStyle,        // 窗口的窗口样式
    _In_    BOOL   bMenu,          // 窗口是否有菜单
    _In_    DWORD  dwExStyle);  // 窗口的扩展窗口样式
```

SetWindowPos 函数可以更改一个子窗口、顶级窗口的大小、位置和 Z 顺序，其中 Z 顺序是指窗口的前后顺序。假设桌面上有很多程序窗口，互相重叠覆盖，更改 Z 顺序可以确定哪个窗口在前或在后：

```
BOOL WINAPI SetWindowPos(
    _In_      HWND hWnd,             // 要调整大小、位置或 Z 顺序的窗口的窗口句柄
    _In_opt_  HWND hWndInsertAfter,  // 指定一个窗口句柄或一些预定义值
    _In_      int  X,                // 窗口新位置的 X 坐标，以像素为单位
    _In_      int  Y,                // 窗口新位置的 Y 坐标，以像素为单位
    _In_      int  cx,               // 窗口的新宽度，以像素为单位
    _In_      int  cy,               // 窗口的新高度，以像素为单位
    _In_      UINT uFlags);          // 窗口的大小和定位标志
```

- 参数 hWndInsertAfter 指定一个窗口句柄，hWnd 窗口将位于这个窗口之前，即 hWndInsertAfter 窗口作为定位窗口，可以设置为 NULL。参数 hWndInsertAfter 也可以指定为表 3.21 所示的值。

表 3.21

| 常量 | 含义 |
| --- | --- |
| HWND_TOP | 把窗口放置在 Z 顺序的顶部 |
| HWND_BOTTOM | 把窗口放置在 Z 顺序的底部 |
| HWND_TOPMOST | 窗口始终保持为最顶部的窗口，即使该窗口没有被激活 |
| HWND_NOTOPMOST | 取消始终保持为最顶部的窗口 |

- 参数 X 和 Y 指定窗口新位置的 *X* 和 *Y* 坐标。如果 hWnd 参数指定的窗口是顶级窗口，则相对于屏幕左上角；如果是子窗口，则相对于父窗口客户区的左上角。
- 参数 uFlags 指定窗口的大小和定位标志，常用的值如表 3.22 所示。

表 3.22

| 常量 | 含义 |
| --- | --- |
| SWP_NOZORDER | 维持当前 Z 序（忽略 hWndInsertAfter 参数） |

续表

| 常量 | 含义 |
| --- | --- |
| SWP_NOMOVE | 维持当前位置（忽略 X 和 Y 参数） |
| SWP_NOSIZE | 维持当前尺寸（忽略 cx 和 cy 参数） |
| SWP_HIDEWINDOW | 隐藏窗口 |
| SWP_SHOWWINDOW | 显示窗口 |

例如上面的示例使用 SWP_NOZORDER | SWP_NOMOVE 标志，表示忽略 hWndInsertAfter、X 和 Y 参数，保持 Z 顺序和窗口位置不变，仅改变窗口大小。有时候我们希望把一个窗口设置为始终保持为最顶部，可以这样使用：SetWindowPos(hwnd, HWND_TOPMOST, 0, 0, 0, 0, SWP_NOMOVE | SWP_NOSIZE);。

MoveWindow 函数可以更改一个子窗口、顶级窗口的位置和尺寸。实际上 SetWindowPos 函数具有 MoveWindow 的全部功能。MoveWindow 函数通常用于设置子窗口：

```
BOOL WINAPI MoveWindow(
    _In_ HWND hWnd,      // 要调整大小、位置的窗口的窗口句柄
    _In_ int  X,         // 窗口新位置的 X 坐标，以像素为单位
    _In_ int  Y,         // 窗口新位置的 Y 坐标，以像素为单位
    _In_ int  nWidth,    // 窗口的新宽度，以像素为单位
    _In_ int  nHeight,   // 窗口的新高度，以像素为单位
    _In_ BOOL bRepaint);// 是否要重新绘制窗口，通常指定为 TRUE
```

总结一下，窗口过程在什么时候会收到 WM_PAINT 消息。

- 当程序窗口被首次创建时，整个客户区都是无效的，因为此时应用程序尚未在该窗口上绘制任何东西，此时窗口过程会收到第一条 WM_PAINT 消息。
- 在调整程序窗口的尺寸时，客户区也会变为无效。我们把 WNDCLASSEX 结构的 style 字段设置为 CS_HREDRAW | CS_VREDRAW，表示当程序窗口尺寸发生变化时，整个窗口客户区都应宣布无效，窗口过程会接收到一条 WM_PAINT 消息。
- 如果先最小化程序窗口，然后将窗口恢复到原先的尺寸，那么 Windows 并不会保存原先客户区的内容，窗口过程接收到 WM_PAINT 消息后需要自行恢复客户区的内容。
- 在屏幕中拖动程序窗口的全部或一部分到屏幕以外，然后又拖动回屏幕中的时候，窗口被标记为无效，窗口过程会收到一条 WM_PAINT 消息，并对客户区的内容进行重绘。
- 程序调用 InvalidateRect 或 InvalidateRgn 函数向客户区添加无效区域，会生成 WM_PAINT 消息。
- 程序调用 ScrollWindow 或 ScrollDC 函数滚动客户区。

InvalidateRgn 和 ScrollDC 函数，以后用到的时候再解释。

还有一个问题，SystemMetrics 程序不能使用键盘的 Home、End 和方向键进行滚动，标准滚动条的键盘接口需要我们自己去实现，不过相当简单，等学习了第 4 章以后再添加键盘接口。

### 3.2.4 保存设备环境

调用 GetDC 或 BeginPaint 函数以后，会返回一个 DC 句柄，DC 的所有属性都被设定为默认值。

如果程序需要使用非默认的DC属性，可以在获取到DC句柄以后设置相关DC属性；在调用ReleaseDC或EndPaint函数以后，系统将恢复DC属性的默认值，对属性所做的任何改变都会丢失。例如：

```
case WM_PAINT:
    hdc = BeginPaint(hwnd, &ps);
    // 设置设备环境属性
    // 绘制代码
    EndPaint(hwnd, &ps);
    return 0;
```

有没有办法在释放DC时保存对属性所做的更改，以便在下次调用GetDC或BeginPaint函数时这些属性仍然有效呢？还记得WNDCLASSEX结构的第2个字段style吗？这个字段指定窗口类样式，其中CS_OWNDC表示为窗口类的每个窗口分配唯一的DC。可以按如下方式设置style字段：

```
wndclass.style = CS_HREDRAW | CS_VREDRAW | CS_OWNDC;
```

现在，每个基于这个窗口类创建的窗口都有它私有的专用DC。使用CS_OWNDC样式以后，只需要初始化DC属性一次，例如，在处理WM_CREATE消息时：

```
case WM_CREATE:
    hdc = GetDC(hwnd);
    // 设置设备环境属性
    ReleaseDC(hwnd, hdc);
    return 0;
```

在窗口的生命周期内，除非再次改变DC的属性值，原DC属性会一直有效。对于SystemMetrics程序，我们可以在WM_CREATE消息中设置背景模式和字体，这样一来就不需要每一次都在WM_PAINT消息中设置了。对于客户区需要大量绘图操作的情况，指定CS_OWNDC样式可以提高程序性能。

需要注意的是，指定CS_OWNDC样式仅影响通过GetDC和BeginPaint函数获取的DC句柄，通过其他函数（例如GetWindowDC）获取的DC是不受影响的。

有时候可能想改变某些DC属性，然后使用改变后的属性进行绘制，接着再恢复原来的DC属性，可以使用SaveDC和RestoreDC函数来保存和恢复DC状态。

SaveDC函数通过把DC属性压入DC堆栈来保存指定DC的当前状态：

```
int SaveDC(_In_ HDC hdc);    // 要保存其状态的设备环境句柄
```

如果函数执行成功，则返回值将标识保存的状态；如果函数执行失败，则返回值为0。

RestoreDC函数通过从DC堆栈中弹出状态信息来恢复DC到指定状态：

```
BOOL RestoreDC(
    _In_ HDC hdc,            // 要恢复其状态的设备环境句柄
    _In_ int nSavedDC);      // 要还原的保存状态
```

参数nSavedDC指定要还原的保存状态，可以指定为SaveDC函数的返回值，或者指定为负数，例如-1表示最近保存的状态，-2表示最近保存的状态的前一次。

同一状态不能多次恢复，恢复状态后保存的所有状态将被弹出销毁。另外还有一点需要注意，请看代码：

```
// 设置设备环境属性，然后保存
nDC1 = SaveDC(hdc);
// 再次设置设备环境属性，然后保存
nDC2 = SaveDC(hdc);
// ............
RestoreDC(hdc, nDC1);
// 使用状态 1 进行绘图
RestoreDC(hdc, nDC2);    // 恢复失败
// 使用状态 2 进行绘图
```

调用 RestoreDC 函数把 DC 状态恢复到 nDC1，DC 堆栈会弹出 nDC1 及以后压入堆栈的内容。

## 3.3 绘制直线和曲线

许多应用程序经常需要绘制直线和曲线，例如 CAD 和绘图程序会使用直线和曲线来绘制对象的轮廓、指定对象的中心，电子表格程序会使用直线和曲线绘制单元格、图表等。

### 3.3.1 绘制像素点

调用 SetPixel 函数可以将指定坐标处的像素设置为指定的颜色，GetPixel 函数用于获取指定坐标处的像素 COLORREF 颜色值：

```
COLORREF SetPixel(_In_ HDC hdc, _In_ int X, _In_ int Y, _In_ COLORREF crColor);
COLORREF GetPixel(_In_ HDC hdc, _In_ int X, _In_ int Y);
```

GetPixel 函数返回一个 COLORREF 颜色值，可以分别使用 GetRValue、GetGValue 和 GetBValue 宏提取 COLORREF 颜色值中的的红色、绿色和蓝色值。

SetPixel 函数可以绘制任意复杂的图形，例如画一条线：

```
for (int i = 0; i < 100; i++)
    SetPixel(hdc, i, 10, RGB(255, 0, 0));
```

虽然绘制像素是最基本的绘图操作方法，但是在程序中一般很少使用 SetPixel 函数，因为它的开销很大，只适合用在需要绘制少量像素的地方。如果需要绘制一个线条或者一片区域，那么推荐使用后面介绍的画线函数或填充图形函数，因为这些函数是在驱动程序级别上完成的，用到了硬件加速功能。

我们也经常需要获取某个坐标处像素的颜色值，但是不应该通过 GetPixel 函数来获取一大块像素数据。如果需要分析一片区域的像素数据，可以把全部像素数据复制到内存中再进行处理。

### 3.3.2 绘制直线

常用的绘制直线的函数有 LineTo、Polyline、PolylineTo 和 PolyPolyline。绘制直线的函数比较简单，LineTo 函数从当前位置到指定的点之间绘制一条直线（线段）；Polyline、PolylineTo 函数通过连接指定数组中的点来绘制一系列线段；PolyPolyline 函数相当于一次调用多个 Polyline。

LineTo 函数以当前位置为起点，以指定的点为终点，画一条线段：

```
BOOL LineTo(
    _In_ HDC hdc,    // 设备环境句柄
    _In_ int nXEnd, // 终点的 X 坐标，逻辑单位
    _In_ int nYEnd);// 终点的 Y 坐标，逻辑单位
```

函数执行成功，指定的终点（nXEnd,nYEnd）会被设置为新的当前位置。

当前位置作为某些 GDI 函数绘制的起点，DC 中的默认当前位置是客户区坐标(0,0)处。以 LineTo 函数为例，如果没有设置当前位置，那么调用 LineTo 函数就会从客户区的左上角开始到指定的终点之间画一条线。

MoveToEx 函数用于将当前位置更新为指定的点，并可以返回上一个当前位置：

```
BOOL MoveToEx(
    _In_          HDC      hdc,          // 设备环境句柄
    _In_          int      X,            // 新当前位置的 X 坐标，逻辑单位
    _In_          int      Y,            // 新当前位置的 Y 坐标，逻辑单位
    _Out_opt_     LPPOINT lpPoint); // 在这个 POINT 结构中返回上一个当前位置，可以
                                         // 设置为 NULL
```

在调用需要使用当前位置的 GDI 函数进行绘制以前，通常需要先调用 MoveToEx 设置 DC 的当前位置。

Polyline 函数通过连接指定数组中的点来绘制一系列线段：

```
BOOL Polyline(
    _In_          HDC    hdc,          // 设备环境句柄
    _In_ const POINT *lppt,        // 点结构数组，逻辑单位
    _In_          int    cPoints);   // lppt 数组中点的个数，必须大于或等于 2
```

需要注意的是，Polyline 函数既不使用也不更新当前位置。

PolylineTo 函数和 Polyline 函数功能相同：

```
BOOL PolylineTo(
    _In_          HDC    hdc,          // 设备环境句柄
    _In_ const POINT *lppt,        // 点结构数组，逻辑单位
    _In_          DWORD cCount);    // lppt 数组中点的个数
```

唯一不同的是，PolylineTo 函数会使用并更新当前位置。函数从当前位置到 lppt 参数指定数组中的第一个点绘制第一条线，然后从上一条线段的终点到 lppt 数组指定的下一点画第二条线，直到最后一个点。绘制结束时 PolylineTo 函数会将当前位置设置为最后一条线的终点。

PolyPolyline 函数在功能上相当于调用了多个 Polyline，就是说可以绘制多个一系列线段：

```
BOOL PolyPolyline(
    HDC             hdc,     // 设备环境句柄
    const POINT *apt,    // 点结构数组，逻辑单位。可以理解为是多个组，一个组可以画一系列线段
    const DWORD *asz,    // DWORD 类型数组，每个数组元素指定 apt 数组中每一个组有几个点
    DWORD          csz);   // 组的个数，也就是 asz 数组的数组元素个数，也就是画多个一系列线段
```

参数 asz 是一个 DWORD 类型的数组，分别指定 apt 数组中每一个组有几个点，每一个组的点个数必须大于或等于 2。该函数既不使用也不更新当前位置。

可以看出只有带 To 的函数才使用和更新当前位置。

DC 包含影响直线和曲线输出的一些属性，直线和曲线用到的属性包括当前位置、画笔样式、宽度和颜色、画刷样式和颜色等。

Windows 使用当前画笔绘制直线和曲线，默认画笔是一个 1 像素宽的实心黑色画笔（BLACK_PEN）。可以通过调用 GetStockObject 函数获取系统的备用画笔，可用的备用画笔如表 3.23 所示。

**表 3.23**

| 常量 | 含义 |
| --- | --- |
| BLACK_PEN | 黑色画笔（默认画笔） |
| WHITE_PEN | 白色画笔 |
| NULL_PEN | 空画笔，表示什么也不画 |
| DC_PEN | DC 画笔，默认颜色为白色，可以使用 SetDCPenColor 函数更改颜色 |

我们还可以通过调用 CreatePen / CreatePenIndirect 函数来创建新的逻辑画笔。创建好画笔以后可以通过调用 SelectObject 函数将其选入 DC 中。

画线函数通常不使用画刷。默认画刷为纯白画刷（WHITE_BRUSH），可以通过调用 GetStockObject 函数获取系统的备用画刷。备用画刷在讲解注册窗口类的 WNDCLASSEX 结构时说过，有白色、黑色、灰色等几种；还可以通过调用 CreateSolidBrush / CreateBrushIndirect 函数来创建新的逻辑画刷。创建好画刷以后可以通过调用 SelectObject 函数将其选入 DC 中。

接下来看一下创建画笔的几个函数。

CreatePen / CreatePenIndirect 函数创建具有指定样式、宽度和颜色的逻辑画笔：

```
HPEN CreatePen(
    _In_ int        fnPenStyle,// 画笔样式
    _In_ int        nWidth,    // 画笔宽度，逻辑单位
    _In_ COLORREF crColor);    // 画笔颜色，使用 RGB 宏
HPEN CreatePenIndirect(_In_ const LOGPEN *lplgpn);   // LOGPEN 结构
```

参数 fnPenStyle 指定画笔样式，值如表 3.24 所示。

**表 3.24**

| 常量 | 含义 |
| --- | --- |
| PS_SOLID | 实心画笔 |
| PS_DASH | 划线 |
| PS_DOT | 点线 |
| PS_DASHDOT | 交替的划线和点线 |
| PS_DASHDOTDOT | 交替的划线和双点线 |
| PS_INSIDEFRAME | PS_SOLID 和 PS_INSIDEFRAME 样式的画笔使用的都是实心线条，它们之间的区别是当画笔的宽度大于 1 像素，且使用区域绘画函数（例如绘制矩形）的时候，PS_SOLID 样式的线条会居中画于边框线上；而 PS_INSIDEFRAME 样式的线条会全部画在边框线里面，画笔的宽度会向区域的内部扩展，所以它的名称是 INSIDEFRAME |
| PS_NULL | 空，什么也不画 |

这几种样式的画笔效果如图 3.8 所示。

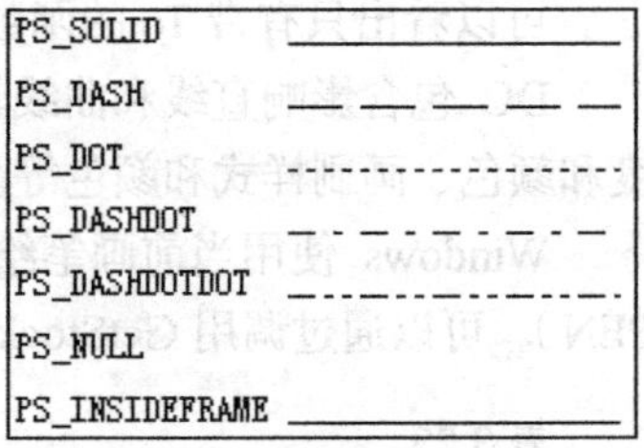

图 3.8

对于 PS_DASH、PS_DOT、PS_DASHDOT 和 PS_DASHDOTDOT 样式，如果指定的宽度 nWidth 大于 1，那么会被替换为具有 nWidth 宽度的 PS_SOLID 样式的画笔，即这些样式的画笔只能是 1 像素宽。对于上述 4 种样式的画笔，划线和点线中间的空白默认是不透明、白色，可以通过调用 SetBkMode 和 SetBkColor 函数改变背景模式和背景颜色。

CreatePenIndirect 函数的 lplgpn 参数是一个指向 LOGPEN 结构的指针，用于定义画笔的样式、宽度和颜色，LOGPEN 结构在 wingdi.h 头文件中定义如下：

```
typedef struct tagLOGPEN
  {
    UINT        lopnStyle;
    POINT       lopnWidth;
    COLORREF    lopnColor;
  } LOGPEN, *PLOGPEN, NEAR *NPLOGPEN, FAR *LPLOGPEN;
```

这 3 个字段的含义和 CreatePen 函数的 3 个参数一一对应。

如果函数执行成功，则返回值是逻辑画笔的句柄，HPEN 是画笔句柄类型；如果函数执行失败，则返回值为 NULL。

再看一下创建画刷的几个函数。

CreateSolidBrush 函数创建具有指定颜色的纯色逻辑画刷：

```
HBRUSH CreateSolidBrush(_In_ COLORREF crColor);   // COLORREF 颜色值，使用 RGB 宏
```

函数执行成功，返回一个逻辑画刷句柄，HBRUSH 是画刷句柄类型。

如果需要使用系统颜色画刷进行绘制，直接使用 GetSysColorBrush 即可，不需要使用 CreateSolidBrush（GetSysColor(nIndex)）创建画刷。因为 GetSysColorBrush 直接返回系统缓存的画刷，而不是创建新的画刷，不用的时候不需要调用 DeleteObject 函数将其删除：

```
COLORREF GetSysColor(_In_ int nIndex);          // nIndex 指定为标准系统颜色，返回对应的
                                                // COLORREF 颜色值
HBRUSH GetSysColorBrush(_In_ int nIndex);       // nIndex 指定为标准系统颜色，返回这个颜色的画刷句柄
```

CreateHatchBrush 函数创建具有阴影样式的逻辑画刷：

```
HBRUSH CreateHatchBrush(
    _In_ int        fnStyle,   // 阴影样式
    _In_ COLORREF clrref);  // COLORREF 颜色值
```

fnStyle 指定阴影样式，可用的值如表 3.25 所示。

表 3.25

| 常量 | 含义 |
| --- | --- |
| HS_BDIAGONAL | 从左到右看是向上 45 度的斜线 |
| HS_CROSS | 水平和垂直交叉线 |

续表

| 常量 | 含义 |
| --- | --- |
| HS_DIAGCROSS | 45 度交叉线 |
| HS_FDIAGONAL | 从左到右看是向下 45 度的斜线 |
| HS_HORIZONTAL | 水平线 |
| HS_VERTICAL | 垂直线 |

这几种样式的阴影画刷效果如图 3.9 所示。

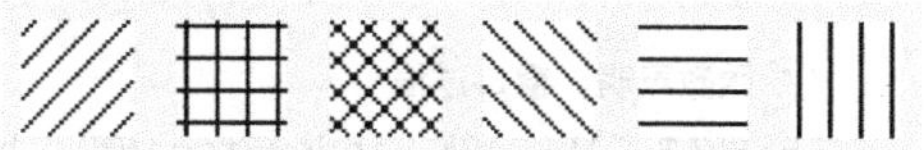

图 3.9

阴影中间的空白默认为不透明、白色，可以调用 SetBkMode 和 SetBkColor 函数改变背景模式和背景颜色。

CreatePatternBrush 函数可以创建一个具有位图图案的逻辑画刷：

```
HBRUSH CreatePatternBrush(HBITMAP hbm); // 位图句柄
```

CreateBrushIndirect 函数创建具有指定样式、颜色和图案的逻辑画刷：

```
HBRUSH CreateBrushIndirect(_In_ const LOGBRUSH *lplb);
```

CreateBrushIndirect 函数具有前面所有函数的功能，而且也比较简单。参数 lplb 是一个指向 LOGBRUSH 结构的指针。LOGBRUSH 结构在 wingdi.h 头文件中定义如下：

```
typedef struct tagLOGBRUSH
{
    UINT        lbStyle;    // 样式
    COLORREF    lbColor;    // 颜色
    ULONG_PTR   lbHatch;    // 图案
} LOGBRUSH, *PLOGBRUSH, NEAR *NPLOGBRUSH, FAR *LPLOGBRUSH;
```

- lbStyle 字段指定画刷样式，值如表 3.26 所示。

**表 3.26**

| 常量 | 含义 |
| --- | --- |
| BS_DIBPATTERN、BS_DIBPATTERN8X8 | 由设备无关位图（DIB）定义的图案画刷，lbHatch 字段指定为 DIB 的句柄 |
| BS_DIBPATTERNPT | 由设备无关位图（DIB）定义的图案画刷，lbHatch 字段指定为 DIB 的句柄 |
| BS_SOLID | 实心画刷 |
| BS_HATCHED | 阴影画刷 |
| BS_PATTERN、BS_PATTERN8X8 | 由内存位图定义的图案画刷，lbHatch 字段指定为内存位图的句柄 |
| BS_HOLLOW、BS_NULL | 空画刷 |

- lbColor 字段指定画刷的颜色，通常用于 BS_SOLID 或 BS_HATCHED 样式的画刷。
- lbHatch 字段的含义取决于 lbStyle 定义的画刷样式。如果 lbStyle 字段指定为 BS_HATCHED，则 lbHatch 字段指定阴影填充的线的方向，可用的值与 CreateHatchBrush 函数的 fnStyle 字段相同；如果 lbStyle 字段指定为 BS_SOLID 或 BS_HOLLOW、BS_NULL，则忽略 lbHatch 字段。

当不再需要创建的逻辑画笔、画刷时，需要调用 DeleteObject 函数将其删除。

先练习一下这几个画线函数的用法。Line 程序使用前面介绍的 LineTo、Polyline、PolylineTo、PolyPolyline 函数画线。程序运行效果如图 3.10 所示。

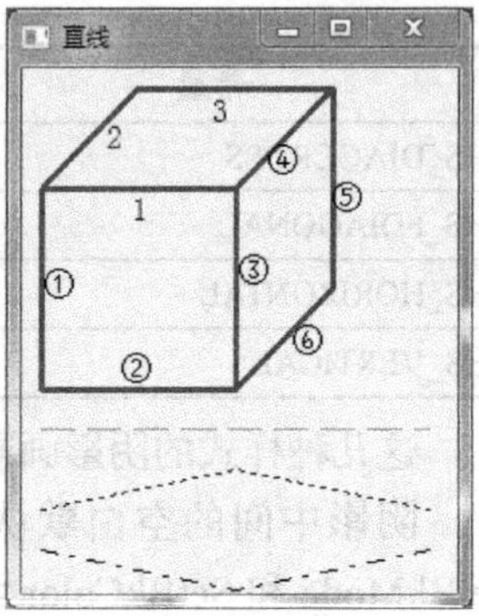


图 3.10

其中，Line 程序使用 PolyPolyline 函数画了一个立方体，分为 2 组，第 1 组画了 1～3，第 2 组画了①～⑥。Line.cpp 源文件的内容如下所示：

```
#include <Windows.h>
#include <tchar.h>

// 函数声明，窗口过程
LRESULT CALLBACK WindowProc(HWND hwnd, UINT uMsg, WPARAM
wParam, LPARAM lParam);

int WINAPI WinMain(HINSTANCE hInstance, HINSTANCE hPrevInstance, LPSTR lpCmdLine, int
nCmdShow)
{
    WNDCLASSEX wndclass;
    TCHAR szClassName[] = TEXT("MyWindow");
    TCHAR szAppName[] = TEXT("直线");
    HWND hwnd;
    MSG msg;

    wndclass.cbSize = sizeof(WNDCLASSEX);
    wndclass.style = CS_HREDRAW | CS_VREDRAW;
    wndclass.lpfnWndProc = WindowProc;
    wndclass.cbClsExtra = 0;
    wndclass.cbWndExtra = 0;
    wndclass.hInstance = hInstance;
    wndclass.hIcon = LoadIcon(NULL, IDI_APPLICATION);
    wndclass.hCursor = LoadCursor(NULL, IDC_ARROW);
    wndclass.hbrBackground = (HBRUSH)(COLOR_BTNFACE + 1);
    wndclass.lpszMenuName = NULL;
    wndclass.lpszClassName = szClassName;
    wndclass.hIconSm = NULL;
    RegisterClassEx(&wndclass);

    hwnd = CreateWindowEx(0, szClassName, szAppName, WS_OVERLAPPEDWINDOW,
        CW_USEDEFAULT, CW_USEDEFAULT, 240, 300, NULL, NULL, hInstance, NULL);

    ShowWindow(hwnd, nCmdShow);
    UpdateWindow(hwnd);

    while (GetMessage(&msg, NULL, 0, 0) != 0)
    {
        TranslateMessage(&msg);
        DispatchMessage(&msg);
    }

    return msg.wParam;
```

```
}

LRESULT CALLBACK WindowProc(HWND hwnd, UINT uMsg, WPARAM wParam, LPARAM lParam)
{
    HDC hdc;
PAINTSTRUCT ps;

    POINT arrPtPolyPolyline[] = {                          // PolyPolyline 函数的点
        110,60, 10,60, 60,10, 160,10,
        10,60, 10,160, 110,160, 110,60, 160,10, 160,110, 110,160,
        /*10,160, 60,110, 160,110,
        60,110, 60,10*/
    };
DWORD arrGroup[] = { 4, 7 };

POINT arrPtPolyline[] = { 10,220, 110,200, 210,220 };  // Polyline 函数的点

    POINT arrPtPolylineTo[] = { 110,260, 210,240 };       // PolylineTo 函数的点

    switch (uMsg)
    {
    case WM_PAINT:
    {
        hdc = BeginPaint(hwnd, &ps);
        SetBkMode(hdc, TRANSPARENT);
        // 宽度为 3 的红色实心画笔画立方体
        SelectObject(hdc, CreatePen(PS_SOLID, 3, RGB(255, 0, 0)));
        PolyPolyline(hdc, arrPtPolyPolyline, arrGroup, _countof(arrGroup));

        // 绿色划线画笔画 1 条线
        DeleteObject(SelectObject(hdc, CreatePen(PS_DASH, 1, RGB(0, 255, 0))));
        MoveToEx(hdc, 10, 180, NULL);
        LineTo(hdc, 210, 180);

        // 蓝色点线画笔画 2 条线
        DeleteObject(SelectObject(hdc, CreatePen(PS_DOT, 1, RGB(0, 0, 255))));
        Polyline(hdc, arrPtPolyline, _countof(arrPtPolyline));

        // 黑色点划线画笔画 2 条线
        DeleteObject(SelectObject(hdc, CreatePen(PS_DASHDOT, 1, RGB(0, 0, 0))));
        MoveToEx(hdc, 10, 240, NULL);
        PolylineTo(hdc, arrPtPolylineTo, _countof(arrPtPolylineTo));

        DeleteObject(SelectObject(hdc, GetStockObject(BLACK_PEN)));
        EndPaint(hwnd, &ps);
        return 0;
    }

    case WM_DESTROY:
        PostQuitMessage(0);
```

```
        return 0;
    }

    return DefWindowProc(hwnd, uMsg, wParam, lParam);
}
```

具体代码参见 Chapter3\Line 项目。

使用 GDI 函数进行图形绘制的一般流程如下所示。

（1）获取 DC 句柄 hdc。

（2）创建 GDI 对象，调用 SelectObject 函数把 GDI 对象选入 DC 以改变一些 DC 属性。

（3）调用 GDI 图形绘制函数在 DC 中进行绘图。

（4）删除创建的 GDI 对象，恢复 DC 的默认属性。

### 3.3.3 绘制曲线

常用的绘制曲线的函数有 Arc、ArcTo、PolyBezier、PolyBezierTo，可以绘制直线和曲线组合的函数有 AngleArc、PolyDraw。

Arc 函数用于绘制椭圆弧线，就是椭圆（包括正圆形）边框的一部分：

```
BOOL Arc(
    _In_ HDC hdc,              // 设备环境句柄，以下单位均是逻辑单位
    _In_ int nLeftRect,        // 边界矩形左上角的 X 坐标
    _In_ int nTopRect,         // 边界矩形左上角的 Y 坐标
    _In_ int nRightRect,       // 边界矩形右下角的 X 坐标
    _In_ int nBottomRect,      // 边界矩形右下角的 Y 坐标
    _In_ int nXStartArc,       // 弧起点的 X 坐标
    _In_ int nYStartArc,       // 弧起点的 Y 坐标
    _In_ int nXEndArc,         // 弧终点的 X 坐标
    _In_ int nYEndArc);        // 弧终点的 Y 坐标
```

点（nLeftRect,nTopRect）和（nRightRect,nBottomRect）指定边界矩形，边界矩形内的椭圆定义了椭圆弧线的范围。将矩形中心到起点（nXStartArc,nYStartArc）与椭圆的相交点作为弧线的起点，矩形中心到终点（nXEndArc,nYEndArc）与椭圆的相交点作为弧线的终点，从弧线的起点到终点沿当前绘图方向绘制。如果起点和终点相同，则会绘制一个完整的椭圆形（内部不会填充）。具体请结合图 3.11 理解，其中的实心弧线就是 Arc 函数所画的弧线。

DC 有一个当前绘图方向属性对 Arc 函数有影响。默认绘图方向是逆时针方向，可以通过调用 GetArcDirection 和 SetArcDirection 函数获取和设置 DC 的当前绘图方向。如果更改绘图方向为顺时针，那么图 3.11 中的椭圆弧线就会变为椭圆的虚线部分。

Arc 函数既不使用也不更新当前位置。

ArcTo 函数的参数和 Arc 完全相同，只不过 ArcTo 函数会从当前位置到弧线起点额外画一条线，而且会更新 DC 的当前位置为弧线终点。注意，这里的弧线起点不一定是函数中定义的起点，除非起点（nXStartArc,nYStartArc）正好定义为弧线起点，这里的弧线终点不一定是函数中定义的终点，除非终点（nXEndArc,nYEndArc）正好定义为弧线终点。图 3.12 中的实心直线和弧线就是 ArcTo 函数绘制

的结果。

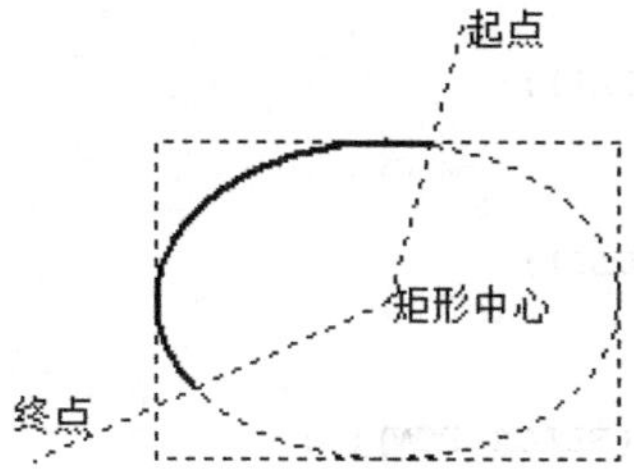


图 3.11

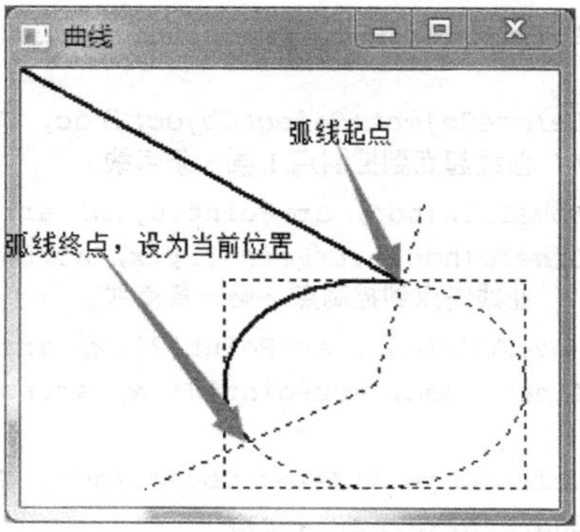


图 3.12

贝塞尔曲线（Bezier curve）又称贝兹曲线或贝济埃曲线，是应用于二维图形应用程序的数学不规则曲线，由法国数学家皮埃尔·贝塞尔（Pierre Bezier）发明，为计算机矢量图形学奠定了基础。我们在绘图工具上看到的钢笔工具就是用来绘制这种矢量曲线的。

PolyBezier 函数可以绘制一条或多条贝塞尔曲线：

```
BOOL PolyBezier(
    HDC          hdc,      // 设备环境句柄
    const POINT *apt,      // 端点和控制点的点结构数组，逻辑单位
    DWORD        cpt);     // apt 数组中点的个数
```

参数 cpt 指定 apt 数组中点的个数，该值必须是要绘制曲线个数的 3 倍以上，因为每个贝塞尔曲线需要 2 个控制点和 1 个端点。另外，贝塞尔曲线的开始还需要 1 个额外的起点。如果不明白，继续往下看。

PolyBezier 函数使用 apt 参数指定的端点和控制点进行绘制。以第 2 点和第 3 点为控制点，从第 1 点到第 4 点绘制第一条曲线，就是说第一条曲线需要使用 4 个点；apt 数组中的每个后续曲线需要提供 3 个点，以上一条曲线的终点为起点，后续 2 个点为控制点，后续第 3 个点为终点。

PolyBezier 函数使用当前画笔绘制线条，该函数既不使用也不更新当前位置。

举例说明如下：

```
LRESULT CALLBACK WindowProc(HWND hwnd, UINT uMsg, WPARAM wParam, LPARAM lParam)
{
    HDC hdc;
    PAINTSTRUCT ps;
    POINT arrPoint[] = { 10,100, 100,10, 150,150, 200,50 };// 分别是曲线起点、控点 1、控点 2、
                                                           // 曲线终点

    switch (uMsg)
    {
    case WM_PAINT:
    {
        hdc = BeginPaint(hwnd, &ps);
        SetBkMode(hdc, TRANSPARENT);
```

```
        SelectObject(hdc, CreatePen(PS_SOLID, 2, RGB(0, 0, 0)));
        // 绘制贝塞尔曲线
        PolyBezier(hdc, arrPoint, _countof(arrPoint));

        DeleteObject(SelectObject(hdc, CreatePen(PS_DOT, 1, RGB(0, 0, 0))));
        // 曲线起点到控制点 1 画一条点线
        MoveToEx(hdc, arrPoint[0].x, arrPoint[0].y, NULL);
        LineTo(hdc, arrPoint[1].x, arrPoint[1].y);
        // 曲线终点到控制点 2 画一条点线
        MoveToEx(hdc, arrPoint[2].x, arrPoint[2].y, NULL);
        LineTo(hdc, arrPoint[3].x, arrPoint[3].y);

        DeleteObject(SelectObject(hdc, GetStockObject(BLACK_PEN)));
        EndPaint(hwnd, &ps);
        return 0;
    }

    case WM_DESTROY:
        PostQuitMessage(0);
        return 0;
    }

    return DefWindowProc(hwnd, uMsg, wParam, lParam);
}
```

程序执行效果如图 3.13 所示。

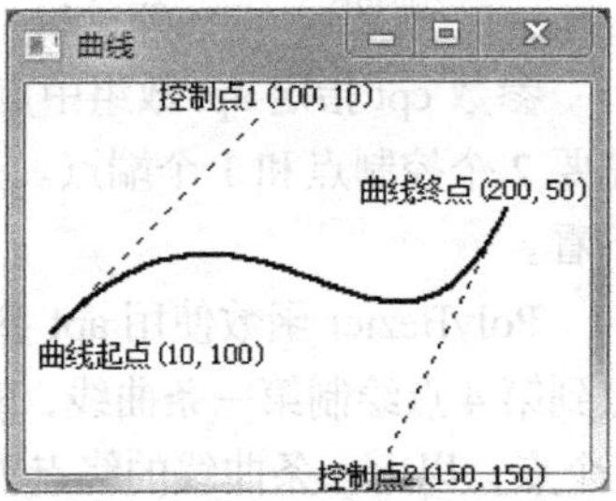

图 3.13

PolyBezier 函数只是画了一条曲线（图中的实心黑线）。绘制控制线是程序的责任，一般的绘图程序通常是鼠标按住控制点 1 或 2 拖动可以调整曲线的形状。这个实现起来很简单，只需要处理鼠标按下、松开和鼠标移动消息，然后重新计算控制点坐标，再次调用 PolyBezier 函数即可（曲线的起点和终点坐标通常不会再改变）。读者学习了第 4 章之后，完全可以根据自己的意愿实现实用的贝塞尔曲线。为了精简篇幅，以后很多示例程序我可能不列出完整源代码，上例中没有列出 WinMain 函数，因为 WinMain 函数和以前相同。

PolyBezierTo 函数的参数和 PolyBezier 完全相同。PolyBezierTo 函数从当前位置到 apt 数组提供的第 3 个点绘制一条贝塞尔曲线，使用第 1、2 个点作为控制点；对于每个后续曲线，函数也是需要 3 个点，使用前一条曲线的终点作为下一条曲线的起点。PolyBezierTo 函数将当前位置设置为最后一条贝塞尔曲线的终点。

AngleArc 函数绘制一条直线和一条弧线（一个正圆形边框的一部分）。直线从当前位置绘制到弧线的开头，弧线沿着指定半径和圆心的圆的边框线逆时针绘制（不受当前绘图方向影响）。弧线的长度由给定的起始角度和扫描角度决定。

```
BOOL AngleArc(
HDC    hdc,           // 设备环境句柄
int    x,             // 圆心的 X 坐标，逻辑单位
```

```
int    y,              // 圆心的 Y 坐标，逻辑单位
DWORD r,               // 圆的半径，逻辑单位
FLOAT StartAngle,      // 相对于 X 轴的起始角度，单位是度
FLOAT SweepAngle);     // 扫描角度，即相对于起始角度 StartAngle 的角度，单位是度
```

AngleArc 函数会将当前位置设置为弧线的终点。

例如下面的代码：

```
MoveToEx(hdc, 250, 50, NULL);                  // 设置当前位置
AngleArc(hdc, 150, 150, 100, 0, 270);          // 调用 AngleArc 函数进行绘制

// 绘制参考点线
SelectObject(hdc, CreatePen(PS_DOT, 1, RGB(0, 0, 0)));
MoveToEx(hdc, 150, 150, NULL);
LineTo(hdc, 270, 150);
MoveToEx(hdc, 150, 150, NULL);
LineTo(hdc, 150, 270);

DeleteObject(SelectObject(hdc, GetStockObject(BLACK_PEN)));
```

程序执行效果如图 3.14 所示。

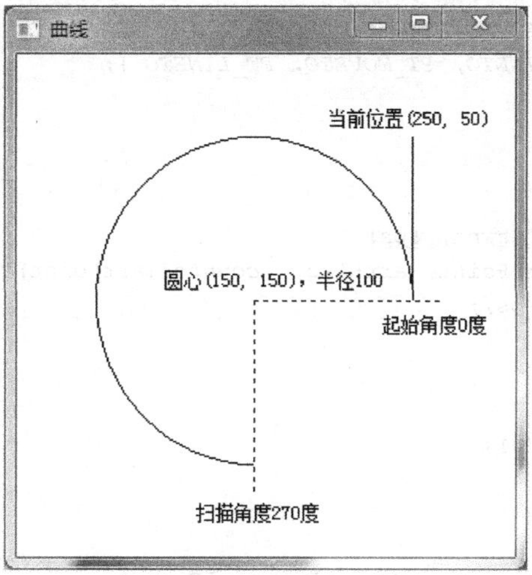


图 3.14

PolyDraw 函数绘制一组直线和贝塞尔曲线，该函数可以用来代替对 MoveToEx、LineTo 和 PolyBezierTo 函数的连续调用，以绘制一系列图形，即使形成了闭合图形其内部也不会填充：

```
BOOL PolyDraw(
    HDC          hdc,   // 设备环境句柄
    const POINT *apt,   // 点结构数组，包含每条直线的端点以及每条贝塞尔曲线的端点和控制点
    const BYTE   *aj,   // 一个数组，每个数组元素指定如何使用 apt 数组中对应的每个点
    int          cpt);  // apt 数组中点的个数
```

参数 aj 中的每个数组元素指定如何使用 apt 数组中对应的每个点，该参数如表 3.27 所示。

表 3.27

| 常量 | 含义 |
| --- | --- |
| PT_MOVETO | 从该点开始绘制，该点将成为新的当前位置 |
| PT_LINETO | 从当前位置到该点绘制一条直线，然后该点将成为新的当前位置 |
| PT_BEZIERTO | 该点是贝塞尔曲线的控制点或端点。PT_BEZIERTO 类型总是以 3 个一组出现，当前位置作为贝塞尔曲线的起点，前 2 个点是控制点，第 3 个点是终点，终点会变为新的当前位置 |

PT_LINETO 或 PT_BEZIERTO 还可以和 PT_CLOSEFIGURE 标志一起使用，即 PT_LINETO | PT_CLOSEFIGURE 或 PT_BEZIERTO | PT_CLOSEFIGURE，表示绘制完直线或贝塞尔曲线以后，直线或贝塞尔曲线的终点和最近使用 PT_MOVETO 的点之间会画一条线，形成一个封闭区域，但其内部不会被填充。

还是上面的 PolyBezier 函数的示例，我们可以改写为：

```
LRESULT CALLBACK WindowProc(HWND hwnd, UINT uMsg, WPARAM wParam, LPARAM lParam)
{
    HDC hdc;
    PAINTSTRUCT ps;
    POINT arrPoint[] = { 10,100, 100,10, 150,150, 200,50,
        10,100, 100,10, 150,150, 200,50 };          // 这 4 个点用于绘制控制线
    BYTE arrFlag[] = { PT_MOVETO, PT_BEZIERTO, PT_BEZIERTO, PT_BEZIERTO,
        PT_MOVETO, PT_LINETO, PT_MOVETO, PT_LINETO };

    switch (uMsg)
    {
    case WM_PAINT:
        hdc = BeginPaint(hwnd, &ps);
        PolyDraw(hdc, arrPoint, arrFlag, _countof(arrPoint));
        EndPaint(hwnd, &ps);
        return 0;

    case WM_DESTROY:
        PostQuitMessage(0);
        return 0;
    }

    return DefWindowProc(hwnd, uMsg, wParam, lParam);
}
```

效果是一样的，只不过是贝塞尔曲线和控制线都是实心黑线，不能分别控制其样式。

## 3.4 填充图形

填充图形，也叫填充形状。有许多应用程序会用到填充图形，例如电子表格程序使用填充图形来绘制图表。填充图形使用当前画笔绘制边框线，使用当前画刷绘制内部的填充色。常见的填充图形如表 3.28 所示。

表 3.28

| 填充图形 | 所用函数 | 效果图 |
| --- | --- | --- |
| 直角矩形 | Rectangle | 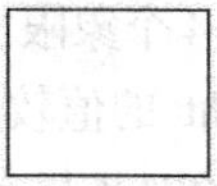 |
| 圆角矩形 | RoundRect |  |
| 椭圆 | Ellipse | 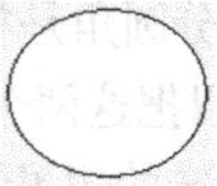 |
| 弦形或者说弓形 | Chord | 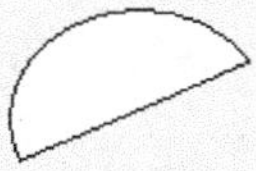 |
| 饼形 | Pie |  |
| 多边形 | Polygon | 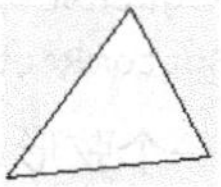 |
| 多个多边形 | PolyPolygon | 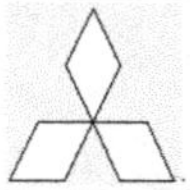 |

默认的 DC 使用 1 像素的黑色实心画笔和白色画刷，所以这些填充图形的边框线是 1 像素的实心黑线，内部填充为白色。为了能看出填充图形的内部填充颜色，本节程序指定 WNDCLASSEX 结构的 hbrBackground 字段为 COLOR_BTNFACE + 1（浅灰色窗口背景）。

Rectangle 函数用于绘制一个直角矩形，该函数既不使用也不更新当前位置：

```
BOOL Rectangle(
    _In_ HDC hdc,             // 设备环境句柄
    _In_ int nLeftRect,       // 矩形左上角的 X 坐标，逻辑单位
    _In_ int nTopRect,        // 矩形左上角的 Y 坐标，逻辑单位
    _In_ int nRightRect,      // 矩形右下角的 X 坐标，逻辑单位
    _In_ int nBottomRect);    // 矩形右下角的 Y 坐标，逻辑单位
```

RoundRect 函数绘制一个圆角矩形，该函数既不使用也不更新当前位置：

```
BOOL RoundRect(
    _In_ HDC hdc,             // 设备环境句柄
    _In_ int nLeftRect,       // 矩形左上角的 X 坐标，逻辑单位
    _In_ int nTopRect,        // 矩形左上角的 Y 坐标，逻辑单位
    _In_ int nRightRect,      // 矩形右下角的 X 坐标，逻辑单位
    _In_ int nBottomRect,     // 矩形右下角的 Y 坐标，逻辑单位
    _In_ int nWidth,          // 用于绘制圆角的椭圆的宽度，逻辑单位
    _In_ int nHeight);        // 用于绘制圆角的椭圆的高度，逻辑单位
```

可以把圆角矩形的圆角想象成是一个较小的椭圆，如图 3.15 所示。

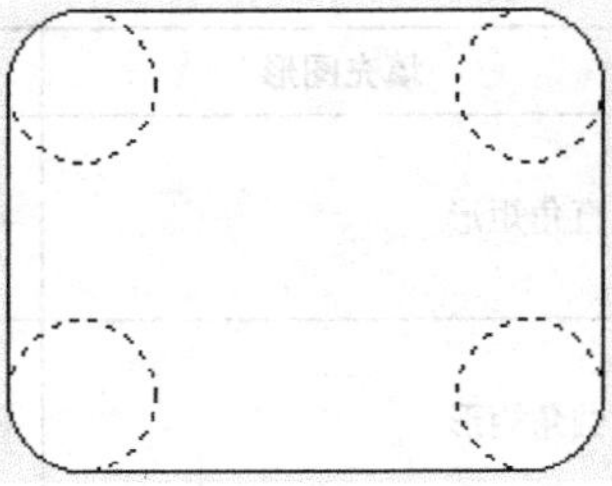

图 3.15

这个小椭圆的宽度是 nWidth，高度是 nHeight，可以想象成 Windows 将这个小椭圆分成了 4 个象限，4 个圆角分别是该小椭圆的一个象限。当 nWidth 和 nHeight 的值较大时，对应的圆角显得比较明显；如果 nWidth 的值等于 nLeftRect 与 nRightRect 的差，并且 nHeight 的值等于 nTopRect 与 nBottomRect 的差，那么 RoundRect 函数画出来的就是一个椭圆，而不是一个圆角矩形。图 3.15 中在圆角矩形的长边上的那部分圆角和短边上的那部分圆角是相同大小的，因为使用了相同的 nWidth 和 nHeight 值，也可以把这两个参数指定为不同的值，实现不同的效果。

Ellipse 函数在指定的边界矩形内绘制椭圆，函数参数和 Rectangle 完全相同，该函数既不使用也不更新当前位置：

```
BOOL Ellipse(
    _In_ HDC hdc,              // 设备环境句柄
    _In_ int nLeftRect,        // 矩形左上角的 X 坐标，逻辑单位
    _In_ int nTopRect,         // 矩形左上角的 Y 坐标，逻辑单位
    _In_ int nRightRect,       // 矩形右下角的 X 坐标，逻辑单位
    _In_ int nBottomRect);     // 矩形右下角的 Y 坐标，逻辑单位
```

Chord 函数绘制一个弦形，由一个椭圆和一条直线的交点界定的区域，该函数既不使用也不更新当前位置：

```
BOOL Chord(
    _In_ HDC hdc,              // 设备环境句柄
    _In_ int nLeftRect,        // 边界矩形左上角的 X 坐标，逻辑单位
    _In_ int nTopRect,         // 边界矩形左上角的 Y 坐标，逻辑单位
    _In_ int nRightRect,       // 边界矩形右下角的 X 坐标，逻辑单位
    _In_ int nBottomRect,      // 边界矩形右下角的 Y 坐标，逻辑单位
    _In_ int nXRadial1,        // 弦起点的径向端点的 X 坐标，逻辑单位
    _In_ int nYRadial1,        // 弦起点的径向端点的 Y 坐标，逻辑单位
    _In_ int nXRadial2,        // 弦终点的径向端点的 X 坐标，逻辑单位
    _In_ int nYRadial2);       // 弦终点的径向端点的 Y 坐标，逻辑单位
```

弦形曲线部分的绘制和 Arc 函数类似，只不过 Chord 函数会闭合曲线的两个端点。点（nLeftRect,nTopRect）和（nRightRect,nBottomRect）指定边界矩形，边界矩形内的椭圆定义了弦形的曲线。矩形中心到起点（nXRadial1, nYRadial1）与椭圆的相交点作为弦形曲线的起点，矩形中心到终点（nXRadial2,nYRadial2）与椭圆的相交点作为弦形曲线的终点，从弦形曲线的起点到终点沿当前绘图方向绘制，然后在弦形曲线的起点和终点之间绘制一条直线来闭合弦形。如果起点和终点相同，则会绘制一个完整的椭圆形。具体请结合图 3.16 理解。

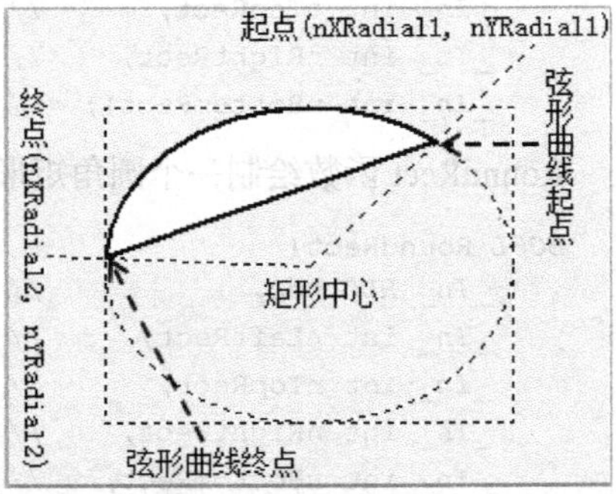


图 3.16

DC 有一个当前绘图方向属性对 Chord 函数有影响，默认绘图方向是逆时针方向，可以调用 GetChordDirection 和 SetChordDirection 函数获取和设置 DC 的当前绘图方向。

Pie 函数绘制一个饼形，该函数的参数和 Chord 完全相同，只不过闭合方式不同，该函数既不使用也不更新当前位置：

```
BOOL Pie(
    _In_ HDC hdc,              // 设备环境句柄
    _In_ int nLeftRect,        // 边界矩形左上角的 X 坐标，逻辑单位
    _In_ int nTopRect,         // 边界矩形左上角的 Y 坐标，逻辑单位
    _In_ int nRightRect,       // 边界矩形右下角的 X 坐标，逻辑单位
    _In_ int nBottomRect,      // 边界矩形右下角的 Y 坐标，逻辑单位
    _In_ int nXRadial1,        // 饼形起点的径向端点的 X 坐标，逻辑单位
    _In_ int nYRadial1,        // 饼形起点的径向端点的 Y 坐标，逻辑单位
    _In_ int nXRadial2,        // 饼形终点的径向端点的 X 坐标，逻辑单位
    _In_ int nYRadial2);       // 饼形终点的径向端点的 Y 坐标，逻辑单位
```

点（nLeftRect,nTopRect）和（nRightRect,nBottomRect）指定边界矩形，边界矩形内的椭圆定义了饼形的曲线。矩形中心到起点（nXRadial1,nYRadial1）与椭圆的相交点作为饼形曲线的起点，矩形中心到终点（nXRadial2,nYRadial2）与椭圆的相交点作为饼形曲线的终点，从饼形曲线的起点到终点沿当前绘图方向绘制，然后在矩形中心到饼形曲线的起点和终点之间分别绘制一条直线来闭合饼形。具体结合图 3.17 理解。

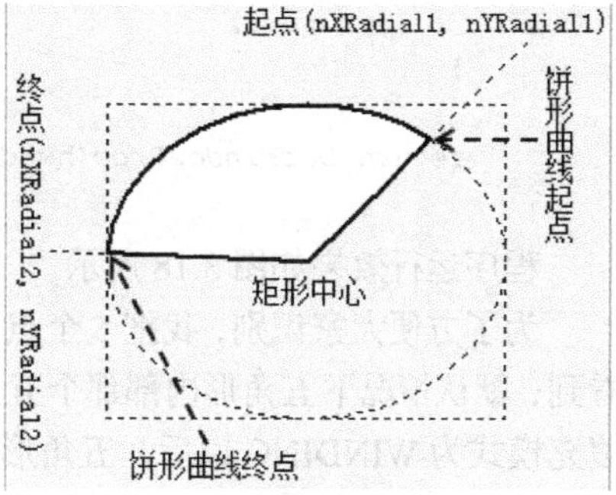

图 3.17

可以看到，函数 Arc、Chord 和 Pie 都使用同样的参数。同样，Pie 函数会受当前绘图方向的影响。

Polygon 函数与 Polyline 有点类似，该函数通过连接指定数组中的点来绘制一条或多条直线。如果数组中的最后一个点与第一个点不同，则会额外绘制一条线连接最后一个点与第一个点（Polyline 函数不会这么做），形成一个多边形，内部会被填充。该函数既不使用也不更新当前位置：

```
BOOL Polygon(
    _In_       HDC    hdc,         // 设备环境句柄
    _In_ const POINT *lpPoints,    // 点结构数组，逻辑单位
    _In_       int    nCount);     // lpPoints 数组中点的个数，必须大于或等于 2
```

参数 nCount 指定 lpPoints 数组中点的个数，必须大于或等于 2。如果只是指定了 2 个点，那么仅绘制一条直线。大家测试一下，把 Line 程序对 Polyline 函数的调用改为 Polygon，会发现(10,220), (110,200), (210,220)这 3 个点会形成一个多边形，内部会被填充。

有一个问题，请看代码，我们绘制两个五角形：

```
LRESULT CALLBACK WindowProc(HWND hwnd, UINT uMsg, WPARAM wParam, LPARAM lParam)
{
    HDC hdc;
    PAINTSTRUCT ps;
    POINT arrPt[] =  { 0,  40, 100,40, 20, 100, 50, 0, 80, 100 };
```

```
    POINT arrPt2[] = { 120,40, 220,40, 140,100, 170,0, 200,100 };
    // X坐标相对于arrPt右移120

    switch (uMsg)
    {
    case WM_PAINT:
        hdc = BeginPaint(hwnd, &ps);
        Polygon(hdc, arrPt, _countof(arrPt));

        // 设置多边形填充模式为WINDING
        SetPolyFillMode(hdc, WINDING);
        Polygon(hdc, arrPt2, _countof(arrPt2));
        EndPaint(hwnd, &ps);
        return 0;

    case WM_DESTROY:
        PostQuitMessage(0);
        return 0;
    }

    return DefWindowProc(hwnd, uMsg, wParam, lParam);
}
```

程序运行效果如图 3.18 所示。

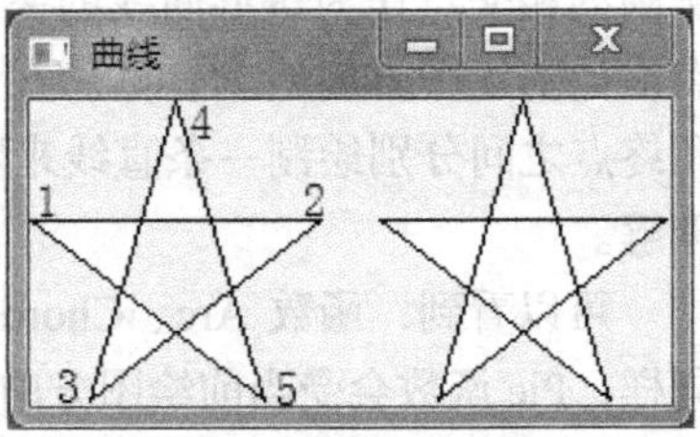

图 3.18

为了方便大家识别，我把 5 个点的先后顺序标识出来了。可以看到，默认情况下五角形内部那个五边形不会被填充；设置多边形填充模式为 WINDING 以后，五角形内部那个五边形会被填充。

在填充复杂的重叠多边形的情况下，例如上面的五角形，不同的多边形填充模式可能会导致内部填充方式的不同。SetPolyFillMode 函数为多边形填充函数设置多边形填充模式：

```
int SetPolyFillMode(
    _In_ HDC hdc,           // 设备环境
    _In_ int iPolyFillMode);// 新的多边形填充模式
```

参数 iPolyFillMode 指定新的多边形填充模式，该参数如表 3.29 所示。

表 3.29

| 常量 | 含义 |
|---|---|
| ALTERNATE | 交替模式，默认值。对于 ALTERNATE 填充模式，要判断一个封闭区域是否被填充，可以想象从这个封闭区域中的一个点向外部无穷远处水平或垂直画一条射线，只有该射线穿越奇数条边框线时，封闭区域才会被填充 |
| WINDING | 缠绕模式。WINDING 模式在大多数情况下会填充所有封闭区域，但是也有例外。在 WINDING 模式下，要确定一个区域是否应该被填充，同样可以假想从区域内的一个点画一条伸向外部无穷远处的水平或垂直射线，如果射线穿越奇数条边框线，则区域被填充，这和 ALTERNATE 模式相同<br>如果射线穿越偶数条边框线，还要考虑到边框线的绘制方向。在被穿越的偶数条边框线中，不同方向的边框线（相对于射线的方向）的数目如果相等，则区域不会被填充；不同方向的边框线（相对于射线的方向）的数目如果不相等，则区域会被填充 |

为了让大家理解多边形填充模式，再看一种更复杂的情况，图 3.19 中的箭头表示画线的方向。

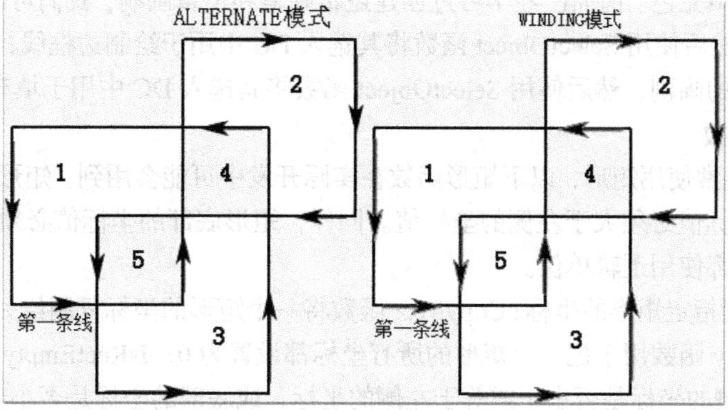


图 3.19

WINDING 模式和 ALTERNATE 模式都会填充号码为 1～3 的 3 个封闭的 L 型区域。两个更小的内部区域号码为 4 和 5，在 ALTERNATE 模式下不被填充。但是在 WINDING 模式下，号码为 5 的区域会被填充，这是因为从区域的内部到达图形的外部会穿越两条相同方向的边框线；号码为 4 的区域不会被填充，这是因为射线会穿越两条边框线，但是这两条边框线的绘制方向相反。

PolyPolygon 函数在功能上相当于调用了多个 Polygon，就是说绘制一系列多边形，该函数既不使用也不更新当前位置：

```
BOOL PolyPolygon(
    _In_        HDC    hdc,            // 设备环境句柄
    _In_ const POINT  *lpPoints,       // 点结构数组，逻辑单位。可理解为是多个组，一个组画一个多边形
    _In_ const INT    *lpPolyCounts,   // 整型数组
    _In_        int    nCount);        // 组的个数，也就是 lpPolyCounts 的数组元素个数，即几个多边形
```

参数 lpPolyCounts 是一个整型数组，每个数组元素用于指定每一个组分别有几个点，每一个组的点个数必须大于或等于 2。每个多边形都会通过从最后一个顶点到第一个顶点绘制一条直线来自动闭合多边形，该函数同样受多边形填充模式影响。PolyPolygon 在功能上等同于下面的代码：

```
for (int i = 0, iGroup = 0; i < nCount; i++)
{
    Polygon(hdc, lpPoints + iGroup, lpPolyCounts[i]);
    iGroup += lpPolyCounts[i];
}
```

举个小例子，画一个三菱车标，不过，我提供的坐标可能不是很精确：

```
POINT arrPoint[] = { 50,66, 66,33, 50,0, 33,33,
    50,66, 17,66, 0,100, 33,100,
    50,66, 83,66, 100,100, 66,100 };
INT arrPolyCounts[] = { 4, 4, 4 };
// ..........
PolyPolygon(hdc, arrPoint, arrPolyCounts, _countof(arrPolyCounts));
```

程序运行效果就是本节一开始列出的常见填充图形函数表中 PolyPolygon 函数的效果图。

可以看到，上面的函数都既不使用也不更新当前位置；填充图形使用当前画笔绘制边框线，使用当前画刷绘制内部的填充色。前面已经学习过创建逻辑画笔和逻辑画刷，我们可以创建各种不同样式、宽度和颜色的画笔，然后使用 SelectObject 函数将其选入 DC 中用于绘制边框线；可以创建各种不同颜色、阴影样式或图案的画刷，然后使用 SelectObject 函数将其选入 DC 中用于填充图形内部。

**一些矩形操作函数**

在 GDI 编程中经常使用矩形，以下矩形函数在实际开发中可能会用到。矩形的坐标值使用有符号整数，矩形右侧的坐标值必须大于左侧的坐标值。同样，矩形底部的坐标值必须大于顶部的坐标值。下面的所有矩形函数都使用逻辑单位。

SetRect 函数设置指定矩形的坐标；CopyRect 函数将一个矩形的坐标复制给另一个矩形，设置 rect2 = rect1；SetRectEmpty 函数用于把一个矩形的所有坐标都设置为 0；IsRectEmpty 函数判断一个矩形的大小是否为 0，即右侧的坐标是否小于或等于左侧的坐标，或底部的坐标是否小于或等于顶部的坐标，或同时小于或等于；EqualRect 函数判断两个矩形是否相同，即两个矩形的左上角和右下角坐标是否都相同，若两个矩形的尺寸大小相同是不可以的，必须是坐标完全相同。

```
BOOL SetRect(
    _Out_ LPRECT lprc,                // 要设置的矩形的 RECT 结构的指针
    _In_  int    xLeft,               // 指定矩形左上角的新 X 坐标
    _In_  int    yTop,                // 指定矩形左上角的新 Y 坐标
    _In_  int    xRight,              // 指定矩形右下角的新 X 坐标
    _In_  int    yBottom);            // 指定矩形右下角的新 Y 坐标
BOOL CopyRect(
    _Out_        LPRECT lprcDst,      // 目标矩形的 RECT 结构的指针
    _In_  const RECT    *lprcSrc);    // 源矩形的 RECT 结构的指针
BOOL SetRectEmpty(
    _Out_ LPRECT lprc);               // 要设置的矩形的 RECT 结构的指针
BOOL IsRectEmpty(
    _In_ const RECT *lprc);           // 要判断的矩形的 RECT 结构的指针
BOOL EqualRect(
    _In_ const RECT *lprc1,           // 第一个矩形的 RECT 结构的指针
    _In_ const RECT *lprc2);          // 第二个矩形的 RECT 结构的指针
```

InflateRect 函数增加或减小一个矩形的宽度或高度，也可以同时增加或减小宽度和高度：

```
BOOL InflateRect(
    _Inout_ LPRECT lprc,      // 要设置的矩形的 RECT 结构的指针
    _In_    int    dx,        // 增加或减少矩形宽度的量，设置为负可以减小宽度
    _In_    int    dy);       // 增加或减少矩形高度的量，设置为负可以减小高度
```

Inflate 的字面意思是膨胀，该函数在矩形的左侧和右侧各添加 dx 单位，在顶部和底部各添加 dy 单位：

```
RECT rect = { 10, 10, 110, 110 }; // 矩形大小 100 × 100
// ............
InflateRect(&rect, 100, 100);       // 变为 rect = { -90, -90, 210, 210 }矩形大小 300 × 300
InflateRect(&rect, -150, -150);     // 变为 rect = { 60, 60, 60, 60 }矩形大小 0 × 0
```

OffsetRect 函数将矩形移动一定的量，大小不会改变：

```
BOOL OffsetRect(
    LPRECT lprc,      // 要移动的矩形的 RECT 结构的指针
    int    dx,        // 向左或向右移动的量，设置为负值可以向左移动
    int    dy);       // 向上或向下移动的量，设置为负值可以向上移动
```

为了帮助理解，请看代码：

```
RECT rect = { 10, 10, 110, 110 };
// ......
OffsetRect(&rect, 10, 20);     // rect = { 20,  30,  120, 130 }  100 × 100
OffsetRect(&rect, -50, -50);   // rect = { -30, -20, 70,  80  }  100 × 100
```

PtInRect 函数用于判断一个点是否位于指定的矩形内，这个函数经常使用：

```
BOOL PtInRect(
    const RECT *lprc,    // 矩形的 RECT 结构的指针
    POINT      pt);      // 点结构
```

IntersectRect 函数计算两个源矩形的交集，并将交集矩形的坐标放入目标矩形参数：

```
BOOL IntersectRect(
    LPRECT      lprcDst,      // 目标矩形的 RECT 结构的指针
    const RECT *lprcSrc1,     // 源矩形 1 的 RECT 结构的指针
    const RECT *lprcSrc2);    // 源矩形 2 的 RECT 结构的指针
```

如果两个源矩形不相交，则将一个空矩形（所有坐标都设置为 0）放置到目标矩形中，如图 3.20 所示。

UnionRect 函数计算两个源矩形的并集，结果如图 3.21 所示：

```
BOOL UnionRect(
    LPRECT      lprcDst,      // 目标矩形的 RECT 结构的指针
    const RECT *lprcSrc1,     // 源矩形 1 的 RECT 结构的指针
    const RECT *lprcSrc2);    // 源矩形 2 的 RECT 结构的指针
```

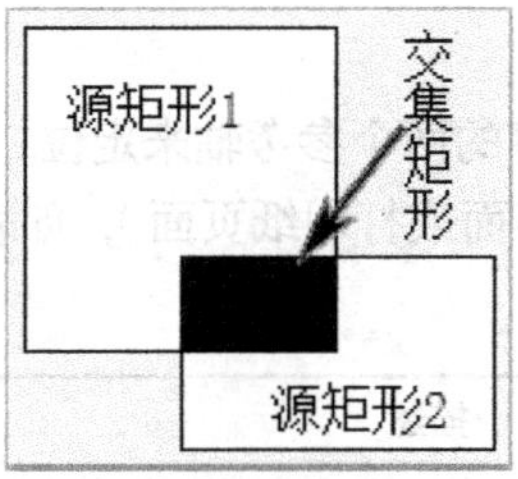

图 3.20

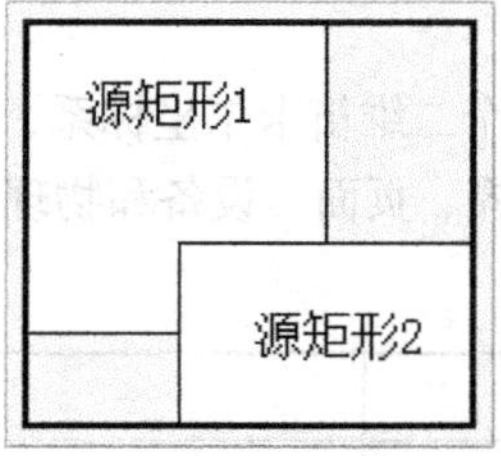

图 3.21

源矩形 1 和源矩形 2 的并集就是实心黑线范围的大矩形，并集的结果是包含两个源矩形的最小矩形，而不会是一个不规则的形状。

SubtractRect 函数从一个矩形中减去另一个矩形：

```
BOOL SubtractRect(
    LPRECT      lprcDst,      // 存放相减结果的矩形的 RECT 结构的指针
    const RECT *lprcSrc1,     // 源矩形 1 的 RECT 结构的指针，函数从该结构中减去
                              // lprcSrc2 指向的矩形
```

```
    const RECT *lprcSrc2);  // 源矩形 2 的 RECT 结构的指针
```

有一点需要注意，请看图 3.22。

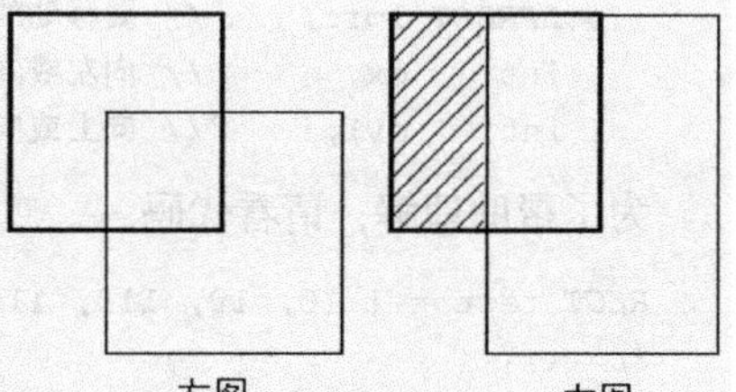


图 3.22

图中粗边框的矩形为源矩形 1，细边框的矩形为源矩形 2，左图中源矩形 1 减源矩形 2 的结果还是源矩形 1；右图中源矩形 1 减源矩形 2 的结果则是阴影填充那个小矩形，即无法只减去一个小角，和 UnionRect 函数的道理相同，结果不会是一个不规则形状。

FillRect 函数使用指定的画刷填充矩形；FrameRect 函数使用指定的画刷绘制矩形的边框，一般都是使用画笔绘制边框线，使用画刷绘制边框线比较少见；InvertRect 函数通过对矩形每个像素的颜色值执行逻辑非运算来反转矩形的边框和内部填充颜色，对同一个矩形调用 InvertRect 两次又会还原为以前的颜色。

```
int FillRect(
    HDC         hDC,      // 设备环境句柄
    const RECT *lprc,     // 要填充的矩形的 RECT 结构的指针
    HBRUSH      hbr);     // 用于填充矩形的逻辑画刷句柄，或标准系统颜色，例如
                          // (HBRUSH)(COLOR_BTNFACE + 1)
int FrameRect(
    HDC         hDC,      // 设备环境句柄
    const RECT *lprc,     // 要绘制边框线的矩形的 RECT 结构的指针
    HBRUSH      hbr);     // 用于绘制边框线的画刷句柄
BOOL InvertRect(
    HDC         hDC,      // 设备环境句柄
    const RECT *lprc);    // 要反转颜色的矩形的 RECT 结构的指针
```

## 3.5 逻辑坐标与设备坐标

坐标空间是一个二维笛卡尔坐标系，通过使用相互垂直的两个参考轴来定位二维对象。系统中有四层坐标空间：世界、页面、设备和物理设备（客户区、桌面或打印纸页面），如表 3.30 所示。

**表 3.30**

| 坐标空间 | 描述 |
|---|---|
| 世界坐标空间 | 可选，用作图形对象变换的起始坐标空间，可以对图形对象进行平移、缩放、旋转、剪切（倾斜、变形）和反射（镜像）。世界坐标空间高 $2^{23}$ 单位，宽 $2^{23}$ 单位 |
| 页面坐标空间 | 用作世界坐标空间之后的下一个坐标空间，或图形变换的起始坐标空间，该坐标空间可以设置映射模式。页面坐标空间也是高 $2^{23}$ 单位，宽 $2^{23}$ 单位 |
| 设备坐标空间 | 用作页面坐标空间之后的下一个坐标空间，该坐标空间只允许平移操作，这样可以确保设备坐标空间的原点映射到物理设备坐标空间中的正确位置。设备坐标空间高 $2^{27}$ 个单位，宽 $2^{27}$ 个单位 |
| 物理设备坐标空间 | 图形对象变换的最终（输出）空间，通常指应用程序窗口的客户区，也可以是整个桌面、全窗口（整个程序窗口，包括标题栏、菜单栏、客户区、边框等）或一页打印机或绘图仪纸张，具体取决于获取的是哪一种 DC |

本节的话题比较抽象，但是相信读者通过阅读已经掌握了不少。世界坐标空间是可选的，所以只是简要介绍一下，页面坐标空间、设备坐标空间以及映射模式是需要我们学习的。

世界坐标空间和页面坐标空间都称为逻辑坐标空间，这两种坐标空间配合使用，为应用程序提供与设备无关的单位，如毫米和英寸。系统使用变换技术将一个矩形区域从一个坐标空间复制（或映射）到下一个坐标空间，直到输出全部显示在物理设备上，变换是一种改变对象大小、方向和形状的算法。一些工程或机械绘图类程序使用像素作为绘图单位是不合适的，因为像素的大小因设备而异（例如一个手机屏幕分辨率可能高达 2560 × 1440，而一个 14 寸笔记本才 1366 × 768，高分屏 14 寸笔记本可能是 1920 × 1080），所以这类程序一般使用与设备无关的单位（例如毫米、英寸）。这类程序通常也使用变换技术，例如 CAD 程序的旋转对象、缩放图形或创建透视图等功能。

## 3.5.1 世界坐标空间到页面坐标空间的变换

DC 默认运行在兼容图形模式下。兼容图形模式只支持一种逻辑坐标空间，即页面坐标空间，而不支持世界坐标空间。如果应用程序需要支持世界坐标空间，就必须调用 SetGraphicsMode（hdc, GM_ADVANCED）函数改变 DC 的图形模式为高级图形模式，这样一来，DC 就支持两层逻辑坐标空间：世界坐标空间和页面坐标空间以及两种坐标空间之间的变换矩阵。世界坐标空间到页面坐标空间的变换支持平移、缩放、旋转、剪切（倾斜、变形）和反射（镜像）等功能，这都是通过调用 SetWorldTransform 函数实现的。调用该函数以后，映射将从世界坐标空间开始；否则，映射将从页面坐标空间开始。

SetWorldTransform 函数为指定的 DC 设置世界坐标空间和页面坐标空间之间的二维线性变换，该函数使用的是逻辑单位：

```
BOOL SetWorldTransform(
    _In_       HDC    hdc,        // 设备环境句柄
    _In_ const XFORM *lpXform);   // 包含变换数据的 XFORM 结构的指针
```

参数 lpXform 是一个指向 XFORM 结构的指针，包含世界坐标空间到页面坐标空间变换的数据，XFORM 结构在 wingdi.h 头文件中定义如下：

```
typedef struct  tagXFORM
{
    FLOAT   eM11;
    FLOAT   eM12;
    FLOAT   eM21;
    FLOAT   eM22;
    FLOAT   eDx;
    FLOAT   eDy;
} XFORM, *PXFORM, FAR *LPXFORM;
```

这 6 个字段构成了一个 2 × 3 矩阵，不同的操作需要设置不同的字段，如表 3.31 所示。

表 3.31

| 操作 | eM11 | eM12 | eM21 | eM22 | eDx | eDy | 算法 |
|---|---|---|---|---|---|---|---|
| 相等 | 1 | 0 | 0 | 1 | 0 | 0 | $x' = x, y' = y$ |

续表

| 操作 | eM11 | eM12 | eM21 | eM22 | eDx | eDy | 算法 |
|---|---|---|---|---|---|---|---|
| 平移 | 1 | 0 | 0 | 1 | dx | dy | $x' = x + dx, y' = y + dy$ |
| 缩放 | *mx* | 0 | 0 | *my* | 0 | 0 | $x' = mx \times x, y' = my \times y$ |
| 旋转 | cos(*t*) | sin(*t*) | −sin(*t*) | cos(*t*) | 0 | 0 | $x' = \cos(t) \times x - \sin(t) \times y$,<br>$y' = \sin(t) \times x + \cos(t) \times y$; 逆时针旋转 *t* 度 |
| 剪切 | 1 | s | 0 | 1 | 0 | 0 | $x' = x + s \times y, y' = y$; $x'$与 $y$ 成一定的比例 |
| 反射 | −1 | 0 | 0 | −1 | 0 | 0 | $x' = -x, y' = -y$ |

接下来让我们看一下不同变换的效果。对于 WorldPage 程序，读者分别用 NORMAL、TRANSLATE、SCALE、ROTATE、SHEAR、REFLECT 为参数调用 TransformAndDraw 函数，看一下相等、平移、缩放、旋转、剪切、反射的效果，在学习了页面坐标空间到设备坐标空间的变换以后就可以读懂本程序。具体代码参见 Chapter3\WorldPage 项目。

### 3.5.2 页面坐标空间到设备坐标空间的变换

页面坐标空间到设备坐标空间的变换决定了与 DC 关联的所有图形输出的映射模式。映射模式指定用于绘图操作的逻辑单位的大小。Windows 提供了 8 种映射模式，如表 3.32 所示。

表 3.32

| 映射模式 | 逻辑单位 | *X*、*Y* 轴正方向 |
|---|---|---|
| MM_TEXT | 页面空间中的每个逻辑单位都映射到一个像素，也就是说，根本不执行缩放，这种映射模式下的页面空间相当于设备空间 | *X* 坐标轴从左向右增加<br>*Y* 坐标轴从上到下增加 |
| MM_HIENGLISH | 页面空间中的每个逻辑单位映射到设备空间中的 0.001 英寸 | *X* 坐标轴从左向右增加<br>*Y* 坐标轴从下到上增加 |
| MM_LOENGLISH | 页面空间中的每个逻辑单位映射到设备空间中的 0.01 英寸 | *X* 坐标轴从左向右增加<br>*Y* 坐标轴从下到上增加 |
| MM_HIMETRIC | 页面空间中的每个逻辑单位映射到设备空间中的 0.01 毫米 | *X* 坐标轴从左向右增加<br>*Y* 坐标轴从下到上增加 |
| MM_LOMETRIC | 页面空间中的每个逻辑单位映射到设备空间中的 0.1 毫米 | *X* 坐标轴从左向右增加<br>*Y* 坐标轴从下到上增加 |
| MM_TWIPS | 页面空间中的每个逻辑单位映射到一个点的二十分之一（1/1440 英寸） | *X* 坐标轴从左向右增加<br>*Y* 坐标轴从下到上增加 |
| MM_ISOTROPIC | 页面空间中的每个逻辑单位映射到设备空间中应用程序定义的单元 | 坐标轴总是等量缩放<br>坐标轴的方向由应用程序指定 |
| MM_ANISOTROPIC | 页面空间中的每个逻辑单位映射到设备空间中应用程序定义的单元 | 坐标轴不一定等量缩放<br>坐标轴的方向由应用程序指定 |

单词 METRIC（公制）和 ENGLISH（英制）指的是两种比较通用的测量系统，LO 和 HI 是低（Low）和高（High），指的是精度的高低。在排版中，一个点是一个基本测量单位，大约为 1/72 英寸，但是在图形程序设计中，通常假定它正好是 1/72 英寸，一个 Twip 是 1/20 点，也就是 1/1440 英寸。ISOTROPIC

和 ANISOTROPIC 的意思分别是各向同性和各向异性。

前 6 种映射模式属于系统预定义映射模式，MM_ISOTROPIC 和 MM_ANISOTROPIC 属于程序自定义映射模式。在 6 种预定义的映射模式中，一种依赖于设备（MM_TEXT），其余（MM_HIENGLISH、MM_LOENGLISH、MM_HIMETRIC、MM_LOMETRIC、MM_TWIPS）称为度量映射模式，度量映射模式独立于设备，即与设备无关。

在 6 种预定义的映射模式中，*X* 坐标轴都是从左向右增加；除了 MM_TEXT 映射模式 *Y* 坐标轴从上到下增加以外，其余 5 种的 *Y* 坐标轴都是从下到上增加。

要设置映射模式，需要调用 SetMapMode 函数；调用 GetMapMode 函数可以获取 DC 的当前映射模式：

```
int SetMapMode(
    _In_ HDC hdc,                  // 设备环境句柄
    _In_ int fnMapMode);           // 8 种映射模式之一
int GetMapMode(_In_ HDC hdc);      // 设备环境句柄
```

前面曾多次提到过逻辑坐标和逻辑单位的概念，默认的页面坐标空间到设备坐标空间变换的映射模式是 MM_TEXT。1 个逻辑单位就等于 1 像素，*X* 坐标轴从左向右增加，*Y* 坐标轴从上到下增加，这种映射模式直接映射到设备的坐标系。回忆一下 HelloWindows 程序输出文本的那句 TextOut 调用：TextOut(hdc, 10, 10, szStr, _tcslen(szStr));，文本起始于距离客户区左上角向右 10 像素、向下 10 像素处。

如果设置为 MM_LOENGLISH 映射模式，每个逻辑单位将映射为设备坐标空间中的 0.01 英寸（1 英寸≈2.54 厘米）：

```
SetMapMode(hdc, MM_LOENGLISH);
TextOut(hdc, 100, -100, szStr, _tcslen(szStr));
```

文本起始于距离客户区左上角向右 1 英寸，向下 1 英寸处；*Y* 坐标使用负值，因为在 MM_LOENGLISH 映射模式下，*Y* 坐标轴从下到上增加。

如果不需要实现一些变换效果，大部分 Windows 程序可能不需要调用 SetGraphicsMode（hdc, GM_ADVANCED）启用世界坐标空间，也不需要 MM_TEXT 以外的映射模式，因为以像素为单位操作起来很方便。有些程序可能需要与设备无关的映射模式（例如度量映射模式 MM_HIENGLISH、MM_LOENGLISH、MM_HIMETRIC、MM_LOMETRIC、MM_TWIPS），假设电子表格程序提供图表功能，如果希望每个饼图的直径为 2 英寸，那么可以使用 MM_LOENGLISH 映射模式并调用绘图函数来绘制图表，这样一来图表的直径在任何显示器或打印机上都是一致的，前面说过像素的大小因设备而异。

几乎所有需要一个 DC 句柄 hdc 参数的 GDI 函数，都是使用逻辑单位。具体一个逻辑单位映射为多少像素或度量单位，取决于映射模式。也有个别不需要 DC 句柄的函数，例如创建画笔的 CreatePen 函数也是使用逻辑单位。

**1. 设备坐标系统**

讲到这里，不得不说明设备坐标空间到物理设备坐标空间的变换问题。设备坐标空间到物理设备坐标空间的变换是由 Windows 控制的，没有设置设备坐标空间到物理设备坐标空间变换的函数，也没有获取相关数据的函数，这种变换的唯一目的是确保设备坐标空间的原点映射到物理设备上的适当位

置。设备坐标空间到物理设备坐标空间（客户区、桌面或打印机纸张）的变换始终是一对一映射，它确保无论程序窗口在桌面上移动到何处，图形输出都可以正确显示在应用程序的窗口中。本书认为设备坐标空间近似等于物理设备坐标空间。

映射模式是 DC 的一种属性，只有当使用以 DC 句柄作为参数的 GDI 函数时，才存在映射模式的概念，因此几乎所有的非 GDI 函数都使用设备坐标。

在图形对象最终输出之前，Windows 会把在 GDI 函数中指定的逻辑坐标转换为设备坐标。

在 Windows 中有 3 种设备坐标系统：屏幕坐标、全窗口坐标和客户区坐标。注意，在所有的设备坐标系统中，都是以像素为单位，水平方向上 *X* 值从左向右增加，垂直方向上 *Y* 值从上往下增加。

- 屏幕坐标：很多函数的操作都是相对于屏幕的，比如创建一个程序窗口的 CreateWindowEx 函数，获取一个窗口位置、大小的 GetWindowRect 函数，获取光标位置的 GetCursorPos 函数，MSG 结构的 pt 字段（消息发生时的光标位置）等，都是使用屏幕坐标。
- 全窗口坐标：全窗口坐标在 Windows 中用得不多，调用 GetWindowDC 函数获取的 DC 的原点是窗口的左上角而非客户区左上角。
- 客户区坐标：这是最常使用的设备坐标系统，调用 GetDC 或 BeginPaint 函数获取的 DC 的原点是客户区左上角。

可以调用 ClientToScreen 函数把客户区坐标转换为屏幕坐标，调用 ScreenToClient 函数把屏幕坐标转换为客户区坐标：

```
BOOL ClientToScreen(
    _In_     HWND    hWnd,      // 窗口句柄
    _Inout_ LPPOINT lpPoint);// 要转换的客户区坐标的点结构，函数返回后屏幕坐标将被复制到该结构中
BOOL ScreenToClient(
    _In_  HWND      hWnd,       // 窗口句柄
    _Inout_ LPPOINT lpPoint);// 要转换的屏幕坐标的点结构，函数返回后客户区坐标将被复制到该结构中
```

GetWindowRect 函数获取指定窗口的尺寸，尺寸以屏幕坐标表示，相对于屏幕左上角：

```
BOOL WINAPI GetWindowRect(
    _In_  HWND    hWnd,          // 窗口句柄
    _Out_ LPRECT lpRect);        // 接收窗口左上角和右下角屏幕坐标的 RECT 结构
```

全窗口坐标是相对于一个程序窗口的。如果想将一组点从相对于一个窗口的坐标空间转换（映射）到相对于另一个窗口的坐标空间，则可以调用 MapWindowPoints 函数：

```
int MapWindowPoints(
    _In_     HWND     hWndFrom,
    _In_     HWND     hWndTo,
    _Inout_ LPPOINT lpPoints,    // 指向 POINT 结构数组的指针，其中包含要转换的点
    _In_     UINT     cPoints);   // lpPoints 参数指向的数组中 POINT 结构的数量
```

MapWindowPoints 函数将相对于 hWndFrom 指定的程序窗口的一组坐标点转换到相对于 hWndTo 指定的程序窗口的一组坐标点。hWndFrom 和 hWndTo 参数如果设置为 NULL 或 HWND_DESKTOP，则表示桌面句柄。

**2. 窗口和视口**

映射模式定义了 Windows 如何将 GDI 函数中指定的逻辑坐标映射到设备坐标，这里的设备坐标

系统取决于获取 DC 句柄所用的函数。

到目前为止，本书中“窗口”一词恐怕是出现次数最多的，读者都明白窗口的含义，但是本节讨论的窗口却是另外的含义。窗口指的是页面坐标空间的逻辑坐标系，窗口以逻辑坐标表示（可能是像素、毫米、英寸等）；视口指的是设备坐标空间的设备坐标系，视口以设备坐标（像素）表示。窗口和视口分别由原点、水平（$X$）范围和垂直（$Y$）范围组成，即窗口原点、窗口水平范围、窗口垂直范围、视口原点、视口水平范围、视口垂直范围、系统根据窗口和视口的原点、范围来进行页面坐标空间到设备坐标空间的变换。系统将窗口原点映射到视口原点，窗口范围映射到视口范围，如图 3.23 所示。

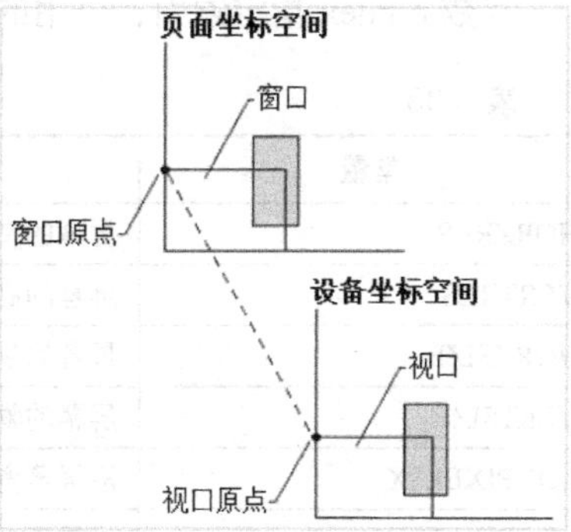

图 3.23

视口指的是设备坐标空间的设备坐标系，通常是客户区坐标，也可以是屏幕坐标或全窗口坐标，这取决于获取 DC 句柄所用的函数。

对于所有的映射模式，Windows 使用下面的公式将窗口（逻辑）坐标转换为视口（设备）坐标：

```
xViewport = (xWindow - xWinOrg) × xViewExt / xWinExt + xViewOrg;
yViewport = (yWindow - yWinOrg) × yViewExt / yWinExt + yViewOrg;
```

其中，点（xWindow, yWindow）是一个待转换的窗口逻辑点坐标，是逻辑单位；点（xViewport, yViewport）是转换以后的视口设备点坐标，是设备单位，大多数情况下是客户区坐标。点（xWinOrg, yWinOrg）是逻辑坐标系下的窗口原点，点（xViewOrg, yViewOrg）是设备坐标系下的视口原点，在默认情况下这两个点都被设置为(0,0)，但是可以改变它们。（xWinExt, yWinExt）是逻辑坐标系下的窗口范围；（xViewExt, yViewExt）是设备坐标系下的视口范围。在大多数的映射模式中，范围是由映射方式所隐含的，不能改变，每个范围本身并没有多大意义，但是可以看到逻辑单位转换为设备单位的换算因子是视口范围和窗口范围的比例。窗口原点和视口原点都可以改变，但不变的是窗口原点（xWinOrg, yWinOrg），它总是会被映射到视口原点（xViewOrg, yViewOrg）。

如果窗口和视口的原点都停留在它们的默认值(0,0)上，则公式可以简化如下：

```
xViewport = xWindow × xViewExt / xWinExt;
yViewport = yWindow × yViewExt / yWinExt;
```

为了加深理解，先介绍几个函数，然后举一个例子。GetWindowExtEx 函数可以获取指定 DC 的当前窗口的 $X$ 范围和 $Y$ 范围，GetViewportExtEx 函数可以获取指定 DC 的当前视口的 $X$ 范围和 $Y$ 范围：

```
BOOL GetWindowExtEx(
    _In_  HDC    hdc,          // 设备环境句柄
    _Out_ LPSIZE lpSize);      // 接收窗口 X 范围和 Y 范围的 SIZE 结构的指针，逻辑单位
BOOL GetViewportExtEx(
    _In_  HDC    hdc,          // 设备环境句柄
    _Out_ LPSIZE lpSize);      // 接收视口 X 范围和 Y 范围的 SIZE 结构的指针，设备单位
```

GetDeviceCaps 函数可以获取一些设备信息：

```
int GetDeviceCaps(
    _In_ HDC hdc,              // 设备环境句柄
```

```
    _In_ int nIndex);         // 索引
```

参数 nIndex 指定索引，可用的索引值有 37 个，常用的值及含义如表 3.33 所示。

表 3.33

| 常量 | 含义 |
| --- | --- |
| HORZRES | 屏幕的宽度（像素），对于打印机则是页面可打印区域的宽度 |
| VERTRES | 屏幕的高度（像素），对于打印机则是页面可打印区域的高度 |
| HORZSIZE | 屏幕的物理宽度（毫米） |
| VERTSIZE | 屏幕的物理高度（毫米） |
| LOGPIXELSX | 沿屏幕宽度每逻辑英寸的像素数 |
| LOGPIXELSY | 沿屏幕高度每逻辑英寸的像素数 |
| PLANES | 颜色平面数 |
| BITSPIXEL | 每个像素的相邻颜色位数 |

我的笔记本是 14 英寸 1366 × 768 分辨率，设置映射模式为 MM_LOENGLISH，看一看窗口范围和视口范围：

```
// 获取设备信息
nHorzRes = GetDeviceCaps(hdc, HORZRES);        // 1366 像素
nVertRes = GetDeviceCaps(hdc, VERTRES);        // 768 像素
nHorzSize = GetDeviceCaps(hdc, HORZSIZE);      // 309 毫米
nVertSize = GetDeviceCaps(hdc, VERTSIZE);      // 174 毫米

SetMapMode(hdc, MM_LOENGLISH);
GetWindowExtEx(hdc, &size);                    // { cx=1217 cy=685 }
GetViewportExtEx(hdc, &size);                  // { cx=1366 cy=-768 }
```

- GetWindowExtEx 函数获取的窗口的 *X* 范围和 *Y* 范围分别是 1217 和 685 个 0.01 英寸，1 英寸（in）≈25.4 毫米（mm）：

  309 × 100 / 25.4 = 1216.535 个 0.01 英寸

  174 × 100 / 25.4 = 685.039 个 0.01 英寸

  可知，当使用 MM_LOENGLISH 映射模式时，Windows 将 xViewExt 设置为水平像素数，xWinExt 表示以 0.01 英寸为单位被 xViewExt 像素占据的长度，它们的比例（xViewExt / xWinExt）表示每 0.01 英寸的像素数。为了提高转换性能，比例因子表示为整数，而不是浮点数。
- GetViewportExtEx 函数获取的视口的 *X* 范围和 *Y* 范围分别是 1366 像素和−768 像素，−768 表示 *Y* 逻辑坐标轴从下到上增加。

下面的公式可以将视口（设备）坐标转换为窗口（逻辑）坐标：

```
xWindow = (xViewport - xViewOrg) × xWinExt / xViewExt + xWinOrg;
yWindow = (yViewport - yViewOrg) × yWinExt / yViewExt + yWinOrg;
```

Windows 提供了两个函数在设备坐标与逻辑坐标之间转换。DPtoLP 函数将设备坐标转换为逻辑坐标，LPtoDP 函数将逻辑坐标转换为设备坐标：

```
BOOL DPtoLP(
```

```
    _In_      HDC       hdc,            // 设备环境句柄
    _Inout_  LPPOINT lpPoints,      // 点结构数组的指针，将转换每个点结构中包含的 X 和 Y 坐标
    _In_      int       nCount);      // 点结构的个数
BOOL LPtoDP(
    _In_      HDC       hdc,
    _Inout_  LPPOINT lpPoints,
    _In_      int       nCount);
```

例如：

```
SetMapMode(hdc, MM_LOENGLISH);
GetClientRect(hwnd, &rect);        // {LT(0, 0) RB(384, 261)    [384 x 261]}
DPtoLP(hdc, (LPPOINT)&rect, 2); // {LT(0, 0) RB(342, -233)   [342 x -233]}
TextOut(hdc, rect.right / 2, rect.bottom / 2, TEXT("映射模式"),_tcslen(TEXT ("映射模式")));
```

文本会从客户区中间开始输出。GetClientRect 函数获取的客户区大小为[384 × 261]，经过 DPtoLP 函数转换以后变为[342 × −233]，−233 的负号大家应该懂了，但是客户区矩形尺寸怎么发生变化了呢？因为一个是设备单位，一个是逻辑单位。

前面说过，在所有的设备坐标系统中，都是以像素为单位。水平方向上 *X* 值从左向右增加，垂直方向上 *Y* 值从上往下增加。虽然已经设置为 MM_LOENGLISH 映射模式，GetClientRect 函数获取的设备坐标（客户区坐标）还是水平方向上 *X* 值从左向右增加，垂直方向上 *Y* 值从上往下增加；转换为逻辑坐标以后则是水平方向上 *X* 值从左向右增加，垂直方向上 *Y* 值从下往上增加。

### 3. 默认的 MM_TEXT 映射模式

默认的页面坐标空间到设备坐标空间变换的映射模式是 MM_TEXT，1 个逻辑单位映射为 1 像素，正 *X* 在右边，正 *Y* 在下面，这种映射模式直接映射到设备的坐标系。在 MM_TEXT 映射模式下，默认的窗口、视口原点和范围如下：

```
窗口原点：(0, 0) 可以改变
视口原点：(0, 0) 可以改变
窗口范围：(1, 1) 不可改变
视口范围：(1, 1) 不可改变
```

窗口和视口范围都设置为 1，不可改变，即创建一对一映射，在逻辑坐标和设备坐标之间没有执行缩放；窗口原点和视口原点可以改变，即逻辑坐标到设备坐标的变换支持平移。

MM_TEXT 称为文本映射模式，这是因为坐标轴的方向与文本读写类似，我们读文本的顺序是从左到右、从上到下，MM_TEXT 以同样的方式定义坐标轴上值的增长方向，如图 3.24 所示。

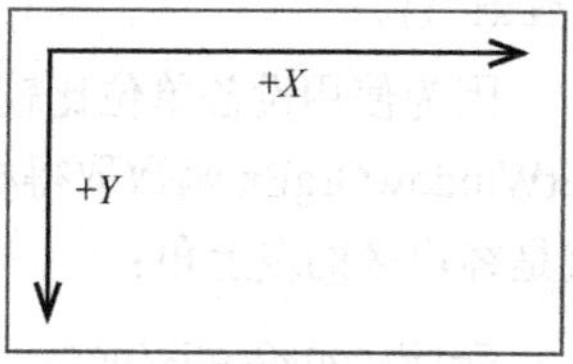

图 3.24

前面给出的窗口（逻辑）坐标转换为视口（设备）坐标的公式可以简化为以下形式：

```
xViewport = xWindow - xWinOrg + xViewOrg;
yViewport = yWindow - yWinOrg + yViewOrg;
```

MM_TEXT 映射模式下的窗口原点和视口原点都可以改变，可以通过 SetWindowOrgEx 函数和 SetViewportOrgEx 函数来改变窗口原点和视口原点。SetWindowOrgEx 函数把指定的窗口逻辑坐标点映射到视口原点(0,0)，然后逻辑点(0,0)不再指向客户区左上角；SetViewportOrgEx 函数把指定的视口设备

坐标点映射到窗口原点(0,0)，然后逻辑点(0,0)不再指向客户区左上角。

```
BOOL SetWindowOrgEx(
    _In_  HDC      hdc,        // 设备环境句柄
    _In_  int      X,          // 新窗口原点的X坐标，逻辑单位
    _In_  int      Y,          // 新窗口原点的Y坐标，逻辑单位
    _Out_ LPPOINT lpPoint);  // 在这个POINT结构中返回窗口的上一个原点
BOOL SetViewportOrgEx(
    _In_  HDC      hdc,        // 设备环境句柄
    _In_  int      X,          // 新视口原点的X坐标，设备单位
    _In_  int      Y,          // 新视口原点的Y坐标，设备单位
    _Out_ LPPOINT lpPoint);  // 在这个POINT结构中返回视口的上一个原点
```

换句话说，如果将窗口原点改为（xWinOrg, yWinOrg），逻辑点（xWinOrg, yWinOrg）将会被映射到设备点(0,0)，即客户区左上角；如果将视口原点改为（xViewOrg, yViewOrg），那么逻辑点(0,0)将会被映射到设备点（xViewOrg, yViewOrg）。**窗口原点始终会映射到视口原点。**

SetWindowOrgEx 和 SetViewportOrgEx 函数的作用是平移坐标轴，这两个函数只使用一个即可，应该尽量避免两个函数同时使用。不管怎么调用 SetWindowOrgEx 或 SetViewportOrgEx 函数改变窗口或视口原点，设备点(0,0)始终是客户区左上角，但是 GDI 图形输出函数使用的是逻辑坐标。

举个例子，假设客户区宽度为 cxClient 像素，高度为 cyClient 像素，如果想定义逻辑点(0,0)为客户区的中心，可以这样：

```
SetViewportOrgEx(hdc, cxClient / 2, cyClient / 2, NULL);
```

SetViewportOrgEx 函数的 X、Y 参数均是设备单位，上面的函数调用表示将逻辑点(0,0)映射到设备点（cxClient/2, cyClient/2）。现在的逻辑坐标系（是说逻辑坐标）如图 3.25 所示。

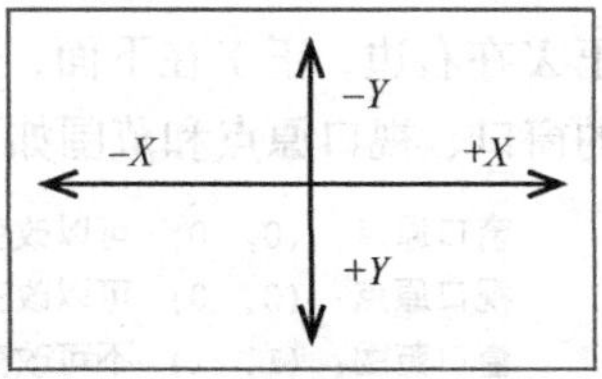

图 3.25

逻辑 X 轴的范围是−cxClient/2～cxClient/2，逻辑 Y 轴的范围是−cyClient/2～cyClient/2，客户区右下角的逻辑坐标为（cxClient/2, cyClient/2）。如果想在客户区的左上角，也就是设备坐标点(0,0)处开始显示文本，则需要使用负的逻辑坐标：

```
TextOut(hdc, -cxClient / 2, -cyClient / 2, TEXT("Hello MM_TEXT"), _tcslen(TEXT("Hello M
M_TEXT")));
```

因为使用设备单位比较方便，所以我个人倾向于使用 SetViewportOrgEx 函数，当然可以通过调用 SetWindowOrgEx 函数取得相同的效果，把逻辑点（−cxClient/2, −cyClient/2）映射到视口原点(0,0)，也就是客户区的左上角：

```
SetWindowOrgEx(hdc, -cxClient / 2, -cyClient / 2, NULL); // MM_TEXT 映射模式下 1 个逻辑单位
                                                          // 就是 1 像素
```

SetViewportOrgEx 函数的 X、Y 参数均是逻辑单位，但是在 MM_TEXT 映射模式下 1 个逻辑单位映射为 1 像素，默认的页面坐标空间到设备坐标空间变换的映射模式就是 MM_TEXT。如果需要使用 MM_TEXT 映射模式，则不需要调用 SetMapMode(hdc, MM_TEXT);。

SetWindowOrgEx 和 SetViewportOrgEx 函数的作用是平移坐标轴，响应滚动条滚动请求的时候，

可以通过调用这两个函数达到滚动客户区内容的目的。打开 SystemMetrics2 项目，在 WM_PAINT 消息中是这样根据垂直滚动条的当前位置输出文本的：

```
for (int i = 0; i < NUMLINES; i++)
{
    y = s_iHeight * (i - s_iVscrollPos);
    // 输出文本
}
```

调用 SetWindowOrgEx 函数也可以获得同样的效果：

```
SetWindowOrgEx(hdc, 0, s_iHeight * s_iVscrollPos, NULL);
for (int i = 0; i < NUMLINES; i++)
{
    y = s_iHeight * i;
    // 输出文本
}
```

**4. 度量映射模式**

在 6 种系统预定义的映射模式中，MM_TEXT 依赖于设备，其余 5 种（MM_HIENGLISH、MM_LOENGLISH、MM_HIMETRIC、MM_LOMETRIC、MM_TWIPS）称为度量映射模式，度量映射模式提供了与设备无关的逻辑单位。MM_TEXT 映射模式 *Y* 坐标轴从上到下增加，度量映射模式的 *Y* 坐标轴都是从下到上增加的。有些程序可能需要与设备无关的度量映射模式，例如 CAD 程序通常以毫米为单位。

这 5 种映射模式按照从低精度到高精度依次如表 3.34 所示。为了对照，最后一列以毫米（mm）为单位表示了该逻辑单位的大小。

表 3.34

| 映射模式 | 逻辑单位 | 毫米 |
|---|---|---|
| MM_LOENGLISH | 0.01in | 0.254 |
| MM_LOMETRIC | 0.1mm | 0.1 |
| MM_HIENGLISH | 0.001in | 0.0254 |
| MM_TWIPS | 1/1400in | 0.0176 |
| MM_HIMETRIC | 0.01mm | 0.01 |

默认情况下，这 5 种映射模式的窗口和视口的原点及范围如下所示：

窗口原点：(0, 0) 可以改变
视口原点：(0, 0) 可以改变
窗口范围：(?, ?) 不可改变
视口范围：(?, ?) 不可改变

在讲解窗口和视口的时候，我用 14 英寸 1366×768 分辨率的笔记本，设置映射模式为 MM_LOENGLISH 做了测试，当时的窗口范围是{ cx=1217 cy=685 }，视口范围是{ cx=1366 cy=−768 }，比例 xViewExt / xWinExt 表示每 0.01 英寸的像素数。现在我说，这 5 种映射模式的窗口范围和视口范围取决于哪种映射模式和设备分辨率是多少，相信大家可以理解这句话。范围本身并不重要，只有把它们表达为一个比值时才有意义，逻辑单位转换为设备单位的换算因子是视口范围和窗口范围的比例。

在我的计算机上我一一测试每种映射模式的窗口范围，视口范围当然都是{ cx=1366 cy=−768 }，如表 3.35 所示。

表 3.35

| 映射模式 | 窗口范围 | 视口范围 |
|---|---|---|
| MM_LOENGLISH | { cx=1217 cy=685 }个 0.01in | { cx=1366 cy=−768 } |
| MM_LOMETRIC | { cx=3090 cy=1740 }个 0.1mm | { cx=1366 cy=−768 } |
| MM_HIENGLISH | { cx=12165 cy=6850 }个 0.001 in | { cx=1366 cy=−768 } |
| MM_TWIPS | { cx=17518 cy=9865 }个 1/1400 in | { cx=1366 cy=−768 } |
| MM_HIMETRIC | { cx=30900 cy=17400 }个 0.01mm | { cx=1366 cy=−768 } |
| MM_TEXT | { cx=1 cy=1 } | { cx=1 cy=1 } |

在这里只需知道视口范围 *Y* 值前面的负号是什么意思，表示 *Y* 逻辑坐标轴从下到上增加。除此之外，这 5 种映射模式的用法和 MM_TEXT 没有多大不同。和 MM_TEXT 一样，窗口原点和视口原点可以改变，即逻辑坐标到设备坐标的变换支持平移。

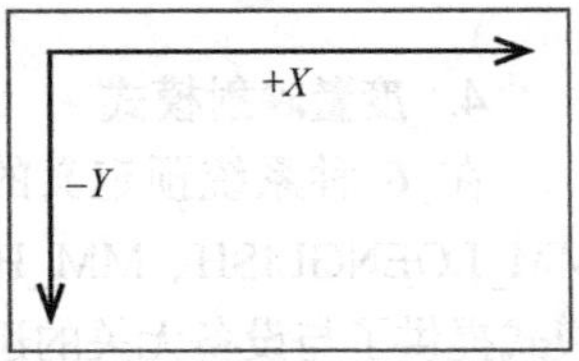

图 3.26

当改变为 5 种映射模式之一时，逻辑坐标系统如图 3.26 所示。

如果需要在客户区显示图形对象，只能使用负的 *Y* 坐标值，例如：

```
SetMapMode(hdc, MM_LOENGLISH);
TextOut(hdc, 100, -100, TEXT("Hello"), _tcslen(TEXT("Hello")));
```

文本将显示在距离客户区左上角右边和下面各 1 英寸的地方。

再例如，在距离客户区左上角 1/4～3/4 的区域画一个椭圆：

```
SetMapMode(hdc, MM_LOENGLISH);
GetClientRect(hwnd, &rect);      // {LT(0, 0) RB(384, 261)  [384 x 261]}
DPtoLP(hdc, (LPPOINT)&rect, 2); // {LT(0, 0) RB(342, -233)  [342 x -233]}
Ellipse(hdc, rect.right / 4, rect.bottom / 4, rect.right * 3 / 4, rect.bottom * 3 / 4);
```

对于这 5 种映射模式，DPtoLP 函数为我们提供了很大的便利。

**5. 自定义映射模式**

MM_ISOTROPIC 和 MM_ANISOTROPIC 属于程序自定义的映射模式，对于 6 种预定义的映射模式（MM_TEXT、MM_HIENGLISH、MM_LOENGLISH、MM_HIMETRIC、MM_LOMETRIC 和 MM_TWIPS），当调用 SetMapMode 函数设置为其中一种映射模式时，系统将设置其窗口范围和视口范围，这两个范围不能改变。其他两种映射模式（MM_ISOTROPIC 和 MM_ANISOTROPIC）要求我们自己指定范围，这是通过调用 SetWindowExtEx 和 SetViewportExtEx 函数来实现的，对于 MM_ISOTROPIC 映射模式，在调用 SetViewportExtEx 之前通常先调用 SetWindowExtEx。

SetWindowExtEx 函数设置 DC 的窗口水平和垂直范围，SetViewportExtEx 设置 DC 的视口水平和垂直范围：

```
BOOL SetWindowExtEx(
    _In_  HDC   hdc,        // 设备环境句柄
    _In_  int   nXExtent,   // 窗口的水平范围，逻辑单位
```

```
    _In_  int    nYExtent,  // 窗口的垂直范围，逻辑单位
    _Out_ LPSIZE lpSize);   // 在这个 SIZE 结构中返回以前的窗口范围，可以设置为 NULL
BOOL SetViewportExtEx(
    _In_  HDC    hdc,       // 设备环境句柄
    _In_  int    nXExtent,  // 视口的水平范围，设备单位
    _In_  int    nYExtent,  // 视口的垂直范围，逻辑单位
    _Out_ LPSIZE lpSize);   // 在这个 SIZE 结构中返回以前的视口范围，可以设置为 NULL
```

MM_ISOTROPIC 映射模式可以确保 *X* 方向和 *Y* 方向的逻辑单位相同，而 MM_ANISOTROPIC 映射模式则允许 *X* 方向和 *Y* 方向的逻辑单位不同。逻辑单位相同的意思是两个轴上的逻辑单位表示相等的物理距离。

（1）MM_ISOTROPIC 映射模式

MM_ISOTROPIC 映射模式可以确保 *X* 方向和 *Y* 方向的逻辑单位相同的含义。请看代码：

```
LRESULT CALLBACK WindowProc(HWND hwnd, UINT uMsg, WPARAM wParam, LPARAM lParam)
{
    HDC hdc;
    PAINTSTRUCT ps;
    RECT rect;
    SIZE size;

    switch (uMsg)
    {
    case WM_PAINT:
        hdc = BeginPaint(hwnd, &ps);
        // 设置映射模式为 MM_ISOTROPIC
        SetMapMode(hdc, MM_ISOTROPIC);

        // 窗口范围设置为(100, 100)
        SetWindowExtEx(hdc, 100, 100, &size);    // size 返回{ cx=3090 cy=1740}
        // 视口范围设置为客户区的宽度和高度
        GetClientRect(hwnd, &rect);  // {LT(0, 0) RB(384, 261)  [384 x 261]}
        SetViewportExtEx(hdc, rect.right, rect.bottom, &size);  // size 返回{cx=1366 cy=-768 }

        // 获取窗口范围和视口范围
        GetWindowExtEx(hdc, &size);      // {cx=100 cy=100 }
        GetViewportExtEx(hdc, &size);    // {cx=261 cy=261 }

        // 画一个和客户区宽度或高度相同大小的圆
        Ellipse(hdc, 0, 0, 100, 100);
        EndPaint(hwnd, &ps);
        return 0;

    case WM_DESTROY:
        PostQuitMessage(0);
        return 0;
    }

    return DefWindowProc(hwnd, uMsg, wParam, lParam);
}
```

我们调用 SetWindowExtEx 函数把窗口的水平范围和垂直范围都设置为 100 逻辑单位；调用 SetViewportExtEx 函数把视口的水平范围和垂直范围设置为客户区的宽度和高度，此处为[384 × 261]，没有使用−261，这说明我们希望逻辑坐标和 MM_TEXT 一样，*X* 坐标轴从左向右增加，*Y* 坐标轴从上到下增加。通常，在调用 SetWindowExtEx 函数时，要把窗口范围设置为期望得到的逻辑窗口的逻辑大小；而在调用 SetViewportExtEx 函数时，则把视口范围设置为客户区的实际宽度和高度。

调用 SetWindowExtEx 函数以后在 size 参数中返回原窗口范围为{ cx=3090 cy=1740 }，调用 SetViewportExtEx 函数以后在 size 参数中返回原视口范围为{ cx=1366 cy=−768 }。在讲解度量映射模式的时候，我曾经在我的计算机上一一测试每种度量映射模式的窗口和视口范围，可以看出当设置映射模式为 MM_ISOTROPIC 时，Windows 使用与 MM_LOMETRIC 映射模式相同的窗口和视口范围，不过不要依赖这一事实。

设置好窗口范围和视口范围以后，我们调用 GetWindowExtEx 和 GetViewportExtEx 函数分别获取窗口范围和视口范围，窗口范围还是我们设置的{ cx=100 cy=100 }，视口范围变为{ cx=261 cy=261 }，即 Windows 取客户区宽度和高度中较小的一个。Windows 之所以会调整它们的值，是为了让 *X* 和 *Y* 坐标轴上的逻辑单位表示相同的物理尺寸。当 Windows 调整这些范围时，它必须让逻辑窗口可以容纳在对应的物理视口之内，这就有可能导致 *X* 轴或 *Y* 轴的一部分客户区落在逻辑窗口的外面。

有什么意义呢？现在我们随意拖拉调整程序窗口的宽度或高度，程序都会在客户区的左上角显示一个直径为客户区宽度或高度的正圆。请读者把映射模式设置为 MM_ANISOTROPIC，看一看又会是什么现象。

上面的圆形总是位于客户区的左上角，我们希望不管窗口大小如何调整，圆形总是位于客户区的中心，可以实现一个四象限二维笛卡儿坐标系。逻辑点(0,0)位于客户区的中心，4 个方向的轴可以任意缩放，*X* 轴向右增加，*Y* 轴向上增加。可以使用下面的代码：

```
case WM_PAINT:
    hdc = BeginPaint(hwnd, &ps);
    // 设置映射模式为MM_ISOTROPIC
    SetMapMode(hdc, MM_ISOTROPIC);

    // 窗口范围设置为(100, 100)
    SetWindowExtEx(hdc, 100, 100, &size);
    // 视口范围设置为客户区的宽度和高度
    GetClientRect(hwnd, &rect);
    SetViewportExtEx(hdc, rect.right, -rect.bottom, &size);     // -rect.bottom

    // 设置视口原点
    SetViewportOrgEx(hdc, rect.right / 2, rect.bottom / 2, NULL);

    // 画一个和客户区宽度或高度相同大小的圆
    Ellipse(hdc, -50, 50, 50, -50);
    EndPaint(hwnd, &ps);
    return 0;
```

如果客户区的宽度大于高度，那么逻辑坐标如图 3.27 所示。如果客户区的高度大于宽度，那么逻辑坐标如图 3.28 所示。

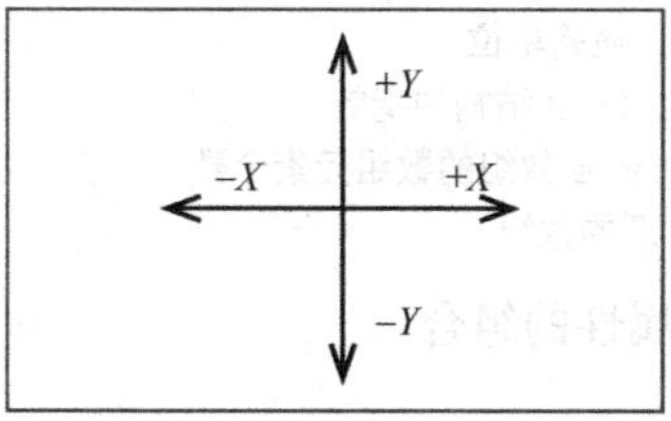


图 3.27

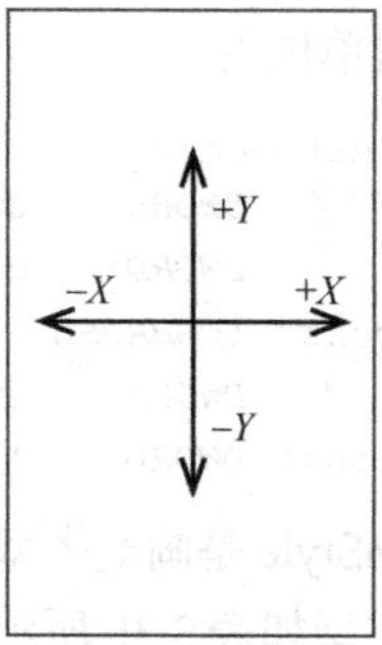


图 3.28

但是，在窗口或视口的范围中，Windows 并没有实现裁剪。当调用 GDI 函数时，仍然可以随意使用小于−50 或大于 50 的逻辑 *X* 和 *Y* 值。

（2）MM_ANISOTROPIC 映射模式

Windows 不会对使用 MM_ANISOTROPIC 映射模式设置的窗口和视口范围做任何调整，该模式允许 *X* 方向和 *Y* 方向的逻辑单位不同。再看一下前面 MM_ISOTROPIC 映射模式画圆的部分代码：

```
// 窗口范围设置为(100, 100)
SetWindowExtEx(hdc, 100, 100, &size);
// 视口范围设置为客户区的宽度和高度
GetClientRect(hwnd, &rect);
SetViewportExtEx(hdc, rect.right, -rect.bottom, &size);      // -rect.bottom
// 设置视口原点
SetViewportOrgEx(hdc, rect.right / 2, rect.bottom / 2, NULL);
```

使用 MM_ISOTROPIC 映射模式，上面的代码会导致 *X* 轴或 *Y* 轴的一部分客户区落在逻辑窗口的外面；而使用 MM_ANISOTROPIC 映射模式，不管客户区的尺寸如何调整，窗口范围（100,100）总是覆盖整个客户区的宽度和高度，如果客户区不是正方形的，那么 *X* 和 *Y* 轴的每个逻辑单位会有不同的物理尺寸。

学习了这么多，读者应该明白一个函数是使用逻辑单位还是设备单位。几乎所有 GDI 函数，需要一个 DC 句柄 hdc 参数的函数，以及操作 GDI 图形对象的函数，它们都是使用逻辑单位。具体一个逻辑单位映射为多少像素或度量单位，取决于映射模式。此外，与屏幕、窗口或者客户区有关的函数都是使用设备单位。对于 API 函数的讲解，我以后不再刻意指出使用什么单位。

## 3.6 扩展画笔

ExtCreatePen 函数可以创建扩展画笔，该函数创建具有指定样式、宽度和画笔属性的装饰画笔或几何画笔。ExtCreatePen 函数比较复杂，如果没有特别需求，使用前面的 CreatePen / CreatePenIndirect 函数即可。ExtCreatePen 函数创建的装饰画笔宽度只能是 1（解释为设备单位，像素），只能是纯色。而几何画笔可以有任意宽度，可以有画笔的任何属性，例如阴影和图案样式。几何画笔用于绘制具有独特端点或连接点样式的线条以及宽度超过 1 像素的线条，也用于需要可缩放线条的应用程序（因为画笔宽度是逻辑单位）：

```
HPEN ExtCreatePen(
    _In_        DWORD       dwPenStyle,   // 类型、样式、端点和连接点属性的组合
    _In_        DWORD       dwWidth,      // 画笔宽度，逻辑单位
    _In_ const  LOGBRUSH    *lplb,        // 指向 LOGBRUSH 结构的指针
    _In_        DWORD       dwStyleCount,// 下面 lpStyle 数组的数组元素个数
    _In_ const  DWORD       *lpStyle);    // DWORD 类型的数组
```

参数 dwPenStyle 是画笔类型、样式、端点和连接点属性的组合。

（1）画笔类型如表 3.36 所示。

**表 3.36**

| 常量 | 含义 |
|---|---|
| PS_COSMETIC | 装饰画笔 |
| PS_GEOMETRIC | 几何画笔 |

（2）画笔样式如表 3.37 所示。

**表 3.37**

| 常量 | 含义 |
|---|---|
| PS_ALTERNATE | 用于 PS_COSMETIC 装饰画笔类型，指定该样式以后每隔一个像素设置一次，即看上去像点线，只能是 PS_SOLID 样式（无法使用其他画笔样式，例如 PS_DASH、PS_DOT 等） |
| PS_USERSTYLE | 使用（用户提供的）lpStyle 数组提供的样式 |
| PS_SOLID | 含义同 CreatePen 函数的 fnPenStyle 参数 |
| PS_DASH | |
| PS_DOT | |
| PS_DASHDOT | |
| PS_DASHDOTDOT | |
| PS_NULL | |
| PS_INSIDEFRAME | |

（3）使用 CreatePen 函数创建的画笔，端点和连接点总是圆滑的；而使用 ExtCreatePen 函数创建的画笔，端点和连接点可以有其他选择。端点指的是一条线的两端，端点样式仅适用于几何画笔，值如表 3.38 所示。

**表 3.38**

| 常量 | 含义 |
|---|---|
| PS_ENDCAP_ROUND | 端点是圆形的 |
| PS_ENDCAP_SQUARE | 端点是方形的 |
| PS_ENDCAP_FLAT | 端点是平的 |

（4）连接点指的是线与线之间的连接处，连接点样式仅适用于几何画笔，值如表 3.39 所示。

表 3.39

| 常量 | 含义 |
|---|---|
| PS_JOIN_BEVEL | 斜截，将连接点的末端切断 |
| PS_JOIN_MITER | 斜接，将连接点的末端处理为尖头 |
| PS_JOIN_ROUND | 连接点的末端是圆的 |

让我们看一下不同端点、连接点样式的效果。这些在实际开发中会遇到，所以不妨了解一下：

```
LRESULT CALLBACK WindowProc(HWND hwnd, UINT uMsg, WPARAM wParam, LPARAM lParam)
{
    HDC hdc;
    PAINTSTRUCT ps;
    HPEN hPen;
    LOGBRUSH logBrush;
    int arrEnd[] = { PS_ENDCAP_ROUND , PS_ENDCAP_SQUARE , PS_ENDCAP_FLAT };
    int arrJoin[] = { PS_JOIN_BEVEL , PS_JOIN_MITER , PS_JOIN_ROUND };
    POINT arrPoint[] = { 50,50, 100,200, 150,50 };

    switch (uMsg)
    {
    case WM_PAINT:
    {
        hdc = BeginPaint(hwnd, &ps);
        logBrush.lbStyle = BS_SOLID;
        logBrush.lbColor = RGB(0, 0, 0);
        logBrush.lbHatch = 0;
        for (int i = 0; i < 3; i++)
        {
            // 画黑色 40 宽的粗线，几何画笔
            hPen = ExtCreatePen(PS_GEOMETRIC | PS_SOLID | arrEnd[i] | arrJoin[i], 40,
&logBrush, 0, NULL);
            SelectObject(hdc, hPen);
            for (int j = 0; j < _countof(arrPoint); j++)
            {
                if (i > 0)
                    arrPoint[j].x += 150;
            }
            Polyline(hdc, arrPoint, _countof(arrPoint));

            // 画白色细线作为对比
            DeleteObject(SelectObject(hdc, GetStockObject(WHITE_PEN)));
            Polyline(hdc, arrPoint, _countof(arrPoint));
            SelectObject(hdc, GetStockObject(BLACK_PEN));
        }
        EndPaint(hwnd, &ps);
        return 0;
    }

    case WM_DESTROY:
        PostQuitMessage(0);
```

```
        return 0;
    }

    return DefWindowProc(hwnd, uMsg, wParam, lParam);
}
```

程序执行效果如图 3.29 所示。

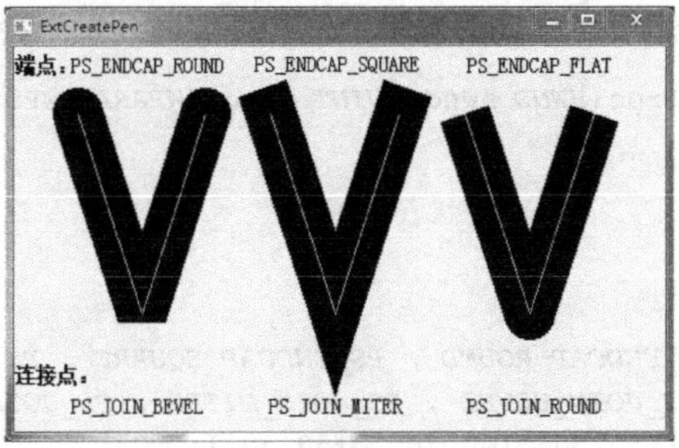


图 3.29

完整代码参见 Chapter3\ExtCreatePen 项目。只有设置为粗线的时候才能看出效果，为了形成对比，我在粗线内部又画了同样尺寸的 1 像素的白线。

- 参数 dwWidth 指定画笔宽度，是逻辑单位。如果 dwPenStyle 参数指定了 PS_COSMETIC 装饰画笔类型，则宽度必须设置为 1；如果 dwPenStyle 参数指定了 PS_GEOMETRIC 几何画笔类型，宽度可以随意指定（逻辑单位）。
- 参数 lplb 是一个指向 LOGBRUSH 结构的指针，使用画刷结构指定画笔属性。如果 dwPenStyle 参数指定了 PS_COSMETIC 类型，则 lplb->lbColor 字段指定画笔的颜色，lplb->lbStyle 字段必须设置为 BS_SOLID；如果 dwPenStyle 参数指定了 PS_GEOMETRIC 类型，则可以使用所有字段指定画笔的属性。关于 LOGBRUSH 结构，参见 CreateBrushIndirect 函数的 lplb 参数的解释。

几何画笔可以使用位图图案，下面的代码用到了资源文件。添加资源我们还没有讲解，大家可以先不做测试：

```
LRESULT CALLBACK WindowProc(HWND hwnd, UINT uMsg, WPARAM wParam, LPARAM lParam)
{
    HDC hdc;
    PAINTSTRUCT ps;
    HPEN hPen;
    LOGBRUSH logBrush;

    switch (uMsg)
    {
    case WM_PAINT:
    {
        hdc = BeginPaint(hwnd, &ps);
        logBrush.lbStyle = BS_PATTERN;        // 位图图案画刷
        // LoadBitmap 用于加载一副苹果图标的位图，这个函数后面再讲
        logBrush.lbHatch = (ULONG_PTR)LoadBitmap(g_hInstance, MAKEINTRESOURCE(IDB_APPLE));
```

```
        hPen = ExtCreatePen(PS_GEOMETRIC, 100, &logBrush, 0, NULL);
        SelectObject(hdc, hPen);
        MoveToEx(hdc, 70, 70, NULL);
        LineTo(hdc, 470, 70);

        DeleteObject(SelectObject(hdc, GetStockObject(BLACK_PEN)));
        MoveToEx(hdc, 70, 70, NULL);
        LineTo(hdc, 470, 70);
        EndPaint(hwnd, &ps);
        return 0;
    }

    case WM_DESTROY:
        PostQuitMessage(0);
        return 0;
    }

    return DefWindowProc(hwnd, uMsg, wParam, lParam);
}
```

程序运行效果如图 3.30 所示。

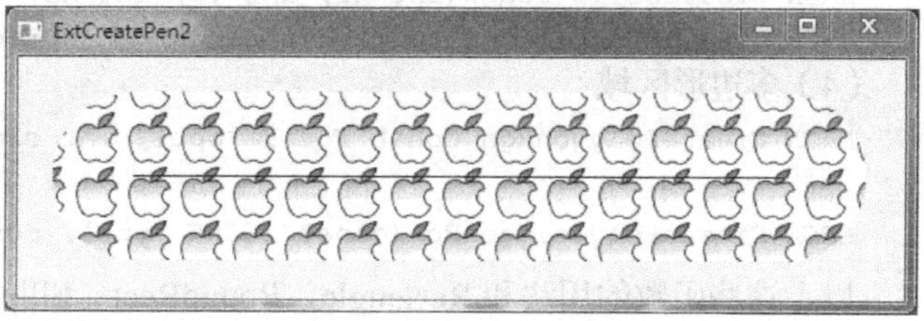

图 3.30

完整代码参见 Chapter3\ExtCreatePen2 项目。程序用位图画刷创建了一个几何画笔，为了形成对比，粗线中间是一条黑色细线。ExtCreatePen 函数可以创建各种风格各异的几何画笔。

- 参数 dwStyleCount 指定 lpStyle 数组的数组元素个数，最大为 16。如果 dwPenStyle 参数没有指定 PS_USERSTYLE 样式，则该参数必须为 0。
- 参数 lpStyle 是一个指向 DWORD 类型数组的指针，该参数用于 PS_USERSTYLE 样式。如果 dwPenStyle 参数没有指定 PS_USERSTYLE 样式，该参数可以设置为 NULL。第一个值指定第一个短划线的长度，第二个值指定第一个空格的长度，以此类推。如果在绘制线条时超出了 lpStyle 数组，指针将重置为数组的开头。如果 dwStyleCount 为偶数，破折号和空格的模式将再次重复；如果 dwStyleCount 是奇数，则当指针重置时模式将反转——lpStyle 的第一个元素现在引用空格，第二个元素引用破折号。

## 3.7 区域

区域是与 DC 关联的图形对象之一，区域就是一个矩形、圆角矩形、椭圆或多边形以及两个或多个以上的图形组合起来的形状，可以对区域内部进行填充、绘制区域边框线、用于执行命中测试（测试光标位置）等。可以调用表 3.40 所示的函数创建特定形状的区域。

表 3.40

| 形状 | 所用函数 |
|---|---|
| 矩形区域 | CreateRectRgn、CreateRectRgnIndirect、SetRectRgn |
| 圆角矩形区域 | CreateRoundRectRgn |
| 椭圆区域 | CreateEllipticRgn、CreateEllipticRgnIndirect |
| 多边形区域 | CreatePolygonRgn、CreatePolyPolygonRgn |

（1）矩形区域：

```
HRGN CreateRectRgn(int x1, int y1, int x2, int y2); // 指定矩形区域左上角的 X、Y，右下角的 X、Y
                                                    // 坐标
HRGN CreateRectRgnIndirect(const RECT *lprect);     // 通过一个 RECT 结构指定矩形区域
```

（2）圆角矩形区域：

```
// w、h 指定创建圆角的那个小椭圆的宽度、高度
HRGN CreateRoundRectRgn(int x1, int y1, int x2, int y2, int w, int h);
```

（3）椭圆区域：

```
HRGN CreateEllipticRgn(int x1, int y1, int x2, int y2);
HRGN CreateEllipticRgnIndirect(const RECT *lprect);
```

（4）多边形区域：

```
HRGN CreatePolygonRgn(const POINT *pptl, int cPoint, int iMode); // iMode 参数同
                                                        //SetPolyFillMode 的参数
HRGN CreatePolyPolygonRgn(const POINT *pptl, const INT *pc, int cPoly, int iMode);
```

以上这些函数的用法和 Rectangle、RoundRect、Ellipse、Polygon、PolyPolygon 函数的用法类似，在此不再详细解释。HRGN 是区域句柄类型，每个区域创建函数都返回一个标识新区域的句柄。

当不再需要创建的区域时，可调用 DeleteObject 函数将其删除。

CombineRgn 函数可以按指定的组合模式组合两个区域，并将结果存储在第三个区域中：

```
int CombineRgn(
    _In_ HRGN hrgnDest,          // 两个区域组合的结果区域句柄
    _In_ HRGN hrgnSrc1,          // 第一个区域的句柄
    _In_ HRGN hrgnSrc2,          // 第二个区域的句柄
    _In_ int  fnCombineMode);    // 组合模式
```

参数 fnCombineMode 指定组合模式是表 3.41 所示的效果之一。在表 3.41 最后一列中，矩形区域是 hrgnSrc1，圆形区域是 hrgnSrc2，阴影部分是组合的结果 hrgnDest。

表 3.41

| 常量 | 含义 | 效果图 |
|---|---|---|
| RGN_AND | 新区域是两个区域的共同部分 | 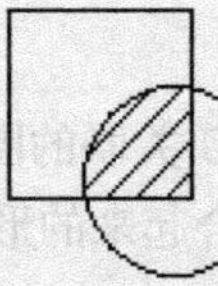 |

续表

| 常量 | 含义 | 效果图 |
|---|---|---|
| RGN_COPY | 新区域是 hrgnSrc1 中的区域 | 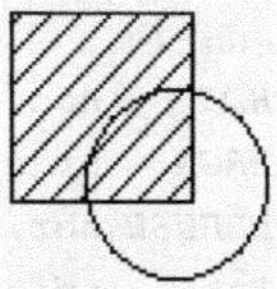 |
| RGN_DIFF | 新区域是 hrgnSrc1 区域减去 hrgnSrc2 中的部分 | 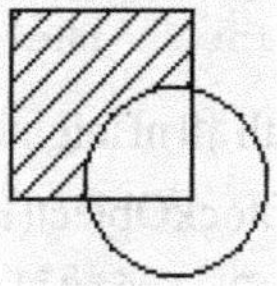 |
| RGN_OR | 新区域是两个区域的叠加 | 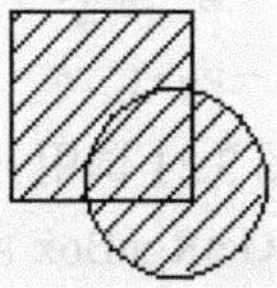 |
| RGN_XOR | 新区域是两个区域的叠加除去共同部分 | 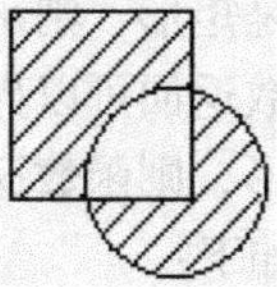 |

该函数把 hrgnSrc1 和 hrgnSrc2 两个区域组合起来放入 hrgnDest 指定的区域中，但 hrgnDest 必须是一个已经存在的区域句柄（哪怕是创建一个空区域），在函数执行后，hrgnDest 中原来的区域会被破坏并替换成新组合的区域。hrgnDest 和 hrgnSrc1 这两个参数可以使用同一个句柄，这样就相当于把 hrgnSrc2 组合到 hrgnSrc1 中去。

返回值表明了结果区域 hrgnDest 的类型，值如表 3.42 所示。

表 3.42

| 常量 | 含义 |
|---|---|
| SIMPLEREGION | 新区域是一个简单形状，例如矩形 |
| COMPLEXREGION | 新区域是一个复杂形状 |
| NULLREGION | 新区域是空区域 |
| ERROR | 函数执行出错 |

FillRgn 和 PaintRgn 函数都可以填充区域。FillRgn 函数使用指定的画刷和当前多边形填充模式来填充区域，PaintRgn 函数使用当前画刷和当前多边形填充模式来填充区域（该函数没有画刷句柄参数）：

```
BOOL FillRgn(
    _In_ HDC     hdc,          // 设备环境句柄
    _In_ HRGN    hrgn,         // 要填充的区域的句柄
    _In_ HBRUSH hbr);          // 用于填充区域的画刷的句柄
BOOL PaintRgn(
    _In_ HDC  hdc,             // 设备环境句柄
```

```
    _In_ HRGN hrgn);            // 要填充的区域的句柄
```

FrameRgn 函数使用指定的画刷绘制一个区域的边框：

```
BOOL FrameRgn(
    _In_ HDC     hdc,           // 设备环境句柄
    _In_ HRGN    hrgn,          // 区域句柄
    _In_ HBRUSH hbr,            // 用于绘制边框的画刷的句柄
    _In_ int     nWidth,        // 画刷的宽度
    _In_ int     nHeight);      // 画刷的高度
```

关于nWidth和nHeight参数的理解参见图3.31，它显示了对一个组合区域调用FrameRgn(hdc, hRgn, (HBRUSH)GetStockObject(BLACK_BRUSH), 10, 1);的结果。

调用 InvertRgn 函数可以反转区域内的颜色，例如使白色像素变黑，黑色像素变白：

```
BOOL InvertRgn(_In_ HDC  hdc, _In_ HRGN hrgn);
```

例如，对图 3.31 调用 InvertRgn 函数的结果如图 3.32 所示。

图 3.31

图 3.32

通过调用 GetRgnBox 函数可以获取一个区域的边界矩形尺寸。如果区域是矩形，则函数返回区域的矩形尺寸；如果区域是椭圆，则函数返回可以界定椭圆区域的最小矩形的尺寸；如果区域是多边形，则函数返回可以界定整个多边形的最小矩形的尺寸。代码如下：

```
int GetRgnBox(_In_  HRGN  hrgn, _Out_ LPRECT lprc); // lprc是接收边界矩形尺寸的RECT结构的指针
```

函数的返回值同 CombineRgn 函数的返回值，即 SIMPLEREGION、COMPLEXREGION、NULLREGION 或 ERROR。

OffsetRgn 函数可以将区域移动一定的量，大小不会改变：

```
int OffsetRgn(
    _In_ HRGN hrgn,             // 要移动的区域的句柄
    _In_ int  nXOffset,         // 向左或向右移动的量，设置为负值可以向左移动
    _In_ int  nYOffset);        // 向上或向下移动的量，设置为负值可以向上移动
```

函数的返回值同 CombineRgn 函数的返回值，即 SIMPLEREGION、COMPLEXREGION、NULLREGION 或 ERROR。

EqualRgn 函数用于比较两个区域是否相同，两个区域相同是指大小和形状都相同（坐标可以不同）：

```
BOOL EqualRgn(HRGN hrgn1, HRGN hrgn2);
```

PtInRegion 函数可以判断指定的点是否在一个区域内：

```
BOOL PtInRegion(
    _In_ HRGN hrgn, // 区域句柄
    _In_ int  X,    // 点的X坐标
    _In_ int  Y);   // 点的Y坐标
```

前面说过，区域可以用于执行命中测试（测试光标位置），可以通过处理各种鼠标消息来获取光标坐标，例如鼠标左键按下 WM_LBUTTONDOWN、鼠标左键抬起 WM_LBUTTONUP、鼠标右键按下

WM_RBUTTONDOWN、鼠标右键抬起 WM_RBUTTONUP、鼠标移动 WM_MOUSEMOVE 等，这些消息的 lParam 参数包含光标的坐标信息。我们可以利用 PtInRegion 函数测试鼠标光标是否位于区域内，然后执行相应的操作。

SelectClipRgn 函数用于把指定区域作为 DC 的当前裁剪区域，以后仅在裁剪区域边界内的图形输出时才会显示；要删除 DC 的裁剪区域，调用 SelectClipRgn（hdc, NULL）即可。

```
int SelectClipRgn(
    _In_ HDC  hdc,       // 设备环境句柄
    _In_ HRGN hrgn);     // 区域句柄
```

下面的代码绘制了一个和客户区大小相同的黑色矩形，但是只有椭圆区域内的部分才会显示：

```
LRESULT CALLBACK WindowProc(HWND hwnd, UINT uMsg, WPARAM wParam, LPARAM lParam)
{
    HDC hdc;
    PAINTSTRUCT ps;
    HRGN hRgn;
    RECT rect;

    switch (uMsg)
    {
    case WM_PAINT:
        hdc = BeginPaint(hwnd, &ps);
        hRgn = CreateEllipticRgn(50, 50, 350, 250);
        SelectClipRgn(hdc, hRgn);

        // 绘制一个和客户区大小相同的黑色矩形
        GetClientRect(hwnd, &rect);
        SelectObject(hdc, GetStockObject(BLACK_BRUSH));
        Rectangle(hdc, 0, 0, rect.right, rect.bottom);
        SelectObject(hdc, GetStockObject(WHITE_BRUSH));
        EndPaint(hwnd, &ps);
        return 0;

    case WM_DESTROY:
        PostQuitMessage(0);
        return 0;
    }

    return DefWindowProc(hwnd, uMsg, wParam, lParam);
}
```

讲解了这么多对区域的操作，区域有什么用呢？先举一个例子吧，SetWindowRgn 函数用于设置一个窗口的窗口区域，窗口区域决定了窗口中允许绘图的区域，位于窗口区域之外的任何部分都不会显示：

```
int SetWindowRgn(
    _In_ HWND hWnd,      // 设置这个窗口的窗口区域
    _In_ HRGN hRgn,      // 将窗口的窗口区域设置为该区域
    _In_ BOOL bRedraw);  // 设置窗口区域后是否重新绘制窗口，通常设为 TRUE
```

需要注意的是，窗口区域 hRgn 的坐标相对于窗口的左上角，而不是客户区的左上角。有 Set…函数，通常就有相应的 Get…函数，要获取窗口的窗口区域句柄，可以调用 GetWindowRgn 函数。

假设我用 CreateWindowEx 函数创建了一个 400 像素 × 300 像素的窗口，处理 WM_CREATE 消息：

```
case WM_CREATE:
    hRgn = CreateEllipticRgn(50, 50, 350, 250);
    SetWindowRgn(hwnd, hRgn, TRUE);
    return 0;
```

设置窗口区域为距离程序窗口左上角(50,50)到右下角(350,250)的椭圆范围内，运行程序可以看到显示为一个 300 × 200 的椭圆形，通过设置窗口区域可以实现各种奇形怪状的程序窗口。但是现在标题栏不见了，无法拖动窗口，"关闭"按钮也不可见。这些问题通过后面的学习都可以解决，现在可以通过按下 Alt + F4 组合键，或者任务栏右键关闭程序。

## 3.8 路径

路径也是与 DC 关联的图形对象之一，系统会自动在 DC 中存储一组默认的图形对象（例如画笔、画刷、字体）及属性，但是没有默认路径。

要创建路径并将其选入 DC 中，首先需要调用 BeginPath(hdc)函数表示开始创建路径，然后调用绘图函数进行绘制，这相当于向路径中添加点，最后调用 EndPath(hdc)函数来结束路径的创建。可用的绘图函数包括绘制直线的 MoveToEx、LineTo、Polyline、PolylineTo、PolyPolyline，绘制曲线的 Arc、ArcTo、PolyBezier、PolyBezierTo、AngleArc、PolyDraw，绘制填充图形的 Rectangle、RoundRect、Ellipse、Chord、Pie、Polygon、PolyPolygon，绘制文本的 TextOut、ExtTextOut，闭合路径中绘制的图形的 CloseFigure，等等。

先看一下 CloseFigure 函数的作用，用于闭合路径中绘制的图形，我依次调用了：

```
BeginPath(hdc);
MoveToEx(hdc, 50, 50, NULL);
LineTo(hdc, 150, 80);
LineTo(hdc, 50, 110);
CloseFigure(hdc);

Rectangle(hdc, 160, 50, 250, 110);
EndPath(hdc);

StrokePath(hdc);        // 绘制路径的轮廓
```

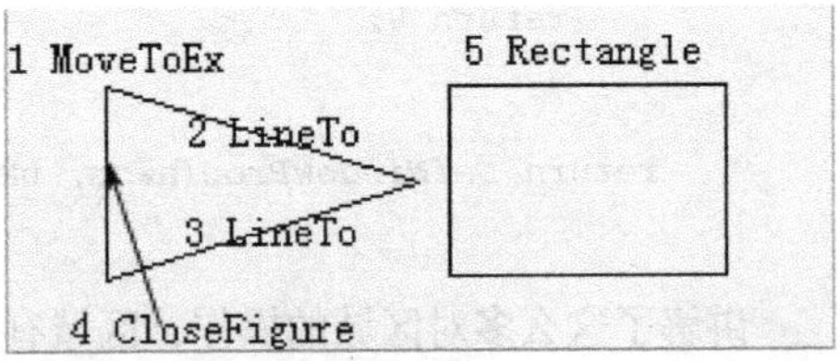

图 3.33

从图 3.33 可以看到 CloseFigure(hdc)的作用就是画了箭头所指的直线来闭合图形。

调用 BeginPath 函数时，如果以前在 DC 中已经选了一个路径，则系统会删除老路径。调用 EndPath 函数以后，系统会把新路径选入 DC，然后程序可通过以下方式之一对新路径进行操作。

- 绘制路径的轮廓或者边框（使用当前画笔）。
- 填充路径的内部（使用当前画刷）。

- 绘制路径轮廓并填充路径的内部。
- 将路径转换为裁剪路径。
- 将路径转换为区域。
- 将路径中的每条曲线转换为一系列线段来展平路径（FlattenPath 函数）。
- 获取组成路径的直线和曲线的坐标（GetPath 函数）。

可以通过调用 StrokePath 函数使用当前画笔来绘制路径的轮廓，通过调用 FillPath 函数使用当前画刷来填充路径的内部，通过调用 StrokeAndFillPath 函数使用当前画笔、画刷来绘制路径的轮廓并填充路径的内部。填充路径时，系统使用 DC 的当前填充模式，可以通过调用 SetPolyFillMode 函数来设置新的填充模式。创建路径时可以使用任何绘图函数，各种图形形状构成了一个复杂的路径，这是以前介绍的单一绘图函数无法实现的：

```
BOOL StrokePath(_In_ HDC hdc);
BOOL FillPath(_In_ HDC hdc);
BOOL StrokeAndFillPath(HDC hdc);
```

请注意，调用这 3 个函数的任意一个以后，当前路径将从 DC 中删除。如果路径需要用于其他用途，则不要调用上述函数。FillPath 函数会自动闭合当前路径中没有闭合的图形，然后使用当前画刷、多边形填充模式填充路径的内部；StrokeAndFillPath 函数会自动闭合当前路径中没有闭合的图形，然后使用当前画笔绘制路径的轮廓，使用当前画刷、多边形填充模式填充路径的内部；StrokePath 函数则不会自动闭合当前路径中没有闭合的图形。看一个示例，不同函数调用的结果如图 3.34 所示：

```
case WM_PAINT:
    hdc = BeginPaint(hwnd, &ps);
    BeginPath(hdc);
    MoveToEx(hdc, 50, 50, NULL);
    LineTo(hdc, 150, 80);
    LineTo(hdc, 50, 110);
    Rectangle(hdc, 160, 50, 250, 110);
    EndPath(hdc);

    SelectObject(hdc, CreatePen(PS_SOLID, 2, RGB(0, 0, 0)));
    SelectObject(hdc, CreateSolidBrush(RGB(180, 180, 180)));
    StrokePath(hdc);
    //FillPath(hdc);
    //StrokeAndFillPath(hdc);
EndPaint(hwnd, &ps);
    DeleteObject(SelectObject(hdc, GetStockObject(BLACK_PEN)));
    DeleteObject(SelectObject(hdc, GetStockObject(WHITE_BRUSH)));
    return 0;
```

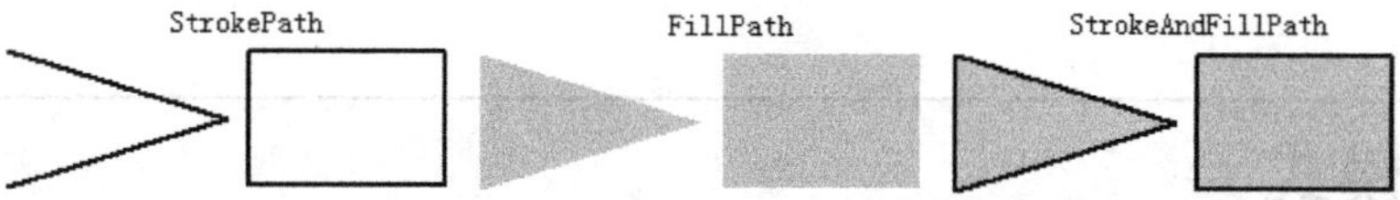


图 3.34

如果使用 TextOut 函数输出文本，然后调用 StrokePath 函数，可以制作镂空文本。当然，字体需要设置大一点。如果使用阴影或位图图案画刷等，那么可以制作各种炫丽的文字效果。

调用 SelectClipPath 函数可以把当前路径作为 DC 的裁剪区域，以后仅在路径边界内的图形输出才会显示：

```
BOOL SelectClipPath(_In_ HDC hdc, _In_ int iMode);  // iMode 指定当前裁剪区域和当前路径的组合方式
```

参数 iMode 指定当前裁剪区域和当前路径的组合方式，默认情况下当前裁剪区域指的是整个客户区，该参数可以指定为 RGN_AND、RGN_COPY、RGN_DIFF、RGN_OR、RGN_XOR 中的一个，这些常量的含义和组合区域函数 CombineRgn 的 fnCombineMode 参数含义相同：

```
case WM_PAINT:
    hdc = BeginPaint(hwnd, &ps);
    // 创建路径
    BeginPath(hdc);
    MoveToEx(hdc, 50, 50, NULL);
    LineTo(hdc, 150, 80);
    LineTo(hdc, 50, 110);
    CloseFigure(hdc);
    Rectangle(hdc, 160, 50, 250, 110);
    EndPath(hdc);

    // 把当前路径作为设备环境的裁剪区域
    SelectClipPath(hdc, RGN_COPY);

    // 绘制一个和客户区大小相同的黑色矩形
    GetClientRect(hwnd, &rect);
    SelectObject(hdc, GetStockObject(BLACK_BRUSH));
    Rectangle(hdc, 0, 0, rect.right, rect.bottom);
    EndPaint(hwnd, &ps);
    return 0;
```

和客户区大小相同的黑色矩形仅在路径边界内的部分才会显示。

裁剪区域也是 DC 的图形对象之一，裁剪可以将输出限制在指定的区域或路径内。SelectClipRgn 函数可以把指定区域作为 DC 的当前裁剪区域，SelectClipPath 函数可以把当前路径作为 DC 的裁剪区域。

另外，调用 BeginPaint 函数以后会在 lpPaint 参数指定的 PAINTSTRUCT 结构中返回需要重绘的区域，这个区域叫作无效区域。使用由 BeginPaint 函数返回的 DC 句柄，是无法在无效区域以外的区域进行绘制的，这个无效区域也就是裁剪区域。

可以通过调用 PathToRegion 函数将当前路径转换为区域，然后进行各种区域的操作：

```
HRGN PathToRegion(_In_ HDC hdc);
```

将路径转换为区域以后，系统将从 DC 中删除当前路径。

## 3.9　绘图模式

绘图模式，也称光栅操作，用于定义画笔、画刷的颜色与目标显示区域颜色的混合方式。例如，

调用 LineTo 函数画一条线，最终显示的颜色是由画笔的颜色和显示区域的颜色共同控制的，根据 DC 所选择的绘图模式，将画笔的像素颜色和目标显示区域的像素颜色执行某种位运算，这就是光栅操作（Raster Operation，ROP）。因为只涉及两个对象的像素颜色的运算，即画笔或画刷与目标显示区域，因此也称为二元光栅操作（ROP2）。

Windows 定义了 16 种 ROP2 运算码，在默认的 DC 属性中，绘图模式是 R2_COPYPEN，意思是 Windows 只是简单地将画笔或画刷像素的颜色复制到目标显示区域像素上。

例如，设置画笔 / 画刷颜色（PB）为 1100，设置目标区域颜色（DES）为 1010，依据位运算规则得到的运算结果如表 3.43 所示。

表 3.43

| 位运算规则 | 运算结果 | 绘图模式常量 |
|---|---|---|
| 0 | 0000 | R2_BLACK |
| 1 | 1111 | R2_WHITE |
| ~Des | 0101 | R2_NOT |
| PB ^ Des | 0110 | R2_XORPEN |
| ~(PB ^ Des) | 1001 | R2_NOTXORPEN |
| Des | 1010 | R2_NOP |
| PB \| Des | 1110 | R2_MERGEPEN |
| ~(PB \| Des) | 0001 | R2_NOTMERGEPEN |
| PB | 1100 | R2_COPYPEN(默认) |
| ~PB | 0011 | R2_NOTCOPYPEN |
| PB & Des | 1000 | R2_MASKPEN |
| ~(PB & Des) | 0111 | R2_NOTMASKPEN |
| ~PB & Des | 0010 | R2_MASKNOTPEN |
| PB & ~Des | 0100 | R2_MASKPENNOT |
| ~PB \| D | 1011 | R2_MERGENOTPEN |
| PB \| ~Des | 1101 | R2_MERGEPENNOT |

表 3.43 中运算符有按位取反、异或、或、与，说明了画笔 / 画刷颜色值（PB）的每个颜色位如何与目标显示区域颜色值（Des）的每个颜色位进行运算得到最终显示的颜色。

前面几种 ROP2 运算码是比较常见的。R2_BLACK 表示不管画笔 / 画刷和目标区域的颜色是什么，绘制出来的总是黑色；R2_WHITE 表示不管画笔 / 画刷和目标区域的颜色是什么，绘制出来的总是白色；R2_N0T 表示将目标区域的颜色取反来确定绘制的颜色，而不管画笔 / 画刷的颜色；R2_XORPEN 绘图模式挺有意思，设置为该模式以后就会用 PB^Des 计算出来的颜色绘图，再设置一次该模式，在同一个地方进行绘图结果是 PB ^ (PB^Des)，异或操作两次会复原，PB ^ (PB^Des)的结果就是 Des，第二次的绘图相当于擦除了第一次的绘图痕迹；R2_N0TC0PYPEN 表示将画笔 / 画刷的颜色位取反来进行绘图。

可以通过调用 SetROP2(hdc, iRop2Mode);函数设置一种新的绘图模式，函数执行成功，则返回先前的绘图模式。如果要获取 DC 的当前绘图模式，则可以调用 GetROP2(hdc)函数，函数返回当前的绘图模式。后面会有一个用到 R2_N0T 绘图模式的示例。

# 第 4 章

# 键盘与鼠标

键盘和鼠标是个人计算机中常用的输入设备。通过键盘可以将字母、数字、标点符号等输入计算机中，从而向计算机发出命令；鼠标可以对屏幕上的光标进行定位，并通过鼠标按钮和滚轮对光标所处位置的屏幕元素进行操作。一个应用程序应该响应用户的键盘和鼠标输入事件。

## 4.1 键盘

键盘上的每一个键相当于一个开关，键盘中有一个芯片对键盘上每一个键的开关状态进行扫描。按下一个键时，开关接通，该芯片会产生一个扫描码。扫描码说明了按下的键在键盘上的位置。松开按下的键会产生一个扫描码，这说明了松开的键在键盘上的位置。扫描码与具体键盘设备相关。键盘设备驱动程序解释扫描码并将其转换（映射）为虚拟键码，虚拟键码是系统定义的一个与设备无关的值。转换扫描码以后，将创建一条消息，其中包含虚拟键码和有关按键的其他信息，然后将该消息放入系统的消息队列，系统将这个键盘消息发送到相应线程的消息队列中，最后，线程的消息循环获取该消息并将其分发送给相应的窗口过程进行处理。

### 4.1.1 活动窗口与键盘焦点

活动窗口（Active Window）是用户当前使用的顶级窗口，同一时刻只能有一个程序窗口是活动窗口。系统将其放置在 Z 顺序的顶部，并突出显示其标题栏和边框。用户可以通过单击顶级窗口，或使用 Alt + Tab / Alt + Esc 组合键来激活顶级窗口使其成为活动窗口，可以通过调用 GetActiveWindow 函数获取活动窗口的句柄。还可以通过调用 SetActiveWindow 函数来激活顶级窗口，类似的函数还有 BringWindowToTop、SwitchToThisWindow 和 SetForegroundWindow 等，但是在某些系统中，这些函数可能达不到预期的效果。当用户正在使用一个窗口时，Windows 不会强制另一个窗口到达前台，仅闪烁窗口的任务栏程序图标以通知用户。

桌面上的所有窗口共享键盘，只有活动窗口或活动窗口的子窗口才可以接收键盘输入。具有键盘焦点的窗口接收键盘消息，直到键盘焦点变为其他窗口。

当一个窗口被激活时，系统会发送 WM_ACTIVATE 消息。默认窗口过程 DefWindowProc 会处理这个消息，并将键盘焦点设置为这个活动窗口。

程序可以通过 SetFocus 函数为自己的窗口或子窗口设置键盘焦点：

```
HWND WINAPI SetFocus(_In_opt_ HWND hWnd);
```

函数执行成功，返回值是以前具有键盘焦点的窗口的句柄。

当键盘焦点从一个窗口更改为另一个窗口时，系统会向失去焦点的窗口发送 WM_KILLFOCUS 消息，然后将 WM_SETFOCUS 消息发送到已获得焦点的窗口。

程序可以通过调用 BlockInput 函数阻止键盘和鼠标输入：

```
BOOL WINAPI BlockInput(_In_ BOOL fBlockIt);
```

fBlockIt 参数设置为 TRUE 表示阻止键盘和鼠标输入事件，设置为 FALSE 表示取消阻止。测试这个函数的时候请注意，因为编译运行程序会使本程序成为活动窗口，键盘和鼠标输入会失效，导致无法关闭本程序，也无法切换到其他程序，这时只能按 Ctrl + Alt + Del 组合键打开任务管理器来结束本进程。

## 4.1.2 系统击键消息和非系统击键消息

按下一个键将产生 WM_KEYDOWN 或 WM_SYSKEYDOWN 消息，释放一个键将产生 WM_KEYUP 或 WM_SYSKEYUP 消息。按键按下和按键抬起消息通常是成对出现的，如果用户按住一个键不放，则系统会生成一系列 WM_KEYDOWN 或 WM_SYSKEYDOWN 消息，直到用户释放按键时，再生成一条 WM_KEYUP 或 WM_SYSKEYUP 消息。

系统区分系统击键和非系统击键，系统击键生成系统击键消息 WM_SYSKEYDOWN 和 WM_SYSKEYUP，非系统击键生成非系统击键消息 WM_KEYDOWN 和 WM_KEYUP。当用户按下 F10 键（激活菜单栏），或键入与 Alt 键组合的键时，将生成系统击键消息，例如 Alt + F4 组合键用于关闭一个程序。系统击键主要用于访问系统菜单，系统击键消息由默认窗口过程 DefWindowProc 进行处理。程序的窗口过程通常不应该处理系统击键消息。

DefWindowProc 不会处理非系统击键消息，因此程序窗口过程应该处理感兴趣的非系统击键消息。对于 WM_KEYDOWN 和 WM_KEYUP 消息，通常只需要处理一个即可，通常都是处理 WM_KEYDOWN 消息，并且通常只处理那些包含方向键、上档键 Shift 和功能键（F1～F12）等的虚拟键码的消息，不处理来自可显示字符键的击键消息。还记得在讲解消息循环时说过，TranslateMessage 函数可以把 WM_KEYDOWN 消息转换为字符消息 WM_CHAR，这样一来我们就可以在窗口过程中处理字符消息 WM_CHAR 来判断用户是按下了哪个字符按键，即有了 TranslateMessage 函数的帮助，对于字符按键我们不需要处理 WM_KEYDOWN 和 WM_KEYUP 消息，只需要处理字符消息 WM_CHAR。

对于系统击键消息 WM_SYSKEYDOWN 和 WM_SYSKEYUP，非系统击键消息 WM_KEYDOWN 和 WM_KEYUP，wParam 参数包含虚拟键码，用于确定哪个键被按下或释放。

lParam 参数是击键消息的一些附加信息，包含消息的重复计数、扫描码、扩展键标志、状态描述码、先前键状态标志、转换状态标志等，程序通常不需要关心这些附加信息。附加信息如表 4.1 所示。

表 4.1

| 位 | 含义 |
|---|---|
| 0～15 | 当前消息的重复计数，也就是由于用户按住键不放而自动重复击键的次数。对于 WM_KEYUP 和 WM_SYSKEYUP 消息，重复计数始终为 1 |
| 16～23 | 扫描码。扫描码是与具体键盘设备相关的，其值取决于具体的键盘设备，因此程序通常会忽略扫描码，而使用与设备无关的虚拟键码 |
| 24 | 扩展键标志，如果是扩展键，则值为 1，否则为 0。对于扩展的 101 键和 102 键键盘，扩展键是键盘右侧的 Alt 和 Ctrl，Ins、Del、Home、End、PageUp、PageDown 和数字小键盘中的箭头键，NumLock 键，Break(Ctrl + Pause)键，PrintScrn 键，以及数字键盘中的/和 Enter 键。程序通常忽略扩展键标志 |
| 25～28 | 保留 |
| 29 | 状态描述码。状态描述码表示在生成击键消息时 Alt 键是否已按下。如果 Alt 键已按下，则该位为 1；如果 Alt 键已释放，则该位为 0。对于 WM_KEYDOWN 和 WM_KEYUP 消息该位始终为 0，对于 WM_SYSKEYDOWN 和 WM_SYSKEYUP 消息该位始终为 1 |
| 30 | 键先前状态标志。如果在发送消息之前键是按下的，则值为 1；如果键是抬起的，则值为 0。对于 WM_KEYUP 和 WM_SYSKEYUP 消息该位始终为 1，对于 WM_KEYDOWN 和 WM_SYSKEYDOWN 消息该位始终为 0 |
| 31 | 转换状态标志。转换状态标志表示是因为按下按键还是释放按键而产生的击键消息，对于 WM_KEYDOWN 和 WM_SYSKEYDOWN 消息该位始终为 0，对于 WM_KEYUP 和 WM_SYSKEYUP 消息该位始终为 1 |

## 4.1.3 虚拟键码

虚拟键码在 WinUser.h 头文件中定义。下面列出常见按键的虚拟键码，虽然虚拟键码比较多，但是在击键消息中常用的并不多。

有关鼠标按钮的虚拟键码如表 4.2 所示，但是请注意，击键消息中不会有鼠标按钮的虚拟键码，鼠标按钮的虚拟键码在鼠标消息中（见 4.2 节）。

表 4.2

| 虚拟键码 | 数值 | 含义 |
|---|---|---|
| VK_LBUTTON | 0x01 | 鼠标左键 |
| VK_RBUTTON | 0x02 | 鼠标右键 |
| VK_MBUTTON | 0x04 | 鼠标中键 |

程序可能需要处理表 4.3 中的一些键。但是像 BackSpace 键、Tab 键、Enter 键、Esc 键和空格键，通常是在字符消息（而不是击键消息）中处理。

表 4.3

| 虚拟键码 | 数值 | 含义 |
|---|---|---|
| VK_BACK | 0x08 | BackSpace 键 |
| VK_TAB | 0x09 | Tab 键 |
| VK_CLEAR | 0x0C | Clear 键（在 NumLock 键按下状态时数字小键盘中的 5 键） |
| VK_RETURN | 0x0D | Enter 键（任意一个） |

续表

| 虚拟键码 | 数值 | 含义 |
|---|---|---|
| VK_SHIFT | 0x10 | Shift 键（任意一个） |
| VK_CONTROL | 0x11 | Ctrl 键（任意一个） |
| VK_MENU | 0x12 | Alt 键（任意一个） |
| VK_PAUSE | 0x13 | Pause 键 |
| VK_CAPITAL | 0x14 | Caps Lock 键 |
| VK_ESCAPE | 0x1B | Esc 键 |
| VK_SPACE | 0x20 | 空格键 |

表 4.4 中的一些键，前 8 个是较常使用的虚拟键码，现在使用这 8 个虚拟键码为 SystemMetrics4 程序添加键盘接口。

**表 4.4**

| 虚拟键码 | 数值 | 含义 |
|---|---|---|
| VK_PRIOR | 0x21 | PgUp 键 |
| VK_NEXT | 0x22 | PgDn 键 |
| VK_END | 0x23 | End 键 |
| VK_HOME | 0x24 | Home 键 |
| VK_LEFT | 0x25 | 左箭头键 |
| VK_UP | 0x26 | 向上箭头键 |
| VK_RIGHT | 0x27 | 右箭头键 |
| VK_DOWN | 0x28 | 向下箭头键 |
| VK_SNAPSHOT | 0x2C | Print Scrn 键 |
| VK_INSERT | 0x2D | Ins 键 |
| VK_DELETE | 0x2E | Del 键 |

数字键和字母键的虚拟键码就是其 ASCII 码，不过通常是在字符消息（而不是击键消息）中处理，如表 4.5 所示。

**表 4.5**

| 虚拟键码 | 数值 | 含义 |
|---|---|---|
| 0x30～0x39 | 0x30～0x39 | 0～9 键 |
| 0x41～0x5A | 0x41～0x5A | A～Z 键 |

左 Windows 键和右 Windows 键用于打开 Windows 开始菜单，Application 键位于右 Ctrl 键的左侧，它的作用相当于鼠标右键，用来激活 Windows 或程序中的右键菜单，如表 4.6 所示。

表 4.6

| 虚拟键码 | 数值 | 含义 |
| --- | --- | --- |
| VK_LWIN | 0x5B | 左 Windows 键 |
| VK_RWIN | 0x5C | 右 Windows 键 |
| VK_APPS | 0x5D | Application 键 |

与数字小键盘中的键相对应的虚拟键码如表 4.7 所示。

表 4.7

| 虚拟键码 | 数值 | 含义 |
| --- | --- | --- |
| VK_NUMPAD0～VK_NUMPAD9 | 0x60～0x69 | 数字小键盘 0～9 键 |
| VK_MULTIPLY | 0x6A | 数字小键盘的* |
| VK_ADD | 0x6B | 数字小键盘的+ |
| VK_SUBTRACT | 0x6D | 数字小键盘的− |
| VK_DECIMAL | 0x6E | 数字小键盘的. |
| VK_DIVIDE | 0x6F | 数字小键盘的/ |

大部分键盘只有 12 个功能键，不过 Windows 提供了 24 个功能键的虚拟键码，程序通常把功能键用作键盘快捷键，如表 4.8 所示。

表 4.8

| 虚拟键码 | 数值 | 含义 |
| --- | --- | --- |
| VK_F1～VK_F24 | 0x70～0x87 | F1～F24 键 |
| VK_NUMLOCK | 0x90 | Num Lock 键 |
| VK_SCROLL | 0x91 | Scroll Lock 键 |

注意，表 4.9 中的虚拟键码仅用于 GetKeyState、GetAsyncKeyState 和 MapVirtualKey 等函数中（稍后会介绍这些函数），击键消息中不会有这些虚拟键码。

表 4.9

| 虚拟键码 | 数值 | 含义 |
| --- | --- | --- |
| VK_LSHIFT | 0xA0 | 左 Shift 键 |
| VK_RSHIFT | 0xA1 | 右 Shift 键 |
| VK_LCONTROL | 0xA2 | 左控制键 |
| VK_RCONTROL | 0xA3 | 右控制键 |
| VK_LMENU | 0xA4 | 左 Menu 键 |
| VK_RMENU | 0xA5 | 右 Menu 键 |

打开 Chapter3\SystemMetrics4 项目，在 WM_VSCROLL 消息中添加 SB_TOP 和 SB_BOTTOM 滚动请求，分别表示垂直滚动条滚动到顶部和底部，然后添加对 WM_KEYDOWN 消息的处理：

```
case WM_VSCROLL:
```

```
        si.cbSize = sizeof(SCROLLINFO);
        si.fMask = SIF_ALL;
        GetScrollInfo(hwnd, SB_VERT, &si);
        iVertPos = si.nPos;
        switch (LOWORD(wParam))
        {
        case SB_LINEUP:
            si.nPos -= 1;
            break;
        case SB_LINEDOWN:
            si.nPos += 1;
            break;
        case SB_PAGEUP:
            si.nPos -= si.nPage;
            break;
        case SB_PAGEDOWN:
            si.nPos += si.nPage;
            break;
        case SB_THUMBTRACK:
            si.nPos = si.nTrackPos;
            break;
        case SB_TOP:
            si.nPos = 0;
            break;
        case SB_BOTTOM:
            si.nPos = NUMLINES - 1;
            break;
        }
        // 设置位置，然后获取位置，如果 si.nPos 越界，Windows 不会设置
        si.cbSize = sizeof(SCROLLINFO);
        si.fMask = SIF_POS;
        SetScrollInfo(hwnd, SB_VERT, &si, TRUE);
        GetScrollInfo(hwnd, SB_VERT, &si);
        // 如果 Windows 更新了滚动条位置，我们更新客户区
        if (iVertPos != si.nPos)
        {
            ScrollWindow(hwnd, 0, s_iHeight * (iVertPos - si.nPos), NULL, NULL);
            UpdateWindow(hwnd);
        }
        return 0;
    // ………

    case WM_KEYDOWN:
        switch (wParam)
        {
        case VK_UP:        // 向上箭头键
            SendMessage(hwnd, WM_VSCROLL, SB_LINEUP, 0);
            break;
        case VK_DOWN:      // 向下箭头键
```

```
        SendMessage(hwnd, WM_VSCROLL, SB_LINEDOWN, 0);
        break;
    case VK_PRIOR:  // PgUp键
        SendMessage(hwnd, WM_VSCROLL, SB_PAGEUP, 0);
        break;
    case VK_NEXT:   // PgDn键
        SendMessage(hwnd, WM_VSCROLL, SB_PAGEDOWN, 0);
        break;
    case VK_HOME:   // Home键(或者Fn + PgUp键)
        SendMessage(hwnd, WM_VSCROLL, SB_TOP, 0);
        break;
    case VK_END:    // End键(或者Fn + PgDn键)
        SendMessage(hwnd, WM_VSCROLL, SB_BOTTOM, 0);
        break;

    case VK_LEFT:   // 左箭头键
        SendMessage(hwnd, WM_HSCROLL, SB_LINELEFT, 0);
        break;
    case VK_RIGHT:  // 右箭头键
        SendMessage(hwnd, WM_HSCROLL, SB_LINERIGHT, 0);
        break;
    }
    return 0;
```

完整代码参见Chapter4\SystemMetrics4项目。

我们把每一个WM_KEYDOWN消息转换为等同的WM_VSCROLL或WM_HSCROLL消息，这是通过给窗口过程发送假冒的WM_VSCROLL或WM_HSCROLL消息来欺骗WindowProc窗口过程实现的，使它认为收到了滚动条消息，这就避免了在WM_KEYDOWN和WM_VSCROLL或WM_HSCROLL消息中存在两份相同的滚动条处理代码。

SendMessage函数使用频率非常高。SendMessage函数用于向一个窗口发送消息，不仅可以发送给自己的窗口，还可以发送给其他程序窗口，只要获得了它们的窗口句柄：

```
LRESULT WINAPI SendMessage(
    _In_ HWND   hWnd,     // 要向哪个窗口发送消息，hWnd窗口的窗口过程将接收该消息
    _In_ UINT   Msg,      // 消息类型
    _In_ WPARAM wParam,   // 消息的wParam参数
    _In_ LPARAM lParam);  // 消息的lParam参数
```

如果将hWnd参数指定为HWND_BROADCAST(0xFFFF)，则会将消息发送到系统中的所有顶级窗口。我们需要根据消息类型构造wParam和lParam参数。函数的返回值是窗口过程中该消息的返回值。

注意，SendMessage函数实质是去调用指定窗口的窗口过程，并且在窗口过程处理完消息之前函数不会返回，即在窗口过程处理完指定消息以后，Windows才把控制权交还给紧跟着SendMessage调用的下一条语句。

要将消息发送到线程的消息队列并立即返回，可以使用PostMessage或PostThreadMessage函数。

### 4.1.4 转义状态

在击键消息中，虚拟键码 0x41～0x5A 对应的是 A～Z 键，但是，通常认为按下 A～Z 键应该是小写字母 a～z，在按下字母键的同时按下了 Shift 键或 CapsLock 键，才认为是大写字母 A～Z。例如：

```
case WM_KEYDOWN:
    if (wParam == 'a')
        MessageBox(hwnd, TEXT("小写字母 a"), TEXT("提示"), MB_OK);
    if (wParam == 'A')
        MessageBox(hwnd, TEXT("大写字母 A"), TEXT("提示"), MB_OK);
    return 0;
```

上面的代码，切换为英文输入法，按下 A 键，会弹出第二个消息框。

还有其他情况，例如按下 A 键时，如果 Ctrl 键也被按下，那么就是 Ctrl + A 组合键，这是一个快捷键。键盘快捷键通常和程序菜单一起在程序的资源脚本文件中定义，Windows 会把这些键盘快捷键转换为菜单命令消息，程序不必自己去做转换。关于快捷键后面会学习。

对于产生可显示字符的击键组合，Windows 在发送击键消息的同时还发送字符消息。有些键不产生字符，如 Shift 键、功能键、光标移动键等，对于这些键，Windows 只产生击键消息。

在处理击键消息时，我们可能需要知道是否有转义键（Shift 键、Ctrl 键和 Alt 键）或切换键（CapsLock 键、NumLock 键和 ScrollLock 键）被按下。可以通过调用 GetKeyState 函数获取击键消息发生时一个按键的状态：

```
SHORT WINAPI GetKeyState(_In_ int nVirtKey);    // nVirtKey 参数指定虚拟键码
```

返回值反映了指定按键的状态。如果高位为 1，则指定按键为按下状态；否则指定按键为释放状态。最低位反映了指定切换键的状态。如果低位为 1，则指定切换键为已切换（打开）；如果低位为 0，则指定切换键为未切换（未打开）。例如：

```
case WM_KEYDOWN:
    if ((wParam == 'A' && GetKeyState(VK_SHIFT) < 0) || (wParam == 'A' && GetKeyState
(VK_CAPITAL) & 1))
        MessageBox(hwnd, TEXT("大写字母 A"), TEXT("提示"), MB_OK);
    return 0;
```

通常使用虚拟键码 VK_SHIFT、VK_CONTROLL 和 VK_MENU 来调用 GetKeyState 函数，也可以使用虚拟键码 VK_LSHIFT、VK_RSHIFT、VK_LCONTROL、VK_RCONTROL、VK_LMENU 或 VK_RMENU 来调用 GetKeyState 函数，用于确定是左侧还是右侧的 Shift 键、Ctrl 键或 Alt 键被按下。

注意，GetKeyState 函数并非实时检测键盘状态，它只是反映了到目前为止的键盘状态，用于确定击键消息发生时一个按键的状态。假设需要确定用户是否按下了 Shift + Tab 组合键，可以在处理 Tab 键的 WM_KEYDOWN 消息时，调用包含 VK_SHIFT 参数的 GetKeyState 函数。如果 GetKeyState 函数的返回值是负的，就可以确定在按下 Tab 键之前已经按下了 Shift 键。

如果需要确定某个按键的实时状态，可以使用 GetAsyncKeyState 函数：

```
SHORT WINAPI GetAsyncKeyState(_In_ int vKey);
```

## 4.1.5　字符消息

对于产生字符的击键，虽然可以通过使用击键消息和转义状态把击键消息转换为字符，但是这么做在其他国家的键盘上是有问题的。打开控制面板 → 语言 → 添加语言 → 俄语 → 添加，可以添加不同语言的键盘布局，然后可以通过单击任务栏的语言图标来改变当前活动程序使用的键盘。我添加了俄语键盘，切换为俄语键盘，我现在按下 Shift + 3 组合键，将会出现字符“№”。因此对于这类字符按键，程序通常应该处理字符消息。另外，对于 Tab 键、Enter 键、空格键、BackSpace 键、Shift 键 + Enter 键（换行）和 Esc 键，通常也是在字符消息中处理。

功能键和一些组合键经常被当作快捷键，Windows 会把菜单快捷键转换为菜单命令消息（WM_COMMAND 消息），所以应用程序不必自己去处理这些击键消息。

因此，程序需要处理的击键消息并不多，常见的就是方向键、PgUp 键、PgDn 键、Home 键、End 键和功能键等。当使用这些键时，可以通过 GetKeyState 函数检查 Shift 键和 Ctrl 键的状态，例如，Windows 程序经常使用 Shift 键和方向键的组合来扩大文本编辑器选中的范围。

要想获取字符击键对应的具体字符，通常在消息循环中使用 TranslateMessage 函数。TranslateMessage 函数将 WM_KEYDOWN 或 WM_SYSKEYDOWN 消息传递给键盘驱动程序，驱动程序检查消息的虚拟键码。如果虚拟键码是字符，同时还会检查 Shift 和 CapsLock 等键的状态，然后生成一个包含具体字符的字符消息。具体来说，TranslateMessage 函数在处理 WM_KEYDOWN 消息时生成 WM_CHAR 或 WM_DEADCHAR 消息，在处理 WM_SYSKEYDOWN 消息时生成 WM_SYSCHAR 或 WM_SYSDEADCHAR 消息。如果窗口处于活动状态但没有键盘焦点，则按下的任何键都将生成 WM_SYSCHAR、WM_SYSKEYDOWN 或 WM_SYSKEYUP 消息。

字符消息的 wParam 参数包含具体的字符，lParam 参数的内容与被转换为字符消息的击键消息的 lParam 参数的内容相同。程序通常可以忽略除 WM_CHAR 之外的其他字符消息，其他所有字符消息由 DefWindowProc 函数执行默认处理。

在某些非英语键盘上有一些用于给字母添加音调的按键，这类按键称为死键，死键产生的消息就是死字符消息。TranslateMessage 函数在处理来自死键的 WM_KEYDOWN 消息时生成 WM_DEADCHAR 消息，在处理与 Alt 键组合按下的死键的 WM_SYSKEYDOWN 消息时生成 WM_SYSDEADCHAR 消息。程序通常会忽略 WM_SYSDEADCHAR 消息。

## 4.1.6　模拟击键消息

有两种方法可以很方便地实现模拟击键消息。一是使用 SendMessage / PostMessage 函数发送 WM_KEYDOWN 等消息。SendMessage 和 PostMessage 函数的用法相同，不同的是 PostMessage 函数将消息发送到线程的消息队列并立即返回，不会等待窗口过程把消息处理完毕。我们已经用过 SendMessage 函数，接下来练习一下 PostMessage 函数。

二是使用 keybd_event 模拟击键事件。keybd_event 函数的原型定义如下：

```
VOID WINAPI keybd_event(
    _In_ BYTE       bVk,            // 虚拟键码
```

```
    _In_ BYTE       bScan,          // 按键的扫描码，可以设置为 0
    _In_ DWORD      dwFlags,        // 标志位
    _In_ ULONG_PTR dwExtraInfo);// 与击键相关的附加的 32 位值，可以设置为 0
```

参数 dwFlags 是标志位，如果设置为 KEYEVENTF_KEYUP，则表示按键抬起；如果设置为 0，则表示按键按下。

keybd_event 函数合成一次击键事件，并不关心由谁来处理它。系统捕捉到击键事件后会转换为键盘消息 WM_KEYDOWN 或 WM_KEYUP 分发给当前系统中拥有键盘焦点的应用程序。

我的笔记本只有 84 个键盘，没有 Home 和 End 按键。我想使用数字按键 1 代替 Home 按键的效果，数字按键 2 代替 End 按键的效果。打开 Chapter4\SystemMetrics4 项目，添加对 WM_CHAR 消息的处理：

```
case WM_CHAR:
    switch (wParam)
    {
    case '1':
        PostMessage(hwnd, WM_KEYDOWN, VK_HOME, 0);
        break;
    case '2':
        keybd_event(VK_END, 0, 0, 0);
        keybd_event(VK_END, 0, KEYEVENTF_KEYUP, 0);
        break;
    }
    return 0;
```

使用 keybd_event 模拟击键消息，需要注意的是对于每一个按键必须成对使用，第一次表示按下，第二次带有 KEYEVENTF_KEYUP 标志表示释放按键。例如，如果需要模拟 Win + R 打开系统的“运行”程序，可以按如下方式使用 keybd_event 函数：

```
keybd_event(VK_LWIN, 0, 0, 0);
keybd_event('R', 0, 0, 0);
keybd_event('R', 0, KEYEVENTF_KEYUP, 0);
keybd_event(VK_LWIN, 0, KEYEVENTF_KEYUP, 0);
```

有时候，在按键按下和抬起之间可能需要暂停一会，例如模拟 Alt + Tab 组合键：

```
keybd_event(VK_MENU, 0, 0, 0);
keybd_event(VK_TAB, 0, 0, 0);
Sleep(3000);            // 让切换应用程序窗口停留 3s
keybd_event(VK_TAB, 0, KEYEVENTF_KEYUP, 0);
keybd_event(VK_MENU, 0, KEYEVENTF_KEYUP, 0);
```

Sleep 函数可以暂停程序的执行：

```
VOID WINAPI Sleep(_In_ DWORD dwMilliseconds); // 暂停执行的时间间隔，以毫秒为单位
```

微软建议使用 SendInput 函数代替 keybd_event 函数。SendInput 函数既可以模拟键盘输入也可以模拟鼠标输入：

```
UINT WINAPI SendInput(
    _In_ UINT     nInputs,    // pInputs 数组中的结构数
```

```
    _In_ LPINPUT pInputs,    // INPUT结构的数组，每个结构表示一个键盘或鼠标输入事件
    _In_ int     cbSize);    // INPUT结构的大小，以字节为单位
```

参数pInputs是一个INPUT结构的数组，每个结构表示一个键盘或鼠标输入事件。INPUT结构在WinUser.h头文件中定义如下：

```
typedef struct tagINPUT {
    DWORD   type;        // 输入事件的类型
    union
    {
        MOUSEINPUT      mi; // MOUSEINPUT结构
        KEYBDINPUT      ki; // KEYBDINPUT结构
        HARDWAREINPUT   hi; // HARDWAREINPUT结构
    };
} INPUT, *PINPUT, FAR* LPINPUT;
```

- 字段type指定输入事件的类型，该字段可以是表4.10所示的值之一。

表4.10

| 常量 | 含义 |
|---|---|
| INPUT_MOUSE | 该事件是鼠标事件，使用mi结构 |
| INPUT_KEYBOARD | 该事件是键盘事件，使用ki结构 |
| INPUT_HARDWARE | 该事件是硬件事件，使用hi结构 |

- mi、ki、hi都是结构体，分别指定鼠标、键盘和硬件事件的具体信息。硬件事件指的是键盘或鼠标以外的输入设备生成的消息。这几个结构比较简单，如果需要使用SendInput函数请自行查阅MSDN。

## 4.1.7 插入符号

插入符号是窗口客户区中闪烁的水平或垂直短线、实心块或位图，通常表示插入文本或图形的位置，很多人习惯上叫作光标。当窗口具有键盘焦点或处于活动状态时可以创建、显示插入符号；当失去键盘焦点或变为非活动状态时应该销毁插入符号。

CreateCaret函数用于为一个窗口创建指定形状的插入符号：

```
BOOL WINAPI CreateCaret(
    _In_        HWND     hWnd,      // 拥有插入符号的窗口的句柄
    _In_opt_    HBITMAP  hBitmap,   // 位图句柄，用于定义插入符号的形状
    _In_        int      nWidth,    // 插入符号的宽度，设置为0表示使用系统定义的窗口边框宽度
    _In_        int      nHeight);// 插入符号的高度，设置为0表示使用系统定义的窗口边框高度
```

参数hBitmap用于定义插入符号的形状。如果设置为NULL，则插入符号为黑色实心；如果设置为(HBITMAP)1，则插入符号为灰色网线形状；如果设置为位图句柄，则插入符号是指定的位图。位图句柄可以通过LoadBitmap函数加载。如果hBitmap参数指定为位图句柄，则CreateCaret函数会忽略nWidth和nHeight参数的值。位图有自己的宽度和高度。

插入符号是隐藏的，必须调用ShowCaret函数才能使插入符号可见，然后它会自动闪烁：

```
BOOL WINAPI ShowCaret(_In_opt_ HWND hWnd);
```

处理窗口重绘消息时通常需要调用 HideCaret 函数隐藏插入符号：

```
BOOL WINAPI HideCaret(_In_opt_ HWND hWnd);
```

重绘消息处理完毕再调用 ShowCaret 函数显示插入符号。隐藏具有累积效果，如果程序连续 3 次调用 HideCaret 函数，那么必须连续调用 ShowCaret 函数 3 次才可以再次显示插入符号。

SetCaretBlinkTime 函数可以修改插入符号的闪烁时间，这会影响到其他程序，即其他程序也会使用修改后的闪烁时间：

```
BOOL WINAPI SetCaretBlinkTime(_In_ UINT uMSeconds); // 毫秒
```

SetCaretPos 函数可以移动插入符号的位置：

```
BOOL WINAPI SetCaretPos(
    _In_ int X,      // 插入符号的新 X 坐标
    _In_ int Y);     // 插入符号的新 Y 坐标
```

当失去键盘焦点或变为非活动状态时应该调用 DestroyCaret 函数销毁插入符号：

```
BOOL WINAPI DestroyCaret(void);
```

本节实现一个简单的打字程序，篇幅关系没有实现文本选择功能，其实这也简单，设置一下文本颜色与背景色就可以了，方向键仅简单演示了左箭头键。程序运行效果如图 4.1 所示。

图 4.1

具体代码参见 Chapter4\Typer 项目。

ZeroMemory 宏可以把指定的内存块填充为 0（清零），新申请的内存块通常需要初始化为全 0：

```
void ZeroMemory(
    [in] PVOID  Destination,       // 指向要填充零的内存块的起始地址的指针
    [in] SIZE_T Length);           // 要填充为零的内存块的大小，以字节为单位
```

ZeroMemory 宏的定义如下：

```
#define ZeroMemory RtlZeroMemory
#define RtlZeroMemory(Destination,Length) memset((Destination),0,(Length))
```

实质上还是调用了 C/C++运行库函数 memset。

## 4.2 鼠标

目前市面上各种各样的鼠标琳琅满目，不过按外形可以分为两键鼠标、三键鼠标、滚轴鼠标、感应鼠标和五键鼠标等。滚轴鼠标和感应鼠标在笔记本计算机中应用很普遍。往不同方向转动鼠标中间的小圆球，或在感应板上移动手指，光标就会向相应的方向移动。当光标到达预定位置时，按一下鼠标或感应板，即可执行相应操作。

当用户移动鼠标时，系统在屏幕上显示一个称为鼠标光标的位图，鼠标光标中包含一个称为热点

的单像素点，热点确定光标的位置。各种系统预定义光标的形状在讲解注册窗口类 WNDCLASSEX 结构的 hCursor 字段时说过。IDC_ARROW 标准箭头光标的热点位于箭头的最上部，IDC_CROSS 十字线光标的热点位于十字线的中心。除了系统预定义的光标形状，后面还会学习自定义光标。对于接收鼠标消息，不要求窗口必须处于活动状态或具有输入焦点。发生鼠标事件时，光标位置下面的窗口通常会接收到鼠标消息。

对于三键鼠标来说，3 个按钮分别被称为左键、中键和右键。对鼠标按钮的操作包括单击、双击、移动和拖动。

- 单击：按下鼠标按钮，然后松开。
- 双击：连续两次快速单击鼠标按钮。
- 移动：改变鼠标光标的位置。
- 拖动：按下鼠标按钮不放，并移动鼠标光标。

Windows 支持带有 5 个按钮的鼠标，五键鼠标除了左、中、右按钮外，还有 XBUTTON1 和 XBUTTON2，浏览器中通常会使用这两个按钮实现网页的前进和后退功能。

要为习惯使用左手的用户配置鼠标，程序可以通过调用 SwapMouseButton 函数或 SystemParametersInfo 函数（使用 SPI_SETMOUSEBUTTONSWAP 标志）来反转鼠标左键和右键，但请注意，鼠标是共享资源，因此反转鼠标左键和右键会影响其他所有程序。程序通常没有必要提供这个功能，因为控制面板已经为用户提供了习惯左手还是右手，以及启用单击锁定、双击速度、光标移动速度等丰富的功能，具体参见控制面板 → 鼠标（打开控制面板以后，查看方式选择小图标）。

### 4.2.1　客户区鼠标消息

当用户移动、按下或释放鼠标按钮时，会生成鼠标输入事件。系统会将鼠标输入事件转换为消息，然后发送到线程的消息队列中。当用户在窗口的客户区内移动光标时，系统会不断发送一系列 WM_MOUSEMOVE 消息；当用户在客户区内按下或释放鼠标按钮时，会发送表 4.11 所示的消息之一。

表 4.11

| 消息类型 | 含义 |
|---|---|
| WM_LBUTTONDOWN | 按下鼠标左键 |
| WM_LBUTTONUP | 鼠标左键被释放 |
| WM_LBUTTONDBLCLK | 双击鼠标左键 |
| WM_MBUTTONDOWN | 按下鼠标中键 |
| WM_MBUTTONUP | 鼠标中键被释放 |
| WM_MBUTTONDBLCLK | 双击鼠标中键 |
| WM_RBUTTONDOWN | 按下鼠标右键 |
| WM_RBUTTONUP | 鼠标右键被释放 |
| WM_RBUTTONDBLCLK | 双击鼠标右键 |

分别是左键、中键和右键的按下、释放和双击消息。鼠标按下和鼠标抬起消息是成对出现的，例

如一次鼠标左键单击事件会生成 WM_LBUTTONDOWN 和 WM_LBUTTONUP 消息。

此外，程序可以通过调用 TrackMouseEvent 函数让系统发送另外两条消息。当鼠标光标悬停在客户区一段时间后发送 WM_MOUSEHOVER 消息，当鼠标光标离开客户区时发送 WM_MOUSELEAVE 消息：

```
BOOL WINAPI TrackMouseEvent(_Inout_ LPTRACKMOUSEEVENT lpEventTrack);  // TRACKMOUSEEVENT
结构
```

参数 lpEventTrack 是一个指向 TRACKMOUSEEVENT 结构的指针，在 WinUser.h 头文件中定义如下：

```
typedef struct tagTRACKMOUSEEVENT {
    DWORD cbSize;        // 结构的大小
    DWORD dwFlags;       // 标志位
    HWND  hwndTrack;     // 要跟踪的窗口的句柄
    DWORD dwHoverTime;   // 悬停超时，以毫秒为单位
} TRACKMOUSEEVENT, *LPTRACKMOUSEEVENT;
```

- 参数 dwFlags 指定标志位，可以是表 4.12 所示的值的组合。

表 4.12

| 常量 | 含义 |
|---|---|
| TME_CANCEL | 取消先前的跟踪请求，还需要同时指定要取消的跟踪类型，例如，要取消悬停跟踪，需要指定为 TME_CANCEL \| TME_HOVER 标志 |
| TME_HOVER | 当鼠标光标悬停在客户区一段时间后发送 WM_MOUSEHOVER 消息，该消息只会触发一次。如果需要再次发送该消息，则必须重新调用 TrackMouseEvent 函数 |
| TME_LEAVE | 当鼠标光标离开客户区时发送 WM_MOUSELEAVE 消息，该消息产生以后，所有由 TrackMouseEvent 函数设置的鼠标跟踪请求（悬停和离开）都会被取消。请注意，如果鼠标不在窗口的客户区内，会立即发送 WM_MOUSELEAVE 消息 |
| TME_NONCLIENT | 当鼠标光标在非客户区悬停一段时间或离开时发送非客户区鼠标消息 WM_NCMOUSEHOVER 或 WM_NCMOUSELEAVE 消息，用法和前两个类似 |

- 参数 dwHoverTime 指定悬停超时（如果在 dwFlags 参数中指定了 TME_HOVER），以毫秒为单位，可以设置为 HOVER_DEFAULT，表示使用系统默认的悬停超时，后面的章节会用到该函数。

客户区鼠标消息的 wParam 参数包含鼠标事件发生时其他鼠标按钮以及 Ctrl 和 Shift 键的状态标志。wParam 参数可以是表 4.13 所示的值的组合。

表 4.13

| 常量 | 含义 |
|---|---|
| MK_LBUTTON | 鼠标左键已按下 |
| MK_MBUTTON | 鼠标中键已按下 |
| MK_RBUTTON | 鼠标右键已按下 |
| MK_CONTROL | Ctrl 键已按下 |
| MK_SHIFT | Shift 键已按下 |
| MK_XBUTTON1 | 第一个 X 按钮已按下 |
| MK_XBUTTON2 | 第二个 X 按钮已按下 |

例如，当接收到 WM_LBUTTONDOWN 消息时，如果 wParam & MK_SHIFT 的值为 TRUE（非

零），则表示用户按下左键的同时还按下了 Shift 键。

客户区鼠标消息的 lParam 参数表示鼠标事件发生时光标热点的位置，lParam 参数的低位字表示热点的 *X* 坐标，高位字表示 *Y* 坐标，相对于客户区左上角。可以按如下方式获取光标热点的 *X* 和 *Y* 坐标：

```
int xPos, yPos;
xPos = GET_X_LPARAM(lParam);
yPos = GET_Y_LPARAM(lParam);
```

GET_X_LPARAM 和 GET_Y_LPARAM 宏在 Windowsx.h 头文件中定义如下：

```
#define GET_X_LPARAM(lp)  ((int)(short)LOWORD(lp))
#define GET_Y_LPARAM(lp)  ((int)(short)HIWORD(lp))
```

鼠标光标的坐标有时候可能是负值，因此不能使用 LOWORD 或 HIWORD 宏来提取光标位置的 *X* 坐标和 *Y* 坐标。LOWORD 和 HIWORD 宏返回的是 WORD 类型，而 WORD 被定义为无符号短整型：

```
typedef unsigned short WORD;
```

关于鼠标双击消息（WM_LBUTTONDBLCLK、WM_MBUTTONDBLCLK、WM_RBUTTONDBLCLK），在讲解 WNDCLASSEX 结构的 style 字段时说过，必须指定 CS_DBLCLKS 样式才可以接收鼠标双击消息。鼠标双击消息通常会连续生成 4 条消息，例如，双击鼠标左键会生成以下消息序列：

```
WM_LBUTTONDOWN
WM_LBUTTONUP
WM_LBUTTONDBLCLK
WM_LBUTTONUP
```

## 4.2.2 非客户区鼠标消息

窗口的非客户区包括标题栏、菜单栏、菜单、边框、滚动条、最小化按钮和最大化按钮等，当在窗口的非客户区内发生鼠标事件时，会生成非客户区鼠标消息，非客户区鼠标消息的名称包含字母 NC。例如，当光标在非客户区中移动时会生成 WM_NCMOUSEMOVE 消息，当光标在非客户区时按下鼠标左键会生成 WM_NCLBUTTONDOWN 消息。表 4.14 列出了消息。

**表 4.14**

| 消息类型 | 含义 |
|---|---|
| WM_NCLBUTTONDOWN | 按下鼠标左键 |
| WM_NCLBUTTONUP | 鼠标左键被释放 |
| WM_NCLBUTTONDBLCLK | 双击鼠标左键 |
| WM_NCMBUTTONDOWN | 按下鼠标中键 |
| WM_NCMBUTTONUP | 鼠标中键被释放 |
| WM_NCMBUTTONDBLCLK | 双击鼠标中键 |
| WM_NCRBUTTONDOWN | 按下鼠标右键 |
| WM_NCRBUTTONUP | 鼠标右键被释放 |
| WM_NCRBUTTONDBLCLK | 双击鼠标右键 |
| WM_NCMOUSEMOVE | 移动光标 |

除此之外，通过调用 TrackMouseEvent 函数（dwFlags 参数包含 TME_NONCLIENT 标志），当鼠标光标在非客户区悬停一段时间或离开时会发送 WM_NCMOUSEHOVER 或 WM_NCMOUSELEAVE 消息。

非客户区鼠标消息由 DefWindowProc 函数执行默认处理，例如，当鼠标光标移动到窗口的边框时，DefWindowProc 函数会处理非客户区鼠标消息，将光标更改为双向箭头。如果没有特殊需求，则程序不需要自己处理非客户区鼠标消息；如果实在需要处理，则处理完以后还应该转交给 DefWindowProc 函数。请看如下代码：

```
case WM_NCLBUTTONDOWN:
case WM_NCLBUTTONUP:
case WM_NCLBUTTONDBLCLK:
    return 0;
```

这么做的结果是，无法使用系统菜单，无法使用最小化、最大化、关闭按钮，无法打开程序的菜单，无法通过拖拉边框调整窗口大小等。

非客户区鼠标消息的 wParam 参数包含命中测试值。每当发生鼠标事件时（包括客户区和非客户区鼠标事件），系统都会先发送 WM_NCHITTEST 消息，DefWindowProc 函数会检查鼠标事件发生时的鼠标光标热点坐标以确定是发送客户区还是非客户区鼠标消息，随后还可能发送 WM_SYSCOMMAND 消息，DefWindowProc 函数处理 WM_NCHITTEST 消息以后的返回值是指明光标热点位置的命中测试值。命中测试值可以是表 4.15 所示的值之一。

表 4.15

| 命中测试值 | 光标热点位置 |
|---|---|
| HTTOP | 在窗口的上水平边框中 |
| HTBOTTOM | 在窗口的下水平边框中 |
| HTLEFT | 在窗口的左边框 |
| HTRIGHT | 在窗口的右边框 |
| HTTOPLEFT | 在窗口边框的左上角 |
| HTTOPRIGHT | 在窗口边框的右上角 |
| HTBOTTOMLEFT | 在窗口边框的左下角 |
| HTBOTTOMRIGHT | 在窗口边框的右下角 |
| HTHSCROLL | 在水平滚动条中 |
| HTVSCROLL | 在垂直滚动条中 |
| HTBORDER | 在窗口的边框中，该窗口边框不可调整大小 |
| HTCAPTION | 在标题栏中 |
| HTCLIENT | 在客户区中 |
| HTCLOSE | 在关闭按钮中 |
| HTHELP | 在帮助按钮中 |
| HTSYSMENU | 在系统菜单或子窗口中的关闭按钮中 |
| HTMENU | 在菜单中 |

续表

| 命中测试值 | 光标热点位置 |
|---|---|
| HTMAXBUTTON 或 HTZOOM | 在最大化按钮中 |
| HTMINBUTTON 或 HTREDUCE | 在最小化按钮中 |
| HTTRANSPARENT | 在被另一个窗口覆盖的窗口中 |
| HTNOWHERE | 在屏幕背景中或在窗口之间的分界线上 |
| HTERROR | 在屏幕背景中或在窗口之间的分界线上，会产生系统蜂鸣声以指示错误 |

例如，如果鼠标事件发生时光标热点位于窗口的客户区中，则 DefWindowProc 函数将命中测试值 HTCLIENT 返回给窗口过程，窗口过程将 HTCLIENT 返回给系统，系统将光标热点的屏幕坐标转换为客户区坐标，然后发送相应的客户区鼠标消息；如果光标热点位于窗口的非客户区中，则 DefWindowProc 函数会返回其他命中测试值，窗口过程将其返回给系统，系统将命中测试值放在消息的 wParam 参数中，将光标热点的屏幕坐标放在 lParam 参数中，然后发送非客户区鼠标消息。

也可能发送 WM_SYSCOMMAND 消息。例如，大家都知道双击程序窗口左上角的系统菜单图标可以关闭程序，双击事件首先产生 WM_NCHITTEST 消息，鼠标光标位于系统菜单图标之上，所以 DefWindowProc 函数处理 WM_NCHITTEST 消息以后返回 HTSYSMENU；系统发送 WM_NCLBUTTONDBLCLK 消息，其中 wParam 参数等于 HTSYSMENU；DefWindowProc 函数处理 WM_NCLBUTTONDBLCLK 消息，然后发送 WM_SYSCOMMAND 消息，其中 wParam 参数等于 SC_CLOSE（当用户手动单击系统菜单中的“关闭”按钮时，也是产生 WM_SYSCOMMAND 消息）；DefWindowProc 函数处理 WM_SYSCOMMAND 消息，并发送 WM_CL0SE 消息；DefWindowProc 处理 WM_CLOSE 消息，向窗口过程发送一个 WM_DESTROY 消息，DefWindowProc 函数不会处理 WM_DESTROY 消息，这个消息需要我们自己处理，这一点请看 2.2.5 节的窗口关闭过程。

非客户区鼠标消息的 lParam 参数包含鼠标光标热点的 *X* 坐标和 *Y* 坐标。与客户区鼠标消息不同，该坐标是屏幕坐标而不是客户区坐标，相对于屏幕左上角。可以使用 GET_X_LPARAM（lParam）和 GET_Y_LPARAM（lParam）宏分别提取光标热点的 *X* 和 *Y* 坐标。通过调用 ScreenToClient 和 ClientToScreen 函数可以将屏幕坐标与客户区坐标相互转换。如果一个屏幕坐标点位于窗口客户区的左侧或上方，那么转换成客户区坐标后，*X* 值或 *Y* 值会是负数。

### 4.2.3 X 按钮消息

当用户按下或释放 XBUTTON1 或 XBUTTON2 按钮时会发送 WM_XBUTTON*或 WM_NCXBUTTON*消息，这些消息的 wParam 参数的高位字包含一个标志，指示用户按下或释放了哪个 X 按钮。

当用户在窗口的客户区中按下、释放或双击第一个或第二个 X 按钮时会发送 WM_XBUTTONDOWN、WM_XBUTTONUP 或 WM_XBUTTONDBLCLK 消息。

- 这些消息的 wParam 参数的低位字包含鼠标事件发生时其他鼠标按钮以及 Ctrl 和 Shift 键的状态标志，可用的标志和客户区鼠标消息的 wParam 参数相同。

  wParam 参数的高位字指明用户是按下、释放或双击了哪个 X 按钮。可以是表 4.16 所示的值之一。

表 4.16

| 常量 | 含义 |
| --- | --- |
| XBUTTON1 | 按下、释放或双击了第一个 X 按钮 |
| XBUTTON2 | 按下、释放或双击了第二个 X 按钮 |

可以使用以下代码提取 wParam 参数中的信息：

```
fwKeys = GET_KEYSTATE_WPARAM(wParam);    // 其他鼠标按钮以及 Ctrl 和 Shift 键的状态标志
fwButton = GET_XBUTTON_WPARAM(wParam);   // 按下、释放或双击了哪个 X 按钮
```

- 这些消息的 lParam 参数表示鼠标事件发生时光标热点的位置。lParam 参数的低位字表示热点的 *X* 坐标，高位字表示 *Y* 坐标，相对于客户区左上角。可以使用 GET_X_LPARAM（lParam）和 GET_Y_LPARAM（lParam）宏分别提取光标热点的 *X* 和 *Y* 坐标。

  当用户在窗口的非客户区中按下、释放或双击第一个或第二个 X 按钮时会发送 WM_NCXBUTTONDOWN、WM_NCXBUTTONUP 或 WM_NCXBUTTONDBLCLK 消息。
- 这些消息的 wParam 参数的低位字包含 DefWindowProc 函数在处理 WM_NCHITTEST 消息时返回的命中测试值，可用的命中测试值与非客户区鼠标消息的 wParam 参数相同；高位字表示按下了哪个 X 按钮，即 XBUTTON1 或 XBUTTON2。

  可以使用以下代码提取 wParam 参数中的信息：

```
nHittest = GET_NCHITTEST_WPARAM(wParam);      // 命中测试值
fwButton = GET_XBUTTON_WPARAM(wParam);        // 按下、释放或双击了哪个 X 按钮
```

- 这些消息的 lParam 参数包含鼠标事件发生时光标热点的 *X* 坐标和 *Y* 坐标，坐标相对于屏幕的左上角。可以使用 GET_X_LPARAM(lParam)和 GET_Y_LPARAM(lParam)宏分别提取光标热点的 *X* 和 *Y* 坐标。

请注意，对于鼠标左键、中键或右键的客户区鼠标消息，窗口过程处理完以后应返回 0；但是对于 X 按钮的客户区消息和非客户区消息处理完毕以后应返回 TRUE。对于 X 按钮消息，DefWindowProc 函数会执行默认处理，处理以后 DefWindowProc 函数会向窗口发送 WM_APPCOMMAND 消息。DefWindowProc 函数还会处理 WM_APPCOMMAND 消息，关于 WM_APPCOMMAND 消息参见 MSDN。

## 4.2.4 鼠标光标函数

GetCursorPos 函数可以获取鼠标光标的当前位置：

```
BOOL WINAPI GetCursorPos(_Out_ LPPOINT lpPoint); // 在 lpPoint 结构中返回鼠标光标位置，屏幕坐标
```

SetCursorPos 函数可以将鼠标光标移动到指定的位置：

```
BOOL WINAPI SetCursorPos(_In_ int X, _In_ int Y);// 屏幕坐标
```

调用 ShowCursor 函数可以显示或隐藏鼠标光标：

```
int WINAPI ShowCursor(_In_ BOOL bShow); //设置为 TRUE 则显示计数加 1，设置为 FALSE，则显示计数减 1
```

系统维护一个鼠标光标显示计数器，用于确定是否应该显示光标，仅当显示计数大于或等于 0 时才显示光标。如果计算机安装了鼠标，则初始显示计数为 0，如果未安装鼠标，则初始显示计数为-1。

GetCursorInfo 函数可以获取鼠标光标的显示或隐藏状态、光标句柄和坐标：

```
BOOL WINAPI GetCursorInfo(_Inout_ PCURSORINFO pci); // 在这个 CURSORINFO 结构中返回鼠标光标信息
```

pci 参数是一个指向 CURSORINFO 结构的指针，该结构在 WinUser.h 头文件中定义如下：

```
typedef struct tagCURSORINFO
{
    DWORD   cbSize;        // 该结构的大小
    DWORD   flags;         // 光标状态标志，如果是 0 表示光标被隐藏，如果是 CURSOR_SHOWING(1)表示正在
                           // 显示
    HCURSOR hCursor;       // 光标句柄
    POINT   ptScreenPos;   // 接收光标坐标的 POINT 结构，屏幕坐标
} CURSORINFO, *PCURSORINFO, *LPCURSORINFO;
```

SetCursor 函数可以设置光标的形状：

```
HCURSOR WINAPI SetCursor(_In_opt_ HCURSOR hCursor); // 光标的句柄
```

参数 hCursor 指定光标的句柄，这个句柄可以由 LoadCursor、CreateCursor 或 LoadImage 函数返回。如果 hCursor 参数设置为 NULL，则从屏幕上删除光标。函数返回值是前一个光标的句柄。例如调用 SetCursor(LoadCursor(NULL, IDC_CROSS));可以把光标形状设置为系统预定义光标十字线形状，关于创建自定义光标后面再讲。

需要注意的是，鼠标光标是共享资源，仅当鼠标光标位于我们程序的客户区内时，才应该调用 SetCursorPos、ShowCursor、SetCursor 等函数改变鼠标光标，在光标离开客户区之前应该恢复为先前的状态。

ClipCursor 函数可以将鼠标光标的活动范围限制在指定的矩形区域以内：

```
BOOL WINAPI ClipCursor(_In_opt_ const RECT *lpRect);      // 屏幕坐标，lpRect 设置为 NULL，
                                                           // 则可以自由移动
```

某些加密程序为了防止用户调试自己的程序或者其他非法操作，经常限制用户的鼠标只能在自己程序的窗口范围内活动，例如下面的代码可以实现这个目的：

```
LRESULT CALLBACK WindowProc(HWND hwnd, UINT uMsg, WPARAM wParam, LPARAM lParam)
{
    RECT rect;

    switch (uMsg)
    {
    case WM_CREATE:
        SetTimer(hwnd, 1, 100, NULL);
        return 0;

    case WM_TIMER:
        GetWindowRect(hwnd, &rect);
        ClipCursor(&rect);
        return 0;

case WM_DESTROY:
    ClipCursor(NULL);
```

```
        PostQuitMessage(0);
        return 0;
    }

    return DefWindowProc(hwnd, uMsg, wParam, lParam);
}
```

在 WM_CREATE 消息中调用 SetTimer 函数创建了一个计时器，每隔 100 ms 向窗口过程发送一个 WM_TIMER 消息。计时器将在第 5 章讲解。

## 4.2.5 鼠标捕获

本节实现一个鼠标绘制矩形的示例，用鼠标绘图需要跟踪鼠标光标的位置，跟踪光标通常涉及处理 WM_LBUTTONDOWN、WM_MOUSEMOVE 和 WM_LBUTTONUP 消息。通过记录 WM_LBUTTONDOWN 消息的 lParam 参数中提供的光标位置来确定起点，鼠标移动时会不断产生一系列 WM_MOUSEMOVE 消息，通常也应该处理 WM_MOUSEMOVE 消息以实时反映所绘制图形的变化，最后，处理 WM_LBUTTONUP 消息结束绘制。DrawRectangle 程序的运行效果如图 4.2 所示。

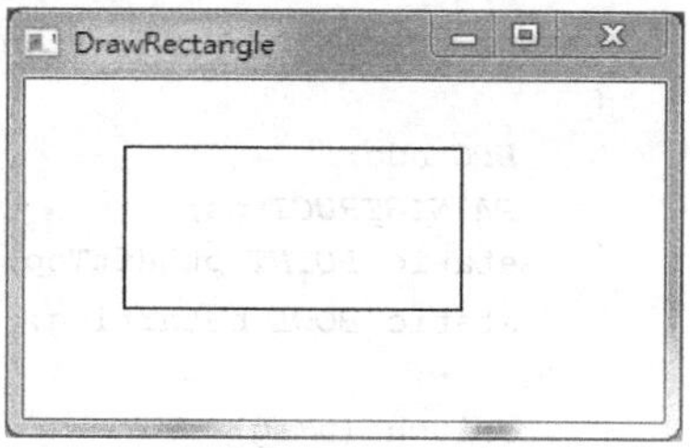

图 4.2

DrawRectangle.cpp 源文件的内容如下所示：

```
#include <Windows.h>
#include <Windowsx.h>

// 函数声明
LRESULT CALLBACK WindowProc(HWND hwnd, UINT uMsg, WPARAM wParam, LPARAM lParam);
VOID DrawFrame(HWND hwnd, POINT ptLeftTop, POINT ptRightBottom);

int WINAPI WinMain(HINSTANCE hInstance, HINSTANCE hPrevInstance, LPSTR lpCmdLine, int nCmdShow)
{
    WNDCLASSEX wndclass;
    TCHAR szClassName[] = TEXT("MyWindow");
    TCHAR szAppName[] = TEXT("DrawRectangle");
    HWND hwnd;
    MSG msg;

    wndclass.cbSize = sizeof(WNDCLASSEX);
    wndclass.style = CS_HREDRAW | CS_VREDRAW;
    wndclass.lpfnWndProc = WindowProc;
    wndclass.cbClsExtra = 0;
    wndclass.cbWndExtra = 0;
    wndclass.hInstance = hInstance;
    wndclass.hIcon = LoadIcon(NULL, IDI_APPLICATION);
    wndclass.hCursor = LoadCursor(NULL, IDC_ARROW);
    wndclass.hbrBackground = (HBRUSH)GetStockObject(WHITE_BRUSH);
    wndclass.lpszMenuName = NULL;
    wndclass.lpszClassName = szClassName;
    wndclass.hIconSm = NULL;
```

```
    RegisterClassEx(&wndclass);

    hwnd = CreateWindowEx(0, szClassName, szAppName, WS_OVERLAPPEDWINDOW,
        CW_USEDEFAULT, CW_USEDEFAULT, 400, 300, NULL, NULL, hInstance, NULL);

    ShowWindow(hwnd, nCmdShow);
    UpdateWindow(hwnd);

    while (GetMessage(&msg, NULL, 0, 0) != 0)
    {
        TranslateMessage(&msg);
        DispatchMessage(&msg);
    }

    return msg.wParam;
}

LRESULT CALLBACK WindowProc(HWND hwnd, UINT uMsg, WPARAM wParam, LPARAM lParam)
{
    HDC hdc;
    PAINTSTRUCT ps;
    static POINT ptLeftTop, ptRightBottom;  // 矩形的左上角和右下角坐标
    static BOOL bStarting;

    switch (uMsg)
    {
    case WM_LBUTTONDOWN:
        //SetCapture(hwnd);
        SetCursor(LoadCursor(NULL, IDC_CROSS));

        // 初始化新矩形的左上角和右下角坐标
        ptLeftTop.x = ptRightBottom.x = GET_X_LPARAM(lParam);
        ptLeftTop.y = ptRightBottom.y = GET_Y_LPARAM(lParam);
        bStarting = TRUE;
        return 0;

    case WM_MOUSEMOVE:
        if (bStarting)
        {
            SetCursor(LoadCursor(NULL, IDC_CROSS));
            // 先擦除上一次WM_MOUSEMOVE消息所画的矩形，WM_MOUSEMOVE消息会不断产生
            DrawFrame(hwnd, ptLeftTop, ptRightBottom);

            // 新矩形的右下角坐标
            ptRightBottom.x = GET_X_LPARAM(lParam);
            ptRightBottom.y = GET_Y_LPARAM(lParam);
            // 绘制新矩形
            DrawFrame(hwnd, ptLeftTop, ptRightBottom);
        }
        return 0;
```

```
        case WM_LBUTTONUP:
            if (bStarting)
            {
                // 擦除 WM_MOUSEMOVE 消息中所画的最后一个矩形
                DrawFrame(hwnd, ptLeftTop, ptRightBottom);

                // 最终矩形的右下角坐标
                ptRightBottom.x = GET_X_LPARAM(lParam);
                ptRightBottom.y = GET_Y_LPARAM(lParam);

                SetCursor(LoadCursor(NULL, IDC_ARROW));
                bStarting = FALSE;
                //ReleaseCapture();

                // 绘制最终的矩形
                InvalidateRect(hwnd, NULL, TRUE);
            }
            return 0;

        case WM_PAINT:
            hdc = BeginPaint(hwnd, &ps);
            Rectangle(hdc, ptLeftTop.x, ptLeftTop.y, ptRightBottom.x, ptRightBottom.y);
            EndPaint(hwnd, &ps);
            return 0;

        case WM_DESTROY:
            PostQuitMessage(0);
            return 0;
        }

        return DefWindowProc(hwnd, uMsg, wParam, lParam);
}

VOID DrawFrame(HWND hwnd, POINT ptLeftTop, POINT ptRightBottom)
{
        HDC hdc = GetDC(hwnd);
        SelectObject(hdc, GetStockObject(NULL_BRUSH));
        SetROP2(hdc, R2_NOT);
        Rectangle(hdc, ptLeftTop.x, ptLeftTop.y, ptRightBottom.x, ptRightBottom.y);
        SelectObject(hdc, GetStockObject(WHITE_BRUSH));
        ReleaseDC(hwnd, hdc);
}
```

具体代码参见 Chapter4\DrawRectangle 项目。用户按下鼠标左键，鼠标光标的当前位置作为要绘制矩形的左上角和右下角坐标；然后不断拖动鼠标产生 WM_MOUSEMOVE 消息，将矩形的右下角坐标重设为鼠标光标的当前位置，然后画出矩形的边框；当用户释放鼠标时，绘制最终的矩形。

但是存在一个问题，在程序窗口的客户区内按下鼠标左键，然后移动鼠标到窗口以外时，程序将停止接收 WM_MOUSEMOVE 消息，现在释放鼠标，由于鼠标落在客户区以外，所以程序没有接收到

WM_BUTTONUP 消息。再将鼠标移回程序窗口的客户区，窗口过程仍然会认为鼠标按钮处于按下的状态，程序现在不知道该如何运行了。

鼠标按下和鼠标抬起消息是成对出现的，这一点没错，但是，在一个窗口没有接收 WM_LBUTTONDOWN 消息的情况下，该窗口的窗口过程可能会接收到 WM_LBUTTONUP 消息，例如用户在其他窗口内按下鼠标，再移动到我们的程序窗口，然后释放，此时就会发生这种情况；如果用户在程序窗口按下鼠标，然后移动鼠标到另一个窗口再释放，则窗口过程会接收到 WM_LBUTTONDOWN 消息，但接收不到 WM_LBUTTONUP 消息。

把 WM_LBUTTONDOWN 消息中的 SetCapture(hwnd);注释去掉，把 WM_LBUTTONUP 消息中的 ReleaseCapture();注释也去掉，程序工作就会正常。下面解释这两个函数。

SetCapture 函数为指定窗口设置鼠标捕获，然后该窗口可以接收所有鼠标消息，直到调用 ReleaseCapture 函数或为其他窗口设置了鼠标捕获：

```
HWND WINAPI SetCapture(_In_ HWND hWnd); // 为 hWnd 窗口捕获鼠标
```

函数返回值是先前捕获鼠标的窗口的句柄，一次只能有一个窗口来捕获鼠标。

不再需要鼠标捕获的时候必须调用 ReleaseCapture 函数释放鼠标捕获：

```
BOOL WINAPI ReleaseCapture(void);
```

为指定窗口设置鼠标捕获以后，鼠标消息总是以客户区鼠标消息的形式出现。即使鼠标位于窗口的非客户区，参数 lParam 表示的鼠标光标也始终相对于客户区。当鼠标位于客户区之外的左方或上方时，*X* 和 *Y* 坐标会是负值。不要随便为一个程序窗口设置鼠标捕获，通常只有当鼠标在客户区内被按下时，程序才应该捕获鼠标；当释放鼠标按钮时，应该立即停止捕获。

还可以使用 ClipCursor 函数在绘制矩形期间将光标活动区域限制在客户区范围以内，例如在 WM_LBUTTONDOWN 消息中添加以下代码：

```
case WM_LBUTTONDOWN:
    //SetCapture(hwnd);
    GetClientRect(hwnd, &rectClient);    // 获取客户区坐标
    ClientToScreen(hwnd, LPPOINT(&rectClient));
    ClientToScreen(hwnd, LPPOINT(&rectClient) + 1);
    ClipCursor(&rectClient);
```

不要忘了在 WM_LBUTTONUP 消息中添加以下代码还鼠标光标自由之身：

```
ClipCursor(NULL);
```

这样的处理方式也很合理。

有一点需要注意，RECT 结构有一个特性，就是 RECT 结构通常不包含右边缘和底边缘，大家可以测试一下，将光标活动区域限制在客户区范围内以后，最右侧和最底部是无法绘制到的。如果需要，则可以在获取客户区的矩形尺寸以后再为其 right 和 bottom 字段额外加 1。有的函数处理方式则不同，例如 FillRect 函数是可以填充指定 RECT 结构的右边缘和底边缘的。

## 4.2.6 鼠标滚轮

按下或释放鼠标滚轮会发送 WM_MBUTTONDOWN 或 WM_MBUTTONUP 消息，双击鼠标滚轮

会发送 WM_MBUTTONDBLCLK 消息。另外，旋转滚轮会发送 WM_MOUSEWHEEL 消息。需要注意的是，WM_MOUSEWHEEL 消息是发送给具有输入焦点的窗口，而不是光标位置下面的窗口。

- WM_MOUSEWHEEL 消息的 wParam 参数的高位字表示本次滚轮旋转的距离，可能是正值或负值。正值表示滚轮向前旋转，远离用户；负值表示滚轮向后旋转，朝向用户。

  WM_MOUSEWHEEL 消息的 wParam 参数的低位字表示鼠标事件发生时其他鼠标按钮以及 Ctrl 和 Shift 键的状态标志，可用的标志和客户区鼠标消息的 wParam 参数相同。

  可以使用以下代码获取 wParam 参数中的信息：

```
fwKeys = GET_KEYSTATE_WPARAM(wParam);
iDistance = GET_WHEEL_DELTA_WPARAM(wParam);
```

- WM_MOUSEWHEEL 消息的 lParam 参数包含鼠标事件发生时光标热点的 *X* 坐标和 *Y* 坐标，相对于屏幕左上角。可以使用 GET_X_LPARAM(lParam)和 GET_Y_LPARAM(lParam)宏分别提取光标热点的 *X* 和 *Y* 坐标。

还有一个鼠标滚轮水平滚动的 WM_MOUSEHWHEEL 消息，加了一个 H 表示 Horizontal，其消息参数和 WM_MOUSEWHEEL 消息的完全相同，在此不再赘述。处理完这两个消息以后应该返回 0。

程序可以通过调用 SystemParametersInfo 函数获取一个 WHEEL_DELTA 值可以滚动的行数：

```
UINT uiScrollLines;     // 在 uiScrollLines 中返回一个 WHEEL_DELTA 值所滚动的行数
SystemParametersInfo(SPI_GETWHEELSCROLLLINES, 0, &uiScrollLines, 0);
```

滚动行数的默认值为 3，用户可以通过控制面板修改默认值。uiScrollLines 可能返回 0，在这种情况下不应该滚动。

常量 WHEEL_DELTA 在 WinUser.h 头文件中定义如下：

```
#define WHEEL_DELTA  120
```

就是说，滚动一行所需的增量为 WHEEL_DELTA / uiScrollLines。

假设 WM_MOUSEWHEEL 消息中 wParam 参数的高位字值为 192，正值表示滚轮向前旋转，远离用户，也就是向上滚动页面，此时应该滚动 192/(WHEEL_DELTA/uiScrollLines)，默认情况下就是 192/40 等于向上滚动 4 行。但是 192/40 还余 32，为了提高用户体验，我们可以把这个 32 记录下来，加到下一次 WM_MOUSEWHEEL 消息中 wParam 参数的高位字上，当然也可以舍弃这个余下的 32。

接下来，我们为 SystemMetrics4 程序添加鼠标滚轮垂直滚动条接口：

```
LRESULT CALLBACK WindowProc(HWND hwnd, UINT uMsg, WPARAM wParam, LPARAM lParam)
{
    // ………
    UINT uiScrollLines;
    static int iDistancePerLine;  // 滚动一行所需距离
    static int iDistanceScroll;   // 本次处理 WM_MOUSEWHEEL 消息需要滚动多少距离

    switch (uMsg)
    {
    case WM_CREATE:
        // ………
        SystemParametersInfo(SPI_GETWHEELSCROLLLINES, 0, &uiScrollLines, 0);
        if (uiScrollLines != 0)
```

```
            iDistancePerLine = WHEEL_DELTA / uiScrollLines;
        else
            iDistancePerLine = 0;
        return 0;
        // ………

    case WM_MOUSEWHEEL:
        if (iDistancePerLine == 0)
            return 0;

        iDistanceScroll += GET_WHEEL_DELTA_WPARAM(wParam);
        // GET_WHEEL_DELTA_WPARAM(wParam)是正数，滚轮向前旋转，远离用户，向上滚动
        while (iDistanceScroll >= iDistancePerLine)
        {
            SendMessage(hwnd, WM_VSCROLL, SB_LINEUP, 0);
            iDistanceScroll -= iDistancePerLine;
        }
        // GET_WHEEL_DELTA_WPARAM(wParam)是负数，滚轮向后旋转，朝向用户，向下滚动
        while (iDistanceScroll <= -iDistancePerLine)
        {
            SendMessage(hwnd, WM_VSCROLL, SB_LINEDOWN, 0);
            iDistanceScroll += iDistancePerLine;
        }
        return 0;
        // ………

    }

    return DefWindowProc(hwnd, uMsg, wParam, lParam);
}
```

这里仅列出了增加的部分。在 WM_CREATE 消息中计算滚动一行所需的增量，在 WM_MOUSEWHEEL 消息中根据情况向上滚动或向下滚动。完整代码参见 Chapter4\SystemMetrics5 项目。

前面说过，滚动行数的默认值为 3，用户可以通过控制面板修改其默认值。如果用户更改了系统参数，则系统会向所有顶级窗口广播 WM_SETTINGCHANGE 消息。如果希望把程序做得更友好，则应该处理 WM_SETTINGCHANGE 消息，在该消息中再次调用 SystemParametersInfo(SPI_GETWHEELSCROLLLINES, 0, &uiScrollLines, 0);重新计算滚动一行所需的增量。

### 4.2.7 模拟鼠标消息

有两种方法可以很方便地实现模拟鼠标消息，一是使用 SendMessage / PostMessage 函数发送鼠标消息，二是使用 mouse_event 模拟鼠标事件。mouse_event 函数合成鼠标移动和鼠标按钮单击事件，原型如下：

```
VOID mouse_event(
    DWORD dwFlags,          // 控制鼠标移动和按钮单击的标志位
    DWORD dx,               // 鼠标在X轴的绝对位置或者从上次鼠标事件产生以来移动的相对数量
    DWORD dy,               // 鼠标在Y轴的绝对位置或者从上次鼠标事件产生以来移动的相对数量
```

```
    DWORD dwData,            // 根据 dwFlags 参数的设置，具有不同含义
    ULONG_PTR dwExtraInfo);// 与鼠标事件关联的附加值，可调用 GetMessageExtraInfo 以获取此额外信息
```

微软建议使用 SendInput 函数代替 mouse_event ，但是 SendInput 函数用起来确实有点复杂。参数 dwFlags 是控制鼠标移动和按钮单击的标志位，该参数可以是表 4.17 所示的值的组合。

**表 4.17**

| 常量 | 含义 |
|---|---|
| MOUSEEVENTF_ABSOLUTE | 如果设置了该标志，dx 和 dy 参数为鼠标移动的绝对位置，否则表示从上次鼠标事件产生以来移动的相对数量 |
| MOUSEEVENTF_MOVE | 鼠标移动 |
| MOUSEEVENTF_LEFTDOWN | 鼠标左键按下 |
| MOUSEEVENTF_LEFTUP | 鼠标左键抬起 |
| MOUSEEVENTF_MIDDLEDOWN | 鼠标中键按下 |
| MOUSEEVENTF_MIDDLEUP | 鼠标中键抬起 |
| MOUSEEVENTF_RIGHTDOWN | 鼠标右键按下 |
| MOUSEEVENTF_RIGHTUP | 鼠标右键抬起 |
| MOUSEEVENTF_XDOWN | X 按钮按下，dwData 参数指定按下哪个 X 按钮，XBUTTON1 或 XBUTTON2 |
| MOUSEEVENTF_XUP | X 按钮抬起，dwData 参数指定抬起哪个 X 按钮，XBUTTON1 或 XBUTTON2 |
| MOUSEEVENTF_WHEEL | 鼠标滚轮滚动，滚动量在 dwData 参数中指定 |
| MOUSEEVENTF_HWHEEL | 鼠标滚轮水平滚动，滚动量在 dwData 参数中指定 |

如果参数 dwFlags 指定了 MOUSEEVENTF_ABSOLUTE 标志，那么 dx 和 dy 参数为鼠标移动的绝对位置。dx 和 dy 的值指定为 0～65535，(0, 0)映射到屏幕的左上角，(65535, 65535)映射到屏幕的右下角。例如，如果希望把鼠标光标移动到离屏幕左上角向右 200 像素，向下 100 像素处，那么在 1366 × 768 分辨率的计算机上，应该这样调用 mouse_event 函数，我用按键 1 进行测试：

```
case WM_CHAR:
    switch (wParam)
    {
    case '1':
        mouse_event(MOUSEEVENTF_ABSOLUTE | MOUSEEVENTF_MOVE, 200 * 65535 / 1366,
            100 * 65535 / 768, 0, 0);
        break;
    }
    return 0;
```

如果参数 dwFlags 没有指定 MOUSEEVENTF_ABSOLUTE 标志，那么 dx 和 dy 表示相对于上次鼠标事件产生的位置的移动量，指定为正值表示鼠标向右（或下）移动，负值表示鼠标向左（或上）移动。但是，相对移动受指针移动速度和加速级别的设置影响，可以通过控制面板修改这些值，也可以通过指定 SPI_SETMOUSESPEED 或 SPI_SETMOUSE 参数调用 SystemParametersInfo 函数修改指针移动速度或加速级别。假设调用 mouse_event(MOUSEEVENTF_MOVE, 10, 0, 0, 0);，不一定正好向右移动 10 像素。

# 第 5 章

# 计时器（定时器）和时间

## 5.1 计时器

可以通过调用 SetTimer 函数为指定的窗口创建一个计时器（也叫定时器），每隔指定的时间，系统就会通知程序：

```
UINT_PTR WINAPI SetTimer(
    _In_opt_ HWND       hWnd,          // 与计时器关联的窗口句柄
    _In_     UINT_PTR   nIDEvent,      // 计时器 ID
    _In_     UINT       uElapse,       // 时间间隔，以毫秒为单位
    _In_opt_ TIMERPROC  lpTimerFunc);  // 回调函数，可选
```

参数 uElapse 指定时间间隔，以毫秒为单位。如果 uElapse 参数小于 USER_TIMER_MINIMUM (0x0000000A)，则时间间隔会被设置为 USER_TIMER_MINIMUM；如果 uElapse 参数大于 USER_TIMER_MAXIMUM(0x7FFFFFFF)，则时间间隔会被设置为 USER_TIMER_MAXIMUM。即 uElapse 参数可以设置为 10～2147483647 ms（大约 24.8 天）。如果指定的时间间隔已过，系统就会通知应用程序。

当不再需要所创建的计时器时，需要调用 KillTimer 函数销毁计时器：

```
BOOL WINAPI KillTimer(
    _In_opt_ HWND      hWnd,        // 与计时器关联的窗口句柄，与创建计时器时 SetTimer 函数的 hWnd
                                    // 值相同
    _In_     UINT_PTR  nIDEvent);   // 计时器 ID，与创建计时器时 SetTimer 函数的 nIDEvent 值相同
```

如果程序需要一个计时器，则可以在 WinMain 函数中或在处理 WM_CREATE 消息时，调用 SetTimer 函数创建一个计时器；可以在 WinMain 函数返回或在处理 WM_DESTROY 消息时，调用 KillTimer 函数销毁计时器。根据调用 SetTimer 函数时所设置参数的不同，使用计时器的方式可以分为以下 3 种。

### 1. 通过 WM_TIMER 消息

最简单的方式就是每当指定的时间间隔已过，由系统发送 WM_TIMER 消息到程序的窗口过程。例如下面的代码：

```
#define IDT_TIMER_SECOND 1
#define IDT_TIMER_MINUTE 2
```

```
LRESULT CALLBACK WindowProc(HWND hwnd, UINT uMsg, WPARAM wParam, LPARAM lParam)
{
    switch (uMsg)
    {
    case WM_CREATE:
        SetTimer(hwnd, IDT_TIMER_SECOND, 1000, NULL);       // 1s 触发一次
        SetTimer(hwnd, IDT_TIMER_MINUTE, 1000 * 60, NULL);  // 1min 触发一次
        return 0;

    case WM_TIMER:
        switch (wParam)
        {
        case IDT_TIMER_SECOND:
            // 处理 1s 触发一次的那个计时器
            break;
        case IDT_TIMER_MINUTE:
            // 处理 1min 触发一次的那个计时器
            break;
        }
        return 0;

    case WM_DESTROY:
        KillTimer(hwnd, IDT_TIMER_SECOND);
        KillTimer(hwnd, IDT_TIMER_MINUTE);
        PostQuitMessage(0);
        return 0;
    }

    return DefWindowProc(hwnd, uMsg, wParam, lParam);
}
```

在 WM_CREATE 消息中，创建了两个计时器。SetTimer 函数的 hWnd 参数指定接收 WM_TIMER 消息的窗口句柄。nIDEvent 参数指定计时器的 ID，此处的计时器 ID 不能为 0。如果程序中需要多个计时器，那么最好把计时器 ID 定义为常量，这样比较容易区分不同的计时器。每个计时器都应该有唯一的 ID，如果程序比较简单而且只需要一个计时器，可以把 nIDEvent 参数设置为 1 或其他简单的数字。uElapse 参数指定以毫秒为单位的时间间隔。

WM_TIMER 消息的 wParam 参数是计时器的 ID，lParam 参数是创建计时器时指定的回调函数指针。处理完 WM_TIMER 消息以后应该返回 0。上面的代码在 WM_TIMER 消息中，根据计时器 ID 来判断本次消息来源于哪个计时器，然后分别处理。如果程序只有一个计时器，那就不需要使用 switch 分支来判断不同的计时器 ID。

最后，记得在 WM_DESTROY 消息中调用 KillTimer 函数销毁每个计时器。可以在任何时候销毁一个计时器，甚至可以在 WM_TIMER 消息中就销毁，这样就是一个一次性计时器。

**2. 使用回调函数**

第二种方式就是每当指定的时间间隔已过，由系统调用 SetTimer 函数指定的回调函数。回调函数的概念大家应该都不陌生。计时器回调函数的定义格式如下所示：

```
VOID CALLBACK TimerProc(
    _In_ HWND      hwnd,      // 与计时器关联的窗口句柄
    _In_ UINT      uMsg,      // 消息类型，总是 WM_TIMER
    _In_ UINT_PTR idEvent,    // 计时器 ID
    _In_ DWORD     dwTime);   // 自系统启动以来经过的毫秒数，是系统调用 GetTickCount 函数返回的值
```

要使用回调函数处理计时器，调用 SetTimer 函数创建计时器的时候第 4 个参数必须设置为回调函数的地址 TimerProc。每当消息循环的 GetMessage 函数获取到 WM_TIMER 消息，DispatchMessage 函数就会调用 SetTimer 函数指定的 TimerProc 回调函数。请看示例代码：

```
#define IDT_TIMER_SECOND 1
#define IDT_TIMER_MINUTE 2

// 计时器回调函数
VOID CALLBACK TimerProc(HWND hwnd, UINT uMsg, UINT_PTR idEvent, DWORD dwTime);

LRESULT CALLBACK WindowProc(HWND hwnd, UINT uMsg, WPARAM wParam, LPARAM lParam)
{
    switch (uMsg)
    {
    case WM_CREATE:
        SetTimer(hwnd, IDT_TIMER_SECOND, 1000, TimerProc);       // 1s 触发一次
        SetTimer(hwnd, IDT_TIMER_MINUTE, 1000 * 60, TimerProc);  // 1min 触发一次
        return 0;

    case WM_DESTROY:
        KillTimer(hwnd, IDT_TIMER_SECOND);
        KillTimer(hwnd, IDT_TIMER_MINUTE);
        PostQuitMessage(0);
        return 0;
    }

    return DefWindowProc(hwnd, uMsg, wParam, lParam);
}

VOID CALLBACK TimerProc(HWND hwnd, UINT uMsg, UINT_PTR idEvent, DWORD dwTime)
{
    switch (idEvent)
    {
    case IDT_TIMER_SECOND:
        // 处理 1s 触发一次的那个计时器
        break;
    case IDT_TIMER_MINUTE:
        // 处理 1min 触发一次的那个计时器
        break;
    }
}
```

如果在窗口过程中加上了对 WM_TIMER 消息的处理，则窗口过程不会收到该消息。

如果需要改变一个已有计时器的时间间隔，可以使用相同的参数但不同的时间间隔值再次调用 SetTimer 函数。

### 3. 其他方式

除了以上两种方式，其他的方式并不常用。

如果在调用 SetTimer 函数创建计时器的时候指定了窗口句柄，系统会将计时器与该窗口相关联，只要设置的时间间隔已过；系统就会向与计时器关联的窗口发送 WM_TIMER 消息或调用 TimerProc 回调函数；如果在调用 SetTimer 函数的时候指定窗口句柄为 NULL，那么创建计时器的应用程序必须监视其消息队列以获取 WM_TIMER 消息并将消息分派到相应的窗口。

消息循环中的处理代码如下：

```
while (GetMessage(&msg, NULL, 0, 0) != 0)
{
    if (msg.message == WM_TIMER)
        msg.hwnd = hwndTimerHandler;   // hwndTimerHandler 指定为处理计时器消息的窗口的窗口句柄
    TranslateMessage(&msg);
    DispatchMessage(&msg);
}
```

系统会发送 WM_TIMER 消息到窗口句柄为 hwndTimerHandler 的窗口对应的窗口过程中。

窗口过程中创建、销毁计时器的示例代码：

```
int g_nTimerID;

LRESULT CALLBACK WindowProc(HWND hwnd, UINT uMsg, WPARAM wParam, LPARAM lParam)
{
    switch (uMsg)
    {
    case WM_CREATE:
        g_nTimerID = SetTimer(NULL, 0, 1000, NULL); // 计时器 ID 参数会被忽略,函数会返回计时器 ID
        return 0;

    case WM_TIMER:
        //消息循环中把 msg.hwnd 赋值为本窗口过程所属的窗口句柄，这里才会执行
        return 0;

    case WM_DESTROY:
        KillTimer(NULL, g_nTimerID);
        PostQuitMessage(0);
        return 0;
    }

    return DefWindowProc(hwnd, uMsg, wParam, lParam);
}
```

将 SetTimer 函数的窗口句柄参数设置为 NULL，函数会忽略计时器的 ID 参数，SetTimer 函数会返回一个计时器 ID。

KillTimer 函数的窗口句柄参数也需要指定为 NULL，计时器 ID 参数指定为 SetTimer 函数返回的 g_nTimerID。

如果调用 SetTimer 函数时指定了回调函数，那么系统会调用指定的回调函数，但是，回调函数的窗口句柄参数始终为 NULL。

使用计时器有几点需要注意。首先，WM_TIMER 消息和 WM_PAINT 消息一样是一个低优先级的消息，Windows 只有在消息队列中没有其他消息或没有其他更高优先级的消息的情况下才会发送 WM_TIMER 消息。如果窗口过程忙于处理某个消息而没有返回，消息队列中可能累积多条消息，这时 WM_TIMER 消息就会被丢弃。其次，消息队列中不会有多条 WM_TIMER 消息。如果消息队列中已经存在一条 WM_TIMER 消息，还没来得及处理，但又到了计时器指定的时间间隔，那么两条 WM_TIMER 消息会被合并成一条。最后，计时器的准确性还取决于系统时钟频率，例如最小精度是 10ms。因此 SetTimer 函数指定的时间间隔仅为近似值，应用程序不能依赖计时器来保证某件事情在规定的一个精确细微时刻一定会被处理。

计时器可以用于但不局限于以下场合。

- 如果程序需要完成一项非常复杂或耗时的任务，则可以把这个任务分成许多小块。每当它收到一个 WM_TIMER 消息时，就处理一小块任务。
- 利用计时器实时显示不断变化的信息，例如桌面右下角显示的时间就需要定时更新。
- 实现自动存储功能。计时器可以提醒一个程序每隔指定的时间间隔就把用户的工作自动保存到磁盘上。
- 终止应用程序的试用版。有些收费软件可能每次只允许用户试用几分钟，如果时间已到，程序就退出。

## 5.2 系统时间

可以调用 GetSystemTime 函数获取系统的当前日期和时间，返回的系统时间以协调世界时（Coordinated Universal Time，UTC）表示：

```
VOID WINAPI GetSystemTime(_Out_ LPSYSTEMTIME lpSystemTime); // SYSTEMTIME 结构
```

参数 lpSystemTime 是一个指向 SYSTEMTIME 结构的指针，在这个结构中返回系统的当前日期和时间。SYSTEMTIME 结构在 minwinbase.h 头文件中定义如下：

```
typedef struct _SYSTEMTIME {
    WORD wYear;           // 年，范围 1601～30827
    WORD wMonth;          // 月，范围 1～12
    WORD wDayOfWeek;      // 星期，范围 0～6
    WORD wDay;            // 日，范围 1～31
    WORD wHour;           // 时，范围 0～23
    WORD wMinute;         // 分，范围 0～59
    WORD wSecond;         // 秒，范围 0～59
    WORD wMilliseconds;   // 毫秒，范围 0～999
} SYSTEMTIME, *PSYSTEMTIME, *LPSYSTEMTIME;
```

协调世界时又称世界统一时间、世界标准时间、国际协调时间，是最主要的世界时间标准。其以原子时秒长为基础，在时刻上尽量接近于格林尼治标准时间。如果本地时间比 UTC 时间快，例如新加坡、马来西亚、澳大利亚西部的时间比 UTC 快 8h，就会写作 UTC+8，俗称东 8 区；相反，如果本地时间比 UTC 时间慢，例如夏威夷的时间比 UTC 时间慢 10 小时，就会写作 UTC-10，俗称西 10 区。

GetLocalTime 函数也可以获取系统的当前日期和时间，该函数会根据计算机的时区计算当地时间。对于中国大陆来说，该函数获取的时间比 GetSystemTime 函数获取的时间快 8 小时：

```
VOID WINAPI GetLocalTime(_Out_ LPSYSTEMTIME lpSystemTime);  // SYSTEMTIME 结构
```

GetSystemTime 和 GetLocalTime 函数所获取到的时间值的准确性完全取决于用户是否设置了正确的时区以及是否在本机上设置正确的时间，打开控制面板→日期和时间，可以更改日期时间和时区。

要设置当前系统日期和时间，可以使用 SetSystemTime 或 SetLocalTime 函数：

```
BOOL WINAPI SetSystemTime(_In_ const SYSTEMTIME *lpSystemTime);  // lpSystemTime 是协调世界时
BOOL WINAPI SetLocalTime( _In_ const SYSTEMTIME *lpSystemTime); // lpSystemTime 是本地时间
```

两个函数的区别不言而喻，假设 SYSTEMTIME 结构初始化为“2020 年 10 月 1 号 星期四 中午 12 点”：

```
SYSTEMTIME st = {
    2020,    // 年，范围 1601～30827
    10,      // 月，范围 1～12
    3,       // 星期，范围 0～6
    1,       // 日，范围 1～31
    12,      // 时，范围 0～23
    0,       // 分，范围 0～59
    0,       // 秒，范围 0～59
    0 };     // 毫秒，范围 0～999
调用 SetSystemTime(&st);桌面右下角时间显示为 2020 年 10 月 1 号  星期四  20 点
调用 SetLocalTime(&st); 桌面右下角时间显示为 2020 年 10 月 1 号  星期四  12 点
```

注意：调用 SetSystemTime(&st)，本机显示的始终是本地时间，因此是（中午 12 点 +8 小时）等于 20 点。

看一下时间单位 s（秒）、ms（毫秒）、μs（微秒）、ns（纳秒），ps（皮秒）的关系：1 s = 1000 ms，1 ms = 1000 μs，1 μs = 1000 ns，1 ns = 1000 ps。还有更小的时间单位，不过一般用不到。

练习一下计时器和获取系统时间函数的用法。LocalTime 程序非常简单，每秒钟刷新一次，重新获取系统时间，程序运行效果如图 5.1 所示。

图 5.1

因为 WinMain 函数和以前是一样的，这里仅列出窗口过程：

```
LRESULT CALLBACK WindowProc(HWND hwnd, UINT uMsg, WPARAM wParam, LPARAM lParam)
{
    HDC hdc;
    PAINTSTRUCT ps;
    RECT rect;
    SIZE size;
    SYSTEMTIME stLocal;
    LPTSTR arrWeek[] = { TEXT("星期日"), TEXT("星期一"), TEXT("星期二"), TEXT("星期三"),
        TEXT("星期四"), TEXT("星期五"), TEXT("星期六") };
    TCHAR szBuf[32] = { 0 };
```

```
    switch (uMsg)
    {
    case WM_CREATE:
        hdc = GetDC(hwnd);
        // 设置窗口大小
        GetLocalTime(&stLocal);
        wsprintf(szBuf, TEXT("%d年%0.2d月%0.2d日 %s %0.2d:%0.2d:%0.2d"),
            stLocal.wYear, stLocal.wMonth, stLocal.wDay, arrWeek[stLocal.wDayOfWeek],
            stLocal.wHour, stLocal.wMinute, stLocal.wSecond);
        GetTextExtentPoint32(hdc, szBuf, _tcslen(szBuf), &size);
        SetRect(&rect, 0, 0, size.cx, size.cy);
        AdjustWindowRectEx(&rect, GetWindowLongPtr(hwnd, GWL_STYLE),
            GetMenu(hwnd) != NULL, GetWindowLongPtr(hwnd, GWL_EXSTYLE));
        SetWindowPos(hwnd, NULL, 0, 0, rect.right - rect.left, rect.bottom -rect.top,
            SWP_NOZORDER | SWP_NOMOVE);
        ReleaseDC(hwnd, hdc);

        // 创建计时器
        SetTimer(hwnd, 1, 1000, NULL);
        return 0;

    case WM_TIMER:
        InvalidateRect(hwnd, NULL, FALSE);
        return 0;

    case WM_PAINT:
        hdc = BeginPaint(hwnd, &ps);
        GetLocalTime(&stLocal);
        wsprintf(szBuf, TEXT("%d年%0.2d月%0.2d日 %s %0.2d:%0.2d:%0.2d"),
            stLocal.wYear, stLocal.wMonth, stLocal.wDay, arrWeek[stLocal.wDayOfWeek],
            stLocal.wHour, stLocal.wMinute, stLocal.wSecond);
        TextOut(hdc, 0, 0, szBuf, _tcslen(szBuf));
        EndPaint(hwnd, &ps);
        return 0;

    case WM_DESTROY:
        KillTimer(hwnd, 1);
        PostQuitMessage(0);
        return 0;
    }

    return DefWindowProc(hwnd, uMsg, wParam, lParam);
}
```

完整代码参见 Chapter5\LocalTime 项目。

## 5.3 Windows 时间

有时候可能需要计算完成一项工作所耗费的时间，虽然可以通过比较工作完成前后的系统时间来计算，但是一方面比较复杂（两个 SYSTEMTIME 结构的加减有点复杂），另一方面系统时间可能存在不确定性（例如系统时间可以修改），最简单可靠的方法就是使用 Windows 时间。

GetTickCount 函数用于获取自系统启动以来经过的毫秒数。因为返回值是一个 DWORD 类型，所以最多 49.7 天，如果系统连续运行 49.7 天，时间将归零并重新开始。还可以使用 GetTickCount64 函数，该函数返回值类型为 ULONGLONG。

```
DWORD WINAPI GetTickCount(void);
ULONGLONG WINAPI GetTickCount64(void);
```

GetTickCount 和 GetTickCount64 函数获取的时间限于系统计时器的精度，为 10ms～16ms。

有时候可能会使用 GetTickCount 或 GetTickCount64 函数获取当前 Windows 时间，然后与 GetMessageTime 函数返回的时间进行比较。GetMessageTime 函数返回一个消息被创建的时间，这个时间是自系统启动以来经过的毫秒数：

```
LONG GetMessageTime(VOID);
```

对于更高精度的 Windows 时间获取方法，请大家参考 MSDN。

## 5.4　时钟程序

本节我们利用前面所学实现一个时钟程序，Clock 程序运行效果如图 5.2 所示。

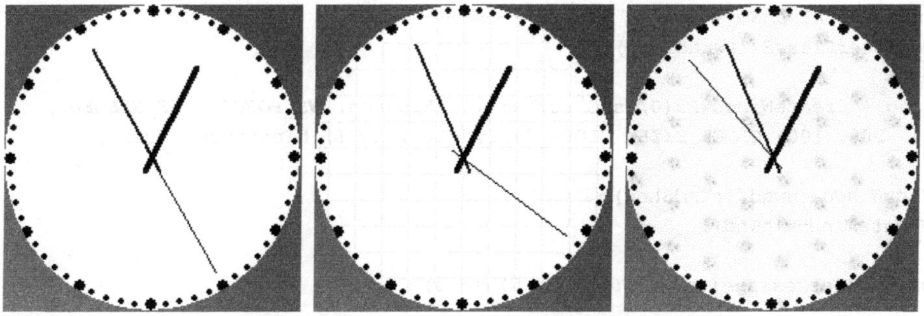

图 5.2

初始情况下如图 5.2 中是白色背景（左），按下按键 1 更换为格子背景（中），按下按键 2 更换为花朵背景（右）。程序虽然没有标题栏，但是仍然可以通过在客户区中按住鼠标左键进行拖动。另外，程序保留了系统菜单，可以通过按下 Alt + F4 组合键关闭程序，按下 Esc 键也可以退出程序。

Clock.cpp 源文件的内容如下所示：

```
#include <Windows.h>
#include <math.h>

// 常量定义
const int         CLOCK_SIZE = 200;             // 钟表的直径
const DOUBLE      TWOPI = 2 * 3.1415926;
```

```
// 函数声明，窗口过程
LRESULT CALLBACK WindowProc(HWND hwnd, UINT uMsg, WPARAM wParam, LPARAM lParam);
VOID DrawDots(HDC hdc);
VOID DrawLine(HDC hdc, int nAngle, int nRadiusAdjust);

int WINAPI WinMain(HINSTANCE hInstance, HINSTANCE hPrevInstance, LPSTR lpCmdLine, int
nCmdShow)
{
    WNDCLASSEX wndclass;
    TCHAR szClassName[] = TEXT("MyWindow");
    TCHAR szAppName[] = TEXT("Clock");
    HWND hwnd;
    MSG msg;

    wndclass.cbSize = sizeof(WNDCLASSEX);
    wndclass.style = CS_HREDRAW | CS_VREDRAW;
    wndclass.lpfnWndProc = WindowProc;
    wndclass.cbClsExtra = 0;
    wndclass.cbWndExtra = 0;
    wndclass.hInstance = hInstance;
    wndclass.hIcon = LoadIcon(NULL, IDI_APPLICATION);
    wndclass.hCursor = LoadCursor(NULL, IDC_ARROW);
    wndclass.hbrBackground = (HBRUSH)GetStockObject(WHITE_BRUSH);
    wndclass.lpszMenuName = NULL;
    wndclass.lpszClassName = szClassName;
    wndclass.hIconSm = NULL;
    RegisterClassEx(&wndclass);

    hwnd = CreateWindowEx(0, szClassName, szAppName, WS_POPUP | WS_SYSMENU,
        200, 100, CLOCK_SIZE, CLOCK_SIZE, NULL, NULL, hInstance, NULL);

    ShowWindow(hwnd, nCmdShow);
    UpdateWindow(hwnd);

    while (GetMessage(&msg, NULL, 0, 0) != 0)
    {
        TranslateMessage(&msg);
        DispatchMessage(&msg);
    }

    return msg.wParam;
}

LRESULT CALLBACK WindowProc(HWND hwnd, UINT uMsg, WPARAM wParam, LPARAM lParam)
{
    HDC hdc;
    PAINTSTRUCT ps;
    HRGN hRgn;
    SYSTEMTIME st;
```

```
switch (uMsg)
{
case WM_CREATE:
    // 创建椭圆裁剪区域
    hRgn = CreateEllipticRgn(0, 0, CLOCK_SIZE, CLOCK_SIZE);
    SetWindowRgn(hwnd, hRgn, TRUE);
    // 设置为总在最前
    SetWindowPos(hwnd, HWND_TOPMOST, 0, 0, 0, 0, SWP_NOMOVE | SWP_NOSIZE);
    // 创建计时器
    SetTimer(hwnd, 1, 1000, NULL);
    return 0;

case WM_TIMER:
    InvalidateRect(hwnd, NULL, TRUE);
    return 0;

case WM_LBUTTONDOWN:
    // 按住鼠标左键可以拖动窗口
    SetCursor(LoadCursor(NULL, IDC_HAND));
    SendMessage(hwnd, WM_NCLBUTTONDOWN, HTCAPTION, 0);
    SetCursor(LoadCursor(NULL, IDC_ARROW));
    return 0;

case WM_PAINT:
    hdc = BeginPaint(hwnd, &ps);
    GetLocalTime(&st);
    // 画点
    SelectObject(hdc, GetStockObject(BLACK_BRUSH));
    DrawDots(hdc);

    // 画秒针、分针、时针
    SelectObject(hdc, CreatePen(PS_SOLID, 1, RGB(0, 0, 0)));
    DrawLine(hdc, st.wSecond * 6, 10);      // 秒针，秒针度数 = 秒 × 6

    DeleteObject(SelectObject(hdc, CreatePen(PS_SOLID, 2, RGB(0, 0, 0))));
    DrawLine(hdc, st.wMinute * 6, 20);      // 分针，分针度数 = 分 × 6

    DeleteObject(SelectObject(hdc, CreatePen(PS_SOLID, 3, RGB(0, 0, 0))));
    // 时针，时针度数 = 时 × 30 + 分 / 2
    DrawLine(hdc, (st.wHour % 12) * 30 + st.wMinute / 2, 30);
    DeleteObject(SelectObject(hdc, GetStockObject(BLACK_PEN)));

    SelectObject(hdc, GetStockObject(WHITE_BRUSH));
    EndPaint(hwnd, &ps);
    return 0;

case WM_CHAR:
    switch (wParam)
    {
    case '1':    // 更换窗口背景
```

```
            SetClassLongPtr(hwnd, GCLP_HBRBACKGROUND,
                (LONG)CreatePatternBrush((HBITMAP)LoadImage(NULL, TEXT("Back1.bmp"),
                    IMAGE_BITMAP, 0, 0, LR_LOADFROMFILE)));
            InvalidateRect(hwnd, NULL, TRUE);
            break;
        case '2':   // 更换窗口背景
            SetClassLongPtr(hwnd, GCLP_HBRBACKGROUND,
                (LONG)CreatePatternBrush((HBITMAP)LoadImage(NULL, TEXT("Back2.bmp"),
                    IMAGE_BITMAP, 0, 0, LR_LOADFROMFILE)));
            InvalidateRect(hwnd, NULL, TRUE);
            break;
        case 0x1B:  // Esc
            SendMessage(hwnd, WM_CLOSE, 0, 0);
            break;
        }
        return 0;

    case WM_DESTROY:
        KillTimer(hwnd, 1);
        PostQuitMessage(0);
        return 0;
    }

    return DefWindowProc(hwnd, uMsg, wParam, lParam);
}

VOID DrawDots(HDC hdc)
{
    int x, y;
    int nRadius;

    for (int nAngle = 0; nAngle < 360; nAngle += 6)
    {
        x = CLOCK_SIZE / 2 + (int)((CLOCK_SIZE / 2 - 4) * sin(TWOPI * nAngle / 360));
        y = CLOCK_SIZE / 2 - (int)((CLOCK_SIZE / 2 - 4) * cos(TWOPI * nAngle / 360));
        // 每隔 30 度画大圆，小时的圆点；每隔 6 度画小圆，分钟的圆点
        nRadius = nAngle % 5 ? 2 : 4;
        Ellipse(hdc, x - nRadius, y - nRadius, x + nRadius, y + nRadius);
    }
}

VOID DrawLine(HDC hdc, int nAngle, int nRadiusAdjust)
{
    int x1, y1, x2, y2;

    x1 = CLOCK_SIZE / 2 + (int)(((CLOCK_SIZE / 2 - 4) - nRadiusAdjust) * sin(TWOPI *
nAngle / 360));
    y1 = CLOCK_SIZE / 2 - (int)(((CLOCK_SIZE / 2 - 4) - nRadiusAdjust) * cos(TWOPI *
nAngle / 360));
    x2 = CLOCK_SIZE / 2 + (int)(10 * sin(TWOPI * ((DOUBLE)nAngle + 180) / 360));
    y2 = CLOCK_SIZE / 2 - (int)(10 * cos(TWOPI * ((DOUBLE)nAngle + 180) / 360));
```

```
        MoveToEx(hdc, x1, y1, NULL);
        LineTo(hdc, x2, y2);
    }
```

具体代码参见 Chapter5\Clock 项目。在调用 CreateWindowEx 函数创建窗口的时候，我们指定 dwStyle 窗口样式为 WS_POPUP | WS_SYSMENU，这表示窗口是一个弹出窗口，有系统菜单，但因为没有指定 WS_CAPTION 样式，所以没有菜单栏，不设置菜单栏是为了后面将窗口裁剪为一个圆形。

在 WM_CREATE 消息中，创建椭圆裁剪区域，并设置窗口的窗口区域，设置程序窗口总在最前，创建一个时间间隔为 1s 的计时器，这些都很简单。

在 WM_TIMER 消息中，通过调用 InvalidateRect 函数宣布窗口客户区无效来重新获取时间并显示。

在 WM_LBUTTONDOWN 消息中，为了在客户区按住鼠标左键拖动窗口，我们调用 SendMessage 函数发送一个命中测试值为 HTCAPTION 的 WM_NCLBUTTONDOWN 消息，欺骗 Windows 这是在非客户区的标题栏按下了鼠标左键。

在 WM_PAINT 消息中，调用 GetLocalTime 函数获取本地时间，然后分别画时钟的圆点刻度和秒针、分针、时针。这没什么难点，唯一困难的是计算圆点刻度和秒针、分针、时针坐标，可以参照图 5.3。

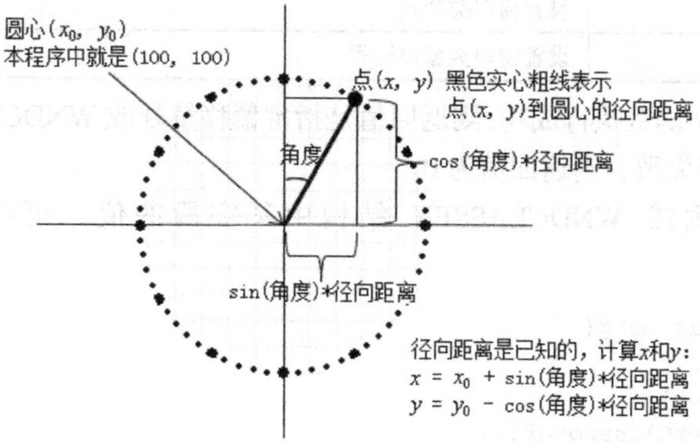


图 5.3

在 WM_CHAR 消息中，按下按键 1 或 2 可以更换窗口背景，这是通过调用 SetClassLongPtr 函数修改 WNDCLASSEX 结构的 hbrBackground 字段实现的，以后程序将使用 hbrBackground 字段指定的新画刷擦除背景。LoadImage 函数用于加载文件中的一副位图。WM_CHAR 消息中的功能，可以用右键弹出菜单来实现，因为还没有学习菜单，所以暂时使用字符消息实现。

SetClassLongPtr 函数设置窗口类内存中指定偏移量处的值，或设置窗口类的 WNDCLASSEX 结构中某字段的值。要编写 32 位和 64 位版本兼容的代码，应该使用 SetClassLongPtr 函数。如果编译为 32 位程序，对 SetClassLongPtr 函数的调用实际上还是调用 SetClassLong：

```
ULONG_PTR WINAPI SetClassLongPtr(
    _In_ HWND      hWnd,        // 窗口句柄
    _In_ int       nIndex,      // 要设置哪一项
    _In_ LONG_PTR dwNewLong);// 新值
```

参数 nIndex 指定要设置哪一项。WNDCLASSEX 结构有一个 cbClsExtra 字段，该字段用于指定紧跟在 WNDCLASSEX 结构后面的附加数据字节数，可以存放自定义数据。假设我们设置 wndclass. cbClsExtra = 16，16 字节可以存放 2 个__int64 型数据或 4 个 int 型数据。nIndex 指定为 0 和 8 分别表示要设置第 1 个和第 2 个_int64 型数据。如果存放的是 int 型数据，则可以设置为 0、4、8、12。如果要设置 WNDCLASSEX 结构中相关字段的值，可以指定为表 5.1 所示索引之一。

表 5.1

| 常量 | 含义 |
| --- | --- |
| GCL_CBCLSEXTRA | 设置窗口类附加数据字节数，以字节为单位 |
| GCL_CBWNDEXTRA | 设置窗口类中与每个窗口关联的额外内存的大小，以字节为单位 |
| GCLP_HBRBACKGROUND | 设置窗口类窗口背景画刷句柄 |
| GCLP_HCURSOR | 设置窗口类光标句柄 |
| GCLP_HICON | 设置窗口类图标句柄 |
| GCLP_HICONSM | 设置窗口类小图标句柄 |
| GCLP_HMODULE | 设置窗口类模块句柄 |
| GCLP_MENUNAME | 设置窗口类菜单句柄 |
| GCL_STYLE | 设置窗口类样式 |
| GCLP_WNDPROC | 设置窗口类窗口过程 |

如果 SetClassLongPtr 函数执行成功，则返回值是指定偏移量处或 WNDCLASSEX 结构中相应字段的先前值；如果函数执行失败，则返回值为 0。

要获取自定义数据或 WNDCLASSEX 结构中某字段的值，可以使用 GetClassLong 或 GetClassLongPtr：

```
DWORD WINAPI GetClassLong(
    _In_ HWND hWnd,
    _In_ int  nIndex);
ULONG_PTR WINAPI GetClassLongPtr(
    _In_ HWND hWnd,
    _In_ int  nIndex);
```

函数执行成功，返回所请求的值。

# 第 6 章

# 菜单和其他资源

资源是添加到程序可执行文件中的二进制数据，包括标准资源和自定义资源。标准资源包括菜单、图标、光标、位图、加速键（快捷键）、字符串表、程序版本信息、HTML 和对话框等，自定义资源可以是程序所需的任何格式的数据。

## 6.1 菜单和加速键

菜单通常是一个程序必不可少的组成部分，这里以记事本程序为例说明一下与菜单有关的术语。记事本程序的菜单栏位于标题栏下方，这样的菜单栏称为程序的主菜单或顶级菜单；主菜单中有文件、编辑、格式、查看、帮助等菜单项，这些菜单项称为主菜单项；单击每一个主菜单项还可以弹出下一级菜单，这称为弹出菜单，例如单击主菜单项“文件”可以弹出子菜单项——新建、打开、保存、另存为等；单击主菜单项通常用于弹出子菜单项列表，单击子菜单项时系统才会发送命令消息，这些子菜单项也称为命令项；有的子菜单项中还包含下一级子菜单项列表，这样的子菜单项右边通常附带一个三角箭头。另外，单击标题栏左侧的小图标可以弹出一个系统菜单项列表，在某些程序窗口的客户区中单击鼠标右键也可以弹出一个子菜单项列表，这些都属于弹出菜单。只有重叠窗口或弹出窗口才能添加菜单栏，子窗口不可以。

**注意**：在本书中，主菜单项有时候也被我称之为弹出菜单，我在有的地方也可能不再刻意区分主菜单项与子菜单项，而是统称菜单项，菜单项指的是主菜单项还是子菜单项或是两者，读者在具体的上下文环境中可以区分开来。

### 6.1.1 为程序添加菜单栏

要为程序添加菜单，需要先添加菜单资源。最简单的方法是通过 VS 的资源视图添加，现在我们为 Chapter6\HelloWindows 程序添加菜单。单击 VS 软件左侧解决方案资源管理器的资源视图，右击 HelloWindows 项目→添加→资源，打开添加资源对话框，选择 Menu 并单击新建，如图 6.1 所示。

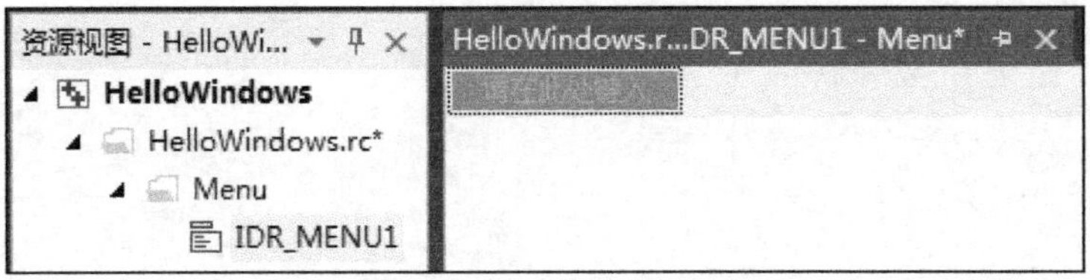


图 6.1

可以看到 VS 自动为我们添加了 HelloWindows.rc 资源脚本文件，在该资源脚本文件中添加了 Menu 类型的 ID 为 IDR_MENU1 的菜单资源（也叫菜单模板）。选中左侧资源视图中的 IDR_MENU1，打开 VS 软件右侧的属性对话框。属性对话框中显示了菜单资源 IDR_MENU1 的相关属性，如图 6.2 所示。

修改菜单资源 ID 为 IDR_MENU。

现在可以给菜单资源添加菜单项列表了，我们在“请在此处键入”编辑框中输入主菜单项“文件”，然后在“文件”菜单项的下一级依次输入子菜单项：“新建”、“打开”“保存”“另存为”，在子菜单项“另存为”下面的编辑框中右键插入分隔符，然后继续添加子菜单项“退出”，如图 6.3 所示。

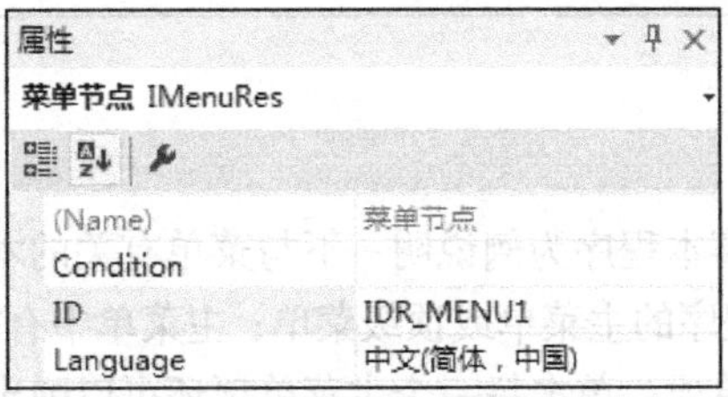


图 6.2

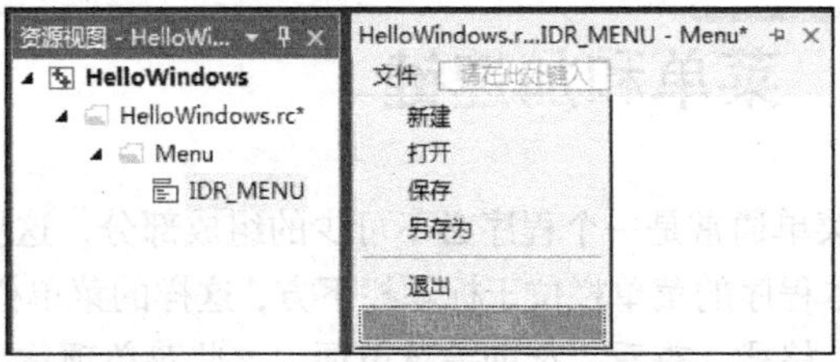


图 6.3

单击主菜单项“文件”的作用是弹出子菜单项列表，而不是执行程序命令，因此主菜单项“文件”是没有菜单项 ID（或者说命令 ID）的。我们依次将子菜单项新建、打开、保存、另存为、退出的菜单项 ID 修改为见名知义的名字：ID_FILE_NEW、ID_FILE_OPEN、ID_FILE_SAVE、ID_FILE_SAVEAS、ID_FILE_EXIT。

继续在主菜单项“文件”右边的“请在此处键入”编辑框中添加主菜单项“编辑”，以及子菜单项“剪切”“复制”“粘贴”；然后添加主菜单项“帮助”及子菜单项“关于 HelloWindows”，分别设置子菜单项剪切、复制、粘贴和关于 HelloWindows 的 ID 为 ID_EDIT_CUT、ID_EDIT_COPY、ID_EDIT_PASTE 和 ID_HELP_ABOUT，然后按 Ctrl + S 组合键保存资源脚本文件 HelloWindows.rc，如图 6.4 所示。

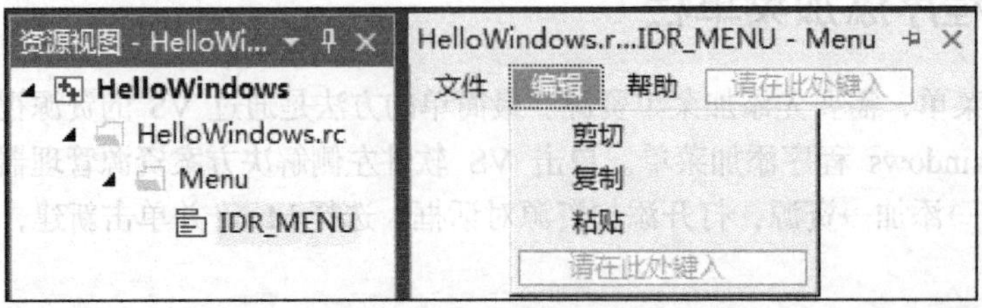


图 6.4

打开 Chapter6\HelloWindows\HelloWindows，可以看到 VS 软件自动为我们创建了 HelloWindows.rc

和 resource.h 两个文件。HelloWindows.rc 是资源脚本文件，除了 VS 的可视化资源编辑视图（资源编辑器），我们也可以通过自己编写资源脚本文件来添加资源。切换到解决方案资源管理器视图，用鼠标右键单击资源文件下面的 HelloWindows.rc 并查看代码，HelloWindows.rc 文件的主要内容如下所示：

```
#include "resource.h"

IDR_MENU MENU
BEGIN
    POPUP "文件"
    BEGIN
        MENUITEM "新建",                                ID_FILE_NEW
        MENUITEM "打开",                                ID_FILE_OPEN
        MENUITEM "保存",                                ID_FILE_SAVE
        MENUITEM "另存为",                              ID_FILE_SAVEAS
        MENUITEM SEPARATOR
        MENUITEM "退出",                                ID_FILE_EXIT
END

    POPUP "编辑"
    BEGIN
        MENUITEM "剪切",                                ID_EDIT_CUT
        MENUITEM "复制",                                ID_EDIT_COPY
        MENUITEM "粘贴",                                ID_EDIT_PASTE
END

    POPUP "帮助"
    BEGIN
        MENUITEM "关于 HelloWindows",                   ID_HELP_ABOUT
    END
END
```

resource.h 头文件的主要内容如下所示：

```
// Microsoft Visual C++ 生成的包含文件
// 供 HelloWindows.rc 使用
#define IDR_MENU                        101
#define ID_FILE_NEW                     40010
#define ID_FILE_OPEN                    40011
#define ID_FILE_SAVE                    40012
#define ID_FILE_SAVEAS                  40013
#define ID_FILE_EXIT                    40014
#define ID_EDIT_CUT                     40015
#define ID_EDIT_COPY                    40016
#define ID_EDIT_PASTE                   40017
#define ID_HELP_ABOUT                   40018
```

因为以后我们可能会学习软件 DIY（Do It Yourself），比如为程序添加一个菜单项、修改版权信息等，这些都通过修改资源来实现。虽然不要求自己写出资源脚本文件，但是对于各种资源的定义方法我们应该了解。

资源脚本文件中包含了 resource.h 头文件，resource.h 头文件中包含菜单资源和子菜单项的 ID 定义等。资源在程序中的引用往往用一个数值来表示，但是直接使用数值不直观，往往用#define 语句将数值定义为容易记忆和理解的常量。

在资源脚本文件中菜单的定义格式如下：

```
菜单 ID  MENU
BEGIN
    菜单定义
    ……
END
```

"菜单 ID　MENU"语句用来指定菜单资源的 ID。菜单 ID 是一个 16 位的整数，范围是 1～65535，本例中定义的菜单 ID 是 IDR_MENU(101)。

菜单 ID 也可以用字符串来表示，例如下面的定义：

```
MainMenu  MENU
BEGIN
    菜单定义
    ……
END
```

表示菜单资源的 ID 是字符串类型的"MainMenu"。

菜单的具体定义语句包含在 BEGIN 和 END 关键字之内，这两个关键字也可以用{}代替。

弹出菜单的定义方式如下：

```
POPUP 菜单文字 [,选项列表]
BEGIN
    子菜单项定义
    ……
END
```

菜单文字指主菜单项名称字符串，BEGIN 和 END 关键字中的内容定义弹出菜单的每一个子菜单项。主菜单通常由多个主菜单项及下面的弹出菜单组成，本例中主菜单由"文件""编辑"和"帮助"3 个主菜单项及下面的弹出菜单组成。弹出菜单的定义也可以嵌套，以达到单击子菜单项弹出下一级子菜单项列表的目的，子弹出菜单的定义同样需要 POPUP、BEGIN 和 END 关键字。

常用的选项值如下：

- GRAYED——菜单项是灰化的；
- INACTIVE——菜单项是禁用的。

有些选项是可以同时定义的，各个选项之间用逗号隔开，例如"POPUP "文件", HELP, INACTIVE"表示主菜单项"文件"和以后的主菜单项是右对齐的，并且主菜单项"文件"是禁用的。

子菜单项的定义方式如下：

```
MENUITEM 菜单文字 命令 ID [,选项列表]
```

- 菜单文字指子菜单项名称字符串。有时候在字符串的后面需要加一个带下划线的字母，例如"打开(<u>O</u>)"，可以在字母前面加"&"符号，即"打开(&O)"。带下划线的字母称为访问键，例如本例中当"文件"弹出菜单打开的时候按下 O 键，那么就相当于用鼠标单击了子菜单项"打开"，在同一个弹出菜单中不同的子菜单项所用的访问键必须不同。

另外，要使加速键的提示信息显示在子菜单项的右边，例如子菜单项“打开”可以使用 Ctrl + O 组合键，可以加一个\t（表示插入一个 Tab 字符），然后写上“Ctrl + O”，即“打开(&O)\tCtrl + O”，这样\t 后面的字符会右对齐显示。

- 命令 ID 用于区分不同的子菜单项。当单击子菜单项的时候，系统会向窗口过程发送 WM_COMMAND 消息，消息的 LOWORD(wParam)就是这个命令 ID，通过命令 ID 可以区分用户到底单击了哪一个子菜单项，以作出不同的处理。
- 选项列表用来定义子菜单项的各种属性，常用的值如表 6.1 所示。

表 6.1

| 选项 | 含义 |
|---|---|
| CHECKED | 表示在菜单项前面打上选定标志（对钩），也就是复选标志。选定标志还包括类似单选按钮的圆圈标志，但是在菜单资源中设置选定标志以后，菜单项前面显示的是复选标志对钩，而不是单选标志圆圈 |
| GRAYED | 表示菜单项是灰化的 |
| INACTIVE | 表示菜单项是禁用的 |
| MENUBREAK | 表示将这个菜单项和以后的菜单项放到新的一行（主菜单中的菜单项）或一列（子菜单项）中，行与行之间没有分隔线，列与列之间也没有分隔线 |
| MENUBARBREAK | 表示将这个菜单项和以后的菜单项放到新的一行（主菜单中的菜单项）或一列（子菜单项）中，行与行之间没有分隔线，列与列之间有分隔线 |

子菜单项之间的分隔线的定义方式如下：

```
MENUITEM SEPARATOR
```

分隔线不需要命令 ID 和属性选项。

通过前面所学，手动修改资源脚本文件内容为如下形式：

```
IDR_MENU MENU
BEGIN
    POPUP "文件"
    BEGIN
        MENUITEM "新建(&N)\tCtrl+N",        ID_FILE_NEW
        MENUITEM "打开(&O)\tCtrl+O",        ID_FILE_OPEN
        MENUITEM "保存(&S)\tCtrl+S",        ID_FILE_SAVE, CHECKED, MENUBREAK
        MENUITEM "另存为(&A)",              ID_FILE_SAVEAS
        MENUITEM SEPARATOR
        MENUITEM "退出(&X)",                ID_FILE_EXIT
    END
    POPUP "编辑", INACTIVE
    BEGIN
        MENUITEM "剪切(&T)\tCtrl+X",        ID_EDIT_CUT
        MENUITEM "复制(&C)\tCtrl+C",        ID_EDIT_COPY
        MENUITEM "粘贴(&P)\tCtrl+V",        ID_EDIT_PASTE
    END
    POPUP "帮助", HELP
```

```
    BEGIN
        MENUITEM "关于HelloWindows(&A)",          ID_HELP_ABOUT
    END
END
```

为各子菜单项设置访问键；为子菜单项新建、打开、保存、剪切、复制、粘贴分别设置加速键提示信息；在弹出菜单“文件”中子菜单项“保存”的前面设置一个复选标记，并把该子菜单项及以后的子菜单项放到新的一列中；禁用弹出菜单“编辑”；将弹出菜单“帮助”设置到菜单栏右侧。实际上，这些属性的设置完全可以通过 VS 资源编辑器的属性对话框来设置，在此只是为了练习一下书写资源脚本文件。

除此之外，VS 的属性对话框中还有 Right Justify（右对齐）和 Right Order（从右到左显示）等菜单项属性，Right Order 属性一般用不到。在设置子菜单项“新建”为 Right Order 属性以后，资源脚本文件发生了变化：

```
IDR_MENU MENUEX
BEGIN
    POPUP "文件",                                  65535,MFT_STRING,MFS_ENABLED
    BEGIN
        MENUITEM "新建(&N)\tCtrl+N", ID_FILE_NEW,MFT_STRING | MFT_RIGHTORDER,MFS_ENABLED
        MENUITEM "打开(&O)\tCtrl+O", ID_FILE_OPEN,MFT_STRING, MFS_ENABLED
        MENUITEM "保存(&S)\tCtrl+S", ID_FILE_SAVE,MFT_STRING | MFT_MENUBREAK,MFS_CHECKED
        MENUITEM "另存为(&A)",       ID_FILE_SAVEAS,MFT_STRING, MFS_ENABLED
        MENUITEM MFT_SEPARATOR
        MENUITEM "退出(&X)",         ID_FILE_EXIT,MFT_STRING, MFS_ENABLED
    END
    POPUP "编辑",                  65535,MFT_STRING,MFS_GRAYED
    BEGIN
        MENUITEM "剪切(&T)\tCtrl+X",  ID_EDIT_CUT,MFT_STRING, MFS_ENABLED
        MENUITEM "复制(&C)\tCtrl+C",  ID_EDIT_COPY,MFT_STRING, MFS_ENABLED
        MENUITEM "粘贴(&P)\tCtrl+V",  ID_EDIT_PASTE,MFT_STRING, MFS_ENABLED
    END
    POPUP "帮助",          65535,MFT_STRING | MFT_RIGHTJUSTIFY,MFS_ENABLED
    BEGIN
        MENUITEM "关于HelloWindows(&A)",  ID_HELP_ABOUT,MFT_STRING, MFS_ENABLED
    END
END
```

菜单的定义格式变为 IDR_MENU  MENUEX，这是扩展菜单的定义语句，各菜单项的属性值也变为另一种写法，其中 MFT_*表示类型标志，MFS_*表示状态标志。这都很好理解，后面会介绍扩展菜单的一些用法。现在，通过资源脚本文件手动去掉子菜单项“新建”的 MFT_RIGHTORDER 标志。

我们为 HelloWindows 程序添加菜单栏。制作好菜单资源以后，为一个程序窗口添加菜单栏很简单，首先需要在 HelloWindows.cpp 源文件中包含 resource.h 头文件：#include "resource.h"。

第一种方法是设置 WNDCLASSEX 结构的 lpszMenuName 字段，该字段是 LPCTSTR 类型，可以使用 MAKEINTRESOURCE 宏，例如：

```
wndclass.lpszMenuName = MAKEINTRESOURCE(IDR_MENU);
```

MAKEINTRESOURCE 宏在 WinUser.h 头文件中定义如下：

```
#define MAKEINTRESOURCEA(i)  ((LPSTR)((ULONG_PTR)((WORD)(i))))
#define MAKEINTRESOURCEW(i)  ((LPWSTR)((ULONG_PTR)((WORD)(i))))
#ifdef UNICODE
    #define MAKEINTRESOURCE  MAKEINTRESOURCEW
#else
    #define MAKEINTRESOURCE  MAKEINTRESOURCEA
#endif
```

第二种方法是在创建窗口的 CreateWindowEx 函数中指定 hMenu 参数，例如：

```
HMENU hMenu;
hMenu = LoadMenu(hInstance, MAKEINTRESOURCE(IDR_MENU));
hwnd = CreateWindowEx(0, szClassName, szAppName, WS_OVERLAPPEDWINDOW,
    CW_USEDEFAULT, CW_USEDEFAULT, 400, 300, NULL, hMenu, hInstance, NULL);
```

LoadMenu 函数用于从与应用程序实例关联的可执行模块中加载指定的菜单资源：

```
HMENU WINAPI LoadMenu(
    _In_opt_ HINSTANCE hInstance,    // 要加载的菜单资源所属的模块句柄
    _In_     LPCTSTR   lpMenuName);  // 菜单资源名称
```

HMENU 是菜单句柄类型，函数执行成功，返回值是菜单资源的句柄。

第三种方法是使用 SetMenu 函数为指定窗口设置菜单：

```
case WM_CREATE:
    hMenu = LoadMenu(g_hInstance, MAKEINTRESOURCE(IDR_MENU));
    SetMenu(hwnd, hMenu);
    return 0;
```

g_hInstance 是一个全局变量，表示可执行模块句柄，在 WinMain 函数中赋值：g_hInstance = hInstance;。

SetMenu 函数原型如下：

```
BOOL WINAPI SetMenu(
    _In_     HWND  hWnd,      // 窗口句柄
    _In_opt_ HMENU hMenu);    // 菜单句柄，设置为 NULL 表示删除窗口的当前菜单
```

实际上这种方法很好，如果程序是多语言版本，我们可以为每种语言创建一个菜单资源，在用户选择了不同的语言以后，动态更换菜单资源。调用 SetMenu 设置了新菜单资源以后，应该调用 DestroyMenu(hMenu)函数销毁上一个菜单资源（如果存在上一个菜单资源）。

添加菜单以后的 HelloWindows 程序运行效果如图 6.5 所示。

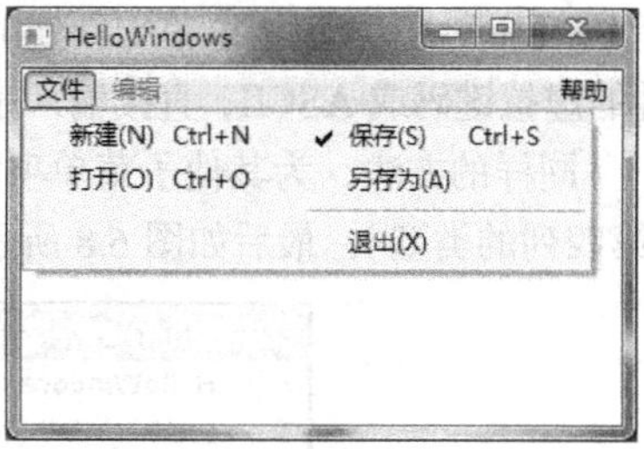

图 6.5

在 Chapter6\HelloWindows\HelloWindows\Debug 下可以看到生成了 HelloWindows.res 文件，这是资源编译器编译资源脚本文件 HelloWindows.rc 后得到的二进制资源文件，目标文件*.obj 和资源文件*.res 最后通过链接器链接成可执行文件。资源文件*.res 也可以通过 VS 的资源编辑器进行编辑。资源虽然被一起打包到可执行文件中，但是资源不在可执行文件的数据区，在程序中无法使用变量或地址直接对资源进行引用。Windows

提供了各种函数对资源进行加载，例如 LoadMenu、LoadIcon、LoadCursor、LoadAccelerators 等，这些函数加载的资源通常不需要释放，程序退出时由系统释放，程序自己创建的对象在不需要的时候通常需要释放，而程序或系统中定义的资源通常不需要释放。

当用户单击某一子菜单项（命令项）时，则系统会向拥有该菜单的窗口发送 WM_COMMAND 消息；如果单击的是系统菜单的子菜单项，则发送 WM_SYSCOMMAND 消息，程序通常不需要处理 WM_SYSCOMMAND 消息，而是交给 DefWindowProc 函数执行默认处理。

### 6.1.2　加速键

加速键也称为键盘快捷键，一个加速键是一个或几个按键的组合。加速键用于激活特定的子菜单项命令，通过使用加速键不需要费力移动鼠标就能激活子菜单项。

前面为 HelloWindows 程序制作菜单资源的时候，已经为子菜单项新建、打开、保存、剪切、复制、粘贴设置了加速键提示信息，还需要添加加速键资源把加速键和菜单命令建立关联。打开 VS 资源视图，用鼠标右键单击 HelloWindows 项目，然后选择添加→资源，打开添加资源对话框，选择 Accelerator，单击新建，如图 6.6 所示。

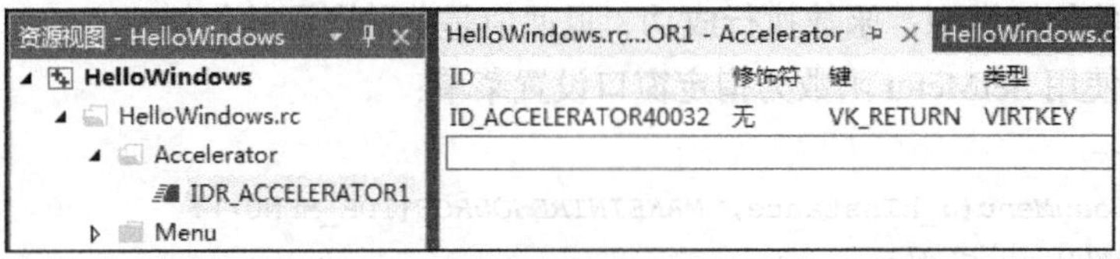


图 6.6

可以看到，VS 自动在 HelloWindows.rc 文件中添加了类型为 Accelerator 的加速键表 IDR_ACCELERATOR1。选中左侧的 IDR_ACCELERATOR1，打开右侧的属性对话框，可以修改加速键表的 ID。

单击资源编辑器中 ID 一列的 ID_ACCELERATOR40032 两次，出现下拉框，可以看到刚才添加的子菜单项的 ID 都在里面。选择 ID_FILE_NEW，子菜单项新建的快捷键是 Ctrl + N，因此选择第二列的修饰符为 Ctrl，第三列是按键的虚拟键码或 ASCII，直接输入字母 N，然后第四列的类型选择虚拟键码 VIRTKEY，如图 6.7 所示。

| ID | 修饰符 | 键 | 类型 |
|---|---|---|---|
| ID_FILE_NEW | Ctrl | N | VIRTKEY |

图 6.7

同样的方法，为其他子菜单项添加快捷键关联，但是为剪切、复制、粘贴的按键类型选择 ASCII（第四列的类型），最后如图 6.8 所示。

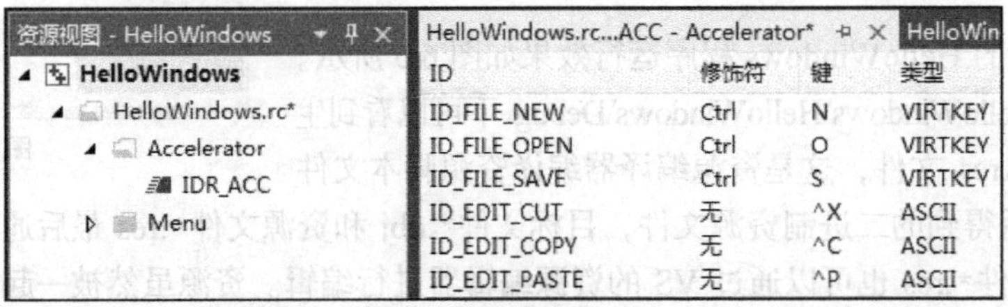


图 6.8

按 Ctrl + S 组合键保存 HelloWindows.rc 文件。

打开 HelloWindows.rc 文件，看一下新添加的加速键资源：

```
IDR_ACC ACCELERATORS
BEGIN
    "N",            ID_FILE_NEW,            VIRTKEY, CONTROL, NOINVERT
    "O",            ID_FILE_OPEN,           VIRTKEY, CONTROL, NOINVERT
    "S",            ID_FILE_SAVE,           VIRTKEY, CONTROL, NOINVERT
    "^X",           ID_EDIT_CUT,            ASCII,  NOINVERT
    "^C",           ID_EDIT_COPY,           ASCII,  NOINVERT
    "^P",           ID_EDIT_PASTE,          ASCII,  NOINVERT
END
```

resource.h 头文件的部分内容如下所示：

```
#define IDR_MENU                        101
#define IDR_ACC                         102
#define ID_FILE_NEW                     40010
```

与菜单的定义相比，加速键的定义要简单得多，语法如下：

```
加速键 ID ACCELERATORS
BEGIN
    键名, 菜单命令 ID [,类型] [,修饰符]
    ……
END
```

加速键 ID 同样可以是一个字符串或 1～65535 之间的数字，加速键的具体定义内容包含在 BEGIN 和 END（或{}）关键字之内，中间是各个加速键的定义，每个加速键占据一行。

- 键名，表示加速键对应的按键，有 3 种方式定义。
  - ◆ "大写字母"：类型指定为 VIRTKEY，表示字母键。
  - ◆ "^大写字母"：类型指定为 ASCII，表示 Ctrl 键加上字母键。
  - ◆ "大写字母或小写字母或 ASCII 值"：类型指定为 ASCII，表示字母键。

  建议使用方式 1，不建议指定类型为 ASCII。

  例 1："a",　　ID_HELP_ABOUT,　　ASCII, NOINVERT

  例 2："A",　　ID_HELP_ABOUT,　　ASCII, NOINVERT

  例 3："A",　　ID_HELP_ABOUT,　　VIRTKEY, NOINVERT

  例 1 中，只有按下小写字母 a 才可以，例 2 只有按下大写字母 A 才可以（同时按下 Shift 或 CapsLock 键），例 3 按下小写字母 a 或大写字母 A 都可以。
- 菜单命令 ID。如果想把加速键和子菜单项关联起来，就需要指定为关联菜单项的命令 ID。
- 类型。可以是 VIRTKEY 或 ASCII，分别用来表示"键名"字段定义的是虚拟键码还是 ASCII 码。
- 修饰符。可以是 Control、Shift 或 Alt 中的一个或多个，如果指定多个，则中间用逗号隔开，表示加速键是键名指定的按键加上这些键的组合键。

现在我们手动为"帮助"主菜单项下面的"关于 HelloWindows"添加 Ctrl + Shift + A 快捷键：

```
IDR_ACC ACCELERATORS
```

```
BEGIN
    "N",          ID_FILE_NEW,         VIRTKEY, CONTROL, NOINVERT
    "O",          ID_FILE_OPEN,        VIRTKEY, CONTROL, NOINVERT
    "S",          ID_FILE_SAVE,        VIRTKEY, CONTROL, NOINVERT
    "^X",         ID_EDIT_CUT,         ASCII, NOINVERT
    "^C",         ID_EDIT_COPY,        ASCII, NOINVERT
    "^P",         ID_EDIT_PASTE,       ASCII, NOINVERT
    "A",          ID_HELP_ABOUT,       VIRTKEY, CONTROLL, SHIFT, NOINVERT
END
```

在一个资源脚本文件中，可以定义多个主菜单或多个加速键表，也可以定义其他各种各样的资源，例如图标、光标、位图等，这就涉及如何为这些资源取ID值的问题，取值的时候要掌握的原则如下。

（1）对于同类别内的多个资源项，各项的ID必须为不同的值。假设定义了两个子菜单项，那么它们的ID就必须用不同的数值来表示，否则系统将无法分辨。

（2）对于不同类别的资源，资源项ID在数值上可以是相同的，例如某子菜单项的ID为40010，那么也可以同时有ID为40010的位图或图标等，Windows可以按类别分清每一项。

有两种加速键表，系统维护一个可以用于所有应用程序的系统范围的加速键表，应用程序无法修改系统加速键表，例如"Alt + 空格"打开系统菜单，"Alt + F4"关闭程序，"Ctrl + Esc"打开系统开始菜单，"Alt + PrintScreen"将活动窗口中的图像复制到剪贴板，按键"PrintScreen"将屏幕上的图像复制到剪贴板等。系统还为每个应用程序维护加速键表。应用程序可以定义任意数量的加速键表，并随时更换活动加速键表。如果应用程序也定义了在系统加速键表中定义的加速键，则应用程序定义的加速键将覆盖系统的加速键，请避免这种做法。

要处理用户按下的加速键，程序需要在消息循环中调用TranslateAccelerator函数。该函数会监视消息队列中的WM_KEYDOWN和WM_KEYUP消息，以检查是否有与加速键表中相匹配的击键组合。如果有，就会将其转换为WM_COMMAND或WM_SYSCOMMAND（按下的是系统菜单中的加速键）消息，然后将该消息发送到窗口的窗口过程。

要调用TranslateAccelerator函数，就要先调用LoadAccelerators函数加载加速键表：

```
HACCEL WINAPI LoadAccelerators(
    _In_opt_ HINSTANCE hInstance,       // 要加载的加速键表所属的模块句柄
    _In_     LPCTSTR   lpTableName);    // 要加载的加速键表的名称，可以使用MAKEINTRESOURCE宏
```

HACCEL是加速键表句柄类型，函数执行成功，返回指定的加速键表句柄。

TranslateAccelerator函数原型如下：

```
int WINAPI TranslateAccelerator(
    _In_ HWND   hWnd,       // 要处理哪个窗口的消息
    _In_ HACCEL hAccTable,// LoadAccelerators函数加载或CreateAcceleratorTable函数创建的加速
                          // 键表句柄
    _In_ LPMSG  lpMsg);    // 消息结构
```

如果有消息被转换，则系统将WM_COMMAND或WM_SYSCOMMAND消息发送到窗口的窗口过程。窗口过程处理完WM_COMMAND或WM_SYSCOMMAND消息以后，TranslateAccelerator函数返回非零值，否则返回值为0。如果TranslateAccelerator函数返回非零值，就不应该再调用TranslateMessage和DispatchMessage函数（因为消息已经处理），而是应该继续下一次GetMessage消

息的获取。消息循环的写法通常按如下方式：

```
HACCEL hAccel = LoadAccelerators(hInstance, MAKEINTRESOURCE(IDR_ACC));
while (GetMessage(&msg, NULL, 0, 0) != 0)
{
    if (!TranslateAccelerator(hwnd, hAccel, &msg))
    {
        TranslateMessage(&msg);
        DispatchMessage(&msg);
    }
}
```

消息结构（MSG）有一个 hwnd 字段，为什么 TranslateAccelerator 函数还有一个 hWnd 参数呢？MSG 结构由 GetMessage 函数填充。当 GetMessage 的第 2 个参数是 NULL 时，该函数获取属于应用程序主线程的所有窗口的消息，当 GetMessage 函数返回时，MSG 结构的 hwnd 字段是将会得到该消息的窗口的窗口句柄。然而，当 TranslateAccelerator 函数将键盘消息转换成 WM_COMMAND 或 WM_SYSCOMMAND 消息时，它将 msg.hwnd 字段替换成 TranslateAccelerator 函数第 1 个参数所指定的窗口句柄，于是 Windows 会将所有加速键消息发送给指定的窗口。如果程序有多个窗口，则每个窗口都有可能收到键盘消息；如果不是这种设计，就需要在每个窗口的窗口过程中处理加速键消息。所以一般把所有的加速键消息都发送到主窗口，集中在主窗口的窗口过程中处理 WM_COMMAND 或 WM_SYSCOMMAND 消息，这有利于精简代码。

- WM_COMMAND 消息的 wParam 和 lParam 参数如表 6.2 所示。

表 6.2

| 从哪发送过来的消息 | HIWORD(wParam) | LOWORD(wParam) | lParam |
|---|---|---|---|
| 菜单命令项 | 0 | 菜单项 ID | 0 |
| 加速键 | 1 | 菜单项 ID | 0 |
| 子窗口控件 | 通知码 | 控件 ID | 控件句柄 |

后面再讲子窗口控件的命令消息。通常，不在乎是菜单命令项还是加速键发送过来的 WM_COMMAND 消息，也就是不用区分 HIWORD(wParam)，只需要区分 LOWORD(wParam) 来根据不同的菜单项 ID 作出不同的处理。

当用户单击了系统菜单中的命令项或按下了系统菜单的加速键，又或者单击了最小化、最大化、恢复、关闭按钮时，窗口过程会收到 WM_SYSCOMMAND 消息。程序通常不应该处理 WM_SYSCOMMAND 消息，而是交给 DefWindowProc 函数执行默认处理。

- WM_SYSCOMMAND 消息的 wParam 参数包含请求的系统命令类型，常见的值如表 6.3 所示。

表 6.3

| 常量 | 值 | 含义 |
|---|---|---|
| SC_MINIMIZE | 0xF020 | 最小化窗口 |
| SC_MAXIMIZE | 0xF030 | 最大化窗口 |
| SC_RESTORE | 0xF120 | 将窗口恢复到正常位置和大小 |

续表

| 常量 | 值 | 含义 |
|---|---|---|
| SC_CLOSE | 0xF060 | 关闭窗口 |
| SC_SIZE | 0xF000 | 调整窗口大小 |
| SC_MOVE | 0xF010 | 移动窗口 |
| SC_HSCROLL | 0xF080 | 水平滚动 |
| SC_VSCROLL | 0xF070 | 垂直滚动 |
| SC_HOTKEY | 0xF150 | 全局热键消息 |

可以看到系统命令类型实际上使用的是 LOWORD(wParam)。请注意，wParam 参数的最低 4 位由系统内部使用，因此如果想测试 wParam 参数的值，则应该使用 wParam & 0xFFF0 来得到正确的结果。如果程序需要处理 WM_SYSCOMMAND 消息，则在处理完感兴趣的系统命令以后，其余部分必须转交给 DefWindowProc 函数执行默认处理。

- 如果用户使用鼠标选择系统菜单命令项，lParam 参数的低位字表示鼠标光标的 *X* 坐标，高位字表示 *Y* 坐标（屏幕坐标），可以使用 GET_X_LPARAM(lParam)和 GET_Y_LPARAM(lParam)宏来分别提取鼠标光标的 *X* 和 *Y* 坐标。

关于菜单，还有许多知识点没有讲解。现在让我们先练习一下前面所学的吧，为 HelloWindows 程序添加菜单和加速键：

```
#include <Windows.h>
#include <tchar.h>
#include "resource.h"

// 全局变量
HINSTANCE g_hInstance;

// 函数声明，窗口过程
LRESULT CALLBACK WindowProc(HWND hwnd, UINT uMsg, WPARAM wParam, LPARAM lParam);

int WINAPI WinMain(HINSTANCE hInstance, HINSTANCE hPrevInstance, LPSTR lpCmdLine, int
nCmdShow)
{
    WNDCLASSEX wndclass;
    TCHAR szClassName[] = TEXT("MyWindow");
    TCHAR szAppName[] = TEXT("HelloWindows");
    HWND hwnd;
    MSG msg;

    g_hInstance = hInstance;

    wndclass.cbSize = sizeof(WNDCLASSEX);
    wndclass.style = CS_HREDRAW | CS_VREDRAW;
    wndclass.lpfnWndProc = WindowProc;
    wndclass.cbClsExtra = 0;
    wndclass.cbWndExtra = 0;
```

```
    wndclass.hInstance = hInstance;
    wndclass.hIcon = LoadIcon(NULL, IDI_APPLICATION);
    wndclass.hCursor = LoadCursor(NULL, IDC_ARROW);
    wndclass.hbrBackground = (HBRUSH)GetStockObject(WHITE_BRUSH);
    wndclass.lpszMenuName = NULL;
    wndclass.lpszClassName = szClassName;
    wndclass.hIconSm = NULL;
    RegisterClassEx(&wndclass);

    hwnd = CreateWindowEx(0, szClassName, szAppName, WS_OVERLAPPEDWINDOW,
        CW_USEDEFAULT, CW_USEDEFAULT, 400, 300, NULL, NULL, hInstance, NULL);

    ShowWindow(hwnd, nCmdShow);
    UpdateWindow(hwnd);

    HACCEL hAccel = LoadAccelerators(hInstance, MAKEINTRESOURCE(IDR_ACC));
    while (GetMessage(&msg, NULL, 0, 0) != 0)
    {
        if (!TranslateAccelerator(hwnd, hAccel, &msg))
        {
            TranslateMessage(&msg);
            DispatchMessage(&msg);
        }
    }

    return msg.wParam;
}

LRESULT CALLBACK WindowProc(HWND hwnd, UINT uMsg, WPARAM wParam, LPARAM lParam)
{
    HMENU hMenu;
    TCHAR szBuf[64] = { 0 };

    switch (uMsg)
    {
    case WM_CREATE:
        hMenu = LoadMenu(g_hInstance, MAKEINTRESOURCE(IDR_MENU));
        SetMenu(hwnd, hMenu);
        return 0;

    case WM_COMMAND:
        switch (LOWORD(wParam))
        {
        case ID_FILE_NEW:    // 新建
            wsprintf(szBuf, TEXT("您单击了 新建 菜单项，命令 ID: %d\n"), ID_FILE_NEW);
            MessageBox(hwnd, szBuf, TEXT("提示"), MB_OK);
            break;
        case ID_EDIT_CUT:    // 剪切
            wsprintf(szBuf, TEXT("您单击了 剪切 菜单项，命令 ID: %d\n"), ID_EDIT_CUT);
            MessageBox(hwnd, szBuf, TEXT("提示"), MB_OK);
```

```
                break;
            case ID_HELP_ABOUT: // 关于 HelloWindows
                wsprintf(szBuf, TEXT("您单击了 关于HelloWindows 菜单项,命令ID:%d\n"), ID_HELP_ABOUT);
                MessageBox(hwnd, szBuf, TEXT("提示"), MB_OK);
                break;
            case ID_FILE_EXIT:  // 退出
                wsprintf(szBuf, TEXT("您单击了 退出 菜单项, 命令ID: %d\n"), ID_FILE_EXIT);
                MessageBox(hwnd, szBuf, TEXT("提示"), MB_OK);
                SendMessage(hwnd, WM_CLOSE, 0, 0);
                break;
            }
            return 0;

        case WM_SYSCOMMAND:
            switch (wParam & 0xFFF0)
            {
            case SC_CLOSE:
                MessageBox(hwnd, TEXT("您单击了 系统菜单 关闭 菜单项"), TEXT("提示"), MB_OK);
                SendMessage(hwnd, WM_CLOSE, 0, 0);
                break;
            default:
                return DefWindowProc(hwnd, uMsg, wParam, lParam);
            }
            return 0;

        case WM_DESTROY:
            PostQuitMessage(0);
            return 0;
        }

        return DefWindowProc(hwnd, uMsg, wParam, lParam);
}
```

具体代码参见 Chapter6\HelloWindows 项目，程序仅演示了新建、剪切、关于 HelloWindows 和退出这几个子菜单项的处理，以及对系统菜单项“关闭”的处理。

### 6.1.3 菜单的查询、创建、添加、修改和删除

前面的菜单资源（也叫菜单模板）是通过资源编辑器或编写资源脚本文件创建的，程序还可以随时动态创建菜单模板，调用 LoadMenuIndirect 函数加载菜单模板得到菜单句柄，然后可以通过调用 SetMenu 函数为窗口设置新的菜单：

```
HMENU LoadMenuIndirect(_In_ const MENUTEMPLATE *lpMenuTemplate);// 指向菜单模板或扩展菜单
                                                                // 模板的指针
```

参数 lpMenuTemplate 是指向菜单模板或扩展菜单模板的指针。菜单模板由一个 MENUITEMTEMPLATEHEADER 结构和一个或多个连续的 MENUITEMTEMPLATE 结构组成，扩展菜单模板由一个 MENUEX_TEMPLATE_HEADER 结构和一个或多个连续的 MENUEX_TEMPLATE_ITEM

结构组成。MENUITEMTEMPLATEHEADER 或 MENUEX_TEMPLATE_HEADER 结构定义菜单模板的头部，MENUITEMTEMPLATE 或 MENUEX_TEMPLATE_ITEM 结构定义子菜单项。一个菜单模板由一个头部和一个或多个子菜单项组成。

MENUITEMTEMPLATEHEADER 结构在 WinUser.h 头文件中定义如下：

```
typedef struct {
    WORD versionNumber; // 菜单模板版本号，必须为 0
    WORD offset;        // 通常设置为 0
} MENUITEMTEMPLATEHEADER, *PMENUITEMTEMPLATEHEADER;
```

MENUITEMTEMPLATE 结构在 WinUser.h 头文件中定义如下：

```
typedef struct {
    WORD  mtOption;       // 菜单选项
    WORD  mtID;           // 菜单 ID
    WCHAR mtString[1];    // 菜单名称
} MENUITEMTEMPLATE, *PMENUITEMTEMPLATE;
```

- mtOption 字段指定菜单选项，常用的值如表 6.4 所示。

表 6.4

| 常量 | 含义 |
|---|---|
| MF_POPUP | 弹出菜单 |
| MF_CHECKED | 菜单项旁边有复选标记 |
| MF_GRAYED | 菜单项处于灰化或禁用状态 |
| MF_MENUBREAK | 该菜单项及后面的菜单项位于新行或新列中 |
| MF_MENUBARBREAK | 该菜单项及后面的菜单项位于新行或新列中，列与列之间有分隔线 |
| MF_HELP | 该菜单项和以后的菜单项是右对齐的 |
| MF_OWNERDRAW | 默认情况下，菜单项都是由系统负责绘制的，指定 MF_OWNERDRAW 选项表示该菜单项由程序自己负责绘制 |

此外，可用的菜单选项还有 MF_STRING、MF_POPUP、MF_HILITE 等。

- mtID 字段指定菜单项 ID，弹出菜单不需要指定该字段。
- mtString 字段指定菜单名称，是 WCHAR 类型数组。请注意，不管程序使用 Unicode 还是 ANSI 字符集，程序资源中的字符串都是使用 Unicode 编码。

先举一个菜单模板的例子，下例中当用户按下一个按键的时候就切换菜单栏：

```
LRESULT CALLBACK WindowProc(HWND hwnd, UINT uMsg, WPARAM wParam, LPARAM lParam)
{
    HMENU hMenu;
    WORD arrMenuTemplate[] = {
        // MENUITEMTEMPLATEHEADER 结构
        0,
        0,

        // 多个 MENUITEMTEMPLATE 结构
        // 第 1 个弹出菜单，最后一个子菜单项需要 MF_HILITE 标志
```

```
        MF_STRING | MF_POPUP, L'编', L'辑', 0,
        MF_STRING, 40030, L'剪', L'切', L'(', L'&', L'T', L')', L'\t', L'C', L't', L'r',
            L'l', L'+', L'X', 0,
        MF_STRING, 40031, L'复', L'制', L'(', L'&', L'C', L')', L'\t', L'C', L't', L'r',
            L'l', L'+', L'C', 0,
        MF_STRING, 40032, L'粘', L'贴', L'(', L'&', L'P', L')', L'\t', L'C', L't', L'r',
            L'l', L'+', L'V', 0,
        MF_SEPARATOR, 0, 0,
        MF_STRING, 40033, L'红', L'色', L'(', L'&', L'R', L')', 0,
        MF_STRING, 40034, L'绿', L'色', L'(', L'&', L'G', L')', 0,
        MF_STRING | MF_HILITE, 40035, L'蓝', L'色', L'(', L'&', L'B', L')', 0,

        // 第 2 个弹出菜单，最后一个子菜单项需要 MF_HILITE 标志
        MF_STRING | MF_POPUP, L'视', L'图', 0,
        MF_STRING, 40036, L'大', L'图', L'标', L'(', L'&', L'D', L')', 0,
        MF_STRING | MF_HILITE, 40037, L'小', L'图', L'标', L'(', L'&', L'S', L')', 0,

        // 第 3 个弹出菜单，开始和结束都需要 MF_HILITE 标志，说明这是最后一个弹出菜单
        MF_STRING | MF_POPUP | MF_HELP | MF_HILITE, L'帮', L'助', 0,
        MF_STRING | MF_HILITE, 40038, L'关', L'于', L'H', L'e', L'l', L'l', L'o', L'W',
            L'i', L'n', L'd', L'o', L'w', L's', L'(', L'&', L'A', L')', 0
    };

    switch (uMsg)
    {
    case WM_CREATE:
        hMenu = LoadMenu(g_hInstance, MAKEINTRESOURCE(IDR_MENU));
        SetMenu(hwnd, hMenu);
        return 0;

case WM_CHAR:
        // 从内存中动态加载菜单资源(菜单模板)
        hMenu = LoadMenuIndirect(arrMenuTemplate);
        SetMenu(hwnd, hMenu);
        return 0;

    case WM_COMMAND:
        switch (LOWORD(wParam))
        {
        case 40030:
            MessageBox(hwnd, TEXT("按下了 剪切"), TEXT("提示"), MB_OK);
            break;
        case 40036:
            MessageBox(hwnd, TEXT("按下了 大图标"), TEXT("提示"), MB_OK);
            break;
        case 40038:
            MessageBox(hwnd, TEXT("按下了 关于 HelloWindows"), TEXT("提示"), MB_OK);
            break;
        }
        return 0;
```

```
    case WM_DESTROY:
        PostQuitMessage(0);
        return 0;
    }

    return DefWindowProc(hwnd, uMsg, wParam, lParam);
}
```

完整代码参见 Chapter6\HelloWindows2 项目。

有的收费软件，在用户注册成为正式版前，会让一些菜单项灰化，不可单击，或者干脆没有相应的菜单项，但是程序内部仍然实现了这个菜单项对应的功能，只要我们设法启用灰化的菜单项，或添加相应的菜单项即可。但是，如果试用版和正式版不是一个版本，试用版缺少相应菜单项对应的功能实现，就另当别论了。此外，有时候可能需要写一个程序去控制其他目标程序，这时需要向目标程序发送 WM_COMMAND 消息，LOWORD(wParam)参数被指定为目标程序的菜单项命令 ID，因此学好菜单资源的相关操作是很重要的。

还可以通过调用 CreateMenu 函数创建一个空的菜单。该函数返回一个菜单句柄，然后调用 AppendMenu 或 InsertMenu 函数（或新版本的 InsertMenuItem）向返回的菜单句柄添加菜单项：

```
HMENU CreateMenu(void);                    // 返回菜单句柄
BOOL WINAPI AppendMenu(
    _In_      HMENU     hMenu,             // 菜单句柄(可以是主菜单句柄、弹出菜单句柄等)
    _In_      UINT      uFlags,            // 菜单选项
    _In_      UINT_PTR  uIDNewItem,        // 菜单项 ID 或弹出菜单句柄
    _In_opt_  LPCTSTR   lpNewItem);        // 菜单名称或位图句柄
```

参数 uFlags 指定菜单选项，可以是表 6.5 所示的值的组合。

表 6.5

| 常量 | 含义 |
|---|---|
| MF_POPUP | 该菜单项用于弹出菜单。uIDNewItem 参数被指定为弹出菜单的句柄，就是说要想添加一个可以弹出菜单的菜单项，需要准备一个弹出菜单句柄；lpNewItem 参数被指定为指向菜单名称字符串的指针 |
| MF_STRING | 菜单项是文本字符串，lpNewItem 参数被指定为指向菜单名称字符串的指针 |
| MF_BITMAP | 使用位图作为菜单项，lpNewItem 参数被指定为位图的句柄 |
| MF_CHECKED | 在菜单项旁边显示一个复选标志 |
| MF_UNCHECKED | 菜单项旁边没有复选标志，这是默认情况 |
| MF_DISABLED | 禁用菜单项 |
| MF_ENABLED | 启用菜单项 |
| MF_GRAYED | 灰化菜单项 |
| MF_MENUBREAK | 该菜单项及后面的菜单项位于新行或新列中 |
| MF_MENUBARBREAK | 该菜单项及后面的菜单项位于新行或新列中，列与列之间有分隔线 |
| MF_OWNERDRAW | 该菜单项由程序自己负责绘制，lpNewItem 参数可以指向自定义数据 |
| MF_SEPARATOR | 分隔符，uIDNewItem 和 lpNewItem 参数将被忽略 |

如果 uFlags 参数没有指定 MF_POPUP 标志，那么 uIDNewItem 参数表示菜单项 ID。

**例 1**　假设程序窗口没有菜单栏，现在需要全新添加主菜单项及其弹出菜单：

```
hMenu = CreateMenu();          // 主菜单句柄

hMenuPopup = CreateMenu();  // 第 1 个弹出菜单句柄
AppendMenu(hMenuPopup, MF_STRING, ID_FILE_NEW, TEXT("新建"));
AppendMenu(hMenuPopup, MF_STRING, ID_FILE_OPEN, TEXT("打开"));
AppendMenu(hMenuPopup, MF_STRING, ID_FILE_SAVE, TEXT("保存"));
// 把第 1 个弹出菜单添加到主菜单，TEXT("文件")是菜单名称
AppendMenu(hMenu, MF_STRING | MF_POPUP, (UINT_PTR)hMenuPopup, TEXT("文件"));

hMenuPopup = CreateMenu();  // 第 2 个弹出菜单句柄
AppendMenu(hMenuPopup, MF_STRING, ID_EDIT_CUT, TEXT("剪切"));
AppendMenu(hMenuPopup, MF_STRING, ID_EDIT_COPY, TEXT("复制"));
AppendMenu(hMenuPopup, MF_STRING, ID_EDIT_PASTE, TEXT("粘贴"));
// 把第 2 个弹出菜单添加到主菜单，TEXT("编辑")是菜单名称
AppendMenu(hMenu, MF_STRING | MF_POPUP, (UINT_PTR)hMenuPopup, TEXT("编辑"));

SetMenu(hwnd, hMenu);
```

效果如图 6.9 所示。

分别创建两个弹出菜单句柄，并为之添加子菜单项，然后把弹出菜单添加到主菜单（同时指定菜单名称），最后调用 SetMenu 函数显示到菜单栏。

**例 2**　假设程序窗口已经有菜单栏，现在需要添加一个主菜单项及弹出菜单。HelloWindows 程序主菜单中已经有文件、编辑和帮助这 3 个弹出菜单，我想再添加“视图”主菜单项，和“大图标”“小图标”子菜单项：

```
hMenu = GetMenu(hwnd);         // 前面讲过，GetMenu 函数用于获取一个窗口的菜单句柄
hMenuPopup = CreateMenu();  // 弹出菜单句柄
AppendMenu(hMenuPopup, MF_STRING, ID_VIEW_BIG, TEXT("大图标"));
AppendMenu(hMenuPopup, MF_STRING, ID_VIEW_SMALL, TEXT("小图标"));
AppendMenu(hMenu, MF_STRING | MF_POPUP, (UINT_PTR)hMenuPopup, TEXT("视图"));
DrawMenuBar(hwnd);
```

效果如图 6.10 所示。

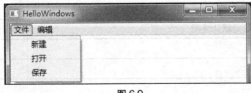


图 6.9

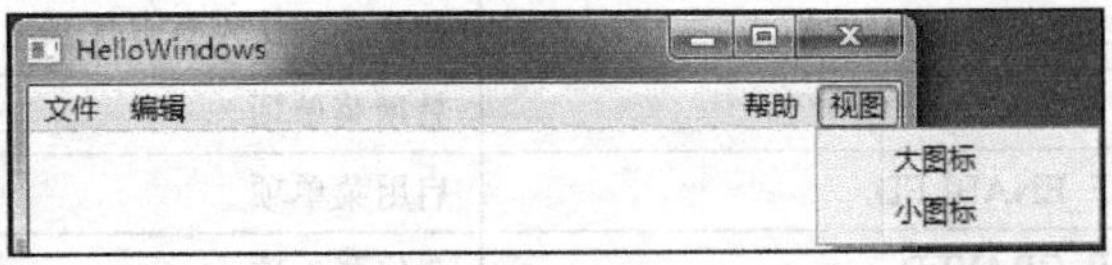


图 6.10

“视图”菜单项出现在右边，这是因为当初为“帮助”菜单项设置了右对齐，AppendMenu 函数总是添加菜单项到指定主菜单或弹出菜单的末尾。在菜单更改以后需要调用 DrawMenuBar 函数强制刷新菜单栏。

**例 3** 假设程序窗口已经有菜单栏，现在需要在一个弹出菜单中添加几个子菜单项。HelloWindows 程序主菜单中已经有文件、编辑和帮助 3 个弹出菜单，我想在“编辑”菜单项中添加“红色”“绿色”“蓝色”子菜单项，再添加一个可以弹出子菜单项列表的子菜单项“更改大小写”，下面有“大写字母”和“小写字母”。当初禁用了主菜单项“编辑”，打开 HelloWindows.rc 资源脚本文件，手动去掉主菜单项“编辑”的 MFS_GRAYED 属性，如图 6.11 所示。

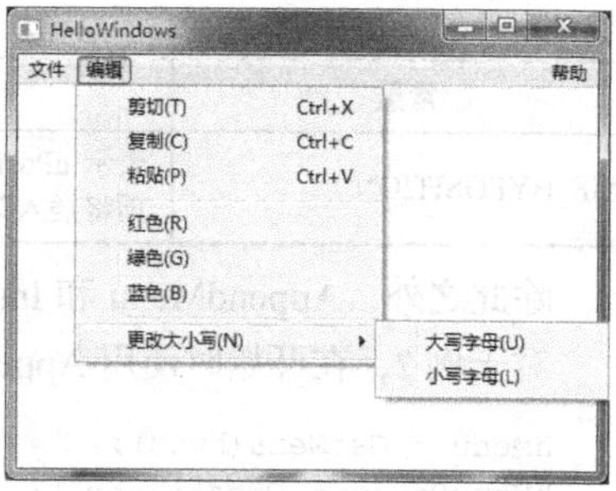

图 6.11

```
hMenu = GetMenu(hwnd);
hMenuPopup = GetSubMenu(hMenu, 1);
AppendMenu(hMenuPopup, MF_SEPARATOR, NULL, NULL);
AppendMenu(hMenuPopup, MF_STRING, ID_EDIT_RED, TEXT("红色(&R)"));
AppendMenu(hMenuPopup, MF_STRING, ID_EDIT_GREEN, TEXT("绿色(&G)"));
AppendMenu(hMenuPopup, MF_STRING, ID_EDIT_BLUE, TEXT("蓝色(&B)"));
AppendMenu(hMenuPopup, MF_SEPARATOR, NULL, NULL);

hMenuPopupSub = CreateMenu();
AppendMenu(hMenuPopupSub, MF_STRING, ID_EDIT_UPPER, TEXT("大写字母(&U)"));
AppendMenu(hMenuPopupSub, MF_STRING, ID_EDIT_LOWER, TEXT("小写字母(&L)"));
AppendMenu(hMenuPopup, MF_STRING | MF_POPUP, (UINT_PTR)hMenuPopupSub, TEXT("更改大小写(&N)"));
```

GetSubMenu 或 GetMenuItemInfo 函数可以获取弹出菜单或子菜单项的句柄：

```
HMENU WINAPI GetSubMenu(
_In_ HMENU hMenu,     // 菜单句柄(可以是主菜单句柄、弹出菜单句柄等)
_In_ int   nPos);     // 从 0 开始的相对位置
```

主菜单中最左侧的主菜单项位置为 0，往右增加；弹出菜单中最顶部的菜单项位置为 0，往下增加，分隔符也计算在内。在上面的示例中，主菜单中“文件”的位置为 0，“编辑”的位置为 1，因此使用 GetSubMenu(hMenu, 1)获取的是“编辑”的弹出菜单句柄。

可以看出，AppendMenu 函数把菜单项放到了最后，不能指定所放位置。InsertMenu 函数也可以添加菜单项，但是可以指定插入的位置：

```
BOOL WINAPI InsertMenu(
_In_      HMENU     hMenu,        // 菜单句柄(可以是主菜单句柄、弹出菜单句柄等)
_In_      UINT      uPosition,    // 新菜单项插入的位置，受 uFlags 参数的影响
_In_      UINT      uFlags,       // 菜单选项
_In_      UINT_PTR  uIDNewItem,   // 菜单项 ID 或弹出菜单句柄
_In_opt_  LPCTSTR   lpNewItem);   // 菜单名称或位图句柄
```

参数 uFlags 除了可以指定为 AppendMenu 函数的 uFlags 参数的那些选项，还可以是表 6.6 所示的值。

表 6.6

| 常量 | 含义 |
|---|---|
| MF_BYCOMMAND | 默认值，表示 uPosition 参数指定的是某菜单项的 ID，新菜单项将在其后 |

续表

| 常量 | 含义 |
|---|---|
| MF_BYPOSITION | 表示 uPosition 参数指定的是新菜单项从 0 开始的相对位置，如果 uPosition 为-1，则新菜单项将插入菜单的末尾 |

除此之外，AppendMenu 和 InsertMenu 函数的用法完全相同。

对于例 2，在开始时使用 AppendMenu 函数，“视图”主菜单项出现在最右侧，现在改为：

```
hMenu = GetMenu(hwnd);
hMenuPopup = CreateMenu();
AppendMenu(hMenuPopup, MF_STRING, ID_VIEW_BIG, TEXT("大图标"));
AppendMenu(hMenuPopup, MF_STRING, ID_VIEW_SMALL, TEXT("小图标"));
InsertMenu(hMenu, 2, MF_STRING | MF_POPUP | MF_BYPOSITION, (UINT_PTR)hMenuPopup, TEXT("视图"));
DrawMenuBar(hwnd);
```

AppendMenu 函数总是把菜单项放到最后，现在 InsertMenu 函数的 uPosition 参数指定为 2 表示放在第 3 个的位置。效果如图 6.12 所示。

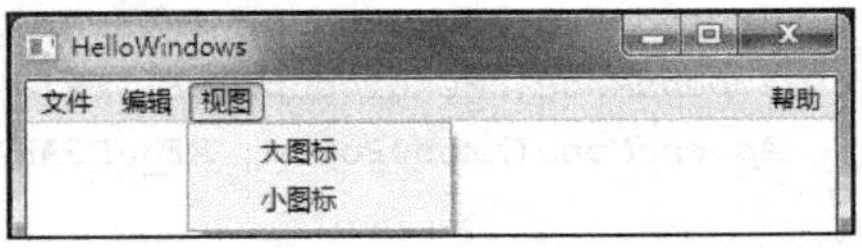


图 6.12

GetMenuItemID 函数可以获取一个菜单项的 ID：

```
UINT WINAPI GetMenuItemID(
    _In_ HMENU hMenu,    // 菜单句柄(可以是主菜单句柄、弹出菜单句柄等)
    _In_ int   nPos);    // 相对位置
```

函数执行成功，返回值是指定菜单项的 ID。

GetMenuString 函数可以获取一个菜单项的文本字符串：

```
int WINAPI GetMenuString(
    _In_          HMENU  hMenu,      // 菜单句柄(可以是主菜单句柄、弹出菜单句柄等)
    _In_          UINT   uIDItem,    // 菜单项 ID 或相对位置
    _Out_opt_     LPTSTR lpString,   // 在 lpString 中返回菜单项的名称
    _In_          int    nMaxCount,  // lpString 缓冲区的大小，以字符为单位
    _In_          UINT   uFlag);     // MF_BYCOMMAND 或 MF_BYPOSITION
```

如果函数执行成功，则返回值是复制到缓冲区中的字符数，不包括终止的空字符；如果函数执行失败，则返回值为 0。

要修改一个菜单项，可以使用 ModifyMenu 函数：

```
BOOL WINAPI ModifyMenu(
    _In_       HMENU     hMnu,          // 菜单句柄(可以是主菜单句柄、弹出菜单句柄等)
    _In_       UINT      uPosition,     // 菜单项 ID 或相对位置
    _In_       UINT      uFlags,        // 菜单选项
    _In_       UINT_PTR  uIDNewItem,    // 菜单项 ID 或弹出菜单句柄
    _In_opt_   LPCTSTR   lpNewItem);    // 菜单名称或位图句柄
```

该函数的参数及含义和 InsertMenu 函数完全相同。

DeleteMenu 和 RemoveMenu 函数都可以删除一个菜单项：

```
BOOL WINAPI DeleteMenu(HMENU hMenu, UINT uPosition, UINT uFlags);
BOOL WINAPI RemoveMenu(HMENU hMenu, UINT uPosition, UINT uFlags);
```

参数 uFlags 可以是 MF_BYCOMMAND 或 MF_BYPOSITION。

另外，GetSystemMenu 函数可以获取系统菜单的句柄，系统菜单也是一个弹出菜单：

```
HMENU WINAPI GetSystemMenu(
_In_ HWND hWnd,      // 窗口句柄
_In_ BOOL bRevert); // TRUE 或 FALSE
```

如果 bRevert 参数设置为 FALSE，则表示获取系统菜单的句柄。可以利用这个句柄对系统菜单中的菜单项进行修改，或者向系统菜单添加新的菜单项，所有预定义系统菜单项的 ID 都大于 0xF000。如果程序需要向系统菜单添加菜单项，则菜单项 ID 必须小于 0xF000；如果设置为 TRUE，则表示将系统菜单恢复为默认状态。如果 bRevert 参数为 FALSE，则 GetSystemMenu 函数返回值是系统菜单的句柄；如果 bRevert 参数为 TRUE，则返回值为 NULL。

前面说过，WM_SYSCOMMAND 消息的 wParam & 0xFFF0 包含请求的系统命令类型，例如 SC_CLOSE、SC_MOVE。如果在系统菜单中添加了菜单项，那么 WM_SYSCOMMAND 消息的 LOWORD(wParam)就是菜单项 ID。

例如，下面对系统菜单的操作：

```
// 灰化系统菜单的关闭菜单项
ModifyMenu(GetSystemMenu(hwnd, FALSE), SC_CLOSE, MF_GRAYED, SC_CLOSE, TEXT("关闭(&C)\
tAlt+F4"));
// 移除系统菜单的关闭菜单项
RemoveMenu(GetSystemMenu(hwnd, FALSE), SC_CLOSE, MF_BYCOMMAND);
// 在系统菜单后面添加一个"打开"菜单项
AppendMenu(GetSystemMenu(hwnd, FALSE), MF_STRING, ID_FILE_NEW, TEXT("打开(&O)"));
// 恢复系统菜单
GetSystemMenu(hwnd, TRUE);
```

### 6.1.4 菜单状态的设置、快捷菜单

为了接下来的测试，我在“编辑”主菜单项下添加了几个子菜单项和一个子弹出菜单，HelloWindows.rc 文件的主要内容如下所示：

```
IDR_MENU MENUEX
BEGIN
    POPUP "文件",                              65535,MFT_STRING,MFS_ENABLED
    BEGIN
        MENUITEM "新建(&N)\tCtrl+N",           ID_FILE_NEW,MFT_STRING, MFS_ENABLED
        MENUITEM "打开(&O)\tCtrl+O",           ID_FILE_OPEN,MFT_STRING, MFS_ENABLED
        MENUITEM "保存(&S)\tCtrl+S",           ID_FILE_SAVE,MFT_STRING, MFS_ENABLED
        MENUITEM "另存为(&A)",                 ID_FILE_SAVEAS,MFT_STRING, MFS_ENABLED
        MENUITEM MFT_SEPARATOR
        MENUITEM "退出(&X)",                   ID_FILE_EXIT,MFT_STRING, MFS_ENABLED
    END
    POPUP "编辑",                              65535,MFT_STRING,MFS_ENABLED
    BEGIN
        MENUITEM "剪切(&T)\tCtrl+X",           ID_EDIT_CUT,MFT_STRING, MFS_ENABLED
        MENUITEM "复制(&C)\tCtrl+C",           ID_EDIT_COPY,MFT_STRING, MFS_ENABLED
```

```
        MENUITEM "粘贴(&P)\tCtrl+V",          ID_EDIT_PASTE,MFT_STRING, MFS_ENABLED
        MENUITEM MFT_SEPARATOR
        MENUITEM "红色(&R)",                  ID_EDIT_RED,MFT_STRING, MFS_ENABLED
        MENUITEM "绿色(&G)",                  ID_EDIT_GREEN,MFT_STRING, MFS_ENABLED
        MENUITEM "蓝色(&B)",                  ID_EDIT_BLUE,MFT_STRING, MFS_ENABLED

        MENUITEM MFT_SEPARATOR

        POPUP "更改大小写(&N)",               65535,MFT_STRING,MFS_ENABLED
        BEGIN
            MENUITEM "大写字母(&U)",          ID_EDIT_UPPER,MFT_STRING, MFS_ENABLED
            MENUITEM "小写字母(&L)",          ID_EDIT_LOWER,MFT_STRING, MFS_ENABLED
        END
    END
    POPUP "帮助",                     65535,MFT_STRING | MFT_RIGHTJUSTIFY, MFS_ENABLED
    BEGIN
        MENUITEM "关于HelloWindows(&A)",       ID_HELP_ABOUT,MFT_STRING, MFS_ENABLED
    END
END
```

EnableMenuItem 函数可以启用、禁用或灰化一个菜单项，实际上禁用和灰化效果是一样的：

```
BOOL WINAPI EnableMenuItem(
    _In_ HMENU hMenu,          // 菜单句柄
    _In_ UINT  uIDEnableItem,// 要启用、禁用或灰化的菜单项、菜单项 ID 或相对位置
    _In_ UINT  uEnable);
```

uEnable 参数可以是 MF_BYCOMMAND、MF_BYPOSITION、MF_ENABLED、MF_DISABLED、MF_GRAYED。

使用前面介绍的 ModifyMenu 函数也可以达到启用、禁用或灰化一个菜单项的目的，但是 EnableMenuItem 函数更简单一些。函数返回值是指定菜单项的先前状态（MF_ENABLED、MF_DISABLED 或 MF_GRAYED），如果菜单项不存在，则返回值为-1。更改菜单项以后菜单栏不会立即更新，可以调用 DrawMenuBar 函数强制刷新。

GetMenuState 函数可以测试一个菜单项的状态：

```
UINT WINAPI GetMenuState(
    _In_ HMENU hMenu,     // 菜单句柄(可以是主菜单句柄、弹出菜单句柄等)
    _In_ UINT  uId,       // 菜单项 ID 或相对位置
    _In_ UINT  uFlags); // MF_BYCOMMAND 或 MF_BYPOSITION
```

函数执行成功，返回值是指定菜单项的菜单状态。如果菜单项是弹出菜单，则返回值的低位字节包含菜单状态，高位字节包含弹出菜单中的子菜单项个数；如果指定的菜单项不存在，则返回值为-1。菜单状态标志如表 6.7 所示。

表 6.7

| 常量 | 含义 |
|---|---|
| MF_POPUP | 是弹出菜单 |

续表

| 常量 | 含义 |
|---|---|
| MF_CHECKED | 表示在菜单项前面有选定标志（复选或单选标志） |
| MF_DISABLED | 菜单项处于禁用状态 |
| MF_GRAYED | 菜单项处于灰化状态 |
| MF_HILITE | 菜单项处于高亮显示状态 |
| MF_MENUBREAK | 菜单项在新行或新列中 |
| MF_MENUBARBREAK | 菜单项在新行或新列中，列与列之间有分隔线 |
| MF_OWNERDRAW | 是自绘菜单项 |
| MF_SEPARATOR | 是分隔线 |

但是，如何测试 MF_ENABLED、MF_STRING、MF_UNCHECKED 或 MF_UNHILITE 呢？这 4 个常量的值均为 0，可以使用表 6.8 中的表达式。

**表 6.8**

| 常量 | 表达式 |
|---|---|
| MF_ENABLED | !(返回值 & (MF_DISABLED \| MF_GRAYED)) |
| MF_STRING | !(返回值 & (MF_BITMAP \| MF_OWNERDRAW)) |
| MF_UNCHECKED | !(返回值 & MF_CHECKED) |
| MF_UNHILITE | !(返回值 & MF_HILITE) |

例如：

```
hMenu = GetMenu(hwnd);
uiState = GetMenuState(hMenu, 1, MF_BYPOSITION);     // "编辑"主菜单项
if (uiState & MF_POPUP)
{
    wsprintf(szBuf, TEXT("%s  子菜单个数%d  %s"), TEXT("是弹出菜单"), HIBYTE (uiState),
        !(LOBYTE(uiState) & (MF_DISABLED | MF_GRAYED)) ? TEXT("启用状态") : TEXT("已禁用或
灰化"));
    MessageBox(hwnd, szBuf, TEXT("提示"), MB_OK);
}
```

效果如图 6.13 所示。

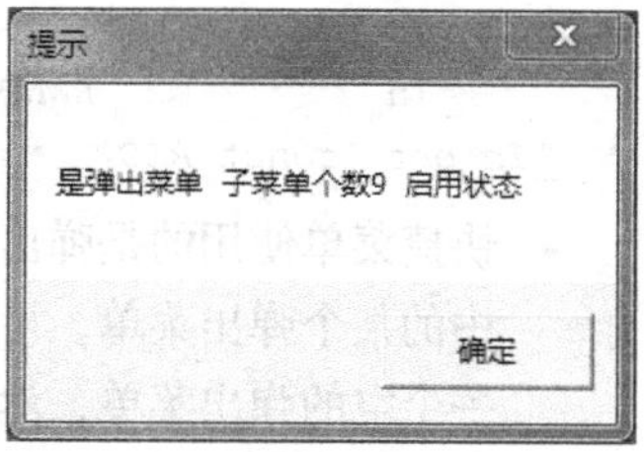


图 6.13

CheckMenuItem 函数可以为一个菜单项设置或取消复选标志：

```
DWORD WINAPI CheckMenuItem(
    _In_ HMENU hmenu,          // 菜单句柄(可以是主菜单句柄、弹出菜
单句柄等)
    _In_ UINT  uIDCheckItem,// 菜单项 ID 或相对位置
    _In_ UINT  uCheck);        // 标志
```

参数 uCheck 可用的标志有 MF_BYCOMMAND、MF_BYPOSITION、MF_CHECKED（设置复选）和 MF_UNCHECKED（取消复选）。函数返回值是指定菜单项的先前状态（MF_CHECKED 或 MF_UNCHECKED）。如果菜单项不存在，则返回值为-1。主菜单中的主菜单项前

面不能设置复选标志。

有时候，程序菜单项需要模仿一组单选按钮。在本节开头，我为资源文件添加了“红色”“绿色”“蓝色”3 个子菜单项，以及一个“更改大小写”弹出菜单。假设我把红色、绿色、蓝色当作一组单选子菜单项，这几个菜单项应该在互斥的选定和非选定状态之间切换（前面是否有圆圈标志），同一时刻只有一个是可以选定的。当选定其中一个的时候，其他的都应该取消选定。CheckMenuRadioItem 函数可以很方便地实现这个目的，该函数设置指定范围内的一组菜单项中的某个菜单项为选定状态，同时取消选定其他菜单项：

```
BOOL WINAPI CheckMenuRadioItem(
    _In_ HMENU hmenu,    // 包含菜单项组的菜单句柄
    _In_ UINT  idFirst, // 组中第一个菜单项的菜单项 ID 或相对位置
    _In_ UINT  idLast,  // 组中最后一个菜单项的菜单项 ID 或相对位置
    _In_ UINT  idCheck, // 要设置选定的菜单项的菜单项 ID 或相对位置
    _In_ UINT  uFlags); // 标志，MF_BYCOMMAND 或 MF_BYPOSITION
```

如果将 uFlags 参数指定为 MF_BYCOMMAND，则菜单项组中菜单项的 ID 在数值上应该是连续的；如果将 uFlags 参数指定为 MF_BYPOSITION，则菜单项组中菜单项在菜单栏中的位置应该是连续的。主菜单中的菜单项前面不能设置单选标志。

GetMenuItemCount(hMenu)可以获取指定菜单句柄下的菜单项个数，例如对于本节开头列出的菜单资源，指定不同菜单句柄调用该函数的结果如下所示：

```
hMenu = GetMenu(hwnd);
n = GetMenuItemCount(hMenu);                    // 主菜单 3
n = GetMenuItemCount(GetSubMenu(hMenu, 0)); // 文件   6
n = GetMenuItemCount(GetSubMenu(hMenu, 1)); // 编辑   9
n = GetMenuItemCount(GetSubMenu(hMenu, 2)); // 帮助   1
```

某些程序在客户区内右键单击可以弹出一个菜单，叫作右键弹出菜单，也叫快捷菜单或上下文菜单，可以通过调用 TrackPopupMenu 或 TrackPopupMenuEx 函数实现：

```
BOOL WINAPI TrackPopupMenu(
    _In_          HMENU hMenu,      // 要显示的弹出菜单的句柄
    _In_          UINT  uFlags,     // 标志
    _In_          int   x,          // 快捷菜单的 X 坐标，屏幕坐标
    _In_          int   y,          // 快捷菜单的 Y 坐标，屏幕坐标
    _In_          int   nReserved, // 保留参数
    _In_          HWND  hWnd,       // 快捷菜单所属的窗口句柄，该窗口接收菜单命令消息
  _In_opt_ const RECT  *prcRect);   // 忽略该参数
```

- 快捷菜单使用的是弹出菜单，参数 hMenu 指定要显示的弹出菜单的句柄，如果需要使用主菜单中的某个弹出菜单，可以使用 GetSubMenu 函数获取，也可以使用 CreatePopupMenu 函数创建一个空的弹出菜单，然后向其中添加子菜单项，还可以使用资源编辑器制作一个弹出菜单，在通过资源编辑器制作弹出菜单资源时，主菜单项的菜单名称可以随意写，因为不会显示，只会显示主菜单项下面的弹出菜单内容，然后在程序中使用 LoadMenu 函数加载并使用 GetSubMenu 函数获取第一个弹出菜单句柄。

- 参数 uFlags 是一些标志，常用的标志如表 6.9 所示。

**表 6.9**

| 标志 | 含义 |
|---|---|
| TPM_CENTERALIGN | 快捷菜单相对于 X 参数指定的坐标水平居中 |
| TPM_LEFTALIGN | 快捷菜单左侧与 X 参数指定的坐标对齐 |
| TPM_RIGHTALIGN | 快捷菜单右侧与 X 参数指定的坐标对齐 |
| TPM_VCENTERALIGN | 快捷菜单相对于 Y 参数指定的坐标垂直居中 |
| TPM_TOPALIGN | 快捷菜单顶部与 Y 参数指定的坐标对齐 |
| TPM_BOTTOMALIGN | 快捷菜单底部与 Y 参数指定的坐标对齐 |
| TPM_LEFTBUTTON | 用户只能使用鼠标左键来选择菜单项 |
| TPM_RIGHTBUTTON | 用户使用鼠标左键或右键都可以选择菜单项 |

例如下面的代码，在客户区内单击鼠标右键的时候出现“编辑”菜单项的弹出菜单：

```
case WM_RBUTTONDOWN:
    pt.x = GET_X_LPARAM(lParam);
    pt.y = GET_Y_LPARAM(lParam);
    ClientToScreen(hwnd, &pt);
    TrackPopupMenu(GetSubMenu(GetMenu(hwnd), 1), TPM_LEFTALIGN | TPM_TOPALIGN,
        pt.x, pt.y, 0, hwnd, NULL);
    return 0;
```

试图显示整个主菜单是不会成功的，例如：

```
TrackPopupMenu(GetMenu(hwnd), TPM_LEFTALIGN | TPM_TOPALIGN, pt.x, pt.y, 0, hwnd, NULL);
```

显示整个主菜单，通常没有必要，不过可以采取一些变通的方法实现。使用下面的方法可以在快捷菜单中显示整个主菜单：

```
HMENU hMenu, hMenuPopup;
POINT pt;
TCHAR szBuf[32] = { 0 };

case WM_RBUTTONDOWN:
    hMenu = GetMenu(hwnd);
    // 创建一个弹出菜单
    hMenuPopup = CreatePopupMenu();
    // 把主菜单的每一个弹出菜单添加到刚刚创建的弹出菜单中
    for (int i = 0; i < GetMenuItemCount(hMenu); i++)
    {
        GetMenuString(hMenu, i, szBuf, _countof(szBuf), MF_BYPOSITION);
        AppendMenu(hMenuPopup, MF_STRING | MF_POPUP, (UINT_PTR)GetSubMenu(hMenu, i), szBuf);
    }
    pt.x = GET_X_LPARAM(lParam);
    pt.y = GET_Y_LPARAM(lParam);
    ClientToScreen(hwnd, &pt);
    TrackPopupMenu(hMenuPopup, TPM_LEFTALIGN | TPM_TOPALIGN, pt.x, pt.y, 0, hwnd, NULL);
    return 0;
```

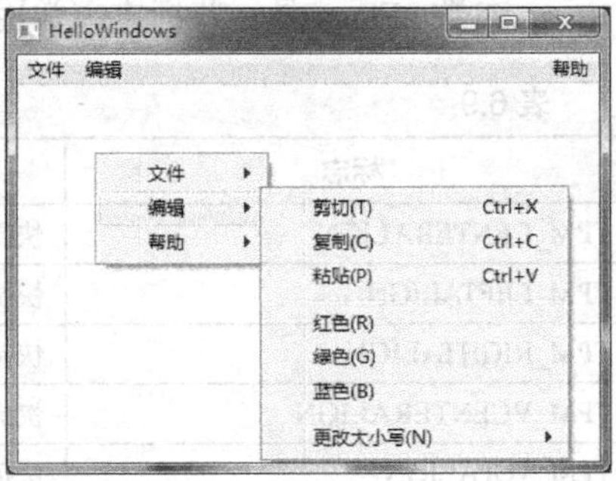


图 6.14

效果如图 6.14 所示。

CreatePopupMenu 函数可以创建一个空的弹出菜单，然后可以使用 AppendMenu、InsertMenu 或 InsertMenuItem 函数添加菜单项：

```
HMENU WINAPI CreatePopupMenu(void);
```

刚才我们弹出快捷菜单，处理的是 WM_RBUTTONDOWN 消息，当默认窗口过程 DefWindowProc 函数处理 WM_RBUTTONUP 或 WM_NCRBUTTONUP 消息，或用户按下 Shift + F10 组合键时，都会生成 WM_CONTEXTMENU 消息，因此程序可以处理 WM_CONTEXTMENU 消息弹出的快捷菜单。WM_CONTEXTMENU 消息的 wParam 参数是鼠标右键单击的窗口句柄，lParam 参数的低位字是鼠标光标的 *X* 坐标，高位字是鼠标光标的 *Y* 坐标（屏幕坐标），可以使用 GET_X_LPARAM 和 GET_Y_LPARAM 宏从 lParam 参数中提取这两个坐标。

菜单即将变为活动状态时，包括单击菜单项、按下菜单项对应的快捷键等，窗口过程会收到 WM_INITMENU 消息，不过程序通常不需要处理这个消息。

在显示任何弹出菜单之前（包括快捷菜单），系统会将 WM_INITMENUPOPUP 消息发送到窗口过程，程序可以在用户看到之前修改菜单项，例如设置菜单项的复选、单选状态，以及在某些文本编辑器程序的剪贴板中没有内容时粘贴菜单是灰化的，等等。

每当用户单击主菜单中的菜单项或者鼠标在弹出菜单中的子菜单项之间移动时，窗口过程会收到 WM_MENUSELECT 消息，程序可以响应 WM_MENUSELECT 消息在状态栏显示提示信息，这个消息在后面讲状态栏的时候会用到。

## 6.1.5 扩展菜单选项与菜单项自绘

有一些扩展菜单选项无法在资源脚本文件中指定，只能通过相关函数进行设置，本节通过几个函数介绍扩展菜单选项。

InsertMenuItem 函数也可以用于添加菜单项：

```
BOOL WINAPI InsertMenuItem(
    _In_ HMENU             hMenu,       // 菜单句柄(可以是主菜单句柄、弹出菜单句柄等)
    _In_ UINT              uItem,       // 用于确定菜单项插入位置，菜单项 ID 或相对位置
    _In_ BOOL              fByPosition,// 设置为 TRUE 表示 uItem 参数是相对位置,FALSE 表示菜单项 ID
    _In_ LPCMENUITEMINFO lpmii);        // 指向 MENUITEMINFO 结构的指针，该结构包含新菜单项的信息
```

MENUITEMINFO 结构还可以用在 SetMenuItemInfo、GetMenuItemInfo 函数中，该结构在 WinUser.h 头文件中定义如下：

```
typedef struct tagMENUITEMINFOW
{
    UINT     cbSize;            // 该结构的大小
    UINT     fMask;             // 掩码标志，指定要获取或设置的字段
```

```
    UINT      fType;          // 菜单项类型
    UINT      fState;         // 菜单项状态
    UINT      wID;            // 菜单项 ID
    HMENU     hSubMenu;       // 弹出菜单句柄
    HBITMAP   hbmpChecked;    // 菜单项选定时的位图句柄
    HBITMAP   hbmpUnchecked;  // 菜单项未选定时的位图句柄
    ULONG_PTR dwItemData;     // 与菜单项关联的程序自定义数据
    LPTSTR    dwTypeData;     // 菜单项名称字符串
    UINT      cch;            // 获取菜单项名称时作为缓冲区的长度，返回菜单项字符串的实际长度
    HBITMAP   hbmpItem;       // 菜单项使用的位图句柄
} MENUITEMINFO, FAR *LPMENUITEMINFO;
```

- 字段 fMask 指定要获取或设置的字段，该字段可以是表 6.10 所示的一个或多个值，MIIM_前缀的意思是 Menu Item Info Mask。

表 6.10

| 常量 | 含义 |
|---|---|
| MIIM_FTYPE | 获取或设置 fType 字段 |
| MIIM_STATE | 获取或设置 fState 字段 |
| MIIM_ID | 获取或设置 wID 字段 |
| MIIM_SUBMENU | 获取或设置 hSubMenu 字段 |
| MIIM_CHECKMARKS | 获取或设置 hbmpChecked 和 hbmpUnchecked 字段 |
| MIIM_DATA | 获取或设置 dwItemData 字段 |
| MIIM_STRING | 获取或设置 dwTypeData 字段 |
| MIIM_BITMAP | 获取或设置 hbmpItem 字段 |

通常情况下都是使用字符串显示菜单项，把 MENUITEMINFO.fMask 字段设置为 MIIM_STRING，MENUITEMINFO.dwTypeData 字段指定为字符串指针（如果是获取菜单项信息，还需要把 MENUITEMINFO.cch 字段指定为字符串缓冲区的长度）。如果需要使用位图显示菜单项，则可以把 MENUITEMINFO.fMask 字段设置为 MIIM_BITMAP，MENUITEMINFO.hbmpItem 字段指定为位图句柄。

- 字段 fType 指定菜单项类型，该字段可以是表 6.11 所示的一个或多个值。

表 6.11

| 常量 | 含义 |
|---|---|
| MFT_MENUBREAK | 菜单项在新行或新列中 |
| MFT_MENUBARBREAK | 菜单项在新行或新列中，列与列之间有分隔线 |
| MFT_SEPARATOR | 菜单项是分隔线，dwTypeData 和 cch 字段将被忽略 |
| MFT_RADIOCHECK | 如果将 hbmpChecked 字段设置为 NULL，菜单项前面会有一个单选标记，而不是复选标记 |
| MFT_RIGHTJUSTIFY | 该菜单项和以后的菜单项右对齐，仅适用于主菜单中的菜单项 |
| MFT_RIGHTORDER | 用于支持从右到左的语言，例如阿拉伯语和希伯来语 |

续表

| 常量 | 含义 |
| --- | --- |
| MFT_OWNERDRAW | 菜单项由程序自绘。窗口在第一次显示菜单项之前会收到 WM_MEASUREITEM 消息，并且每当必须绘制菜单项时会收到 WM_DRAWITEM 消息（例如用户选择它时）。如果指定了这个标志，dwItemData 字段可以指定为程序的自定义数据 |

- 字段 fState 指定菜单项状态，该字段可以是表 6.12 所示的一个或多个值。

表 6.12

| 常量 | 含义 |
| --- | --- |
| MFS_CHECKED | 为菜单项设置选定标志 |
| MFS_UNCHECKED | 取消菜单项的选定标志 |
| MFS_DISABLED 或 MFS_GRAYED | 禁用菜单项并将其灰化，使其无法选择 |
| MFS_ENABLED | 启用菜单项以便可以选择它，这是默认状态 |
| MFS_HILITE | 突出显示菜单项 |
| MFS_UNHILITE | 取消突出显示菜单项，这是默认状态 |
| MFS_DEFAULT | 默认菜单项，菜单只能包含一个默认菜单项，以粗体显示 |

- 字段 wID 指定菜单项 ID，或在这个字段中返回菜单项 ID。
- 字段 hSubMenu 指定弹出菜单句柄，或在这个字段中返回弹出菜单句柄。
- 字段 hbmpChecked 指定选定标志使用的位图句柄。如果该字段设置为 NULL，则使用默认位图。如果 fType 字段指定了 MFT_RADIOCHECK 类型，则默认位图是单选标志；否则，它是一个复选标志。
- 字段 hbmpUnchecked 指定菜单项未选定时的位图句柄。如果该字段设置为 NULL，则不使用位图。

  使用 SetMenuItemBitmaps 函数也可以设置菜单项选定时和未选定时菜单项前面显示的位图，可以调用 GetSystemMetrics(SM_CXMENUCHECK);GetSystemMetrics(SM_CYMENUCHECK);获取所需的位图大小。
- 字段 dwItemData 是与菜单项关联的程序自定义数据，通常用于菜单项自绘。
- 字段 dwTypeData。仅当 fMask 字段设置了 MIIM_STRING 标志时才使用 dwTypeData 字段。要获取 MFT_STRING 类型的菜单项字符串，可以先将 MENUITEMINFO 的 dwTypeData 字段设置为 NULL，然后调用 GetMenuItemInfo 函数，cch 返回菜单项所需缓冲区的大小（不包括字符串结尾标志），然后分配 cch + 1 大小的缓冲区，把 dwTypeData 字段设置为缓冲区的地址，cch 设置为缓冲区的大小，再次调用 GetMenuItemInfo 就可以获取菜单项的名称字符串。
- 字段 cch。仅当 fMask 字段设置了 MIIM_STRING 标志时才使用 cch 字段，如果是调用 SetMenuItemInfo 函数设置菜单项的内容，忽略 cch 字段。
- 字段 hbmpItem 指定菜单项所用的位图的句柄，仅当 fMask 字段设置了 MIIM_BITMAP 标志时才使用 hbmpItem 字段，此时菜单项显示为位图，而不是字符串。它也可以是表 6.13 中的值之一。

表 6.13

| 常量 | 含义 |
|---|---|
| HBMMENU_CALLBACK | 程序自绘的位图，程序必须处理 WM_MEASUREITEM 和 WM_DRAWITEM 消息 |
| HBMMENU_MBAR_CLOSE | 菜单栏的关闭按钮 |
| HBMMENU_MBAR_CLOSE_D | 菜单栏的禁用关闭按钮 |
| HBMMENU_MBAR_MINIMIZE | 菜单栏的最小化按钮 |
| HBMMENU_MBAR_MINIMIZE_D | 菜单栏的禁用最小化按钮 |
| HBMMENU_MBAR_RESTORE | 菜单栏的恢复按钮 |
| HBMMENU_POPUP_CLOSE | 子菜单的关闭按钮 |
| HBMMENU_POPUP_MAXIMIZE | 子菜单的最大化按钮 |
| HBMMENU_POPUP_MINIMIZE | 子菜单的最小化按钮 |
| HBMMENU_POPUP_RESTORE | 子菜单的恢复按钮 |
| HBMMENU_SYSTEM | Windows 图标或在 dwItemData 中指定的窗口图标 |

如果 MENUITEMINFO.fType 字段指定为 MFT_OWNERDRAW 标志，表示菜单项由程序自绘，则窗口在第一次显示菜单项之前会收到 WM_MEASUREITEM 消息，并且每当必须绘制菜单项时会收到 WM_DRAWITEM 消息（例如用户选择它时）。如果指定了这个标志，则 MENUITEMINFO 结构的 dwItemData 字段可以指定为自定义数据，例如指向一个结构的指针。自定义数据可以包含用于绘制菜单项的信息，可以在 WM_MEASUREITEM 和 WM_DRAWITEM 消息中使用。

### 1. WM_MEASUREITEM 消息

除了用于自绘菜单项，WM_MEASUREITEM 消息也用于自绘列表框、组合框等。该消息的 wParam 参数就是 lParam 参数指向的 MEASUREITEMSTRUCT 结构的 CtlID 字段的值。如果 wParam 参数的值为 0，则该消息是由菜单项发送的；如果 wParam 参数的值非零，则该消息是由列表框、组合框等发送的；如果 wParam 参数的值非零，并且 lParam 参数指向的 MEASUREITEMSTRUCT 结构的 itemID 字段的值为(UINT)−1，则该消息是由组合框的编辑控件部分发送的。通常不需要 wParam 参数。

lParam 参数是一个指向 MEASUREITEMSTRUCT 结构的指针，该结构在 WinUser.h 头文件中定义如下：

```
typedef struct tagMEASUREITEMSTRUCT {
    UINT       CtlType;      // 控件类型，如果是 ODT_MENU，表示菜单项
    UINT       CtlID;        // 该字段不用于菜单项
    UINT       itemID;       // 菜单项 ID
    UINT       itemWidth;    // 设置菜单项的宽度，以像素为单位
    UINT       itemHeight;   // 设置菜单项的高度，以像素为单位
    ULONG_PTR  itemData;     // 程序自定义数据，当初由 MENUITEMINFO 结构的 dwItemData 字段指定的
} MEASUREITEMSTRUCT, NEAR *PMEASUREITEMSTRUCT, FAR *LPMEASUREITEMSTRUCT;
```

- CtlType 字段表示控件类型，该字段可能是以下值（见表 6.14）之一。

表 6.14

| 常量 | 含义 |
| --- | --- |
| ODT_MENU | 自绘菜单项 |
| ODT_LISTBOX | 自绘列表框 |
| ODT_COMBOBOX | 自绘组合框 |
| ODT_LISTVIEW | 自绘列表视图控件 |

- CtlID 字段表示列表框、组合框等的 ID，该字段不用于菜单项。
- itemID 字段表示菜单项 ID，或列表框、组合框等的列表项位置索引。
- itemWidth 和 itemHeight 字段用于设置菜单项，或列表框、组合框等的列表项宽度和高度。对 WM_MEASUREITEM 消息的处理主要就是通过设置 itemWidth 和 itemHeight 字段的值来指定菜单项或自绘控件列表项的宽度和高度。
- itemData 字段是菜单项的自定义数据，或列表框、组合框等的列表项项目数据。

窗口过程处理完 WM_MEASUREITEM 消息以后应返回 TRUE。

### 2. WM_DRAWITEM 消息

对 WM_MEASUREITEM 消息的处理主要就是通过设置 itemWidth 和 itemHeight 字段的值来指定菜单项或自绘控件列表项的宽度和高度。当菜单项或列表框、组合框、按钮等的外观需要改变时，会向父窗口发送 WM_DRAWITEM 消息。如果 WM_DRAWITEM 消息是由列表框、组合框、按钮等控件发送的，则 wParam 参数是控件的 ID；如果是由菜单发送的，则 wParam 参数是 0。lParam 参数是一个指向 DRAWITEMSTRUCT 结构的指针，该结构在 WinUser.h 头文件中定义如下：

```
typedef struct tagDRAWITEMSTRUCT {
    UINT        CtlType;     // 控件类型，如果是 ODT_MENU，表示菜单项
    UINT        CtlID;       // 该字段不用于菜单项
    UINT        itemID;      // 菜单项 ID
    UINT        itemAction;  // 所需的绘制操作
    UINT        itemState;   // 新的状态
    HWND        hwndItem;    // 菜单句柄
    HDC         hDC;         // 设备环境句柄
    RECT        rcItem;      // 绘制区域
    ULONG_PTR   itemData;    // 程序自定义数据，最初由 MENUITEMINFO 结构的 dwItemData 指定的
} DRAWITEMSTRUCT, NEAR *PDRAWITEMSTRUCT, FAR *LPDRAWITEMSTRUCT;
```

- CtlType 字段表示控件类型，可以是表 6.15 所示的值之一。

表 6.15

| 常量 | 含义 |
| --- | --- |
| ODT_MENU | 菜单项 |
| ODT_BUTTON | 按钮 |
| ODT_LISTBOX | 列表框 |
| ODT_LISTVIEW | 列表视图控件 |
| ODT_COMBOBOX | 组合框 |

续表

| 常量 | 含义 |
| --- | --- |
| ODT_STATIC | 静态控件 |
| ODT_TAB | Tab 控件 |

- CtlID 字段表示列表框、组合框、按钮等的控件 ID，不用于菜单项。
- itemID 字段表示菜单项 ID，或列表框、组合框、按钮等的列表项位置索引。
- itemAction 字段表示所需的绘制操作，可以是表 6.16 所示的值的组合。

表 6.16

| 常量 | 含义 |
| --- | --- |
| ODA_DRAWENTIRE | 需要绘制整个控件 |
| ODA_FOCUS | 控件已经获得或失去键盘焦点，应该检查 itemState 字段的值以确定控件是否具有焦点 |
| ODA_SELECT | 选择状态已更改，应该检查 itemState 字段的值以确定新的选择状态 |

- itemState 字段表示新的状态，可以是表 6.17 所示的值的组合。

表 6.17

| 常量 | 含义 |
| --- | --- |
| ODS_SELECTED | 已选择菜单项 |
| ODS_CHECKED | 已选中菜单项 |
| ODS_GRAYED | 灰化菜单项 |
| ODS_DISABLED | 禁用 |
| ODS_HOTLIGHT | 突出显示 |
| ODS_FOCUS | 该项目具有键盘焦点 |
| ODS_INACTIVE | 该项目处于非活动状态 |
| ODS_DEFAULT | 该项目是默认项目 |
| ODS_COMBOBOXEDIT | 组合框的编辑控件 |
| ODS_NOACCEL | 没有按下加速键的情况下进行绘制 |
| ODS_NOFOCUSRECT | 没有键盘焦点的情况下进行绘制 |

- hwndItem 字段表示菜单句柄，或列表框、组合框、按钮等的窗口句柄。
- hDC 字段表示设备环境句柄。进行自绘操作需要使用设备环境句柄。
- rcItem 字段表示要绘制的菜单项或列表框、组合框、按钮等的矩形边界。
- itemData 字段表示与菜单项关联的应用程序定义的自定义数据，或列表框、组合框等的项目数据。

对 WM_DRAWITEM 消息的处理，主要是根据 itemState 字段表示的状态绘制出不同的效果。窗口过程处理完 WM_DRAWITEM 消息以后应返回 TRUE。

无法通过可视化的资源编辑器来定义菜单项自绘选项，可以使用 MF_OWNERDRAW 标志调用 AppendMenu、InsertMenu、ModifyMenu 函数，也可以使用 MFT_OWNERDRAW（等于 MF_OWNERDRAW）标志调用 InsertMenuItem、SetMenuItemInfo 函数来指定菜单项由程序自绘。

还可以通过修改资源脚本文件的方式来定义菜单项自绘选项，Chapter6\HelloWindows3\HelloWindows\HelloWindows.rc 文件的菜单资源部分如下所示：

```
IDR_MENU MENUEX
BEGIN
    POPUP "文件",                              65535,MFT_STRING,MFS_ENABLED
    BEGIN
        MENUITEM "新建(&N)\tCtrl+N",           ID_FILE_NEW,MFT_STRING, MFS_ENABLED
        MENUITEM "打开(&O)\tCtrl+O",           ID_FILE_OPEN,MFT_STRING, MFS_ENABLED
        MENUITEM "保存(&S)\tCtrl+S",           ID_FILE_SAVE,MFT_STRING, MFS_ENABLED
        MENUITEM "另存为(&A)",                 ID_FILE_SAVEAS,MFT_STRING, MFS_ENABLED
        MENUITEM MFT_SEPARATOR
        MENUITEM "退出(&X)",                   ID_FILE_EXIT,MFT_STRING, MFS_ENABLED
    END
    POPUP "编辑",                              65535,MFT_STRING,MFS_ENABLED
    BEGIN
        MENUITEM "剪切(&T)\tCtrl+X",           ID_EDIT_CUT,MFT_STRING, MFS_ENABLED
        MENUITEM "复制(&C)\tCtrl+C",           ID_EDIT_COPY,MFT_STRING, MFS_ENABLED
        MENUITEM "粘贴(&P)\tCtrl+V",           ID_EDIT_PASTE,MFT_STRING, MFS_ENABLED
        MENUITEM MFT_SEPARATOR
        MENUITEM "红色(&R)",                   ID_EDIT_RED,MFT_STRING, MFS_ENABLED
        MENUITEM "绿色(&G)",                   ID_EDIT_GREEN,MFT_STRING, MFS_ENABLED
        MENUITEM "蓝色(&B)",                   ID_EDIT_BLUE,MFT_STRING, MFS_ENABLED
        MENUITEM MFT_SEPARATOR
        POPUP "更改大小写(&N)",                65535,MFT_STRING,MFS_ENABLED
        BEGIN
            MENUITEM "大写字母(&U)",           ID_EDIT_UPPER,MFT_STRING, MFS_ENABLED
            MENUITEM "小写字母(&L)",           ID_EDIT_LOWER,MFT_STRING, MFS_ENABLED
        END
    END
    POPUP "帮助",                         65535,MFT_STRING | MFT_RIGHTJUSTIFY,MFS_ENABLED
    BEGIN
        MENUITEM "关于 HelloWindows(&A)",      ID_HELP_ABOUT,MFT_STRING, MFS_ENABLED
    END
END
```

把除主菜单中“文件”“编辑”和“帮助”以外的所有子菜单项的 MFT_STRING 属性改为 MFT_STRING | MFT_OWNERDRAW 即可。程序通过处理 WM_MEASUREITEM 和 WM_DRAWITEM 消息进行自绘。程序运行效果如图 6.15 所示。

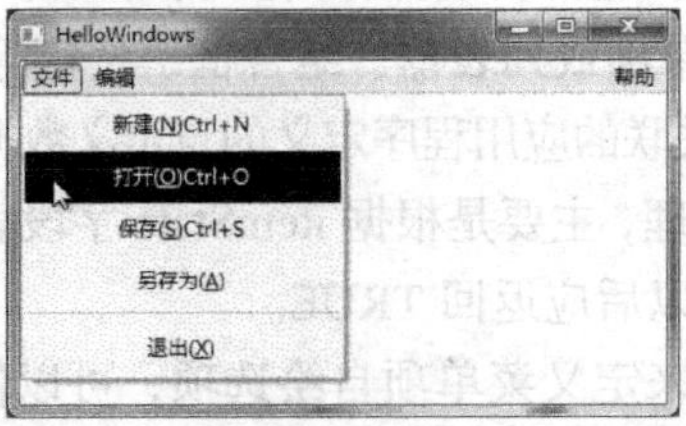


图 6.15

具体代码参见 Chapter6\HelloWindows3 项目。

# 6.2 图标

图标在系统中随处可见，系统使用图标来表示文件、文件夹、快捷方式、应用程序和文档等对象。除了可以使用系统预定义的 IDI_前缀的那些标准图标，程序也可以自定义图标。小图标通常用于窗口标题栏左侧和任务栏，可以使用 SM_CXSMICON 和 SM_CYSMICON 参数调用 GetSystemMetrics 函数获取小图标的尺寸，通常是 16 × 16；大图标通常用于可执行文件和快捷方式，可以使用 SM_CXICON 和 SM_CYICON 参数调用 GetSystemMetrics 函数获取大图标的尺寸，通常是 32 × 32。图标文件的后缀名是.ico，每个图标通常含有多张内容相同的图片，每一张图片具有不同的尺寸和颜色数，标准尺寸有 16 × 16、32 × 32、48 × 48、64 × 64、96 × 96、128 × 128、256 × 256、512 × 512 等，Windows 会根据需要显示不同尺寸的图标。

图标文件（.ico 文件）使用类似.bmp 文件格式的结构来保存，但图标的文件头中包含了一些信息以指定文件中含有多少个图标文件以及相关的信息。另外，在每个图标的数据区中还包含透明区（也叫掩码）的设置信息。光标文件（.cur 文件）也使用这种格式，因此，在大部分时候图标与光标可以互相替代使用。

为程序添加图标资源很简单，打开资源视图，用鼠标右键单击项目名称，然后选择添加 → 资源，打开添加资源对话框，选择 Icon 类型，单击“导入”按钮，可以选择一个已经制作好的图标。单击“新建”的话就是自己绘制图标，大家可以试一下，资源编辑器通常要求绘制几张不同尺寸的图标。我选择的是 Chapter6\HelloWindows4\HelloWindows\Eagle.ico（一只老鹰的图标文件），最大尺寸为 256 × 256。

看一下资源脚本文件 HelloWindows.rc 中图标资源的定义：

```
IDI_EAGLE    ICON  "Eagle.ico"
```

图标 ID 同样可以是一个字符串或 1～65535 之间的数字。

资源头文件 resource.h 中也自动添加了 IDI_EAGLE 的常量定义：

```
#define IDI_EAGLE  103
```

为程序设置图标很简单，LoadIcon 或 LoadImage 函数可以从应用程序实例中加载指定的图标资源：

```
wndclass.hIcon = LoadIcon(hInstance, MAKEINTRESOURCE(IDI_EAGLE));
```

wndclass.hIconSm 字段指定小图标，用于窗口标题栏左侧和任务栏。这个字段通常没有必要指定，因为系统会搜索可执行文件的图标资源以查找合适大小的图标作为小图标。

编译运行程序，可以看到窗口标题栏左侧和任务栏的图标都变成了我们设置的图标。打开资源管理器，可以看到程序文件的图标也变了。更改资源管理器的文件视图为大图标、超大图标以后，程序文件的图标也随之增大而且图标不失真，这是因为我们提供的图标资源文件尺寸比较大。请注意，系统对图标有缓存，资源管理器中有时候可能不能立即更新程序图标。

关于编译生成的可执行文件使用的图标，如果我们添加了多个图标资源，则系统会选择资源头文件 resource.h 中最先定义的那个图标作为可执行文件的图标。例如，我又添加了一个笑脸图标，HelloWindows.rc 文件的部分内容如下：

```
IDI_EAGLE  ICON  "Eagle.ico"
IDI_SMILE  ICON  "Smile.ico"
```

resource.h 文件的部分内容如下：

```
#define IDI_SMILE  103
#define IDI_EAGLE  104
```

HelloWindows.cpp 源文件的部分内容如下：

```
wndclass.hIcon = LoadIcon(NULL, IDI_APPLICATION);
```

编译运行程序，可以发现生成的可执行文件的图标为笑脸，任务栏的图标也是笑脸，而窗口标题栏左侧的图标为系统预定义的 IDI_APPLICATION 图标。因此，如果定义了多个图标，在 resource.h 头文件中应该首先定义要设置为程序图标的图标文件。当然，wndclass.hIcon 字段应该设置为要作为程序图标的图标文件对应的图标句柄，要保持一致。

如果需要动态更换图标，可以指定 GCLP_HICON 参数调用 SetClassLong 或 SetClassLongPtr 函数，例如下面的代码：

```
SetClassLongPtr(hwnd, GCLP_HICON, (LONG)LoadIcon(g_hInstance, MAKEINTRESOURCE(IDI_EAGLE)));
```

可以发现，窗口标题栏左侧和任务栏的图标都变成了老鹰，但不会影响可执行文件的图标。

要动态更换图标，也可以发送 WM_SETICON 消息，例如：

```
SendMessage(hwnd, WM_SETICON, ICON_BIG, (LPARAM)LoadIcon(g_hInstance, MAKEINTRESOURCE
    (IDI_EAGLE)));
```

效果和调用 SetClassLong 或 SetClassLongPtr 函数是一样的。WM_SETICON 消息的 wParam 参数指定要设置的图标类型，指定为 ICON_BIG 表示设置窗口的大图标，指定为 ICON_SMALL 表示设置窗口的小图标。在 Alt + Tab 对话框中显示大图标，在窗口标题栏左侧和任务栏中显示小图标。但是不管指定为 ICON_BIG 还是 ICON_SMALL，Alt + Tab 对话框中以及窗口标题栏左侧和任务栏的图标都是同时改变；lParam 参数被指定为新大图标或小图标的句柄。

## 6.3　光标

除了可以使用系统预定义的那些 IDC_前缀开头的标准光标，程序也可以自定义光标。光标文件的后缀名是.cur，系统也支持动态光标，动态光标文件的后缀名是.ani。光标和图标文件是类似的，通常它们可以互换使用。

要添加光标资源只需选择 Cursor 类型，我导入的是 Chapter6\HelloWindows4\HelloWindows\MacCursor\point.cur 光标文件，看一下资源脚本文件 HelloWindows.rc 中光标资源的定义：

```
IDC_POINT   CURSOR   "MacCursor\\point.cur"
```

光标 ID 同样可以是一个字符串或 1～65535 之间的数字。

资源头文件 resource.h 中也自动添加了 IDC_POINT 的常量定义：

```
#define  IDC_POINT  106
```

为程序设置光标，LoadCursor 或 LoadImage 函数可以从应用程序实例中加载指定的光标资源：

```
wndclass.hCursor = LoadCursor(hInstance, MAKEINTRESOURCE(IDC_POINT));
```

编译运行程序，可以看到当鼠标在客户区中的时候，鼠标光标变成了黑色箭头形状。

资源编辑器中没有内置动态光标类型，只能将其作为自定义资源去添加。要加载动态光标，也可以使用 LoadCursorFromFile 函数从文件中加载，例如：

```
wndclass.hCursor = LoadCursorFromFile(TEXT("MacCursor\\point.cur"));                // 普通光标
wndclass.hCursor = LoadCursorFromFile(TEXT("LittleNinja\\ninjanormal.ani")); // 动态光标
```

SetSystemCursor 函数可以使用指定的光标替换掉系统光标：

```
BOOL WINAPI SetSystemCursor(
    _In_ HCURSOR hcur,   // 用这个光标替换掉系统光标
    _In_ DWORD   id);    // 系统光标 ID
```

参数 id 指定哪个系统光标将被替换，可以是表 6.18 所示的值之一。这些值和讲解注册窗口类时的那些 IDC_开头的系统预定义光标一一对应。

表 6.18

| 常量 | 含义 | 与 IDC_开头的常量的关系 |
|---|---|---|
| OCR_APPSTARTING | 标准箭头和等待（忙碌） | #define IDC_APPSTARTING MAKEINTRESOURCE(OCR_APPSTARTING) |
| OCR_NORMAL | 标准箭头 | #define IDC_ARROW MAKEINTRESOURCE(OCR_NORMAL) |
| OCR_CROSS | 十字线 | #define IDC_CROSS MAKEINTRESOURCE(OCR_CROSS) |
| OCR_HAND | 手形 | #define IDC_HAND MAKEINTRESOURCE(OCR_HAND) |
| OCR_HELP | 箭头和问号 | #define IDC_HELP MAKEINTRESOURCE(32651) |
| OCR_IBEAM | 工字 | #define IDC_IBEAM MAKEINTRESOURCE(OCR_IBEAM) |
| OCR_NO | 斜线圆 | #define IDC_NO MAKEINTRESOURCE(OCR_NO) |
| OCR_SIZEALL | 北、南、东和西的四角箭头 | #define IDC_SIZEALL MAKEINTRESOURCE(OCR_SIZEALL) |
| OCR_SIZENESW | 指向东北和西南的双向箭头 | #define IDC_SIZENESW MAKEINTRESOURCE(OCR_SIZENESW) |
| OCR_SIZENS | 指向南北的双向箭头 | #define IDC_SIZENS MAKEINTRESOURCE(OCR_SIZENS) |
| OCR_SIZENWSE | 指向西北和东南的双向箭头 | #define IDC_SIZENWSE MAKEINTRESOURCE(OCR_SIZENWSE) |
| OCR_SIZEWE | 指向西和东的双向箭头 | #define IDC_SIZEWE MAKEINTRESOURCE(OCR_ SIZEWE) |
| OCR_UP | 垂直箭头 | #define IDC_UPARROW MAKEINTRESOURCE(OCR_UP) |
| OCR_WAIT | 等待(忙碌) | #define IDC_WAIT MAKEINTRESOURCE(OCR_WAIT) |

可以看到，参数 id 指定的是系统光标的资源 ID，而 IDC_开头的这些常量则是被 MAKEINTRESOURCE 宏转换为了字符串类型。如果需要使用 OCR_开头的常量，在包含 Windows.h 头文件之前必须定义常量 OEMRESOURCE，例如：#define OEMRESOURCE 1。

调用 SetSystemCursor 函数以后，系统会调用 DestroyCursor 函数销毁参数 hcur 指定的光标资源。因此单纯通过调用 LoadCursor 函数加载光标，并将得到的光标句柄用于 SetSystemCursor 函数无法达到

目的，还需要调用 CopyCursor(hcur)宏复制光标得到光标副本，然后把光标副本传递给 SetSystemCursor 函数：

```
SetSystemCursor(CopyCursor(LoadCursor(g_hInstance, MAKEINTRESOURCE(IDC_POINT))), OCR_
        NORMAL);
SetSystemCursor(CopyCursor(LoadCursorFromFile(TEXT("LittleNinja\\ninjanormal.ani"))),
        OCR_NORMAL);
```

不过，这不是永久的，重启计算机后，被替换的光标会被恢复。

CopyCursor 宏是调用的 CopyIcon 函数。另外，还有一个 CopyImage 函数，可以用于复制图标、光标和位图：

```
#define CopyCursor(pcur) ((HCURSOR)CopyIcon((HICON)(pcur)))
HANDLE CopyImage(
    _In_ HANDLE h,        // 要复制的图像的句柄
    _In_ UINT   type,     // 要复制的图像类型：IMAGE_ICON、IMAGE_CURSOR 或 IMAGE_BITMAP
    _In_ int    cx,       // 新图像的宽度(像素)，如果设置为 0，则复制的图像与原始图像的宽度相同
    _In_ int    cy,       // 新图像的高度(像素)，如果设置为 0，则复制的图像与原始图像的高度相同
    _In_ UINT   flags);   // 复制标志
```

如果需要动态更换光标，可以指定 GCLP_HCURSOR 参数调用 SetClassLong 或 SetClassLongPtr 函数，例如下面的代码：

```
    SetClassLongPtr(hwnd, GCLP_HCURSOR, (LONG)LoadCursor(g_hInstance, MAKEINTRESOURCE(IDC_
POINT)));
    SetClassLongPtr(hwnd, GCLP_HCURSOR, (LONG)LoadCursorFromFile(TEXT("LittleNinja
\\ninjanormal.ani")));
```

请注意：发送 WM_SETCURSOR 消息不能更换光标，这个消息是刷新光标。SetCursor 函数虽然可以用来设置光标，但这只能将新的光标维持很短的一段时间，因为当 Windows 向窗口过程重新发送 WM_SETCURSOR 消息的时候，DefWindowProc 执行默认处理光标就会被设置为原来的形状，Windows 会经常向窗口过程发送 WM_SETCURSOR 消息。

如果需要在客户区中绘制图标或光标，可以使用 DrawIcon 或 DrawIconEx 函数：

```
BOOL WINAPI DrawIcon(
    _In_ HDC   hDC,       // 设备环境句柄
    _In_ int   X,         // 图标或光标左上角的 X 坐标
    _In_ int   Y,         // 图标或光标左上角的 Y 坐标
    _In_ HICON hIcon);    // 要绘制的图标句柄或光标句柄
```

DrawIcon 函数使用 GetSystemMetrics(SM_CXICON)和 GetSystemMetrics(SM_ CYICON)获取的宽度和高度值绘制图标或光标，通常是 32 × 32。

## 6.4 字符串表

程序中用到的字符串，也可以在资源脚本文件中定义，不过使用起来可能比直接在程序源文件中

定义稍微复杂一点，但是一个程序如果需要更改为另一种语言版本，那么直接修改一下资源脚本文件中的字符串资源，然后重新编译即可。如果字符串定义在程序源文件中，修改起来就不那么直观了。

有的程序可以让用户选择语言版本，可以在字符串表中定义不同语言的字符串，同一语言的字符串按规律排列，例如中文版本的字符串 ID 以 10000 开头，英文版本的以 20000 开头。程序可以根据用户选择的语言加载不同语言的字符串。

通过资源编辑器添加字符串表，只需要选择 String Table 类型，然后单击“新建”按钮，并向其中添加字符串即可。接下来，我想把 HelloWindows 程序的菜单设置为简体中文和英语两个版本，因此需要为每个菜单项分别制作两种语言的字符串。资源脚本文件 HelloWindows.rc 的字符串表部分如下所示：

```
STRINGTABLE
BEGIN
    IDS_FILE                "文件"
    IDS_EDIT                "编辑"
    IDS_LANGUAGE            "语言"
    IDS_HELP                "帮助"

    IDS_FILE_NEW            "新建(&N)\tCtrl+N"
    IDS_FILE_OPEN           "打开(&O)\tCtrl+O"
    IDS_FILE_SAVE           "保存(&S)\tCtrl+S"
    IDS_FILE_SAVEAS         "另存为(&A)"
    IDS_FILE_EXIT           "退出(&X)"
    IDS_EDIT_CUT            "剪切(&T)\tCtrl+X"
    IDS_EDIT_COPY           "复制(&C)\tCtrl+C"
    IDS_EDIT_PASTE          "粘贴(&P)\tCtrl+V"
    IDS_HELP_ABOUT          "关于 HelloWindows(&A)\tCtrl+Shift+A"
    IDS_EDIT_RED            "红色(&R)"
    IDS_EDIT_GREEN          "绿色(&G)"
    IDS_EDIT_BLUE           "蓝色(&B)"
    IDS_LANGUAGE_CHINESE    "简体中文(&C)"
    IDS_LANGUAGE_ENGLISH    "英语(&E)"

    IDS_FILE_E              "File"
    IDS_EDIT_E              "Edit"
    IDS_LANGUAGE_E          "Language"
    IDS_HELP_E              "Help"

    IDS_FILE_NEW_E          "New(&N)\tCtrl+N"
    IDS_FILE_OPEN_E         "Open(&O)\tCtrl+O"
    IDS_FILE_SAVE_E         "Save(&S)\tCtrl+S"
    IDS_FILE_SAVEAS_E       "Save As(&A)"
    IDS_FILE_EXIT_E         "Exit(&X)"
    IDS_EDIT_CUT_E          "Cut(&T)\tCtrl+X"
    IDS_EDIT_COPY_E         "Copy(&C)\tCtrl+C"
    IDS_EDIT_PASTE_E        "Paste(&P)\tCtrl+V"
    IDS_HELP_ABOUT_E        "About HelloWindows(&A)\tCtrl+Shift+A"
    IDS_EDIT_RED_E          "Red(&R)"
    IDS_EDIT_GREEN_E        "Green(&G)"
```

```
    IDS_EDIT_BLUE_E          "Blue(&B)"
    IDS_LANGUAGE_CHINESE_E  "Chinese(&C)"
    IDS_LANGUAGE_ENGLISH_E  "English(&E)"
END
```

字符串表资源不需要 ID，一个字符串表中可以定义多个字符串，一行表示一个字符串的定义，字符串的定义由字符串 ID 和字符串组成。一个字符串最多可以有 4097 个字符，字符串中可以包含\t、\n、%s 一类的转义字符和格式化字符。对于 32 位字符串资源，整个字符串表的最大长度为 65535 个字符。

看一下资源头文件 resource.h 中对于字符串 ID 的定义：

```
#define IDS_FILE                        10000
#define IDS_EDIT                        10001
#define IDS_LANGUAGE                    10002
#define IDS_HELP                        10003

#define IDS_FILE_NEW                    10010
#define IDS_FILE_OPEN                   10011
#define IDS_FILE_SAVE                   10012
#define IDS_FILE_SAVEAS                 10013
#define IDS_FILE_EXIT                   10014
#define IDS_EDIT_CUT                    10015
#define IDS_EDIT_COPY                   10016
#define IDS_EDIT_PASTE                  10017
#define IDS_HELP_ABOUT                  10018
#define IDS_EDIT_RED                    10019
#define IDS_EDIT_GREEN                  10020
#define IDS_EDIT_BLUE                   10021
#define IDS_LANGUAGE_CHINESE            10022
#define IDS_LANGUAGE_ENGLISH            10023

#define IDS_FILE_E                      20000
#define IDS_EDIT_E                      20001
#define IDS_LANGUAGE_E                  20002
#define IDS_HELP_E                      20003

#define IDS_FILE_NEW_E                  20010
#define IDS_FILE_OPEN_E                 20011
#define IDS_FILE_SAVE_E                 20012
#define IDS_FILE_SAVEAS_E               20013
#define IDS_FILE_EXIT_E                 20014
#define IDS_EDIT_CUT_E                  20015
#define IDS_EDIT_COPY_E                 20016
#define IDS_EDIT_PASTE_E                20017
#define IDS_HELP_ABOUT_E                20018
#define IDS_EDIT_RED_E                  20019
#define IDS_EDIT_GREEN_E                20020
#define IDS_EDIT_BLUE_E                 20021
#define IDS_LANGUAGE_CHINESE_E          20022
#define IDS_LANGUAGE_ENGLISH_E          20023
```

对于简体中文，主菜单中的菜单项字符串 ID 从 10000 开始，子菜单项字符串 ID 从 10010 开始；

对于英语，主菜单中的菜单项字符串 ID 从 20000 开始，子菜单项字符串 ID 从 20010 开始。

Chapter6\HelloWindows5\HelloWindows\HelloWindows.cpp 源文件的内容如下：

```
#include <Windows.h>
#include <tchar.h>
#include "resource.h"

// 全局变量
HINSTANCE g_hInstance;
UINT g_uLanguage;

// 函数声明，窗口过程
LRESULT CALLBACK WindowProc(HWND hwnd, UINT uMsg, WPARAM wParam, LPARAM lParam);
VOID ShowMenu(HWND hwnd, UINT uLanguage);

int WINAPI WinMain(HINSTANCE hInstance, HINSTANCE hPrevInstance, LPSTR lpCmdLine, int
nCmdShow)
{
    WNDCLASSEX wndclass;
    TCHAR szClassName[] = TEXT("MyWindow");
    TCHAR szAppName[] = TEXT("HelloWindows");
    HWND hwnd;
    MSG msg;

    g_hInstance = hInstance;

    wndclass.cbSize = sizeof(WNDCLASSEX);
    wndclass.style = CS_HREDRAW | CS_VREDRAW;
    wndclass.lpfnWndProc = WindowProc;
    wndclass.cbClsExtra = 0;
    wndclass.cbWndExtra = 0;
    wndclass.hInstance = hInstance;
    wndclass.hIcon = LoadIcon(hInstance, MAKEINTRESOURCE(IDI_FEATHER));
    wndclass.hCursor = LoadCursor(NULL, IDC_ARROW);
    wndclass.hbrBackground = (HBRUSH)GetStockObject(WHITE_BRUSH);
    wndclass.lpszMenuName = NULL;
    wndclass.lpszClassName = szClassName;
    wndclass.hIconSm = NULL;
    RegisterClassEx(&wndclass);

    HMENU hMenu = LoadMenu(hInstance, MAKEINTRESOURCE(IDR_MENU));
    hwnd = CreateWindowEx(0, szClassName, szAppName, WS_OVERLAPPEDWINDOW,
        CW_USEDEFAULT, CW_USEDEFAULT, 400, 300, NULL, hMenu, hInstance, NULL);

    ShowWindow(hwnd, nCmdShow);
    UpdateWindow(hwnd);

    HACCEL hAccel = LoadAccelerators(hInstance, MAKEINTRESOURCE(IDR_ACC));
    while (GetMessage(&msg, NULL, 0, 0) != 0)
    {
        if (!TranslateAccelerator(hwnd, hAccel, &msg))
```

```
        {
            TranslateMessage(&msg);
            DispatchMessage(&msg);
        }
    }

    return msg.wParam;
}

LRESULT CALLBACK WindowProc(HWND hwnd, UINT uMsg, WPARAM wParam, LPARAM lParam)
{
    switch (uMsg)
    {
    case WM_CREATE:
        g_uLanguage = 10000;
        return 0;

    case WM_COMMAND:
        // 此处没有实现多语言
        switch (LOWORD(wParam))
        {
        case ID_FILE_NEW:
            MessageBox(hwnd, TEXT("按下了 新建"), TEXT("提示"), MB_OK);
            break;
        case ID_EDIT_CUT:
            MessageBox(hwnd, TEXT("按下了 剪切"), TEXT("提示"), MB_OK);
            break;
        case ID_HELP_ABOUT:
            MessageBox(hwnd, TEXT("按下了 关于 HelloWindows"), TEXT("提示"), MB_OK);
            break;
        case ID_FILE_EXIT:
            SendMessage(hwnd, WM_CLOSE, 0, 0);
            break;
        case ID_LANGUAGE_CHINESE:
            g_uLanguage = 10000;
            ShowMenu(hwnd, g_uLanguage);
            break;
        case ID_LANGUAGE_ENGLISH:
            g_uLanguage = 20000;
            ShowMenu(hwnd, g_uLanguage);
            break;
        }
        return 0;

    case WM_INITMENUPOPUP:
        if (g_uLanguage == 10000)
            CheckMenuRadioItem(GetSubMenu(GetMenu(hwnd), 2), ID_LANGUAGE_CHINESE,
                ID_LANGUAGE_ENGLISH, ID_LANGUAGE_CHINESE, MF_BYCOMMAND);
        else
            CheckMenuRadioItem(GetSubMenu(GetMenu(hwnd), 2), ID_LANGUAGE_CHINESE,
```

```
                ID_LANGUAGE_ENGLISH, ID_LANGUAGE_ENGLISH, MF_BYCOMMAND);
            return 0;

        case WM_DESTROY:
            PostQuitMessage(0);
            return 0;
        }

        return DefWindowProc(hwnd, uMsg, wParam, lParam);
}

VOID ShowMenu(HWND hwnd, UINT uLanguage)
{
    HMENU hMenu, hMenuPopup, hMenuTemp, hMenuPopupTemp;
    TCHAR szBuf[256] = { 0 };
    UINT uID;

    hMenu = LoadMenu(g_hInstance, MAKEINTRESOURCE(IDR_MENU));    // 菜单资源的主菜单
    hMenuTemp = CreateMenu();                                     // 主菜单
    for (int i = 0; i < GetMenuItemCount(hMenu); i++)
    {
        hMenuPopup = GetSubMenu(hMenu, i);              // 菜单资源的每个弹出菜单
        hMenuPopupTemp = CreateMenu();                  // 每个弹出菜单
        for (int j = 0; j < GetMenuItemCount(hMenuPopup); j++)
        {
            uID = GetMenuItemID(hMenuPopup, j);
            GetMenuString(hMenuPopup, j, szBuf, _countof(szBuf), MF_BYPOSITION);
            // 判断是不是分隔线
            if (_tcslen(szBuf) != 0)
            {
                // 子菜单项的ID从40010开始，子菜单项字符串的ID就是：uID - 40000 + uLanguage
                LoadString(g_hInstance, uID - 40000 + uLanguage, szBuf, _countof(szBuf));
                AppendMenu(hMenuPopupTemp, MF_STRING, uID, szBuf);
            }
            else
            {
                AppendMenu(hMenuPopupTemp, MF_SEPARATOR, 0, NULL);
            }
        }
        // 将每个弹出菜单添加到主菜单
        LoadString(g_hInstance, uLanguage + i, szBuf, _countof(szBuf));
        AppendMenu(hMenuTemp, MF_STRING | MF_POPUP, (UINT_PTR)hMenuPopupTemp, szBuf);
    }

    SetMenu(hwnd, hMenuTemp);
    DrawMenuBar(hwnd);
}
```

具体代码参见Chapter6\HelloWindows5项目。在WM_INITMENUPOPUP消息中，根据用户当前所选择的语言，在“简体中文”或“英语”菜单项前面显示一个单选标志。

就上面的示例而言，定义“简体中文”和“英语”两个菜单资源会更简单一些，在此只是演示另一种实现方法。

## 6.5 程序版本信息

什么是版本信息呢？在我的电脑上，devenv.exe 是 VS 的主程序文件，用鼠标右键单击该文件，选择属性，打开 devenv.exe 属性对话框。在详细信息选项卡可以看到以下信息，如图 6.16 所示。

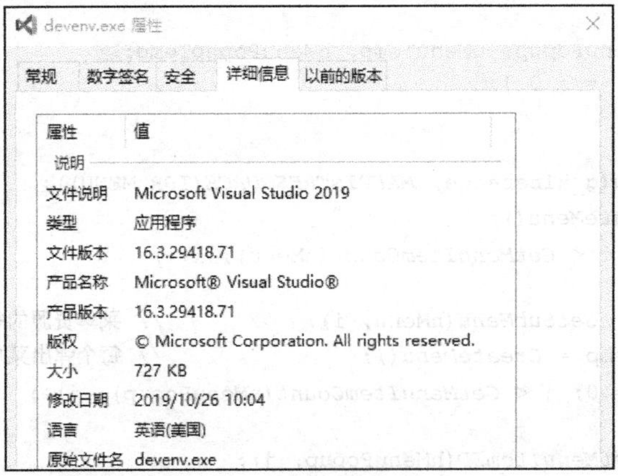


图 6.16

要添加版本信息资源，只需要选择 Version 类型的资源，单击“新建”按钮，然后根据需要进行修改即可，直接编译程序，生成的程序文件就会有版本信息。

打开 HelloWindows.rc 看一下资源脚本文件中版本信息的定义，然后进行具体解释：

```
VS_VERSION_INFO VERSIONINFO
FILEVERSION      1,0,0,1
PRODUCTVERSION   1,0,0,1
FILEFLAGSMASK    0x3fL
#ifdef _DEBUG
    FILEFLAGS    0x3L
#else
    FILEFLAGS    0x2L
#endif
FILEOS           0x40004L
FILETYPE         0x1L
FILESUBTYPE      0x0L

BEGIN
    BLOCK "StringFileInfo"
    BEGIN
        BLOCK "080404B0"
        BEGIN
```

```
            VALUE "CompanyName", "Windows 程序设计研究中心"
            VALUE "FileDescription", "程序版本信息示例程序"
            VALUE "FileVersion", "1.1"
            VALUE "InternalName", "HelloWin.exe"
            VALUE "LegalCopyright", "Copyright (C) 2019"
            VALUE "OriginalFilename", "HelloWin.exe"
            VALUE "ProductName", "HelloWindows"
            VALUE "ProductVersion", "1.1"
        END
    END

    BLOCK "VarFileInfo"
    BEGIN
        VALUE "Translation", 0x804, 1200
    END
END
```

前面的 FILEVERSION、PRODUCTVERSION、FILEFLAGSMASK、FILEFLAGS、FILEOS、FILETYPE、FILESUBTYPE 属于版本信息的固定属性，具体含义如表 6.19 所示。

表 6.19

| 属性 | 含义 |
| --- | --- |
| FILEVERSION | 文件版本号 |
| PRODUCTVERSION | 产品版本号 |
| FILEFLAGSMASK | 指定 FILEFLAGS 属性中哪些位有效 |
| FILEFLAGS | 文件版本标志，VS_FF_DEBUG(0x00000001)调试版本、VS_FF_PRERELEASE (0x00000002)预发行版本、VS_FF_PATCHED(0x00000004)补丁版本、VS_FF_ PRIVATEBUILD(0x00000008)内部版本、VS_FF_SPECIALBUILD(0x00000020)特殊版本等 |
| FILEOS | 适用的操作系统，可以是 VOS_UNKNOWN(0x00000000)、VOS_NT(0x00040000)、VOS_WINCE (0x00050000)、VOS_NT_WINDOWS32(0x00040004)等 |
| FILETYPE | 文件类型，可以是 VFT_UNKNOWN(0x00000000)、VFT_APP(0x00000001)、VFT_DLL (0x00000002)、VFT_DRV(0x00000003)、VFT_FONT(0x00000004)、VFT_VXD(0x00000005)、VFT_STATIC_LIB(0x00000007)等 |
| FILESUBTYPE | 文件的子类型 |

后面是一些块声明，块声明有两种：变量类型的信息块和字符串类型的信息块。

变量类型的信息块定义方式如下：

```
BLOCK "VarFileInfo"
BEGIN
    VALUE "Translation", 语言 ID, 字符集 ID
    ......
END
```

语言 ID 的常用值有 0x0804（简体中文）、0x0404（繁体中文）、0x0409（美式英语），字符集 ID 的常用值有 1200（Unicode）、0（7 位 ASCII），一般使用 0x804 和 0x04B0 来定义，也就是简体中文和 Unicode（0x04B0 的十进制是 1200）。变量类型信息块用来表示资源中定义了哪些语言和字符集的字符串类型信息块，例如本例中有一句“VALUE "Translation", 0x804, 1200”表示对应有一个名为“080404B0”

的字符串类型的信息块。语言和字符集是在变量类型信息块中定义的，其值是将语言 ID 和字符集 ID 组合成一个十六进制格式。

字符串类型信息块的定义格式如下：

```
BLOCK "StringFileInfo"
BEGIN
    BLOCK "语言集"
    BEGIN
        VALUE "字符串名称",  "字符串"
        ......
    END
END
```

在语言和字符集的字符串类型信息块的定义中，可以定义多条字符串类型的版本信息。这些版本信息的字符串名称有 12 种，如表 6.20 所示。

**表 6.20**

| 字符串名称 | 含义 |
|---|---|
| Comments | 备注 |
| CompanyName | 公司 |
| FileDescription | 文件说明 |
| FileVersion | 产品版本 |
| InternalName | 内部名称 |
| LegalCopyright | 版权 |
| LegalTrademarks | 合法商标 |
| OriginalFilename | 原始文件名 |
| PrivateBuild | 内部版本说明 |
| ProductName | 产品名称 |
| ProductVersion | 产品版本 |
| SpecialBuild | 特殊版本说明 |

如果想要获取一个可执行文件的版本信息，需要使用 GetFileVersionInfoSize、GetFileVersionInfo、VerQueryValue 共 3 个函数。首先调用 GetFileVersionInfoSize 函数检测可执行文件中有没有版本信息资源，函数返回版本信息资源的字节长度；如果检测到文件中有版本信息资源，调用 GetFileVersionInfo 函数将版本信息读取到一个缓冲区中；然后调用 VerQueryValue 从缓冲区中分别获取每一项的信息。版本信息不是本书的重点，在此不再举例。

## 6.6 自定义资源

通过自定义资源，可以在可执行文件中添加任何格式的数据，可以是二进制数据，也可以是一个磁盘文件。自定义资源的用途非常广泛，例如稍微复杂一点的程序除了有一个主程序，还有动态链接库文件。可以把.dll 文件打包到可执行文件中，用户运行程序的时候把它们释放到本地；可以把病毒木马程序嵌入可执行文件中，用户运行程序的时候，释放出来并执行；程序运行过程中，可能需要一些数据，可以作为自定义资源嵌入可执行文件中，需要的时候随时加载，等等。

要添加自定义资源，打开资源视图，用鼠标右键单击项目名称，然后选择添加→资源，打开添加资源对话框，单击“自定义”按钮，弹出新建自定义资源对话框，要求我们输入资源类型，资源类型可以随意写，例如输入 MyData，单击“确定”按钮，可以看到资源编辑器自动添加了 MyData 类型的资源 IDR_MYDATA1，修改资源 ID 为 IDR_MYDATA，就可以在资源编辑器中输入我们需要的二进制数据了。如图 6.17 所示。

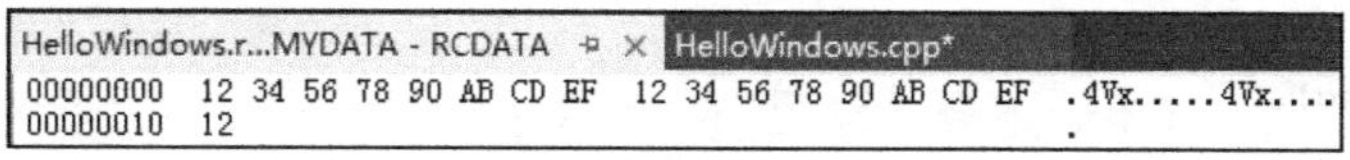


图 6.17

这些二进制数据需要保存为文件，然后编译程序，就可以嵌入可执行文件中。可以修改一下文件名，如图 6.18 所示。

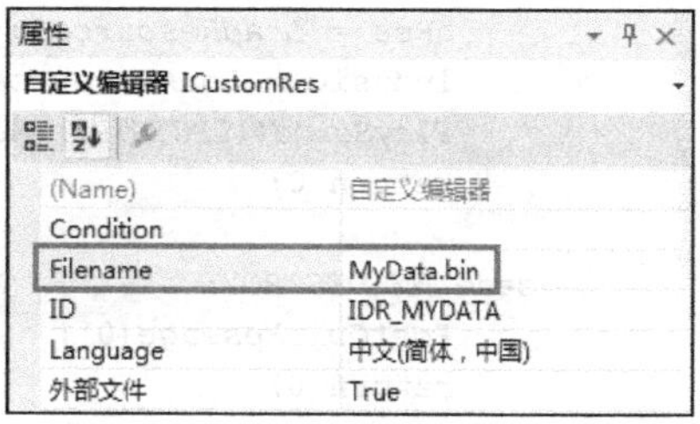


图 6.18

然后，按 Ctrl + S 组合键保存。回到资源管理器解决方案视图，在资源文件下面有一个 mydata1.bin 文件，这个是刚才 VS 自动生成的，将其删除，我们只需要 MyData.bin。

打开资源脚本文件 HelloWindows.rc，看一下刚刚添加的自定义资源的定义语句：

```
IDR_MYDATA   MYDATA   "MyData.bin"
```

如果想使用其他文件作为自定义资源，可以把 MyData.bin 换为其他文件名。

资源头文件 resource.h 中也添加了对 IDR_MYDATA 的 ID 常量定义：

```
#define IDR_MYDATA   107
```

如果需要把一个文件作为自定义资源，则可以打开添加资源对话框，单击“导入”，选择所需的文件，然后单击“打开”按钮。如果不是常见的 Windows 文件类型，VS 会要求我们输入资源类型名称。在这里我选择的是“站着等你三千年.wav”，单击打开以后，如图 6.19 所示。

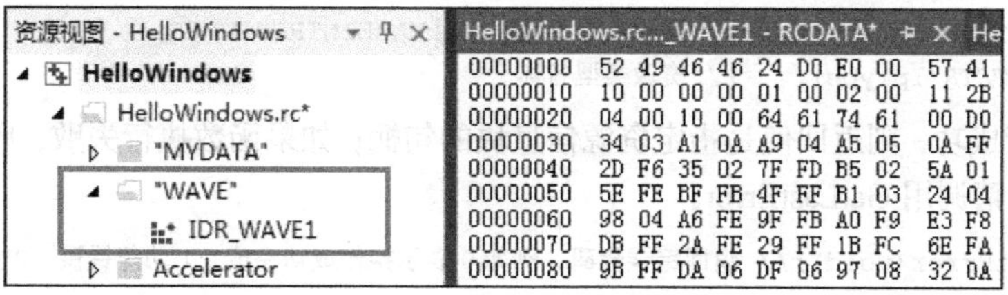


图 6.19

自动为我们添加了资源类型为“WAVE”的资源 IDR_WAVE1，在此我修改其 ID 为 IDR_WAVE。但请注意，WAVE 类型并不是标准资源类型，而是自定义资源类型。

HelloWindows.rc 和 resource.h 文件的相关部分如下所示：

```
IDR_WAVE    WAVE  "站着等你三千年.wav"
#define IDR_WAVE  108
```

自定义资源的资源类型可以随意修改，所对应的文件也可以随意指定为其他文件，或随意编辑文件内容。

现在，我们已经为程序添加了一首歌曲资源，在程序运行以后，将这首歌曲加载到内存中并播放：

```
LRESULT CALLBACK WindowProc(HWND hwnd, UINT uMsg, WPARAM wParam, LPARAM lParam)
{
    HRSRC hResBlock;
    HANDLE hRes;
    LPVOID lpMusic;

    switch (uMsg)
    {
    case WM_CREATE:
        hResBlock = FindResource(g_hInstance, MAKEINTRESOURCE(IDR_WAVE), TEXT("WAVE"));
        hRes = LoadResource(g_hInstance, hResBlock);
        lpMusic = LockResource(hRes);
        PlaySound((LPCTSTR)lpMusic, NULL, SND_MEMORY | SND_ASYNC | SND_LOOP);
        return 0;

    case WM_DESTROY:
        PostQuitMessage(0);
        return 0;
    }

    return DefWindowProc(hwnd, uMsg, wParam, lParam);
}
```

编译运行程序，歌声响起来。完整代码参见 Chapter6\HelloWindows7。当然也可以先释放到本地再进行播放，只需要一个创建文件的函数调用即可。如果自定义数据比较重要，就需要数据加密，否则很容易被他人提取出原始资源文件。

FindResource 或 FindResourceEx 函数可以获取模块中具有指定类型和名称的资源：

```
HRSRC WINAPI FindResource(
_In_opt_ HMODULE hModule,    // 模块句柄
_In_     LPCTSTR lpName,     // 资源名称，通常使用 MAKEINTRESOURCE
_In_     LPCTSTR lpType);    // 资源类型名称
```

如果函数执行成功，则返回值是指定资源信息块的句柄；如果函数执行失败，则返回值为 NULL，要获取错误信息，请调用 GetLastError：

```
DWORD GetLastError(void);// 返回错误代码，例如 0 表示操作成功完成，1 功能错误，2 找不到指定的文件
```

有时候，程序的书写错误可能不容易被发现，这时候就需要不断调试。很多 API 函数在执行失败以后会设置错误代码，因此我们可以通过调用 GetLastError 获取最近的函数调用的错误代码，找到函数调用的错误原因。假设 FindResource 函数调用的第 3 个参数 lpType 是错误的：

```
hResBlock = FindResource(g_hInstance, MAKEINTRESOURCE(IDR_WAVE), TEXT("WAV"));
```

那么可以在不确定的代码前面设断点。此处我就在上面这一行上按 F9 键设置断点，然后按 F5

键调试运行。在断点处暂停运行后，单击 VS 菜单栏的调试→窗口→监视→监视 1，把监视窗口调出来，然后可以在 VS 底部看到监视 1 窗口，在名称一栏输入“$err,hr”。然后，按 F10 键单步执行，监视窗口如图 6.20 所示。

图 6.20

“$err,hr”就是在监视窗口查看上一次函数调用错误代码的命令，同时把详细信息也显示出来。如果是$err，则仅显示一个数字形式的错误代码编号。通过上面的错误提示，我们很容易知道是资源类型名称写错了。有的 API 函数在执行失败后可能不会设置错误代码，就不能通过这个方法找错误原因了。究竟能不能通过 GetLastError 函数获取错误代码，MSDN 都会有说明。

想跟踪哪个变量，可以在监视窗口中输入变量名称，例如想看一下执行 lpMusic = *LockResource* (hRes);这一句代码后 lpMusic 的值，如图 6.21 所示。

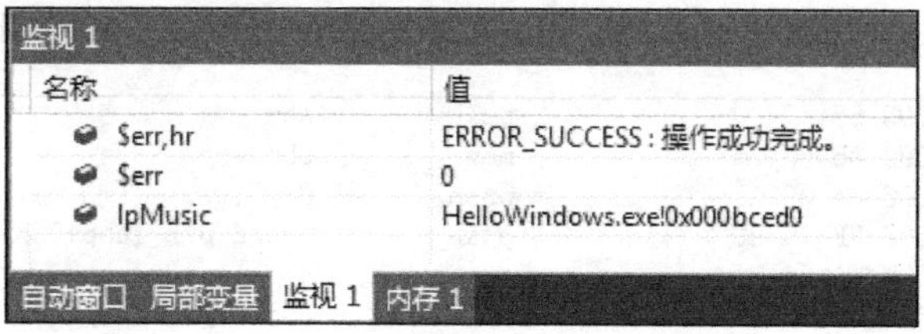


图 6.21

想知道 lpMusic 指向的内存数据，可以复制 lpMusic 的内存地址值粘贴到内存 1 窗口中进行查看。自动窗口显示的是最近用到的变量值。

实际上，LoadAccelerators、LoadCursor、LoadIcon、LoadMenu、LoadString、LoadBitmap 等资源加载函数在内部都调用了 FindResource 函数。想要跟踪一个 API 函数在内部调用了哪些函数，需要使用调试符号文件（.pdb）。调试符号文件是编译器在将源文件编译为可执行文件的时候为了支持调试而保存的调试信息，包括变量名、函数名和源代码行等。通常我们编译程序的时候也会生成一个.pdb 文件。

单击 VS 菜单栏的调试→选项，打开选项对话框。选择调试→符号，勾选 Microsoft 符号服务器，也可以同时勾选 NuGet.org 符号服务器，在此目录下缓存符号（C）:中选择一个文件夹进行存放。在一开始，每次进行调试的时候，都会从微软服务器下载相应的符号文件，速度比较慢，还会导致 VS 软件很卡，但是随着以后不断写程序，不断调试，本地符号文件会越来越多，所以基本上不需要再从微软服务器进行下载，那时候速度就很快了。但是 2020 年以后，微软好像已经不再提供符号文件的下载了。

在 WinMain 函数的 HMENU hMenu = LoadMenu(hInstance, MAKEINTRESOURCE(IDR_MENU)); 一行设置断点，按 F5 键调试运行。在断点处暂停运行后，切换到反汇编窗口，如图 6.22 所示。

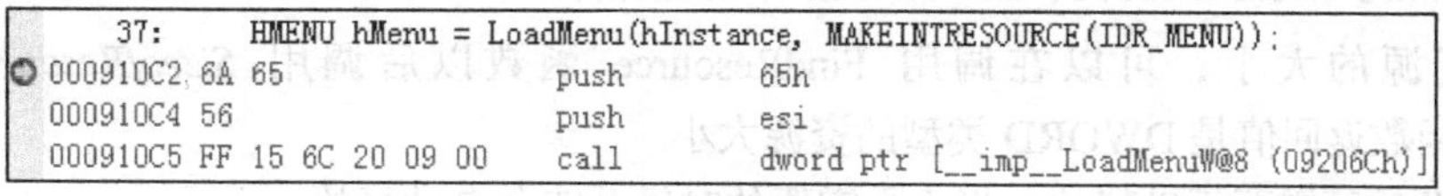

37:      HMENU hMenu = LoadMenu(hInstance, MAKEINTRESOURCE(IDR_MENU));
000910C2 6A 65      push    65h
000910C4 56      push    esi
000910C5 FF 15 6C 20 09 00      call    dword ptr [__imp__LoadMenuW@8 (09206Ch)]


图 6.22

按 F10 键单步执行，到 call dword ptr [__imp__LoadMenuW@8 (09206Ch)]这一行，按 F11 键单步执行。F10 和 F11 都是单步执行，区别是 F11 遇到 call 会进入内部，而 F10 不会。按 F11 键进入这个 call，如图 6.23 所示。

```
_LoadMenuW@8:
758F4391 8B FF              mov      edi,edi     已用时间 <= 1ms
758F4393 55                 push     ebp
758F4394 8B EC              mov      ebp,esp
758F4396 6A 00              push     0
758F4398 FF 75 0C           push     dword ptr [ebp+0Ch]
758F439B 6A 04              push     4
758F439D FF 75 08           push     dword ptr [ebp+8]
758F43A0 FF 15 D8 00 95 75  call     dword ptr [_pfnFindResourceExW (759500D8h)]
758F43A6 85 C0              test     eax,eax
758F43A8 74 60              je       _LoadMenuW@8+79h (758F440Ah)
758F43AA 50                 push     eax
758F43AB FF 75 08           push     dword ptr [ebp+8]
758F43AE E8 C1 07 00 00     call     _CommonLoadMenu@8 (758F4B74h)
758F43B3 5D                 pop      ebp
758F43B4 C2 08 00           ret      8
```

图 6.23

如果没有调试符号文件，call dword ptr [_pfnFindResourceExW (759500D8h)]的显示如图 6.24 所示。

```
758F4393 55                 push     ebp
758F4394 8B EC              mov      ebp,esp
758F4396 6A 00              push     0
758F4398 FF 75 0C           push     dword ptr [ebp+0Ch]
758F439B 6A 04              push     4
758F439D FF 75 08           push     dword ptr [ebp+8]
758F43A0 FF 15 D8 00 95 75  call     dword ptr ds:[759500D8h]
758F43A6 85 C0              test     eax,eax
758F43A8 74 60              je       758F440A
758F43AA 50                 push     eax
758F43AB FF 75 08           push     dword ptr [ebp+8]
758F43AE E8 C1 07 00 00     call     758F4B74
758F43B3 5D                 pop      ebp
758F43B4 C2 08 00           ret      8
```

图 6.24

把 FindResource 函数返回的资源信息块的句柄 hResBlock 作为参数调用 LoadResource 函数，即可得到资源的句柄：

```
HGLOBAL WINAPI LoadResource(
    _In_opt_ HMODULE hModule,    // 模块句柄
    _In_     HRSRC   hResInfo);  // FindResource 或 FindResourceEx 函数返回的资源信息块句柄
```

如果函数执行成功，则返回值是资源的句柄；如果函数执行失败，则返回值为 NULL。

要获取内存中资源数据的指针，还需要把 LoadResource 函数返回的资源句柄 hRes 作为参数调用 LockResource 函数：

```
LPVOID WINAPI LockResource(_In_ HANDLE hResData);
```

要获取资源的大小，可以在调用 FindResource 函数以后调用 *SizeofResource*(g_hInstance, hResBlock);，函数返回值是 DWORD 类型的资源大小。

在使用资源后不需要手动释放，当不再需要的时候系统会自动释放。

# 第 7 章

# 位图

位图也称点阵图像或光栅图像，通过使用一格一格的像素点来描述图像。位图的文件类型有很多，例如.bmp、.jpg、.png、.gif 等。位图由一个个像素点组成。当放大位图时，像素点随之放大，但是每个像素点所表示的颜色是单一的，所以在位图放大以后就会出现马赛克状。位图的优点是色彩比较丰富，可以逼真地展现自然界的各类实物，颜色信息越多，图像色彩越丰富，但是占用的存储空间就越大。通常会拿位图和矢量图作比较，矢量图是根据几何特性绘制图形，矢量图并不保存图像的具体颜色信息，而是对图像的描述，矢量图可以任意放大而不影响清晰度。矢量图色彩不丰富，无法表现逼真的实物，不过矢量图的文件通常很小。矢量图通常用来制作图标、Logo、图纸、动画等简单直接的图像。做矢量图的软件有 Illustrator、CorelDRAW、AutoCAD 等。矢量图的文件类型有.ai、.cdr、.dwg、.wmf、.emf 等，.wmf 和.emf 是 Windows 图元文件格式。

位图分为两种，设备相关位图（Device Dependent Bitmap，DDB）和设备无关位图（Device Independent Bitmap，DIB）。DDB 也称为 GDI 位图或设备兼容位图，是 16 位 Windows 中唯一可用的位图格式。然而，随着显示技术的改进和各种类型显示设备的增加，一些问题浮出水面，这些问题只能通过设备无关位图 DIB 来解决。DDB 显示的图像随着计算机显示设备设置的不同而不同，因此 DDB 一般不存储为文件，而是作为程序运行时的内部位图格式在内存中使用。DDB 是由 GDI 和设备驱动程序管理的 GDI 对象，与 DIB 相比，DDB 具有更好的 GDI 性能，在一些场合仍然很有用。

DIB 不依赖于设备，因为 DIB 格式包含了完整的图像信息，可以在不同的设备上显示。Windows 程序中直接支持的 DIB 文件格式是.bmp。.bmp 位图通常没有压缩，.bmp 文件比较大，例如一个 1024 × 768 分辨率的.bmp 文件的大小为 1024 × 768 × 3 字节/像素，再加上 54 字节的位图文件头，一共需要 2 359 350 字节（2.25 MB）的存储空间，因此在网络上使用更多的是.jpg、.png、.gif 等经过压缩的位图。没有压缩的好处是执行速度快，不需要解码，复制到显卡中就可以直接显示在屏幕上。

与位图相关的参数有宽度、高度、颜色深度等。宽度和高度以像素为单位。颜色深度是指位图中要用多少个二进制位来表示每个像素点的颜色，常用的颜色深度有 1 位（单色）、2 位（4 色，CGA）、4 位（16 色，VGA）、8 位（256 色）、16 位（增强色）、24 位和 32 位等。每像素只有 1 位的位图称为单色位图，每个像素值不是 0 就是 1，0 代表黑色，1 代表白色。要想表示更多颜色，就需要每个像素有更多的位，2 位可以有 4 种颜色，4 位有 16 种颜色，8 位有 256 种颜色，16 位有 65 536 种颜色，24 位（即一个像素需要 3 字节来描述）则有 16 777 216 种颜色。24 位色称为真彩色，它可以达到人眼分辨的极限，颜色数是 1 677 万多种，即 2 的 24 次方。但 32 位色并不是 2 的 32 次方颜色数，32 位色也是 1 677 万多种，不过它增加了 256 阶颜色的灰度。有的显卡能达到 36 位色，它是 27 位颜色数再加

512 阶颜色灰度。

## 7.1 DDB

Windows 有 4 种类型的设备环境（DC），分别是显示 DC、打印 DC、内存 DC（也称内存兼容 DC）和信息 DC，每种类型的 DC 都有特定的用途。前面我们都是在显示 DC 上进行绘图。

DDB 通常作为程序运行时的内部位图格式在内存中使用。DDB 也称为 GDI 位图或设备兼容位图，是与内存 DC 关联的图形对象之一，GDI 可以直接写入 DDB。通常，DC 对应于特定的图形输出设备（例如显示器），但内存 DC 只存在于内存，它不是一个真实的图形输出设备，它和特定的真实设备“兼容”。有了这个内存 DC 句柄，就可以和在真实 DC 上一样执行 GDI 绘图操作。

要创建一个内存 DC，必须有一个对应于真实设备的 DC 句柄。CreateCompatibleDC 函数创建与指定设备兼容的内存 DC：

```
HDC CreateCompatibleDC(_In_ HDC hdc);   // 设备环境句柄，通常指定为对应于真实设备的现有 DC 的句柄
```

hdc 参数通常指定为对应于真实设备的现有 DC 的句柄。如果设置为 NULL，则该函数将创建与应用程序当前显示器兼容的内存 DC。如果函数执行成功，则返回一个内存 DC 句柄；如果函数执行失败，则返回值为 NULL。例如下面的代码：

```
hdc = GetDC(hwnd);
hdcMem = CreateCompatibleDC(hdc);
// ..........
ReleaseDC(hwnd, hdc);
```

但是，CreateCompatibleDC 函数创建的内存 DC 只有 1 像素宽，1 像素高，而且是单色，因此在内存 DC 中进行绘制操作以前，应该在内存 DC 中选入合适宽度和高度的 DDB。要将 DDB 选入内存 DC，就要先调用 CreateCompatibleBitmap 函数创建与指定 DC 关联的设备兼容的位图：

```
HBITMAP CreateCompatibleBitmap(
    _In_ HDC hdc,        // 设备环境句柄，通常指定为对应于真实设备的现有 DC 的句柄
    _In_ int nWidth,     // 位图宽度，以像素为单位
    _In_ int nHeight);   // 位图高度，以像素为单位
```

函数执行成功，返回值是 DDB 的句柄。例如下面的代码：

```
hdc = GetDC(hwnd);
hdcMem = CreateCompatibleDC(hdc);
hBitmap = CreateCompatibleBitmap(hdc, nWidth, nHeight);
SelectObject(hdcMem, hBitmap);
// 绘图操作
DeleteObject(hBitmap);
DeleteDC(hdcMem);
ReleaseDC(hwnd, hdc);
```

调用 GDI 绘图函数在内存 DC 上进行绘图，就会画在设备兼容位图上。一些绘图程序就是使用这种方式，创建一个 DDB 作为画布。当不再需要内存 DC 时，需要调用 DeleteDC 函数删除内存 DC；当

不再需要设备兼容位图时，需要调用 DeleteObject 函数将其删除，这和删除逻辑画笔、逻辑画刷、逻辑字体等一样。

选入内存 DC 中的位图也可以通过调用 LoadBitmap 或 LoadImage 函数加载 DIB 获得。此时不需要像 CreateCompatibleBitmap 函数那样指定宽度和高度，DIB 有自己的宽度值和高度值，这两个函数返回位图句柄和设备兼容。添加位图资源的方法非常简单，只需要选择 Bitmap 资源类型单击导入即可。资源脚本文件中对位图资源的定义格式如下所示：

```
IDB_BITMAP  BITMAP  "someimg.bmp"
```

先看一个示例，再解释几个函数。DDB 程序从程序资源或文件中加载一副位图，将返回的位图句柄选入内存 DC，在位图上输出一些文字，然后把这幅位图显示到程序的客户区中。程序运行效果如图 7.1 所示。

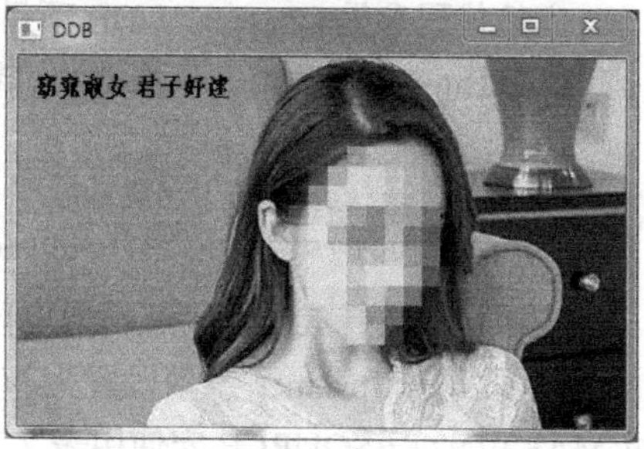


图 7.1

DDB.cpp 源文件的部分内容如下所示：

```
LRESULT CALLBACK WindowProc(HWND hwnd, UINT uMsg, WPARAM wParam, LPARAM lParam)
{
    PAINTSTRUCT ps;
    HDC hdc, hdcMem;
    HBITMAP hBitmap;
    BITMAP bmp;

    switch (uMsg)
    {
    case WM_PAINT:
        hdc = BeginPaint(hwnd, &ps);
        hdcMem = CreateCompatibleDC(hdc);
        //hBitmap = LoadBitmap(g_hInstance, MAKEINTRESOURCE(IDB_GIRL));
        hBitmap = (HBITMAP)LoadImage(NULL, TEXT("Girl.bmp"), IMAGE_BITMAP, 0, 0,
                  LR_LOADFROMFILE);
        SelectObject(hdcMem, hBitmap);

        // 绘图操作
        SetBkMode(hdcMem, TRANSPARENT);
        TextOut(hdcMem, 10, 10, TEXT("窈窕淑女 君子好逑"), _tcslen(TEXT("窈窕淑女 君子好逑")));

        // 把内存位图复制到窗口客户区中
        GetObject(hBitmap, sizeof(bmp), &bmp);
        BitBlt(hdc, 0, 0, bmp.bmWidth, bmp.bmHeight, hdcMem, 0, 0, SRCCOPY);

        EndPaint(hwnd, &ps);
        DeleteObject(hBitmap);
        DeleteDC(hdcMem);
        return 0;

    case WM_DESTROY:
        PostQuitMessage(0);
```

```
        return 0;
    }

    return DefWindowProc(hwnd, uMsg, wParam, lParam);
}
```

完整代码参见 Chapter7\DDB 项目。

LoadBitmap 函数用于从指定的模块中加载指定的位图资源：

```
HBITMAP LoadBitmap(
    _In_ HINSTANCE hInstance,          // 模块句柄
    _In_ LPCTSTR   lpBitmapName);      // 要加载的位图资源的名称，可以使用 MAKEINTRESOURCE 宏
```

如果函数执行成功，则返回指定位图的句柄；如果函数执行失败，则返回值为 NULL。

也可以把 hInstance 参数设置为 NULL，加载系统预定义的位图，此时 lpBitmapName 参数可以通过 MAKEINTRESOURCE 宏使用表 7.1 所示的值之一。

**表 7.1**

| 常量 | 形状 | 常量 | 形状 |
|---|---|---|---|
| OBM_BTNCORNERS |  | OBM_REDUCE |  |
| OBM_BTSIZE |  | OBM_REDUCED |  |
| OBM_CHECK |  | OBM_RESTORE |  |
| OBM_CHECKBOXES |  | OBM_RESTORED |  |
| OBM_CLOSE |  | OBM_RGARROW |  |
| OBM_COMBO |  | OBM_RGARROWD |  |
| OBM_DNARROW |  | OBM_RGARROWI |  |
| OBM_DNARROWD |  | OBM_SIZE |  |
| OBM_DNARROWI |  | OBM_UPARROW |  |
| OBM_LFARROW |  | OBM_UPARROWD |  |
| OBM_LFARROWD |  | OBM_UPARROWI |  |
| OBM_LFARROWI |  | OBM_ZOOM |  |
| OBM_MNARROW |  | OBM_ZOOMD |  |

如果需要使用 OBM_开头的常量，在 Windows.h 头文件之前必须定义常量 OEMRESOURCE。

LoadImage 函数可以加载图标、光标、位图等，该函数返回相应的图像句柄：

```
HANDLE WINAPI LoadImage(
    _In_opt_ HINSTANCE hinst,      // 模块句柄，如果需要加载系统的预定义或加载文件，则设置为 NULL
    _In_     LPCTSTR   lpszName,   // 要加载的图像的名称
```

```
    _In_    UINT    uType,      // 要加载的图像类型，IMAGE_ICON、IMAGE_CURSOR 或 IMAGE_BITMAP
    _In_    int     cxDesired,// 图像的宽度，以像素为单位，设置为 0 表示使用资源的实际宽度
    _In_    int     cyDesired,// 图像的高度，以像素为单位，设置为 0 表示使用资源的实际高度
    _In_    UINT    fuLoad);   // 加载选项
```

参数 fuLoad 指定加载选项，常用的值如表 7.2 所示。

**表 7.2**

| 常量 | 含义 |
|---|---|
| LR_DEFAULTCOLOR | 默认值 |
| LR_DEFAULTSIZE | 如果 cxDesired 或 cyDesired 值设置为 0，则使用 GetSystemMetrics(SM_ CXICON 或 SM_CXCURSOR)和 GetSystemMetrics(SM_CYICON 或 SM_ CYCURSOR)获取的宽度和高度值；如果未指定该标志且 cxDesired 和 cyDesired 设置为 0，则使用图像文件的实际尺寸 |
| LR_LOADFROMFILE | 从文件加载图标、光标或位图 |
| LR_MONOCHROME | 以黑白方式加载图像 |
| LR_SHARED | 如果对同一资源多次调用本函数，则直接使用先前返回的图像句柄，而不会再去调用本函数。加载系统图标或光标时，必须使用 LR_SHARED |
| LR_CREATEDIBSECTION | 当 uType 参数指定了 IMAGE_BITMAP 时，该函数返回 DIB 节位图而不是设备兼容位图 |

如果没有指定 LR_SHARED 标志，当不再使用加载的图标、光标或位图时，则需要调用 DestroyIcon 删除图标，调用 DestroyCursor 删除光标，调用 DeleteObject 删除位图。

如果函数执行成功，则返回新加载图像的句柄；如果函数执行失败，则返回值为 NULL。

GetObject 函数用于获取指定图形对象（画笔、画刷、字体和位图等）的信息：

```
int GetObject(
    _In_  HGDIOBJ hgdiobj,        // 图形对象句柄
    _In_  int     cbBuffer,       // 缓冲区的大小
    _Out_ LPVOID  lpvObject);     // 存放信息的缓冲区
```

如果函数执行成功，并且 lpvObject 参数是一个有效的缓冲区指针，则返回值为存储在缓冲区中的字节数，如果 lpvObject 参数设置为 NULL，函数返回所需的缓冲区大小；如果函数执行失败，则返回值为 0。

位图的基本信息可以用一个 BITMAP 结构来描述，该结构在 wingdi.h 头文件中定义如下：

```
typedef struct tagBITMAP
{
    LONG    bmType;         // 位图类型，必须为 0
    LONG    bmWidth;        // 位图的宽度，以像素为单位
    LONG    bmHeight;       // 位图的高度，以像素为单位
    LONG    bmWidthBytes;// 位图中每一个像素行中的字节数，必须是 2 的倍数，WORD 对齐
    WORD    bmPlanes;       // 颜色平面的数量，可通过 GetDeviceCaps(hdc, PLANES)获取，通常是 1
    WORD    bmBitsPixel; // 每个像素使用的位数，可通过 GetDeviceCaps(hdc, BITSPIXEL)获取，通常是 32
    LPVOID  bmBits;         // 指向位图像素位数据的指针
} BITMAP, *PBITMAP, NEAR *NPBITMAP, FAR *LPBITMAP;
```

图形设备有一个颜色平面数的概念。不同的图形设备保存像素数据的方法不同，有的用一个颜色平面，有的用多个颜色平面。每个像素点的颜色位数 = 颜色深度（每个像素使用的位数）× 颜色平面

数，颜色深度和颜色平面数表示颜色格式。DDB 的颜色格式与显示器设备的颜色格式相匹配，和显示 DC 有相同的颜色内存组织，这就是设备兼容的概念。这样的内存组织如果放在其他显示设备上，显示出来的颜色可能不同，这就是设备相关。再详细解释就比较复杂了，对于位图，本书只介绍编程中常用的位图操作，更深入的描述是数字图像处理的范围。现在的计算机通过调用 GetDeviceCaps(hdc, PLANES)函数获取到的颜色平面数是 1，通过调用 GetDeviceCaps(hdc, BITSPIXEL)函数获取到的每个像素点的颜色位数是 32。

## 7.2 位块传送

本节介绍位块传送函数 BitBlt、PatBlt、MaskBlt、PlgBlt、StretchBlt 和 TransparentBlt 的用法。虽然函数比较多，但是用法基本一致，了解 BitBlt 函数的用法以后，其他的就很简单了。

BitBlt（Bit Block Transfer，位块传送）函数把源 DC 中的指定矩形区域复制到目标 DC 中的指定位置，该函数是最常使用的：

```
BOOL BitBlt(
    _In_ HDC   hdcDest,  // 目标设备环境句柄
    _In_ int   nXDest,   // 目标矩形左上角的 X 坐标
    _In_ int   nYDest,   // 目标矩形左上角的 Y 坐标
    _In_ int   nWidth,   // 源矩形和目标矩形的宽度
    _In_ int   nHeight,  // 源矩形和目标矩形的高度
    _In_ HDC   hdcSrc,   // 源设备环境句柄
    _In_ int   nXSrc,    // 源矩形左上角的 X 坐标
    _In_ int   nYSrc,    // 源矩形左上角的 Y 坐标
    _In_ DWORD dwRop);   // 光栅操作码，通常指定为 SRCCOPY
```

参数 dwRop 指定光栅操作码 ROP，前面介绍过绘图模式（二元光栅操作 ROP2），ROP2 定义画笔、画刷的颜色与目标显示区域颜色的混合方式。这里的光栅操作是三元光栅操作，块传送的 ROP 码是一个 32 位的整数，对应的操作涉及 3 个对象：源像素、目标像素和画刷。块传送函数使用的 ROP 码有 256 种，它们是对 3 个对象进行不同位运算（取反、与、或、异或）的结果。有些 ROP 码对应的操作结果实在太难想像，例如 ROP 码 0x00E20746 对应的操作是((目标像素 ^ 画刷) & 源像素) ^ 目标像素，很难想象最后得到的位图是什么样子。在实际使用中很多算法组合并不常用，所以 Windows 只对 15 种常用的 ROP 码定义了常量。并不是每一种 ROP 码都要用到全部 3 个对象，有的甚至连 1 个也用不到，例如全黑 BLACKNESS 或全白 WHITENESS 的 ROP 码。15 种常用的 ROP 码如表 7.3 所示。

例如，设置画刷（B）为 11110000，设置源像素（S）为 11001100，设置目标像素（D）为 10101010，依据位运算规则得到的运算结果如表 7.3 所示。

表 7.3

| 位运算规则 | 运算结果 | ROP 码 | 常量 |
|---|---|---|---|
| 0 | 00000000 | 0x000042 | BLACKNESS |
| 1 | 11111111 | 0xFF0062 | WHITENESS |

续表

| 位运算规则 | 运算结果 | ROP 码 | 常量 |
|---|---|---|---|
| S | 11001100 | 0xCC0020 | SRCCOPY |
| ~S | 00110011 | 0x330008 | NOTSRCCOPY |
| ~D | 01010101 | 0x550009 | DSTINVERT |
| B | 11110000 | 0xF00021 | PATCOPY |
| B ^ D | 01011010 | 0x5A0049 | PATINVERT |
| S ^ D | 01100110 | 0x660046 | SRCINVERT |
| S \| D | 11101110 | 0xEE0086 | SRCPAINT |
| B & S | 11000000 | 0xC000CA | MERGECOPY |
| S & D | 10001000 | 0x8800C6 | SRCAND |
| S & ~D | 01000100 | 0x440328 | SRCERASE |
| ~(S \| D) | 00010001 | 0x1100A6 | NOTSRCERASE |
| ~S \| D | 10111011 | 0xBB0226 | MERGEPAINT |
| B \| ~S \| D | 11111011 | 0xFB0A09 | PATPAINT |

前 3 种不需要解释。NOTSRCCOPY 是把源位图的每个位取反得到的颜色，DSTINVERT 是把目标区域的每个位取反得到的颜色，PATCOPY 则直接使用画刷的颜色。其他的（例如 PATINVERT、SRCINVERT、SRCPAINT、MERGECOPY、SRCAND 等）有时候也可能用到。

接下来实现一个使用 SRCPAINT 光栅操作码的示例。我想把 DDB 程序显示的人物裁剪一下，只显示中间的椭圆部分，SRCPAINT 程序执行效果如图 7.2 所示。

图 7.2

SRCPAINT.cpp 源文件的部分内容如下所示：

```
LRESULT CALLBACK WindowProc(HWND hwnd, UINT uMsg,
WPARAM wParam, LPARAM lParam)
{
    PAINTSTRUCT ps;
    HDC hdc;
    static HBITMAP hBitmap, hBitmapMask;
    static BITMAP bmp;
    static HDC hdcMem, hdcMemMask;
    RECT rect;

    switch (uMsg)
    {
    case WM_CREATE:
        hdc = GetDC(hwnd);
        // 源位图，加载人物，hdcMem
        hdcMem = CreateCompatibleDC(hdc);
        hBitmap = (HBITMAP)LoadImage(NULL, TEXT("Girl.bmp"), IMAGE_BITMAP, 0, 0,
                  LR_LOADFROMFILE);
```

```
        SelectObject(hdcMem, hBitmap);
        GetObject(hBitmap, sizeof(bmp), &bmp);

        // 掩码位图，白色背景黑色椭圆，hdcMemMask
        hdcMemMask = CreateCompatibleDC(hdc);
        hBitmapMask = CreateCompatibleBitmap(hdc, bmp.bmWidth, bmp.bmHeight);
        SelectObject(hdcMemMask, hBitmapMask);

        SelectObject(hdcMemMask, GetStockObject(NULL_PEN));
        Rectangle(hdcMemMask, 0, 0, bmp.bmWidth + 1, bmp.bmHeight + 1);
        SelectObject(hdcMemMask, GetStockObject(BLACK_BRUSH));
        Ellipse(hdcMemMask, 0, 0, bmp.bmWidth + 1, bmp.bmHeight + 1);
        SelectObject(hdcMemMask, GetStockObject(BLACK_PEN));
        SelectObject(hdcMemMask, GetStockObject(WHITE_BRUSH));
        ReleaseDC(hwnd, hdc);

        // 掩码位图复制到内存位图，并执行光栅操作
        SetRect(&rect, 0, 0, bmp.bmWidth, bmp.bmHeight);
        SetBkMode(hdcMem, TRANSPARENT);
        SetTextColor(hdcMem, RGB(255, 255, 255));
        DrawText(hdcMem, TEXT("窈窕淑女 君子好逑"), _tcslen(TEXT("窈窕淑女 君子好逑")),
            &rect, DT_CENTER | DT_VCENTER | DT_SINGLELINE);
        BitBlt(hdcMem, 0, 0, bmp.bmWidth, bmp.bmHeight, hdcMemMask, 0, 0, SRCPAINT);

        // 设置窗口大小
        AdjustWindowRectEx(&rect, GetWindowLongPtr(hwnd, GWL_STYLE),
            GetMenu(hwnd) != NULL, GetWindowLongPtr(hwnd, GWL_EXSTYLE));
        SetWindowPos(hwnd, NULL, 0, 0, rect.right - rect.left, rect.bottom - rect.top,
            SWP_NOZORDER | SWP_NOMOVE);
        return 0;

    case WM_PAINT:
        hdc = BeginPaint(hwnd, &ps);
        // 将执行光栅操作的内存位图复制到窗口客户区中
        BitBlt(hdc, 0, 0, bmp.bmWidth, bmp.bmHeight, hdcMem, 0, 0, SRCCOPY);
        EndPaint(hwnd, &ps);
        return 0;

    case WM_DESTROY:
        DeleteObject(hBitmap);
        DeleteObject(hBitmapMask);
        DeleteDC(hdcMem);
        DeleteDC(hdcMemMask);
        PostQuitMessage(0);
        return 0;
    }

    return DefWindowProc(hwnd, uMsg, wParam, lParam);
}
```

完整代码参见 Chapter7\SRCPAINT。hdcMem 和 hdcMemMask 都定义为静态变量，调用 BeginPaint /

EndPaint 以及 GetDC 等函数获取的 hdc 的使用时间不能超出本条消息，但是使用 CreateCompatibleDC 函数创建的 hdc 就没有这个限制，可以在任何时候创建并且一直使用到不再需要为止。

SRCPAINT 即 S | D，黑色矩形的颜色位全为 0，0 和任何数按位或，其结果不变，就是说黑色矩形范围内的人物图片不变；黑色矩形以外的部分是白色的，颜色位全为 1，1 和任何数按位或，其结果为 1，因此调用 BitBlt 以后黑色矩形以外的部分显示为白色。

实际应用中，可能会遇到更复杂的情况。大家可以使用 Photoshop 制作掩码位图，然后使用合适的光栅操作码进行位块传送操作。

PatBlt 函数使用当前画刷填充矩形，该函数的光栅操作只涉及画刷颜色和目标区域颜色，可用的光栅操作码有 PATCOPY、PATINVERT、DSTINVERT、BLACKNESS 和 WHITENNESS：

```
BOOL PatBlt(
    _In_ HDC   hdc,      // 目标设备环境句柄
    _In_ int   nXLeft,   // 要填充的矩形左上角的 X 坐标
    _In_ int   nYLeft,   // 要填充的矩形左上角的 Y 坐标
    _In_ int   nWidth,   // 矩形的宽度
    _In_ int   nHeight,  // 矩形的高度
    _In_ DWORD dwRop);   // 光栅操作码
```

PatBlt 函数的功能和矩形填充函数 FillRect 与 InvertRect 等类似，但 PatBlt 包含了它们的全部功能，例如 ROP 码被指定为 DSTINVERT，那么 PatBlt 的功能就相当于 InvertRect 函数；ROP 码被指定为 PATCOPY，PatBlt 的功能就相当于 FillRect 函数。当然，PatBlt 函数能完成的工作 BitBlt 函数也都能完成（不指定源 DC 句柄及相关参数即可）。例如，下面的 BitBlt 和 PatBlt 两个函数调用实现的功能完全相同：

```
SelectObject(hdc, CreateHatchBrush(HS_BDIAGONAL, RGB(255, 0, 0)));
BitBlt(hdc, 0, 0, 100, 100, NULL, 0, 0, PATCOPY);
PatBlt(hdc, 0, 0, 100, 100, PATCOPY);
```

和 BitBlt 函数相比，MaskBlt 函数多了掩码位图句柄和掩码位图的开始坐标参数：

```
BOOL MaskBlt(
    _In_ HDC     hdcDest,   // 目标设备环境句柄
    _In_ int     nXDest,    // 目标矩形左上角的 X 坐标
    _In_ int     nYDest,    // 目标矩形左上角的 Y 坐标
    _In_ int     nWidth,    // 源矩形和目标矩形的宽度
    _In_ int     nHeight,   // 源矩形和目标矩形的高度
    _In_ HDC     hdcSrc,    // 源设备环境句柄
    _In_ int     nXSrc,     // 源矩形左上角的 X 坐标
    _In_ int     nYSrc,     // 源矩形左上角的 Y 坐标
    _In_ HBITMAP hbmMask,   // 掩码位图的句柄，必须是单色位图
    _In_ int     xMask,     // 掩码位图左上角的 X 坐标
    _In_ int     yMask,     // 掩码位图左上角的 Y 坐标
    _In_ DWORD   dwRop);    // 两个光栅操作码，使用 MAKEROP4 宏
```

和 BitBlt 函数相比，MaskBlt 多了 hbmMask、xMask 和 yMask 这 3 个参数。另外，dwRop 可以使用 MAKEROP4 宏指定两个 ROP 码。

- 参数 dwRop 是一个 DWORD 类型。背景光栅操作码存储在 dwRop 的高位字的高位字节中，前景光栅操作码存储在 dwRop 的高位字的低位字节中，dwRop 的低位字被忽略，应为 0。宏 MAKEROP4 可以创建前景和背景光栅操作代码的组合。
- 参数 hbmMask 指定一幅黑白位图，如果位图中对应位置的像素位为黑（为 0），那么使用背景 ROP 码来对源和目标进行位运算；如果对应位置的像素位为白（为 1），那么使用前景 ROP 码来对源和目标进行位运算。如果没有提供掩码位图，则 MaskBlt 函数的功能和 BitBlt 函数完全相同，使用前景光栅操作代码。

注意：掩码位图要求必须是黑白两色的，如果使用其他颜色深度的位图，那么函数调用将会失败。可以使用 Photoshop 自己制作掩码位图，也可以调用 CreateBitmap 或 CreateBitmapIndirect 函数创建指定宽度、高度和颜色格式的 DDB，这两个函数适合于创建单色位图。如果感觉 MaskBlt 函数不易理解，则完全可以通过多次调用 BitBlt 函数来达到同样的效果。

和 BitBlt 函数一样，PlgBlt 函数也是把源 DC 中的指定矩形区域复制到目标 DC 中的指定位置。BitBlt 函数的目标位置由 nXDest、nYDest、nWidth 和 nHeight 这 4 个参数指定，而 PlgBlt 函数的目标位置由 lpPoint 参数指向的 3 个 POINT 数组指定，先看函数原型：

```
BOOL PlgBlt(
    _In_  HDC           hdcDest,    // 目标设备环境句柄
    _In_  const POINT   *lpPoint,   // POINT 结构数组
    _In_  HDC           hdcSrc,     // 源设备环境句柄
    _In_  int           nXSrc,      // 源矩形左上角的 X 坐标
    _In_  int           nYSrc,      // 源矩形左上角的 Y 坐标
    _In_  int           nWidth,     // 源矩形的宽度
    _In_  int           nHeight,    // 源矩形的高度
    _In_  HBITMAP       hbmMask,    // 掩码位图的句柄，必须是单色位图，用于屏蔽源矩形的颜色
    _In_  int           xMask,      // 掩码位图左上角的 X 坐标
    _In_  int           yMask);     // 掩码位图左上角的 Y 坐标
```

- 参数 lpPoint 指向含有 3 个 POINT 结构的数组（这种使用 POINT 结构数组的方法在 PolyLine 函数中已经使用过），其中第 1 个点指定矩形的左上角，第 2 个点指定右上角，第 3 个点指定左下角，不需要第 4 个点是因为系统可以通过上面 3 个点的坐标推导出来。可以自己指定矩形的点，说明我们可以把矩形设计成平行四边形，这样一来图像可以被斜角拉伸，还可以旋转、缩放等。
- 参数 hbmMask 指定掩码位图的句柄，必须是单色位图，用于屏蔽源矩形的颜色。如果掩码位图对应的像素位的值为 1，则把源矩形的对应像素位复制到目标矩形；如果为 0，则不复制。

StretchBlt 函数也和 BitBlt 函数一样，把源 DC 中的指定矩形区域复制到目标 DC 中的指定位置，但是 StretchBlt 函数可以分别指定目标矩形和源矩形的宽度和高度，即该函数可以实现缩放：

```
BOOL StretchBlt(
    _In_ HDC    hdcDest,        // 目标设备环境句柄
    _In_ int    nXOriginDest,   // 目标矩形左上角的 X 坐标
    _In_ int    nYOriginDest,   // 目标矩形左上角的 Y 坐标
    _In_ int    nWidthDest,     // 目标矩形的宽度
    _In_ int    nHeightDest,    // 目标矩形的高度
```

```
    _In_ HDC   hdcSrc,          // 源设备环境句柄
    _In_ int   nXOriginSrc,     // 源矩形左上角的 X 坐标
    _In_ int   nYOriginSrc,     // 源矩形左上角的 Y 坐标
    _In_ int   nWidthSrc,       // 源矩形的宽度
    _In_ int   nHeightSrc,      // 源矩形的高度
    _In_ DWORD dwRop);          // 光栅操作码
```

这个函数将源 hdcSrc 中以（nXOriginSrc, nYOriginSrc）为左上角，宽度和高度分别为 nWidthSrc 和 nHeightSrc 的矩形以 dwRop 指定的光栅操作方式传送到目标 hdcDest 中，目标矩形左上角为（nXOriginDest, nYOriginDest），目标矩形区域的宽度和高度分别为 nWidthDest 和 nHeightDest，宽度和高度可以指定为负值以达到镜像的目的。如果源 DC 中的矩形大小和目标 DC 中的矩形大小不一样，则函数会将像素数据自动拉伸缩放，但是 StretchBlt 函数对像素的缩放方式仅仅是删除多余的像素（从大到小）或者重复像素（从小到大），并不像一些图形处理软件一样可以进行插值计算，所以拉伸缩放的效果并不好，只适用于对图形质量要求不高的场合。

与 DC 相关的 5 种图形模式，我们已经学过背景模式、绘图模式（二元三元光栅操作）、映射模式、多边形填充模式，还有一个拉伸模式。SetStretchBltMode 函数可以设置位图的拉伸模式：

```
int SetStretchBltMode(
    _In_ HDC hdc,               // 设备环境句柄
    _In_ int iStretchMode);     // 拉伸模式
```

参数 iStretchMode 指定拉伸模式，可以是表 7.4 所示的值之一。

**表 7.4**

| 常量 | 含义 |
| --- | --- |
| COLORONCOLOR<br>或 STRETCH_DELETESCANS | StretchBlt 函数只是简单地去掉像素行或列，而不做任何逻辑操作。这对彩色位图来说是最佳的方法 |
| BLACKONWHITE<br>或 STRETCH_ANDSCANS | 这是默认情况，如果两个或多个像素必须被结合成一个像素，StretchBlt 将对像素进行逻辑与操作。只有当所有的像素都是白色时，才是白色，即黑色像素比白色像素占优势。这对以白色为底，图像主要是黑色的单色位图来说效果比较好 |
| WHITEONBLACK<br>或 STRETCH_ORSCANS | 如果两个或多个像素必须被结合成一个像素，StretchBlt 将对像素进行逻辑或操作。只有当所有的像素都是黑色时，才是黑色，即白色像素比黑色像素占优势。这对以黑色为底，图像主要是白色的单色位图来说效果比较好 |
| HALFTONE<br>或 STRETCH_HALFTONE | Windows 根据要结合的源的颜色，计算平均目标颜色，设置为该模式以后必须调用 SetBrushOrgEx 函数来设置画刷原点 |

介绍最后一个位块传送函数 TransparentBlt，意即透明传送。TransparentBlt 函数和 StretchBlt 函数的唯一区别是把光栅操作参数替换为了透明颜色参数：

```
BOOL TransparentBlt(
    _In_ HDC hdcDest,         // 目标设备环境句柄
    _In_ int xoriginDest,     // 目标矩形左上角的 X 坐标
    _In_ int yoriginDest,     // 目标矩形左上角的 Y 坐标
    _In_ int wDest,           // 目标矩形的宽度
    _In_ int hDest,           // 目标矩形的高度
    _In_ HDC hdcSrc,          // 源设备环境句柄
```

```
    _In_ int  xoriginSrc,      // 源矩形左上角的X坐标
    _In_ int  yoriginSrc,      // 源矩形左上角的Y坐标
    _In_ int  wSrc,            // 源矩形的宽度
    _In_ int  hSrc,            // 源矩形的高度
    _In_ UINT crTransparent);// 指定一个RGB颜色值，源位图中的这个颜色视为透明
```

crTransparent 参数指定一个透明色，源 hdcSrc 指定的矩形区域中和这个颜色相同的像素不会被复制。如果需要用到 ROP 码，那么只能使用其他函数了。各种位块传送函数都有它们的优缺点，在实际应用中，可以根据实际情况灵活使用。

# 7.3 DIB

DIB 在 Windows 程序中用得非常广泛，例如图标、光标、最小化/最大化按钮等都是用的位图，不过在格式上存在微小的区别。Windows 程序中直接支持的 DIB 文件格式是.bmp，本节介绍.bmp 文件格式。

.bmp 文件的开始是一个 BITMAPFILEHEADER 结构，称为文件头，该结构共 14 字节，在 wingdi.h 头文件中定义如下：

```
typedef struct tagBITMAPFILEHEADER {
    WORD    bfType;       // 文件类型，或者说是文件签名，必须是BM，也就是0x4D42
    DWORD   bfSize;       // 整个位图文件的大小，以字节为单位
    WORD    bfReserved1;// 保留字段，必须为0
    WORD    bfReserved2;// 保留字段，必须为0
    DWORD   bfOffBits;    // 位图像素数据的偏移量，通常是0x36，即从第54字节往后就是像素数据
} BITMAPFILEHEADER, FAR *LPBITMAPFILEHEADER, *PBITMAPFILEHEADER;
```

BITMAPFILEHEADER 结构的后面通常是一个 BITMAPINFOHEADER 结构，称为信息头。该结构共 40 字节，在 wingdi.h 头文件中定义如下：

```
typedef struct tagBITMAPINFOHEADER {
    DWORD      biSize;           // 该结构的大小，0x28，即40
    LONG       biWidth;          // 位图的宽度，以像素为单位
    LONG       biHeight;         // 位图的高度，以像素为单位
    WORD       biPlanes;         // 目标设备的颜色平面数，设置为1
    WORD       biBitCount;       // 每像素位数，彩色位图通常是0x18或0x20，即24或32
    DWORD      biCompression;    // 位图的压缩类型，通常是BI_RGB(0)表示未压缩
    DWORD      biSizeImage;      // 像素数据的大小，不包括文件头。对于BI_RGB位图，可以设置为0
    LONG       biXPelsPerMeter; // 目标设备的水平分辨率，单位是像素/米，可以设置为0
    LONG       biYPelsPerMeter; // 目标设备的垂直分辨率，单位是像素/米，可以设置为0
    DWORD      biClrUsed;        // 颜色表中实际使用的颜色索引数，彩色位图没有颜色表，所以是0
    DWORD      biClrImportant;   // 显示位图所需的颜色索引数，0
} BITMAPINFOHEADER, FAR *LPBITMAPINFOHEADER, *PBITMAPINFOHEADER;
```

可以看到，文件头和信息头结构包含了与位图相关的一些参数。在这两个数据结构的后面，是位图的像素数据。对于 24 位位图，每个像素用 3 字节来表示，这 3 字节分别表示像素的蓝色、绿色和红色值。整个.bmp 文件由这 3 个部分组成。

## 7.4 DDB 与 DIB

GetDIBits 函数可以把指定设备兼容位图 DDB 的像素数据转换为设备无关位图 DIB 像素数据：

```
int GetDIBits(
    _In_      HDC            hdc,         // 设备环境句柄
    _In_      HBITMAP        hbmp,        // DDB 兼容位图句柄
    _In_      UINT           uStartScan,// 起始扫描行，获取整张位图就设置为 0
    _In_      UINT           cScanLines,// 扫描行数，获取整张位图就设置为位图的高度
    _Out_     LPVOID         lpvBits,     // 在这个参数中返回指定格式的 DIB 像素数据
    _Inout_   LPBITMAPINFO lpbi,        // BITMAPINFO 结构的指针，指定 DIB 的格式，可使用
                                          // BITMAPINFOHEADER 结构
    _In_      UINT           uUsage);     // 通常设置为 DIB_RGB_COLORS(0)
```

参数 lpvBits 返回指定格式的 DIB 像素数据，这些数据可以保存为位图文件，不过还需要位图文件头和信息头数据，lpvBits 指向的缓冲区不包含这两个结构的数据；这些数据可以通过调用 SetDIBitsToDevice 或 StretchDIBits 函数显示到设备上。

接下来实现一个屏幕截图程序，ScreenShots 程序的用法是，用户单击开始截图菜单，或按 Ctrl + N 组合键开始截图，出现一个十字线，用户可以通过鼠标来移动十字线的位置，确定位置以后单击鼠标左键，这时截图区域的左上角就确定好了；然后用户可以移动鼠标确定右下角的位置，确定以后单击鼠标左键；程序客户区中会显示用户的截图，用户可以选择保存图片或者继续截图。截图的方法有很多种，某些截图工具就可以实时显示坐标和尺寸，这些信息通过一个子窗口来显示。如果桌面上有一个程序窗口，某些截图程序还可以自动识别，要实现这样一个截图程序还是挺复杂的。本例因为限于目前所学以及篇幅关系，所以比较简单。具体代码参见 Chapter7\ScreenShots 项目。

如果需要在窗口过程中使用 hInstance 实例句柄，以前都是使用全局变量，则在 WinMain 函数中赋值。调用 CreateWindow 或 CreateWindowEx 函数后，窗口过程会收到 WM_CREATE 消息，实际上 WM_CREATE 消息的 lParam 参数提供了丰富的信息，lParam 参数是一个指向 CREATESTRUCT 结构的指针，该结构在 WinUser.h 头文件中定义如下：

```
typedef struct tagCREATESTRUCT {
    LPVOID     lpCreateParams;// CreateWindow/Ex 函数的 lpParam 参数
    HINSTANCE hInstance;       // 实例句柄
    HMENU      hMenu;           // 主菜单句柄
    HWND       hwndParent;      // 父窗口句柄
    int        cy;              // 窗口的高度，以像素为单位
    int        cx;              // 窗口的宽度，以像素为单位
    int        y;               // 窗口左上角的 Y 坐标，以像素为单位
    int        x;               // 窗口左上角的 X 坐标，以像素为单位
```

```
    LONG        style;        // 窗口样式
    LPCTSTR     lpszName;     // 窗口标题
    LPCTSTR     lpszClass;    // 窗口类名
    DWORD       dwExStyle;    // 窗口扩展样式
} CREATESTRUCT, *LPCREATESTRUCT;
```

另外，本程序获取桌面 DC 用的是 CreateDC 函数，CreateDC 函数使用指定的设备名称获取 DC 句柄，例如 CreateDC(TEXT("DISPLAY"), NULL, NULL, NULL);获取的是屏幕 DC 句柄。和 CreateCompatibleDC 函数一样，当不再需要该函数时可以调用 DeleteDC 函数删除 DC，不能用 ReleaseDC，ReleaseDC 函数和 GetDC / GetWindowDC 配对使用。

hdcDesk、hdcMem、hdcMemResult 都被定义为静态变量，和 CreateCompatibleDC 函数一样，可以在任何时候调用 CreateDC 创建 hdc，并且可以一直使用它到不再需要为止。

case ID_START：用户开始截图以后，最小化本程序，最小化需要一定的时间，因此程序调用 Sleep(500);暂停程序 0.5s，然后截取整个屏幕内容到 hdcMem；去掉程序的标题栏、边框等，然后最大化显示，客户区中显示的是截取的整个屏幕的内容，然后用户可以在这个截取的屏幕内容中选择截取哪一部分。

WM_MOUSEMOVE 和 WM_LBUTTONDOWN 消息的处理逻辑比较简单，DrawCrossLine 函数中用的是 R2_XORPEN 绘图模式，DrawRect 函数中用的是 R2_NOTXORPEN 绘图模式。GDI 绘图过程中经常会出现闪烁、抖动现象，主要原因是对显示 DC 的操作太过频繁，解决方法是先在内存 DC 中完成所有绘图操作，再把这个内存 DC 一次性绘制到显示 DC，这样就不会出现闪烁、抖动，这就是通常所说的“双缓存技术”。另外，保存图片的 SaveBmp 函数用到了创建文件、写文件的函数，这些函数后面会介绍。截图以后，位图没有复制到剪贴板，等学习了剪贴板以后读者就会知道，该功能只需要几行代码。

# 第 8 章

# 子窗口控件

调用 CreateWindow / CreateWindowEx 函数创建窗口的时候，将窗口样式指定为 WS_CHILD 或 WS_CHILDWINDOW 就可以创建一个子窗口。子窗口的位置可以在父窗口客户区的任何地方，这样的子窗口需要程序注册窗口类并提供窗口过程。程序也可以通过系统预定义的窗口类和窗口过程来创建标准子窗口控件，程序中常见的标准子窗口控件有按钮、单选按钮、复选按钮、编辑框、组合框、列表框、滚动条控件等，像资源管理器窗口就包含多个子窗口控件，例如工具栏、树视图控件、滚动条控件等。标准子窗口控件也称为通用控件（Common Control）。

程序可以把窗口类名指定为系统预定义的相关子窗口控件类名来调用 CreateWindow/CreateWindowEx 函数创建一个子窗口控件，子窗口控件和父窗口之间可以互相发送消息来进行通信。子窗口控件在对话框程序中用得更普遍，不需要调用 CreateWindow / CreateWindowEx 函数，直接在资源脚本文件中定义子窗口控件即可，也可以通过资源编辑器从工具箱中拖曳子窗口控件到对话框程序界面的合适位置。

ComCtl32.dll 提供对通用控件的支持。Windows Vista 及以后的系统支持通用控件 6 系列版本，程序可以通过调用 DllGetVersion 函数来确定系统中 ComCtl32.dll 的版本号，DllGetVersion 函数由动态链接库 Shell32.dll 提供，如果需要调用该函数，则只能通过 LoadLibrary 和 GetProcAddress 函数动态加载。

常见的子窗口控件的系统预定义窗口类名如表 8.1 所示。

表 8.1

| 系统预定义的窗口类名字符串 | 含义 |
| --- | --- |
| Button | 按钮（普通按钮、单选按钮、复选按钮、分组框） |
| Edit | 编辑框 |
| ListBox | 列表框 |
| ComboBox | 组合框 |
| ScrollBar | 滚动条 |
| Static | 静态控件 |
| MDIClient | MDI 客户窗口 |

另外，有一些类名是系统内部使用的，例如 ComboLBox（多一个 L）表示组合框内的列表框的类名，#32770 表示对话框类名等。

# 8.1　按钮类

按钮（Button）类有许多样式属性，基于 Button 类指定不同的样式可以创建普通按钮、单选按钮、复选按钮和分组框等。Button 类可以指定的按钮样式如表 8.2 所示，BS_前缀表示 Button Style。

表 8.2

| 常量 | 含义 |
| --- | --- |
| BS_PUSHBUTTON | 普通按钮 |
| BS_DEFPUSHBUTTON | 默认按钮，和普通按钮一样，但是有一个较深的轮廓。如果是在对话框程序中，当其他按钮没有键盘焦点时，用户可以通过按下 Enter 键选择该按钮 |
| BS_RADIOBUTTON | 单选按钮，可以选中、取消选中 |
| BS_AUTORADIOBUTTON | 自动单选按钮 |
| BS_CHECKBOX | 复选框，可以选中、取消选中 |
| BS_AUTOCHECKBOX | 自动复选框 |
| BS_3STATE | 三态复选框，可以选中、取消选中或显示为灰色，灰色状态表示未确定复选框的状态 |
| BS_AUTO3STATE | 自动三态复选框 |
| BS_LEFTTEXT 或 BS_RIGHTBUTTON | 对于单选按钮、复选框或三态复选框，文本默认显示在按钮右侧，该样式表示显示在按钮左侧 |
| BS_TEXT | 按钮矩形内显示文本 |
| BS_MULTILINE | 如果文本字符串太长而无法显示在一行，则将按钮文本显示为多行 |
| BS_LEFT | 左对齐按钮矩形内的文本 |
| BS_RIGHT | 右对齐按钮矩形内的文本 |
| BS_CENTER | 文本在按钮矩形内水平居中 |
| BS_TOP | 文本在按钮矩形的顶部 |
| BS_BOTTOM | 文本在按钮矩形的底部 |
| BS_VCENTER | 文本在按钮矩形内垂直居中 |
| BS_FLAT | 按钮默认具有三维样式，该样式表示按钮是二维样式 |
| BS_PUSHLIKE | 使单选按钮、复选框或三态复选框看起来像按钮一样 |
| BS_OWNERDRAW | 自绘按钮，当按钮需要重绘时父窗口会收到 WM_DRAWITEM 消息，不能将该样式与任何其他按钮样式一起使用 |
| BS_ICON | 图标按钮 |
| BS_BITMAP | 位图按钮 |
| BS_GROUPBOX | 分组框，用于对其他控件进行分组，由一个矩形和显示在矩形左上角的文本组成 |
| BS_NOTIFY | 系统可以发送包含 BN_KILLFOCUS 和 BN_SETFOCUS 通知码的 WM_COMMAND 消息到其父窗口 |

续表

| 常量 | 含义 |
|---|---|
| BS_SPLITBUTTON | 拆分按钮，拆分按钮分为两部分，左侧是主要部分，类似于普通或默认按钮；右侧有一个向下的小箭头，单击箭头时可以弹出一个菜单。拆分按钮是通用控件版本 6 中引入的一种按钮，如图所示：<br> |
| BS_DEFSPLITBUTTON | 默认拆分按钮，有一个较深的轮廓。如果是在对话框程序中，当其他按钮没有键盘焦点时，用户可以通过按下 Enter 键选择该按钮 |
| BS_COMMANDLINK | 命令链接按钮，左侧有一个蓝色箭头指向按钮文本（Windows 7 系统中为绿色箭头）。命令链接按钮是通用控件版本 6 中引入的一种按钮，如图所示：<br>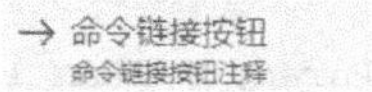 |
| BS_DEFCOMMANDLINK | 默认命令链接按钮，有一个较深的轮廓。如果是在对话框程序中，当其他按钮没有键盘焦点时，用户可以通过按下 Enter 键选择该按钮 |

下面介绍自动单选按钮、自动复选框和自动三态复选框。以三态复选框与自动三态复选框为例，用户单击三态复选框以后不会自动选中或变灰，程序需要响应单击事件设置选中或变灰状态；而如果是自动三态复选框，则单击一次就会自动选中，再单击一次则复选框显示为灰色，第三次单击则会取消选中，如此循环，程序在需要的时候只需要获取其状态即可。

普通按钮、默认按钮、单选按钮和复选框都可以同时指定 BS_ICON 或 BS_BITMAP 样式，例如 BS_PUSHBUTTON | BS_BITMAP，或 BS_AUTORADIOBUTTON | BS_BITMAP，表示在普通按钮上显示一副位图，或单选按钮旁边显示一副位图。BS_ICON 或 BS_BITMAP 样式也可以单独使用，表示在普通按钮上显示一个图标或一副位图。指定 BS_ICON 或 BS_BITMAP 样式以后，需要发送 BM_SETIMAGE 消息为其设置图标或位图，后面再详细解释这个消息。

BS_前缀的样式是按钮专用样式。除了这些按钮专用样式，因为子窗口控件也是一个窗口，所以大部分用于普通窗口的 API 函数和窗口样式适用于子窗口控件。例如表 8.3 的窗口样式可以用于按钮。

表 8.3

| 窗口样式 | 含义 |
|---|---|
| WS_CHILD 或 WS_CHILDWINDOW | 窗口是子窗口 |
| WS_VISIBLE | 窗口最初可见，可以通过调用 ShowWindow 或 SetWindowPos 函数显示和隐藏窗口 |
| WS_GROUP | 该窗口是一组控件的第一个控件，该组由第一个具有 WS_GROUP 样式的控件和在其后定义的所有控件组成，直到下一个具有 WS_GROUP 样式的控件（不包括该控件）出现。如果是在对话框程序中，用户可以使用方向键将键盘焦点从组中的一个控件移动到下一个控件。另外，每个组中的第一个控件通常具有 WS_TABSTOP 样式，如果是在对话框程序中，按下 Tab 键可以将键盘焦点移动到下一个具有 WS_TABSTOP 样式的控件 |
| WS_TABSTOP | 该窗口是一个控件，当用户按下 Tab 键时，该控件可以接收键盘焦点，如果是在对话框程序中，按下 Tab 键可以将键盘焦点移动到下一个具有 WS_TABSTOP 样式的控件上 |
| WS_BORDER | 窗口有一个细线边框 |
| WS_DLGFRAME | 窗口具有对话框样式的边框 |
| WS_SIZEBOX 或 WS_THICKFRAME | 窗口具有大小调整边框 |
| WS_DISABLED | 窗口最初被禁用，禁用的窗口无法接收用户的输入，要想启用可以调用 EnableWindow 函数 |

其中，WS_CHILD 和 WS_VISIBLE 是必须指定的，WS_CHILD 表示该窗口是一个子窗口。如果不指定 WS_VISIBLE 样式，则子窗口控件不会显示。

另外，一些扩展窗口样式也可以用于子窗口控件，例如 WS_EX_ACCEPTFILES 表示该子窗口控件可以接受拖放文件。

## 8.1.1 按钮与父窗口通信

按钮可以向其父窗口发送消息，父窗口也可以向按钮发送消息。父窗口可以通过调用 SendMessage 或 SendDlgItemMessage 函数发送消息到子窗口控件：

```
LRESULT SendMessage(HWND hWnd, UINT Msg, WPARAM wParam, LPARAM lParam);
LRESULT SendDlgItemMessage(HWND hDlg, int nIDDlgItem, UINT Msg, WPARAM wParam, LPARAM lParam);
```

SendDlgItemMessage 函数的 Dlg 指的是 Dialog 对话框，该函数通常用于在对话框程序中向子窗口控件发送消息，但是也可以在普通重叠窗口中向子窗口控件发送消息。hDlg 参数指定父窗口句柄，nIDDlgItem 参数指定子窗口控件 ID，每个子窗口控件都有一个 ID。调用 CreateWindow/CreateWindowEx 函数创建子窗口控件的时候，第 10 个参数 hMenu 不再指定为菜单句柄，而是指定为子窗口控件 ID。

（1）对于 BS_ICON 或 BS_BITMAP 样式的按钮，BM_SETIMAGE 消息用于为按钮设置图标或位图，wParam 参数指定图像类型，可以是 IMAGE_ICON（图标）或 IMAGE_BITMAP（位图），lParam 参数可以指定为图像的句柄（HICON 或 HBITMAP），返回值是先前与按钮关联的图像的句柄（如果有的话），否则返回值是 NULL；BM_GETIMAGE 消息用于获取与按钮关联的图标或位图的句柄，wParam 参数指定图像类型，可以是 IMAGE_ICON（图标）或 IMAGE_BITMAP（位图），lParam 参数没有用到，返回值是与按钮关联的图像的句柄（如果有的话），否则返回值是 NULL。

（2）BM_SETSTYLE 消息用于设置按钮的样式，wParam 参数可以指定为按钮新样式的组合；lParam 参数可以指定为 TRUE（重绘按钮）或 FALSE（不重绘按钮）。当然，通过调用 SetWindowLongPtr 函数也可以达到同样的目的。

（3）BM_SETCHECK 消息用于设置单选按钮、复选框或三态复选框的选中状态，wParam 参数可以指定为 BST_CHECKED（选中）、BST_UNCHECKED（取消选中）或 BST_INDETERMINATE（灰色，表示不确定状态，用于三态复选框），lParam 参数没有用到，指定为 0 即可；BM_GETCHECK 消息用于获取单选按钮、复选框或三态复选框的选中状态，wParam 和 lParam 参数没有用到，都指定为 0 即可，返回值可以是 BST_CHECKED（已选中）、BST_UNCHECKED（未选中）或 BST_INDETERMINATE（灰色，表示不确定状态，用于三态复选框）。

（4）BM_SETSTATE 消息用于设置普通按钮是否按下的状态，wParam 参数可以指定为 TRUE（突出显示，按下状态）或 FALSE（取消突出显示，非按下状态），lParam 参数没有用到；BM_GETSTATE 消息用于获取普通按钮、单选按钮、复选框或三态复选框的当前状态（选中状态，是否按下和是否具有键盘焦点等），wParam 和 lParam 参数没有用到，都指定为 0 即可，返回值可以是 BST_CHECKED（已选中）、BST_UNCHECKED（未选中）、BST_INDETERMINATE（灰色，表示不确定状态，用于三态复选框）、BST_PUSHED（普通按钮处于按下状态）、BST_FOCUS（按钮具有键盘焦点）、BST_HOT（鼠标悬停在按钮上）、BST_DROPDOWNPUSHED（按钮处于下拉状态，并且仅当按钮具有

BTNS_DROPDOWN 样式时用于工具栏按钮）。

（5）BM_CLICK 消息可以模拟用户单击按钮，该消息的 wParam 和 lParam 参数都没有用到。该消息会导致系统向按钮的父窗口发送包含 BN_CLICKED 通知码的 WM_COMMAND 消息。

调用 CheckDlgButton 或 CheckRadioButton 函数等同于发送 BM_SETCHECK 消息；调用 IsDlgButtonChecked 函数等同于发送 BM_GETCHECK 消息：

```
BOOL CheckDlgButton(
    _In_ HWND hDlg,              // 父窗口句柄
    _In_ int  nIDButton,         // 子窗口控件 ID
    _In_ UINT uCheck);           // 设置选中状态，BST_CHECKED、BST_UNCHECKED 或 BST_INDETERMINATE
BOOL CheckRadioButton(
    _In_ HWND hDlg,              // 父窗口句柄
    _In_ int  nIDFirstButton,    // 组中第一个单选按钮的 ID
    _In_ int  nIDLastButton,     // 组中最后一个单选按钮的 ID
_In_ int  nIDCheckButton);       // 要设置选中的单选按钮的 ID

UINT IsDlgButtonChecked(
    _In_ HWND hDlg,              // 父窗口句柄
    _In_ int nIDButton);         // 子窗口控件 ID，函数返回值可以是 BST_CHECKED、BST_UNCHECKED
                                 // 或 BST_INDETERMINATE
```

一组复选按钮中通常可以同时选中多个，而一组单选按钮中通常只能选中一个。CheckDlgButton 函数通常用于设置复选框的选中状态。

CheckDlgButton 函数也可以用于设置单选按钮，但是如果在一组单选按钮中选中一个，还需要多次调用 CheckDlgButton 取消选中其他的，所以设置单选按钮的状态通常使用 CheckRadioButton 函数。指定一组单选按钮的第一个和最后一个以及需要选中哪一个，函数会自动完成任务。

建议使用自动单选按钮，同组的单选按钮会随着用户选中一个而自动取消选中其他单选按钮。在程序中只需要在初始化的时候设置选中哪一个，并在需要的时候调用 IsDlgButtonChecked 函数检查选中状态即可。同样，复选按钮也不会因为用户的单击而自动变为选中或取消选中等，因此建议使用自动复选按钮，在初始化的时候设置选中哪些，并在需要的时候调用 IsDlgButtonChecked 函数检查每一个的状态即可。

当用户单击按钮时，它会接收键盘焦点，系统会向按钮的父窗口发送包含 BN_CLICKED 通知码的 WM_COMMAND 消息。不过对于自动单选按钮、自动复选框或自动三态复选框通常不需要处理该消息，因为这些按钮可以自动设置其状态。如果是普通按钮，则可能需要处理该消息。表 8.4 再次列出 WM_COMMAND 消息的 wParam 和 lParam 参数的含义。

表 8.4

| 从哪发送过来的消息 | HIWORD(wParam) | LOWORD(wParam) | lParam |
| --- | --- | --- | --- |
| 菜单命令项 | 0 | 菜单项 ID | 0 |
| 加速键 | 1 | 菜单项 ID | 0 |
| 子窗口控件 | 通知码 | 控件 ID | 控件句柄 |

除了 BN_CLICKED 通知码，其他常见的与按钮有关的包含在 WM_COMMAND 消息中的通知码

如表 8.5 所示。

表 8.5

| 通知码 | 含义 |
| --- | --- |
| BN_SETFOCUS | 按钮获得了键盘焦点 |
| BN_KILLFOCUS | 按钮失去了键盘焦点 |
| BN_DBLCLK 或 BN_DOUBLECLICKED | 双击按钮 |

获得键盘焦点的按钮周围会显示一圈虚线，此时按下空格键就相当于单击了按钮。只有具有 BS_NOTIFY 样式的按钮才会发送 BN_SETFOCUS、BN_KILLFOCUS 和 BN_DBLCLK 通知码，但是无论如何设置按钮样式，单击按钮都会发送 BN_CLICKED 通知码。

BS_GROUPBOX 样式表示分组框，用于对其他控件进行分组，由一个矩形和显示在矩形左上角的文本组成。分组框不会获得键盘焦点，既不处理鼠标或键盘输入，也不会导致系统发送 WM_COMMAND 消息到父窗口。

对于自绘按钮、组合框和列表框等，程序只需要在必要的时候负责绘制它们的外观即可，系统会正常处理用户和这些控件的交互，例如用户单击控件，系统会向父窗口发送 WM_COMMAND 消息。在介绍自绘菜单的时候说过，WM_DRAWITEM 消息既用于菜单项，也用于其他一些子窗口控件的自绘，当菜单项或子窗口控件需要自绘的时候，窗口过程会收到 WM_DRAWITEM 消息。如果 WM_DRAWITEM 消息是由子窗口控件发送的，则 wParam 参数是子窗口控件的 ID；如果是由菜单项发送的，则 wParam 参数为 0。lParam 参数是一个指向 DRAWITEMSTRUCT 结构的指针，关于该结构的定义参见 6.1.5 节。

接下来实现一个例子，Buttons 程序在窗口客户区中使用系统预定义的 Button 类调用 CreateWindowEx 函数分别创建了普通按钮、图标按钮、位图按钮、自绘按钮、一组自动单选按钮、一组自动复选按钮、一组自动三态复选按钮、默认按钮。Buttons.cpp 源文件的内容如下所示：

```
#include <Windows.h>
#include <tchar.h>
#include <strsafe.h>
#include "resource.h"

// 函数声明
LRESULT CALLBACK WindowProc(HWND hwnd, UINT uMsg, WPARAM wParam, LPARAM lParam);
// 按下默认按钮
VOID OnDefPushButton(HWND hwnd);

int WINAPI WinMain(HINSTANCE hInstance, HINSTANCE hPrevInstance, LPSTR lpCmdLine, int
                   nCmdShow)
{
    WNDCLASSEX wndclass;
    TCHAR szAppName[] = TEXT("Buttons");      // 程序标题、窗口类名
    HWND hwnd;
    MSG msg;

    wndclass.cbSize = sizeof(WNDCLASSEX);
```

```
    wndclass.style = CS_HREDRAW | CS_VREDRAW;
    wndclass.lpfnWndProc = WindowProc;
    wndclass.cbClsExtra = 0;
    wndclass.cbWndExtra = 0;
    wndclass.hInstance = hInstance;
    wndclass.hIcon = LoadIcon(NULL, IDI_APPLICATION);
    wndclass.hCursor = LoadCursor(NULL, IDC_ARROW);
    wndclass.hbrBackground = (HBRUSH)GetStockObject(WHITE_BRUSH);
    wndclass.lpszMenuName = NULL;
    wndclass.lpszClassName = szAppName;
    wndclass.hIconSm = NULL;
    RegisterClassEx(&wndclass);

    hwnd = CreateWindowEx(0, szAppName, szAppName, WS_OVERLAPPEDWINDOW,
        CW_USEDEFAULT, CW_USEDEFAULT, 300, 600, NULL, NULL, hInstance, NULL);

    ShowWindow(hwnd, nCmdShow);
    UpdateWindow(hwnd);

    while (GetMessage(&msg, NULL, 0, 0) != 0)
    {
        TranslateMessage(&msg);
        DispatchMessage(&msg);
    }

    return msg.wParam;
}

// 全局变量
struct
{
    int     m_nStyle;
    PTSTR   m_pText;
}Buttons[] = {
    BS_PUSHBUTTON | BS_NOTIFY | WS_TABSTOP,                  TEXT("普通按钮"), // CtrlID 1000
    BS_ICON | BS_NOTIFY | WS_TABSTOP,                        TEXT("图标按钮"),
    BS_BITMAP | BS_NOTIFY | WS_TABSTOP,                      TEXT("位图按钮"),
    BS_OWNERDRAW,                                            TEXT("自绘按钮"),

    BS_GROUPBOX,                                             TEXT("政治面貌"), // CtrlID 1004
    BS_AUTORADIOBUTTON | BS_NOTIFY | WS_GROUP | WS_TABSTOP, TEXT("中共党员"),
    BS_AUTORADIOBUTTON | BS_NOTIFY,                          TEXT("共青团员"),
    BS_AUTORADIOBUTTON | BS_NOTIFY,                          TEXT("无党派人士"),

    BS_GROUPBOX,                                             TEXT("个人爱好"), // CtrlID 1008
    BS_AUTOCHECKBOX | BS_NOTIFY | WS_GROUP | WS_TABSTOP,    TEXT("看书"),
    BS_AUTOCHECKBOX | BS_NOTIFY,                             TEXT("唱歌"),
    BS_AUTOCHECKBOX | BS_NOTIFY,                             TEXT("听音乐"),

    BS_GROUPBOX,                                             TEXT("荣誉称号"), // CtrlID 1012
```

```
    BS_AUTO3STATE | BS_NOTIFY | WS_GROUP | WS_TABSTOP,  TEXT("团队核心"),
    BS_AUTO3STATE | BS_NOTIFY,                          TEXT("技术能手"),
    BS_AUTO3STATE | BS_NOTIFY,                          TEXT("先进个人"),

    BS_DEFPUSHBUTTON | BS_NOTIFY | WS_TABSTOP,          TEXT("默认按钮"), // CtrlID 1016
};

#define NUM (sizeof(Buttons) / sizeof(Buttons[0]))

LRESULT CALLBACK WindowProc(HWND hwnd, UINT uMsg, WPARAM wParam, LPARAM lParam)
{
    static HWND hwndButton[NUM];                    // 子窗口控件句柄数组
    int arrPos[NUM] = {10, 40, 70, 100,             // 每个子窗口控件的起始 Y 坐标
        130, 150, 180, 210,
        250, 270, 300, 330,
        370, 390, 420, 450,
        490 };
    LPDRAWITEMSTRUCT lpDIS;

    switch (uMsg)
    {
    case WM_CREATE:
        // 创建 17 个子窗口控件
        for (int i = 0; i < NUM; i++)
        {
            hwndButton[i] = CreateWindowEx(0, TEXT("Button"), Buttons[i].m_pText,
                WS_CHILD | WS_VISIBLE | Buttons[i].m_nStyle, 20, arrPos[i],
                150, 25, hwnd, (HMENU)(1000 + i),
                ((LPCREATESTRUCT)lParam)->hInstance, NULL);
        }

        // 移动 3 个分组框的位置
        MoveWindow(hwndButton[4], 10, arrPos[4], 170, 115, TRUE);
        MoveWindow(hwndButton[8], 10, arrPos[8], 170, 115, TRUE);
        MoveWindow(hwndButton[12], 10, arrPos[12], 170, 115, TRUE);

        // 为图标按钮、位图按钮设置图标、位图
        SendDlgItemMessage(hwnd, IDC_ICONBUTTON, BM_SETIMAGE, IMAGE_ICON,
          (LPARAM)LoadImage(((LPCREATESTRUCT)lParam)->hInstance, MAKEINTRESOURCE(IDI_SMILE),
            IMAGE_ICON, 20, 20, LR_DEFAULTCOLOR));
        SendDlgItemMessage(hwnd, IDC_BITMAPBUTTON, BM_SETIMAGE, IMAGE_BITMAP,
          (LPARAM)LoadBitmap(((LPCREATESTRUCT)lParam)->hInstance, MAKEINTRESOURCE(IDB
                                 _KONGLONG)));

        // 设置默认按钮的文本
        SetDlgItemText(hwnd, IDC_DEFPUSHBUTTON, TEXT("获取单选复选状态"));

        // 单选按钮组、复选按钮组、三态复选按钮组，默认情况下分别选中一项
        CheckRadioButton(hwnd, IDC_AUTORADIOBUTTON1, IDC_AUTORADIOBUTTON3, IDC_AUTORADI-
                  OBUTTON2);
```

```
        CheckDlgButton(hwnd, IDC_AUTOCHECKBOX3, BST_CHECKED);
        CheckDlgButton(hwnd, IDC_AUTO3STATE2, BST_INDETERMINATE);
        return 0;

    case WM_COMMAND:
        if (HIWORD(wParam) == BN_CLICKED)    // 可以省略该判断
        {
            switch (LOWORD(wParam))
            {
            // 子窗口控件 ID 常量定义参见 resource.h，可以根据需要在此处理每个控件的单击事件
            case IDC_PUSHBUTTON:       break;
            case IDC_ICONBUTTON:       break;
            case IDC_BITMAPBUTTON:     break;
            case IDC_OWNERDRAWBUTTON: break;
            case IDC_AUTORADIOBUTTON1:break;
            case IDC_AUTORADIOBUTTON2:break;
            case IDC_AUTORADIOBUTTON3:break;
            case IDC_AUTOCHECKBOX1:    break;
            case IDC_AUTOCHECKBOX2:    break;
            case IDC_AUTOCHECKBOX3:    break;
            case IDC_AUTO3STATE1:      break;
            case IDC_AUTO3STATE2:      break;
            case IDC_AUTO3STATE3:      break;
            case IDC_DEFPUSHBUTTON:    OnDefPushButton(hwnd); break;
            }
        }
        return 0;

    case WM_DRAWITEM:
        lpDIS = (LPDRAWITEMSTRUCT)lParam;
        // 先把按钮矩形填充为和窗口背景一致的白色，然后画一个黑色圆角矩形
        SelectObject(lpDIS->hDC, GetStockObject(NULL_PEN));
        SelectObject(lpDIS->hDC, GetStockObject(WHITE_BRUSH));
        Rectangle(lpDIS->hDC, 0, 0, lpDIS->rcItem.right + 1, lpDIS->rcItem.bottom + 1);
        SelectObject(lpDIS->hDC, GetStockObject(BLACK_BRUSH));
        RoundRect(lpDIS->hDC, 0, 0, lpDIS->rcItem.right + 1, lpDIS->rcItem.bottom + 1, 20, 20);

        // 当用户单击按钮的时候，绘制 COLOR_HIGHLIGHT 颜色的圆角矩形
        if (lpDIS->itemState & ODS_SELECTED)
        {
          SelectObject(lpDIS->hDC, GetSysColorBrush(COLOR_HIGHLIGHT));
          RoundRect(lpDIS->hDC, 0, 0, lpDIS->rcItem.right + 1, lpDIS->rcItem.bottom + 1, 20, 20);
        }
        // 当按钮获得焦点的时候，可以绘制一个焦点矩形
        if (lpDIS->itemState & ODS_FOCUS)
        {
          InflateRect(&lpDIS->rcItem, -2, -2);
          DrawFocusRect(lpDIS->hDC, &lpDIS->rcItem);
        }
```

```
        // 自绘按钮的文本，透明背景的白色文字
        SetBkMode(lpDIS->hDC, TRANSPARENT);
        SetTextColor(lpDIS->hDC, RGB(255, 255, 255));
        DrawText(lpDIS->hDC, TEXT("自绘按钮"), _tcslen(TEXT("自绘按钮")),
            &lpDIS->rcItem, DT_CENTER | DT_VCENTER | DT_SINGLELINE);

        // 恢复设备环境
        SelectObject(lpDIS->hDC, GetStockObject(BLACK_PEN));
        SelectObject(lpDIS->hDC, GetStockObject(WHITE_BRUSH));
        return TRUE;

    case WM_DESTROY:
        PostQuitMessage(0);
        return 0;
    }

    return DefWindowProc(hwnd, uMsg, wParam, lParam);
}

VOID OnDefPushButton(HWND hwnd)
{
    TCHAR szBuf[128] = { 0 };

    if (IsDlgButtonChecked(hwnd, IDC_AUTORADIOBUTTON1) & BST_CHECKED)
        StringCchCopy(szBuf, _countof(szBuf), TEXT("政治面貌：中共党员\n"));
    if (IsDlgButtonChecked(hwnd, IDC_AUTORADIOBUTTON2) & BST_CHECKED)
        StringCchCopy(szBuf, _countof(szBuf), TEXT("政治面貌：共青团员\n"));
    if (IsDlgButtonChecked(hwnd, IDC_AUTORADIOBUTTON3) & BST_CHECKED)
        StringCchCopy(szBuf, _countof(szBuf), TEXT("政治面貌：无党派人士\n"));

    StringCchCat(szBuf, _countof(szBuf), TEXT("个人爱好："));
    if (IsDlgButtonChecked(hwnd, IDC_AUTOCHECKBOX1) & BST_CHECKED)
        StringCchCat(szBuf, _countof(szBuf), TEXT("看书 "));
    if (IsDlgButtonChecked(hwnd, IDC_AUTOCHECKBOX2) & BST_CHECKED)
        StringCchCat(szBuf, _countof(szBuf), TEXT("唱歌 "));
    if (IsDlgButtonChecked(hwnd, IDC_AUTOCHECKBOX3) & BST_CHECKED)
        StringCchCat(szBuf, _countof(szBuf), TEXT("听音乐"));
    StringCchCat(szBuf, _countof(szBuf), TEXT("\n"));

    StringCchCat(szBuf, _countof(szBuf), TEXT("荣誉称号："));
    if (IsDlgButtonChecked(hwnd, IDC_AUTO3STATE1) & BST_CHECKED)
        StringCchCat(szBuf, _countof(szBuf), TEXT("团队核心 "));
    if (IsDlgButtonChecked(hwnd, IDC_AUTO3STATE2) & BST_CHECKED)
        StringCchCat(szBuf, _countof(szBuf), TEXT("技术能手 "));
    if (IsDlgButtonChecked(hwnd, IDC_AUTO3STATE3) & BST_CHECKED)
        StringCchCat(szBuf, _countof(szBuf), TEXT("先进个人"));
    StringCchCat(szBuf, _countof(szBuf), TEXT("\n"));

    MessageBox(hwnd, szBuf, TEXT("个人简介汇总"), MB_OK);
}
```

具体代码参见 Chapter8\Buttons 项目。在 WM_CREATE 消息中，程序使用系统预定义的 Button 类调用 CreateWindowEx 函数分别创建了 17 个子窗口控件，lpWindowName 参数对于普通重叠窗口或弹出窗口来说是窗口标题，对于按钮来说是显示在按钮上的文本；窗口位置参数 x 和 y 指定子窗口左上角的位置，相对于父窗口客户区左上角；宽度和高度参数 nWidth 和 nHeight 指定每个子窗口的宽度和高度；因为创建的是子窗口，所以父窗口参数 hWndParent 指定为 hwnd；对于普通重叠窗口或弹出窗口来说，hMenu 参数指定菜单句柄，对于子窗口来说，则用于指定其 ID，每个子窗口的 ID 应该是唯一的，在 WM_COMMAND 消息中通过子窗口 ID 来确定是从哪个子窗口发送过来的消息。

然后调用 MoveWindow 函数改变 3 个分组框的位置和大小，让每个分组框可以包围相应的组。分组框没有什么实际意义，仅仅提供一种视觉上的分组效果。一个组的界定依靠的是 WS_GROUP 样式，一个组由第一个具有 WS_GROUP 样式的控件和在其后定义的所有控件组成，直到下一个具有 WS_GROUP 样式的控件出现。如果是在对话框程序中，用户可以使用方向键将键盘焦点从组中的一个控件移动到下一个控件。每个组中的第一个控件通常具有 WS_TABSTOP 样式，如果是在对话框程序中，按下 Tab 键可以将键盘焦点移动到下一个具有 WS_TABSTOP 样式的控件上。但是，默认情况下，普通重叠窗口中的子窗口控件无法使用方向键或 Tab 键达到上述目的，这是一个问题。

然后程序调用 SendDlgItemMessage 函数向图标按钮和位图按钮分别发送 BM_SETIMAGE 消息设置其图像。资源脚本文件中的图标大小是 32 × 32，而按钮大小为 150 × 25，因此加载图标用的是 LoadImage 函数，该函数可以指定图标的宽度和高度。资源脚本文件中的恐龙位图大小正好是 150 × 25，所以使用 LoadBitmap 函数直接加载即可。最后一个子窗口控件是默认按钮，程序调用 SetDlgItemText 函数改变按钮文本为“获取单选复选状态”。

SetWindowText 函数可以设置指定程序窗口的窗口标题，也可以设置子窗口控件的文本：

```
BOOL WINAPI SetWindowText(
    _In_      HWND    hWnd,       // 程序窗口或控件的句柄，其文本将被更改
    _In_opt_  LPCTSTR lpString);  // 新窗口标题或控件文本
```

也可以通过发送 WM_SETTEXT 消息达到同样的目的。但如果是设置其他程序中的窗口标题或控件文本，则需要发送 WM_SETTEXT 消息，而不能调用 SetWindowText。

GetWindowText 函数用于获取指定程序窗口的窗口标题或子窗口控件的文本：

```
int WINAPI GetWindowText(
    _In_  HWND    hWnd,          // 程序窗口或控件的句柄
    _Out_ LPTSTR lpString,       // 接收文本的缓冲区
    _In_  int     nMaxCount);    // 缓冲区的大小，以字符为单位
```

如果函数执行成功，则返回值是复制到缓冲区中的字符串长度，以字符为单位，不包括终止空字符；如果窗口没有标题或控件没有文本，或指定的窗口、控件句柄无效，则返回值为 0。也可以通过发送 WM_GETTEXT 消息达到同样的目的。但如果是获取其他程序中的窗口标题或控件文本，则需要发送 WM_GETTEXT 消息，而不能调用 GetWindowText。

在获取指定程序窗口的窗口标题或子窗口控件的文本前，可以先调用 GetWindowTextLength 函数获取其文本的长度：

```
int WINAPI GetWindowTextLength(_In_ HWND hWnd);
```

如果函数执行成功，则返回值是窗口标题或子窗口控件文本的长度，以字符为单位，不包括终止的空字符，程序可以根据返回值分配合适大小的缓冲区以进一步获取具体的文本；如果窗口没有标题或控件没有文本，或指定的窗口、控件句柄无效，则返回值为 0。也可以通过发送 WM_GETTEXTLENGTH 消息达到同样的目的。但如果是获取其他程序中的窗口标题或控件文本长度，则需要发送 WM_GETTEXTLENGTH 消息，而不能调用 GetWindowTextLength。

对于子窗口控件，SetWindowText 和 GetWindowText 函数需要提供子窗口控件句柄，这可能需要先调用 GetDlgItem 函数获取子窗口控件句柄：

```
HWND WINAPI GetDlgItem(
    _In_opt_ HWND hDlg,          // 父窗口句柄
    _In_     int  nIDDlgItem);   // 子窗口控件 ID
```

如果已经知道了子窗口控件句柄，可以通过调用 GetDlgCtrlID 函数获取其 ID：

```
int WINAPI GetDlgCtrlID(_In_ HWND hwndCtl);
```

当然，要获取子窗口控件 ID，还可以通过指定 GWLP_ID 索引调用 GetWindowLongPtr 函数获取。

要获取子窗口控件文本，还有一个更简单的函数：

```
UINT WINAPI GetDlgItemText(
    _In_  HWND    hDlg,          // 父窗口句柄
    _In_  int     nIDDlgItem,    // 子窗口控件 ID
    _Out_ LPTSTR  lpString,      // 接收文本的缓冲区
    _In_  int     nMaxCount);    // 缓冲区的长度，以字符为单位
```

如果函数执行成功，则返回值是复制到缓冲区的字符数，不包括终止空字符；如果函数执行失败，则返回值为 0。

要设置子窗口控件文本可以使用 SetDlgItemText 函数：

```
BOOL WINAPI SetDlgItemText(
    _In_ HWND     hDlg,          // 父窗口句柄
    _In_ int      nIDDlgItem,    // 子窗口控件 ID
    _In_ LPCTSTR  lpString);     // 字符串指针
```

上面这两个函数实际上也是通过发送 WM_GETTEXT 和 WM_SETTEXT 消息实现的。

另外需要介绍的只有 WM_DRAWITEM 消息的处理了。如果不处理该消息，那么自绘按钮只显示一个灰色背景，因为程序窗口客户区是白色背景，所以先把自绘按钮矩形填充为和窗口背景一致的白色，然后画一个黑色圆角矩形，这是自绘按钮的正常状态。当用户单击按钮的时候，绘制 COLOR_HIGHLIGHT 颜色的圆角矩形，当按钮获得焦点的时候，绘制一个焦点矩形，最后绘制自绘按钮的文本，其背景是透明的，文字颜色为白色。

再介绍两个函数。要接收鼠标和键盘输入，子窗口必须是可见（显示）并且启用的。如果一个子窗口是可见的，但是没有启用，那么子窗口中的文本是灰色的。如果在创建子窗口的时候没有指定 WS_VISIBLE 样式，则子窗口将不会显示，程序可以通过调用 ShowWindow 函数来显示：

```
ShowWindow(hwndChild, SW_SHOW);
```

程序可以通过调用以下语句来隐藏一个子窗口：

```
ShowWindow(hwndChild, SW_HIDE);
```

可以通过调用 IsWindowVisible 函数来判断一个窗口是否可见：

```
IsWindowVisible(hwnd);
```

可以通过调用 EnableWindow 函数启用或禁用指定的窗口或子窗口控件。窗口禁用以后无法接收鼠标和键盘输入：

```
BOOL WINAPI EnableWindow(
    _In_ HWND hWnd,       // 窗口或子窗口控件句柄
    _In_ BOOL bEnable); // TRUE 表示启用，FALSE 表示禁用
```

可以通过调用 IsWindowEnabled 函数来判断一个窗口或子窗口控件是否处于启用状态：

```
BOOL WINAPI IsWindowEnabled(_In_ HWND hWnd);
```

最后，看一下 Buttons 程序存在的几个问题。

（1）可以看到按钮都有一个灰色背景，而程序窗口客户区的背景是白色背景，两者颜色不一致，看上去不太美观。要想将客户区的背景改变为灰色背景很简单，只需要引入 wndclass.hbrBackground = (HBRUSH)(COLOR_BTNFACE + 1);语句即可（如果想更改子窗口控件的背景，则稍微麻烦一些）。

（2）子窗口控件的文本字体有点难看，这个问题很好解决，只需要调用 SendMessage 或 SendDlgItemMessage 函数给每个子窗口控件发送一个 WM_SETFONT 消息即可，wParam 参数可以指定为新字体句柄，lParam 参数可以指定为 TRUE 或 FALSE，表示是否立即重绘控件。例如下面的代码：

```
hFont = CreateFont(12, 0, 0, 0, 0, 0, 0, 0, GB2312_CHARSET, 0, 0, 0, 0, TEXT("宋体"));
for (int i = 0; i < NUM; i++)
    SendMessage(hwndButton[i], WM_SETFONT, (WPARAM)hFont, FALSE);
```

（3）要修改这些子窗口控件的视觉样式，可以用鼠标右键单击一个文件，然后选择“属性”，打开属性对话框，看一看 Windows 10 系统中诸如“确定”“取消”等按钮的视觉样式，以及当鼠标经过时按钮的色彩变化。

（4）虽然设置了 WS_GROUP、WS_TABSTOP 样式，但还是无法使用方向键或 Tab 键来达到移动焦点到组中另一个控件或移动焦点到下一个具有 WS_TABSTOP 样式的控件上的目的。

## 8.1.2 系统颜色

Windows 提供了几十种系统预定义的颜色，用于显示窗口、菜单栏、工具栏、滚动条、按钮等不同的部分。程序可以通过调用 GetSysColor 函数获取这些颜色值，也可以通过调用 SetSysColors 函数改变系统预定义的颜色值，但是这会影响其他程序。表 8.6 列出了部分系统预定义的颜色。（颜色效果请查看 Chapter8\SysColors.png。）

表 8.6

| 常量 | 含义 | 颜色 |
|---|---|---|
| COLOR_3DFACE、COLOR_BTNFACE | 三维显示元素和对话框背景的颜色，文本颜色为 COLOR_BTNTEXT | |
| COLOR_BTNTEXT | 按钮上的文字，背景色为 COLOR_BTNFACE | |

续表

| 常量 | 含义 | 颜色 |
| --- | --- | --- |
| COLOR_3DHIGHLIGH、COLOR_3DHILIGHT、COLOR_BTNHILIGHT、COLOR_BTNHIGHLIGHT | 三维显示元素的高亮颜色 | |
| COLOR_3DLIGHT | 三维显示元素的浅色 | |
| COLOR_3DSHADOW COLOR_BTNSHADOW | 三维显示元素的阴影颜色 | |
| COLOR_3DDKSHADOW | 三维显示元素的暗阴影颜色 | |
| COLOR_ACTIVEBORDER | 活动窗口边框颜色 | |
| COLOR_ACTIVECAPTION | 活动窗口标题栏背景色，文本颜色为 COLOR_CAPTIONTEXT | |
| COLOR_CAPTIONTEXT | 活动窗口标题栏文本颜色，背景色为 COLOR_ACTIVECAPTION | |
| COLOR_INACTIVEBORDER | 非活动窗口边框颜色 | |
| COLOR_INACTIVECAPTION | 非活动窗口标题栏背景色，文本颜色为 COLOR_INACTIVECAPTIONTEXT | |
| COLOR_INACTIVECAPTIONTEXT | 非活动窗口标题栏文本颜色，背景色为 COLOR_INACTIVECAPTION | |
| COLOR_APPWORKSPACE | 多文档界面（MDI）程序的背景色 | |
| COLOR_GRAYTEXT | 灰色（禁用）文本颜色 | |
| COLOR_HIGHLIGHT | 选择的控件背景色，文本颜色为 COLOR_HIGHLIGHTTEXT | |
| COLOR_HIGHLIGHTTEXT | 选择的控件文本颜色，背景色为 COLOR_HIGHLIGHT | |
| COLOR_HOTLIGHT | 超链接的文本颜色，背景色为 COLOR_WINDOW | |
| COLOR_INFOBK | 工具提示控件的背景色，文本颜色为 COLOR_INFOTEXT | |
| COLOR_INFOTEXT | 工具提示控件的文本颜色，背景色为 COLOR_INFOBK | |
| COLOR_MENUBAR | 菜单栏的背景色 | |
| COLOR_MENU | 菜单背景色，文本颜色为 COLOR_MENUTEXT | |
| COLOR_MENUTEXT | 菜单中的文本颜色，背景色为 COLOR_MENU | |
| COLOR_MENUHILIGHT | 突出显示菜单项的颜色 | |
| COLOR_SCROLLBAR | 滚动条背景色 | |
| COLOR_WINDOWFRAME | 窗口边框颜色 | |
| COLOR_WINDOW | 窗口背景，文本颜色为 COLOR_WINDOWTEXT 和 COLOR_HOTLITE | |
| COLOR_WINDOWTEXT | 窗口中的文本颜色，背景色为 COLOR_WINDOW | |

例如，COLOR_BTNFACE 用于三维显示元素和对话框背景的颜色，也是普通按钮的表面颜色和其他按钮的背景颜色，它们对应的文本颜色为 COLOR_BTNTEXT，普通窗口的窗口背景和文本颜色分别是 COLOR_WINDOW 和 COLOR_WINDOWTEXT。在不同的系统中系统颜色值的定义有所不同，而且有的颜色值可能与系统实际使用的有所不同，例如 COLOR_MENUBAR 表示菜单栏背景色，是浅灰色，实际上在 Windows 10 系统默认情况下是白色背景。

### 8.1.3 视觉样式

视觉样式定义了通用控件的外观。Windows Vista 及以后的系统支持通用控件库 ComCtl32.dll 版本 6，只有版本 6 及更高版本才支持视觉样式，程序创建的子窗口控件默认使用版本 5 定义的控件，因此要使用视觉样式，必须添加应用程序清单或预编译指令，以指定程序应该使用通用控件版本 6 定义的控件。

程序清单以 XML 格式编写，程序清单文件的名称是可执行文件的名称，后跟扩展名.manifest，例如要为 Buttons 项目添加程序清单，程序清单文件名为 Buttons.exe.manifest。以 Buttons 项目为例，为其添加程序清单文件，首先打开解决方案资源管理器视图，用鼠标右键单击 Buttons 项目下的源文件，然后选择添加→新建项，打开添加新项对话框，输入文件名称 Buttons.exe.manifest，单击“添加”，然后输入以下内容：

```
<?xml version="1.0" encoding="UTF-8" standalone="yes" ?>

<assembly xmlns="urn:schemas-microsoft-com:asm.v1" manifestVersion="1.0" >
  <assemblyIdentity
    version="1.0.0.0"                                         // 程序清单的版本
    processorArchitecture="*"                                 // 处理器类型
    name="CompanyName.ProductName.YourApplication"            // 公司名.产品名.程序名称
    type="win32"                                              // 应用程序的类型
  />

  <description>Your application description here.</description>      // 程序的描述，随意写

  <dependency>
    <dependentAssembly>
      <assemblyIdentity
        type="win32"                                       // 控件的类型
        name="Microsoft.Windows.Common-Controls"           // 控件的名称
        version="6.0.0.0"                                  // 控件的版本
        processorArchitecture="*"                          // 处理器类型
        publicKeyToken="6595b64144ccf1df"                  // 密钥令牌
        language="*"                                       // 控件的语言
      />
    </dependentAssembly>
  </dependency>
</assembly>
```

如果程序仅面向 32 位 Windows 平台，则可以将 processorArchitecture 项设置为“x86”；如果程序

仅面向 64 位 Windows 平台，则可以将 processorArchitecture 项设置为“amd64”；如果面向所有平台，则可以指定为“*”。

如果使用的是 VS 2005 或以上版本的集成开发工具，则可以在源文件中使用预编译指令代替程序清单文件，效果是一样的：

```
#pragma comment(linker,"\"/manifestdependency:type='win32' \
    name='Microsoft.Windows.Common-Controls' version='6.0.0.0' \
    processorArchitecture='*' publicKeyToken='6595b64144ccf1df' language='*'\"")
```

### 8.1.4 控件的子类化与超类化

普通重叠窗口中的子窗口控件无法使用方向键或 Tab 键将焦点移动到组中另一个控件或下一个具有 WS_TABSTOP 样式的控件上。在这里，以 Tab 键为例说明处理方法，程序可以处理字符消息。如果用户按下了 Tab 键，就把键盘焦点设置到下一个具有 WS_TABSTOP 样式的子窗口控件上；如果用户按下了 Shift + Tab 组合键，就把键盘焦点设置到上一个具有 WS_TABSTOP 样式的子窗口控件上。同时，程序处理 Enter 键，用户按下 Enter 键相当于单击了默认按钮，发送一个 BM_CLICK 消息。

在 Buttons 程序中，具有 WS_TABSTOP 样式的子窗口控件一共有 7 个。自绘按钮虽然没有显式设置 WS_TABSTOP 样式，但我们还是为之响应 Tab 键。添加以下全局变量：

```
// 响应 Tab 键的 8 个子窗口控件
int idFocus[] = { IDC_PUSHBUTTON, IDC_ICONBUTTON, IDC_BITMAPBUTTON, IDC_OWNERDRAWBUTTON,
              IDC_AUTORADIOBUTTON1, IDC_AUTOCHECKBOX1, IDC_AUTO3STATE1, IDC_DEFPUSHBUTTON };
// 当前具有键盘焦点的按钮索引
int idFocusIndex;
```

添加对 WM_SETFOCUS 和 WM_CHAR 消息的处理。在 WM_SETFOCUS 消息中把键盘焦点设置到当前具有键盘焦点的按钮上：

```
case WM_SETFOCUS:
    SetFocus(GetDlgItem(hwnd, idFocus[idFocusIndex]));
    return 0;

case WM_CHAR:
    if (wParam == VK_TAB)
    {
        idFocusIndex += GetKeyState(VK_SHIFT) < 0 ? 7 : 1;
        idFocusIndex %= 8;
        SetFocus(GetDlgItem(hwnd, idFocus[idFocusIndex]));
    }
    if (wParam == VK_RETURN)
    {
        SendDlgItemMessage(hwnd, IDC_DEFPUSHBUTTON, BM_CLICK, 0, 0);
    }
    return 0;
```

完整代码参见 Chapter8\Buttons2。编译运行程序，第一个按钮获得了键盘焦点，按 Tab 键测试一下，没有任何反应！这是因为子窗口控件获得键盘焦点以后，父窗口就失去了键盘焦点，导致父窗口无法接收键盘输入。子窗口控件获得键盘焦点以后，该子窗口控件会接收所有键盘输入，但实际上它只会响应空格键，此时的空格键具有和单击鼠标相同的效果。现在的情况是，父窗口已经失去键盘焦点，无法接收键盘输入，而子窗口控件获得键盘焦点以后，系统预定义的窗口过程只会响应空格键，Tab 键和 Enter 键得不到响应。

我们希望子窗口控件窗口过程响应 Tab 键和 Enter 键，可以为子窗口控件设置一个新的窗口过程 ButtonProc 来处理 Tab 键和 Enter 键，其他情况则转交给控件的默认窗口过程去处理。具体做法是，在 WM_CREATE 消息中，为每一个子窗口控件调用 ButtonProcOld[i] = SetWindowLongPtr(hwndButton[i], GWLP_WNDPROC, (LONG_PTR)ButtonProc)函数，设置其新窗口过程为 ButtonProc。SetWindowLongPtr 函数返回的是原窗口过程地址，这个地址需要保存下来。

未通过新窗口过程处理的任何消息都应该调用 CallWindowProc 函数将其传递给原窗口过程。新窗口过程 ButtonProc 代码如下，控件和普通重叠窗口的窗口过程函数定义是一样的：

```
LRESULT CALLBACK ButtonProc(HWND hwndButton, UINT uMsg, WPARAM wParam, LPARAM lParam)
{
    int id = GetWindowLongPtr(hwndButton, GWLP_ID);

    switch (uMsg)
    {
    case WM_CHAR:
        if (wParam == VK_TAB)
        {
            idFocusIndex += GetKeyState(VK_SHIFT) < 0 ? 7 : 1;
            idFocusIndex %= 8;
            SetFocus(GetDlgItem(GetParent(hwndButton), idFocus[idFocusIndex]));
        }
        if (wParam == VK_RETURN)
        {
            SendDlgItemMessage(GetParent(hwndButton), IDC_DEFPUSHBUTTON, BM_CLICK, 0, 0);
        }
        break;
    }

    return CallWindowProc(ButtonProcOld[id - 1000], hwndButton, uMsg, wParam, lParam);
}
```

完整代码参见 Chapter8\Buttons3。实际上对于处理方向键和 Tab 键，上面的代码是远远不够的。这个问题点到为止，子窗口控件通常用于对话框程序，对话框的默认窗口过程内置了键盘处理。对于对话框程序，直接在资源脚本文件中定义子窗口控件即可，也可以通过资源编辑器从工具箱中拖曳子窗口控件到对话框程序的合适位置，控件的大小可以直接拖拉调整，样式可以通过属性对话框直接设置，系统会根据我们设置的相关参数自动调用 CreateWindow / CreateWindowEx 函数创建子窗口控件，所以说在对话框程序中使用子窗口控件非常简单，但是它隐匿了太多的细节。为了学习到原理性的内容，我们先苦后甜，为以后合理使用子窗口控件奠定基础。

GetParent 函数用于获取指定窗口的父窗口句柄：

```
HWND WINAPI GetParent(_In_ HWND hWnd);
```

与之对应的，还有一个 SetParent 函数用于设置一个窗口的父窗口：

```
HWND WINAPI SetParent(
    _In_      HWND hWndChild,          // 子窗口句柄
    _In_opt_  HWND hWndNewParent);     // 新父窗口句柄
```

如果函数执行成功，则返回值是前一个父窗口的句柄；如果函数执行失败，则返回值为 NULL。

CallWindowProc 函数用于把新窗口过程未处理的消息传递给原窗口过程：

```
LRESULT WINAPI CallWindowProc(
    _In_  WNDPROC lpPrevWndFunc, // 原窗口过程
    _In_  HWND    hWnd,
    _In_  UINT    Msg,
    _In_  WPARAM  wParam,
    _In_  LPARAM  lParam);
```

该函数仅起到将后面 4 个参数入栈和调用指定地址（lpPrevWndFunc）的作用。

重叠窗口中子窗口控件的默认窗口过程无法满足我们的要求，为此调用 SetWindowLongPtr 函数为子窗口控件设置一个新的窗口过程。拦截控件的部分消息进行处理，这就是控件的子类化，也是通用控件版本 6 之前的子类化方法。

旧的子类化方法存在一些缺点，版本 6 的子类化方法仅支持 Unicode，涉及 4 个函数：SetWindowSubclass、DefSubclassProc、GetWindowSubclass 和 RemoveWindowSubclass，前两个函数是必须使用的，后两个函数是可选使用的。

SetWindowSubclass 函数为需要子类化的窗口设置新的窗口过程：

```
BOOL SetWindowSubclass(
    _In_  HWND          hWnd,            // 要子类化的窗口句柄
    _In_  SUBCLASSPROC  pfnSubclass,     // 指向新子类窗口过程的指针
    _In_  UINT_PTR      uIdSubclass,     // 子类 ID，该参数与 pfnSubclass 参数一起唯一标识一个子类
    _In_  DWORD_PTR     dwRefData);      // 用户自定义数据，传递给新子类窗口过程的 dwRefData 参数
```

SetWindowSubclass 函数需要引入头文件 CommCtrl.h，还需要使用导入库 Comctl32.lib。在引入相关头文件以后，添加以下预编译指令：

```
#pragma comment(lib, "Comctl32.lib")
```

新版本的子类窗口过程的函数声明略有不同，它有两个额外的子类 ID 和自定义数据参数：

```
LRESULT CALLBACK MyWndProc(HWND hWnd, UINT uMsg, WPARAM wParam, LPARAM lParam,
    UINT_PTR uIdSubclass, DWORD_PTR dwRefData);
```

SUBCLASSPROC 是子类窗口过程指针类型，在 CommCtrl.h 头文件中定义：

```
typedef LRESULT (CALLBACK *SUBCLASSPROC)(HWND hWnd, UINT uMsg, WPARAM wParam, LPARAM lParam,
    UINT_PTR uIdSubclass, DWORD_PTR dwRefData);
```

可以在 WM_CREATE 消息中调用 SetWindowSubclass 函数为子窗口控件设置新窗口过程：

```
for (int i = 0; i < NUM; i++)
    SetWindowSubclass(hwndButton[i], ButtonProc, i, 0);
```

子窗口控件新窗口过程如下：

```
LRESULT CALLBACK ButtonProc(HWND hwndButton, UINT uMsg, WPARAM wParam, LPARAM lParam,
    UINT_PTR uIdSubclass, DWORD_PTR dwRefData)
{
    int id = GetWindowLongPtr(hwndButton, GWLP_ID);

    switch (uMsg)
    {
    case WM_KEYDOWN:
        if (wParam == VK_TAB)
        {
            idFocusIndex += GetKeyState(VK_SHIFT) < 0 ? 7 : 1;
            idFocusIndex %= 8;
            SetFocus(GetDlgItem(GetParent(hwndButton), idFocus[idFocusIndex]));
        }
        if (wParam == VK_RETURN)
        {
            SendDlgItemMessage(GetParent(hwndButton), IDC_DEFPUSHBUTTON, BM_CLICK, 0, 0);
        }

        break;
    }

    // 其他消息通过调用 DefSubclassProc 函数传递给默认窗口过程
    return DefSubclassProc(hwndButton, uMsg, wParam, lParam);
}
```

完整代码参见 Chapter8\Buttons4。可以看到，新版本的子类化方法功能更强大，使用更简单。

要获取子类窗口的自定义数据，可以调用 GetWindowSubclass 函数：

```
BOOL GetWindowSubclass(
    _In_  HWND          hWnd,          // 子类窗口句柄
    _In_  SUBCLASSPROC pfnSubclass,   // 子类窗口过程
    _In_  UINT_PTR      uIdSubclass,   // 子类 ID
    _Out_ DWORD_PTR     *pdwRefData);// 在这里返回自定义数据的指针
```

RemoveWindowSubclass 函数用于删除一个子类：

```
BOOL RemoveWindowSubclass(
    _In_ HWND          hWnd,          // 子类窗口
    _In_ SUBCLASSPROC pfnSubclass,   // 子类窗口过程
    _In_ UINT_PTR      uIdSubclass); // 子类 ID
```

对子窗口控件进行子类化，影响的仅是被子类化的窗口，要对多个控件窗口进行子类化就必须对每个窗口都进行子类化操作。还有一个超类化的概念，在 C++中，可以通过继承一个基类来形成一个派生的类，子窗口控件超类化可以完成的功能与之类似。注册一个窗口类并提供窗口过程，就可以调用 CreateWindow / CreateWindowEx 函数创建一个窗口。我们可以获取一个系统预定义控件类的 WNDCLASSEX 结构，然后根据需要来修改部分字段，例如可以将结构中的窗口过程地址指定为自定义的窗口过程地址。最后，使用这个修改后的结构注册一个类（以自定义的名称），一个新的窗口类就派生出来了。

GetClassInfoEx 函数用于获取一个窗口类的信息：

```
BOOL WINAPI GetClassInfoEx(
    _In_opt_ HINSTANCE    hinst,      // lpszClass 所属的模块句柄，要获取系统预定义类信息，则设置为 NULL
    _In_     LPCTSTR      lpszClass,// 要获取的窗口类的名称
    _Out_    LPWNDCLASSEX lpwcx);     // 在这个 WNDCLASSEX 结构中返回窗口类信息
```

在调用 GetClassInfoEx 函数前，WNDCLASSEX 结构的 cbSize 字段必须设置为 WNDCLASSEX 结构的长度。在获取 WNDCLASSEX 结构的信息后，可以根据需要修改结构的内容，其中有两个字段是必须要修改的，hInstance 字段必须设置为应用程序的模块句柄，lpszClassName 字段必须设置为一个自定义的名称，还可以将窗口过程地址指定为自定义的窗口过程地址。当然，原窗口过程地址应该保存下来，不感兴趣的消息应该转发到原窗口过程中。完成这些修改以后，可以使用经过修改的 WNDCLASSEX 结构调用 RegisterClassEx 函数注册窗口类，然后可以把窗口类名指定为刚刚注册的窗口类名，调用 CreateWindow / CreateWindowEx 函数创建窗口。关于超类化的示例参见 Chapter8\Buttons5 项目。

### 8.1.5　命令链接按钮与拆分按钮

命令链接按钮是通用控件版本 6 中引入的一种按钮。指定 BS_COMMANDLINK 样式可以创建一个命令链接按钮，左侧有一个蓝色箭头指向按钮文本，按钮文本下面可以显示一些说明文字作为按钮文本的补充。要设置按钮文本，可以通过调用 SetWindowText/SetDlgItemText 函数或发送 WM_SETTEXT 消息来进行；要设置说明文字，可以通过发送 BCM_SETNOTE 消息来进行，该消息的 wParam 参数没有用到，将 lParam 参数指定为字符串指针。

拆分按钮也是通用控件版本 6 中引入的一种按钮。指定 BS_SPLITBUTTON 样式可以创建一个拆分按钮。拆分按钮分为两部分，左侧是主要部分，类似于普通或默认按钮；右侧有一个下拉箭头，单击箭头通常会弹出一个菜单。单击下拉箭头，系统会发送包含 BCN_DROPDOWN 通知码的 WM_NOTIFY 消息。和其他按钮一样，单击命令链接按钮和拆分按钮的左侧会发送包含 BN_CLICKED 通知码的 WM_COMMAND 消息。

WM_NOTIFY 消息的 wParam 参数是控件的 ID，不过通常不使用这个参数，而是使用 lParam 参数。lParam 参数通常是一个指向 NMHDR 结构的指针，该结构包含通知码和一些附加信息。对于其他通知码，lParam 参数可能是指向一个更大结构的指针，但是这些结构的第一个字段总是 NMHDR 结构，所以把 lParam 参数强制转换为指向 NMHDR 结构的指针总是正确的。NMHDR 结构在 WinUser.h 头文件中定义如下：

```
typedef struct tagNMHDR
{
    HWND      hwndFrom; // 控件的窗口句柄
    UINT_PTR  idFrom;   // 控件的 ID
    UINT      code;     // 通知码
}   NMHDR;
```

处理 WM_NOTIFY 消息的代码通常如下，先把 lParam 参数转换为指向 NMHDR 结构的指针，确定通知码的类型，然后才可以进一步确定 lParam 指向的是什么结构：

```
case WM_NOTIFY:
    switch (((LPNMHDR)lParam)->code)
    {
    case BCN_DROPDOWN:
        // BCN_DROPDOWN 通知码的 lParam 参数是一个指向 NMBCDROPDOWN 结构的指针
        // 把 lParam 参数转换为指向 NMBCDROPDOWN 结构的指针，然后使用结构中的字段
        break;

case 其他通知码:
        // 对于其他通知码，lParam 参数可能是指向其他数据结构的指针
        break;
}

    return 0;
```

如果程序需要发送 WM_NOTIFY 消息，SendMessage 函数的窗口句柄参数需指定为父窗口句柄，例如：

```
NMHDR nmh;
nmh.hwndFrom = hwndCtrl;                    // 控件窗口句柄
nmh.idFrom = GetDlgCtrlID(hwndCtrl);        // 控件 ID
nmh.code = 通知码;                           // 通知码
SendMessage(GetParent(hwndCtrl), WM_NOTIFY, nmh.idFrom, (LPARAM)&nmh);
```

BCN_DROPDOWN 通知码的 lParam 参数是一个指向 NMBCDROPDOWN 结构的指针，该结构在 CommCtrl.h 头文件中定义如下：

```
typedef struct tagNMBCDROPDOWN
{
    NMHDR   hdr;
    RECT    rcButton;   // 按钮的矩形区域，相对于自己的客户区左上角
} NMBCDROPDOWN, *LPNMBCDROPDOWN;
```

举一个例子，单击拆分按钮的下拉箭头，系统会发送一个包含 BCN_DROPDOWN 通知码的 WM_NOTIFY 消息。程序处理该消息弹出一个菜单：

```
case WM_NOTIFY:
    switch (((LPNMHDR)lParam)->code)
    {
    case BCN_DROPDOWN:
        pDropDown = (NMBCDROPDOWN*)lParam;
        if (pDropDown->hdr.hwndFrom = GetDlgItem(hwnd, IDC_SPLITBUTTON))
        {
            POINT pt;
            HMENU hMenu;
            pt.x = pDropDown->rcButton.left;
            pt.y = pDropDown->rcButton.bottom;
            // 拆分按钮的矩形客户区坐标转换为屏幕坐标
            ClientToScreen(pDropDown->hdr.hwndFrom, &pt);
            hMenu = LoadMenu(hInstance, MAKEINTRESOURCE(IDR_MENU));
            TrackPopupMenu(GetSubMenu(hMenu, 0), TPM_LEFTALIGN | TPM_TOPALIGN,
```

```
                pt.x, pt.y, 0, hwnd, NULL);
        }
        break;
    }
    return 0;
```

完整代码参见 Chapter8\CommandLinkAndSplitButton 项目。

另外，发送 BCM_SETSPLITINFO / BCM_GETSPLITINFO 消息可以设置/获取拆分按钮控件的信息，这两个消息的 wParam 参数没有用到。lParam 参数是一个指向 BUTTON_SPLITINFO 结构的指针，该结构包含有关拆分按钮的信息。

## 8.2　编辑控件

编辑控件通常叫作编辑框或文本框，是一个矩形窗口，可以用于输入和编辑文本，编辑控件的应用比较广泛。编辑控件的常用样式如表 8.7 所示。

表 8.7

| 样式 | 含义 |
|---|---|
| ES_MULTILINE | 编辑控件默认为单行编辑控件，指定 ES_MULTILINE 样式表示创建一个多行编辑控件 |
| ES_AUTOHSCROLL | 对于单行编辑控件，当用户输入文本时，如果文本字数填满了编辑控件，则无法继续输入。指定该样式以后，在必要时编辑控件会自动水平滚动，这样一来用户输入的文本字数就不受编辑控件的长度影响。对于多行编辑控件，如果没有指定 ES_AUTOHSCROLL 样式，当用户输入的文本多于可在单行上显示的字数时，文本将自动换行显示到下一行；如果指定了 ES_AUTOHSCROLL 样式，则当用户输入的文本多于可在单行上显示的字数时，控件将自动水平滚动，文字不会换行 |
| ES_AUTOVSCROLL | 仅适用于多行编辑控件。如果没有指定该样式，当用户输入的文本行数高于编辑控件的高度时，无法继续输入。在指定该样式后，在必要时编辑控件会自动垂直滚动，这样一来用户输入的文本行数就不受编辑控件的高度影响 |
| ES_LEFT | 文本在编辑控件中左对齐 |
| ES_RIGHT | 文本在编辑控件中右对齐 |
| ES_CENTER | 文本在编辑控件中居中对齐。右对齐和居中对齐的多行编辑控件不能具有 ES_AUTOHSCROLL 样式，即不能自动水平滚动，超过一行限制以后会自动换行显示 |
| ES_LOWERCASE | 输入的所有大写字母都转换为小写 |
| ES_UPPERCASE | 输入的所有小写字母都转换为大写 |
| ES_NUMBER | 只能在编辑控件中输入数字 |
| ES_READONLY | 将编辑控件设置为只读状态，不允许编辑其中的文本 |
| ES_PASSWORD | 将单行编辑控件中的所有字符显示为星号，版本 6 中显示为黑圆圈（如果需要显示为其他字符，可以通过发送 EM_SETPASSWORDCHAR 消息进行设置），该样式通常用于密码一类的敏感信息 |
| ES_NOHIDESEL | 默认情况下，当编辑控件失去输入焦点时，所选中的文本会失去突出显示。在指定该样式后，即使编辑控件失去输入焦点，所选中的文本也会突出显示 |
| ES_WANTRETURN | 对于对话框程序中的多行编辑控件，如果没有指定 ES_WANTRETURN 样式，当用户按下 Enter 键时，不会换行，不过可以按 Ctrl + Enter 组合键进行换行。在指定该样式后，按下 Enter 键就可以换行 |

默认情况下，编辑控件是没有边框的，可以指定 WS_BORDER 窗口样式为其添加一个边框。当然，WS_CHILD | WS_VISIBLE 窗口样式是子窗口控件必不可少的。如果需要为编辑控件添加水平或垂直滚动条，可以指定 WS_HSCROLL 或 WS_VSCROLL 窗口样式。

系统在创建编辑控件时，会自动创建文本缓冲区，并设置其初始大小，默认情况下最大缓冲区大小约为 32KB 个字符，有时候可能需要限制用户输入。比如有一个用户名文本框，可能想限制用户最多可以输入 20 个字符，有时候可能需要比 32KB 更大的缓冲区，可以通过向编辑控件发送 EM_SETLIMITTEXT（和 EM_LIMITTEXT 相同）消息来设置缓冲区大小，将 wParam 参数指定为最大字符数，没有用到 lParam 参数。对于单行编辑控件，可以设置的最大字符数为 0x7FFFFFFE（约 2G）；对于多行编辑控件，可以设置为系统支持的最大大小，如果 wParam 参数为 0，则表示使用可用的最大大小。

对于每个编辑控件，系统维护一个只读标志，指示控件的文本是可读可写（默认）或只读，可以通过向控件发送 EM_SETREADONLY 消息来设置文本的可读可写或只读标志，wParam 参数为 TRUE 表示只读，FALSE 表示可读可写，没有用到 lParam 参数；要确定编辑控件是否为只读，而没有名为 EM_GETREADONLY 的消息，可以使用 GWL_STYLE 常量调用 GetWindowLongPtr 函数获取控件样式（ES_READONLY）。

可以通过调用 SetWindowText / SetDlgItemText 函数或发送 WM_SETTEXT 消息来设置编辑控件的文本，这几个设置窗口文本的方法对于所有窗口几乎都适用。当然，还有 GetWindowText / GetDlgItemText 和 WM_GETTEXT 消息。

有时候需要把一个数值型数据显示到编辑控件中，或者从编辑控件中获取一个字符串作为数值型使用，将文本转换为数值或将数值转换为文本需要额外的函数调用。为了简化操作，Windows 提供了两个函数来处理这个问题。

SetDlgItemInt 函数可以把一个数值型数据显示到编辑控件中：

```
BOOL WINAPI SetDlgItemInt(
    _In_ HWND hDlg,          // 父窗口句柄
    _In_ int  nIDDlgItem,    // 编辑控件 ID
    _In_ UINT uValue,        // 数值型数据
    _In_ BOOL bSigned);      // 指示 uValue 参数是有符号还是无符号数
```

参数 bSigned 指示 uValue 参数是有符号数还是无符号数。如果该参数为 TRUE 且 uValue 小于 0，则在编辑控件中的第一个数字之前会添加一个减号；如果该参数为 FALSE，则把 uValue 视为无符号数。

GetDlgItemInt 函数可以从编辑控件中获取一个字符串并返回数值型：

```
UINT WINAPI GetDlgItemInt(
    _In_        HWND hDlg,              // 父窗口句柄
    _In_        int  nIDDlgItem,        // 编辑控件 ID
    _Out_opt_   BOOL *lpTranslated,     // 函数执行成功还是失败，返回 TRUE 表示成功，FALSE 表示失败
    _In_        BOOL bSigned);          // 是否检查编辑控件中的字符串开头有没有减号
```

- 参数 bSigned 表示是否检查编辑控件中的字符串开头有没有减号。如果该参数为 TRUE 并且在字符串开头发现了减号，则返回有符号整数值，在这种情况下需要把返回值强制转换为 int 类型；否则返回无符号整数值。
- 因为函数返回值是从编辑控件中获取到的十进制数值，所以通过参数 lpTranslated 表示函数执行结果，返回 TRUE 表示成功，FALSE 表示失败。如果不需要检查函数执行成功还是失败，可以将该参数设置为 NULL。

除了上面介绍的消息，表 8.8 所示的消息也可以用于编辑控件，不过这些消息通常用于多行编辑控件。多行编辑控件可以用于实现一个简单的文本编辑器。

**表 8.8**

| 消息类型 | 含义 |
|---|---|
| EM_UNDO | 撤销最近一次的编辑操作，即删除刚刚插入的文本或恢复刚刚已删除的文本，例如：<br>`SendMessage(hwndEdit, EM_UNDO, 0, 0);` |
| EM_CANUNDO | 编辑控件的撤销队列是否不为空，即能不能撤销上次的编辑操作，如果可以，返回 TRUE，例如：<br>`bResult = SendMessage(hwndEdit, EM_CANUNDO, 0, 0);` |
| EM_GETLINECOUNT | 获取多行编辑控件中的总行数，例如：<br>`nCount = SendMessage(hwndEdit, EM_GETLINECOUNT, 0, 0);`<br>如果编辑控件中没有文本，则返回值为 1 |
| EM_LINELENGTH | 对于单行编辑控件，wParam 和 lParam 参数都没有用到，返回单行编辑控件中的字符个数，不包含终止空字符<br>对于多行编辑控件，wParam 参数指定为一个字符的字符索引（第 1 行第 1 个字符索引为 0），没有用到 lParam 参数，返回指定字符所在行的字符个数，例如下面的多行编辑控件：<br>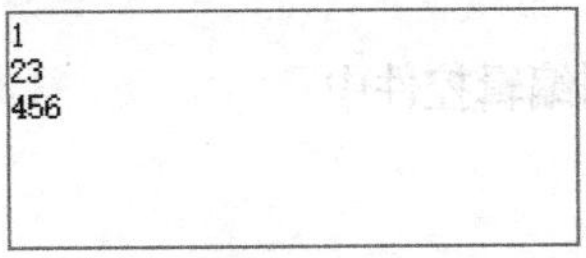<br>`nLength = SendMessage(hwndEdit, EM_LINELENGTH, 4, 0);` |
| EM_LINELENGTH | 返回 2。上面编辑控件中的文本在内存中的形式为（回车和换行符也包括在内）：<br>3100 0D00 0A00 3200 **3300** 0D00 0A00 3400 3500 3600 0D00 0A00<br>索引为 4 的字符就是第 2 行的 3，第 2 行的字符个数是 2 |
| EM_GETLINE | 将单行编辑控件中的文本复制到指定的缓冲区并返回复制的字符数，不包含终止空字符；对于多行编辑控件，则是复制指定行的文本并返回复制的字符数，不包含终止空字符。对于单行编辑控件，没有用到 wParam 参数，lParam 参数指定为缓冲区指针；对于多行编辑控件，wParam 参数指定为从 0 开始的行号，lParam 参数指定为缓冲区指针。需要注意的是，因为返回的文本不包括终止空字符，所以缓冲区应该清零。另外，在发送消息前，缓冲区的第一个字符必须设置为缓冲区的长度。例如：<br>`TCHAR szBuf[128] = { 0 };`<br>`szBuf[0] = 128;`<br>`// 单行编辑控件`<br>`nCount = SendMessage(hwndEdit, EM_GETLINE, 0, (LPARAM)szBuf);`<br>`// 多行编辑控件`<br>`nCount = SendMessage(hwndEdit, EM_GETLINE, 2, (LPARAM)szBuf);` |

续表

| 消息类型 | 含义 |
| --- | --- |
| EM_LINEINDEX | 获取多行编辑控件中指定行的第 1 个字符的字符索引，该消息与 EM_LINEFROMCHAR 消息相反，例如：<br>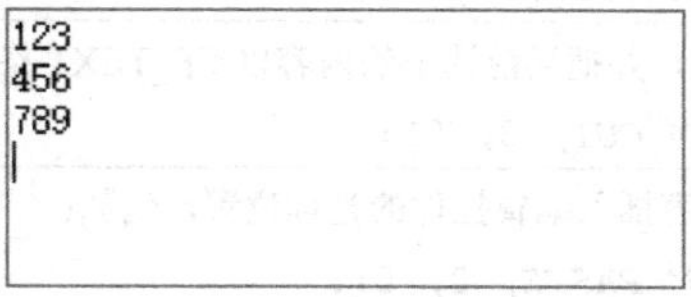<br>`nIndex = SendMessage(hwndEdit, EM_LINEINDEX, 2, 0);`<br>wParam 参数指定为从 0 开始的行号，指定为-1 表示当前行号（光标所在的行），没有用到 lParam 参数。上面的函数调用返回 10，因为回车和换行符也包括在内，上面编辑控件中的文本在内存中的形式为：3100 3200 3300 0D00 0A00 3400 3500 3600 0D00 0A00 **3700** 3800 3900 0D00 0A00 |
| EM_LINEFROMCHAR | 用于多行编辑控件，返回指定字符索引的字符所在行的行索引。该消息与 EM_LINEINDEX 消息相反 |
| EM_GETMODIFY | 编辑控件的内容是否已被修改，如果已被修改返回 TRUE，否则返回 FALSE，例如：<br>`bResult = SendMessage(hwndEdit, EM_GETMODIFY, 0, 0);` |
| EM_SETSEL | 通过指定一段字符的开始和结束位置（字符索引），在编辑控件中选中一段文字，例如：<br>`SendMessage(hwndEdit, EM_SETSEL, 3, 8);`<br>函数执行后显示如下：<br>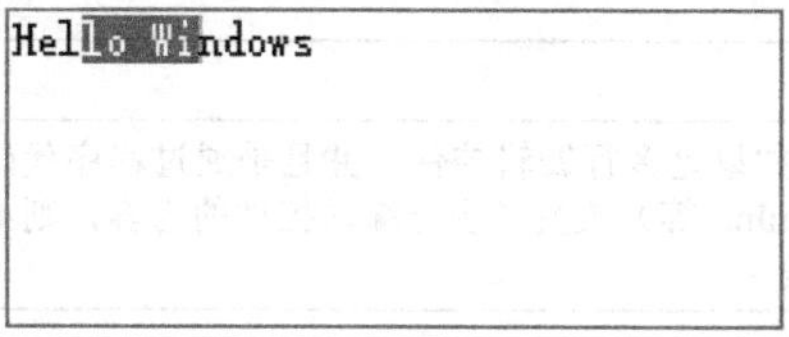 |
| EM_SETSEL | 即包括开始位置，但不包括结束位置。如果开始位置为 0 且结束位置为-1，则选中编辑控件中的所有文本；如果开始位置为-1，则取消当前选中。选中文本以后，控件会在结束位置显示闪烁的光标。如果开始和结束位置为相同的值，则会移动光标到此处，这是设置光标位置的一种方法 |
| EM_GETSEL | 返回编辑控件中当前所选中文本的开始和结束位置，例如：<br>`DWORD dwResult; DWORD dwStart, dwEnd;`<br>`dwResult = SendMessage(hwndEdit, EM_GETSEL, (WPARAM)&dwStart, (LPARAM)&dwEnd);`<br>在 dwStart 和 dwEnd 中返回当前选中文本的开始和结束位置（字符索引），结束位置是选中的最后一个字符的索引加 1。该消息的返回值是 DWORD 类型，LOWORD(dwResult)等于开始位置，HIWORD(dwResult)等于结束位置。如果没有选中文本，则开始和结束位置都是光标的位置 |
| EM_REPLACESEL | 将当前选中的文本替换为指定的的文本，例如：<br>`SendMessage(hwndEdit, EM_REPLACESEL, TRUE, (LPARAM)szStr);`<br>wParam 参数可以指定为 TRUE 或 FALSE，表示是否可以撤销本次替换操作。如果指定为 TRUE；则表示可以撤销操作；如果指定为 FALSE，则表示无法撤销操作。lParam 参数指定为要替换的字符串。如果没有选中的文本，则将 lParam 参数指定的字符串插入光标位置 |
| EM_SCROLLCARET | 在编辑控件中将光标滚动到可见视图中，在设置选中区域（或改变了光标位置）后，这个区域可能落在客户区的外面，用户看不到它。如果希望控件能够滚动以将新位置的内容落在客户区中，可以发送 EM_SCROLLCARET 消息，例如：<br>`SendMessage(hwndEdit, EM_SCROLLCARET, 0, 0);` |

续表

| 消息类型 | 含义 |
|---|---|
| WM_COPY | 复制当前选中的内容到剪贴板（如果样式为 ES_PASSWORD，则不支持该消息），例如：<br>`SendMessage(hwndEdit, WM_COPY, 0, 0);` |
| WM_CUT | 删除编辑控件中当前选中的内容，并把当前选中的内容以 CF_TEXT 格式复制到剪贴板，例如：<br>`SendMessage(hwndEdit, WM_CUT, 0, 0);` |
| WM_PASTE | 把剪贴板中 CF_TEXT 格式的内容插入编辑控件的光标位置，例如：<br>`SendMessage(hwndEdit, WM_PASTE, 0, 0);` |
| WM_CLEAR | 删除编辑控件中当前选中的内容，如果当前没有选中文本，则删除光标右侧的字符，例如：<br>`SendMessage(hwndEdit, WM_CLEAR, 0, 0);` |
| WM_UNDO | 撤销最近一次的编辑操作，即删除刚刚插入的任何文本或恢复刚刚已删除的文本，例如：<br>`SendMessage(hwndEdit, WM_UNDO, 0, 0);` |

编辑控件的通知码以 WM_COMMAND 消息的形式发送给父窗口，常见的通知码如表 8.9 所示。

表 8.9

| 通知码 | 含义 |
|---|---|
| EN_SETFOCUS | 编辑控件获得了输入焦点 |
| EN_KILLFOCUS | 编辑控件失去了输入焦点 |
| EN_UPDATE | 编辑控件的内容将变化 |
| EN_CHANGE | 编辑控件的内容已变化。如果是多行编辑控件，并且是通过程序代码（例如 SetWindowText、SetDlgItemText、SetDlgItemInt 等）改变了多行编辑控件的内容，则不会收到 EN_CHANGE 和 EN_UPDATE 这两个通知码 |
| EN_ERRSPACE | 编辑控件的缓冲区已满 |
| EN_MAXTEXT | 编辑控件已经没有空间完成文本插入 |
| EN_HSCROLL | 编辑控件的水平滚动条被单击 |
| EN_VSCROLL | 编辑控件的垂直滚动条被单击 |

系统自带的记事本程序实际上用的就是 Edit 多行编辑控件。通过本节所学，实现记事本的文本编辑功能很容易。如果需要实现一个文本编辑器，那么建议学习功能更加强大的 RichEdit 富文本控件。如果说 Edit 编辑控件可以实现一个记事本程序，那么 RichEdit 富文本控件可以实现一个写字板程序（也是系统自带的）。本节的知识点几乎能适用于 RichEdit 控件，RichEdit 控件提供了更多的功能。

接下来，实现一个单行编辑控件的例子，EditDemo 程序运行效果如图 8.1 所示。

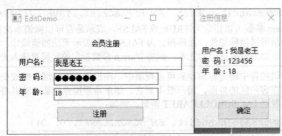

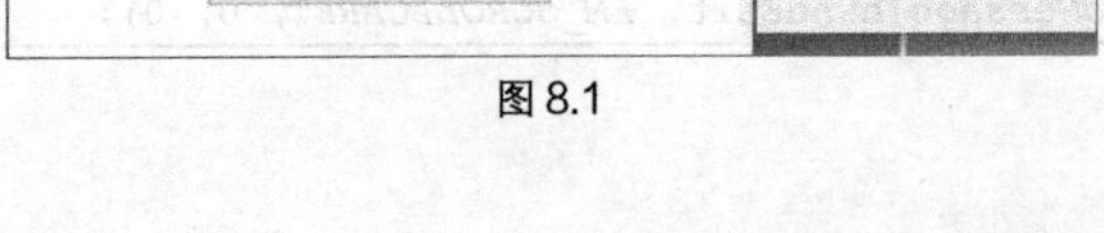


图 8.1

具体代码不在此处列出，参见 Chapter8\EditDemo 项目。

“会员注册”“用户名”“密码”和“年龄”这些文本用的都是 Static 类静态控件。静态控件后面再讲。因为用不到这些静态控件的 ID，所以静态控件的 ID 我都设置为-1。至于静态控件、编辑控件和按钮控件摆放的位置，读者可以自己设计，这不是重点。在 WM_CREATE 消息中，创建所有控件以后，发送 WM_SETFONT 消息设置所有控件的字体；发送 EM_SETLIMITTEXT 消息设置用户名，且分别限制密码、年龄 3 个编辑控件输入 20、12、3 个字符；调用 AdjustWindowRectEx 函数设置程序窗口大小。

在 WM_COMMAND 消息中，要获取用户名和密码字符串，首先发送 EM_LINELENGTH 消息确定字符串的长度，然后分配缓冲区，发送 EM_GETLINE 消息获取字符串，要获取年龄则直接调用 GetDlgItemInt 函数得到无符号数值型，然后通过 wsprintf 函数格式化。当然，使用 GetWindowText / GetDlgItemText 或 WM_GETTEXT 消息获取编辑控件的文本字符串也完全可以。

另外需要介绍的是 WM_CTLCOLORSTATIC 消息。默认情况下静态控件有一个灰色背景，而程序客户区的背景是白色，因此应该将静态控件的背景颜色设置为白色。在绘制静态控件以前，系统会发送 WM_CTLCOLORSTATIC 消息到静态控件的父窗口。该消息的 wParam 参数是静态控件窗口对应的 DC 句柄，lParam 参数是静态控件的窗口句柄。程序可以调用 SetTextColor 函数设置文本颜色，调用 SetBkColor 函数设置文本的背景颜色等，最后返回一个画刷句柄，静态控件会使用这个画刷来擦除背景。本例对 WM_CTLCOLORSTATIC 消息的处理，仅仅是通过调用 GetSysColorBrush 函数返回一个白色画刷。

常用的类似消息如表 8.10 所示。

表 8.10

| 消息类型 | 针对的控件类型 |
|---|---|
| WM_CTLCOLORSTATIC | 静态控件和只读或禁用的编辑控件（正常状态的编辑控件不会收到该消息，而是收到 WM_CTLCOLOREDIT 消息） |
| WM_CTLCOLOREDIT | 非只读或禁用的编辑控件 |
| WM_CTLCOLORBTN | 自绘按钮（但是对于自绘按钮，通常处理的是 WM_DRAWITEM 消息） |
| WM_CTLCOLORLISTBOX | 列表框 |
| WM_CTLCOLORSCROLLBAR | 滚动条控件 |
| WM_CTLCOLORDLG | 对话框 |

后面 5 个消息的 wParam 和 lParam 参数的含义和 WM_CTLCOLORSTATIC 消息完全相同，wParam 参数是控件对应的 DC 句柄，lParam 参数是控件的窗口句柄。例如下面的代码：

```
case WM_CTLCOLOR***:
    SetTextColor((HDC)wParam, RGB(255, 255, 255));
    SetBkColor((HDC)wParam, RGB(0, 0, 0));
    hbrBkgnd = CreateSolidBrush(RGB(0, 0, 0));
    return (LRESULT)hbrBkgnd;
```

禁用的编辑控件的文本颜色始终为 COLOR_GRAYTEXT，在 WM_CTLCOLOR***消息中调用 SetTextColor 函数设置禁用编辑控件的文本颜色是无效的。

## 8.3 列表框

列表框也是经常使用的子窗口控件，包含可供用户选择的项目列表，用户可以从中选择一个或多个项目。如果列表框不够大，显示不了所有列表项，则列表框可以显示一个滚动条。另外，每一个列表项都可以设置一个与之关联的 32 位数据，称为项目数据，可以设置为指向某些自定义数据的指针。普通的列表框效果如图 8.2 所示。

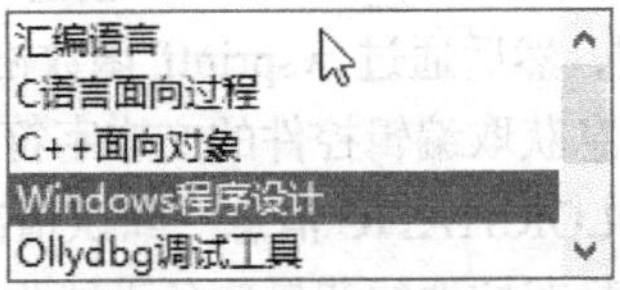


图 8.2

列表框控件可用的样式如表 8.11 所示。

表 8.11

| 样式 | 含义 |
|---|---|
| LBS_HASSTRINGS | 默认样式(除自绘列表框)。列表框中的列表项是字符串,程序可以通过发送 LB_GETTEXT 消息来获取指定列表项的文本 |
| LBS_MULTIPLESEL | 多选列表框。选中一个列表项以后，可以继续单击其他列表项以选中 |
| LBS_EXTENDEDSEL | 多选列表框。选中一个列表项以后，如果继续单击其他列表项，则会自动取消选中前一个；要想多选，可以在选中一个以后按住 Ctrl 键继续选中其他列表项，或者按住 Shift 键同时选中一个范围的多个列表项，个人感觉该样式比 LBS_MULTIPLESEL 样式的用户的体验更友好 |
| LBS_NOTIFY | 当用户单击（LBN_SELCHANGE）、双击（LBN_DBLCLK）或取消选中（LBN_SELCANCEL）列表项时，会向父窗口发送包含上述通知码的 WM_COMMAND 消息，通常都会指定该样式 |
| LBS_SORT | 按字母顺序对列表框中的列表项进行排序 |
| LBS_STANDARD | WS_BORDER \| WS_VSCROLL \| LBS_NOTIFY \| LBS_SORT 样式 |
| LBS_NOREDRAW | 在默认情况下，如果增加或删除了列表项，列表框会自动重绘。指定该样式可以阻止这种情况发生。有时候如果需要大量添加或删除列表项，则可以暂时关闭自动重绘。也可以通过发送 WM_SETREDRAW 消息来开启或关闭自动重绘，wParam 参数可以指定为 TRUE 表示开启自动重绘，或 FALSE 表示关闭自动重绘，没有用到 lParam 参数 |
| LBS_DISABLENOSCROLL | 该样式与 WS_VSCROLL 样式一起使用，在指定该样式后，如果列表框中的列表项比较少，则不需要使用滚动条，但还是会显示禁用的垂直滚动条。如果未指定该样式，则不需要使用滚动条时会隐藏滚动条 |
| LBS_NOSEL | 列表项只能查看，不能选择 |
| LBS_OWNERDRAWFIXED | 自绘列表框，并且列表框中的列表项高度相同，创建列表框时父窗口会收到 WM_MEASUREITEM 消息，列表框每次需要重绘时会收到 WM_DRAWITEM 消息 |

续表

| 样式 | 含义 |
|---|---|
| LBS_OWNERDRAWVARIABLE | 自绘列表框，并且列表框中的列表项高度可以不同，创建列表框时系统会为每一个列表项发送 WM_MEASUREITEM 消息，当列表框需要重绘时会收到 WM_DRAWITEM 消息。该样式会导致启用 LBS_NOINTEGRALHEIGHT 样式。如果指定了 LBS_MULTICOLUMN 样式，则忽略该样式。Variable 表示可变。讲解菜单项自绘的时候说过，除了用于自绘菜单项，WM_MEASUREITEM 消息也用于列表框、组合框等，该消息的 lParam 参数是一个指向 MEASUREITEMSTRUCT 结构的指针，对 WM_MEASUREITEM 消息的处理通常是设置 itemWidth 和 itemHeight 字段，也就是设置这些控件的宽度和高度，窗口过程处理完 WM_MEASUREITEM 消息以后应返回 TRUE。LBS_OWNERDRAWFIXED 和 LBS_OWNERDRAWVARIABLE 样式的不同之处在于，指定为后者，系统会为每一个列表项都发送 WM_MEASUREITEM 消息，如何区分每一个列表项呢？MEASUREITEMSTRUCT 结构的 itemID 字段表示菜单项 ID，或列表框、组合框等的列表项位置索引（从 0 开始），因此可以为列表框中的列表项设置不同的宽度和高度 |
| LBS_NOINTEGRALHEIGHT | 指定列表框的大小与程序在创建列表框时指定的大小完全相同，默认情况下系统可能会自动调整列表框的大小。对于具有 LBS_OWNERDRAWVARIABLE 样式的列表框，始终强制使用 LBS_NOINTEGRALHEIGHT 样式 |
| LBS_MULTICOLUMN | 多列列表框，通常不使用该样式。如果列表框的高度显示不了所有列表项，则可以在一行中显示多个列表项，列表框会自动计算列的宽度，程序也可以发送 LB_SETCOLUMNWIDTH 消息设置宽度，该样式的列表框不能垂直滚动，因为它忽略收到的任何 WM_VSCROLL 消息。如果列表框具有 LBS_OWNERDRAWFIXED 样式，可以在列表框发送 WM_MEASUREITEM 消息时设置宽度；不能同时指定 LBS_MULTICOLUMN 和 LBS_OWNERDRAWVARIABLE 样式，如果同时指定了两者，则忽略 LBS_OWNERDRAWVARIABLE 样式 |
| LBS_USETABSTOPS | 允许识别并展开列表项字符串中的\t 制表符，程序可以通过发送 LB_SETTABSTOPS 消息指定每个制表符的位置，wParam 参数指定为制表符的个数，lParam 参数指定为制表符位置的数组，类似于 TabbedTextOut 函数指定制表符的最后两个参数 |

当列表框中发生事件时，系统会以 WM_COMMAND 消息的形式向父窗口发送通知码，常见的通知码如表 8.12 所示。

**表 8.12**

| 通知码 | 含义 |
|---|---|
| LBN_SETFOCUS | 列表框获取了键盘焦点 |
| LBN_KILLFOCUS | 列表框失去了键盘焦点 |
| LBN_SELCHANGE | 列表框中的选择已更改，通常是在用户单击一个列表项的时候发生，用户按下方向键改变选择或键盘焦点的时候也会发送该通知码。如果是通过发送 LB_SETSEL、LB_SETCURSEL、LB_SELECTSTRING、LB_SELITEMRANGE 或 LB_SELITEMRANGEEX 消息更改了选择，则不会发送该通知码，即如果是程序代码更改了选中项，就不会收到 LBN_SELCHANGE 通知码 |
| LBN_DBLCLK | 双击列表框中的某个列表项 |
| LBN_SELCANCEL | 取消选中列表框中的某个列表项 |
| LBN_ERRSPACE | 列表框无法分配足够的内存来完成请求 |

列表项的添加、删除、查询等都是通过发送消息来实现的。列表项的位置索引是从 0 开始的，列表框中第 1 个列表项的索引为 0，第 2 个列表项的索引为 1，以此类推。表 8.13 列出常见的列表框消息。

表 8.13

| 消息类型 | 含义 |
| --- | --- |
| LB_ADDSTRING | 添加一个字符串类型的列表项，如果没有指定 LBS_SORT 样式，则该项会被添加到列表的末尾，否则添加以后会自动排序。该消息的 wParam 参数没有用到，lParam 参数指定为字符串指针，该消息返回该新添加列表项的索引，如果发生错误，则返回 LB_ERR(−1)。如果没有足够的内存空间来完成插入，则返回 LB_ERRSPACE(−2)。例如：<br>`nIndex = SendMessage(hwndListBox, LB_ADDSTRING, 0, (LPARAM) TEXT("汇编语言"));` |
| LB_DELETESTRING | 删除一个列表项，wParam 参数指定为列表项索引，lParam 参数没有用到，返回值是列表框中剩余列表项的个数，如果发生错误，则返回 LB_ERR(−1)。例如：<br>`nCount = SendMessage(hwndListBox, LB_DELETESTRING, 2, 0);` |
| LB_INSERTSTRING | 与 LB_ADDSTRING 消息不同的是，LB_INSERTSTRING 消息的 wParam 参数可以指定为插入位置索引。即使列表框具有 LBS_SORT 样式，也可以插入正确的位置。如果 wParam 参数指定为−1，则插入列表的末尾。该消息返回该新添加列表项的索引，如果发生错误，则返回 LB_ERR(−1)。如果没有足够的内存空间来完成插入，则返回 LB_ERRSPACE(−2)。例如：<br>`nIndex = SendMessage(hwndListBox, LB_INSERTSTRING, 1, (LPARAM) TEXT("汇编语言"));` |
| LB_RESETCONTENT | 删除列表框中的所有列表项，例如：<br>`SendMessage(hwndListBox, LB_RESETCONTENT, 0, 0);` |
| LB_FINDSTRING | 查找列表框中以指定字符串开头的第一个列表项，wParam 参数指定从哪个位置开始搜索。如果搜索到列表框的末尾还是没有找到匹配项，则继续从头搜索到 wParam 参数指定的位置，如果 wParam 参数指定为−1，则表示从头开始搜索；lParam 参数指定为要搜索的字符串，不区分大小写。返回值是第一个匹配项的索引，如果没有找到，则返回 LB_ERR(−1)。例如：<br>`nIndex = SendMessage(hwndListBox, LB_FINDSTRING, -1, (LPARAM) TEXT("C++"));` |
| LB_FINDSTRINGEXACT | 和 LB_FINDSTRING 消息不同的是，该消息查找列表框中与指定字符串完全匹配的第一个列表项，不区分大小写。除此之外，和 LB_FINDSTRING 消息完全相同 |
| LB_SELECTSTRING | 用于单选列表框，该消息与 LB_FINDSTRING 消息的不同之处在于，找到匹配项后会选中该项，除此之外完全相同 |
| LB_GETTEXT | 获取指定列表项的字符串文本，wParam 参数指定为列表项的索引，lParam 参数指定为字符串缓冲区，返回值是字符个数，不包括终止空字符，如果发生错误，则返回 LB_ERR(−1)。可以在发送 LB_GETTEXT 消息前发送 LB_GETTEXTLEN 消息，以获取字符串的字符个数（不包括终止空字符）。例如：<br>`nCount = SendMessage(hwndListBox, LB_GETTEXT, 2, (LPARAM) szBuf);` |
| LB_GETTEXTLEN | 获取列表框中指定列表项的文本字符个数，wParam 参数指定为列表项的索引，lParam 参数没有用到，返回值是字符个数，不包括终止空字符，如果发生错误，则返回 LB_ERR(−1)。例如：<br>`nCount = SendMessage(hwndListBox, LB_GETTEXTLEN, 2, 0);` |
| LB_SETCURSEL | 用于单选列表框，选中一个列表项，wParam 参数指定为列表项的索引，如果指定为−1，则表示取消所有选择，在这种情况下即使没有发生错误，返回值也为 LB_ERR(−1)，lParam 参数没有用到，如果发生错误，则返回 LB_ERR(−1)。例如：<br>`nResult = SendMessage(hwndListBox, LB_SETCURSEL, 2, 0);` |
| LB_GETCURSEL | 用于单选列表框，获取当前选中项的索引，wParam 和 lParam 参数都没有用到，如果当前没有选中项，则返回值为 LB_ERR(−1)。例如：<br>`nIndex = SendMessage(hwndListBox, LB_GETCURSEL, 0, 0);` |

续表

| 消息类型 | 含义 |
| --- | --- |
| LB_SETSEL | 用于多选列表框，选中或取消选中一个列表项，wParam 参数指定为 TRUE 表示选中一个列表项，指定为 FALSE 表示取消选中一个列表项。lParam 参数指定为列表项索引，如果指定为-1，表示选中或取消选中所有列表项；如果发生错误，返回值为 LB_ERR (-1)。例如：<br>`nResult = SendMessage(hwndListBox, LB_SETSEL, TRUE, 1);` |
| LB_GETSEL | 可用于单选列表框和多选列表框，获取一个列表项的选中状态，wParam 参数指定为列表项索引，lParam 参数没有用到。如果该列表项是选中状态，则返回值大于 0，否则返回值为 0；如果发生错误，则返回值为 LB_ERR(−1)。例如：<br>`nResult = SendMessage(hwndListBox, LB_GETSEL, 1, 0);` |
| LB_GETSELCOUNT | 用于多选列表框，获取多选列表框中选中列表项的数量，wParam 和 lParam 参数都没有用到，返回值是多选列表框中选中列表项的数量，如果发生错误，则返回值为 LB_ERR(−1)。例如：<br>`nCount = SendMessage(hwndListBox, LB_GETSELCOUNT, 0, 0);` |
| LB_GETSELITEMS | 用于多选列表框，发送 LB_GETSELCOUNT 消息获得了多选列表框中选中列表项的数量以后，可以发送 LB_GETSELITEMS 消息获取这些选中项的索引，LB_GETSELITEMS 消息的 wParam 参数指定为需要获取的列表项个数，lParam 参数指定为一个整数数组，存放选中项的索引。返回值是返回到数组中的选中项索引个数，如果发生错误，则返回值为 LB_ERR(−1)。例如：<br>`nCount = SendMessage(hwndListBox, LB_GETSELCOUNT, 0, 0);`<br>`LPINT pInt = new INT[nCount];`<br>`nCount = SendMessage(hwndListBox, LB_GETSELITEMS, nCount,`<br>`(LPARAM)pInt);` |
| LB_SELITEMRANGE | 用于多选列表框，选中或取消选中一个或多个连续的列表项，wParam 参数指定为 TRUE 表示选中，或 FALSE 表示取消选中，LOWORD(lParam)指定为连续列表项的第一项的索引，HIWORD(lParam)指定为连续列表项的最后一项的索引，可以使用 MAKELPARAM 宏构造 lParam 参数。如果发生错误，则返回值为 LB_ERR(−1)。例如：<br>`nResult = SendMessage(hwndListBox, LB_SELITEMRANGE, TRUE,`<br>`MAKELPARAM(1, 3));`<br>还有一个 LB_SELITEMRANGEEX 消息与之类似 |
| LB_SETTOPINDEX | 滚动列表框使指定的列表项位于列表框的顶部，如果到了最大滚动范围，则无法将其滚动到顶部，仅仅是让指定的列表项可见，wParam 参数指定为列表项的索引，lParam 参数没有用到。如果发生错误，则返回值为 LB_ERR(−1)。例如：<br>`SendMessage(hwndListBox, LB_SETTOPINDEX, 3, 0);` |
| LB_GETTOPINDEX | 返回列表框可见列表项中最顶部的索引，最初，索引为 0 的列表项位于列表框的顶部，但是如果列表框发生了滚动，则位于顶部的可能是其他列表项，该消息的 wParam 和 lParam 参数都没有用到。如果发生错误，则返回 LB_ERR(−1)。例如：<br>`nIndex = SendMessage(hwndListBox, LB_GETTOPINDEX, 0, 0);` |
| LB_GETCOUNT | 获取列表框中的列表项总数，wParam 和 lParam 参数都没有用到。如果发生错误，则返回 LB_ERR(−1) |
| LB_SETITEMDATA | 为一个列表项设置项目数据，wParam 参数指定为列表项索引，如果设置为-1，表示为列表框中的所有列表项设置相同的项目数据。lParam 参数指定为项目数据。如果发生错误，则返回值为 LB_ERR(−1)。例如：<br>`nResult = SendMessage(hwndListBox, LB_SETITEMDATA, 2, (LPARAM)`<br>`lpData);` |

续表

| 消息类型 | 含义 |
| --- | --- |
| LB_GETITEMDATA | 获取与一个列表项关联的项目数据，wParam 参数指定为列表项索引，lParam 参数没有用到，返回值是与指定列表项关联的项目数据。如果发生错误，则返回 LB_ERR(-1)。例如：<br>`lpData = (LPVOID)SendMessage(hwndListBox, LB_GETITEMDATA, 2, 0);` |
| LB_DIR | 这个消息后面地单独讲解 |
| LB_ADDFILE | 这个消息后面会单独讲解 |

总结一下，调用 CreateWindow / CreateWindowEx 函数创建列表框控件后，列表框中还没有列表项，需要发送 LB_ADDSTRING / LB_INSERTSTRING 消息添加列表项。要删除一个列表项可以发送 LB_DELETESTRING 消息，要清空列表框可以发送 LB_RESETCONTENT 消息，要获取一个列表项的文本可以发送 LB_GETTEXTLEN、LB_GETTEXT 消息，可以发送 LB_SETITEMDATA 消息为每个列表项设置一个关联的项目数据，要获取与列表项关联的项目数据可以发送 LB_GETITEMDATA 消息，要获取一个列表项的选中状态可以发送 LB_GETSEL 消息，根据字符串查找一个列表项可以发送 LB_FINDSTRING / LB_FINDSTRINGEXACT 消息，获取列表框中的列表项总数可以发送 LB_GETCOUNT 消息。

对于单选列表框：可以发送 LB_SETCURSEL 或 LB_GETCURSEL 消息来设置或获取当前选中项。另外，LB_SELECTSTRING 消息也是针对单选列表框的。

对于多选列表框：要选中或取消选中一个列表项可以发送 LB_SETSEL 消息，要选中或取消选中一片连续的列表项可以发送 LB_SELITEMRANGE 消息，要获取所有选中项的索引可以发送 LB_GETSELCOUNT、LB_GETSELITEMS 消息。

对自绘列表框感兴趣的读者需要注意几点，对于没有指定 LBS_HASSTRINGS 样式的自绘列表框：发送 LB_ADDSTRING/LB_INSERTSTRING 消息添加列表项时，lParam 参数指定的字符串会存储为项目数据而不是列表项字符串；发送 LB_DELETESTRING 消息会导致系统向列表框的父窗口发送 WM_DELETEITEM 消息，以删除与该列表项关联的项目数据；发送 LB_RESETCONTENT 消息会导致系统中的每个列表项向列表框的父窗口发送 WM_DELETEITEM 消息，以删除与每个列表项关联的项目数据；发送 LB_GETTEXTLEN 消息返回的始终是 DWORD 的大小（4），发送 LB_GETTEXT 消息获取的是与列表项关联的项目数据；可以发送 LB_SETITEMDATA 或 LB_GETITEMDATA 消息以设置、修改或获取项目数据；发送 LB_FINDSTRING 消息时，wParam 参数指定从哪个位置开始搜索，lParam 参数指定为要搜索的字符串，LB_FINDSTRING 采取的操作取决于是否指定了 LBS_SORT 样式，如果指定了 LBS_SORT 样式，系统会将 WM_COMPAREITEM 消息发送给列表框父窗口，以确定哪个列表项与指定的字符串匹配，否则将查找与 lParam 参数匹配的项目数据。

再看一下拖动列表框。拖动列表框允许用户将列表项从一个位置拖动到另一个位置，以改变排列顺序。拖动列表框仅用于单选列表框。如果想让一个列表框可以拖动，在创建列表框控件以后，则需要调用 MakeDragList(hwndListBox);函数将其更改为拖动列表框。

调用 MakeDragList 函数时系统会定义拖动列表消息。当发生拖动事件时，系统会向拖动列表框的父窗口发送拖动列表消息，父窗口必须处理拖动列表消息。拖动列表消息的 ID 值是多少呢？拖动列表消息的具体值还没有确定，程序可以通过注册消息的方式获取这个值，调用 RegisterWindowMessage

(DRAGLISTMSGSTRING);函数会返回一个 0xC000～0xFFFF 范围内的消息 ID，该消息 ID 在整个系统中是唯一的。DRAGLISTMSGSTRING 是一个常量，在 CommCtrl.h 头文件中定义如下：

```
#define DRAGLISTMSGSTRING  TEXT("commctrl_DragListMsg")
```

有了拖动列表消息 ID，就可以在窗口过程中处理该消息。例如下面的代码：

```
static UINT WM_DRAGLIST;
……
MakeDragList(hwndListBox);
WM_DRAGLIST = RegisterWindowMessage(DRAGLISTMSGSTRING);
```

拖动列表消息的 wParam 参数是拖动列表框的控件 ID，lParam 参数是一个指向 DRAGLISTINFO 结构的指针，其中包含拖动事件的通知码和其他信息，拖动列表消息的返回值取决于具体的通知码。DRAGLISTINFO 结构在 CommCtrl.h 头文件中定义如下：

```
typedef struct tagDRAGLISTINFO {
    UINT uNotification;    // 通知码，指示拖动事件的类型
    HWND hWnd;             // 拖动列表框的窗口句柄
    POINT ptCursor;        // 拖动事件发生时鼠标光标的 X 和 Y 坐标
} DRAGLISTINFO, *LPDRAGLISTINFO;
```

uNotification 字段表示通知码，指示拖动事件的类型，该字段可以是表 8.14 所示的值之一。

**表 8.14**

| 常量 | 含义 |
|---|---|
| DL_BEGINDRAG | 用户在列表项上单击了鼠标左键，开始拖动 |
| DL_DRAGGING | 用户正在拖动列表项，在开始拖动后，只要移动鼠标就会发送 DL_DRAGGING 通知码 |
| DL_CANCELDRAG | 用户通过单击鼠标右键或按 Esc 键取消了拖动操作 |
| DL_DROPPED | 用户已释放鼠标左键，拖动操作完成 |

当用户单击一个列表项时，将发送包含 DL_BEGINDRAG 通知码的拖动列表消息，可以通过调用 LBItemFromPt 函数来确定光标下的列表项索引，保存该列表项索引，在拖动操作完成后需要移动该列表项，然后返回 TRUE 表示开始拖动操作，或返回 FALSE 表示禁止拖动。LBItemFromPt 函数用于获取指定坐标处的列表项索引：

```
int LBItemFromPt(
    HWND  hLB,             // 列表框控件句柄
    POINT pt,              // 点坐标，使用((LPDRAGLISTINFO)lParam)->ptCursor 字段
    BOOL  bAutoScroll);    // 是否自动滚动
```

参数 bAutoScroll 指定是否自动滚动。如果设置为 TRUE，则表示在拖动过程中当鼠标光标移到列表框的上方或下方时，列表框自动滚动一行，在这种情况下因为鼠标光标不在列表项上，所以该函数会返回 LB_ERR(−1)；设置为 FALSE，则不会自动滚动。在处理 DL_BEGINDRAG 通知码的时候，因为还没有开始拖动，所以该参数设置为 TRUE 或 FALSE 都可以。

开始拖动以后，只要移动鼠标就会发送 DL_DRAGGING 通知码，可以通过调用 LBItemFromPt 函数来确定光标下的列表项索引，然后可以调用 DrawInsert 函数在光标下列表项的左上方绘制插入图标。

处理完该通知码以后的返回值指定了鼠标光标的类型，返回值可以是 DL_STOPCURSOR、DL_COPYCURSOR 或 DL_MOVECURSOR。DrawInsert 函数用于在拖动列表框的父窗口中绘制插入图标：

```
void DrawInsert(
    HWND handParent,// 拖动列表框的父窗口句柄
    HWND hLB,       // 拖动列表框的句柄
    int  nItem);    // 在哪个位置显示插入图标，在 DL_DRAGGING 通知码中可以设置为光标下的列表项索引
```

如果用户通过单击鼠标右键或按 Esc 键取消了拖动操作，则会发送 DL_CANCELDRAG 通知码，程序通常不需要处理该通知码。如果用户通过释放鼠标左键完成了拖动操作，则会发送 DL_DROPPED 通知码，可以通过调用 LBItemFromPt 函数来确定光标下的列表项索引，然后把被拖动的列表项移动到光标下列表项的前面。系统会忽略 DL_CANCELDRAG 和 DL_DROPPED 通知码的返回值，通常可以返回 0。

接下来实现一个例子，ListBoxDemo 程序运行效果如图 8.3 所示。

图 8.3

在 WinMain 函数中调用 CreateWindowEx 的时候，没有指定 WS_THICKFRAME 和 WS_MAXIMIZEBOX 样式，因此程序窗口不可调整大小，而且最大化按钮失效；程序的列表框是一个拖动列表框，用户可以随意拖动列表项的位置。

在 WM_CREATE 消息中，创建了列表框控件、两个静态控件、两个编辑框控件和 3 个按钮，项目数据编辑框使用了 ES_NUMBER 样式，用户只能输入数字。初始情况下，3 个按钮是禁用的。

在 WM_COMMAND 消息中，程序处理了 BN_CLICKED、LBN_SELCHANGE 和 EN_UPDATE 通知码，分别对应着用户单击 3 个按钮、列表框中的选择已更改和编辑控件的内容已变化。

switch (uMsg)中包含 case 消息 ID。因为 case 后面需要的是一个常量，所以对于 WM_DRAGLIST 消息的处理单独用了一个 if 判断，然后在 if 语句中分别处理 DL_BEGINDRAG、DL_DRAGGING 和 DL_DROPPED 通知码。

对于各控件 ID 的定义，请查看 resource.h 头文件，由于篇幅关系，具体代码不在此处列出，参见 Chapter8\ListBoxDemo 项目。

最后，研究一下 LB_DIR 和 LB_ADDFILE 消息。要了解这两个消息，不妨先看一下 DlgDirList 函数。DlgDirList 函数把指定目录中指定属性的子目录和文件的名称显示到列表框中：

```
int DlgDirList(
    _In_     HWND    hDlg,           // 列表框的父窗口句柄
    _Inout_  LPTSTR  lpPathSpec,     // 目录名称和文件名的组合，可以是绝对路径或相对路径
    _In_     int     nIDListBox,     // 列表框控件 ID
    _In_     int     nIDStaticPath,  // 静态控件 ID，用于显示当前当前驱动器和目录，可以设置为 0
    _In_     UINT    uFileType);     // 指定文件或目录的属性
```

- 参数 lpPathSpec 是包含目录名称和文件名的字符串缓冲区指针，可以是绝对路径或相对路径，例如“C:\”“C:\Windows*.*”或“*.*”。该函数将字符串拆分为目录和文件名，然后在目录中搜索与文件名匹配的文件名称。如果字符串未指定目录，则在当前目录中搜索。如果字符串包

含文件名，则文件名必须至少包含一个通配符（?或*）；如果字符串不包含文件名，则把文件名指定为通配符*。将指定目录中与文件名匹配并且具有 uFileType 参数指定的属性的所有文件名称都添加到列表框中。

- 参数 uFileType 指定文件或目录的属性，lpPathSpec 目录中具有该属性的文件或目录的名称会被添加到列表框中。该参数可以是表 8.15 所示的一个或多个值。

**表 8.15**

| 常量 | 含义 |
| --- | --- |
| DDL_READWRITE | 可读可写文件，这是默认设置 |
| DDL_ARCHIVE | 存档文件 |
| DDL_HIDDEN | 隐藏文件 |
| DDL_READONLY | 只读文件 |
| DDL_SYSTEM | 系统文件 |
| DDL_DIRECTORY | 包括子目录，指定目录中的子目录名称都会显示到列表框中，子目录名称显示为[子目录名称] |
| DDL_DRIVES | 所有映射的驱动器都显示到列表框中，显示为[-x-]，其中 x 是驱动器号 |
| DDL_EXCLUSIVE | 仅包含具有指定属性的文件。默认情况下，即使未指定 DDL_READWRITE，也会列出可读可写文件 |
| DDL_POSTMSGS | 如果设置了该标志，则 DlgDirList 函数使用 PostMessage 函数将消息发送到列表框；如果未设置，则使用 SendMessage 函数 |

如果函数执行成功，则返回值为非零值；如果函数执行失败，则返回值为 0。调用该函数实际上就是向列表框发送 LB_RESETCONTENT 和 LB_DIR 消息，因此 LB_DIR 消息的用法和该函数完全一样。例如下面的代码：

```
TCHAR szPath[] = TEXT("*.*");
……
case WM_CREATE:
    hInstance = ((LPCREATESTRUCT)lParam)->hInstance;
    hwndStatic = CreateWindowEx(0, TEXT("Static"), TEXT(""),
        WS_CHILD | WS_VISIBLE, 10, 0, 350, 20, hwnd, (HMENU)(1000), hInstance, NULL);
    hwndListBox = CreateWindowEx(0, TEXT("ListBox"), NULL,
        WS_CHILD | WS_VISIBLE | WS_BORDER | WS_VSCROLL | LBS_NOTIFY,
        10, 25, 200, 240, hwnd, (HMENU)1001, hInstance, NULL);
    DlgDirList(hwnd, szPath, 1001, 1000,
        DDL_ARCHIVE | DDL_READONLY | DDL_SYSTEM | DDL_DIRECTORY | DDL_DRIVES);
    return 0;
```

程序执行效果如图 8.4 所示。

DlgDirList 函数的 nIDStaticPath 参数指定的静态控件的作用是显示当前的完整目录名称；如果 uFileType 参数包含 DDL_DIRECTORY 标志并且当前目录存在上一级目录，则会在列表框中显示一个[..]表示上一级目录。DlgDirList 函数调用中的 lpPathSpec 参数不可以直接指定为 TEXT("*.*")常字符串：

```
DlgDirList(hwnd, TEXT("*.*"), IDC_LISTBOX, IDC_STATICPATH,
    DDL_ARCHIVE | DDL_READONLY | DDL_SYSTEM | DDL_DIRECTORY | DDL_DRIVES);
```

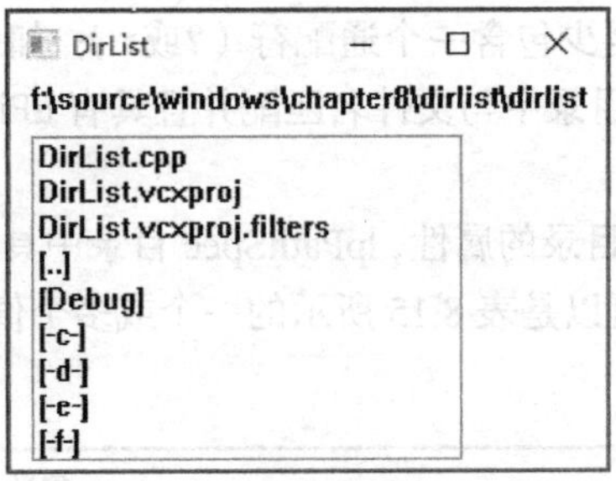


图 8.4

因为该函数会将 lpPathSpec 参数指定的字符串拆分为目录和文件名。

DlgDirSelectEx 函数获取由 DlgDirList 函数填充的列表框中当前选定的列表项的文本内容：

```
BOOL DlgDirSelectEx(
    _In_   HWND    hDlg,               // 列表框的父窗口句柄
    _Out_  LPTSTR lpString,            // 接收所选列表项文本内容的缓冲区指针
    _In_   int     nCount,             // 缓冲区的长度，以字符为单位
    _In_   int     nIDListBox);        // 列表框控件 ID
```

如果当前选择的是目录名称，则返回值为 TRUE；如果当前选择的不是目录名称，则返回值为 FALSE。如果当前选择的是目录名称或驱动器号，函数将删除封闭的方括号[]（目录名称前后的[]）和连字符-（驱动器号前后的-）。该函数实际上就是向列表框发送 LB_GETCURSEL 和 LB_GETTEXT 消息。

LB_ADDFILE 消息向由 DlgDirList 函数填充的列表框中添加指定的文件名，wParam 参数没有用到，lParam 参数是指向文件名缓冲区的指针，返回值是新添加列表项的索引。如果发生错误，则返回 LB_ERR(−1)。例如：

```
SendMessage(hwndListBox, LB_ADDFILE, 0,
    (LPARAM)TEXT("F:\\Source\\Windows\\Chapter8\\DirList\\DirList.sln"));
```

关于目录列表的一个简单例子，参见 Chapter8\DirList 项目。

## 8.4　组合框

组合框是编辑控件和列表框组合起来的一种子窗口控件，结合了编辑控件和单选列表框的大部分功能，其用法和编辑控件、列表框类似。编辑控件部分用于显示当前选择的列表项，列表框部分列出了用户可以选择的列表项。有 3 种样式的组合框，如图 8.5 所示。

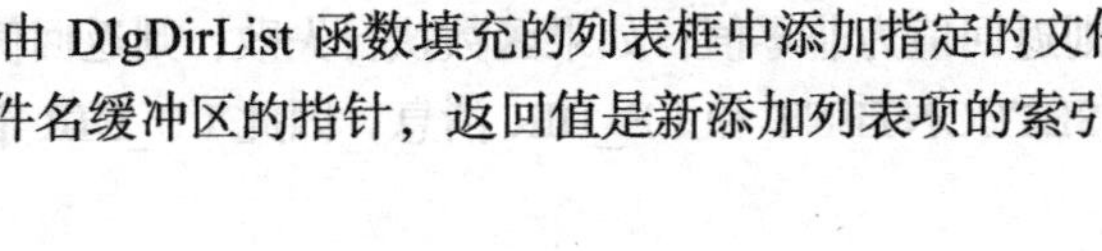


图 8.5

在组合框的列表框中没有选中项的情况下，组合框的编辑控件中不会显示任何内容，但是可以在编辑控件中设置一个提示文本，以提示用户进行选择，如图 8.6 所示。

图 8.6

先看一下组合框的样式，表 8.16 所示是常用的部分组合框样式。

表 8.16

| 样式 | 含义 |
| --- | --- |
| CBS_SIMPLE | 始终显示列表框（前提是组合框必须具有一定高度，高度至少可以容纳编辑控件和一行列表项），列表框中的当前选中项会显示到编辑控件中，用户也可以在编辑控件中自行输入内容 |
| CBS_DROPDOWN | 列表框部分平时是收起的，用户可以通过单击右侧的下拉箭头来展开列表框以选择列表项。选中的列表项会显示到编辑控件中，在编辑控件中用户也可以自行输入内容 |
| CBS_DROPDOWNLIST | 与 CBS_DROPDOWN 类似，不同之处在于编辑控件部分被静态文本项替换，列表框部分平时也是收起的，用户可以通过单击组合框来展开列表框以选择列表项。选中的列表项会显示到静态文本项中，用户无法在静态文本项中输入内容，只能选择列表框中的列表项 |
| CBS_AUTOHSCROLL | 当用户输入文本时，如果文本字数填满了编辑控件，则无法继续输入。在指定该样式后，在必要时编辑控件会自动水平滚动，这样一来用户输入的文本字数就不受编辑控件的长度影响 |
| CBS_DISABLENOSCROLL | 该样式通常与 WS_VSCROLL 样式一起使用。在指定该样式后，如果列表框中的列表项比较少，则不需要使用滚动条，但还是会显示禁用的垂直滚动条；如果未指定该样式，则不需要使用滚动条时会隐藏滚动条 |
| CBS_SORT | 按字母顺序对列表框中的列表项进行排序 |
| CBS_HASSTRINGS | 默认样式（除自绘组合框） |
| CBS_OWNERDRAWFIXED | 自绘列表框，列表框中的列表项具有相同的高度 |
| CBS_OWNERDRAWVARIABLE | 自绘列表框，列表框中的列表项高度可变 |

除了上面这些组合框样式，通常还需要指定窗口样式 WS_CHILD | WS_VISIBLE | WS_VSCROLL。

组合框的列表框中列表项的添加、删除、查询等都是通过发送消息来实现的。表 8.17 列出了常见的组合框消息，表中前半部分消息的用法和编辑控件、列表框类似。

表 8.17

| 消息类型 | 含义 |
| --- | --- |
| CB_ADDSTRING | 添加一个字符串类型的列表项。如果没有指定 CBS_SORT 样式，则该项会添加到列表的末尾，否则添加以后会自动排序。wParam 参数没有用到，lParam 参数指定为字符串指针，返回值是新添加项的索引。如果发生错误，则返回值为 CB_ERR(−1)；如果没有足够的内存空间来完成操作，则返回值为 CB_ERRSPACE(−2) |
| CB_DELETESTRING | 删除列表框中的一个列表项。wParam 参数指定为要删除列表项的索引，lParam 参数没有用到，返回值是列表框中剩余列表项的数目。如果发生错误，则返回值为 CB_ERR(−1) |

续表

| 消息类型 | 含义 |
| --- | --- |
| CB_INSERTSTRING | 与 CB_ADDSTRING 消息不同的是，CB_INSERTSTRING 消息的 wParam 参数可以指定为插入位置索引，即使组合框具有 CBS_SORT 样式，也可以插入正确的位置。如果 wParam 参数指定为-1，则插入列表的末尾。该消息返回新添加列表项的索引，如果发生错误，则返回 CB_ERR(-1)；如果没有足够的内存空间来完成插入，则返回 CB_ERRSPACE(-2) |
| CB_RESETCONTENT | 删除列表框中的所有列表项，编辑控件中的内容也会消失。该消息的 wParam 和 lParam 参数都没有用到 |
| CB_FINDSTRING | 查找列表框中以指定字符串开头的第一个列表项，不区分大小写。wParam 参数指定从哪个位置开始搜索。如果搜索到列表框的末尾还是没有找到匹配项，则继续从头搜索到 wParam 参数指定的位置，如果 wParam 参数指定为-1，则从头开始搜索。lParam 参数指定为要搜索的字符串，返回值是第一个匹配项的索引；如果没有找到，则返回 CB_ERR(-1) |
| CB_FINDSTRINGEXACT | 和 CB_FINDSTRING 消息不同的是，该消息查找列表框中与指定字符串完全匹配的第一个列表项，不区分大小写。除此之外，和 CB_FINDSTRING 消息完全相同 |
| CB_SELECTSTRING | 该消息与 CB_FINDSTRING 消息的不同之处在于，找到匹配项以后会选中该项，并把选中项的文本显示到编辑控件中，除此之外完全相同 |
| CB_SETCURSEL | 从列表框中选中一个列表项，并把列表项的文本显示到编辑控件中。wParam 参数指定为要选中列表项的索引，如果指定为-1，则取消所有选中并清除编辑控件的内容（这种情况下即使没有发生错误返回值也为 CB_ERR(-1)），lParam 参数没有用到，返回值是所选列表项的索引。如果发生错误，则返回 CB_ERR(-1) |
| CB_GETCURSEL | 获取列表框中当前选中项的位置索引。wParam 和 lParam 参数都没有用到，如果当前没有选中项，则返回值为 CB_ERR(-1) |
| CB_GETLBTEXT | 获取列表框中一个列表项的文本。wParam 参数指定为列表项的索引。lParam 参数指定为字符串缓冲区，返回值是字符个数，不包括终止空字符。如果发生错误，则返回 CB_ERR(-1)。可以在发送 CB_GETTEXT 消息之前发送 CB_GETTEXTLEN 消息，以获取字符串的字符个数（不包括终止空字符） |
| CB_GETLBTEXTLEN | 获取列表框中一个列表项的文本长度，以字符为单位。wParam 参数指定为列表项的索引，lParam 参数没有用到，返回值是字符个数，不包括终止空字符。如果发生错误，则返回 CB_ERR(-1) |
| CB_LIMITTEXT | 限制用户可以在组合框的编辑控件中输入的文本长度，以字符为单位。wParam 参数指定为最大字符数，可以设置的最大字符数为 0x7FFFFFFE（约 2G），如果设置为 0，则表示限制为最大支持长度。lParam 参数没有用到，如果组合框没有 CBS_AUTOHSCROLL 样式，则将字符个数设置为大于编辑控件的长度所能容纳的大小是无效的，默认情况下最大缓冲区大小约为 32KB 个字符，返回值始终为 TRUE |
| CB_GETCOUNT | 获取列表框中的列表项总数。wParam 和 lParam 参数都没有用到。如果发生错误，则返回 CB_ERR(-1) |
| CB_SETTOPINDEX | 滚动列表框以使指定的列表项位于列表框的顶部，如果到了最大滚动范围，则无法将其滚动到顶部，仅仅是让指定的列表项可见。wParam 参数指定为列表项的索引，lParam 参数没有用到，执行成功返回值为 0。如果发生错误，则返回 CB_ERR(-1) |
| CB_GETTOPINDEX | 返回列表框可见列表项中最顶部的索引，最初，索引为 0 的列表项位于列表框的顶部，但是如果列表框内容发生了滚动，则位于顶部的可能是其他列表项。wParam 和 lParam 参数都没有用到，返回值是列表项中最顶部的索引。如果发生错误，则返回 CB_ERR(-1) |

续表

| 消息类型 | 含义 |
| --- | --- |
| CB_SETEDITSEL | 选择组合框编辑控件中的部分字符。wParam 参数没有用到，LOWORD(lParam)指定起始位置，如果指定为-1，则表示删除所有选择；HIWORD(lParam)指定结束位置，如果指定为-1，则表示从起始位置选择到末尾，该消息仅支持 CBS_SIMPLE 和 CBS_DROPDOWN 样式的组合框，执行成功返回值为 TRUE，会选中起始位置到结束位置前一个字符之间的所有字符。如果发生错误，则返回 CB_ERR(−1) |
| CB_GETEDITSEL | 获取组合框编辑控件中当前选择的字符的开始和结束位置。wParam 参数可以设置为一个指向 DWORD 值的指针，该值接收选择的起始位置，也可以设置为 NULL。lParam 参数可以设置为一个指向 DWORD 值的指针，该值接收选择的结束位置，也可以设置为 NULL，返回值是一个 DWORD 值，LOWORD（返回值）表示选择的起始位置，HIWORD（返回值）表示选择的结束位置 |
| CB_SETITEMDATA | 设置列表框中指定列表项的项目数据。wParam 参数指定为列表项的索引，lParam 参数指定为与列表项关联的 32 位数据。如果发生错误，则返回 CB_ERR(−1) |
| CB_GETITEMDATA | 获取列表框中指定列表项的项目数据。wParam 参数指定为列表项的索引，lParam 参数没有用到，返回值是与列表项关联的项目数据。如果发生错误，则返回 CB_ERR(−1) |
| CB_SETCUEBANNER | 在组合框的列表框中没有选中项的情况下，为组合框的编辑控件设置提示文本。wParam 参数没有用到，lParam 参数指定为提示文本字符串指针，执行成功返回值为 1。如果发生错误，则返回 CB_ERR(−1) |
| CB_GETCUEBANNER | 获取组合框的编辑控件中显示的提示文本。wParam 参数指定为字符串缓冲区指针。lParam 参数指定为缓冲区的长度，以字符为单位，执行成功返回值为 1；如果编辑控件中没有提示文本，则返回 0。如果发生错误，则返回 CB_ERR(−1) |
| CB_SHOWDROPDOWN | 显示或隐藏具有 CBS_DROPDOWN 或 CBS_DROPDOWNLIST 样式的组合框的列表框。wParam 参数可以指定为 TRUE 表示显示下拉列表框，或 FALSE 表示隐藏下拉列表框，lParam 参数没有用到，返回值始终为 TRUE |
| CB_GETDROPPEDSTATE | 检查下拉列表框是显示的还是隐藏的，wParam 和 lParam 参数都没有用到。如果下拉列表框是显示的，则返回 TRUE；否则返回 FALSE |
| CB_GETCOMBOBOXINFO | 获取组合框的相关信息。wParam 参数没有用到，lParam 参数指定为一个指向 COMBOBOXINFO 结构的指针，执行成功返回值为 TRUE，执行失败返回值为 FALSE。该消息和调用 GetComboBoxInfo 函数的效果相同。COMBOBOXINFO 结构在 WinUser.h 头文件中定义如下：<br>`typedef struct tagCOMBOBOXINFO`<br>`{`<br>`    DWORD cbSize;         // 该结构的大小，以字节为单位`<br>`    RECT rcItem;          // 组合框中编辑控件的矩形范围`<br>`    RECT rcButton;        // 下拉箭头按钮的矩形范围`<br>`    DWORD stateButton;// 下拉箭头的按钮状态，可以是`<br>`                          // STATE_SYSTEM_INVISIBLE、`<br>`                          // STATE_SYSTEM_PRESSED 或 0，分别表示`<br>`                          // 没有按钮、按下了按钮或未按下按钮`<br>`    HWND hwndCombo;       // 组合框的窗口句柄`<br>`    HWND hwndItem;        // 编辑控件的窗口句柄`<br>`    HWND hwndList;        // 列表框的窗口句柄`<br>`} COMBOBOXINFO, *PCOMBOBOXINFO, *LPCOMBOBOXINFO;` |

续表

| 消息类型 | 含义 |
| --- | --- |
| CB_GETDROPPEDCONTROLRECT | 获取整个组合框的矩形区域，包括编辑控件和展开以后的下拉列表框，wParam 参数没有用到，lParam 参数是一个指向 RECT 结构的指针，在这个 RECT 结构中返回整个组合框的矩形范围，执行成功返回值为 TRUE，执行失败返回 FALSE |
| CB_SETDROPPEDWIDTH | 设置具有 CBS_DROPDOWN 或 CBS_DROPDOWNLIST 样式的组合框的列表框的最小允许宽度，以像素为单位。wParam 参数设置为最小允许宽度，lParam 参数没有用到，执行成功，则返回值为列表框的新最小宽度；如果发生错误，则返回 CB_ERR (-1)。默认情况下，下拉列表框的最小允许宽度为 0 或组合框宽度，列表框的实际宽度是最小允许宽度或组合框宽度，以较大者为准，即默认情况下列表框的宽度和组合框的宽度相同，因为列表框平时都处于隐藏状态，为了完整显示一些较长的列表项，有必要设置一个比组合框宽度更大的最小宽度 |
| CB_GETDROPPEDWIDTH | 获取具有 CBS_DROPDOWN 或 CBS_DROPDOWNLIST 样式的组合框的列表框的最小允许宽度，以像素为单位。wParam 和 lParam 参数都没有用到，执行成功，则返回值为最小宽度；如果发生错误，则返回 CB_ERR(-1)。默认情况下，下拉列表框的最小允许宽度为 0 或组合框宽度，列表框的实际宽度是最小允许宽度或组合框宽度，以较大者为准 |
| CB_DIR | 调用 DlgDirListComboBox 函数实际上就是向组合框发送 CB_RESETCONTENT 和 CB_DIR 消息。DlgDirListComboBox、DlgDirSelectComboBoxEx 函数的用法和 DlgDirList、DlgDirSelectEx 完全相同，在此不再赘述 |

对于 CBS_SIMPLE 和 CBS_DROPDOWN 样式的组合框，用户如果在编辑控件中自行输入了内容，那么列表框中的选中项就会自动取消选中，这时获取编辑控件中的文本可以使用 GetWindowText/GetDlgItemText 函数；如果没有自行输入内容，既可以使用 GetWindowText/GetDlgItemText 函数，也可以发送 CB_GETLBTEXT 消息。因此对于 CBS_SIMPLE 和 CBS_DROPDOWN 样式的组合框，最好还是使用 GetWindowText/GetDlgItemText 函数获取编辑控件中的文本。

对于 CBS_DROPDOWNLIST 样式的组合框，不存在用户自行输入内容，因此要获取编辑控件中的文本，既可以使用 GetWindowText / GetDlgItemText 函数，也可以发送 CB_GETLBTEXT 消息。

通常可以发送 CB_SETCUEBANNER 消息为组合框设置一个提示文本，提示文本不属于编辑控件的真正内容，即调用 GetWindowText / GetDlgItemText 函数无法获取显示在编辑控件中的提示文本内容，函数返回的字符个数始终为 0。如果组合框的列表框中存在比较长的列表项，可以通过发送 CB_SETDROPPEDWIDTH 消息为具有 CBS_DROPDOWN 或 CBS_DROPDOWNLIST 样式的组合框的列表框设置一个最小宽度。如果需要，可以通过发送 CB_SETITEMDATA 消息为组合框中列表框的每个列表项设置一个项目数据。

接下来看一下组合框的通知码。当组合框中发生事件时，系统会以 WM_COMMAND 消息的形式向父窗口发送通知码。常见的通知码如表 8.18 所示。

**表 8.18**

| 通知码 | 含义 |
| --- | --- |
| CBN_SETFOCUS | 组合框获得了键盘焦点 |
| CBN_KILLFOCUS | 组合框失去了键盘焦点 |

续表

| 通知码 | 含义 |
|---|---|
| CBN_SELCHANGE | 当更改了组合框的列表框中的当前选择时，用户可以通过单击列表项或使用方向键来更改选择。和列表框的 LBN_SELCHANGE 通知码类似，如果是程序代码更改了选中项，则不会收到 CBN_SELCHANGE 通知码 |
| CBN_SELENDOK | 用户完成了列表项的选择，例如选择了一个列表项并且列表项收起时，如果用户使用方向键更改了选中项并且列表框收起可能收不到该通知码，则建议处理 CBN_SELCHANGE 通知码（如果是用户在编辑控件中自行输入了内容，则不会发送这两个通知码）。如果是程序代码更改了选中项，则不会收到 CBN_SELENDOK 通知码 |
| CBN_DBLCLK | 当用户双击组合框的列表框中的列表项时，该通知码通常用于 CBS_SIMPLE 样式的组合框，对于 CBS_DROPDOWN 或 CBS_DROPDOWNLIST 样式的组合框，单击会导致隐藏列表框，因此无法双击列表项 |
| CBN_DROPDOWN | 当组合框的下拉列表框即将可见时 |
| CBN_CLOSEUP | 当组合框的下拉列表框收起时 |
| CBN_EDITUPDATE | 当组合框的编辑控件即将显示用户更改的文本时发送，用于 CBS_SIMPLE 和 CBS_DROPDOWN 样式的组合框。如果是因为列表项选择的更改而改变了编辑控件中的文本，则不会收到该通知码 |
| CBN_EDITCHANGE | 用户已更改组合框的编辑控件中的文本，CBN_EDITUPDATE 通知码是在屏幕显示更改的文本前发送的，而 CBN_EDITCHANGE 通知码是在屏幕显示更改的文本后发送的，用于 CBS_SIMPLE 和 CBS_DROPDOWN 样式的组合框，如果是因为列表项选择的更改而改变了编辑控件中的文本，则不会收到该通知码 |
| CBN_ERRSPACE | 组合框无法分配足够的内存来完成请求 |

还有一个扩展组合框类，类名是 ComboBoxEx，ComboBoxEx 的列表项前面可以设置一个图像。这和列表视图控件有点类似，但是列表视图控件的功能更强大，因此关于 ComboBoxEx 的用法不再讲解。Chapter8\ControlSpy 提供了一个 ControlSpy V6 小工具，该工具对于了解常用子窗口控件的样式、消息和通知码等有一定的帮助。有需要的读者可以依赖使用文档研究一下。

再介绍一个 Up-Down 控件，类名是 msctls_updown32。Up-Down 控件就是一对箭头（）。该控件通常与编辑控件组合在一起使用，单击箭头可以增加或减小编辑控件中的值。编辑控件称为其伙伴窗口，这需要先创建一个编辑控件，然后在编辑控件旁边创建一个 Up-Down 控件（）。感兴趣的读者请自行参考 MSDN。

## 8.5 滚动条控件

前面我们学过在调用 CreateWindowEx 函数创建重叠窗口或弹出窗口时，可以指定 WS_HSCROLL 或 WS_VSCROLL 窗口样式创建一个标准水平或垂直滚动条 ScrollBar。标准滚动条显示在客户区的底部或右侧，当程序窗口的输出内容比较多导致无法在一个客户区范围内完全显示时，可以滚动标准滚动条以显示超出客户区范围的内容。标准滚动条在非客户区，属于程序窗口的一部分，因此没有自己的窗口句柄。

除了标准滚动条，还可以通过指定窗口类名 ScrollBar 调用 CreateWindowEx 函数创建一个水平或垂直滚动条控件。滚动条控件可以以任何大小显示在客户区的任何地方，这取决于 CreateWindowEx 函数的 x、y、nWidth 和 nHeight 参数的设置。滚动条控件的用法和标准滚动条类似，同样需要处理

WM_HSCROLL 或 WM_VSCROLL 消息，这两个消息的 LOWORD(wParam)表示用户的滚动请求，如果 LOWORD(wParam)是 SB_THUMBPOSITION 或 SB_THUMBTRACK，那么 HIWORD(wParam)表示滑块的当前位置，在其他情况下 HIWORD(wParam)无意义。如果消息是由滚动条控件发送的，则 lParam 参数是滚动条控件的句柄；如果消息是由标准滚动条发送的，则 lParam 参数为 NULL。通过 lParam 参数可以区分消息是标准滚动条还是滚动条控件发送的。滚动条控件内置键盘接口，不需要像标准滚动条那样处理 WM_KEYDOWN 消息。当用户按上下左右方向键、PgUp 键、PgDn 键、Home 键、End 键时，系统会向滚动条控件发送包含相应滚动请求的 WM_HSCROLL 或 WM_VSCROLL 消息。

滚动条控件的样式很简单，通常就是指定 SBS_HORZ 或 SBS_VERT 样式，分别表示创建一个水平或垂直滚动条控件。例如下面的代码：

```
case WM_CREATE:
    hInstance = ((LPCREATESTRUCT)lParam)->hInstance;
    GetClientRect(hwnd, &rect);
    // 位于客户区顶部的水平滚动条控件
    hwndSBHorzTop = CreateWindowEx(0, TEXT("ScrollBar"),
        NULL, WS_CHILD | WS_VISIBLE | SBS_HORZ,
        0, 0, rect.right, GetSystemMetrics(SM_CYHSCROLL),
        hwnd, (HMENU)(1001), hInstance, NULL);
    // 位于客户区底部的水平滚动条控件
    hwndSBHorzBottom = CreateWindowEx(0, TEXT("ScrollBar"),
        NULL, WS_CHILD | WS_VISIBLE | SBS_HORZ,
        0, rect.bottom - GetSystemMetrics(SM_CYHSCROLL), rect.right, GetSystemMetrics
        (SM_CYHSCROLL),
        hwnd, (HMENU)(1002), hInstance, NULL);
    // 位于客户区左侧的垂直滚动条控件
    hwndSBVertLeft = CreateWindowEx(0, TEXT("ScrollBar"),
        NULL, WS_CHILD | WS_VISIBLE | SBS_VERT,
        0, 0, GetSystemMetrics(SM_CXVSCROLL), rect.bottom,
        hwnd, (HMENU)(1003), hInstance, NULL);
    // 位于客户区右侧的垂直滚动条控件
    hwndSBVertRight = CreateWindowEx(0, TEXT("ScrollBar"),
        NULL, WS_CHILD | WS_VISIBLE | SBS_VERT,
        rect.right - GetSystemMetrics(SM_CXVSCROLL), 0, GetSystemMetrics(SM_CXVSCROLL),
        rect.bottom,
        hwnd, (HMENU)(1004), hInstance, NULL);
    return 0;
```

标准滚动条的默认范围是 0～100，滚动条控件的默认范围为空。可以通过调用 SetScrollRange 函数把范围改成对程序有意义的值，通过调用 SetScrollPos 函数设置滑块在滚动条中的位置。也可以通过调用 SetScrollInfo 函数设置滚动条的最小和最大滚动范围、页面大小以及滑块位置。

接下来实现一个屏幕取色、调色程序。Color 程序运行效果如图 8.7 所示。

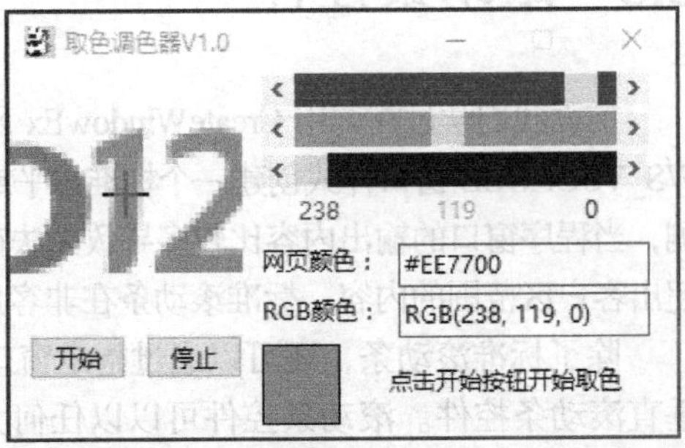


图 8.7

程序有两个功能：调色和取色。拖动水平滚动条可以分别设置红、绿、蓝颜色值（0～255）。红、绿、蓝颜色的值会实时显示在滚动条下面的颜色值静态控件中，颜色结果会实时显示在两个编辑控件和下方的小矩形框中。单击“开始”按钮可以获取鼠标光标处的 COLORREF 颜色值，通过 GetRValue、GetGValue 和 GetBValue 宏可以提取其红、绿、蓝颜色值，然后更新水平滚动条、颜色值静态控件、编辑控件和颜色结果矩形的显示。鼠标光标附近的 40 像素 × 40 像素图像放大 3 倍以后显示在程序客户区左上角（0, 0, 120, 120）的地方，程序可以随时按下空格键停止取色。

具体代码参见 Chapter8\Color 项目，请大家参考程序界面和程序源代码阅读下面的说明。

在 WM_CREATE 消息中，程序创建了表 8.19 所示的控件，并做了一些设置与初始化工作。

表 8.19

| 控件 | 类名 | 样式 |
| --- | --- | --- |
| 开始、停止按钮 | Button | WS_CHILD \| WS_VISIBLE \| BS_PUSHBUTTON |
| 3 个水平滚动条 | ScrollBar | WS_CHILD \| WS_VISIBLE \| SBS_HORZ |
| RGB 颜色值 | Static | WS_CHILD \| WS_VISIBLE \| SS_CENTER |
| 网页颜色和 RGB 颜色 | Static | WS_CHILD \| WS_VISIBLE |
| 网页颜色和 RGB 颜色编辑框 | Edit | WS_CHILD \| WS_VISIBLE \| WS_BORDER \| ES_AUTOHSCROLL \| ES_NOHIDESEL |
| 单击开始按钮开始取色 | Static | WS_CHILD \| WS_VISIBLE \| SS_CENTER |

关于 WM_CTLCOLORSCROLLBAR 和 WM_CTLCOLORSTATIC 消息的处理，在讲解编辑控件的时候已经说过。在 WM_CTLCOLORSCROLLBAR 消息中分别为 3 个水平滚动条返回红、绿、蓝画刷以填充其背景；在 WM_CTLCOLORSTATIC 消息中调用 SetTextColor 分别设置红、绿、蓝颜色值静态控件的文本颜色。文本的背景色默认就是白色，因此不需要调用 SetBkColor 或 SetBkMode 函数设置。静态控件默认情况下是灰色背景，因此返回一个 GetSysColorBrush(COLOR_WINDOW)白色画刷。如果不明确静态控件背景、文本背景具体指的是哪个范围，请调用以上函数自行测试。

WM_HSCROLL、WM_COMMAND 和 WM_SYSCOMMAND 消息的处理很简单，用户单击“开始”按钮，调用 SetWindowPos 函数置顶显示本程序。启动 2 个计时器，一个是 100 ms 触发一次，用于获取鼠标光标处的 COLORREF 颜色值，然后更新水平滚动条、颜色值静态控件、两个编辑框、颜色结果矩形的显示，并把鼠标光标附近的 40 像素 × 40 像素图像放大 3 倍以后显示在程序客户区左上角（0, 0, 120, 120）。另一个是 1s 触发一次，用于让本程序的“停止”按钮实时具有键盘焦点，以响应用户按下空格键停止取色，因为 SetActiveWindow、BringWindowToTop、SwitchToThisWindow 和 SetForegroundWindow 等激活窗口函数的效果不尽如人意，所以本程序采用模拟鼠标单击客户区的方法以激活程序窗口。程序窗口激活以后会收到 WM_SETFOCUS 消息，程序处理该消息，把输入焦点设置为开始或停止按钮。

另外，还有一个 Trackbar 跟踪条控件，如图 8.8 所示，类名是 msctls_ trackbar32，和滚动条控件用法类似，感兴趣的读者请自行参考 MSDN。

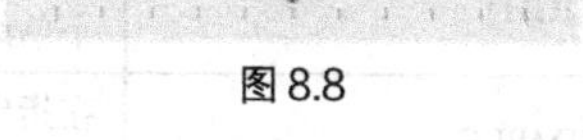

图 8.8

## 8.6 静态控件

静态控件可以用于显示简单图形、文本或图像，也可以通过自绘定制其外观。静态控件必须指定 SS_NOTIFY 样式才能接收鼠键输入并在用户单击或双击时通知其父窗口（WM_COMMAND 消息）。

要想在静态控件中显示简单图形，可以指定表 8.20 所示的样式。

表 8.20

| 样式 | 含义 |
|---|---|
| SS_BLACKFRAME | 创建一个黑色边框的无填充矩形框 |
| SS_GRAYFRAME | 创建一个灰色边框的无填充矩形框 |
| SS_WHITEFRAME | 创建一个白色边框的无填充矩形框 |
| SS_ETCHEDFRAME | 创建一个具有三维外观边框的无填充矩形框 |
| SS_ETCHEDHORZ | 创建一条具有三维外观的横线 |
| SS_ETCHEDVERT | 创建一条具有三维外观的竖线 |
| SS_BLACKRECT | 创建一个黑色填充的无边框矩形 |
| SS_GRAYRECT | 创建一个灰色填充的无边框矩形 |
| SS_WHITERECT | 创建一个白色填充的无边框矩形 |

以上 9 种样式不能组合使用。调用 CreateWindowEx 函数创建上述 9 种简单图形时，会忽略窗口标题参数 lpWindowName，9 种简单图形的显示效果如图 8.9 所示（在 COLOR_BTNFACE 窗口背景上绘制的）。简单图形样式的静态控件可以用于标记或分隔其他子窗口控件。

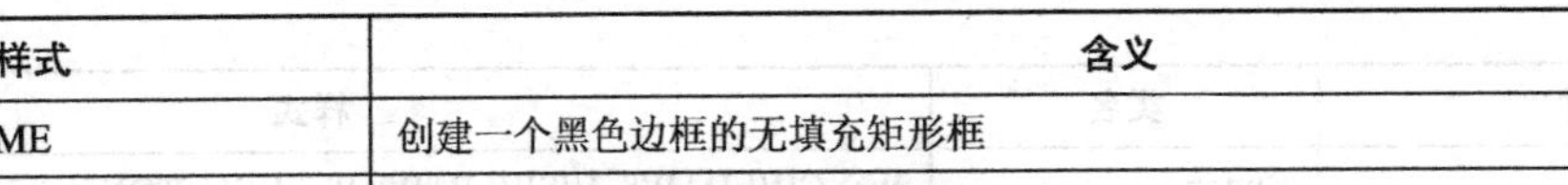

图 8.9

要想在静态控件中显示文本，可以指定表 8.21 所示的样式。

表 8.21

| 样式 | 含义 |
|---|---|
| SS_LEFT | 在指定的矩形范围内左对齐显示文本。如果一行显示不了，则会自动换行到下一行；如果一个单词的长度超过控件的宽度，则会被裁剪 |
| SS_CENTER | 在指定的矩形范围内居中对齐显示文本。如果一行显示不了，则会自动换行到下一行；如果一个单词的长度超过控件的宽度，则会被裁剪 |
| SS_RIGHT | 在指定的矩形范围内右对齐显示文本。如果一行显示不了，则会自动换行到下一行；如果一个单词的长度超过控件的宽度，则会被裁剪 |
| SS_SIMPLE | 在指定的矩形范围内显示一行左对齐文本。即使控件指定了较高的高度也不会自动换行显示，如果禁用该控件，则控件不会使其文本变灰 |
| SS_LEFTNOWORDWRAP | 与 SS_SIMPLE 类似，也不会自动换行，但是控件的高度会完全显示 |

在图 8.10 中，分别指定上面的样式创建了宽高为 80 × 60 的 5 个静态控件（在白色窗口背景上绘制）。

图 8.10

SS_LEFT、SS_CENTER 和 SS_RIGHT 样式的文本静态控件都可以自动换行，但前提是控件具有足够的高度，否则超出控件大小范围的部分不会显示。如果需要根据字符串的实际长度和高度来指定静态控件的宽度和高度参数，可以使用相关字符、字符串计算函数，例如 GetCharWidth32、GetTextExtentPoint32 等。

要想在静态控件中显示图像，可以指定表 8.22 所示的样式。

表 8.22

| 样式 | 含义 |
|---|---|
| SS_ICON | 图标。CreateWindowEx 函数的窗口标题参数 lpWindowName 指定为图标 ID 值，该样式会忽略 CreateWindowEx 函数的宽高参数 nWidth 和 nHeight，系统自动调整静态控件的大小以适应图标，图标的大小默认情况下使用 GetSystemMetrics (SM_CXICON)和 GetSystemMetrics(SM_CYICON) 返回的值，通常是 32 × 32，可以同时指定 SS_REALSIZEIMAGE 样式以使用图标的实际大小。即在默认情况下，不管宽高参数 nWidth 和 nHeight 指定为多少，也不管图标的实际大小是多少，系统总认为图标大小为 32 × 32，并调整静态控件大小为 32 × 32，如果指定了 SS_REALSIZEIMAGE 样式，则会使用图标的实际大小，并把静态控件调整为图标的实际大小 |
| SS_BITMAP | 位图。CreateWindowEx 函数的窗口标题参数 lpWindowName 指定为位图 ID 值，该样式会忽略 CreateWindowEx 函数的宽高参数 nWidth 和 nHeight，系统会根据位图的实际大小自动调整静态控件的大小。如果想使用 nWidth 和 nHeight 指定的大小，则可以同时指定 SS_REALSIZECONTROL 样式，系统会自动调整位图（放大或缩小）以适应静态控件的大小 |
| SS_ENHMETAFILE | 图元文件 |

例如下面的代码：

```
hwndIcon = CreateWindowEx(0, TEXT("Static"), TEXT("#101"),
           WS_CHILD | WS_VISIBLE | SS_ICON | SS_NOTIFY,
           10, 10, 100, 100, hwnd, (HMENU)(1001), hInstance, NULL);
hwndBmp = CreateWindowEx(0, TEXT("Static"), TEXT("#102"),
          WS_CHILD | WS_VISIBLE | SS_BITMAP | SS_NOTIFY,
          10, 50, 100, 100, hwnd, (HMENU)(1002), hInstance, NULL);
```

ID 为 101 的资源是一个 64 × 64 大小的图标，ID 为 102 的资源是一个 77 × 73 大小的位图，资源脚本文件的部分内容如下所示：

```
IDI_PANDA                ICON                   "Panda.ico"
IDB_SMILE                BITMAP                 "SmileFace.bmp"
```

资源头文件的部分内容如下所示：

```
#define IDI_PANDA                  101
#define IDB_SMILE                  102
```

CreateWindowEx 函数的 lpWindowName 参数只能设置为 TEXT("#101")的形式。TEXT("#IDI_PANDA")是不可以的，使用 MAKEINTRESOURCE 宏也不可以。运行效果如图 8.11 所示。

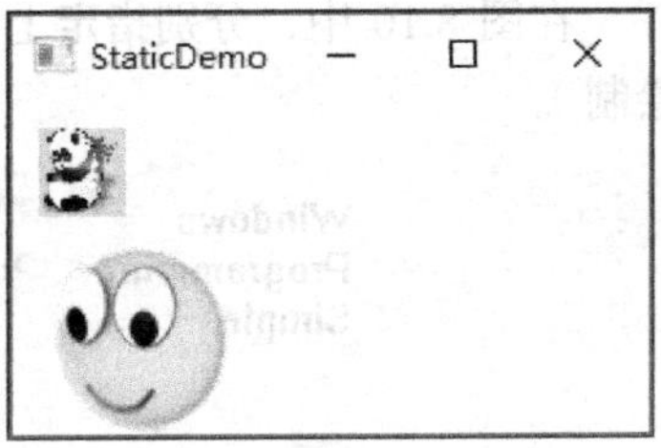


图 8.11

在图 8.11 中，对于图标，因为没有指定 SS_REALSIZEIMAGE 样式，所以系统会认为图标大小为 32 × 32，系统自动调整 64 × 64 大小的图标为 32 × 32，并调整静态控件大小为 32 × 32；对于位图，因为没有指定 SS_REALSIZECONTROL 样式，所以系统会使用位图的实际大小，也就是 77 × 73，并根据位图的实际大小自动调整静态控件的大小为 77 × 73。

对于图像静态控件，还可以同时指定 SS_CENTERIMAGE 样式，该样式可以让图像在 CreateWindowEx 函数的（x, y, nWidth, nHeight）定义的矩形范围内水平和垂直居中显示。

在讲解资源的时候说过，菜单、图标、光标等的 ID 也可以使用字符串，例如：

```
Panda                    ICON                    "Panda.ico"
SmileFace                BITMAP                  "SmileFace.bmp"
```

此时，CreateWindowEx 函数的 lpWindowName 参数可以指定为 TEXT("Panda")、TEXT("SmileFace")。

可以通过发送 STM_SETIMAGE 消息为图像静态控件设置一个新图像。wParam 参数指定图像类型，可以是 IMAGE_ICON（图标，用于 SS_ICON 样式）、IMAGE_BITMAP（位图，用于 SS_BITMAP 样式）、IMAGE_CURSOR（光标，用于 SS_ICON 样式）或 IMAGE_ENHMETAFILE（增强图元文件，用于 SS_ENHMETAFILE 样式）。lParam 参数指定为图像的句柄（HICON、HBITMAP、HCURSOR 等）。返回值是先前与静态控件关联的图像的句柄（如果有的话）；否则返回值是 NULL。

STM_GETIMAGE 消息用于获取与图像静态控件关联的图像的句柄，wParam 参数指定图像类型，lParam 参数没有用到。返回值是与静态控件关联的图像的句柄（如果有的话）；否则返回值是 NULL。

对于文本静态控件，如果想在一个字符的底部显示下划线，则可以在该字符的前面使用一个&符号，如果本意是想显示一个&符号，则需要指定 SS_NOPREFIX 样式；SS_SUNKEN 样式表示在静态控件周围绘制一个半凹陷的边框，对于边框，还可以指定普通窗口样式中那些与窗口边框有关的样式；SS_OWNERDRAW 样式表示自绘静态控件，每当需要绘制控件时，父窗口就会收到 WM_DRAWITEM 消息。

静态控件的通知码有 STN_CLICKED 单击时、STN_DBLCLK 双击时、STN_DISABLE 禁用静态控件时和 STN_ENABLE 启用静态控件时，这些通知码通过 WM_COMMAND 消息的形式发送，但前提是必须指定 SS_NOTIFY 样式，默认情况下静态控件不会发送通知码。

最后，需要处理的消息可能还有 WM_CTLCOLORSTATIC，该消息针对静态控件和只读或禁用的编辑控件。

## 8.7　SysLink 控件

SysLink 控件是 Comctl32.dll 版本 6 以后引入的一个子窗口控件，可以用于显示普通文本和超链接。超链接的文本颜色默认情况下是蓝色，带下划线，超链接支持 Href、ID 属性。学过 HTML 的读者对于创建超链接的方法应该很熟悉。Href 支持任何协议，例如 http、https、ftp、mailto 等。一个 SysLink 控件中可以有多个超链接。ID 为可选属性，它在一个 SysLink 控件中必须是唯一的。当用户单击超链接时，系统会发送包含 NM_CLICK 通知码的 WM_NOTIFY 消息。要区分是哪一个超链接，可以使用其位置索引，索引从 0 开始。例如下面的代码创建了一个 SysLink 控件（只有一个超链接）：

```
hwndSysLink = CreateWindowEx(0, TEXT("SysLink"),
    TEXT("我喜欢<a href=\"http://www.WindowsChs.com/\">Windows 程序设计</a>"),
    WS_CHILD | WS_VISIBLE, 10, 10, 200, 20, hwnd, (HMENU)(1001), hInstance, NULL);
```

运行效果如下所示：

我喜欢Windows程序设计

普通文本“我喜欢”的颜色是黑色，超链接文本的颜色是蓝色，SysLink 控件的背景是灰色。

超链接的状态和属性可以通过发送 LM_SETITEM 消息来进行设置。wParam 参数没有用到。lParam 参数是一个指向 LITEM 结构的指针，该结构包含超链接所需的新状态和属性，也用于 LM_GETITEM 消息中获取超链接的状态和属性。LITEM 结构在 CommCtrl.h 头文件中定义如下：

```
typedef struct tagLITEM
{
    UINT      mask;                          // 标志，要设置或获取哪些项目
    int       iLink;                         // 超链接的索引
    UINT      state;                         // 超链接的状态，和 stateMask 设置为相同的值
    UINT      stateMask;                     // 超链接的状态掩码
    WCHAR     szID[MAX_LINKID_TEXT];         // ID，最大字符数 MAX_LINKID_TEXT(48)
    WCHAR     szUrl[L_MAX_URL_LENGTH];// URL，最大字符数 L_MAX_URL_LENGTH (2048 +
                                             // 32 + sizeof("://"))
} LITEM, *PLITEM;
```

- mask 字段指定要设置或获取哪些项目，可以是表 8.23 所示的一个或多个标志的组合。

表 8.23

| 常量 | 含义 |
| --- | --- |
| LIF_ITEMINDEX | 超链接的索引，因为通常都是通过索引来确定 SysLink 控件中的一个超链接，所以不管是设置还是获取，都需要指定该标志，并为 iLink 字段设置一个值 |
| LIF_ITEMID | 超链接的 ID，对应 szID 字段 |
| LIF_URL | 超链接的 URL，对应 szUrl 字段 |
| LIF_STATE | 超链接的状态，对应 stateMask 字段 |

- state 和 stateMask 字段使用相同的值，可用的值如表 8.24 所示。

表 8.24

| 常量 | 含义 |
| --- | --- |
| LIS_ENABLED | 默认值，该链接可以响应用户输入，除非创建控件的时候指定了 WS_DISABLED 样式 |
| LIS_FOCUSED | 该链接具有键盘焦点，此时按 Enter 键会发送包含 NM_CLICK 通知码的 WM_NOTIFY 消息 |
| LIS_VISITED | 该链接已被用户访问过 |
| LIS_HOTTRACK | 当鼠标悬停在控件上时，将以不同的颜色（COLOR_HIGHLIGHT 为蓝色）突出显示 |

SysLink 控件可用的部分样式如表 8.25 所示。

表 8.25

| 常量 | 含义 |
|---|---|
| LWS_TRANSPARENT | SysLink 控件背景透明 |
| LWS_NOPREFIX | 如果文本包含&符号，则将其视为文字字符&，而不是快捷键的前缀 |

当用户单击一个超链接时，系统会发送包含 NM_CLICK 通知码的 WM_NOTIFY 消息。当超链接具有输入焦点时，按下 Enter 键会发送包含 NM_RETURN 通知码的 WM_NOTIFY 消息。程序通常用同样的方法处理这两个消息，要区分是哪一个超链接，可以使用其位置索引，索引从 0 开始。这两个通知码的 lParam 参数是一个指向 NMLINK 结构的指针，该结构在 CommCtrl.h 头文件中定义如下：

```
typedef struct tagNMLINK
{
    NMHDR   hdr;     // NMHDR 结构
    LITEM   item;    // LITEM 结构，包含超链接的状态和属性信息
} NMLINK, *PNMLINK;
```

例如下面的示例：

```
LRESULT CALLBACK WindowProc(HWND hwnd, UINT uMsg, WPARAM wParam, LPARAM lParam)
{
    HINSTANCE hInstance;
    static HFONT hFont;
    static HWND hwndSysLink;

    LITEM li = { 0 };
    PNMLINK pnmLink;

    switch (uMsg)
    {
    case WM_CREATE:
        hInstance = ((LPCREATESTRUCT)lParam)->hInstance;
        hwndSysLink = CreateWindowEx(0, TEXT("SysLink"),
          TEXT("我喜欢<a href=\"http://www.WindowsChs.com/\" ID= \"Windows\" >Windows 程序
              设计</a>\n")
          TEXT("我喜欢<a href=\"http://www.taobao.com/\" ID=\"taobao\" >淘宝购物</a>\n")
          TEXT("我喜欢<a href=\"http://www.jd.com/\" ID=\"jd\" >京东商城</a>"),
          WS_CHILD | WS_VISIBLE | WS_TABSTOP | LWS_TRANSPARENT,
          10, 10, 200, 60, hwnd, (HMENU)(1001), hInstance, NULL);
        hFont = CreateFont(18, 0, 0, 0, 0, 0, 0, 0, DEFAULT_CHARSET, 0, 0, 0, 0, TEXT
                          ("微软雅黑"));
        SendMessage(hwndSysLink, WM_SETFONT, (WPARAM)hFont, FALSE);
        return 0;

    case WM_LBUTTONDBLCLK:
        li.mask = LIF_ITEMINDEX | LIF_URL;
        li.iLink = 0;
```

```
            StringCchCopy(li.szUrl, L_MAX_URL_LENGTH, TEXT("https://msdn.microsoft.com/"));
            SendMessage(hwndSysLink, LM_SETITEM, 0, (LPARAM)&li);
            return 0;

        case WM_NOTIFY:
            switch (((LPNMHDR)lParam)->code)
            {
            case NM_CLICK:
            case NM_RETURN:
                pnmLink = (PNMLINK)lParam;
                if (pnmLink->hdr.hwndFrom == hwndSysLink)
                {
                    if (pnmLink->item.iLink == 0)
                        ShellExecute(NULL, TEXT("open"), pnmLink->item.szUrl, NULL, NULL,
SW_SHOW);
                    else if (pnmLink->item.iLink == 1)
                        ShellExecute(NULL, TEXT("open"), pnmLink->item.szUrl, NULL, NULL,
SW_SHOW);
                    else if (pnmLink->item.iLink == 2)
                        ShellExecute(NULL, TEXT("open"), pnmLink->item.szUrl, NULL, NULL,
SW_SHOW);
                }
                break;
            }
            return 0;

        case WM_DESTROY:
            DeleteObject(hFont);
            PostQuitMessage(0);
            return 0;
        }

        return DefWindowProc(hwnd, uMsg, wParam, lParam);
}
```

完整代码参见 Chapter8\SysLinkDemo。在创建 SysLink 控件时，指定 LWS_TRANSPARENT 透明样式；在客户区中双击时，程序发送一个 LM_SETITEM 消息，设置第 1 个超链接的 URL 为 https://msdn.microsoft.com/；在 WM_NOTIFY 消息中处理 NM_CLICK 和 NM_RETURN 通知码，根据超链接的索引分别进行处理，ShellExecute 函数用于打开一个文件或 URL，后面会学习这个函数。程序运行效果如图 8.12 所示。

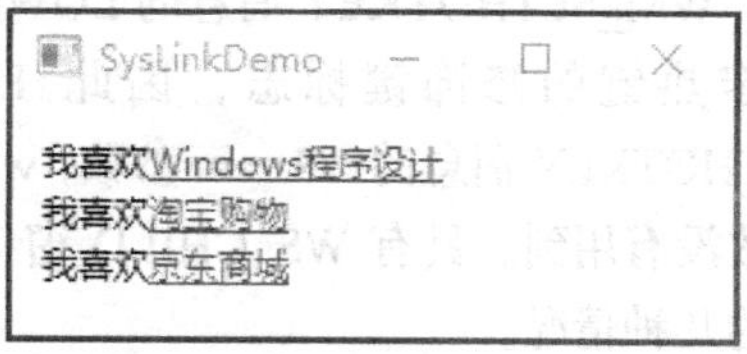


图 8.12

实际上我更倾向于使用静态控件 Static 来替代 SysLink 控件，因为 SysLink 控件的外观不太容易控制，例如改变超链接的文本颜色、去除超链接的下划线等。

## 8.8 全局热键与特定线程热键

热键，也叫快捷键。当用户在热键控件中输入用于热键的组合键时，组合键的名称会显示在热键控件中，如 Ctrl + Shift + C ，组合键包括修饰键（Ctrl、Alt、Shift）和伴随键（数字字母键、方向键、功能键 F1～F12）。用户输入组合键以后，程序可以获取热键控件中的组合键，以设置全局热键或特定于线程的热键。

发送 HKM_GETHOTKEY 消息可以获取热键控件中的修饰键和伴随键，消息的 wParam 和 lParam 参数都没有用到。该消息返回一个包含修饰键标志和伴随键的虚拟键码的 DWORD 值，LOBYTE（LOWORD(返回值)）表示热键的伴随键的虚拟键码，HIBYTE（LOWORD(返回值)）表示热键的修饰键标志。修饰键标志可以是表 8.26 所示的值的组合。

表 8.26

| 常量 | 值 | 含义 |
|---|---|---|
| HOTKEYF_SHIFT | 1 | Shift 键 |
| HOTKEYF_CONTROL | 2 | Ctrl 键 |
| HOTKEYF_ALT | 4 | Alt 键 |

发送 HKM_SETHOTKEY 消息可以设置热键控件中的修饰键和伴随键，LOBYTE(LOWORD(wParam))表示热键的伴随键的虚拟键码，HIBYTE(LOWORD (wParam))表示热键的修饰键标志，lParam 参数没有用到，该消息始终返回 0。

全局热键与指定的窗口相关联，不管该窗口是否处于活动状态，按下全局热键以后，系统都会通知该窗口。可以通过发送 WM_SETHOTKEY 消息设置全局热键。每当用户按下全局热键时，如果发送 WM_SETHOTKEY 消息设置全局热键的窗口处于活动状态，那么将收到 WM_SYSCOMMAND 消息（wParam 等于 SC_HOTKEY，lParam 等于窗口的句柄）；如果该窗口没有处于活动状态，那么系统会激活该窗口到前台显示，在调用 WM_SETHOTKEY 消息设置全局热键的应用程序退出之前，热键一直有效。

WM_SETHOTKEY 消息的 LOWORD(wParam)指定热键的伴随键的虚拟键码，HIWORD(wParam)指定热键的修饰键标志，因此 LOWORD(HKM_GETHOTKEY)消息的返回值可以用作 WM_SETHOTKEY 消息的 wParam 参数，wParam 参数设置为 NULL 表示删除与窗口关联的全局热键；lParam 参数没有用到。具有 WS_CHILD 窗口样式的窗口不能设置全局热键。该消息的返回值包括表 8.27 所示的几种情况。

表 8.27

| 返回值 | 含义 |
|---|---|
| −1 | 热键无效（例如 VK_ESCAPE、VK_SPACE 和 VK_TAB 等都是无效的热键） |
| 0 | 窗口无效 |
| 1 | 成功，没有其他窗口具有相同的热键 |
| 2 | 成功，但另一个窗口已具有相同的热键 |

一个窗口只能关联一个全局热键，如果窗口已经有一个与之关联的全局热键，则新设置的全局热键将替换旧的全局热键；如果多个窗口具有相同的全局热键，则由全局热键激活的窗口是随机的。

发送 WM_SETHOTKEY 消息可以设置一个与指定窗口相关联的全局热键。按下全局热键以后，如果该窗口没有处于活动状态，则系统会激活该窗口；如果该窗口处于活动状态，则会收到 WM_SYSCOMMAND 消息（wParam 等于 SC_HOTKEY，lParam 等于窗口的句柄），所以该消息主要用于将程序窗口调到前台。全局热键也称为窗口激活热键。

如果需要在用户按下热键以后执行某种操作，例如 QQ 程序不管是处于最小化还是活动状态，按下 Ctrl + Alt + A 组合键都可以打开 QQ 截图程序，这可以通过调用 RegisterHotKey 函数设置特定于线程的系统范围的热键来实现。在用户按下 RegisterHotKey 函数指定的热键以后，系统会发送 WM_HOTKEY 消息到线程的消息队列，该热键不会把程序窗口调到前台。线程的概念后面再讲，程序执行以后会创建一个主线程。如果需要，程序可以通过调用 CreateThread 函数创建其他线程：

```
BOOL WINAPI RegisterHotKey(
    _In_opt_ HWND hWnd,           // 窗口句柄，将接收由热键生成的 WM_HOTKEY 消息
    _In_     int  id,             // 热键的 ID
    _In_     UINT fsModifiers,    // 修饰键标志
    _In_     UINT vk);            // 伴随键的虚拟键码
```

- hWnd 参数指定窗口句柄，该窗口将接收由热键生成的 WM_HOTKEY 消息，热键与 hWnd 指定的窗口相关联。如果设置为 NULL，则 WM_HOTKEY 消息将发送到调用该函数的线程的消息队列中，即在这种情况下热键与调用该函数的线程相关联。程序可以在消息循环中处理该消息以决定发送给哪个窗口，如同计时器的其他方式的消息循环中的处理代码。
- id 参数指定热键的 ID，因为一个程序可以通过调用 RegisterHotKey 函数设置多个热键，在 WM_HOTKEY 消息中可以通过 id 来确定是哪个热键。程序可以指定 0x0000～0xBFFF 范围内的 id 值，如果是动态链接库，则必须指定 0xC000～0xFFFF 范围内的 id 值（一个程序可以同时加载多个动态链接库，为避免与其他动态链接库定义的热键 id 冲突，动态链接库应使用 GlobalAddAtom 函数来分配一个热键 id）。
- fsModifiers 参数指定修饰键标志，可以是表 8.28 所示的值的组合，这些标志的值和 HOTKEYF_ 开头的那些标志的值并不对应。

**表 8.28**

| 常量 | 值 | 含义 |
|---|---|---|
| MOD_ALT | 1 | Alt |
| MOD_CONTROL | 2 | Ctrl |
| MOD_SHIFT | 4 | Shift |
| MOD_WIN | 8 | Windows 键，但是 Windows 键通常是保留给操作系统使用 |

如果函数执行成功，则返回值为非零值；如果函数执行失败，则返回值为 0。要获取错误信息,请调用 GetLastError。

特定于线程的系统范围的热键表示在系统中是唯一的。如果系统中其他程序已经注册过相同的热键组合键，则 RegisterHotKey 函数调用会失败。如果使用相同的 Hwnd 和 id 又创建了一个或多个组合

键不同的特定线程热键，则旧热键与新热键都可以工作。

如果需要取消注册热键，可以调用 UnregisterHotKey 函数：

```
BOOL WINAPI UnregisterHotKey(_In_opt_ HWND hWnd, _In_ int id);
```

WM_HOTKEY 消息的 wParam 参数是生成消息的热键的 id，LOWORD(lParam)是以 MOD_开头的修饰键标志，HIWORD(lParam)是伴随键的虚拟键码。

关于全局热键和特定线程热键的示例参见 Chapter8\HotKeyDemo 项目。部分代码如下：

```
LRESULT CALLBACK WindowProc(HWND hwnd, UINT uMsg, WPARAM wParam, LPARAM lParam)
{
    HINSTANCE hInstance;
    static HWND hwndHotKeyHwnd, hwndBtnSetHwnd;      // 与窗口激活热键相关的热键控件和按钮句柄
    static HWND hwndHotKeyThread, hwndBtnSetThread; // 与特定线程热键相关的热键控件和按钮句柄
    static HFONT hFont;
    DWORD dwHotKey;           // 发送 HKM_GETHOTKEY 消息获取热键控件的修饰键和伴随键的返回值
    DWORD dwRet;              // 发送 WM_SETHOTKEY 消息设置窗口激活热键的返回值
    UINT fsModifiers = 0;     // RegisterHotKey 函数的 fsModifiers 参数，修饰键标志

    switch (uMsg)
    {
    case WM_CREATE:
        hInstance = ((LPCREATESTRUCT)lParam)->hInstance;
        // 2 个热键控件
        hwndHotKeyHwnd = CreateWindowEx(0, TEXT("msctls_hotkey32"), NULL,
            WS_CHILD | WS_VISIBLE,
            10, 10, 120, 22, hwnd, (HMENU)IDC_HOTKEYHWND, hInstance, NULL);
        hwndHotKeyThread = CreateWindowEx(0, TEXT("msctls_hotkey32"), NULL,
            WS_CHILD | WS_VISIBLE,
            140, 10, 120, 22, hwnd, (HMENU)IDC_HOTKEYTHREAD, hInstance, NULL);

        // 2 个按钮
        hwndBtnSetHwnd = CreateWindowEx(0, TEXT("Button"), TEXT("设置窗口激活热键"),
            WS_CHILD | WS_VISIBLE | BS_PUSHBUTTON,
            10, 40, 120, 25, hwnd, (HMENU)IDC_BTNSETHWND, hInstance, NULL);
        hwndBtnSetThread = CreateWindowEx(0, TEXT("Button"), TEXT("注册特定线程热键"),
            WS_CHILD | WS_VISIBLE | BS_PUSHBUTTON,
            140, 40, 120, 25, hwnd, (HMENU)IDC_BTNSETTHREAD, hInstance, NULL);

        // 设置字体
        hFont = CreateFont(18, 0, 0, 0, 0, 0, 0, 0, GB2312_CHARSET, 0, 0, 0, 0, TEXT
                          ("微软雅黑"));
        SendMessage(hwndHotKeyHwnd, WM_SETFONT, (WPARAM)hFont, FALSE);
        SendMessage(hwndHotKeyThread, WM_SETFONT, (WPARAM)hFont, FALSE);
        SendMessage(hwndBtnSetHwnd, WM_SETFONT, (WPARAM)hFont, FALSE);
        SendMessage(hwndBtnSetThread, WM_SETFONT, (WPARAM)hFont, FALSE);
        return 0;

    case WM_SETFOCUS:
        SetFocus(hwndHotKeyHwnd);
```

```
        return 0;

    case WM_COMMAND:
        switch (LOWORD(wParam))
        {
        case IDC_BTNSETHWND:
            dwHotKey = SendMessage(hwndHotKeyHwnd, HKM_GETHOTKEY, 0, 0);
            if (!HIBYTE(LOWORD(dwHotKey)) || !LOBYTE(LOWORD(dwHotKey)))
            {
                MessageBox(hwnd, TEXT("设置窗口激活热键需要修饰键和伴随键"), TEXT("错误"),
                        MB_OK);
                return 0;
            }
            // 设置窗口激活热键
            dwRet = SendMessage(hwnd, WM_SETHOTKEY, LOWORD(dwHotKey), 0);
            if (dwRet <= 0)
                MessageBox(hwnd, TEXT("窗口激活热键设置失败"), TEXT("错误"), MB_OK);
            else if (dwRet == 1)
                MessageBox(hwnd, TEXT("成功，没有其他窗口具有"), TEXT("成功"), MB_OK);
            else if (dwRet == 2)
                MessageBox(hwnd, TEXT("成功，但另一个窗口已具有"), TEXT("警告"), MB_OK);
            break;

        case  IDC_BTNSETTHREAD:
            dwHotKey = SendMessage(hwndHotKeyThread, HKM_GETHOTKEY, 0, 0);
            if (HIBYTE(LOWORD(dwHotKey)) & HOTKEYF_SHIFT)
                fsModifiers |= MOD_SHIFT;
            if (HIBYTE(LOWORD(dwHotKey)) & HOTKEYF_CONTROL)
                fsModifiers |= MOD_CONTROL;
            if (HIBYTE(LOWORD(dwHotKey)) & HOTKEYF_ALT)
                fsModifiers |= MOD_ALT;
            if (!fsModifiers || !LOBYTE(LOWORD(dwHotKey)))
            {
                MessageBox(hwnd, TEXT("注册特定线程热键需要修饰键和伴随键"), TEXT("错误"),
                        MB_OK);
                return 0;
            }
            // 注册特定线程热键
            if (RegisterHotKey(hwnd, 1, fsModifiers, LOBYTE(LOWORD(dwHotKey))))
                MessageBox(hwnd, TEXT("注册特定线程热键成功"), TEXT("注册成功"), MB_OK);
            else
                MessageBox(hwnd, TEXT("注册特定线程热键失败"), TEXT("注册失败"), MB_OK);
            break;
        }
        return 0;

    case WM_SYSCOMMAND:
        // 如果该窗口处于活动状态，则会收到 WM_SYSCOMMAND 消息
        // 实际编程中很少处理 SC_HOTKEY 的 WM_SYSCOMMAND 消息
        if ((wParam & 0xFFF0) == SC_HOTKEY)
```

```
        {
            MessageBox(hwnd, TEXT("窗口激活热键消息"), TEXT("消息"), MB_OK);
            return 0;
        }
        return DefWindowProc(hwnd, uMsg, wParam, lParam);

    case WM_HOTKEY:
        // 处理特定线程热键消息
        if (wParam == 1)
            MessageBox(hwnd, TEXT("特定线程热键消息"), TEXT("消息"), MB_OK);
        return 0;

    case WM_DESTROY:
        UnregisterHotKey(hwnd, 1);
        DeleteObject(hFont);
        PostQuitMessage(0);
        return 0;
    }

    return DefWindowProc(hwnd, uMsg, wParam, lParam);
}
```

当用户更改了热键控件中的内容时，系统会发送包含 EN_CHANGE 通知码的 WM_COMMAND 消息。

## 8.9　IP 地址控件

目前应用最广泛的 IP 地址是基于 IPv4 的，一个 IP 地址的长度为 32 位，即 4 字节（DWORD）数据。IP 地址中的每字节使用一个十进制数字来表示，每字节的数值范围是 0～255，数字之间使用小数点分隔。IPv4 的 IP 地址格式为 XXX.XXX.XXX.XXX，这种 IP 地址表示法称为点分十进制表示法。IP 地址控件允许用户以点分十进制表示法输入 IP 地址，如图 8.13 所示。

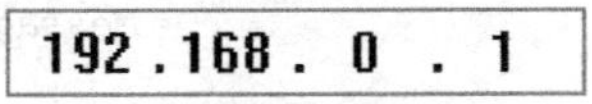

图 8.13

4 个数字是 4 个域，实际上每个域都是一个编辑控件。当 IP 地址控件获得、失去键盘焦点时会收到 EN_SETFOCUS、EN_KILLFOCUS 通知码。当 IP 地址控件中的任何域更改时，都会收到 EN_CHANGE 通知码（通过 WM_COMMAND 消息的形式），这些通知码通常都不需要处理。

IP 地址控件常用的消息如表 8.29 所示。

表 8.29

| 消息类型 | 含义 |
| --- | --- |
| IPM_SETADDRESS | 设置 IP 地址控件中的 IP 地址。wParam 参数没有用到。lParam 参数指定为新地址的 32 位 DWORD 值，但是我们习惯上使用点分十进制书写 IP 地址，使用 MAKEIPADDRESS 宏可以解决这个问题，例如 MAKEIPADDRESS(192, 168, 0, 1) |

续表

| 消息类型 | 含义 |
|---|---|
| IPM_GETADDRESS | 获取 IP 地址控件中的 IP 地址。wParam 参数没有用到。lParam 参数指定为接收地址的 32 位 DWORD 值的指针。IP 地址的 4 个数字是 4 个域，可以使用 FIRST_IPADDRESS、SECOND_IPADDRESS、THIRD_IPADDRESS 和 FOURTH_IPADDRESS 宏分别提取每个域的值，如果某个域为空，则值为 0。IPM_GETADDRESS 消息的返回值为非空域的个数 |
| IPM_CLEARADDRESS | 清空 IP 地址控件中的内容，wParam 和 lParam 参数都没有用到 |
| IPM_ISBLANK | IP 地址控件中的所有域是否都为空。wParam 和 lParam 参数都没有用到。如果所有域都为空，返回非零值；否则返回 0 |
| IPM_SETRANGE | 默认情况下每个域字节的数值范围是 0～255，可以通过发送该消息设置 IP 地址控件中指定域的数值范围，wParam 参数指定为域的索引，LOBYTE(LOWORD(lParam))设置为范围的最小值，HIBYTE (LOWORD(lParam))设置为范围的最大值，可以使用 MAKEIPRANGE 宏，执行成功，则返回非零值；否则返回 0 |

当用户更改了 IP 地址控件中的域，或鼠标光标从一个域移动到另一个域时，会发送包含 IPN_FIELDCHANGED 通知码的 WM_NOTIFY 消息（发送 IPM_SETADDRESS 消息不会生成该通知码）。对于 WM_NOTIFY 消息，要先把 lParam 参数转换为指向 NMHDR 结构的指针，确定通知码的类型，然后才可以确定 lParam 参数是不是一个指向更大结构的指针。IPN_FIELDCHANGED 通知码的 lParam 参数是一个指向 NMIPADDRESS 结构的指针，该结构包含当前域的索引和值，在 CommCtrl.h 头文件中定义如下：

```
typedef struct tagNMIPADDRESS
{
    NMHDR hdr;
    int iField; // 域索引
    int iValue; // 该域的值
} NMIPADDRESS, *LPNMIPADDRESS;
```

程序可以获取((LPNMIPADDRESS)lParam)->iValue 值，也可以修改该值。如果某个域为空，则值为-1。

## 8.10 图像列表 ImageList_Create 函数

图像列表是具有相同大小的多个图像的集合，每个图像都可以通过其索引来引用，图像列表用于有效管理大量图标或位图。图像列表并不是一个窗口，因此没有窗口类名。可以通过调用 ImageList_Create 函数创建一个图像列表，函数返回 HIMAGELIST 图像列表句柄：

```
HIMAGELIST ImageList_Create(
    int  cx,          // 每个图像的宽度，以像素为单位
    int  cy,          // 每个图像的高度，以像素为单位
    UINT flags,       // 要创建的图像列表类型标志，设置为 0 表示默认
    int  cInitial,    // 图像列表最初包含的图像个数
    int  cGrow);      // 当图像列表中的图像个数超过 cInitial 时，可以动态增长的图像个数，可以设置为 0
```

flags 参数指定要创建的图像列表的类型，可以是表 8.30 所示的值的组合。

表 8.30

| 常量 | 含义 |
|---|---|
| ILC_COLOR | 默认情况，使用 ILC_COLOR4(4 位色 DIB) |
| ILC_COLOR24 | 24 位色 DIB |
| ILC_COLOR32 | 32 位色 DIB |
| ILC_COLORDDB | 使用设备相关位图 DDB |
| ILC_MASK | 使用掩码，包含两个位图，其中一个是用作掩码的单色位图。如果没有指定该标志，则仅包含一个位图。图标或光标通常需要指定该类型，因为图标或光标内含掩码数据 |
| ILC_ORIGINALSIZE | 使用所添加的图像的原始实际大小 |

当不再需要图像列表的时候，可以通过调用 ImageList_Destroy 函数将其销毁：

```
BOOL ImageList_Destroy(_In_opt_ HIMAGELIST himl);
```

创建图像列表以后，可以添加、删除、替换、合并、绘制和拖动图像。本书主要讲解添加、删除和替换图像。可以通过调用 ImageList_Add 函数把位图添加到图像列表中，通过调用 ImageList_AddIcon 宏把图标或光标添加到图像列表中：

```
int ImageList_Add(
    _In_       HIMAGELIST himl,          // 图像列表句柄
    _In_       HBITMAP    hbmImage,      // 要添加的位图句柄
_In_opt_ HBITMAP    hbmMask);            // 掩码位图的句柄，如果不需要，可以设置为 NULL
```

ImageList_Add 函数可以一次将一个或多个位图添加到图像列表中，hbmImage 参数指定要添加到图像列表的位图句柄。假设图像列表的宽高为 32 像素 × 32 像素，如果需要添加 10 个 32 × 32 大小的位图，可以把这 10 个位图制作到一个宽高为 320 像素 × 32 像素的大位图中，函数会根据图像列表和位图的宽度自动计算位图个数。

```
int ImageList_AddIcon(
    HIMAGELIST himl,      // 图像列表句柄
    HICON      hicon);    // 要添加的图标或光标句柄，图标或光标文件本身包含掩码数据
```

在 ImageList_Add 和 ImageList_AddIcon 将每个图像添加到图像列表时系统会为其分配索引。索引从 0 开始，列表中的第一个图像的索引为 0，下一个图像的索引为 1，以此类推。添加单个图像时，函数将返回图像的索引；当一次添加多个图像时，函数返回第一个图像的索引；函数执行失败，则返回−1。

调用 ImageList_Replace 函数可以用一个新位图替换图像列表中的旧位图，调用 ImageList_ReplaceIcon 函数可以用一个新图标或光标替换图像列表中的旧图标或光标：

```
BOOL ImageList_Replace(
    HIMAGELIST himl,              // 图像列表句柄
    int        i,                 // 要替换的位图的索引
    HBITMAP    hbmImage,          // 新位图句柄
    HBITMAP    hbmMask);          // 新掩码位图句柄
int ImageList_ReplaceIcon(
    _In_ HIMAGELIST himl,         // 图像列表句柄
```

```
    _In_ int          i,     // 要替换的图标或光标的索引
    _In_ HICON        hicon); // 新图标或光标句柄
```

对于 ImageList_ReplaceIcon 函数，执行成功，返回图像的索引；否则返回-1。

如果 ImageList_ReplaceIcon 函数的参数 i 设置为-1，则表示添加到图像列表的末尾，ImageList_AddIcon 宏实际上就是调用的 ImageList_ReplaceIcon 函数：

```
#define ImageList_AddIcon(himl, hicon) ImageList_ReplaceIcon(himl, -1, hicon)
```

要从图像列表中删除图像可以调用 ImageList_Remove 函数：

```
BOOL ImageList_Remove(
    HIMAGELIST himl,     // 图像列表句柄
    int        i);       // 图像索引
```

如果图像索引参数 i 设置为-1，则从图像列表中删除所有图像。

## 8.11 工具提示控件

工具提示控件是一个小窗口。当鼠标光标悬停在一个控件或特定区域上时，该窗口会自动弹出，通常用于显示一些提示或帮助信息。在资源管理器中，当用户把鼠标悬停在某一文件上时，会弹出一个工具提示控件，显示该文件的大小、类型和修改日期。

通常，可以在 WM_CREATE 消息中按如下方式创建一个工具提示控件：

```
hwndTip = CreateWindowEx(WS_EX_TOPMOST, TEXT("tooltips_class32"), NULL,
    WS_POPUP | TTS_ALWAYSTIP,
    CW_USEDEFAULT, CW_USEDEFAULT, CW_USEDEFAULT, CW_USEDEFAULT,
    hwnd, NULL, hInstance, NULL);
```

先看一下工具提示控件所用的窗口样式。工具提示控件是一个没有标题栏的弹出窗口，因此使用 WS_POPUP，而不是 WS_CHILD。实际上不指定 WS_POPUP 样式也可以，因为当创建工具提示控件时，系统总是默认添加 WS_POPUP 和 WS_EX_TOOLWINDOW 窗口样式；没有指定 WS_VISIBLE 样式，是因为当鼠标光标悬停在指定控件或特定区域上时工具提示控件才显示；TTS_ALWAYSTIP 是工具提示控件专用样式，该样式表示即使工具提示控件的父窗口处于非活动状态，当鼠标光标悬停在指定控件或特定区域上时也会弹出工具提示控件。

不管程序窗口是否位于 Z 序的顶部，例如被其他程序窗口遮挡了一半的情况下，我们都希望工具提示控件在需要显示的时候显示在顶层，因此指定了 WS_EX_TOPMOST 扩展窗口样式。

工具提示控件的窗口位置和大小不需要指定，系统会自动决定如何显示，因此窗口位置和大小参数指定为 CW_USEDEFAULT 即可。如果需要设置工具提示控件的最大宽度，则可以向其发送 TTM_SETMAXTIPWIDTH 消息。当文本在一行显示不完全时，会自动换行显示。

当鼠标光标悬停在一个控件或特定区域上时，工具提示控件会自动弹出，工具提示控件的“工具”指的就是这些控件或特定区域。一个工具提示控件可以为多个“工具”提供服务，在创建工具提示控件后，可以通过发送 TTM_ADDTOOL 消息为工具提示控件添加“工具”。这里以 Chapter8\EditDemo

为例，为 3 个编辑控件（“工具”）设置提示文本，在 WM_CREATE 消息中添加如下代码：

```
TOOLINFO ti;
ZeroMemory(&ti, sizeof(TOOLINFO));
ti.cbSize = sizeof(TOOLINFO);
ti.uFlags = TTF_IDISHWND | TTF_SUBCLASS;

ti.uId = (UINT_PTR)hwndUserName;
ti.lpszText = TEXT("请输入用户名，最少 3 个字符");
SendMessage(hwndTip, TTM_ADDTOOL, 0, (LPARAM)&ti);

ti.uId = (UINT_PTR)hwndPassword;
ti.lpszText = TEXT("请输入密码，最少 3 个字符");
SendMessage(hwndTip, TTM_ADDTOOL, 0, (LPARAM)&ti);

ti.uId = (UINT_PTR)hwndAge;
ti.lpszText = TEXT("请输入 0~120 岁的年龄");
SendMessage(hwndTip, TTM_ADDTOOL, 0, (LPARAM)&ti);
```

现在，当鼠标光标悬停在用户名、密码或年龄编辑控件（“工具”）上时，会弹出相应的提示文本；在用户单击鼠标按钮、鼠标光标离开“工具”或等待几秒后，工具提示控件会消失。

发送 TTM_ADDTOOL 消息可以为工具提示控件添加“工具”，也可以说是向工具提示控件注册该“工具”。wParam 参数没有用到。lParam 参数是一个指向 TOOLINFO 结构的指针，该结构包含工具提示控件显示“工具”所需的相关信息。TOOLINFO 结构在 CommCtrl.h 头文件中定义如下：

```
typedef struct {
    UINT       cbSize;          // 该结构的大小
    UINT       uFlags;          // 控制工具提示控件显示的标志
    HWND       hwnd;            // rect 字段指定的边界矩形所属的窗口句柄
    UINT_PTR   uId;             // “工具”的窗口句柄或 ID
    RECT       rect;            // “工具”的边界矩形坐标，如果 uFlags 字段包含 TTF_IDISHWND 标志，
                                // 则忽略该字段
    HINSTANCE hinst;            // 包含字符串资源的模块句柄(如果 lpszText 字段指定为字符串资源 ID)
    LPTSTR     lpszText;        // “工具”的提示文本字符串指针，或指定为字符串资源 ID
    LPARAM     lParam;          // 与“工具”关联的 32 位自定义数据
    void       *lpReserved;     // 保留，必须设置为 NULL
} TOOLINFO, *PTOOLINFO, *LPTOOLINFO;
```

- uFlags 字段是控制工具提示控件显示的标志，常用的标志如表 8.31 所示。

表 8.31

| 标志 | 含义 |
|---|---|
| TTF_IDISHWND | uId 字段是“工具”的窗口句柄。如果没有设置该标志，则 uId 字段是“工具”的 ID |
| TTF_PARSELINKS | 应解析工具提示文本中的链接，例如：<br>`ti.lpszText = TEXT("请输入用户名，最少 3 个字符，<a href=\"https://www.baidu.com/\">百度一下</a>");    // 如果未指定该标志，则不会解析 a 标签` |

续表

| 标志 | 含义 |
| --- | --- |
| TTF_SUBCLASS | 默认情况下，系统会将与鼠标相关的消息发送给“工具”。“工具”可以是一个控件或子窗口，也可以是一个矩形区域，即鼠标消息会被发送到控件或子窗口的窗口过程，或矩形区域所属窗口的窗口过程，而不是工具提示控件，因此与鼠标相关的消息还需要通过发送 TTM_RELAYEVENT 消息手动转发到工具提示控件，这样工具提示控件才可以在适当的时间和位置显示“工具”提示文本。在指定该标志后，系统会子类化“工具”以拦截消息，例如 WM_MOUSEMOVE，然后鼠标消息将自动转发到工具提示控件以得到处理 |
| TTF_TRACK | 使工具提示控件窗口显示在与其对应的“工具”旁边。在指定该标志后需要通过发送 TTM_TRACKACTIVATE 消息激活工具提示控件，并根据 TTM_TRACKPOSITION 消息提供的坐标移动工具提示控件 |
| TTF_ABSOLUTE | 使工具提示控件窗口显示在 TTM_TRACKPOSITION 消息提供的坐标处（屏幕坐标），该标志必须与 TTF_TRACK 标志一起使用 |
| TTF_TRANSPARENT | 把工具提示控件的鼠标消息转发到父窗口 |

- hwnd 字段是 rect 字段指定的边界矩形所属的窗口句柄。如果 lpszText 字段指定为 LPSTR_TEXTCALLBACK，则 hwnd 是接收 TTN_GETDISPINFO 通知码（WM_NOTIFY）的窗口句柄。
- uId 字段表示“工具”的窗口句柄或 ID，取决于 uFlags 字段是否指定了 TTF_IDISHWND 标志。
- rect 字段指定“工具”的边界矩形坐标，相对于 hwnd 字段指定的窗口的客户区。如果 uFlags 包含 TTF_IDISHWND 标志，则忽略该字段。
- hinst 字段指定包含字符串资源的模块句柄（如果 lpszText 字段指定为字符串资源 ID）。
- lpszText 字段表示“工具”的提示文本字符串指针，或指定为字符串资源 ID。如果该字段设置为 LPSTR_TEXTCALLBACK，则工具提示控件会将 TTN_GETDISPINFO 通知码（WM_NOTIFY）发送到 hwnd 字段指定的窗口，程序可以处理该通知码以设置提示文本。

**两种用法**：“工具”可以是一个控件或子窗口，也可以是一个矩形区域。如果 uFlags 字段指定了 TTF_IDISHWND 标志，那么 uId 字段指定为“工具”的窗口句柄，此时“工具”是一个控件或子窗口，当鼠标光标悬停在这个控件或子窗口上时，会弹出工具提示控件。

如果 uFlags 字段没有指定 TTF_IDISHWND 标志，可以把 rect 字段指定为一个矩形区域以作为“工具”，hwnd 字段指定为 rect 字段指定的“工具”所属的窗口句柄，uId 字段指定为“工具”的 ID。例如，把程序窗口的客户区右下角 50 像素 × 50 像素的矩形区域定义为“工具”：

```
    RECT rcClient;
    GetClientRect(hwnd, &rcClient);
    SetRect(&rcClient, rcClient.right - 50, rcClient.bottom - 50, rcClient.right, rcClient.
bottom);
    ZeroMemory(&ti, sizeof(ti));
    ti.cbSize = sizeof(TOOLINFO);
    ti.uFlags = TTF_SUBCLASS;
    ti.rect = rcClient;
    ti.hwnd = hwnd;
    ti.uId = 1001;
    ti.lpszText = TEXT("把程序窗口的客户区右下角50像素*50像素的矩形区域定义为"工具"");
    SendMessage(hwndTip, TTM_ADDTOOL, 0, (LPARAM)&ti);
```

上述代码执行效果如图 8.14 所示。

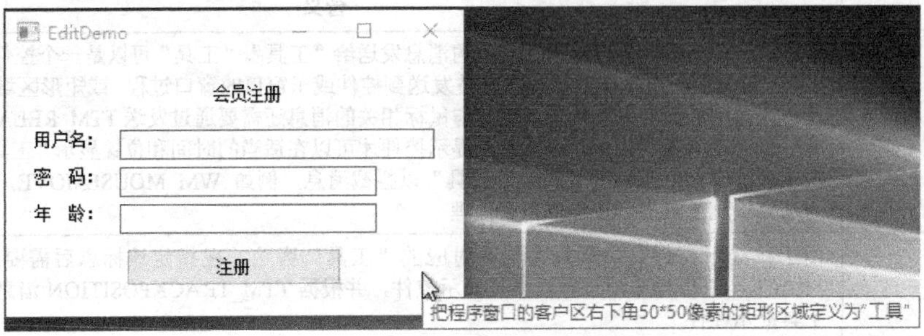


图 8.14

对于矩形区域的“工具”，如果想改变矩形区域的大小，可以通过发送 TTM_NEWTOOLRECT 消息为“工具”设置新的边界矩形。wParam 参数没有用到，lParam 参数是一个指向 TOOLINFO 结构的指针。

添加“工具”以后，还可以通过发送 TTM_UPDATETIPTEXT 消息来更改“工具”的提示文本等信息。wParam 参数没有用到，lParam 参数是一个指向 TOOLINFO 结构的指针。

“工具”的提示文本可以通过发送 TTM_GETTEXT 消息获取。wParam 参数指定为要复制到 TOOLINFO 结构的 lpszText 字段指向的缓冲区中的字符个数，包括终止空字符。lParam 参数同样是一个指向 TOOLINFO 结构的指针。

工具提示控件的常用样式如表 8.32 所示。

表 8.32

| 样式 | 含义 |
| --- | --- |
| TTS_ALWAYSTIP | 即使工具提示控件的父窗口处于非活动状态，当鼠标光标悬停在指定控件或特定区域上时也会弹出工具提示控件 |
| TTS_BALLOON | 工具提示控件具有卡通“气球”的外观，控件窗口是圆角矩形，并有一个指向“工具”的箭头 |
| TTS_CLOSE | 在工具提示控件上显示“关闭”按钮，仅当工具提示控件具有 TTS_BALLOON 样式和标题时才有效。可以通过发送 TTM_SETTITLE 消息为工具提示控件设置标题和图标。例如：<br>`SendMessage(hwndTip, TTM_SETTITLE,`<br>`    (WPARAM)LoadIcon(NULL, IDI_INFORMATION), (LPARAM)TEXT("提示信息"));`<br> |
| TTS_NOPREFIX | 程序可以使用相同的字符串资源作为菜单项和工具提示控件中的文本。默认情况下系统会自动删除&字符，并在第一个制表符(\t)处终止字符串，在指定该样式后可以防止从字符串中删除&字符或在制表符处终止字符串 |

## 8.11.1 超时时间

鼠标光标必须悬停在“工具”上一段时间后工具提示控件才会弹出，默认的超时时间为鼠标双击的时间，即 GetDoubleClickTime()函数返回的值，通常为 500ms。要指定非默认超时值，可以向工具提示控件发送 TTM_SETDELAYTIME 消息。

- TTM_SETDELAYTIME 消息的 wParam 参数用于指定要设置哪个超时时间值，可以是表 8.33 所示的值之一。

表 8.33

| 常量 | 含义 |
| --- | --- |
| TTDT_INITIAL | 设置在工具提示控件窗口出现之前鼠标光标必须在“工具”的边界矩形内保持静止的时间。要将该超时值恢复为默认值，可以把 lParam 参数设置为-1 |
| TTDT_AUTOPOP | 设置如果鼠标光标在“工具”的边界矩形内静止，工具提示控件窗口保持可见的时间（保持显示的时间）。要将该超时值恢复为默认值，可以把 lParam 参数设置为-1 |
| TTDT_RESHOW | 设置当鼠标光标从一个“工具”移动到另一个“工具”时，后面这个“工具”显示工具提示控件所需的时间。要将该超时值恢复为默认值，可以把 lParam 参数设置为-1 |
| TTDT_AUTOMATIC | 默认情况下，AUTOPOP 时间是 INITIAL 时间的 10 倍，RESHOW 时间是 INITIAL 时间的 1/5。如果设置了该标志，则 lParam 参数可以指定为以毫秒为单位的正值表示 INITIAL 时间，如果 lParam 参数指定为负值，则将所有 3 个超时时间恢复为默认值。通常不需要指定该标志。默认比例如下：<br>`nInitial = GetDoubleClickTime();`<br>`nAutoPop = GetDoubleClickTime() * 10;`<br>`nReShow  = GetDoubleClickTime() / 5;` |

- lParam 参数指定超时时间，以毫秒为单位。

例如下面的代码：

```
// 设置超时时间
SendMessage(hwndTip, TTM_SETDELAYTIME, TTDT_INITIAL, 100);
SendMessage(hwndTip, TTM_SETDELAYTIME, TTDT_AUTOPOP, 10000);
```

工具提示控件可以是活动的也可以是非活动的。当它处于活动状态且鼠标光标位于“工具”上时，会显示“工具”提示文本；当它处于非活动状态时，即使鼠标光标位于“工具”上，也不会显示“工具”提示文本，可以通过发送 TTM_ACTIVATE 消息来激活或停用工具提示控件。TTM_ACTIVATE 消息的 wParam 参数可以指定为 TRUE 表示激活控件，或 FALSE 表示停用控件；lParam 参数没有用到。

## 8.11.2 跟踪工具提示

“工具”提示文本可以是固定的，也可以随鼠标光标的移动而移动，称为跟踪工具提示。要创建跟踪工具提示，发送 TTM_ADDTOOL 消息注册“工具”的时候需要在 TOOLINFO 结构的 uFlags 字段中包含 TTF_TRACK 标志；还需要通过向工具提示控件发送 TTM_TRACKACTIVATE 消息手动激活（显示）或停用（隐藏）跟踪工具提示；跟踪工具提示处于激活状态时，还需要通过向工具提示控件发送 TTM_TRACKPOSITION 消息来指定跟踪工具提示的位置。

跟踪工具提示的位置需要程序手动控制，因此在发送 TTM_ADDTOOL 消息注册工具时 TOOLINFO 结构的 uFlags 字段中不需要包含 TTF_SUBCLASS 标志，也不需要通过发送 TTM_RELAYEVENT 将鼠标消息转发到工具提示控件上。

发送 TTM_ADDTOOL 消息注册“工具”的时候需要在 TOOLINFO 结构的 uFlags 字段中包含 TTF_TRACK 标志。在指定该标志后，工具提示控件窗口显示在与其对应的“工具”旁边；如果同时指定 TTF_ABSOLUTE 标志，则可以将工具提示控件窗口显示在 TTM_TRACKPOSITION 消息提供的坐标处（屏幕坐标），该标志必须与 TTF_TRACK 标志一起使用。即指定了 TTF_ABSOLUTE 标志可以将工具提示控件窗口显示在 TTM_TRACKPOSITION 消息提供的坐标处（屏幕坐标），而不是“工具”旁边，因此通常都是同时指定这两个标志：TTF_TRACK 和 TTF_ABSOLUTE。接下来实现一个跟踪工具提示的例子，当鼠标光标在客户区中移动时实时显示光标位置处的坐标，TrackTool.cpp 源文件的部分内容如下所示：

```
LRESULT CALLBACK WindowProc(HWND hwnd, UINT uMsg, WPARAM wParam, LPARAM lParam)
{
    HINSTANCE hInstance;
    static HWND hwndTip;
    static BOOL bTracking = FALSE;
    static int oldX, oldY;
    int newX, newY;
    static TOOLINFO ti = { sizeof(TOOLINFO) };
    TRACKMOUSEEVENT tme = { sizeof(TRACKMOUSEEVENT) };
    POINT pt;
    TCHAR szBuf[24] = { 0 };

    switch (uMsg)
    {
    case WM_CREATE:
        hInstance = ((LPCREATESTRUCT)lParam)->hInstance;
        // 创建工具提示控件
        hwndTip = CreateWindowEx(WS_EX_TOPMOST, TEXT("tooltips_class32"), NULL,
            WS_POPUP | TTS_ALWAYSTIP,
            CW_USEDEFAULT, CW_USEDEFAULT, CW_USEDEFAULT, CW_USEDEFAULT,
            hwnd, NULL, hInstance, NULL);

        // 添加跟踪工具，客户区域
        ti.uFlags = TTF_TRACK | TTF_ABSOLUTE;
        ti.hwnd = hwnd;
        ti.uId = 1001;
        GetClientRect(hwnd, &ti.rect);
        SendMessage(hwndTip, TTM_ADDTOOL, 0, (LPARAM)&ti);
        return 0;

    case WM_MOUSEMOVE:
        // 程序可以通过调用 TrackMouseEvent 函数让系统发送另外两条消息:
        // 当鼠标光标悬停在客户区一段时间后发送 WM_MOUSEHOVER 消息;
        // 当光标离开客户区时发送 WM_MOUSELEAVE 消息
        if (!bTracking)
        {
            tme.dwFlags = TME_LEAVE;
            tme.hwndTrack = hwnd;
            TrackMouseEvent(&tme);
```

```
            bTracking = TRUE;
        }

        // 激活跟踪工具提示
        SendMessage(hwndTip, TTM_TRACKACTIVATE, (WPARAM)TRUE, (LPARAM)&ti);

        newX = GET_X_LPARAM(lParam);
        newY = GET_Y_LPARAM(lParam);
        if ((newX != oldX) || (newY != oldY))
        {
            oldX = newX;
            oldY = newY;

            // 更改“工具”的提示文本
            wsprintf(szBuf, TEXT("鼠标的客户区坐标: %d, %d"), newX, newY);
            ti.lpszText = szBuf;
            SendMessage(hwndTip, TTM_SETTOOLINFO, 0, (LPARAM)&ti);

            // 移动跟踪工具提示的位置
            pt = { newX, newY };
            ClientToScreen(hwnd, &pt);
            SendMessage(hwndTip, TTM_TRACKPOSITION, 0, MAKELPARAM(pt.x, pt.y));
        }
        return 0;

    case WM_MOUSELEAVE:
        // 停用跟踪工具提示
        SendMessage(hwndTip, TTM_TRACKACTIVATE, FALSE, (LPARAM)&ti);
        bTracking = FALSE;
        return 0;

    case WM_DESTROY:
        PostQuitMessage(0);
        return 0;
    }

    return DefWindowProc(hwnd, uMsg, wParam, lParam);
}
```

完整代码参见 Chapter8\TrackTool 项目。

另外，常用的消息还有设置工具提示控件窗口中背景颜色的 TTM_SETTIPBKCOLOR 消息、设置工具提示控件窗口中文本颜色的 TTM_SETTIPTEXTCOLOR 消息等。

## 8.12 列表视图

列表视图控件和列表框控件类似，但是列表视图控件提供了多种排列和显示列表项的方法，比列表框控件更灵活。列表视图控件有图标、小图标、列表、报表（也称详情视图，有列标题）等排列显示方式，如图 8.15 所示。

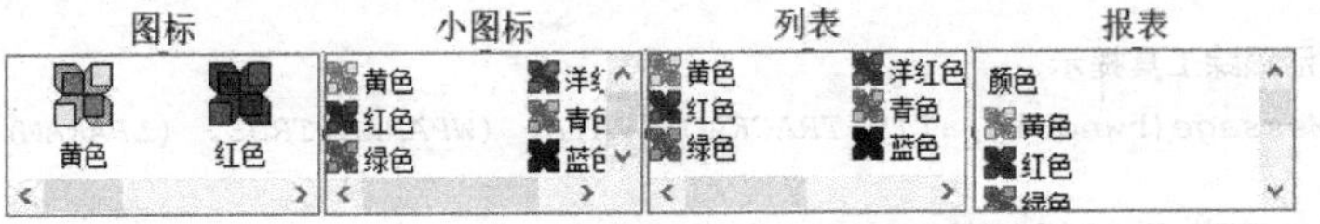


图 8.15

图标视图的每一个列表项通常会显示一个 32 像素 × 32 像素的图标，图标下方显示列表项文本；小图标视图的每一个列表项通常会显示一个 16 像素 × 16 像素的图标，图标右侧显示列表项文本；列表视图的每一个列表项通常会显示一个 16 像素 × 16 像素的图标，图标右侧显示列表项文本，列表项按列排序；报表视图的每一个列表项的最左一列通常会显示一个 16 像素 × 16 像素的图标，图标右侧显示列表项文本，每一个列表项还可以选择显示其他列（也称子项），用于显示一些附加信息，按列排序，每一列的顶部会显示一个列标题。另外，和列表框控件一样，每个列表项都可以关联一个项目数据。

列表项文本实际上是一个编辑控件，报表视图的列标题是一个标题控件，类名是 SysHeader32。标题控件用得不多，本书不作介绍，需要的读者请自行参考 MSDN。

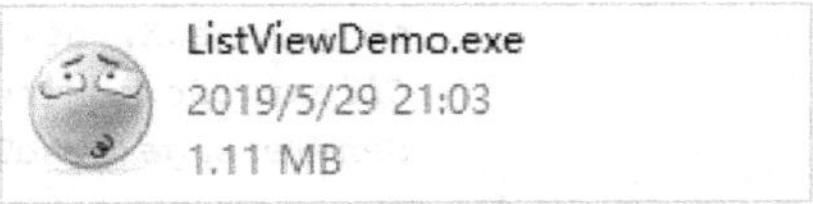


图 8.16

在通用控件版本 6 及以后的版本中，新增了平铺视图。平铺视图的列表项可以显示多行标签文本，如图 8.16 所示。实际上这 5 种视图，读者应该都很熟悉，因为桌面用的就是一个列表视图控件。另外，资源管理器中也用到了这些视图，Windows 7 和 Windows 10 的资源管理器中用于显示文件和文件夹的控件是 DirectUIHWND 类，实际上就是列表视图控件的扩展。

列表视图控件的相关知识点比较多，让我们先看一下常用的列表视图控件样式，如表 8.34 所示。

表 8.34

| 样式 | 含义 |
|---|---|
| LVS_ICON | 图标视图 |
| LVS_SMALLICON | 小图标视图 |
| LVS_LIST | 列表视图 |
| LVS_REPORT | 报表视图，第一列始终是左对齐的 |
| LVS_SHOWSELALWAYS | 即使控件失去输入焦点，也始终显示选择 |
| LVS_SINGLESEL | 一次只能选择一个列表项，默认情况下，列表项可以多选 |
| LVS_SORTASCENDING | 列表项按列表项文本升序排列 |
| LVS_SORTDESCENDING | 列表项按列表项文本降序排列 |
| LVS_EDITLABELS | 默认情况下列表项文本不能编辑，在指定该标志后列表项的文本可以被编辑。当用户完成列表项文本的编辑以后，父窗口会收到包含 LVN_ENDLABELEDIT 通知码的 WM_NOTIFY 消息，处理该通知码只需要简单地返回 TRUE 表示接受编辑，或 FALSE 表示拒绝编辑即可 |
| LVS_NOLABELWRAP | 对于图标视图，如果列表项文本比较长，默认情况下会分多行显示。在指定该样式后，列表项文本单行显示 |

续表

| 样式 | 含义 |
| --- | --- |
| LVS_ALIGNLEFT | 对于图标视图和小图标视图，在默认情况下，在列表视图控件的矩形范围内，所有列表项在宽度范围内排列完一行后，会换到下一行。在指定该样式后，先在高度范围内排列完一列，然后换到下一列 |
| LVS_NOCOLUMNHEADER | 对于报表视图，在默认情况下每一列的顶部都会显示一个标题。在指定该样式后，则不显示标题 |
| LVS_AUTOARRANGE | 对于图标、小图标视图自动排列 |
| LVS_OWNERDRAWFIXED | 自绘报表视图中的列表项，当需要重绘时会收到 WM_DRAWITEM 消息，程序应该处理该消息绘制每个列表项，系统不会为每个列表项发送单独的 WM_DRAWITEM 消息 |

没有平铺视图样式，如果需要平铺视图，可以发送 LVM_SETVIEW 消息。wParam 参数可以指定为 LV_VIEW_ICON、LV_VIEW_SMALLICON、LV_VIEW_LIST、LV_VIEW_DETAILS、LV_VIEW_TILE 分别表示图标、小图标、列表、报表和平铺视图。lParam 参数没有用到。

再看一下常用的列表视图控件扩展样式（见表 8.35）。扩展样式不能直接设置，可以通过发送 LVM_SETEXTENDEDLISTVIEWSTYLE 消息来进行设置。wParam 参数用于指定 lParam 参数中的哪些样式将受到影响。该参数可以是扩展样式的组合，只会更改 wParam 参数中指定的扩展样式。如果该参数设置为 0，则 lParam 参数中的所有样式都将受到影响，该参数通常可以设置为 0。lParam 参数指定要设置的列表视图控件扩展样式，可以是扩展样式的组合，lParam 参数中未指定但在 wParam 参数中指定的样式将被删除。如果执行成功，则返回包含先前列表视图控件扩展样式的 DWORD 值。

表 8.35

| 样式 | 含义 |
| --- | --- |
| LVS_EX_CHECKBOXES | 列表项前面显示一个复选框 |
| LVS_EX_AUTOCHECKSELECT | 单击列表项即自动选中复选框。对于报表视图，在设置该样式后，第一列的列标题前面会显示一个复选框，单击复选框可以在全部选中和全部取消选中之间切换 |
| LVS_EX_LABELTIP | 如果列表项文本因为宽度或高度限制没有完全显示出来，则当鼠标在列表项上时会弹出一个提示文本以显示完整的列表项文本 |
| LVS_EX_FULLROWSELECT | 用于报表视图，默认情况下选择一个列表项只会突出显示第一列，指定该样式并选择一个列表项后会整行突出显示（包括子项） |
| LVS_EX_GRIDLINES | 用于报表视图，列表项之间以及列与列之间会显示网格线，整个列表视图控件（报表视图）就像是一个表格 |
| LVS_EX_HEADERDRAGDROP | 用于报表视图，可以通过拖动列标题来调整列的顺序 |
| LVS_EX_SUBITEMIMAGES | 用于报表视图，在指定该样式后，子项文本前面也可以显示一个图像 |

下面的代码创建了一个小图标视图列表视图控件，即使列表视图控件失去输入焦点也始终显示选择，列表项的文本可以编辑：

```
hwndListView = CreateWindowEx(0, TEXT("SysListView32"), NULL,
    WS_CHILD | WS_VISIBLE | LVS_SMALLICON | LVS_SHOWSELALWAYS | LVS_EDITLABELS,
    10, 0, 300, 200, hwnd, (HMENU)IDC_LISTVIEW, hInstance, NULL);
```

可以通过发送 LVM_SETEXTENDEDLISTVIEWSTYLE 消息来设置列表视图控件的扩展样式，例如：

```
SendMessage(hwndListView, LVM_SETEXTENDEDLISTVIEWSTYLE, 0, LVS_EX_CHECKBOXES | LVS_EX_
AUTOCHECKSELECT);
```

### 8.12.1 添加列标题和列表项

在创建列表视图控件后，可以通过发送 LVM_INSERTITEM 消息添加列表项。如果是 LVS_REPORT 报表视图样式，还必须首先通过发送 LVM_INSERTCOLUMN 消息来添加列标题。

LVM_INSERTCOLUMN 消息的 wParam 参数指定为列的索引（第一列为 0，第二列为 1，依次类推），lParam 参数是一个指向包含列属性的 LVCOLUMN 结构的指针。如果执行成功，则返回新列的索引；如果执行失败，则返回-1。只有在报表视图中才会显示列标题，在其他视图中即使添加了列也不会显示。LVCOLUMN 结构在 CommCtrl.h 头文件中定义如下：

```
typedef struct _LVCOLUMN {
    UINT    mask;           // 掩码标志，指定哪个字段有效
    int     fmt;            // 列标题和列表项子项的文本在列中的对齐方式，但最左一列始终左对齐
    int     cx;             // 列的宽度，以像素为单位
    LPTSTR  pszText;        // 列标题字符串指针，如果获取列信息，则是字符串缓冲区地址
    int     cchTextMax;     // pszText 指向的缓冲区的大小，以字符为单位，如果是设置列信息，则忽略该字段
    int     iSubItem;       // 列的索引，通常和 wParam 参数使用相同的值
    int     iImage;         // 图像列表中图像的从 0 开始的索引，指定的图像将显示在列标题左侧
    int     iOrder;         // 按从左到右的顺序排列的列偏移，例如，0 表示最左边的列，通常不设置
    int     cxMin;          // 列的最小宽度，以像素为单位，通常不设置
    int     cxDefault;      // 一般不使用
    int     cxIdeal;        // 列的理想宽度，只读（用于获取，而不是设置）
} LVCOLUMN, *LPLVCOLUMN;
```

- mask 字段是掩码标志，指定哪个字段有效，该字段可以是表 8.36 所示的一个或多个值。

表 8.36

| 标志 | 含义 |
|---|---|
| LVCF_FMT | fmt 字段有效 |
| LVCF_WIDTH | cx 字段有效 |
| LVCF_TEXT | pszText 字段有效 |
| LVCF_SUBITEM | iSubItem 字段有效 |
| LVCF_IMAGE | iImage 字段有效 |
| LVCF_ORDER | iOrder 字段有效 |
| LVCF_MINWIDTH | cxMin 字段有效 |
| LVCF_DEFAULTWIDTH | cxDefault 字段有效 |
| LVCF_IDEALWIDTH | cxIdeal 字段有效 |

- fmt 字段指定列标题和列表项子项的文本在列中的对齐方式。最左列始终是 LVCFMT_LEFT 左对齐方式，这无法改变。常用的值如表 8.37 所示。

表 8.37

| 常量 | 含义 |
|---|---|
| LVCFMT_LEFT | 文本左对齐 |
| LVCFMT_RIGHT | 文本右对齐 |
| LVCFMT_CENTER | 文本居中对齐 |
| LVCFMT_SPLITBUTTON | 列标题显示为拆分按钮 |

例如下面的代码，为报表视图设置了 2 列，第 1 列宽度为 160 像素，第 2 列宽度为 100 像素，每一列的列标题前面会显示一个图标：

```
// 如果是报表视图样式，必须先设置列标题
lvc.mask = LVCF_SUBITEM | LVCF_TEXT | LVCF_WIDTH | LVCF_IMAGE;
lvc.iSubItem = 0; lvc.cx = 160; lvc.pszText = TEXT("专业名称"); lvc.iImage = 0;
SendMessage(hwndListView, LVM_INSERTCOLUMN, 0, (LPARAM)&lvc);
lvc.iSubItem = 1; lvc.cx = 100; lvc.pszText = TEXT("价格"); lvc.iImage = 1;
SendMessage(hwndListView, LVM_INSERTCOLUMN, 1, (LPARAM)&lvc);
```

图像列表的代码如下：

```
// 图像列表
hImagListNormal = ImageList_Create(GetSystemMetrics(SM_CXICON),
    GetSystemMetrics(SM_CYICON), ILC_MASK | ILC_COLOR32, 10, 0);
hImagListSmall = ImageList_Create(GetSystemMetrics(SM_CXSMICON),
    GetSystemMetrics(SM_CYSMICON), ILC_MASK | ILC_COLOR32, 10, 0);
for (int i = 0; i < 10; i++)
{
    // 资源文件中定义了 10 个图标,IDI_ICON1～IDI_ICON10
    hiconItem = LoadIcon(hInstance, MAKEINTRESOURCE(IDI_ICON1 + i));
    ImageList_AddIcon(hImagListNormal, hiconItem);
    ImageList_AddIcon(hImagListSmall, hiconItem);
    DestroyIcon(hiconItem);
}
SendMessage(hwndListView, LVM_SETIMAGELIST, LVSIL_SMALL, (LPARAM)hImagListSmall);
```

LVM_SETIMAGELIST 消息用于把图像列表分配给列表视图控件，wParam 参数指定图像列表的类型，可以是表 8.38 所示的值之一（常用的）。

表 8.38

| 类型 | 含义 |
|---|---|
| LVSIL_NORMAL | 大图标的图像列表 |
| LVSIL_SMALL | 小图标的图像列表 |
| LVSIL_STATE | 带状态图像的图像列表 |

lParam 参数指定为图像列表句柄，如果执行成功，则返回值为先前与控件关联的图像列表的句柄。

图标视图、平铺视图中的大图标，不一定就是 GetSystemMetrics(SM_CXICON) × GetSystemMetrics(SM_CYICON)的大小，还可以设置得更大或更小；小图标、列表视图、报表视图中的小图标也不一定

就是 GetSystemMetrics(SM_CXSMICON) × GetSystemMetrics(SM_CYSMICON)的大小，也可以设置得更大或更小。

LVM_INSERTITEM 消息用于向列表视图控件中添加列表项，wParam 参数没有用到，lParam 参数是一个指向 LVITEM 结构的指针。如果执行成功，则返回值为新添加列表项的索引；如果执行失败，则返回-1。LVITEM 结构在 CommCtrl.h 头文件中定义如下：

```
typedef struct {
    UINT   mask;          // 掩码标志，设置或获取哪些字段的值
    int    iItem;         // 新列表项的从 0 开始的索引，如果该值大于控件中的列表项总数，则插入末尾
    int    iSubItem;      // 列表项的子项的索引，通常设置为 0(第一列)
    UINT   state;         // 指定列表项的状态、状态图像和叠加图像，stateMask 字段指定该字段的有效位
    UINT   stateMask;     // 指定 state 字段的有效位
    LPTSTR pszText;       // 列表项文本字符串指针，如果获取列表项信息，则是字符串缓冲区地址
    int    cchTextMax;    // pszText 缓冲区的大小，以字符为单位，获取列表项信息时需要该字段
    int    iImage;        // 图像列表中图像的从 0 开始的索引，指定的图像将显示在列表项左侧
    LPARAM lParam;        // 与列表项相关联的项目数据
    int    iIndent;       // 列表项缩进数，设置为 1 表示 1 个图像宽度，2 表示 2 个图像宽度...
    int    iGroupId;      // 列表项所属组的 ID
    UINT   cColumns;
    PUINT  puColumns;
    int    *piColFmt;
    int    iGroup;        // 列表项所属的组索引
} LVITEM, *LPLVITEM;
```

- mask 字段是掩码标志，表示要设置或获取哪些字段的值，可以是表 8.39 所示的值的组合（常用的）。

表 8.39

| 标志 | 含义 |
|---|---|
| LVIF_IMAGE | iImage 字段有效 |
| LVIF_INDENT | iIndent 字段有效 |
| LVIF_PARAM | lParam 字段有效 |
| LVIF_STATE | state 字段有效 |
| LVIF_TEXT | pszText 字段有效 |

- state 字段指定列表项的状态、状态图像索引或叠加图像索引。该字段的第 0～7 位包含列表项状态标志，可以设置为 LVIS_CUT、LVIS_DROPHILITED、LVIS_FOCUSED、LVIS_SELECTED（具体含义参见 stateMask 字段）；该字段的第 8～11 位指定列表项的叠加图像索引，叠加图像叠加在列表项的图标图像上执行掩码运算，要设置叠加图像可以使用 INDEXTOOVERLAYMASK（图像索引）宏；该字段的第 12～15 位指定状态图像索引，状态图像显示在列表项的图标旁边，要设置状态图像可以使用 INDEXTOSTATEIMAGEMASK（图像索引）宏。如果是获取指定列表项的状态、状态图像索引或叠加图像索引，则不需要设置该字段（mask 字段需要指定 LVIF_STATE 标志）。

- stateMask 字段指定 state 字段的有效位，也就是指定 state 字段的状态位、状态图像索引位或叠加图像索引位中哪一个有效，可以是表 8.40 所示的值的组合。

表 8.40

| 标志 | 含义 |
|---|---|
| LVIS_CUT | state 字段的第 0～7 位有效，列表项为剪切状态 |
| LVIS_DROPHILITED | state 字段的第 0～7 位有效，列表项突出显示为拖放目标 |
| LVIS_FOCUSED | state 字段的第 0～7 位有效，列表项具有焦点（要为列表项设置焦点，应首先保证列表视图控件具有焦点） |
| LVIS_SELECTED | state 字段的第 0～7 位有效，列表项为已选中状态 |
| LVIS_OVERLAYMASK | state 字段的第 8～11 位有效，state 字段应使用 INDEXTOOVERLAYMASK（图像索引）宏设置叠加图像索引 |
| LVIS_STATEIMAGEMASK | state 字段的第 12～15 位有效，state 字段应使用 INDEXTOSTATEIMAGEMASK（图像索引）宏设置状态图像索引 |

  要获取或设置所有状态，可以将该字段设置为(UINT)−1。
  例如，要设置列表项为选中状态，可以把 state 和 stateMask 字段都设置为 LVIS_SELECTED。
  关于状态图像或叠加图像的用法，请读者自行阅读相关文章。
- iGroupId 字段表示列表项所属组的 ID，或指定为 I_GROUPIDCALLBACK 表示列表视图控件会向父窗口发送 LVN_GETDISPINFO 通知码以获取组的索引，也可以指定为 I_GROUPIDNONE 表示该列表项不属于任何组。此处就不详细介绍分组了。

例如下面的代码添加了两个列表项，每个列表项前面显示一个图标：

```
LVITEM lvi;
ZeroMemory(&lvi, sizeof(LVITEM));
lvi.mask = LVIF_TEXT | LVIF_IMAGE;
lvi.iItem = 0; lvi.pszText = TEXT("汇编语言程序设计"); lvi.iImage = 0;
SendMessage(hwndListView, LVM_INSERTITEM, 0, (LPARAM)&lvi);
lvi.iItem = 1; lvi.pszText = TEXT("Windows程序设计"); lvi.iImage = 1;
SendMessage(hwndListView, LVM_INSERTITEM, 0, (LPARAM)&lvi);
```

对于报表视图，在添加一个列表项后，接着发送 LVM_SETITEM 或 LVM_SETITEMTEXT 消息为该列表项添加子项（其他列）。wParam 参数没有用到，lParam 参数同样是一个指向 LVITEM 结构的指针。例如：

```
LVITEM lvi;
ZeroMemory(&lvi, sizeof(LVITEM));
lvi.mask = LVIF_TEXT | LVIF_IMAGE;
lvi.iItem = 0; lvi.pszText = TEXT("汇编语言程序设计"); lvi.iImage = 0;
SendMessage(hwndListView, LVM_INSERTITEM, 0, (LPARAM)&lvi);

// 添加一个子项，也就是第 2 列，索引为 1
lvi.iSubItem = 1; lvi.pszText = TEXT("18000");
SendMessage(hwndListView, LVM_SETITEM, 0, (LPARAM)&lvi);
```

平铺视图的列表项可以显示多行标签文本，例如把报表视图的子项全部显示到平铺视图列表项文本的后续行中，如图 8.17 所示。

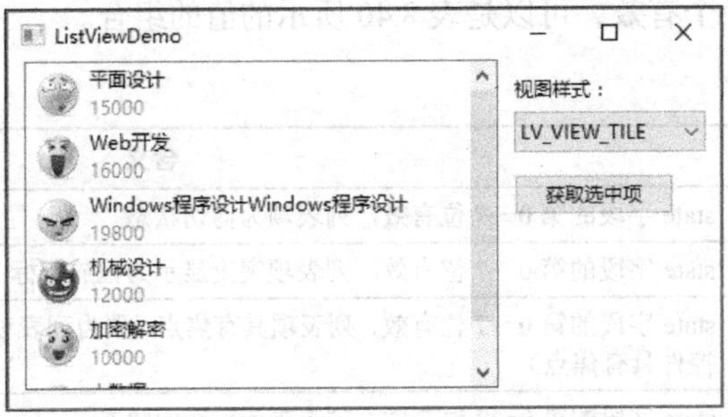


图 8.17

可以通过发送 LVM_SETTILEINFO 消息设置平铺视图列表项信息来实现。LVM_SETTILEINFO 消息的 wParam 参数没有用到。lParam 参数是一个指向包含要设置的信息的 LVTILEINFO 结构的指针，该结构在 CommCtrl.h 头文件中定义如下：

```
typedef struct tagLVTILEINFO
{
    UINT      cbSize;        // 该结构的大小
    int       iItem;         // 列表项索引
    UINT      cColumns;      // 列数，不包括第一列
    PUINT     puColumns;     // 列索引（或者说子项索引）数组，指定要显示的列以及这些列的顺序
    int*      piColFmt;      // 列格式数组（例如 LVCFMT_LEFT），对应于 puColumns 中指定的每个列
} LVTILEINFO, *PLVTILEINFO;
```

这里我写了一个可以切换各种视图的示例程序 ListViewDemo，具体代码参见 Chapter8\ListViewDemo 项目。

## 8.12.2　列表视图控件消息和通知码

有很多关于列表视图控件的知识点，本节介绍一些常用的消息（见表 8.41）和通知码。完整介绍请参考 MSDN。

**表 8.41**

| 消息类型 | 含义 |
|---|---|
| LVM_DELETEITEM | 删除一个列表项，wParam 参数指定为列表项索引，lParam 参数没有用到。例如：<br>`SendMessage(hwndListView, LVM_DELETEITEM, 1, 0);` |
| LVM_DELETEALLITEMS | 删除所有列表项，wParam 和 lParam 参数都没有用到 |
| LVM_DELETECOLUMN | 删除一列，wParam 参数指定为列索引，lParam 参数没有用到 |
| LVM_SETITEMSTATE | 更改指定列表项的状态。wParam 参数指定为列表项的索引，如果指定为-1，则表示更改所有列表项的状态；lParam 参数指定为指向 LVITEM 结构的指针，stateMask 字段指定要更改的状态位，state 字段指定列表项的新状态（可以设置为 LVIS_CUT、LVIS_DROPHILITED、LVIS_FOCUSED、LVIS_SELECTED），其他字段将被忽略 |

续表

| 消息类型 | 含义 |
| --- | --- |
| LVM_GETCOUNTPERPAGE | 计算在列表视图或报表视图中可以垂直放置在列表视图控件的可见区域中的列表项个数（仅完全可见的列表项）。wParam 和 lParam 参数都没有用到。如果执行成功，则返回完全可见的列表项个数。如果当前视图是图标视图或小图标视图，则返回值是列表视图控件中的列表项总数 |
| LVM_APPROXIMATEVIEWRECT | 计算显示给定数量的列表项所需的大约宽度和高度。wParam 参数指定为要显示的列表项个数，如果设置为-1，表示使用控件中的列表项总数；LOWORD(lParam)和HIWORD(lParam)指定为建议的控件宽度和高度值，宽度和高度值通常都可以设置为-1，表示使用当前宽度和高度值。如果执行成功，则返回一个 DWORD 值，该值包含显示指定数量的列表项所需的近似宽度（在 LOWORD 中）和高度（在 HIWORD 中），以像素为单位 |
| LVM_SCROLL | 滚动列表视图控件的内容。wParam 参数指定为要滚动的水平距离，lParam 参数指定为要滚动的垂直距离，以像素为单位 |
| LVM_FINDITEM | 搜索具有指定特征的列表项。wParam 参数指定开始搜索的列表项索引（不包括指定项），指定为-1 表示从头开始搜索；lParam 参数是一个指向 LVFINDINFO 结构的指针，该结构包含有关要搜索的内容信息。如果执行成功，则返回第一个符合条件的列表项的索引；否则返回-1 |
| LVM_GETITEMCOUNT | 用于获取列表视图控件中的列表项的总个数，wParam 和 lParam 参数都没用到 |
| LVM_GETSELECTIONMARK | 通常用于单选列表视图控件。wParam 和 lParam 参数都没有用到，该消息返回选中列表项的索引；如果当前没有选中项，则返回-1 |
| LVM_GETSELECTEDCOUNT | 获取已选中列表项的总个数。wParam 和 lParam 参数都没有用到。如果执行成功，则返回总数目；如果没有已选中项，则返回 0 |
| LVM_GETNEXTITEM | 搜索与 wParam 参数指定的列表项有一定关系的列表项，wParam 参数指定开始搜索的列表项索引（不包括指定项），指定为-1 表示从头开始搜索。lParam 参数用于说明与 wParam 中指定项的关系，可以是以下值中的一个或多个。<br>（1）按索引搜索<br>• LVNI_ALL——默认值，从 wParam 参数指定的索引开始往后搜索（搜索大于指定索引的）<br>• LVNI_PREVIOUS——从 wParam 参数指定的索引开始往前搜索（搜索小于指定索引的）<br>（2）按坐标关系搜索（物理位置）<br>• LVNI_ABOVE——从 wParam 参数指定的列表项的坐标处开始向上搜索<br>• LVNI_BELOW——从 wParam 参数指定的列表项的坐标处开始向下搜索<br>• LVNI_TOLEFT——从 wParam 参数指定的列表项的坐标处开始向左搜索<br>• LVNI_TORIGHT——从 wParam 参数指定的列表项的坐标处开始向右搜索<br>（3）按列表项状态搜索<br>• LVIS_CUT——列表项为剪切状态<br>• LVIS_DROPHILITED——列表项突出显示为拖放目标<br>• LVIS_FOCUSED——列表项具有焦点<br>• LVIS_SELECTED——列表项为已选中状态 |
| LVM_GETITEM | 用于获取列表项的信息。wParam 参数没有用到，lParam 参数是一个指向 LVITEM 结构的指针。该结构在讲解 LVM_INSERTITEM 消息时已经介绍过。该消息可以获取列表项或子项的信息（通过 iItem 和 iSubItem 字段指定）。如果消息执行成功，则返回 TRUE；否则返回 FALSE |

当用户鼠标右键单击列表项时，列表视图控件的父窗口会收到包含 NM_RCLICK 通知码的 WM_NOTIFY 消息，lParam 参数是一个指向 NMITEMACTIVATE 结构的指针。

对于报表视图，当用户单击列标题时会收到包含 LVN_COLUMNCLICK 通知码的 WM_NOTIFY 消息，消息的 lParam 参数是一个指向 NMLISTVIEW 结构的指针，NMLISTVIEW.iSubItem 字段是列的索引，这时程序可以通过发送 LVM_SORTITEMS 消息根据所单击的列进行排序（如果指定了 LVS_SORTASCENDING 和 LVS_SORTDESCENDING 样式，则只可以根据列表项文本进行排序）。

### 8.12.3 选中项的获取

对于单选列表视图控件，可以发送 LVM_GETSELECTIONMARK 消息获取选中项。wParam 和 lParam 参数都没有用到。如果有选中项，则返回选中列表项的索引；如果当前没有选中项，则返回-1。

如果多选列表视图控件，没有获取所有选中列表项索引的相关消息或函数，则可以通过类似下面的代码循环获取每个已选中列表项的信息：

```
// 获取已选中列表项总数
int nCount = SendMessage(hwndListView, LVM_GETSELECTEDCOUNT, 0, 0);
if (nCount > 0)
{
    LPTSTR pBuf = new TCHAR[nCount * 128];
    ZeroMemory(pBuf, sizeof(TCHAR) * nCount * 128);
    TCHAR szText[128] = { 0 };

    lvi.mask = LVIF_TEXT;
    lvi.iSubItem = 0; lvi.pszText = szText; lvi.cchTextMax = _countof(szText);

    // 先搜索出第一个选中项
    int nIndex = SendMessage(hwndListView, LVM_GETNEXTITEM, -1, LVIS_SELECTED);
    // 获取列表项的信息
    lvi.iItem = nIndex;
    SendMessage(hwndListView, LVM_GETITEM, 0, (LPARAM)&lvi);
    StringCchCopy(pBuf, nCount * 128, lvi.pszText);
    StringCchCat(pBuf, nCount * 128, TEXT("\n"));

    for (int i = 0; i < nCount - 1; i++)
    {
        // 按索引往后搜索
        nIndex = SendMessage(hwndListView, LVM_GETNEXTITEM, nIndex, LVIS_SELECTED);
        // 获取列表项的信息
        lvi.iItem = nIndex;
        SendMessage(hwndListView, LVM_GETITEM, 0, (LPARAM)&lvi);
        StringCchCat(pBuf, nCount * 128, lvi.pszText);
        StringCchCat(pBuf, nCount * 128, TEXT("\n"));
    }
    MessageBox(hwnd, pBuf, TEXT("已选中列表项"), MB_OK);
    delete[] pBuf;
}
```

## 8.13 树视图

树视图控件通常用于显示一些具有层次关系的项目，例如资源管理器左侧的导航窗格用的就是SysTreeView32树视图控件。每个项目都有一个标签文本和一个可选的图像，每个项目都可以有一个与之关联的项目数据。每个项目都可以包含与之关联的一系列子项（子节点），具有一个或多个子项的项目称为父项（父节点）。子项显示在其父项下方，并适当缩进以表示它从属于父项。双击父项，可以展开或折叠关联的子项列表。没有父项的项目出现在层次结构的顶部，称为根项（根节点）。每个项目的标签文本实际上是一个编辑控件。

树视图控件常用的样式如表8.42所示。

表8.42

| 样式 | 含义 |
|---|---|
| TVS_CHECKBOXES | 树视图项前面显示一个复选框。虽然可以显示复选框，但树视图控件并不能多选 |
| TVS_EDITLABELS | 允许用户编辑树视图项的标签文本，在用户完成对标签文本的编辑后，树视图控件的父窗口会收到包含TVN_ENDLABELEDIT通知码的WM_NOTIFY消息，处理该通知码只需要简单地返回TRUE表示接受编辑，或FALSE表示拒绝编辑 |
| TVS_HASLINES | 树视图项的前面会显示一个线条，表明项目的层次结构关系 |
| TVS_HASBUTTONS | 父节点前面显示加号（+）或减号（-）按钮，用户单击按钮可以展开或折叠父项的子项列表。要在树视图控件的根节点中包含按钮，还必须指定TVS_LINESATROOT |
| TVS_LINESATROOT | 表明项目层次结构关系的线条链接到根节点。如果未指定TVS_HASLINES，则忽略该样式 |
| TVS_SHOWSELALWAYS | 当树视图控件失去焦点时，选中的项目也保持选中状态 |
| TVS_TRACKSELECT | 在树视图控件中启用热跟踪，即当鼠标悬停在树视图项上时，光标形状变为小手 |

关于表明项目层次结构关系的线条，以及父节点前面显示的加号（+）或减号（-）按钮，请参照图8.18。

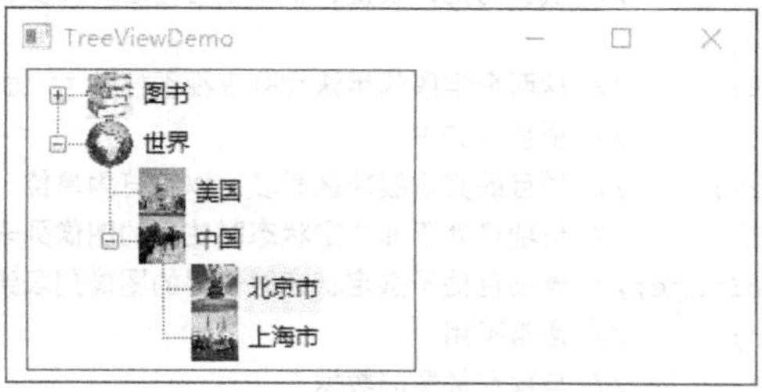


图8.18

图中有图书和世界两个根节点。图书下面有平面设计和程序设计两个子节点，世界下面有美国和中国两个子节点；中国下面又有北京市和上海市两个子节点。

### 8.13.1 项目的添加

创建树视图控件以后，可以通过发送 TVM_INSERTITEM 消息在树视图控件中插入新项。wParam 参数没有用到。lParam 参数是一个指向 TVINSERTSTRUCT 结构的指针，该结构指定树视图项的属性。如果执行成功，则返回新项的 HTREEITEM 类型的句柄；否则返回 NULL。TVINSERTSTRUCT 结构定义如下：

```
typedef struct {
    HTREEITEM hParent;      // 父项句柄，如果设置为 TVI_ROOT 或 NULL，表示添加一个根节点
    HTREEITEM hInsertAfter; // 在 hInsertAfter 指定的项目后面插入新项目
    union {
        TVITEMEX itemex;    // TVITEMEX 结构，包含要添加的项目的信息
        TVITEM   item;      // TVITEM 结构，包含要添加的项目的信息
    } DUMMYUNIONNAME;
} TVINSERTSTRUCT, *LPTVINSERTSTRUCT;
```

- 如果 hInsertAfter 字段指定了一个项目句柄，则在 hInsertAfter 指定的项目后面插入新项目，可以指定为表 8.43 所示的值。

**表 8.43**

| 常量 | 含义 |
| --- | --- |
| TVI_FIRST | 将项目插入列表的开头 |
| TVI_LAST | 将项目插入列表的末尾 |
| TVI_ROOT | 将项目添加为根节点 |
| TVI_SORT | 按字母顺序将项目插入列表 |

- TVITEMEX 比 TVITEM 结构多了几个字段，通常使用 TVITEM 结构即可，该结构也用于设置、获取树视图项信息的 TVM_SETITEM、TVM_GETITEM 消息。TVITEM 结构定义如下：

```
typedef struct tagTVITEM {
    UINT       mask;           // 掩码标志，指定哪个字段有效
    HTREEITEM  hItem;          // 项目句柄，设置、获取项目信息时需要该字段
    UINT       state;
    UINT       stateMask;      // 这两个字段的用法和列表视图控件 LVITEM 结构的同名字段类似
    LPTSTR     pszText;        // 项目的文本
    int        cchTextMax;     // 项目的文本缓冲区长度，以字符为单位
    int        iImage;         // 当项目处于非选定状态时使用的图像列表索引
    int        iSelectedImage;// 当项目处于选定状态时使用的图像列表索引
    int        cChildren;      // 通常不用
    LPARAM     lParam;         // 与项目关联的数据
} TVITEM, *LPTVITEM;
```

mask 字段是掩码标志，指定哪个字段有效，可以是以下一个或多个值（见表 8.44）。

表 8.44

| 标志 | 含义 |
|---|---|
| TVIF_HANDLE | hItem 字段有效 |
| TVIF_STATE | state 和 stateMask 字段有效 |
| TVIF_TEXT | pszText 和 cchTextMax 字段有效 |
| TVIF_IMAGE | iImage 字段有效 |
| TVIF_SELECTEDIMAGE | iSelectedImage 字段有效 |
| TVIF_CHILDREN | cChildren 字段有效 |
| TVIF_PARAM | lParam 字段有效 |

例如下面的代码：

```
LRESULT CALLBACK WindowProc(HWND hwnd, UINT uMsg, WPARAM wParam, LPARAM lParam)
{
    HINSTANCE hInstance;
    static HWND hwndTreeView;                   // 树视图控件
    static HTREEITEM htrBook, htrWorld;         // 根节点：图书、世界
    static HTREEITEM htrAmerican, htrChina;     // 世界：美国、中国

    static HIMAGELIST hImagList;
    HBITMAP    hbmImage;

    TVINSERTSTRUCT tvi = { 0 };

    switch (uMsg)
    {
    case WM_CREATE:
        hInstance = ((LPCREATESTRUCT)lParam)->hInstance;
        // 创建树视图控件
        hwndTreeView = CreateWindowEx(0, TEXT("SysTreeView32"), NULL,
            WS_CHILD | WS_VISIBLE | WS_BORDER |
            TVS_HASLINES | TVS_LINESATROOT | TVS_HASBUTTONS |
            TVS_EDITLABELS | TVS_SHOWSELALWAYS | TVS_TRACKSELECT,
            10, 0, 200, 200, hwnd, (HMENU)IDC_TREEVIEW, hInstance, NULL);

        // 图像列表
        hImagList = ImageList_Create(24, 24, ILC_COLOR32, 8, 0);
        for (int i = 0; i < 8; i++)
        {
            // 资源文件中定义了 8 个位图
            hbmImage = (HBITMAP)LoadImage(hInstance, MAKEINTRESOURCE(IDB_BMP_BOOK + i),
                IMAGE_BITMAP, 24, 24, 0);
            ImageList_Add(hImagList, hbmImage, NULL);
            DeleteObject(hbmImage);
        }
        SendMessage(hwndTreeView, TVM_SETIMAGELIST, TVSIL_NORMAL, (LPARAM)hImagList);

        // 为树视图控件添加项目
```

```
        // 根节点：图书、世界
        tvi.item.mask = TVIF_TEXT | TVIF_IMAGE | TVIF_SELECTEDIMAGE;
        tvi.hInsertAfter = TVI_LAST;

        tvi.hParent = TVI_ROOT;
        tvi.item.pszText = TEXT("图书"); tvi.item.iImage = tvi.item. iSelectedImage = 0;
        htrBook = (HTREEITEM)SendMessage(hwndTreeView, TVM_INSERTITEM, 0, (LPARAM)&tvi);
        tvi.item.pszText = TEXT("世界"); tvi.item.iImage = tvi.item. iSelectedImage = 1;
        htrWorld = (HTREEITEM)SendMessage(hwndTreeView, TVM_INSERTITEM, 0, (LPARAM)&tvi);

        // 图书(平面设计、程序设计)
        tvi.hParent = htrBook;
        tvi.item.pszText = TEXT("平面设计"); tvi.item.iImage = tvi.item. iSelectedImage = 2;
        SendMessage(hwndTreeView, TVM_INSERTITEM, 0, (LPARAM)&tvi);
        tvi.item.pszText = TEXT("程序设计"); tvi.item.iImage = tvi.item. iSelectedImage = 3;
        SendMessage(hwndTreeView, TVM_INSERTITEM, 0, (LPARAM)&tvi);

        // 世界(美国、中国)
        tvi.hParent = htrWorld;
        tvi.item.pszText = TEXT("美国"); tvi.item.iImage = tvi.item. iSelectedImage = 4;
        htrAmerican = (HTREEITEM)SendMessage(hwndTreeView, TVM_INSERTITEM, 0, (LPARAM)&tvi);
        tvi.item.pszText = TEXT("中国"); tvi.item.iImage = tvi.item. iSelectedImage = 5;
        htrChina = (HTREEITEM)SendMessage(hwndTreeView, TVM_INSERTITEM, 0, (LPARAM)&tvi);

        // 中国(北京市、上海市)
        tvi.hParent = htrChina;
        tvi.item.pszText = TEXT("北京市"); tvi.item.iImage = tvi.item. iSelectedImage = 6;
        SendMessage(hwndTreeView, TVM_INSERTITEM, 0, (LPARAM)&tvi);
        tvi.item.pszText = TEXT("上海市"); tvi.item.iImage = tvi.item. iSelectedImage = 7;
        SendMessage(hwndTreeView, TVM_INSERTITEM, 0, (LPARAM)&tvi);
        return 0;

    case WM_DESTROY:
        ImageList_Destroy(hImagList);
        PostQuitMessage(0);
        return 0;
    }

    return DefWindowProc(hwnd, uMsg, wParam, lParam);
}
```

完整代码参见 Chapter8\TreeViewDemo 项目。

## 8.13.2　选中项的获取

要获取选中项很简单，在用户将选中项从一个项目更改为另一个项目后，树视图控件的父窗口会收到包含 TVN_SELCHANGED 通知码的 WM_NOTIFY 消息，lParam 参数是一个指向 NMTREEVIEW 结构的指针。NMTREEVIEW 结构的 itemOld 和 itemNew 字段都是 TVITEM 结构，包含先前所选项目和新选择项目的信息，但请注意，只有结构的 mask、hItem、state 和 lParam 字段有效。NMTREEVIEW 结构的定义如下：

```
typedef struct tagNMTREEVIEW {
    NMHDR  hdr;       // NMHDR 结构
    UINT   action;    // 导致选择更改的操作类型，可以是：
                      // TVC_BYKEYBOARD（通过击键）、TVC_BYMOUSE（通过单击鼠标）或 TVC_UNKNOWN（未知）
    TVITEM itemOld;   // TVITEM 结构，包含先前所选项目的信息
    TVITEM itemNew;   // TVITEM 结构，包含新选择项目的信息
    POINT  ptDrag;    // 事件发生时鼠标的坐标（相对于客户区）
} NMTREEVIEW, *LPNMTREEVIEW;
```

例如下面处理 TVN_SELCHANGED 通知码的代码：

```
case WM_NOTIFY:
    switch (((LPNMHDR)lParam)->code)
    {
    case TVN_SELCHANGED:
        pnmTV = (LPNMTREEVIEW)lParam;
        wsprintf(szBuf, TEXT("项目句柄：0x%X"), pnmTV->itemNew.hItem);
        SetDlgItemText(hwnd, IDC_STATICSELECTED, szBuf);    // 选中的项目句柄显示到静态控件中
        break;
    }
    return 0;
```

如果不是在处理 TVN_SELCHANGED 通知码的情况下，可以通过发送 TVM_GETNEXTITEM 消息来获取具有某种特征的树视图项。wParam 参数指定要获取的项目，可以是表 8.45 所示的值之一。

表 8.45

| 常量 | 含义 |
| --- | --- |
| TVGN_CARET | 获取当前选中的项目 |
| TVGN_CHILD | 获取 lParam 参数指定的项的第一个子项 |
| TVGN_NEXTSELECTED | 获取 lParam 参数指定的项后面的一个选中的项目 |
| TVGN_PARENT | 获取 lParam 参数指定的项的父项目 |
| TVGN_PREVIOUS | 获取 lParam 参数指定的项的上一个兄弟项目 |
| TVGN_NEXT | 获取 lParam 参数指定的项的下一个兄弟项目 |
| TVGN_ROOT | 获取树视图控件的最顶部或第一项 |

lParam 参数指定为一个项目句柄，如果不需要，可以设置为 0。如果执行成功，则返回符合条件项目的句柄。

例如下面的代码：

```
HTREEITEM htrSelected;
htrSelected = (HTREEITEM)SendMessage(hwndTreeView, TVM_GETNEXTITEM, TVGN_CARET, 0);
wsprintf(szBuf, TEXT("项目句柄：0x%X"), htrSelected);
SetDlgItemText(hwnd, IDC_STATICSELECTED, szBuf);
```

### 8.13.3 其他消息和通知码

常用的其他消息如表 8.46 所示。

表 8.46

| 消息类型 | 含义 |
| --- | --- |
| TVM_DELETEITEM | 删除一个树视图项及其所有子项。wParam 参数没有用到，lParam 参数指定为项目句柄，如果设置为 TVI_ROOT 或 NULL，则删除所有项目 |
| TVM_GETCOUNT | 获取树视图控件中的项目总数。wParam 和 lParam 参数都没有用到 |
| TVM_SETITEM | 设置树视图项的部分或全部属性。wParam 参数没有用到，lParam 参数是一个指向包含新项属性的 TVITEM 结构的指针 |
| TVM_GETITEM | 获取树视图项的部分或全部属性。wParam 参数没有用到，lParam 参数是一个指向 TVITEM 结构的指针 |

当用户鼠标右键单击树视图项时，树视图控件的父窗口会收到包含 NM_RCLICK 通知码的 WM_NOTIFY 消息，lParam 参数是一个指向 NMHDR 结构的指针。

## 8.14 状态栏

状态栏是显示在窗口底部的一个子窗口控件，可以在其中显示各种状态信息，状态栏可以分为多个部分以显示不同类型的信息。调用 CreateWindowEx 函数创建状态栏的时候，状态栏的窗口过程会自动设置窗口的初始位置和大小，状态栏的宽度与父窗口的客户区宽度相同，高度则基于状态栏 DC 所选择字体的高度。另外，当父窗口的大小更改时，只需要简单地向状态栏发送一个 WM_SIZE 消息（wParam 和 lParam 参数都设置为 0 即可），状态栏就能自动调整大小。

例如，下面的代码创建了一个状态栏，当父窗口的窗口大小更改时，状态栏会自动调整大小：

```
LRESULT CALLBACK WindowProc(HWND hwnd, UINT uMsg, WPARAM wParam, LPARAM lParam)
{
    HINSTANCE hInstance;
    static HWND hwndStatus;

    switch (uMsg)
    {
    case WM_CREATE:
        hInstance = ((LPCREATESTRUCT)lParam)->hInstance;
        hwndStatus = CreateWindowEx(0, TEXT("msctls_statusbar32"), NULL, WS_CHILD |WS_
                VISIBLE,
            0, 0, 0, 0, hwnd, (HMENU)IDC_STATUSBAR, hInstance, NULL);
        return 0;

    case WM_SIZE:
        SendMessage(hwndStatus, WM_SIZE, 0, 0);
```

```
            return 0;

        case WM_DESTROY:
            PostQuitMessage(0);
            return 0;
        }

        return DefWindowProc(hwnd, uMsg, wParam, lParam);
    }
```

如果只是简单地创建一个状态栏，也可以调用 DrawStatusText 函数：

```
void DrawStatusText(
    HDC      hdc,      // 设备环境句柄
    LPCRECT lprc,      // 状态栏所属的矩形区域，相对于父窗口客户区
    LPCTSTR pszText,// 状态栏文本字符串，可以使用制表符\t
    UINT     uFlags);// 文本绘制标志，可以设置为 0，或设置为 SBT_NOBORDERS 表示不使用边框
```

该函数使用和状态栏窗口过程相同的技术绘制状态栏，但是不会自动设置状态栏的大小和位置。例如下面的代码：

```
case WM_SIZE:
    hdc = GetDC(hwnd);
    hFont = CreateFont(18, 0, 0, 0, 0, 0, 0, 0, GB2312_CHARSET, 0, 0, 0, 0, TEXT
("微软雅黑"));
    SelectObject(hdc, hFont);
    SetRect(&rect, 0, HIWORD(lParam) - 20, LOWORD(lParam), HIWORD(lParam));
    DrawStatusText(hdc, &rect, TEXT("这是 DrawStatusText 函数设置的状态栏"), 0);
    ReleaseDC(hwnd, hdc);
    return 0;
```

效果如图 8.19 所示。

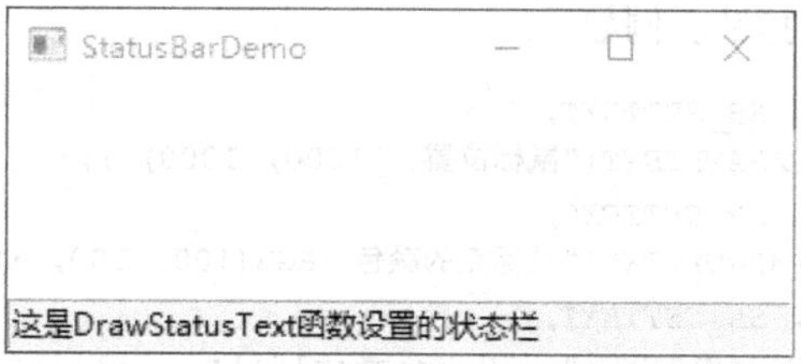


图 8.19

DrawStatusText 函数的 pszText 字符串中可以使用制表符（\t），默认情况下，文本在状态栏的指定矩形范围内左对齐，可以在文本中嵌入制表符以使其居中或右对齐。第 1 个制表符左侧的文本左对齐，第 1 个制表符右侧的文本居中对齐，第 2 个制表符字符右侧的文本右对齐。例如：

```
DrawStatusText(hdc, &rect, TEXT("这是\tDrawStatusText\t 函数设置的状态栏"), 0);
```

效果如下所示：

状态栏常见的样式如表 8.47 所示。

表 8.47

| 样式 | 含义 |
| --- | --- |
| SBARS_SIZEGRIP | 状态栏的右端包含一个大小调整手柄 |
| CCS_TOP | 显示在父窗口客户区的顶部 |
| CCS_LEFT | 显示在父窗口客户区的左侧 |
| CCS_RIGHT | 显示在父窗口客户区的右侧 |
| CCS_VERT | 垂直显示 |
| SBT_TOOLTIPS | 启用工具提示，需要发送 SB_SETTIPTEXT 消息 |

## 8.14.1　为状态栏分栏

一个状态栏最多可以包含 256 个部分，每个部分称之为“指示器”，可以通过发送 SB_SETPARTS 消息来为状态栏添加指示器，或者说为状态栏分栏。SB_SETPARTS 消息的 wParam 参数指定为指示器的数量，lParam 参数是一个指定每个指示器右边缘坐标的数值型数组，如果把某个数组元素设置为-1，则表示把状态栏的剩余部分全部分配给该指示器。

例如，下面的代码把状态栏分为 3 栏，第 1 栏、第 2 栏的宽度分别为 150、230，第 3 栏则使用客户区剩余的宽度：

```
INT nArrParts[] = { 150, 380, -1 };
……
SendMessage(hwndStatus, SB_SETPARTS, _countof(nArrParts), (LPARAM)nArrParts);
```

在分栏后，通过发送 SB_SETTEXT 消息为每一栏设置文本。wParam 参数的高位字没有用到，LOBYTE(LOWORD(wParam))指定为栏的索引号，栏索引从 0 开始；HIBYTE(LOWORD(wParam))指定绘制类型，通常指定为 0 即可。如果不需要解析制表符，可以指定 SBT_NOTABPARSING。lParam 参数指定为要设置的文本字符串指针。例如：

```
SendMessage(hwndStatus, SB_SETTEXT,
    MAKEWORD(0, 0), (LPARAM)TEXT("鼠标位置：(1000, 1000)"));
SendMessage(hwndStatus, SB_SETTEXT,
    MAKEWORD(1, 0), (LPARAM)TEXT("鼠标点的颜色：RGB(100, 100, 100)"));
SendMessage(hwndStatus, SB_SETTEXT,
    MAKEWORD(2, 0), (LPARAM)TEXT("6-20 23:56:31"));
```

效果如下所示：

要获取栏目的文本，可以发送 SB_GETTEXTLENGTH 和 SB_GETTEXT 消息。如果状态栏只有一栏，可以使用 WM_SETTEXT、WM_GETTEXTLENGTH、WM_GETTEXT 消息来执行文本操作，因为这些消息仅处理栏索引为 0 的部分。

关于状态栏的示例程序参见 Chapter8\StatusBarDemo 项目。

## 8.14.2 MenuHelp

在本节中，我们为 Chapter6\HelloWindows 项目添加状态栏菜单提示功能。当用户选择一个菜单项时，很多程序都会在底部的状态栏中显示该菜单项的帮助提示信息，可以响应 WM_MENUSELECT 消息并从消息参数中获取用户所选择的菜单项 ID，根据菜单项 ID 获取对应的提示信息字符串，然后将其显示到状态栏中。但是还有更简单的，系统提供了一个专用函数 MenuHelp，可以在处理 WM_MENUSELECT 或 WM_COMMAND 消息时调用该函数，在指定的状态栏窗口中显示当前菜单项的帮助提示文本。

```
void MenuHelp(
    UINT       uMsg,        // 正在处理的消息，可以是 WM_MENUSELECT 或 WM_COMMAND
    WPARAM     wParam,      // 消息的 wParam 参数
    LPARAM     lParam,      // 消息的 lParam 参数
    HMENU      hMainMenu,   // 程序的主菜单句柄
    HINSTANCE  hInst,       // 包含字符串资源的模块句柄
    HWND       hwndStatus,  // 状态栏句柄
UINT           *lpwIDs);
```

- 通常是在 WM_MENUSELECT 消息中调用 MenuHelp 函数，将函数的前 3 个参数 uMsg、wParam、lParam 设置为窗口过程函数的相应参数即可。
- WM_MENUSELECT 消息的 lParam 参数就是用户正在浏览的菜单句柄，因此 MenuHelp 函数的 hMainMenu 参数直接设置为 lParam 即可。
- 要配合 MenuHelp 函数，需要把每个菜单项对应的帮助提示文本定义在字符串表中，函数会自动调用 LoadString 函数载入正确的字符串，参数 hInst 指定为包含字符串资源的模块句柄。
- hwndStatus 参数指定为状态栏窗口的句柄。

如图 8.20 所示，我为每个子菜单项和主菜单中的菜单项创建了字符串表。

| ID | 值 | 标题 |
|---|---|---|
| ID_FILE | 20010 | 这是文件弹出菜单 |
| ID_EDIT | 20011 | 这是编辑弹出菜单 |
| ID_HELP | 20012 | 这是关于弹出菜单 |
| ID_FILE_NEW | 40010 | 这是新建菜单项 |
| ID_FILE_OPEN | 40011 | 这是打开菜单项 |
| ID_FILE_SAVE | 40012 | 这是保存菜单项 |
| ID_FILE_SAVEAS | 40013 | 这是另存为菜单项 |
| ID_FILE_EXIT | 40014 | 这是退出菜单项 |
| ID_EDIT_CUT | 40015 | 这是剪切菜单项 |
| ID_EDIT_COPY | 40016 | 这是复制菜单项 |
| ID_EDIT_PASTE | 40017 | 这是粘贴菜单项 |
| ID_HELP_ABOUT | 40018 | 这是关于菜单项 |

图 8.20

在这里，我定义子菜单项所用的字符串 ID 值和菜单资源中子菜单项的 ID 值相同，而主菜单中的菜单项所用的字符串 ID 值分别为 ID_FILE(20010)、ID_EDIT (20011)和 ID_HELP(20012)。lpwIDs 参数指定为一个数值型数组，第 1 个数组元素指定为子菜单项的基数，第 2 个数组元素指定为弹出菜单的基数，基数加上用户当前浏览的菜单项 ID 得到的数值就是 MenuHelp 函数要载入的字符串 ID。例如：

```
UINT uArrIDs[] = { 0, ID_FILE };
……

case WM_MENUSELECT:
    MenuHelp(uMsg, wParam, lParam, (HMENU)lParam, g_hInstance, hwndStatus, uArrIDs);
    return 0;
```

对于子菜单项，基数指定为 0 即可；弹出菜单没有 ID，系统按照菜单项的索引号加上基数当作字符串 ID。对于第 1 个弹出菜单“文件”，函数加载的是 ID 为 ID_FILE(20010)的字符串；对于第 2 个弹出菜单“编辑”，菜单索引为 1，所以函数加载的是 ID 为 ID_EDIT(20011)的字符串，以此类推。

具体代码参见 Chapter8\HelloWindows 项目。

## 8.15 工具栏

工具栏一般位于菜单栏的下方，包含一个或多个按钮。这些按钮实际上都是一副图像，所以说它们只是仿真按钮，而不是真正的按钮子窗口控件。每个按钮对应于程序菜单中的某个菜单项，为用户提供了一种更直观的方式来访问应用程序的菜单项。当用户按下按钮的时候窗口过程会收到 WM_COMMAND 消息，这是为了和菜单、加速键使用同一份代码来处理用户按下工具栏按钮的操作。在工具栏中，有的按钮按下后会自动弹起；有的按钮按下后保留在“选中”状态，再按一次后恢复弹起状态，按钮的“选中”状态可以是互斥或不互斥的，按钮也可以被灰化或隐藏，所有这些属性和菜单项的属性类似。

要创建工具栏，首先需要使用 Photoshop 等工具制作一副位图，例如对于 HelloWindows 程序可以制作一副如图 8.21 所示的.bmp 位图，宽高为 450 像素 × 50 像素，表示 9 个 50 像素 × 50 像素的按钮，需要注意的是，每一个按钮图片的大小必须相同，然后有序摆放到一副大位图中。

图 8.21

上面的每个位图分别对应于新建、打开、保存、另存为、退出、剪切、复制、粘贴和关于菜单项。创建工具栏的代码很简单，例如：

```
hwndToolBar = CreateWindowEx(0, TEXT("ToolbarWindow32"), NULL,
    WS_CHILD | WS_VISIBLE | TBSTYLE_FLAT,
    0, 0, 0, 0, hwnd, (HMENU)IDC_TOOLBAR, g_hInstance, NULL);
```

稍后再讲工具栏的样式。

在创建工具栏后，可以通过发送 TB_ADDBITMAP 消息将一个或多个图像添加到工具栏的按钮图像列表中。wParam 参数指定位图中按钮图像的数量，如果 lParam 参数指定的是系统预定义的位图，则忽略 wParam 参数；lParam 参数是一个指向 TBADDBITMAP 结构的指针，该结构包含位图资源的 ID 以及包含位图资源的可执行文件的模块句柄。如果执行成功，则返回第一个新图像的索引；否则返回 −1。TBADDBITMAP 结构在 CommCtrl.h 头文件中定义如下：

```
typedef struct tagTBADDBITMAP {
    HINSTANCE       hInst;  // 包含位图资源的可执行文件的模块句柄
    UINT_PTR        nID;    // 位图资源的 ID
} TBADDBITMAP, *LPTBADDBITMAP;
```

在发送 TB_ADDBITMAP 消息添加图像前，还应该发送 TB_BUTTONSTRUCTSIZE 和 TB_SETBITMAPSIZE 消息到工具栏（见表 8.48）。

表 8.48

| 消息类型 | 含义 |
| --- | --- |
| TB_BUTTONSTRUCTSIZE | 指定 TBBUTTON 结构的大小。wParam 参数指定为 TBBUTTON 结构的大小，以字节为单位。lParam 参数没有用到 |
| TB_SETBITMAPSIZE | 设置要添加到工具栏中的每个位图图像的大小（如果不设置，默认情况下是 24 像素 × 22 像素）。wParam 参数没有用到。LOWORD(lParam)指定位图图像的宽度，HIWORD(lParam)指定位图图像的高度，以像素为单位 |

例如下面的代码：

```
#define NUMBTNS 11
......
// 为工具栏添加图像
SendMessage(hwndToolBar, TB_BUTTONSTRUCTSIZE, sizeof(TBBUTTON), 0);
SendMessage(hwndToolBar, TB_SETBITMAPSIZE, 0, MAKELPARAM(50, 50));
TBADDBITMAP tbab;
tbab.hInst = g_hInstance;
tbab.nID = IDB_BITMAP;          // 工具栏图片已经添加到位图资源
SendMessage(hwndToolBar, TB_ADDBITMAP, NUMBTNS - 2, (LPARAM)&tbab);
```

只有 9 个按钮图像，但是我还想在“退出”和“粘贴”后各添加一个竖分隔符，所以 NUMBTNS 定义为 11。

添加图像也可以通过创建图像列表的方式，例如下面的代码：

```
hImagList = ImageList_Create(50, 50, ILC_MASK | ILC_COLOR32, NUMBTNS, 0);
ImageList_Add(hImagList, LoadBitmap(g_hInstance, MAKEINTRESOURCE(IDB_BITMAP)), NULL);
SendMessage(hwndToolBar, TB_SETIMAGELIST, 0, (LPARAM)hImagList);
```

接下来还需要将图像与按钮相关联，在将位图添加到按钮图像列表后，可以通过发送 TB_ADDBUTTONS 消息把按钮添加到工具栏中。将 wParam 参数设置为要添加的按钮个数，lParam 参数是一个指向 TBBUTTON 结构数组的指针，其中包含要添加的按钮的信息，数组中的元素个数必须与 wParam 参数指定的按钮数相同。发送 TB_ADDBUTTONS 消息，一次可以添加多个按钮，也可以通过发送 TB_INSERTBUTTON 消息在工具栏中插入一个按钮。wParam 参数指定为按钮从 0 开始的索引；lParam 参数是一个指向 TBBUTTON 结构的指针，其中包含要插入的按钮的信息。TBBUTTON 结构在 CommCtrl.h 头文件中定义如下：

```
typedef struct {
    int         iBitmap;        // 按钮图像的索引
    int         idCommand;      // 按钮命令 ID，通常指定为某个菜单项 ID
    BYTE        fsState;        // 按钮状态
```

```
    BYTE      fsStyle;        // 按钮样式
    BYTE      bReserved[2];   // 保留字段
    DWORD_PTR dwData;         // 自定义数据
    INT_PTR   iString;        // 按钮文本，显示在按钮图像的下边，如果不需要显示按钮文本，则可以设置为-1
} TBBUTTON, *PTBBUTTON, *LPTBBUTTON;
```

例如下面的代码：

```
TBBUTTON tbButtons[NUMBTNS] = {
    { 0, ID_FILE_NEW,     TBSTATE_ENABLED, BTNS_BUTTON, { 0 }, 0, (INT_PTR)TEXT("新建") },
    { 1, ID_FILE_OPEN,    TBSTATE_ENABLED, BTNS_BUTTON, { 0 }, 0, (INT_PTR)TEXT("打开") },
    { 2, ID_FILE_SAVE,    TBSTATE_ENABLED, BTNS_BUTTON, { 0 }, 0, (INT_PTR)TEXT("保存") },
    { 3, ID_FILE_SAVEAS,  TBSTATE_ENABLED, BTNS_BUTTON, { 0 }, 0, (INT_PTR)TEXT("另存为") },
    { 4, ID_FILE_EXIT,    TBSTATE_ENABLED, BTNS_BUTTON, { 0 }, 0, (INT_PTR)TEXT("退出") },
    { 0, 0,               TBSTATE_ENABLED, TBSTYLE_SEP, { 0 }, 0, -1 },
    { 5, ID_EDIT_CUT,     TBSTATE_ENABLED, BTNS_BUTTON, { 0 }, 0, (INT_PTR)TEXT("剪切") },
    { 6, ID_EDIT_COPY,    TBSTATE_ENABLED, BTNS_BUTTON, { 0 }, 0, (INT_PTR)TEXT("复制") },
    { 7, ID_EDIT_PASTE,   TBSTATE_ENABLED, BTNS_BUTTON, { 0 }, 0, (INT_PTR)TEXT("粘贴") },
    { 0, 0,               TBSTATE_ENABLED, TBSTYLE_SEP, { 0 }, 0, -1 },
{ 8, ID_HELP_ABOUT,  TBSTATE_ENABLED, BTNS_BUTTON, { 0 }, 0, (INT_PTR)TEXT("关于") } };
……
SendMessage(hwndToolBar, TB_ADDBUTTONS, NUMBTNS, (LPARAM)&tbButtons);
```

TBBUTTON 结构并没有一个 size 字段，因此在发送 TB_ADDBUTTONS 消息前，应该确保已经发送 TB_BUTTONSTRUCTSIZE 消息。发送 TB_ADDBUTTONS 消息添加按钮后，可以通过发送 TB_SETBUTTONSIZE 消息设置工具栏上按钮的大小（不设置也可以），系统会根据按钮图像的大小自动调整按钮大小。wParam 参数没有用到，LOWORD(lParam)指定按钮的宽度，HIWORD(lParam)指定按钮的高度，以像素为单位。

工具栏窗口过程会在收到 WM_SIZE 或 TB_AUTOSIZE 消息时自动调整工具栏的大小，每当父窗口的大小发生变化时，或者在发送调整工具栏大小的消息（例如 TB_SETBUTTONSIZE 消息）后，程序都应向工具栏发送一个 WM_SIZE 或 TB_AUTOSIZE 消息（wParam 和 lParam 参数都设置为 0 即可）。

每一个 TBBUTTON 结构都设置了图像索引，以及与各菜单项对应的 ID，现在工具栏可以正常工作了，如图 8.22 所示。

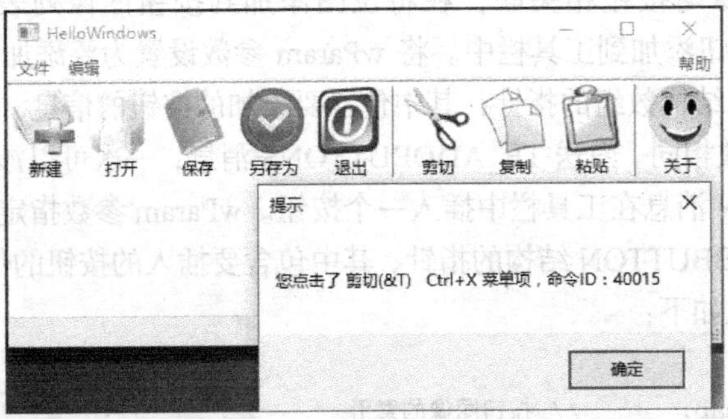


图 8.22

具体代码参见 Chapter8\HelloWindows2 项目。

接下来，看一下 TBBUTTON 结构的 fsState 按钮状态和 fsStyle 按钮样式字段。fsState 字段指定按钮状态，常用的值如表 8.49 所示。

表 8.49

| 按钮状态 | 含义 |
| --- | --- |
| TBSTATE_ENABLED | 按钮可用 |
| TBSTATE_HIDDEN | 按钮隐藏 |
| TBSTATE_INDETERMINATE | 按钮灰化 |
| TBSTATE_CHECKED | 按钮处于选中状态 |
| TBSTATE_PRESSED | 按钮被按下 |
| TBSTATE_WRAP | 该按钮后面的按钮换行到下一行中 |

fsStyle 字段指定按钮样式，常用的值如表 8.50 所示。

表 8.50

| 按钮样式 | 含义 |
| --- | --- |
| BTNS_BUTTON | 创建一个标准按钮 |
| BTNS_AUTOSIZE | 按钮自动调整其宽度，系统会根据按钮图像的宽度加上文本的宽度来计算 |
| BTNS_CHECK | 创建双状态按钮，当用户单击按钮时在按下和弹起状态之间切换 |
| BTNS_SEP | 创建一个分隔符 |

常用的工具栏样式如表 8.51 所示。

表 8.51

| 工具栏样式 | 含义 |
| --- | --- |
| CCS_BOTTOM | 工具栏显示在父窗口客户区的底部 |
| CCS_LEFT | 工具栏显示在父窗口客户区的左侧 |
| CCS_RIGHT | 工具栏显示在父窗口客户区的右侧 |
| CCS_VERT | 垂直显示。要创建一个垂直显示的工具栏，可以在调用 CreateWindowEx 函数创建工具栏的时候指定 CCS_VERT 样式，并在发送 TB_ADDBUTTONS 消息时，为每个 TBBUTTON 结构指定 TBSTATE_ENABLED \| TBSTATE_WRAP 状态 |
| CCS_ADJUSTABLE | 启用工具栏的自定义功能，允许用户将按钮拖动到新位置或通过将其拖离工具栏来删除按钮。此外，用户可以双击工具栏以显示“自定义工具栏”对话框，该对话框允许用户添加、删除和重新排列工具栏按钮 |
| TBSTYLE_ALTDRAG | 允许用户在按住 Alt 键的同时拖动按钮来更改其位置。如果未指定该样式，则是在按住 Shift 键的同时拖动按钮来更改位置。请注意，必须同时指定 CCS_ADJUSTABLE 样式 |
| TBSTYLE_FLAT | 创建一个平面工具栏，在平面工具栏中，工具栏和按钮的背景都是透明的，按钮文本显示在按钮图像的下方 |
| TBSTYLE_LIST | 按钮文本显示在按钮图像的右侧 |
| TBSTYLE_TOOLTIPS | 当鼠标悬停在工具栏按钮上时显示工具提示控件 |
| TBSTYLE_WRAPABLE | 当工具栏太窄而不能在一行显示所有按钮时，工具栏按钮可以换行到下一行显示 |

## 8.15.1 为按钮显示工具提示

要为按钮显示工具提示，在调用 CreateWindowEx 函数创建工具栏的时候必须指定 TBSTYLE_TOOLTIPS 样式，可以通过以下几种方式为按钮设置工具提示文本。

- 通过 TBBUTTON 结构的 iString 字段为每个按钮设置工具提示文本，还必须发送 TB_SETMAXTEXTROWS 消息将最大文本行设置为 0，以使 iString 字段指定的文本显示为工具提示而不是按钮文本。
- 使用 TBSTYLE_LIST 样式创建工具栏，通过 TBBUTTON 结构的 iString 字段为每个按钮设置工具提示文本，然后设置 TBSTYLE_EX_MIXEDBUTTONS 工具栏扩展样式 SendMessage (hwndToolBar, TB_SETEXTENDEDSTYLE, 0, TBSTYLE_EX_MIXEDBUTTONS);。
- 处理 TTN_NEEDTEXT 通知码（等于 TTN_GETDISPINFO，#define TTN_NEEDTEXT TTN_GETDISPINFO）的 WM_NOTIFY 消息。lParam 参数是一个指向 NMTTDISPINFO 结构的指针，在 CommCtrl.h 头文件中定义如下：

```
typedef struct {
NMHDR       hdr;           // NMHDR 结构
LPTSTR      lpszText;      // 指定为工具提示文本字符串指针，如果 hinst 是模块句柄，则为字符串资源 ID
TCHAR       szText[80];// 工具提示文本的缓冲区，可以将文本复制到该缓冲区，而不是指定字符串指针或
                           // 字符串资源 ID
HINSTANCE hinst;           // 包含字符串资源的模块句柄
UINT        uFlags;        // 标志
LPARAM      lParam;        // 自定义数据
} NMTTDISPINFO, *LPNMTTDISPINFO;
```

设置 NMTTDISPINFO 结构的方法有 3 种，可以任选其一。

1）字符串包含在资源中，这时可以将 hinst 字段设置为包含资源的模块句柄，并把 lpszText 字段设置为字符串 ID，其他字段保持为 NULL，工具提示控件会调用 LoadString 函数载入字符串。

2）字符串在内存中，将字符串指针放入 lpszText 字段中，其他字段保持为 NULL。

3）将字符串复制到 szText 字段中，其他字段保持为 NULL。

在 HelloWindows2 程序中，为了配合 MenuHelp 函数，已经把每个菜单项对应的帮助提示文本定义在字符串表中，定义子菜单项所用的帮助提示文本字符串 ID 值和菜单资源中子菜单项的 ID 值相同，hdr.idFrom 字段正好是按钮的命令 ID，因此可以使用方法 1。例如下面的代码：

```
case TTN_NEEDTEXT:
LPNMTTDISPINFO lpnmTDI;
lpnmTDI = (LPNMTTDISPINFO)lParam;
lpnmTDI->hinst = g_hInstance;
lpnmTDI->lpszText = (LPTSTR)lpnmTDI->hdr.idFrom;
return 0;
```

- 处理 TBN_GETINFOTIP 通知码的 WM_NOTIFY 消息。lParam 参数是一个指向 NMTBGETINFOTIP 结构的指针，该结构和上面的 NMTTDISPINFO 结构类似。

## 8.15.2 自定义工具栏

工具栏具有简单、直接、美观的特点，但是如果菜单项比较多，想要全部显示可能会占据大量的空间。为此可以在调用 CreateWindowEx 函数创建工具栏时指定 CCS_ADJUSTABLE 样式启用工具栏的自定义功能，用户可以自由排列工具栏按钮，或者仅选择显示用户感兴趣的按钮。

在指定 CCS_ADJUSTABLE 样式后，用户可以将按钮拖动到新位置或通过将其拖离工具栏来删除按钮（按住 Shift 键）。此外，当用户双击工具栏的时候，会弹出一个自定义工具栏对话框，如图 8.23 所示。

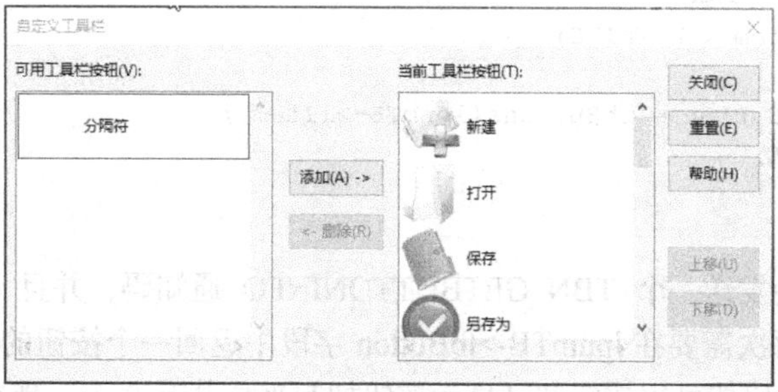


图 8.23

右侧的列表框是当前工具栏上显示的所有按钮。在选择一个列表项（按钮）后，用户可以单击上移下移按钮调整列表项（按钮）的顺序，也可以单击“删除”按钮删除不需要的列表项（按钮）。删除一个列表项（按钮）以后，该列表项（按钮）会显示到左边的可用工具栏按钮列表框中。即左边的列表框显示的是可以插入工具栏的按钮，右边的列表框显示的是当前工具栏上显示的所有按钮。除了可以通过双击工具栏弹出一个自定义工具栏对话框，程序还可以通过向工具栏发送 TB_CUSTOMIZE 消息以打开自定义工具栏对话框。

当用户通过自定义工具栏对话框来插入、删除一个列表项（按钮）时，工具栏的父窗口会收到包含 TBN_QUERYINSERT、TBN_QUERYDELETE 通知码的 WM_NOTIFY 消息，程序可以处理这两个通知码并返回 TRUE 表示允许插入、删除操作，或返回 FALSE 表示拒绝插入、删除操作。例如下面的代码：

```
case WM_NOTIFY:
    switch (((LPNMHDR)lParam)->code)
    {
    case TBN_QUERYINSERT:
    case TBN_QUERYDELETE:
        return TRUE;
```

自定义工具栏对话框中两个列表框的维护需要处理 TBN_GETBUTTONINFO 通知码，当工具栏需要全部按钮的信息时，会多次发送包含 TBN_GETBUTTONINFO 通知码的 WM_NOTIFY 消息。lParam 参数是一个指向 NMTOOLBAR 结构的指针，该结构在 CommCtrl.h 头文件中定义如下：

```
typedef struct tagNMTOOLBAR {
    NMHDR     hdr;         // NMHDR 结构
```

```
    int        iItem;       // 按钮从 0 开始的索引
    TBBUTTON tbButton;    // 用于每个按钮的 TBBUTTON 结构
    int        cchText;     // 按钮文本中的字符数
    LPTSTR     pszText;     // 按钮文本的字符串缓冲区地址
    RECT       rcButton;    // 按钮所属的矩形区域范围
} NMTOOLBAR, *LPNMTOOLBAR;
```

通常，处理 TBN_GETBUTTONINFO 通知码的代码如下：

```
case TBN_GETBUTTONINFO:
    LPNMTOOLBAR lpnmTB;
    lpnmTB = (LPNMTOOLBAR)lParam;
    // 如果不是最后一个按钮
    if (lpnmTB->iItem < NUMBTNS)
    {
        lpnmTB->tbButton = tbButtons[lpnmTB->iItem];
        return TRUE;
    }
    return FALSE;
```

工具栏控件每次都会发送一个 TBN_GETBUTTONINFO 通知码，并且 NMTOOLBAR 结构中的 iItem 字段会依次递增，每次需要在 lpnmTB->tbButton 字段中返回一个按钮的信息，如果还有剩余的按钮信息没有告诉工具栏（比如可用按钮和已显示按钮加起来总共有 9 个，现在返回了 8 个，那么还剩 1 个按钮的信息没有告诉工具栏），则应该在消息的返回值中返回 TRUE。工具栏根据这个返回值知道还有多余的按钮没有处理，于是马上将 iItem 字段加 1 并再次发送 TBN_GETBUTTONINFO 通知码，如此循环，直到消息的返回值是 FALSE 为止。为什么工具栏不知道需要获取的按钮数量，而需要由父窗口来确定呢？这是因为工具栏只维护目前显示的按钮。假设工具栏上当前显示了 8 个按钮，而程序处理 TBN_GETBUTTONINFO 通知码共返回了 9 个按钮的信息。这 9 个按钮中包括了已经显示在工具栏上的 8 个按钮和可以添加到工具栏上的另外 1 个按钮。工具栏就会对这 9 个按钮和工具栏上目前已显示的所有按钮进行比较，把已经显示的 8 个按钮放在自定义工具栏对话框右边的列表框中，把剩余的 1 个放在对话框左边的列表框中。

到现在为止，添加、删除以及两个列表框已经可以正常工作了，"上移""下移"按钮不需要额外处理就可以正常工作。当用户单击"帮助""重置"按钮的时候，工具栏的父窗口会收到包含 TBN_CUSTHELP、TBN_RESET 通知码的 WM_NOTIFY 消息，程序需要自行处理这两个通知码，感兴趣的读者请自行阅读 MSDN。

## 8.16 进度条控件

进度条控件通常用于一些需要长时间操作的任务以实时显示进度。进度条控件常用的样式如表 8.52 所示。

表 8.52

| 样式 | 含义 |
|---|---|
| PBS_VERTICAL | 进度条从下到上垂直显示进度状态（默认情况下是从左到右） |
| PBS_MARQUEE | 进度指示条的大小不会增加，而是沿着进度条的长度方向重复移动 |

进度条控件常用的消息类型如表 8.53 所示。

表 8.53

| 消息类型 | 含义 |
|---|---|
| PBM_SETRANGE、PBM_SETRANGE32 | 设置进度条的最小值和最大值（默认情况下范围值为 0～100），并重绘以反映新范围 |
| PBM_SETPOS | 设置进度条的当前位置，并重绘以反映新位置 |
| PBM_GETPOS | 获取进度条的当前位置 |
| PBM_SETSTEP | 指定进度条的步长增量，步长增量是进度条在收到 PBM_STEPIT 消息时增加其当前位置的量，默认情况下步长增量为 10 |
| PBM_STEPIT | 把进度条的当前位置增加一个步长增量，并重绘以反映新位置 |
| PBM_DELTAPOS | 把进度条的当前位置增加指定的量，并重绘以反映新位置 |

关于进度条控件的示例程序参见 Chapter8\ProgressDemo 项目。

## 8.17 日期控件

日期控件可以让用户选择年月日，如图 8.24 所示。

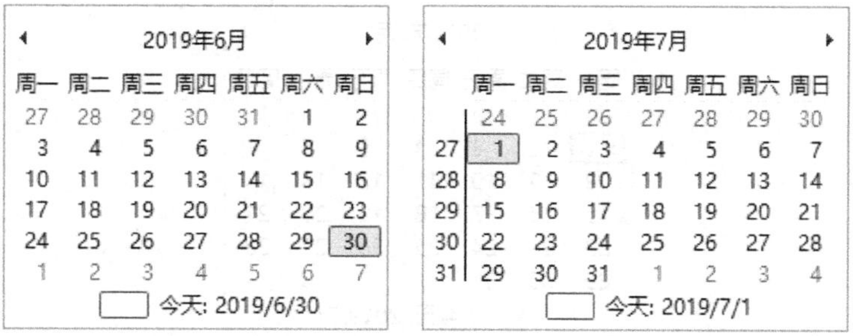


图 8.24

可以通过指定 MCS_WEEKNUMBERS 样式在日期控件左侧显示周数，如图 8.24（右图）所示。通常可以按如下方式创建一个日期控件：

```
// 日期控件
hwndMonthCal = CreateWindowEx(0, TEXT("SysMonthCal32"), NULL,
    WS_CHILD | WS_VISIBLE | MCS_WEEKNUMBERS,
    0, 0, 0, 0, hwnd, (HMENU)IDC_MONTHCAL, hInstance, NULL);
```

```
// 根据日期控件所需的最小大小调整其位置
SendMessage(hwndMonthCal, MCM_GETMINREQRECT, 0, (LPARAM)&rect);
MoveWindow(hwndMonthCal, 10, 0, rect.right, rect.bottom, FALSE);
```

日期控件常用的消息如表 8.54 所示。

表 8.54

| 消息类型 | 含义 |
| --- | --- |
| MCM_GETCURSEL | 获取当前选定的日期。wParam 参数没有用到，lParam 参数指定为一个指向接收当前所选日期信息的 SYSTEMTIME 结构的指针。该消息不能用于 MCS_MULTISELECT 样式的日期控件。例如：<br>`SendMessage(hwndMonth, MCM_GETCURSEL, 0, (LPARAM)&st);`<br>`wsprintf(szBuf, TEXT("%d 年 %0.2d 月 %0.2d 日 "), st.wYear, st.wMonth, st.wDay);`<br>`MessageBox(hwnd, szBuf, TEXT("提示"), MB_OK);` |
| MCM_GETTODAY | 获取今天的日期，该消息的用法和 MCM_GETCURSEL 消息相同 |
| MCM_SETCURSEL | 设置日期控件的当前选定日期，如果指定的日期不在视图中，控件会更新显示视图。wParam 参数没有用到，lParam 参数是一个指向要设置为当前所选日期信息的 SYSTEMTIME 结构的指针。该消息不能用于 MCS_MULTISELECT 样式的日期控件 |
| MCM_SETTODAY | 设置今天的日期，该消息的用法和 MCM_SETCURSEL 消息相同 |
| MCM_GETMINREQRECT | 根据当前字体、控件样式等计算日期控件所需的最小容量。wParam 参数没有用到，lParam 参数是一个指向接收边界矩形信息的 RECT 结构的指针，矩形坐标相对于父窗口客户区的左上角 |

关于日期控件的示例程序参见 Chapter8\MonthDemo 项目。

还有一个日期时间控件，可以显示时间，类名是 SysDateTimePick32。日期时间控件的日期控件部分平时是收起的，单击右侧的下拉按钮可以展开，如图 8.25 所示。感兴趣的读者请自行参阅 MSDN。

图 8.25

## 8.18　Tab 选项卡控件

通过使用选项卡控件，当用户单击不同的选项卡时，可以显示不同的页面（子窗口或对话框），如图 8.26 所示。

在图 8.26 中，程序具有 4 个选项卡，选项卡的文本称为文本标签。选项卡是指包含文本标签的那个矩形区域。当用户单击不同的选项卡时，下方会显示不同的子窗口，子窗口通常使用对话框。前面说过，在对话框中摆放子窗口控件很简单。如图 8.26 所示，当鼠标悬停在选项卡上时，可以选择显示工具提示。每个选项卡的文本标签前面还可以选择显示一个图标，每个选项卡都可以设置一个与之关联的自定义数据。

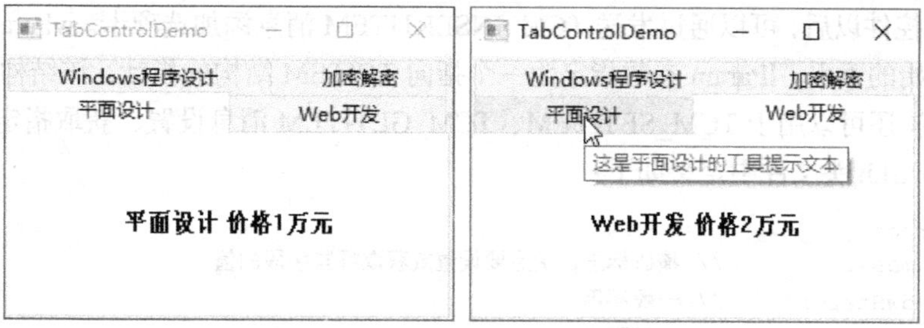


图 8.26

在图 8.27 中，程序的整个客户区是一个选项卡控件。4 个选项卡下面是用于显示不同子窗口的区域，叫作显示区域。显示区域用于显示不同的子窗口，图中框选出来的矩形区域就是显示区域。

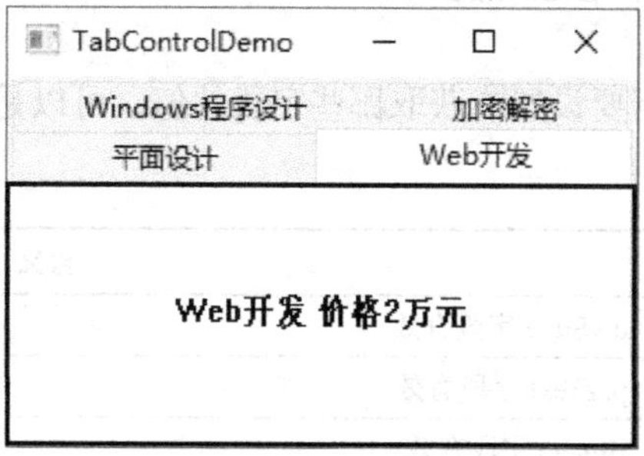


图 8.27

选项卡控件常用的样式如表 8.55 所示。

**表 8.55**

| 样式 | 含义 |
|---|---|
| TCS_FIXEDWIDTH | 所有选项卡的宽度相同（默认情况下每个选项卡的宽度会根据图标和文本标签的宽度自动调整）。另外，可以通过发送 TCM_SETITEMSIZE 消息设置选项卡的宽度和高度 |
| TCS_MULTILINE | 默认情况下所有选项卡显示在一行，如果显示不完全，会在右侧显示一个 Up-Down 控件以滚动选项卡：<br><br>指定该样式以后，如果多个选项卡在一行显示不完全，可以显示为多行 |
| TCS_VERTICAL | 选项卡显示在程序窗口的左侧，选项卡文本标签垂直显示，通用控件版本 6 可能不支持该样式 |
| TCS_RIGHT | 与 TCS_VERTICAL 样式一起使用，选项卡显示在程序窗口的右侧，通用控件版本 6 可能不支持该样式 |
| TCS_TOOLTIPS | 选项卡显示工具提示，需要处理 TTN_NEEDTEXT 消息（等于 TTN_GETDISPINFO） |

通常可以按如下方式创建一个选项卡控件：

```
// 根据父窗口客户区的大小创建选项卡控件
GetClientRect(hwnd, &rect);
hwndTabControl = CreateWindowEx(0, TEXT("SysTabControl32"), NULL,
    WS_CHILD | WS_VISIBLE | TCS_MULTILINE | TCS_TOOLTIPS,
    0, 0, rect.right, rect.bottom, hwnd, (HMENU) IDC_TABCONTROL, hInstance, NULL);
```

创建选项卡控件以后，可以通过发送 TCM_INSERTITEM 消息添加选项卡。wParam 参数指定为新选项卡中从 0 开始的索引。lParam 参数指定为一个指向 TCITEM 结构的指针，该结构指定选项卡的属性。TCITEM 结构还可以用于 TCM_SETITEM、TCM_GETITEM 消息设置、获取指定选项卡的属性，该结构在 CommCtrl.h 头文件中定义如下：

```
typedef struct {
    UINT   mask;          // 掩码标志，指定要设置或获取哪些字段的值
    DWORD  dwState;       // 一般不用
    DWORD  dwStateMask;   // 一般不用
    LPTSTR pszText;       // 选项卡文本标签的字符串指针，如果是获取信息，则是缓冲区地址
    int    cchTextMax;    // pszText 字段指向的缓冲区的大小（字符），如果不是获取信息，则忽略该字段
    int    iImage;        // 图像列表的索引
    LPARAM lParam;        // 自定义数据
} TCITEM, *LPTCITEM;
```

mask 字段是掩码标志，指定要设置或获取哪些字段的值，可以是表 8.56 中的一个或多个值。

表 8.56

| 标志 | 含义 |
| --- | --- |
| TCIF_STATE | dwState 字段有效 |
| TCIF_TEXT | pszText 字段有效 |
| TCIF_IMAGE | iImage 字段有效 |
| TCIF_PARAM | lParam 字段有效 |

例如下面的代码：

```
// 添加选项卡
TCITEM tci;
tci.mask = TCIF_TEXT;
tci.pszText = TEXT("平面设计");
SendMessage(hwndTabControl, TCM_INSERTITEM, 0, (LPARAM)&tci);
tci.pszText = TEXT("Web 开发");
SendMessage(hwndTabControl, TCM_INSERTITEM, 1, (LPARAM)&tci);
tci.pszText = TEXT("Windows 程序设计");
SendMessage(hwndTabControl, TCM_INSERTITEM, 2, (LPARAM)&tci);
tci.pszText = TEXT("加密解密");
SendMessage(hwndTabControl, TCM_INSERTITEM, 3, (LPARAM)&tci);
```

要想在用户单击不同的选项卡时显示不同的页面（子窗口或对话框），就需要创建这些子窗口或对话框，通常是使用对话框。但是因为还没有学习对话框，所以这里以普通的子窗口为例。因为是 4 个选项卡，所以需要创建 4 个子窗口。为了简单起见，我基于同一窗口类创建了 4 个子窗口，子窗口的

创建及其窗口过程如下所示：

```
// 全局变量
HWND hwndChild[4];

// 创建 4 个选项卡对应的 4 个子窗口
wndclass.cbSize = sizeof(WNDCLASSEX);
wndclass.style = CS_HREDRAW | CS_VREDRAW;
wndclass.lpfnWndProc = WindowProcChild;
wndclass.cbClsExtra = 0;
wndclass.cbWndExtra = 0;
wndclass.hInstance = hInstance;
wndclass.hIcon = LoadIcon(NULL, IDI_APPLICATION);
wndclass.hCursor = LoadCursor(NULL, IDC_ARROW);
wndclass.hbrBackground = (HBRUSH)GetStockObject(WHITE_BRUSH);
wndclass.lpszMenuName = NULL;
wndclass.lpszClassName = TEXT("ChildWindow");
wndclass.hIconSm = NULL;
RegisterClassEx(&wndclass);
for (int i = 0; i < 4; i++)
    hwndChild[i] = CreateWindowEx(0, TEXT("ChildWindow"), NULL, WS_CHILD | WS_VISIBLE,
        0, 0, 0, 0, hwnd, NULL, hInstance, NULL);

LRESULT CALLBACK WindowProcChild(HWND hwnd, UINT uMsg, WPARAM wParam, LPARAM lParam)
{
    HDC hdc;
    PAINTSTRUCT ps;
    RECT rect;

    switch (uMsg)
    {
    case WM_PAINT:
        hdc = BeginPaint(hwnd, &ps);
        GetClientRect(hwnd, &rect);
        if (hwnd == hwndChild[0])
            DrawText(hdc, TEXT("平面设计 价格 1 万元"), _tcslen(TEXT("平面设计 价格 1 万元")),
                &rect, DT_SINGLELINE | DT_VCENTER | DT_CENTER);
        else if (hwnd == hwndChild[1])
            DrawText(hdc, TEXT("Web 开发 价格 2 万元"), _tcslen(TEXT("Web 开发 价格 2 万元")),
                &rect, DT_SINGLELINE | DT_VCENTER | DT_CENTER);
        else if (hwnd == hwndChild[2])
            DrawText(hdc, TEXT("Windows 程序设计 价格 3 万元"), _tcslen(TEXT ("Windows 程序设计
                    价格 3 万元")),
                &rect, DT_SINGLELINE | DT_VCENTER | DT_CENTER);
        else
            DrawText(hdc, TEXT("加密解密 价格 4 万元"), _tcslen(TEXT("加密解密 价格 4 万元")),
                &rect, DT_SINGLELINE | DT_VCENTER | DT_CENTER);
        EndPaint(hwnd, &ps);
        return 0;

    case WM_DESTROY:
```

```
        PostQuitMessage(0);
        return 0;
    }

    return DefWindowProc(hwnd, uMsg, wParam, lParam);
}
```

添加选项卡以后，初始情况下第一个（即索引为 0）选项卡处于选中状态。在用户选择了其他选项卡后，选项卡控件的父窗口会收到包含 TCN_SELCHANGE 通知码的 WM_NOTIFY 消息，lParam 参数是指向 NMHDR 结构的指针。处理该通知码就是通过发送 TCM_GETCURSEL 消息（wParam 和 lParam 参数都没有用到）获取选项卡控件的当前选中项，销毁或隐藏不相关的子窗口，并显示需要的子窗口。例如下面的代码：

```
case TCN_SELCHANGE:
    nIndex = SendMessage(hwndTabControl, TCM_GETCURSEL, 0, 0);
    for (int i = 0; i < 4; i++)
        ShowWindow(hwndChild[i], SW_HIDE);
    ShowWindow(hwndChild[nIndex], SW_SHOW);
    break;
```

选项卡控件指定 TCS_TOOLTIPS 样式以后可以显示工具提示，需要处理 TTN_NEEDTEXT 消息。该消息在学习工具栏按钮工具提示的时候已经详细讲解过了。此处 NMTTDISPINFO 结构的 hdr.idFrom 字段是选项卡的索引。例如下面的代码：

```
case TTN_NEEDTEXT:
    LPNMTTDISPINFO lpnmTDI;
    lpnmTDI = (LPNMTTDISPINFO)lParam;
    switch (lpnmTDI->hdr.idFrom)
    {
    case 0:
        StringCchCopy(lpnmTDI->szText, 80, TEXT("这是平面设计的工具提示文本"));
        break;
    case 1:
        StringCchCopy(lpnmTDI->szText, 80, TEXT("这是 Web 开发的工具提示文本"));
        break;
    case 2:
        StringCchCopy(lpnmTDI->szText, 80, TEXT("这是 Windows 程序设计的工具提示文本"));
        break;
    case 3:
        StringCchCopy(lpnmTDI->szText, 80, TEXT("这是加密解密的工具提示文本"));
        break;
    }
    break;
```

除此之外，还需要处理 WM_SIZE 消息。在 WM_SIZE 消息中，根据父窗口客户区的大小调整选项卡控件的大小。可以根据选项卡控件的大小计算出显示区域的大小，然后利用显示区域的大小调整子窗口的大小。例如下面的代码：

```
case WM_SIZE:
    // 根据父窗口客户区的大小调整选项卡控件的大小
```

```
    MoveWindow(hwndTabControl, 0, 0, LOWORD(lParam), HIWORD(lParam), TRUE);

    // 根据选项卡控件的窗口矩形大小计算显示区域的大小，然后调整子窗口的大小
    SetRect(&rect, 0, 0, LOWORD(lParam), HIWORD(lParam));
    SendMessage(hwndTabControl, TCM_ADJUSTRECT, FALSE, (LPARAM)&rect);
    for (int i = 0; i < 4; i++)
        MoveWindow(hwndChild[i],
            rect.left, rect.top, rect.right - rect.left, rect.bottom - rect.top, TRUE);
    return 0;
```

TCM_ADJUSTRECT 消息可以根据选项卡控件的窗口大小计算出显示区域的大小，wParam 设置为 FALSE，lParam 参数指定为选项卡控件窗口大小的 RECT 结构，并在这个 RECT 结构中返回显示区域的大小；TCM_ADJUSTRECT 消息也可以根据显示区域的大小计算选项卡控件的窗口大小，此时 wParam 参数应该设置为 TRUE，lParam 参数指定为选项卡控件显示区域大小的 RECT 结构，并在这个 RECT 结构中返回选项卡控件的大小。该消息仅用于选项卡位于顶部的选项卡控件。

完整代码参见 Chapter8\TabControlDemo 项目。

关于选项卡控件的消息，我们已经学习了 TCM_INSERTITEM、TCM_GETCURSEL、TCM_ADJUSTRECT，以及 TCN_SELCHANGE 通知码等。其他常用的消息如表 8.57 所示。

表 8.57

| 消息类型 | 含义 |
|---|---|
| TCM_SETCURSEL | 选择选项卡控件中的一个选项卡 |
| TCM_SETITEM | 设置选项卡控件中选项卡的信息 |
| TCM_GETITEM | 获取选项卡控件中选项卡的信息 |
| TCM_SETITEMSIZE | 在固定宽度（TCS_FIXEDWIDTH）或程序自绘（TCS_OWNERDRAWFIXED）的选项卡控件中设置选项卡的宽度和高度 |
| TCM_SETMINTABWIDTH | 设置选项卡控件中选项卡的最小宽度 |
| TCM_SETIMAGELIST | 将图像列表分配给选项卡控件 |
| TCM_DELETEITEM | 从选项卡控件中删除一个选项卡 |
| TCM_DELETEALLITEMS | 从选项卡控件中删除所有选项卡 |
| TCM_GETITEMCOUNT | 获取选项卡控件中的选项卡数 |

## 8.19 动画控件

动画控件是一个用于显示 AVI（Audio-Video Interleaved，音频视频交错格式）剪辑的窗口，动画控件通常用于在漫长的操作期间指示系统活动，例如，Windows XP 系统在查找文件的过程中会显示一个手电筒形状的动画。不过动画控件只能显示不包含音频的 AVI 剪辑，并且应该是未压缩的 AVI 文件或使用 BI_RLE8 编码压缩的 AVI 文件。动画控件的功能非常有限，如果需要多媒体播放和录制功能，可以使用 MCIWnd 控件。

动画控件常用的样式有：ACS_AUTOPLAY 打开 AVI 剪辑后立即开始播放动画，ACS_CENTER 将动画居中放在动画控件的窗口中。如果未指定 ACS_CENTER 样式，调用 CreateWindowEx 函数时可以不指定宽度参数和高度参数，动画控件会根据 AVI 剪辑中帧的尺寸设置控件的宽度和高度。动画控件的创建如下所示：

```
hwndAnimate = CreateWindowEx(0, TEXT("SysAnimate32"), NULL,
    WS_CHILD | WS_VISIBLE | WS_BORDER | ACS_CENTER,
    10, 0, 330, 330, hwnd, (HMENU)IDC_ANIMATE, hInstance, NULL);
```

动画控件可以对 AVI 文件执行打开、播放、停止、关闭等操作，相关的消息如表 8.58 所示。

表 8.58

| 消息类型 | 含义 |
|---|---|
| ACM_OPEN | 打开 AVI 剪辑并在动画控件中显示第一帧。wParam 参数指定为 AVI 资源所属的模块句柄，如果设置为 NULL，表示使用创建动画控件时指定的 HINSTANCE 值；如果 lParam 参数指定为 AVI 文件路径，则 wParam 参数也可以设置为 NULL。lParam 参数指定为 AVI 文件路径或 AVI 资源名称（MAKEINTRESOURCE 宏），如果该参数设置为 NULL，则系统将关闭动画控件中先前打开的 AVI 文件或从内存中删除 AVI 资源 |
| ACM_PLAY | 在动画控件中播放 AVI 剪辑。wParam 参数指定为重播 AVI 剪辑的次数，指定为−1 表示无限重播剪辑；LOWORD(lParam)指定从哪一帧开始播放，HIWORD(lParam)指定播放到哪一帧结束，指定为−1 表示播放到 AVI 剪辑的最后一帧，例如 MAKELPARAM(0, −1) |
| ACM_STOP | 停止在动画控件中播放 AVI 剪辑。wParam 和 lParam 参数都没有用到 |

例如下面的代码：

```
case WM_COMMAND:
    switch (LOWORD(wParam))
    {
    case IDC_BTNOPEN:
        SendMessage(hwndAnimate, ACM_OPEN, NULL, (LPARAM)TEXT("Colck.avi"));
        break;
    case IDC_BTNPLAY:
        SendMessage(hwndAnimate, ACM_PLAY, -1, MAKELPARAM(0, -1));
        break;
    case IDC_BTNSTOP:
        SendMessage(hwndAnimate, ACM_STOP, NULL, NULL);
        break;
    case IDC_BTNCLOSE:
        SendMessage(hwndAnimate, ACM_OPEN, NULL, NULL);
        break;
    }
    return 0;
```

关于动画控件的示例程序参见 Chapter8\AnimateDemo 项目。

# 第 9 章

# 对话框

在图形用户界面中，对话框是一种特殊的窗口，用来向用户显示信息（例如 MessageBox 消息框），或者在需要的时候获得用户的输入以作出响应（例如记事本 Notepad 的查找、替换对话框）。之所以称之为“对话框”，是因为它们使计算机和用户之间构成了一个对话：通知用户一些信息，或者是请求用户的输入，又或者两者皆有。通常在可以打开对话框的菜单项后面加上“...”，例如“文件”菜单下的“另存为...”表示会打开一个选择文件名的对话框。对话框中的按钮、文本框和图标等称为“子窗口控件”。

对话框分为模态（modal，也称有模式）对话框和非模态（modeless，也称无模式）对话框。模态对话框要求用户必须作出回应，否则用户不能继续进行本程序的其他操作，例如记事本程序“格式”菜单下的“字体”对话框，只有在用户单击确定或取消以后才可以回到记事本编辑界面继续自己的工作；非模态对话框是一种不强制用户回应的对话框，例如记事本程序“编辑”菜单下的“查找”和“替换”对话框，在不关闭的情况下用户仍然可以回到编辑界面继续做自己的工作。

Windows 在资源脚本文件中定义对话框资源模板，然后在程序中利用这个模板创建对话框。模态对话框和非模态对话框的资源定义可以说是相同的，但是创建模态和非模态对话框所调用的函数不同，销毁模态和非模态对话框所调用的函数也不同。

## 9.1 模态对话框

先看一下创建模态对话框的宏 DialogBox，它的作用是从一个对话框模板资源中创建模态对话框：

```
INT_PTR DialogBox(
    HINSTANCE hInstance,      // 模块句柄，该模块包含对话框模板
    LPCTSTR   lpTemplate,     // 对话框模板，可以使用 MAKEINTRESOURCE（对话框模板 ID）宏
    HWND      hWndParent,     // 父窗口句柄
    DLGPROC   lpDialogFunc);  // 对话框窗口过程
```

DialogBox 宏通过调用 DialogBoxParam 函数来实现，在 WinUser.h 头文件中有如下定义：

```
#define DialogBoxA(hInstance, lpTemplate, hWndParent, lpDialogFunc) \
DialogBoxParamA(hInstance, lpTemplate, hWndParent, lpDialogFunc, 0L)
#define DialogBoxW(hInstance, lpTemplate, hWndParent, lpDialogFunc) \
DialogBoxParamW(hInstance, lpTemplate, hWndParent, lpDialogFunc, 0L)
```

DialogBoxParam 函数原型如下：

```
INT_PTR DialogBoxParam(
    HINSTANCE hInstance,       // 模块句柄，该模块包含对话框模板资源
    LPCTSTR   lpTemplateName, // 对话框模板，可以使用 MAKEINTRESOURCE(对话框模板 ID)宏
    HWND      hWndParent,      // 父窗口句柄
    DLGPROC   lpDialogFunc,    // 对话框窗口过程
    LPARAM    dwInitParam);    // 传递到对话框窗口过程中 WM_INITDIALOG 消息的 lParam 参数
```

通常情况下使用 DialogBoxParam 函数创建对话框，调用 DialogBoxParam 函数时，可以通过 dwInitParam 参数向对话框窗口过程中传递一些附加数据（通过对话框窗口过程的 WM_INITDIALOG 消息的 lParam 参数接收）。

对话框窗口过程的定义形式如下：

```
INT_PTR CALLBACK DialogProc(
    HWND   hwndDlg,   // 对话框窗口句柄
    UINT   uMsg,      // 消息类型
    WPARAM wParam,    // 消息的 wParam 参数
    LPARAM lParam);   // 消息的 lParam 参数
```

只有在对话框窗口过程中调用 EndDialog 函数后，DialogBox / DialogBoxParam 函数才返回，这两个函数的返回值是 EndDialog 函数第 2 个参数指定的值。

INT_PTR 数据类型在 BaseTsd.h 头文件中定义：

```
#if defined(_WIN64)
typedef __int64 INT_PTR;
#else
typedef int INT_PTR;
#endif
```

即如果编译为 64 位，则它是__int64 类型；如果编译为 32 位，则它是 int 类型。

结束模态对话框的函数是 EndDialog：

```
BOOL EndDialog(
    HWND     hDlg,        // 对话框窗口句柄
    INT_PTR nResult);    // 返回给 DialogBox/DialogBoxParam 函数的值
```

创建非模态对话框用的是 CreateDialog 宏或 CreateDialogParam 函数，所需参数和 DialogBox、DialogBoxParam 函数相同；关闭非模态对话框需要调用 DestroyWindow 函数。

普通重叠窗口在创建之前需要调用 RegisterClassEx 函数注册一个窗口类，然后调用 CreateWindowEx 函数创建窗口。创建窗口所需的参数（例如窗口样式、位置、大小和窗口过程地址等参数）由窗口类及 CreateWindowEx 函数中的参数共同提供。实际上对话框和普通重叠窗口类似，创建对话框的函数在内部还是通过调用 CreateWindowEx 函数创建，使用的窗口样式、位置、大小等参数取自资源脚本文件中定义的对话框模板。使用的窗口类是系统内置类名“#32770”，“#32770”类的窗口过程叫作“对话框管理器”，Windows 在这里处理对话框的大部分消息，例如维护客户区的刷新、键盘接口（按 Tab 键在不同的子窗口之间切换、按 Enter 键相当于单击了默认按钮等）。“对话框管理器”在初始化对话框时会根据对话框模板资源中定义的子窗口控件来创建对话框中的所有子窗口，它类似于普通重叠窗口的

默认窗口过程。程序中我们定义的对话框窗口过程由“对话框管理器”调用。在处理一个消息前，“对话框管理器”会先调用程序指定的对话框窗口过程，然后根据对话框窗口过程的返回值决定是否处理该消息（这一点参见 9.1.2 节对话框窗口过程的讲解）。

Windows 对模态对话框和非模态对话框的处理有些不同。在 DialogBoxParam 函数创建模态对话框后使拥有窗口（父窗口）失效，Windows 暂时控制整个应用程序的消息队列，Windows 在内部为对话框启动消息循环来获取和分发消息，在这个消息循环中把消息发送给“对话框管理器”，“对话框管理器”会调用用户定义的对话框窗口过程。在对话框窗口过程调用 EndDialog 函数后，DialogBoxParam 函数结束对话框并终止消息循环，系统使拥有窗口（父窗口）有效，且返回 EndDialog 函数调用中的 nResult 参数，即模态对话框创建以后系统会屏蔽本程序其他窗口的消息，应用程序只会响应该对话框的消息，直到调用 EndDialog 函数收到结束模态对话框的消息后，才会把控制权交还给应用程序。

而对于非模态对话框，CreateDialogParam 函数在创建非模态对话框后立即返回。非模态对话框的消息是通过用户程序（父窗口）中的消息循环分发的。

创建模态对话框或非模态对话框时，WM_INITDIALOG 消息最先被发送到对话框窗口过程，这类似于普通重叠窗口的 WM_CREATE 消息，程序可以在该消息中做一些初始化的工作。

## 9.1.1 模态对话框示例程序

我们通过一个示例来说明模态对话框的用法。大部分程序的“帮助”菜单下会有一个子菜单项“关于本程序”，单击“关于本程序”菜单项通常可以弹出一个模态对话框（调用 DialogBoxParam 函数），对话框中可以是一些程序版本、版权信息等，如图 9.1 所示。

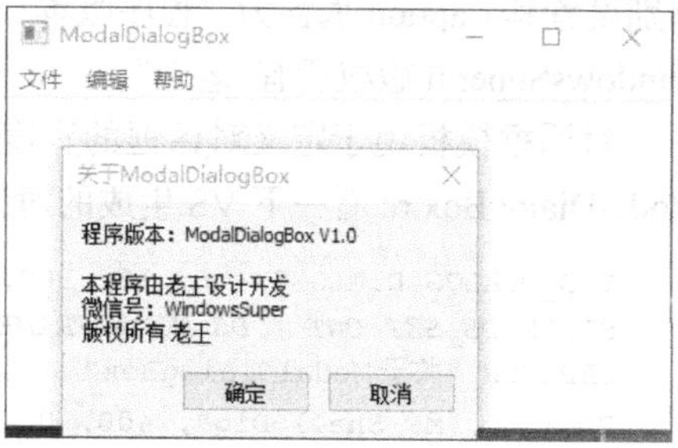

图 9.1

可以在 WM_COMMAND 消息中处理“关于本程序”菜单消息，调用 DialogBoxParam 函数创建模态对话框：

```
case ID_HELP_ABOUT:
    // 创建模态对话框
    DialogBoxParam(hInstance, MAKEINTRESOURCE(IDD_DIALOG), hwnd, DialogProc, NULL);
    break;
```

完整代码参见 Chapter9\ModalDialogBox 项目。

ID 为 IDD_DIALOG 的资源是对话框模板资源，其 ID 为资源 ID。要创建对话框，就需要先新建一个对话框资源，在 VS 中打开资源视图，用鼠标右键单击项目名称，然后选择添加→资源，打开添加资源对话框，选择类型 Dialog，单击“新建”按钮，系统会自动创建一个对话框模板资源。默认情况下，对话框标题为 Dialog，标题栏中有一个关闭按钮，对话框中有确定、取消按钮。对话框的大小可以通过拖拉调整，对话框的样式可以通过 VS 右侧的属性面板来修改。先选中对话框，然后通过属性面板来设置各种属性，选择一个属性后，属性面板底部会显示其含义。常用的属性如表 9.1 所示。

表 9.1

| 属性 | 含义 |
|---|---|
| Border | 边框样式，可以设置为：调整大小（Resizing，WS_THICKFRAME）、对话框外框（Dialog Frame，DS_MODALFRAME）、无（None） |
| Caption | 设置对话框标题 |
| ID | 设置对话框资源的 ID |
| Menu | 为对话框指定菜单资源 ID |
| Maximize Box | 对话框标题栏中包含最大化按钮 |
| Minimize Box | 对话框标题栏中包含最小化按钮 |
| System Modal | 对话框具有 Topmost 样式 |
| X Pos 和 Y Pos | 指定对话框左上角的 *X*、*Y* 坐标（对话框单位），本例中是相对于父窗口客户区左上角。在 9.3 节中，我们会学习创建一个模态对话框作为程序主窗口，即顶级窗口，这时 *X*、*Y* 坐标相对于屏幕左上角 |

设置对话框的属性后，可以向其中添加子窗口控件。打开 VS 右侧的工具箱面板，可以看到里面几乎包含了前面我们学习过的各种子窗口控件，选择一个子窗口控件，在对话框中单击鼠标左键就可以将其插入对话框中，或者可以从工具箱中拖曳一个子窗口控件到对话框中。添加子窗口控件以后，可以选中一个控件，通过属性面板设置其属性与样式。示例程序中我添加了 2 个 Static Text 静态控件，分别设置其 Caption 属性为"程序版本：ModalDialogBox V1.0"和"本程序由老王设计开发\n 微信号：WindowsSuper\n 版权所有 老王"。

对话框模板用于定义对话框的宽度、高度、样式以及包含的子窗口控件等。打开资源脚本文件 ModalDialogBox.rc 看一下 VS 生成的对话框模板：

```
IDD_DIALOG DIALOGEX 16, 16, 160, 80
STYLE DS_SETFONT | DS_MODALFRAME | DS_FIXEDSYS | WS_POPUP | WS_CAPTION | WS_SYSMENU
CAPTION "关于 ModalDialogBox"
FONT 8, "MS Shell Dlg", 400, 0, 0x1
BEGIN
    DEFPUSHBUTTON    "确定", IDOK, 45, 57, 50, 14
    PUSHBUTTON       "取消", IDCANCEL, 102, 57, 50, 14
    LTEXT            "程序版本：ModalDialogBox V1.0", IDC_STATIC, 7, 7, 115, 8
    LTEXT            "本程序由老王设计开发\n 微信号：WindowsSuper\n 版权所有 老王", IDC_STATIC,
                     7, 24, 145, 29
END
```

对话框资源的定义形式如下：

```
对话框 ID DIALOGEX X 坐标, Y 坐标, 宽度, 高度
[可选属性]
BEGIN
    子窗口控件定义
    ......
END
```

对话框中的子窗口控件定义语句在 BEGIN/END（当然也可以用{}）之中。在这之前，可以定义对话框的一些可选属性，每种属性用一行定义，常用的可选属性如表 9.2 所示。

表 9.2

| 定义语法 | 含义 |
|---|---|
| CAPTION "文字" | 对话框的标题 |
| STYLE 样式组合 | 定义对话框的窗口样式，同 CreateWindowEx 中的 dwStyle 参数 |
| EXSTYLE 样式组合 | 定义对话框的扩展窗口样式，同 CreateWindowEx 中的 dwExStyle 参数 |
| FONT 字体大小, "字体名称", 字体粗细, 是否斜体, 字符集 | 对话框所用字体 |
| MENU 菜单名称或 ID | 对话框中使用的菜单 |
| CLASS "类名" | 对话框使用的窗口类，如果不定义，则使用 Windows 内置的类#32770 |

STYLE 样式组合还可以包含对话框专用样式，常用的对话框样式如表 9.3 所示。

表 9.3

| 对话框样式 | 含义 |
|---|---|
| DS_FIXEDSYS | 使用 SYSTEM_FIXED_FONT 字体，而不是默认的 SYSTEM_FONT |
| DS_MODALFRAME | 模态对话框边框 |
| DS_SETFONT | 对话框模板中包含字体数据，通过 FONT 属性设置一种字体 |
| DS_SHELLFONT | 表示对话框应使用系统字体，FONT 属性必须设置为 MS Shell Dlg 字体（系统映射字体），否则该样式无效 |
| DS_ABSALIGN | 对话框的坐标相对于屏幕坐标，而不是默认的相对于父窗口客户区坐标 |
| DS_CENTER | 对话框显示在屏幕中央 |
| DS_CENTERMOUSE | 对话框以鼠标当前位置为中心显示 |

无论是否指定 WS_VISIBLE 样式，系统始终都会显示模态对话框。

两种定义子窗口控件的语法如下，[]里面的表示可选项。

1. 子窗口控件定义的通用语法如下：

```
CONTROL "窗口文本", ID, "类名", 样式组合, x, y, 宽度, 高度 [, 扩展样式组合]
```

前面都已经介绍过窗口样式、控件专用样式和扩展窗口样式。类名可以是我们前面学习过的各种子窗口控件类名。“对话框管理器”在初始化的时候把每一条控件定义语句转换成类似下面的 CreateWindowEx 函数调用：

```
CreateWindowEx(扩展样式组合, 窗口文本, 类名, 样式组合,
    x, y, 宽度, 高度, 对话框窗口句柄, ID, hInstance, NULL);
```

Windows 在创建子窗口时会自动包含 WS_CHILD 和 WS_VISIBLE 样式，因此子窗口控件定义的通用语法中不需要额外指定这两个样式。所有可以用 CreateWindowEx 函数创建的子窗口都可以在资源脚本文件中定义，只要知道需要使用的类名和样式即可。

2. 子窗口控件定义的通用语法看上去不直观，资源编辑器允许使用另一种语法来定义子窗口控件：

```
控件名称 [窗口文本,] ID, x, y, 宽度, 高度 [, 样式] [, 扩展样式]
```

控件名称并不是类名。基于同一个类名指定不同的样式可以创建不同风格的控件，例如基于

Button 类指定 BS_PUSHBUTTON、BS_DEFPUSHBUTTON、BS_AUTORADIOBUTTON 和 BS_AUTOCHECKBOX 样式可以分别创建普通按钮、默认按钮、自动单选按钮和自动复选框。相应的，控件名称可以分别指定为 PUSHBUTTON、DEFPUSHBUTTON、AUTORADIOBUTTON 和 AUTOCHECKBOX。控件名称是资源编译器使用的缩写名称，资源编译器把控件名称解释为相应的类名与样式，常见的控件名称如表 9.4 所示。

表 9.4

| 控件名称 | 控件 | 基于的类 | 默认样式（还包括 WS_CHILD 和 WS_VISIBLE） |
|---|---|---|---|
| PUSHBUTTON | 按钮 | Button | BS_PUSHBUTTON、WS_TABSTOP |
| DEFPUSHBUTTON | 默认按钮 | Button | BS_DEFPUSHBUTTON、WS_TABSTOP |
| CHECKBOX | 复选框 | Button | BS_CHECKBOX、WS_TABSTOP |
| AUTOCHECKBOX | 自动复选框 | Button | BS_AUTOCHECKBOX、WS_TABSTOP |
| STATE3 | 三态复选框 | Button | BS_3STATE、WS_TABSTOP |
| AUTO3STATE | 自动三态复选框 | Button | BS_AUTO3STATE、WS_TABSTOP |
| RADIOBUTTON | 单选按钮 | Button | BS_RADIOBUTTON、WS_TABSTOP |
| AUTORADIOBUTTON | 自动单选按钮 | Button | BS_AUTORADIOBUTTON、WS_TABSTOP |
| GROUPBOX | 分组框 | Button | BS_GROUPBOX |
| SCROLLBAR | 滚动条 | ScrollBar | SBS_HORZ |
| CTEXT | 居中文本 | Static | SS_CENTER、WS_GROUP |
| LTEXT | 左对齐文本 | Static | SS_LEFT、WS_GROUP |
| RTEXT | 右对齐文本 | Static | SS_RIGHT、WS_GROUP |
| ICON | 图标框 | Static | SS_ICON |
| EDITTEXT | 编辑控件 | Edit | ES_LEFT、WS_BORDER、WS_TABSTOP |
| COMBOBOX | 组合框 | ComboBox | CBS_SIMPLE、WS_TABSTOP |
| LISTBOX | 列表框 | ListBox | LBS_NOTIFY、WS_BORDER |

看一下示例。语句

```
GROUPBOX    "分组框", -1, 5, 5, 100, 100
PUSHBUTTON  "退出", IDCANCEL, 50, 85, 50, 14
```

和语句

```
CONTROL "分组框", -1, "Button", BS_GROUPBOX, 5, 5, 100, 100
CONTROL "退出", IDCANCEL, "Button", BS_PUSHBUTTON | WS_TABSTOP, 50, 85, 50, 14
```

编译后产生的二进制资源文件是一样的

当用到的控件没有缩写语法时，就必须用 CONTROL 语句定义了。下面定义了一条横线和一个图片框：

```
CONTROL "", IDC_STATIC, "Static", SS_ETCHEDHORZ, 5, 50, 100, 1
CONTROL IDB_BITMAP, IDC_STATIC, "Static", SS_BITMAP, 5, 55, 50, 50
```

上面讲的这些资源脚本文件中定义子窗口控件的语法，都可以通过工具箱直观地添加。关于通过工具箱添加控件并设置其属性的方法，请读者自行测试。通过工具箱添加控件后，可以查看资源脚本文件如何定义，并了解哪一个属性对应哪一个窗口样式、控件样式或扩展窗口样式。

在子窗口控件的 ID 定义中有两个特殊的 ID 值——IDOK 和 IDCANCEL，在 WinUser.h 头文件中，它们的值被定义为 1 和 2。IDOK 是默认的“确定”按钮 ID，IDCANCEL 是默认的“取消”按钮 ID。如果一个按钮的 ID 是 IDOK，那么当键盘焦点不在其他控件上时，按下回车键就相当于按下了这个按钮；按下 Esc 键相当于按下 ID 为 IDCANCEL 的按钮；单击标题栏的关闭按钮也相当于按下了 ID 为 IDCANCEL 的按钮。如果对话框中没有 ID 为 IDOK 的默认按钮，那么当用户按下 Enter 键时，系统也会向对话框窗口过程发送一条 LOWORD(wParam)等于 IDOK（如果有其他默认按钮，则是其 ID）的 WM_COMMAND 消息。

在对话框中，可以定义多个子窗口控件。有的子窗口控件可以拥有输入焦点（如按钮、文本框与组合框等），有的则不能（如静态文本与图标等），当对话框中有多个允许包含输入焦点的子窗口控件时（设置了 WS_TABSTOP 样式），用户可以按 Tab 键将输入焦点切换到下一个具有 WS_TABSTOP 样式的子窗口控件上，也可以按 Shift + Tab 组合键切换到上一个，Tab 键切换的顺序就叫作 Tab 键顺序。Tab 键顺序并不是根据子窗口控件的坐标位置自动排列的，而是按照子窗口控件在资源脚本文件中定义的先后顺序来排列的。在定义时最好根据子窗口控件的位置适当排列定义语句的顺序，以免按下 Tab 键切换的时候焦点会上下左右无规则地跳来跳去。使用资源编辑器的工具箱插入子窗口控件后，选中对话框，打开菜单格式→Tab 键顺序，可以看到每个控件旁边显示了序号，可以依次单击每个控件以重新排列，资源编辑器会根据设置重新调整资源脚本文件中定义语句的顺序。

对话框的位置、大小以及所有子窗口控件的度量单位根据当前所选择字体的大小来决定，横向（$x$ 坐标和宽度）每单位为字符平均宽度的 1/4，纵向（$y$ 坐标和高度）每单位为字符平均高度的 1/8，由于字体的字符高度大致为宽度的 2 倍，因此虽然这种计算方法有些令人费解，但是横向和纵向的数值还是基本相同的，即对话框水平单位是当前所选择字体字符平均宽度的 1/4，垂直单位是当前所选择字体字符平均高度的 1/8。在上面的对话框模板定义中，对话框的左上角距离父窗口的左边有 4 个字符宽，距离父窗口的上边有 2 个字符高，对话框本身有 45 个字符宽，10 个字符高。通过这种对话框单位，使用同样的坐标和大小值可以使对话框在使用各种显示器和字体的情况下，保待同样的尺寸和外观。同时也因为对话框单位的这种特性，确定字体后，通常不可以再改变，否则容易使对话框界面混乱。

在不指定 DS_SETFONT | DS_FIXEDSYS 对话框样式，以及不设置 FONT 属性的情况下，对话框使用 SYSTEM_FONT 字体。GetDialogBaseUnits 函数可以获取系统字体字符的平均宽度和高度，例如：

```
xChar = LOWORD(GetDialogBaseUnits());
yChar = HIWORD(GetDialogBaseUnits());
```

### 9.1.2 对话框窗口过程

模态和非模态对话框的窗口过程定义形式一样，对话框窗口过程的处理逻辑通常是下面的样子：

```
// 对话框窗口过程
INT_PTR CALLBACK DialogProc(HWND hwndDlg, UINT uMsg, WPARAM wParam, LPARAM lParam)
```

```
{
    switch (uMsg)
    {
    case WM_INITDIALOG:
        // 初始化工作
        return TRUE;

    case WM_COMMAND:
        // 子窗口控件
        switch (LOWORD(wParam))
        {
        case IDOK:
        case IDCANCEL:
            EndDialog(hwndDlg, 0);
            break;
        }
        return TRUE;
    }

    return FALSE;
}
```

对话框窗口过程中的很多消息通常不需要处理，例如 WM_PAINT 和 WM_DESTROY 消息等，因为对话框的大部分消息由“对话框管理器”处理，例如维护客户区的刷新、键盘接口（按 Tab 键在不同的子窗口之间切换、按 Enter 键相当于单击了默认按钮等）。对话框窗口过程和普通的窗口过程在使用上有以下区别。

- 普通窗口过程对于不同的消息处理有各种不同含义的返回值。前面说过，程序中我们定义的对话框窗口过程是由“对话框管理器”调用的。在处理消息前，“对话框管理器”会先调用程序指定的对话框窗口过程，然后根据对话框窗口过程的返回值决定是否处理该消息。对话框窗口过程应该返回 BOOL 类型的值，返回 TRUE 表示告诉“对话框管理器”已经处理了某条消息；返回 FALSE 表示告诉“对话框管理器”没有处理该消息，在这种情况下“对话框管理器”可以执行默认处理。
- 创建模态对话框或非模态对话框时，WM_INITDIALOG 消息最先被发送到对话框窗口过程，这类似于普通重叠窗口的 WM_CREATE 消息，程序可以在该消息中做一些初始化的工作。WM_INITDIALOG 消息的返回值有一些特殊，如果程序想自行设置输入焦点到某个子窗口控件，那么可以调用 SetFocus 函数把输入焦点设置到需要的子窗口控件上，然后返回 FALSE；如果返回 TRUE 的话，那么系统会自动将输入焦点设置到第一个具有 WS_TABSTOP 样式的子窗口控件上。
- 默认情况下对话框窗口的标题栏上没有图标。如果需要像普通窗口一样显示一个图标，则可以在 WM_INITDIALOG 消息中通过发送 WM_SETICON 消息来设置。

### 9.1.3 模态对话框示例程序 2

本节引用 9.1.1 节的 ModalDialogBox 项目，但是模态对话框的设计和功能不同。用户单击颜色组的颜色单选按钮选择一个颜色，然后单击形状组的单选按钮选择一个形状后，会在对话框右下角的静态控件中绘制出对应颜色和形状的图形。用户单击对话框的“确定”按钮后，父窗口客户区中会显示模态对话框中所选择颜色和形状的图形。ModalDialogBox2 项目的对话框设计如图 9.2 所示（右图显示了 Tab 键顺序）。

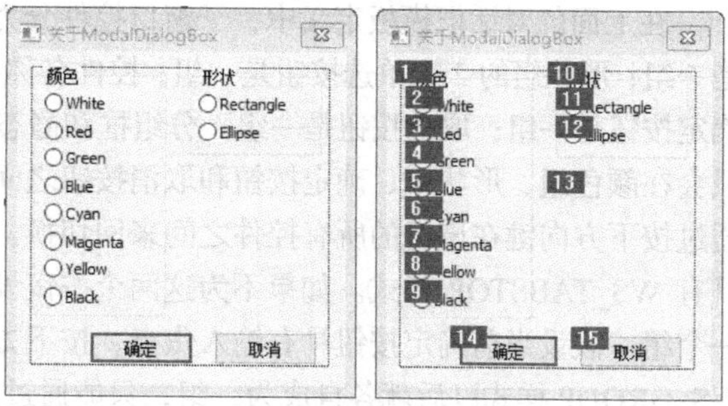

图 9.2

对话框模板定义如下，我通过工具箱添加并设置每个控件的属性：

```
IDD_DIALOG DIALOGEX 16, 16, 159, 145
STYLE DS_SETFONT | DS_MODALFRAME | DS_FIXEDSYS | WS_POPUP | WS_CAPTION | WS_SYSMENU
CAPTION "关于ModalDialogBox"
FONT 8, "MS Shell Dlg", 400, 0, 0x1
BEGIN
  GROUPBOX          "颜色",IDC_STATIC,8,7,64,109
  CONTROL           "White",IDC_RADIO_WHITE,"Button",BS_AUTORADIOBUTTON | WS_GROUP |
                     WS_TABSTOP,13,18,35,10
  CONTROL           "Red",IDC_RADIO_RED,"Button",BS_AUTORADIOBUTTON,13,30,29,10
  CONTROL           "Green",IDC_RADIO_GREEN,"Button",BS_AUTORADIOBUTTON,13,42,35,10
  CONTROL           "Blue",IDC_RADIO_BLUE,"Button",BS_AUTORADIOBUTTON,13,54,29,10
  CONTROL           "Cyan",IDC_RADIO_CYAN,"Button",BS_AUTORADIOBUTTON,13,66,33,10
  CONTROL           "Magenta",IDC_RADIO_MAGENTA,"Button",BS_AUTORADIOBUTTON,13,78,44,10
  CONTROL           "Yellow",IDC_RADIO_YELLOW,"Button",BS_AUTORADIOBUTTON,13,90,36,10
  CONTROL           "Black",IDC_RADIO_BLACK,"Button",BS_AUTORADIOBUTTON,13,102,32,10
  GROUPBOX          "形状",IDC_STATIC,83,7,64,39,WS_GROUP
  CONTROL           "Rectangle",IDC_RADIO_RECT,"Button",BS_AUTORADIOBUTTON | WS_GROUP |
                     WS_TABSTOP,87,18,48,10
  CONTROL           "Ellipse",IDC_RADIO_ELLIPSE,"Button",BS_AUTORADIOBUTTON,87,30,35,10
  LTEXT             "",IDC_STATIC_DRAW,83,54,60,55          // 控件名称 LTEXT 隐含 WS_GROUP
  DEFPUSHBUTTON     "确定",IDOK,35,122,50,14,WS_GROUP      // 控件名称 DEFPUSHBUTTON 隐含
                                                            // WS_TABSTOP
  PUSHBUTTON        "取消",IDCANCEL,95,122,50,14,WS_GROUP  // 控件名称 PUSHBUTTON 隐含
                                                            // WS_TABSTOP
END
```

表 9.5 再次列出 WS_GROUP 和 WS_TABSTOP 样式的含义。

表 9.5

| 样式 | 含义 |
|---|---|
| WS_GROUP | 该窗口是一组控件中的第一个控件。该组由第一个具有 WS_GROUP 样式的控件和在其后定义的所有控件组成，直到下一个具有 WS_GROUP 样式的控件（不包括该控件）出现。如果是在对话框程序中，则用户可以使用方向键将键盘焦点从组中的一个控件移动到组中的下一个控件上。另外，每个组中的第一个控件通常具有 WS_TABSTOP 样式，如果是在对话框程序中，则用户可以使用 Tab 键将键盘焦点从一个组移动到另一个组 |
| WS_TABSTOP | 该窗口是一个控件，当用户按下 Tab 键时，该控件可以接收键盘焦点，如果是在对话框程序中，则按下 Tab 键可以将键盘焦点移动到下一个具有 WS_TABSTOP 样式的控件上 |

在上面的对话框模板定义中，子窗口控件分为 6 组：颜色组的 8 个单选按钮是一组；形状分组框是一组；形状组的 2 个单选按钮是一组；控件名称 LTEXT 隐含 WS_GROUP，因此静态控件也是一组；确定按钮是一组；取消按钮是一组。分组框和静态控件不会接收键盘焦点，因此按下 Tab 键的时候，只会在颜色组、形状组、确定按钮和取消按钮之间切换。当输入焦点在一组中的一个控件上时，可以通过按下方向键在该组的所有控件之间来回切换。确定和取消按钮的定义用的是控件名称方式，默认具有 WS_TABSTOP 样式。如果不为这两个按钮设置 WS_GROUP 样式，那么确定和取消按钮就属于一个组。假设当前确定按钮具有输入焦点，按下方向键可以切换到取消按钮，而这两个按钮分别设置 WS_GROUP 样式以后就各自成为一组，只能通过按下 Tab 键进行切换。

默认情况下添加的静态控件 ID 为 IDC_STATIC(−1)，本例中控件名称为 LTEXT，是静态控件，因为需要在上面绘图，会用到 ID，因此设置其 ID 为 IDC_STATIC_ DRAW(1011)。

参见 Chapter9\ModalDialogBox2 项目理解本程序。用户单击“关于 ModalDialogBox”菜单项后，弹出模态对话框。如果用户单击模态对话框的“确定”按钮，对话框窗口过程中 EndDialog 函数的 nResult 参数设置为 IDOK，单击“取消”按钮则设置为 IDCANCEL。如果单击“确定”按钮，就刷新父窗口客户区以绘制模态对话框中所选择颜色和形状的图形。

颜色和形状被定义为一个 COLORSHAPE 结构体，并在 WindowProc 窗口过程中初始化为红色和椭圆，然后传递给 DialogBoxParam 函数的 dwInitParam 参数。可以通过 DialogProc 对话框窗口过程的 WM_INITDIALOG 消息中的 lParam 参数获取该结构指针，在对话框窗口过程 DialogProc 中有如下两个变量：

```
static COLORSHAPE cs, *pCS;
static HWND hwndStatic;

switch (uMsg)
{
case WM_INITDIALOG:
    // lParam 参数就是 DialogBoxParam 函数的 dwInitParam 参数传递过来的自定义数据
    pCS = (PCOLORSHAPE)lParam;  // 该参数的值在用户单击确定按钮以后被设置
    cs = *pCS;                  // 该参数在本窗口过程中作为静态局部变量
```

pCS 已经指向 WindowProc 函数中定义的 COLORSHAPE 结构，通过 cs = *pCS;语句复制出一个变量 cs，在对话框窗口过程 DialogProc 中作为静态局部变量使用。如果用户单击了模态对话框的“确定”按钮，则通过 pCS 指针设置 WindowProc 函数中定义的 COLORSHAPE 结构，在 WindowProc 函数的 WM_PAINT 消息中会使用 COLORSHAPE 结构的新的颜色和形状值；之所以复制出一个 cs 变量，是因为如果用户单击的是“取消”按钮，则不改变 WindowProc 函数中定义的 COLORSHAPE 结构的值。实际上，把颜色和形状值定义为全局变量更简单，这种通过 DialogBoxParam 函数的 dwInitParam 参数传递值的方式，是为了在程序设计中避免使用全局变量。但在以后的学习中，遇到类似情况我可能会使用定义全局变量的方式。

前面说过，对话框窗口过程通常不需要处理 WM_PAINT 和 WM_DESTROY 消息。但是为了随着用户选择不同的颜色或形状而即时刷新静态控件 IDC_STATIC_DRAW 的客户区，必须处理 WM_PAINT 消息。处理完该消息后一定要返回 FALSE，这相当于告诉“对话框管理器”还需要执行对 WM_PAINT 消息的默认处理，否则模态对话框的客户区将得不到正确的刷新。

## 9.2 非模态对话框

如果需要在一段时间内一直显示或使用某个对话框，可以创建非模态对话框，例如文字处理程序使用的搜索对话框，对话框会一直保留在屏幕上，用户可以在显示对话框的同时返回编辑界面继续自己的工作，再次搜索相同的单词或在对话框中输入新的单词以搜索。创建非模态对话框用的是 CreateDialog 宏或 CreateDialogParam 函数，函数根据对话框模板资源创建一个非模态对话框：

```
HWND CreateDialogParam(
    HINSTANCE hInstance,       // 模块句柄，该模块包含对话框模板
    LPCTSTR   lpTemplateName,  // 对话框模板，可以使用 MAKEINTRESOURCE（对话框模板 ID）宏创建此值
    HWND      hWndParent,      // 父窗口句柄
    DLGPROC   lpDialogFunc,    // 对话框窗口过程
    LPARAM    dwInitParam);    // 传递到对话框窗口过程中 WM_INITDIALOG 消息的 lParam 参数的值
```

创建非模态对话框后，系统会将其设置为活动窗口。在非模态对话框保持显示的情况下，允许用户操作本程序的其他窗口，但是即使非模态对话框变为非活动状态，它也会在 Z 序中始终处于父窗口的上方。

模态和非模态对话框在使用中有以下几个不同点。

- CreateDialogParam 函数在创建对话框后，会根据对话框模板是否指定了 WS_VISIBLE 样式来决定是否显示对话框窗口。如果指定了，则显示；如果没有指定，则程序需要在以后自行调用 ShowWindow 函数来显示非模态对话框。而通过调用 DialogBoxParam 函数创建模态对话框的时候，不管是否指定了 WS_VISIBLE 样式都会显示模态对话框。
- CreateDialogParam 函数在创建对话框窗口后立即返回，返回值是非模态对话框窗口的句柄；而 DialogBoxParam 函数要在对话框窗口关闭以后才返回，返回值是 EndDialog 函数中的 nResult 参数。非模态对话框不能像模态对话框那样向应用程序返回一个值，但是非模态对话框过程可以通过调用 SendMessage 函数向父窗口发送消息。
- CreateDialogParam 函数调用返回后，通常需要在父窗口的消息循环中获取对话框消息；而 DialogBoxParam 函数创建的模态对话框是使用 Windows 循环它内建的消息。
- 关闭非模态对话框使用 DestroyWindow 函数，而不能使用关闭模态对话框的 EndDialog 函数。DestroyWindow 函数调用使对话框的窗口句柄无效，如果在其他函数调用中使用该句柄则会失败，有的程序使用一个对话框句柄的全局变量（例如 g_hwndDlgModeless），当销毁非模态对话框时，应同时将对话框句柄全局变量设置为 NULL，在其他需要该句柄的函数调用以前检查句柄是否为 NULL。例如下面的非模态对话框窗口过程对 WM_CLOSE 消息的处理：

```
case WM_CLOSE:
    DestroyWindow(hwndDlg);
    g_hwndDlgModeless = NULL;   // g_hwndDlgModeless 是非模态对话框句柄全局变量
    return TRUE;
```

非模态对话框模板资源中通常应该指定 WS_VISIBLE 样式，否则程序需要在以后自行调用

ShowWindow 函数来显示。调用 CreateDialogParam 函数以后会返回一个非模态对话框句柄，可以把这个句柄保存在一个全局变量中，例如 g_hwndDlgModeless，通常需要在父窗口的消息循环中获取对话框消息（会用到 g_hwndDlgModeless）。父窗口消息循环的代码如下所示：

```
while (GetMessage(&msg, NULL, 0, 0) != 0)
{
    if (g_hwndDlgModeless == NULL || !IsDialogMessage(g_hwndDlgModeless, &msg))
    {
        TranslateMessage(&msg);
        DispatchMessage(&msg);
    }
}
```

如果父窗口消息循环中的某条消息是针对非模态对话框的，IsDialogMessage 函数就会将该消息发送到对话框窗口过程并返回 TRUE，否则返回 FALSE。只有当 g_hwndDlgModeless 为 NULL 或者消息循环中的消息不是发送给对话框的时候才应该调用 TranslateMessage 和 DispatchMessage 函数（分发消息给父窗口）。

如果父窗口程序使用了键盘加速键，那么消息循环应该按如下方式编写：

```
HACCEL hAccel = LoadAccelerators(hInstance, MAKEINTRESOURCE(IDR_ACC));
while (GetMessage(&msg, NULL, 0, 0) != 0)
{
    if (g_hwndDlgModeless == NULL || !IsDialogMessage(g_hwndDlgModeless, &msg))
    {
        if (!TranslateAccelerator(hwnd, hAccel, &msg))
        {
            TranslateMessage(&msg);
            DispatchMessage(&msg);
        }
    }
}
```

全局变量 g_hwndDlgModeless 初始值为 0，g_hwndDlgModeless 将保持为 0 直到非模态对话框被创建。

关于非模态对话框的简单示例程序参见 Chapter9\ModelessDialogBox 项目。

## 9.3 对话框程序的书写

鉴于模态对话框的特征，使用它来做小程序的主窗口非常方便，因为用一句 DialogBoxParam 函数调用就可以搞定，既不用注册窗口类，也不用写消息循环，这对看到创建窗口的几十行代码就感到头疼的读者来说是个福音，我也很喜欢用模态对话框作为程序的主窗口。这种方法的缺点就是无法使用依赖消息循环来完成功能，例如无法使用加速键。对话框程序的常用格式如下所示：

```
#include <windows.h>
#include "resource.h"
```

```
#pragma comment(linker,"\"/manifestdependency:type='win32' \
    name='Microsoft.Windows.Common-Controls' version='6.0.0.0' \
    processorArchitecture='*' publicKeyToken='6595b64144ccf1df' language='*'\"")

// 全局变量
HINSTANCE g_hInstance;

// 函数声明
INT_PTR CALLBACK DialogProc(HWND hwndDlg, UINT uMsg, WPARAM wParam, LPARAM lParam);

int WINAPI WinMain(HINSTANCE hInstance, HINSTANCE hPrevInstance, LPSTR lpCmdLine, int
nCmdShow)
{
    g_hInstance = hInstance;

    // 创建模态对话框
    DialogBoxParam(hInstance, MAKEINTRESOURCE(IDD_MAIN), NULL, DialogProc, NULL);
    return 0;
}

INT_PTR CALLBACK DialogProc(HWND hwndDlg, UINT uMsg, WPARAM wParam, LPARAM lParam)
{
    switch (uMsg)
    {
case WM_INITDIALOG:
        // 设置标题栏左侧和任务栏中的程序小图标
        SendMessage(hwndDlg, WM_SETICON,
            ICON_SMALL, (LPARAM)LoadIcon(g_hInstance, MAKEINTRESOURCE(IDI_ICON_PANDA)));
        return TRUE;

    case WM_COMMAND:
        switch (LOWORD(wParam))
        {
        case IDC_BTN_BROWSE:      // 处理按下浏览按钮
            break;

        case IDC_BTN_OPEN:        // 处理按下打开按钮
            break;
        }
        return TRUE;

    case WM_CLOSE:
        EndDialog(hwndDlg, 0);
        return TRUE;
    }

    return FALSE;
}
```

具体代码参见 Chapter9\DialogBoxProgram 项目。如何设计对话框的客户区内容，以及要实现什么样的功能，是用户的工作。另外，前面介绍的普通重叠窗口中子窗口控件的用法基本上都适用于对话框中的控件，在此不再一一列举。简单起见，以后的示例程序基本上全部采用对话框程序。

表 9.6 再次列出 WM_COMMAND 消息的 wParam 和 lParam 参数的含义。

表 9.6

| 从哪发送过来的消息 | HIWORD(wParam) | LOWORD(wParam) | lParam |
|---|---|---|---|
| 菜单命令项 | 0 | 菜单项 ID | 0 |
| 加速键 | 1 | 菜单项 ID | 0 |
| 子窗口控件 | 通知码 | 控件 ID | 控件句柄 |

前面说过，如果一个按钮的 ID 是 IDOK，当键盘焦点不在其他控件上时，按下回车键就相当于按下了这个按钮，按下 Esc 键时相当于按下了 ID 为 IDCANCEL 的按钮，单击标题栏的关闭按钮也相当于按下了 ID 为 IDCANCEL 的按钮。要想避免在用户按下回车或 Esc 键时结束对话框，可以删除默认的“确定”和“取消”按钮，并删除 WM_COMMAND 消息中对 IDOK 和 IDCANCEL 的处理，要关闭对话框可以处理 WM_CLOSE 消息。

## 9.4　通过 Photoshop 切片和自绘技术实现一个优雅的程序界面

如果对 Windows 默认的程序界面不满意，熟悉 Photoshop 的读者，可以通过自己制作程序界面图片，并对需要的组件（例如按钮）进行切片，实现一个优雅的程序界面。例如 ProgramPicture 程序的运行效果如图 9.3 所示，该程序所用图片素材是 2002 版本的金山毒霸软件。

图 9.3

有了素材，实现这样一个程序界面是非常简单的，本程序用到了.bmp 图片素材（见图 9.4）。

程序界面背景可以通过处理 WM_CTLCOLORDLG 消息来实现；静态控件和复选框等的背景颜色可以通过处理 WM_CTLCOLORSTATIC 消息来实现；Home 按钮、关闭按钮、浏览按钮和扫描按钮可以通过处理 WM_DRAWITEM 消息来进行按钮自绘，按钮指定为 BS_OWNERDRAW 样式后不应该再指定其他样式。需要注意的是，开始扫描和停止扫描用同一个按钮，因此需要一个 BOOL 全局变量 g_bStartScanning 以标记是否已经开始扫描，然后根据不同的状态显示不同的图片。

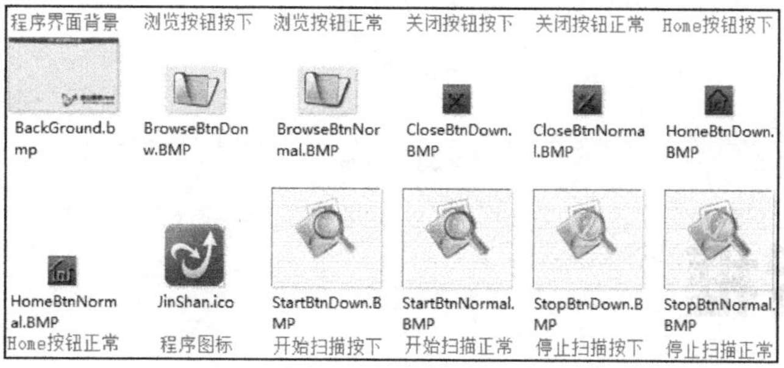


图 9.4

创建一个对话框程序，通过可视化的资源编辑器，可以很方便地插入各个子窗口控件。创建对话框资源后，需要设置对话框的 Border 属性为 None，这样一来就去掉了对话框程序的标题栏。为了实现窗口拖动，可以处理 WM_LBUTTONDOWN 消息，没有标题栏就没有窗口标题，因此在 WM_INITDIALOG 消息中应该调用 SetWindowText 函数设置一个窗口标题（否则在任务栏中不显示窗口标题）。

还有一个问题，那就是各个子窗口控件的摆放位置和大小怎么确定。资源编辑器左下角有一个原型图像功能，可以选择 Chapter9\ProgramPicture\ProgramPicture\ Res\JinShan.png 作为原型图像，这样一来就可以将各个子窗口控件摆放到正确的位置并设置合理的大小，如图 9.5 所示。

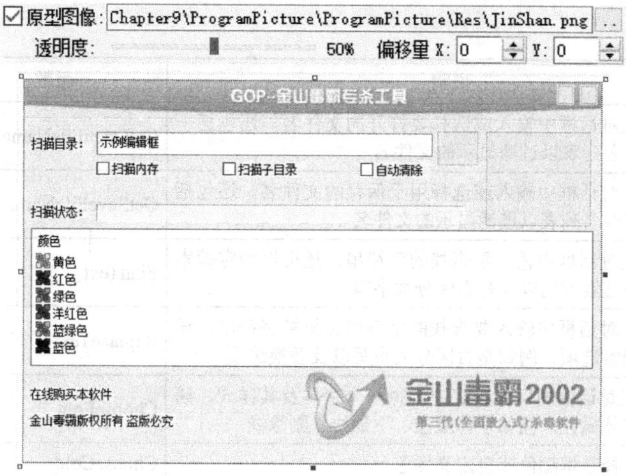


图 9.5

具体代码参见 Chapter9\ProgramPicture 项目。

最后补充一下，还可以调用 DialogBoxIndirect 宏或 DialogBoxIndirectParam 函数，通过内存中的对话框模板来创建模态对话框；调用 CreateDialogIndirect 宏或 CreateDialogIndirectParam 函数，通过内存中的对话框模板来创建非模态对话框。在内存中创建对话框模板的方法和在内存中创建菜单的方法类似，这些函数的用法很简单，如果需要，请读者自行参考 MSDN。

# 第 10 章

# 通用对话框

通用对话框库包含一组用于执行常见应用程序任务的对话框，例如打开文件、选择颜色和打印文档等，通用对话框实现了应用程序用户界面的一致性，例如单击不同程序的文件菜单下的打开文件子菜单项，通常都会弹出相同的打开文件对话框。要弹出打开文件、选择颜色和打印文档等通用对话框用的是不同的函数，在使用这些函数时，基本上都要初始化一个结构的一些字段并将该结构的指针传递给这些函数。函数会创建并显示相应的对话框，当用户关闭对话框时，函数将控制权返还给程序，然后程序可以从先前传递给函数的结构中获取需要的信息。

常见的通用对话框以及创建通用对话框所需的函数和所用结构如表 10.1 所示。

表 10.1

| 通用对话框 | 说明 | 函数 | 所用结构 |
| --- | --- | --- | --- |
| 打开文件 | 用户可以在对话框中输入或选择要打开的文件名，还包括一个文件扩展名列表以过滤显示的文件名 | GetOpenFileName | OPENFILENAME |
| 保存文件 | 用户可以在对话框中输入或选择用于保存的文件名，还包括一个文件扩展名列表以过滤显示的文件名 | GetSaveFileName | OPENFILENAME |
| 查找 | 用户可以在对话框中输入要查找的字符串，还可以指定搜索选项，例如搜索方向以及是否区分大小写 | FindText | FINDREPLACE |
| 替换 | 用户可以在对话框中输入要查找的字符串和替换字符串，还可以指定搜索选项，例如是否区分大小写以及替换选项 | ReplaceText | FINDREPLACE |
| 选择字体 | 用户可以在对话框的字体列表中选择一个字体及其样式、磅值和其他字体属性，例如字体颜色、下划线、删除线 | ChooseFont | CHOOSEFONT |
| 选择颜色 | 用户可以选择基本颜色或自定义颜色 | ChooseColor | CHOOSECOLOR |
| 页面设置 | 用户可以选择页面配置选项，例如纸张方向、大小、来源和边距 | PageSetupDlg | PAGESETUPDLG |
| 打印 | 显示已安装的打印机及其配置信息，用户可以选择打印作业选项，例如要打印的页面范围和份数，然后开始打印过程 | PrintDlg | PRINTDLG |

除“查找”和“替换”对话框以外，其他通用对话框都是模态的。“查找”和“替换”对话框则是非模态对话框，如果使用“查找”和“替换”对话框，还应该在程序的主消息循环中使用 IsDialogMessage 函数，以确保“查找”和“替换”对话框正确处理键盘输入（例如 Tab 和 Esc 键）。

# 10.1 打开和保存文件

用于创建打开文件对话框的函数是 GetOpenFileName：

```
BOOL WINAPI GetOpenFileName(_Inout_ LPOPENFILENAME lpofn);
```

参数 lpofn 是一个指向 OPENFILENAME 结构的指针，调用 GetOpenFileName 函数前需要初始化该结构的一些字段，当函数返回时会填充该结构的相关字段，结构中包含用户所选择文件的信息。如果用户输入或选择了一个文件名并单击“打开”按钮，则函数返回值为 TRUE，OPENFILENAME 结构的 lpstrFile 字段指向的缓冲区包含用户选择的文件名（完整路径）；如果用户单击了“取消”按钮或关闭了对话框或发生错误，则返回值为 FALSE。

GetOpenFileName 函数只是返回用户所选择文件名的信息，至于如何打开这个文件并读写文件内容，还需要用户自己写代码去操作，例如记事本程序在用户单击打开菜单以后会调用 GetOpenFileName 函数获取到文件名，然后额外写代码打开这个文本文件，读取文本内容并显示到多行编辑控件中。

OPENFILENAME 结构在 commdlg.h 头文件中定义如下：

```
typedef struct tagOFN {
    DWORD           lStructSize;        // 该结构的大小
    HWND            hwndOwner;          // 对话框的拥有者窗口句柄
    HINSTANCE       hInstance;          // 用于自定义对话框，指定包含对话框模板的模块句柄
    LPCTSTR         lpstrFilter;        // 文件扩展名过滤字符串
    LPTSTR          lpstrCustomFilter;
    DWORD           nMaxCustFilter;
    DWORD           nFilterIndex;       // 过滤器索引（从 1 开始），设置为 1 表示默认显示第 1 个过滤器
    LPTSTR          lpstrFile;          // 返回用户所选择的文件名（完整路径）的缓冲区
    DWORD           nMaxFile;           // lpstrFile 缓冲区的大小，以字符为单位
    LPTSTR          lpstrFileTitle;     // 返回用户所选择文件的文件名和扩展名（不包括路径）的缓冲区
    DWORD           nMaxFileTitle;      // lpstrFileTitle 缓冲区的大小，以字符为单位
    LPCTSTR         lpstrInitialDir;    // 初始目录字符串指针，对话框显示以后默认显示的目录
    LPCTSTR         lpstrTitle;         // 在对话框标题栏中显示的字符串
    DWORD           Flags;              // 标志位
    WORD            nFileOffset;        // lpstrFile 指向的字符串中的文件名部分从 0 开始的字符偏移量
    WORD            nFileExtension;     // lpstrFile 指向的字符串中的扩展名部分从 0 开始的字符偏移量
    LPCTSTR         lpstrDefExt;        // 默认扩展名字符串
    LPARAM          lCustData;
    LPOFNHOOKPROC   lpfnHook;
    LPCTSTR         lpTemplateName;     // 自定义对话框模板名称
    void            *pvReserved;
    DWORD           dwReserved;
    DWORD           FlagsEx;
} OPENFILENAME, *LPOPENFILENAME;
```

常用的字段解释如下。

- lStructSize 字段指定该结构的大小。

- hwndOwner 字段指定对话框的拥有者窗口句柄。
- lpstrFilter 字段指定文件扩展名过滤字符串列表，显示在对话框右下角的文件类型组合框中。每一项由两个字符串组成。第 1 个字符串是过滤器描述字符串，例如“文本文件(*.txt)\0”；第 2 个字符串指定过滤器模式，例如“*.txt\0”。要为一项指定多个过滤器模式，需要使用分号分隔过滤器模式，例如“*.txt;*.doc;*.docx\0”，不要在过滤器模式字符串中包含空格。文件扩展名过滤字符串列表的最后一个字符串必须以两个空字符结束。如果 lpstrFilter 字段为 NULL，则对话框不显示任何过滤器，此时可以选择任何扩展名的文件。下面的文件扩展名过滤字符串列表定义了两项：

```
ofn.lpstrFilter = TEXT("文本文件(*.txt, *.doc, *.docx)\0*.txt;*.doc;*.docx\0All(*.*)
\0*. *\0");
```

  用" "定义的字符串结尾会自动添加一个“\0”，因此双引号内部最后一个字符串后面只需要一个“\0”。
- 文件扩展名过滤字符串列表的每一项都有一个索引，从 1 开始，nFilterIndex 字段指定默认显示哪一项，例如设置为 1 表示默认显示第 1 个过滤器。GetOpenFileName 函数返回后，nFilterIndex 字段被设置为用户选择的过滤器的索引。
- lpstrFile 字段是返回用户所选择文件名（完整路径）的缓冲区，该缓冲区也用于初始化对话框中编辑控件所显示的文件名。如果不需要初始化，则缓冲区的第 1 个字符必须设置为 NULL。

如果 Flags 字段指定了 OFN_ALLOWMULTISELECT 标志并且用户选择了多个文件，则缓冲区包含当前目录，后跟所有所选文件的文件名。对于资源管理器样式的对话框，目录和每个文件名字符串以 NULL 分隔，在最后一个文件名后面有一个额外的 NULL 字符。如果缓冲区太小，则函数返回 FALSE，调用 CommDlgExtendedError 函数获取错误码会返回 FNERR_BUFFERTOOSMALL。在这种情况下，lpstrFile 缓冲区的前 2 字节包含所需的大小，以字符为单位。例如图 10.1 中打开了 6 个文件。

lpstrFile 字段返回的内容如图 10.2 所示。

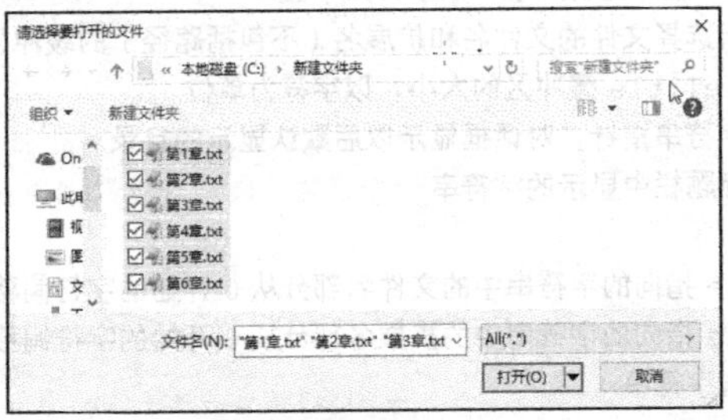


图 10.1

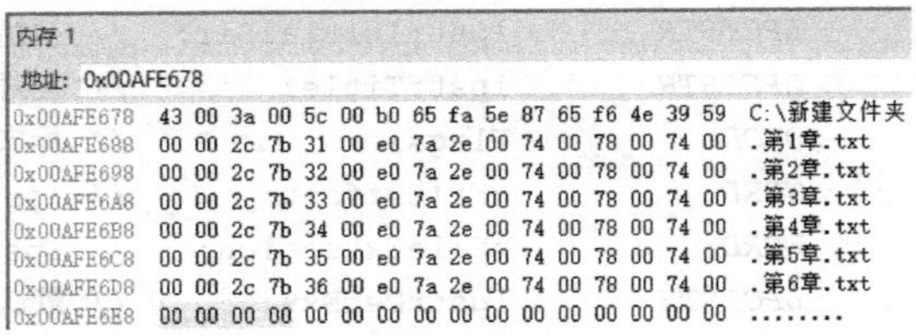


图 10.2

目录名末尾通常没有“\”字符（在根目录下选择多个文件时会包括“\”字符）。如果需要把目录名和每一个文件名拼接成一个带完整路径的文件名，需要做一些处理，具体请看后面的示例程序。

- nMaxFile 字段指定 lpstrFile 缓冲区的大小，以字符为单位。
- lpstrFileTitle 字段是返回用户所选文件的文件名和扩展名的缓冲区。
- nMaxFileTitle 字段指定 lpstrFileTitle 缓冲区的大小，以字符为单位。
- lpstrInitialDir 字段指定初始目录，也就是对话框显示以后默认显示的目录。

- lpstrTitle 字段指定在对话框标题栏中显示的字符串。如果该字段为 NULL，则系统使用默认标题（“打开”或“另存为(GetSaveFileName)”）。
- Flags 字段是标志位，常用的标志如表 10.2 所示。

表 10.2

| 标志 | 含义 |
| --- | --- |
| OFN_EXPLORER | 默认值，对话框使用资源管理器样式的用户界面。如果指定了 OFN_ALLOWMULTISELECT 多选标志，则必须指定该标志才可以使用资源管理器样式的用户界面 |
| OFN_FILEMUSTEXIST | 用户只能在文件名编辑控件中输入一个已经存在的文件名，如果用户输入了一个当前所选目录中不存在的文件名，则系统会提示文件不存在，使用这个标志的时候必须同时指定 OFN_PATHMUSTEXIST 标志 |
| OFN_PATHMUSTEXIST | 用户只能在文件名编辑控件中输入一个已经存在的路径 |
| OFN_ALLOWMULTISELECT | 用户可以选择多个文件 |
| OFN_CREATEPROMPT | 如果用户在文件名编辑控件中输入了一个不存在的文件，系统会弹出对话框提示用户是否新建这个文件，如果用户选择了“是”按钮，对话框关闭并且函数返回所指定的名字 |
| OFN_OVERWRITEPROMPT | 保存文件时，如果用户在文件名编辑控件中输入了一个已经存在的文件名，系统会提示用户是否覆盖已经存在的文件 |

- nFileOffset 字段返回 lpstrFile 指向的字符串中的文件名部分从 0 开始的字符偏移量。
- nFileExtension 字段返回 lpstrFile 指向的字符串中的扩展名部分从 0 开始的字符偏移量，扩展名是文件名字符串中最后一个点（.）之后的子字符串。例如对于文件名“C:\dir1\dir2\file.ext”，nFileOffset 字段返回 13(file.ext)，nFileExtension 字段返回 18(ext)。
- lpstrDefExt 字段是默认扩展名字符串。如果用户没有在编辑控件中输入扩展名，则会将默认扩展名附加到文件名字符串中，扩展名字符串不需要包含点（.）。

用于创建保存文件对话框的函数是 GetSaveFileName：

```
BOOL WINAPI GetSaveFileName(_Inout_ LPOPENFILENAME lpofn);
```

参数 lpofn 同样是一个指向 OPENFILENAME 结构的指针。调用 GetSaveFileName 函数前需要初始化该结构的一些字段，当函数返回时会填充该结构的相关字段，结构中包含用户选择的文件的信息。如果用户输入或选择了一个文件名并单击“保存”按钮，则返回值为 TRUE，OPENFILENAME 结构的 lpstrFile 字段指向的缓冲区包含用户选择的文件名（完整路径）；如果用户单击了“取消”按钮或关闭了对话框或发生错误，则返回值为 FALSE。

保存文件对话框让用户选择一个要保存的文件名，函数返回所选择的文件名的信息。保存文件需要程序额外书写代码。

下面实现一个打开文件（支持多选）、保存文件对话框的程序 OpenSaveFile：

```
#include <windows.h>
#include <tchar.h>
#include <strsafe.h>
#include "resource.h"
```

```
#pragma comment(linker,"\"/manifestdependency:type='win32' \
    name='Microsoft.Windows.Common-Controls' version='6.0.0.0' \
    processorArchitecture='*' publicKeyToken='6595b64144ccf1df' language='*'\"")

// 全局变量
HINSTANCE g_hInstance;

// 函数声明
INT_PTR CALLBACK DialogProc(HWND hwndDlg, UINT uMsg, WPARAM wParam, LPARAM lParam);

int WINAPI WinMain(HINSTANCE hInstance, HINSTANCE hPrevInstance, LPSTR lpCmdLine, int
nCmdShow)
{
    g_hInstance = hInstance;

    // 创建模态对话框
    DialogBoxParam(hInstance, MAKEINTRESOURCE(IDD_MAIN), NULL, DialogProc, NULL);
    return 0;
}

INT_PTR CALLBACK DialogProc(HWND hwndDlg, UINT uMsg, WPARAM wParam, LPARAM lParam)
{
    static HWND hwndList;
    TCHAR szFile[MAX_PATH * 512] = { 0 };      // 返回用户选择的文件名的缓冲区大一点，本程序允许多选
    TCHAR szFileTitle[MAX_PATH] = { 0 };     // 返回用户所选文件的文件名和扩展名的缓冲区

    OPENFILENAME ofn = { 0 };
    ofn.lStructSize = sizeof(ofn);
    ofn.hwndOwner = hwndDlg;
    ofn.lpstrFilter =
        TEXT("文本文件(*.txt, *.doc, *.docx)\0*.txt;*.doc;*.docx\0All(*.*)\  0*.*\0");
    ofn.nFilterIndex = 1;                    // 默认选择第 1 个过滤器
    ofn.lpstrFile = szFile;                  // 返回用户选择的文件名的缓冲区
    ofn.lpstrFile[0] = NULL;                 // 不需要初始化文件名编辑控件
    ofn.nMaxFile = _countof(szFile);
    ofn.lpstrFileTitle = szFileTitle;        // 返回用户选择的文件的文件名和扩展名的缓冲区
    ofn.nMaxFileTitle = _countof(szFileTitle);
    ofn.lpstrInitialDir = TEXT("C:\\");      // 初始目录

    LPTSTR lpStr;
    TCHAR szDir[MAX_PATH] = { 0 };
    TCHAR szBuf[MAX_PATH] = { 0 };

    switch (uMsg)
    {
    case WM_INITDIALOG:
        hwndList = GetDlgItem(hwndDlg, IDC_LIST_FILENAME);
        return TRUE;

    case WM_COMMAND:
        switch (LOWORD(wParam))
        {
```

```
            case IDC_BTN_OPEN:
                ofn.lpstrTitle = TEXT("请选择要打开的文件");// 对话框标题栏中显示的字符串
                ofn.Flags = OFN_EXPLORER | OFN_PATHMUSTEXIST | OFN_FILEMUSTEXIST | OFN_
CREATEPROMPT | OFN_ALLOWMULTISELECT;
                if (GetOpenFileName(&ofn))
                {
                    // 先清空列表框
                    SendMessage(hwndList, LB_RESETCONTENT, 0, 0);

                    lpStr = ofn.lpstrFile + _tcslen(ofn.lpstrFile) + 1;
                    if (lpStr[0] == NULL)
                    {
                        // 用户只选择了一个文件
                        SendMessage(hwndList, LB_ADDSTRING, 0, (LPARAM)ofn.lpstrFile);
                    }
                    else
                    {
                        // 用户选择了多个文件
                        StringCchCopy(szDir, _countof(szDir), ofn.lpstrFile);
                        if (szDir[_tcslen(szDir) - 1] != TEXT('\\'))
                            StringCchCat(szDir, _countof(szDir), TEXT("\\"));
                        while (lpStr[0] != NULL)
                        {
                            StringCchCopy(szBuf, _countof(szBuf), szDir);
                            StringCchCat(szBuf, _countof(szBuf), lpStr);
                            SendMessage(hwndList, LB_ADDSTRING, 0, (LPARAM)szBuf);
                            lpStr += _tcslen(lpStr) + 1;
                        }
                    }
                }
                break;

            case IDC_BTN_SAVE:
                ofn.lpstrTitle = TEXT("请选择要保存的文件名");      // 对话框标题栏中显示的字符串
                ofn.lpstrDefExt = TEXT("txt");                     // 默认扩展名
                ofn.Flags = OFN_EXPLORER | OFN_OVERWRITEPROMPT;
                if (GetSaveFileName(&ofn))
                {
                    SendMessage(hwndList, LB_RESETCONTENT, 0, 0);
                    SendMessage(hwndList, LB_ADDSTRING, 0, (LPARAM)ofn.lpstrFile);
                }
                break;

            case IDCANCEL:
                EndDialog(hwndDlg, 0);
                break;
            }
            return TRUE;
        }

        return FALSE;
    }
```

具体代码参见 Chapter10\OpenSaveFile 项目。

## 10.2 浏览文件夹与遍历目录

要想让用户选择一个文件夹，可以调用 SHBrowseForFolder 函数：

```
PIDLIST_ABSOLUTE SHBrowseForFolder(_In_ LPBROWSEINFO lpbi);
```

函数返回值为 PIDLIST_ABSOLUTE 数据类型，在 shtypes.h 头文件中定义如下：

```
#define PIDLIST_ABSOLUTE  LPITEMIDLIST
typedef ITEMIDLIST          *LPITEMIDLIST;

typedef struct _ITEMIDLIST
    {
    SHITEMID mkid;
}   ITEMIDLIST;

typedef struct _SHITEMID
    {
    USHORT cb;
    BYTE abID[ 1 ];
    }   SHITEMID;
```

返回值类型 PIDLIST_ABSOLUTE 指定所选文件夹相对于命名空间根目录的位置。如果用户在对话框中单击了“取消”按钮、关闭了对话框或发生了错误，则返回值为 NULL。

lpbi 参数是一个指向 BROWSEINFO 结构的指针，BROWSEINFO 结构在 ShlObj.h 头文件中定义如下：

```
typedef struct _browseinfo {
    HWND              hwndOwner;       // 对话框的拥有者窗口句柄
    PCIDLIST_ABSOLUTE pidlRoot;        // 开始浏览的根文件夹的位置，不需要可以设置为 NULL
    LPTSTR            pszDisplayName;// 返回用户选择的文件夹名称的缓冲区
    LPCTSTR           lpszTitle;       // 显示在对话框上部静态控件中的文字
    UINT              ulFlags;         // 标志位
    BFFCALLBACK       lpfn;
    LPARAM            lParam;
    int               iImage;
} BROWSEINFO, *PBROWSEINFO, *LPBROWSEINFO;
```

ulFlags 字段指定标志位，常用的标志如表 10.3 所示。

表 10.3

| 标志 | 含义 |
|---|---|
| BIF_RETURNONLYFSDIRS | 如果用户选择不属于文件系统的文件夹（例如网络、家庭组），则对话框的“确定”按钮将显示为灰色 |
| BIF_NEWDIALOGSTYLE | 使用新的用户界面，新的用户界面具有多项新功能 |
| BIF_EDITBOX | 在对话框中包含一个编辑控件，允许用户输入文件夹名称 |

续表

| 标志 | 含义 |
|---|---|
| BIF_USENEWUI | 使用新用户界面，对话框中包含一个编辑控件，相当于 BIF_NEWDIALOGSTYLE \| BIF_EDITBOX |
| BIF_BROWSEINCLUDEFILES | 对话框中显示文件和文件夹，通常不设置该标志 |
| BIF_BROWSEINCLUDEURLS | 对话框可以显示 URL 快捷方式，还必须设置 BIF_USENEWUI 和 BIF_BROWSEINCLUDEFILES 标志，通常不设置该标志 |

SHBrowseForFolder 函数返回一个 PIDLIST_ABSOLUTE 类型值，即指向 ITEMIDLIST 结构的指针。不必深究这个结构，因为使用 SHGetPathFromIDList 函数可以很方便地将它转换成目录名称字符串（完整路径）：

```
BOOL SHGetPathFromIDList(
    _In_  PCIDLIST_ABSOLUTE pidl,     // 指向 ITEMIDLIST 结构的指针
    _Out_ LPTSTR            pszPath);// 返回目录名称的缓冲区
```

要遍历一个目录中的子目录或文件，首先调用 FindFirstFile 函数。该函数返回一个 HANDLE 类型的查找句柄 hFindFile，并返回找到的第一个子目录或文件的信息；如果 FindFirstFile 函数执行成功，则接下来可以利用 hFindFile 句柄循环调用 FindNextFile 函数继续查找其他目录或文件，直到 FindNextFile 函数返回 FALSE 为止；最后调用 FindClose 函数关闭 hFindFile 查找句柄。使用这几个函数查找文件的代码通常如下所示：

```
WIN32_FIND_DATA fd = { 0 };
// 遍历目录
hFindFile = FindFirstFile(szDir, &fd);
if (hFindFile != INVALID_HANDLE_VALUE)
{
    do
    {
        // 处理本次找到的文件
    } while (FindNextFile(hFindFile, &fd));

    FindClose(hFindFile);
}
```

FindFirstFile 函数用于在目录中搜索指定名称的子目录或文件：

```
HANDLE WINAPI FindFirstFile(
    _In_  LPCTSTR            lpFileName,       // 要查找的文件名，文件名可以包含通配符，例如*或?
    _Out_ LPWIN32_FIND_DATA lpFindFileData);// 指向查找结构 WIN32_FIND_DATA 的指针
```

- lpFileName 参数指定要查找的文件名。如果文件名中不包含路径，那么将在当前目录中查找，包含路径的话将在指定路径中查找。在文件名中可以使用通配符“*”或“?”指定查找符合指定特征的文件。下面是文件名格式的几个示例：

```
C:\Windows\*.*              // 在 C:\Windows 目录中查找所有类型的文件
C:\Windows\System32\*.dll   // 在 C:\Windows\System32 目录中查找所有扩展名为.dll 的文件
C:\Windows\System.ini       // 在 C:\Windows 目录中查找 System.ini 文件
C:\Windows\a???.*           // 在 C:\Windows 目录中查找所有以 a 开头的长度为 4 个字符的任何文件
```

```
Test.dat                      // 在当前目录中查找 Test.dat 文件
*.*                           // 在当前目录中查找所有文件
```

- lpFindFileData 参数是一个指向查找结构 WIN32_FIND_DATA 的指针。该结构返回找到的目录或文件的信息，在 minwinbase.h 头文件中定义如下：

```
typedef struct _WIN32_FIND_DATA {
    DWORD    dwFileAttributes;      // 文件系统属性
    FILETIME ftCreationTime;        // FILETIME 格式的文件创建时间
    FILETIME ftLastAccessTime;      // FILETIME 格式的最后访问时间
    FILETIME ftLastWriteTime;       // FILETIME 格式的最后修改时间
    DWORD    nFileSizeHigh;         // 文件大小的高 32 位 DWORD 值，以字节为单位
    DWORD    nFileSizeLow;          // 文件大小的低 32 位 DWORD 值，以字节为单位
    DWORD    dwReserved0;           // 保留字段
    DWORD    dwReserved1;           // 保留字段
    TCHAR    cFileName[MAX_PATH];   // 文件名称(不包括路径)
    TCHAR    cAlternateFileName[14];// 该文件的替代名称，8.3 文件名格式，通常用不到
} WIN32_FIND_DATA, *PWIN32_FIND_DATA, *LPWIN32_FIND_DATA;
```

dwFileAttributes 字段包含文件系统属性，通过这个字段可以检查找到的究竟是一个子目录还是一个文件，以及其他文件系统属性，常见的属性如表 10.4 所示。

表 10.4

| 属性 | 含义 |
|---|---|
| FILE_ATTRIBUTE_NORMAL | 普通文件 |
| FILE_ATTRIBUTE_DIRECTORY | 找到的是一个目录 |
| FILE_ATTRIBUTE_READONLY | 只读文件 |
| FILE_ATTRIBUTE_TEMPORARY | 用于临时存储的文件 |
| FILE_ATTRIBUTE_HIDDEN | 隐藏文件或目录 |
| FILE_ATTRIBUTE_SYSTEM | 操作系统使用的文件或目录 |
| FILE_ATTRIBUTE_ARCHIVE | 存档文件或目录 |
| FILE_ATTRIBUTE_COMPRESSED | 压缩的文件或目录 |
| FILE_ATTRIBUTE_ENCRYPTED | 已加密的文件或目录 |

如果 FindFirstFile 函数执行成功，则返回值是在后续调用 FindNextFile 或 FindClose 时使用的查找句柄，而 lpFindFileData 参数指向的 WIN32_FIND_DATA 结构包含找到的第一个目录或文件的信息；如果函数执行失败或无法从 lpFileName 参数指定的搜索字符串中找到目录或文件，则返回值为 INVALID_HANDLE_VALUE(–1)，这种情况下的 lpFindFileData 参数指向的结构的内容不确定。

FindNextFile 函数以查找句柄和查找结构为参数继续查找目录或文件：

```
BOOL WINAPI FindNextFile(
    _In_  HANDLE             hFindFile,          // 查找句柄
    _Out_ LPWIN32_FIND_DATA lpFindFileData);// 指向查找结构 WIN32_FIND_DATA 的指针
```

如果函数执行成功，则返回值为 TRUE，lpFindFileData 参数指向的结构包含找到的下一个目录或文件的信息；如果函数执行失败，则返回值为 FALSE，这种情况下的 lpFindFileData 参数指向的结构

的内容不确定。

例如下面的代码，调用 SHBrowseForFolder 函数创建一个浏览文件夹对话框，然后调用 SHGetPathFromIDList 函数把上一个函数的返回值转换为完整目录名称字符串，拼接一个查找字符串 szSearch 用于 FindFirstFile 函数，接着就是 FindNextFile(hFindFile, &fd)的循环调用。如果找到的是一个目录，那么应该递归往下一层找。这有点麻烦，本例中仅处理了找到的各种文件，例如普通文件、临时文件、隐藏文件等，后面会有递归查找的示例。代码如下：

```
#include <windows.h>
#include <Shlobj.h>
#include <tchar.h>
#include <strsafe.h>
#include "resource.h"

#pragma comment(linker,"\"/manifestdependency:type='win32' \
    name='Microsoft.Windows.Common-Controls' version='6.0.0.0' \
    processorArchitecture='*' publicKeyToken='6595b64144ccf1df' language='*'\"")

// 全局变量
HINSTANCE g_hInstance;

// 函数声明
INT_PTR CALLBACK DialogProc(HWND hwndDlg, UINT uMsg, WPARAM wParam, LPARAM lParam);

int WINAPI WinMain(HINSTANCE hInstance, HINSTANCE hPrevInstance, LPSTR lpCmdLine, int
nCmdShow)
{
    g_hInstance = hInstance;

    // 创建模态对话框
    DialogBoxParam(hInstance, MAKEINTRESOURCE(IDD_MAIN), NULL, DialogProc, NULL);
    return 0;
}

INT_PTR CALLBACK DialogProc(HWND hwndDlg, UINT uMsg, WPARAM wParam, LPARAM lParam)
{
    static HWND hwndList;
    PIDLIST_ABSOLUTE pItemIdList;    // SHBrowseForFolder 函数返回值
    BROWSEINFO bi = { 0 };
    bi.hwndOwner = hwndDlg;
    bi.lpszTitle = TEXT("请选择一个文件夹");
    bi.ulFlags = BIF_USENEWUI | BIF_RETURNONLYFSDIRS;

    TCHAR szDir[MAX_PATH] = { 0 };   // SHGetPathFromIDList 函数返回的目录名称的缓冲区
    HANDLE hFindFile;
    WIN32_FIND_DATA fd = { 0 };
    TCHAR szSearch[MAX_PATH] = { 0 };
    TCHAR szDirFile[MAX_PATH] = { 0 };

    switch (uMsg)
```

```
    {
    case WM_INITDIALOG:
        hwndList = GetDlgItem(hwndDlg, IDC_LIST_FILENAME);
        return TRUE;

    case WM_COMMAND:
        switch (LOWORD(wParam))
        {
        case IDC_BTN_BROWSE:
            pItemIdList = SHBrowseForFolder(&bi);
            if (pItemIdList)
            {
                // 用户选择的文件夹名称显示到静态控件中
                SHGetPathFromIDList(pItemIdList, szDir);
                SetDlgItemText(hwndDlg, IDC_STATIC_DIR, szDir);

                if (szDir[_tcslen(szDir) - 1] != TEXT('\\'))
                    StringCchCat(szDir, _countof(szDir), TEXT("\\"));
                // 拼接搜索字符串
                StringCchCopy(szSearch, _countof(szSearch), szDir);
                StringCchCat(szSearch, _countof(szSearch), TEXT("*.*"));
                // 遍历目录
                hFindFile = FindFirstFile(szSearch, &fd);
                if (hFindFile != INVALID_HANDLE_VALUE)
                {
                    // 先清空列表框
                    SendMessage(hwndList, LB_RESETCONTENT, 0, 0);

                    do
                    {
                        // 处理本次找到的各种文件，没有处理找到的目录
                        if (!(fd.dwFileAttributes & FILE_ATTRIBUTE_DIRECTORY))
                        {
                            StringCchCopy(szDirFile, _countof(szDirFile), szDir);
                            StringCchCat(szDirFile, _countof(szDirFile), fd.cFileName);
                            SendMessage(hwndList, LB_ADDSTRING, 0, (LPARAM)szDirFile);
                        }
                    } while (FindNextFile(hFindFile, &fd));

                    // 关闭查找句柄
                    FindClose(hFindFile);
                }
            }
            break;

        case IDCANCEL:
            EndDialog(hwndDlg, 0);
            break;
        }
        return TRUE;
```

```
        }

        return FALSE;
    }
```

具体代码参见 Chapter10\SHBrowseForFolder 项目。程序运行效果如图 10.3 所示。

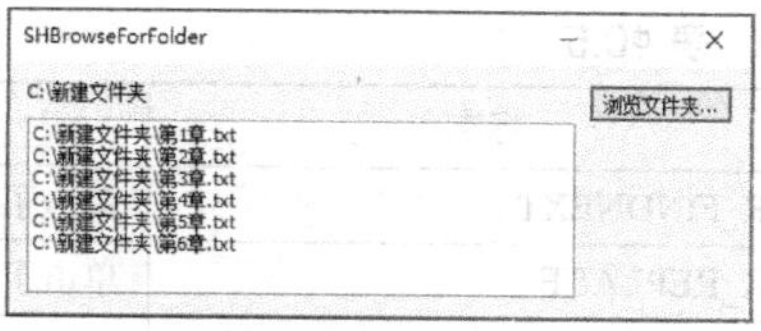

图 10.3

## 10.3 查找和替换

“查找”和“替换”对话框的样式通常如图 10.4 所示。

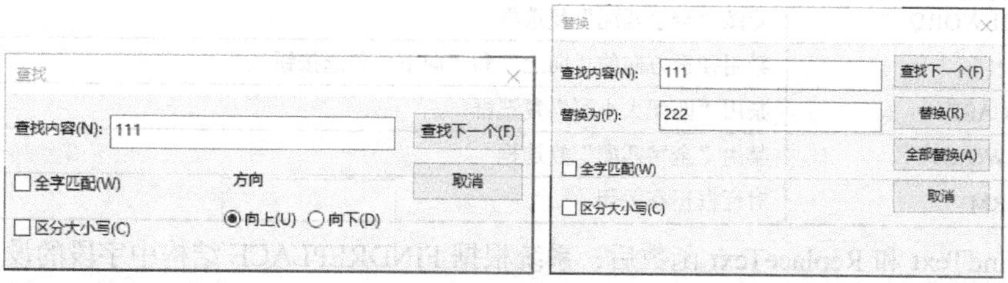

图 10.4

创建查找对话框的函数是 FindText，用户可以在对话框中输入要搜索的字符串和相关搜索选项；创建替换对话框的函数是 ReplaceText，用户可以在对话框中输入要搜索的字符串和替换的字符串，以及控制查找和替换操作的选项。

```
HWND WINAPI FindText(_In_ LPFINDREPLACE lpfr);
HWND WINAPI ReplaceText(_Inout_ LPFINDREPLACE lpfr);
```

“查找”和“替换”对话框都是非模态对话框。如果函数执行成功，则返回值是对话框的窗口句柄，可以通过该句柄与父窗口进行通信；如果函数执行失败，则返回值为 NULL。

参数 lpfr 是一个指向 FINDREPLACE 结构的指针，先看一下该结构的定义，再介绍“查找”和“替换”对话框的工作原理。该结构在 commdlg.h 头文件中定义如下：

```
typedef struct {
    DWORD         lStructSize;        // 该结构的大小
    HWND          hwndOwner;          // 对话框的拥有者窗口句柄，不能为 NULL
    HINSTANCE     hInstance;
    DWORD         Flags;              // 标志位
    LPTSTR        lpstrFindWhat;      // “查找内容”编辑控件中的字符串缓冲区，缓冲区大小至少为 80 个字符
    LPTSTR        lpstrReplaceWith;// “替换为”编辑控件中的字符串缓冲区，缓冲区大小至少为 80 个字符
    WORD          wFindWhatLen;       // lpstrFindWhat 字段指向的缓冲区的长度，以字节为单位
    WORD          wReplaceWithLen;  // lpstrReplaceWith 字段指向的缓冲区的长度，以字节为单位
    LPARAM        lCustData;
    LPFRHOOKPROC  lpfnHook;
    LPCTSTR       lpTemplateName;
} FINDREPLACE, *LPFINDREPLACE;
```

Flags 字段是标志位，可以是标志的组合（常用的），如表 10.5 所示。

表 10.5

| 标志 | 含义 |
| --- | --- |
| FR_FINDNEXT | 单击了"查找下一个"按钮 |
| FR_REPLACE | 单击了"替换"按钮 |
| FR_REPLACEALL | 单击了"全部替换"按钮 |
| FR_DOWN | 已选中搜索方向的"向下"单选按钮，指示应从当前位置搜索到文档末尾；否则就是已选中"向上"单选按钮，指示应从当前位置搜索到文档开头 |
| FR_MATCHCASE | 已选中"匹配大小写"复选框 |
| FR_WHOLEWORD | 已选中"全字匹配"复选框 |
| FR_HIDEUPDOWN | 隐藏搜索方向的"向上"和"向下"单选按钮 |
| FR_HIDEMATCHCASE | 隐藏"匹配大小写"复选框 |
| FR_HIDEWHOLEWORD | 隐藏"全字匹配"复选框 |
| FR_NOUPDOWN | 禁用搜索方向的"向上"和"向下"单选按钮 |
| FR_NOMATCHCASE | 禁用"匹配大小写"复选框 |
| FR_NOWHOLEWORD | 禁用"全字匹配"复选框 |
| FR_DIALOGTERM | 对话框正在关闭 |

在调用 FindText 和 ReplaceText 函数后，系统根据 FINDREPLACE 结构中字段的设置初始化对话框，例如根据 Flags 字段的值设置对话框中相关控件的选中、禁用或隐藏状态，lpstrFindWhat 字段指向的缓冲区的内容会显示到"查找内容"编辑控件中，lpstrReplaceWith 字段指向的缓冲区的内容会显示到"替换为"编辑控件中（查找对话框不需要该字段）。

"查找"和"替换"对话框都是非模态对话框。在调用 FindText 和 ReplaceText 函数后，系统显示对话框并马上返回，对话框保持显示状态，直到用户关闭对话框。如果用户按下了对话框中的某个按钮，则对话框设置 FINDREPLACE 结构的相关字段并通过"查找替换消息"通知父窗口的窗口过程，程序中处理查找和替换的功能集中在这个"查找替换消息"中完成。在该消息中可以根据 Flags 字段的值确定用户按下了哪个按钮，根据 lpstrFindWhat 字段指向的缓冲区确定"查找内容"编辑控件的内容，根据 lpstrReplaceWith 字段指向的缓冲区确定"替换为"编辑控件的内容。由于对话框必须向父窗口发送消息，因此 hwndOwner 字段必须指定为父窗口的句柄。

"查找替换消息"的 ID 值是多少呢？和拖动列表消息类似，在调用 FindText 和 ReplaceText 前，需要调用 RegisterWindowMessage(FINDMSGSTRING)函数以获取"查找替换消息"的 ID，"查找替换消息"的 lParam 参数是指向创建对话框时指定的 FINDREPLACE 结构的指针。FINDMSGSTRING 常量在 commdlg.h 头文件中定义如下：

```
#define FINDMSGSTRING  TEXT("commdlg_FindReplace")
```

在程序的消息循环中使用 IsDialogMessage 函数以确保对话框正确处理键盘输入（例如 Tab 键和 Esc 键）。因此，如果需要使用"查找"和"替换"对话框，不适合使用对话框程序。另外，FINDREPLACE 结构和搜索与替换字符串的缓冲区变量应该是全局或静态局部变量，这样在下一次消息处理的时候还可以继续使用上次保存的值。

"查找"和"替换"对话框的应用场合不多，主要用于多行编辑控件和富文本控件，这里仅实现一个简单的示例程序 FindReplaceText，FindReplaceText.cpp，源文件的内容如下所示：

```
#include <Windows.h>
#include <tchar.h>
#include <strsafe.h>
#include "resource.h"

#pragma comment(linker,"\"/manifestdependency:type='win32' \
    name='Microsoft.Windows.Common-Controls' version='6.0.0.0' \
    processorArchitecture='*' publicKeyToken='6595b64144ccf1df' language='*'\"")

// 函数声明
LRESULT CALLBACK WindowProc(HWND hwnd, UINT uMsg, WPARAM wParam, LPARAM lParam);

// 全局变量
HWND g_hwndFind;      // 消息循环中会用到这两个全局变量
HWND g_hwndReplace;

int WINAPI WinMain(HINSTANCE hInstance, HINSTANCE hPrevInstance, LPSTR lpCmdLine, int
                   nCmdShow)
{
    WNDCLASSEX wndclass;
    TCHAR szAppName[] = TEXT("FindReplaceText");
    HWND hwnd;
    MSG msg;

    wndclass.cbSize = sizeof(WNDCLASSEX);
    wndclass.style = CS_HREDRAW | CS_VREDRAW;
    wndclass.lpfnWndProc = WindowProc;
    wndclass.cbClsExtra = 0;
    wndclass.cbWndExtra = 0;
    wndclass.hInstance = hInstance;
    wndclass.hIcon = LoadIcon(NULL, IDI_APPLICATION);
    wndclass.hCursor = LoadCursor(NULL, IDC_ARROW);
    wndclass.hbrBackground = (HBRUSH)GetStockObject(WHITE_BRUSH);
    wndclass.lpszMenuName = MAKEINTRESOURCE(IDR_MENU);
    wndclass.lpszClassName = szAppName;
    wndclass.hIconSm = NULL;
    RegisterClassEx(&wndclass);

    hwnd = CreateWindowEx(0, szAppName, szAppName, WS_OVERLAPPEDWINDOW,
        CW_USEDEFAULT, CW_USEDEFAULT, 400, 300, NULL, NULL, hInstance, NULL);

    ShowWindow(hwnd, nCmdShow);
    UpdateWindow(hwnd);

    while (GetMessage(&msg, NULL, 0, 0) != 0)
    {
        if ((g_hwndFind == NULL || !IsDialogMessage(g_hwndFind, &msg)) &&
            (g_hwndReplace == NULL || !IsDialogMessage(g_hwndReplace, &msg)))
        {
            TranslateMessage(&msg);
            DispatchMessage(&msg);
        }
    }
```

```
    return msg.wParam;
}

LRESULT CALLBACK WindowProc(HWND hwnd, UINT uMsg, WPARAM wParam, LPARAM lParam)
{
    static UINT WM_FINDREPLACE;
    static TCHAR szFindWhat[80] = { 0 };
    static TCHAR szReplaceWith[80] = { 0 };
    static FINDREPLACE fr = { 0 };

    LPFINDREPLACE lpfr;
    TCHAR szBuf[256] = { 0 };

    switch (uMsg)
    {
    case WM_CREATE:
        // 获取查找替换消息的ID
        WM_FINDREPLACE = RegisterWindowMessage(FINDMSGSTRING);

        // 初始化FINDREPLACE结构，该结构只应该初始化一次
        fr.lStructSize = sizeof(FINDREPLACE);
        fr.hwndOwner = hwnd;
        fr.lpstrFindWhat = szFindWhat;
        fr.lpstrReplaceWith = szReplaceWith;
        fr.wFindWhatLen = sizeof(szFindWhat);
        fr.wReplaceWithLen = sizeof(szReplaceWith);
        //fr.Flags = FR_DOWN | FR_MATCHCASE;
        return 0;

    case WM_COMMAND:
        switch (LOWORD(wParam))
        {
        case ID_EDIT_FIND:
            if (g_hwndFind == NULL && g_hwndReplace == NULL)
            {
                // &掉上次关闭对话框时设置的FR_DIALOGTERM标志值
                fr.Flags &= ~FR_DIALOGTERM;
                g_hwndFind = FindText(&fr);
            }
            break;

        case ID_EDIT_REPLACE:
            if (g_hwndReplace == NULL && g_hwndFind == NULL)
            {
                // &掉上次关闭对话框时设置的FR_DIALOGTERM标志值
                fr.Flags &= ~FR_DIALOGTERM;
                g_hwndReplace = ReplaceText(&fr);
            }
            break;
        }
        return 0;
```

```
case WM_DESTROY:
    PostQuitMessage(0);
    return 0;
}

////////////////////////////////////////////////////////////////////////////
if (uMsg == WM_FINDREPLACE)
{
    lpfr = (LPFINDREPLACE)lParam;
    // 关闭对话框
    if (lpfr->Flags & FR_DIALOGTERM)
    {
        g_hwndFind = NULL;
        g_hwndReplace = NULL;
    }

    // 查找下一个
    else if (lpfr->Flags & FR_FINDNEXT)
    {
        StringCchCopy(szBuf, _countof(szBuf), TEXT("单击了"查找下一个"按钮"));
        if (lpfr->Flags & FR_DOWN)
            StringCchCat(szBuf, _countof(szBuf), TEXT("\n 选中了"向下"单选按钮"));
        else
            StringCchCat(szBuf, _countof(szBuf), TEXT("\n 选中了"向上"单选按钮"));
        if (lpfr->Flags & FR_MATCHCASE)
            StringCchCat(szBuf, _countof(szBuf), TEXT("\n 选中了"匹配大小写"复选框"));
        if (lpfr->Flags & FR_WHOLEWORD)
            StringCchCat(szBuf, _countof(szBuf), TEXT("\n 选中了"全字匹配"复选框"));

        StringCchCat(szBuf, _countof(szBuf), TEXT("\n\n 查找内容: "));
        StringCchCat(szBuf, _countof(szBuf), fr.lpstrFindWhat);
        MessageBox(hwnd, szBuf, TEXT("提示"), MB_OK);
    }

    // 替换
    else if (lpfr->Flags & FR_REPLACE)
    {
        StringCchCopy(szBuf, _countof(szBuf), TEXT("单击了"替换"按钮"));
        if (lpfr->Flags & FR_DOWN)
            StringCchCat(szBuf, _countof(szBuf), TEXT("\n 选中了"向下"单选按钮"));
        else
            StringCchCat(szBuf, _countof(szBuf), TEXT("\n 选中了"向上"单选按钮"));
        if (lpfr->Flags & FR_MATCHCASE)
            StringCchCat(szBuf, _countof(szBuf), TEXT("\n 选中了"匹配大小写"复选框"));
        if (lpfr->Flags & FR_WHOLEWORD)
            StringCchCat(szBuf, _countof(szBuf), TEXT("\n 选中了"全字匹配"复选框"));

        StringCchCat(szBuf, _countof(szBuf), TEXT("\n\n 查找内容: "));
        StringCchCat(szBuf, _countof(szBuf), fr.lpstrFindWhat);
        StringCchCat(szBuf, _countof(szBuf), TEXT("\n 替换内容: "));
```

```
            StringCchCat(szBuf, _countof(szBuf), fr.lpstrReplaceWith);
            MessageBox(hwnd, szBuf, TEXT("提示"), MB_OK);
        }

        // 全部替换
        else if (lpfr->Flags & FR_REPLACEALL)
        {
            StringCchCopy(szBuf, _countof(szBuf), TEXT("单击了"全部替换"按钮"));
            if (lpfr->Flags & FR_DOWN)
                StringCchCat(szBuf, _countof(szBuf), TEXT("\n选中了"向下"单选按钮"));
            else
                StringCchCat(szBuf, _countof(szBuf), TEXT("\n选中了"向上"单选按钮"));
            if (lpfr->Flags & FR_MATCHCASE)
                StringCchCat(szBuf, _countof(szBuf), TEXT("\n选中了"匹配大小写"复选框"));
            if (lpfr->Flags & FR_WHOLEWORD)
                StringCchCat(szBuf, _countof(szBuf), TEXT("\n选中了"全字匹配"复选框"));
            StringCchCat(szBuf, _countof(szBuf), TEXT("\n\n查找内容: "));
            StringCchCat(szBuf, _countof(szBuf), fr.lpstrFindWhat);
            StringCchCat(szBuf, _countof(szBuf), TEXT("\n替换内容: "));
            StringCchCat(szBuf, _countof(szBuf), fr.lpstrReplaceWith);
            MessageBox(hwnd, szBuf, TEXT("提示"), MB_OK);
        }

        return 0;
    }
    //////////////////////////////////////////////////////////////////////////////

    return DefWindowProc(hwnd, uMsg, wParam, lParam);
}
```

## 10.4 选择字体

字体对话框允许用户选择逻辑字体的属性，例如字体名称、大小、字形、效果（下划线、删除线、字体颜色）以及字符集等。创建字体对话框用的函数是 ChooseFont：

```
BOOL WINAPI ChooseFont(_Inout_ LPCHOOSEFONT lpcf);
```

如果用户单击了"确定"按钮，则函数返回 TRUE，并在 CHOOSEFONT 结构中返回有关用户选择的字体的信息；如果用户单击了"取消"按钮、关闭了对话框或发生错误，则返回 FALSE。

lpcf 参数是一个指向 CHOOSEFONT 结构的指针，该结构包含函数用于初始化字体对话框的信息，函数在该结构中返回有关用户选择的字体的信息。该结构在 commdlg.h 头文件中定义如下：

```
typedef struct {
    DWORD           lStructSize;    // 该结构的大小
    HWND            hwndOwner;      // 对话框的拥有者窗口句柄
    HDC             hDC;            // 忽略该字段
```

```
    LPLOGFONT    lpLogFont;        // 函数使用该 LOGFONT 结构初始化对话框的字体，并返回字体信息
    INT          iPointSize;       // 返回所选字体的大小，单位是 1/10 磅
    DWORD        Flags;            // 标志位
    COLORREF     rgbColors;        // 字体颜色
    LPARAM       lCustData;
    LPCFHOOKPROC lpfnHook;
    LPCTSTR      lpTemplateName;
    HINSTANCE    hInstance;
    LPTSTR       lpszStyle;
    WORD         nFontType;        // 返回所选字体的类型
    INT          nSizeMin;
    INT          nSizeMax;
} CHOOSEFONT, *LPCHOOSEFONT;
```

- lStructSize 字段指定该结构的大小。
- hwndOwner 字段指定对话框的拥有者窗口句柄。
- lpLogFont 字段指定为一个指向 LOGFONT 结构的指针，函数使用该结构初始化对话框的字体，并通过该结构返回用户所选择的字体信息，返回的 LOGFONT 结构可以用于创建逻辑字体。
- iPointSize 字段返回所选字体的大小，单位是 1/10 磅。
- Flags 字段是标志位，用于初始化字体对话框，函数返回时也会设置这些标志以指示用户的选择。常用的标志如表 10.6 所示。

表 10.6

| 标志 | 含义 |
|---|---|
| CF_EFFECTS | 显示“效果”分组框，包括删除线、下划线复选框和颜色组合框。指定该标志以后，可以通过 CHOOSEFONT 结构的 lpLogFont->lfStrikeOut、lpLogFont->lfUnderline、rgbColors 字段初始化字体对话框的效果分组框中的删除线、下划线、颜色控件，函数在这些字段中返回用户的相关选择 |
| CF_INITTOLOGFONTSTRUCT | 使用 lpLogFont 字段指向的结构来初始化对话框相关控件 |
| CF_NOVERTFONTS | 仅列出水平方向字体 |
| CF_TTONLY | 仅列出 TrueType 字体 |
| CF_FIXEDPITCHONLY | 仅列出等宽字体 |

- nFontType 字段返回用户所选字体的类型，例如 BOLD_FONTTYPE 粗体、ITALIC_FONTTYPE 斜体、REGULAR_FONTTYPE 常规等。实际上这些字体类型信息以及字体大小、效果信息等都已经包含在 LOGFONT 结构中。

关于字体对话框的简单示例程序参见 Chapter10\ChooseFont 项目。

## 10.5 选择颜色

选择颜色对话框的效果如图 10.5 所示。

用户可以从对话框左侧的“基本颜色”或右侧的“自定义颜色”中选择一种颜色。“基本颜色”是

系统预定义好的颜色，也可以在“自定义颜色”中单击选择一种颜色，或者输入红、绿、蓝颜色值，也可以输入色调、饱和度、亮度来生成一个颜色值。选择一种颜色后，颜色效果会实时显示在“颜色|纯色(O)”静态控件中。实际上对话框中除几个编辑控件和按钮以外，其他的控件基本上都是静态控件。

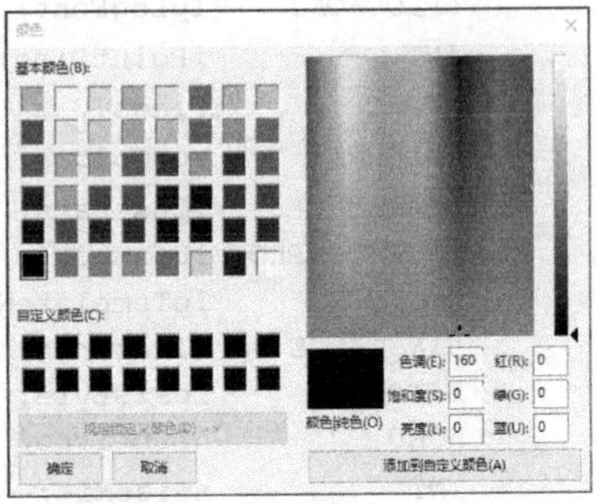

图 10.5

创建选择颜色对话框的函数是 ChooseColor：

```
BOOL WINAPI ChooseColor(_Inout_ LPCHOOSECOLOR lpcc);
```

lpcc 参数是一个指向 CHOOSECOLOR 结构的指针，该结构包含用于初始化对话框的信息。当 ChooseColor 函数返回时，该结构包含用户选择的颜色的信息。

如果用户单击对话框的“确定”按钮，则返回值为 TRUE；如果用户单击了“取消”按钮、关闭了对话框或发生错误，则返回值为 FALSE。

CHOOSECOLOR 结构在 commdlg.h 头文件中定义如下：

```
typedef struct {
    DWORD          lStructSize;     // 该结构的大小
    HWND           hwndOwner;       // 对话框的拥有者窗口句柄
    HWND           hInstance;
    COLORREF       rgbResult;       // 创建对话框时初始选择的颜色，函数返回用户所选择的颜色
    COLORREF       *lpCustColors;   // 自定义颜色数组，用于存放对话框左下角的 16 个自定义颜色
    DWORD          Flags;           // 标志位
    LPARAM         lCustData;
    LPCCHOOKPROC   lpfnHook;
    LPCTSTR        lpTemplateName;
} CHOOSECOLOR, *LPCHOOSECOLOR;
```

Flags 字段是标志位，用于初始化颜色对话框。当对话框返回时，系统会设置这些标志以指示用户的输入。该字段可以是表 10.7 所示的标志的组合。

表 10.7

| 标志 | 含义 |
| --- | --- |
| CC_FULLOPEN | 对话框显示右侧的自定义颜色相关控件。如果未设置该标志，则用户必须单击对话框左侧的“规定自定义颜色(D)>>”按钮才可以显示自定义颜色相关控件 |
| CC_PREVENTFULLOPEN | 禁用对话框左侧的“规定自定义颜色(D)>>”按钮 |
| CC_RGBINIT | 使用 CHOOSECOLOR 结构中 rgbResult 字段指定的颜色作为对话框的初始颜色选择 |

关于选择颜色对话框的简单示例程序参见 Chapter10\ChooseColor 项目。

还有一个用于创建页面设置对话框的 PageSetupDlg 函数，用于打印的 PrintDlg 函数，因为应用不多，有需要的读者请自行参考 MSDN。